AGRARISCH NATUURBEHEER

AGRARISCH NATUURBEHEER

PRINCIPES, RESULTATEN EN PERSPECTIEVEN

redactie:

G.R. de Snoo
Th.C.P. Melman
F.M. Brouwer
W.J. van der Weijden
H.A. Udo de Haes

Wageningen Academic Publishers
Postbus 220, 6700 AE Wageningen
telefoon (0317) 476516
telefax (0317) 453417
www.WageningenAcademic.com
copyright@WageningenAcademic.com

EAN: 9789086862818
ISBN: 978-90-8686-281-8

Omslagfoto: Jan van der Greef

Tweede, verbeterde druk, 2017
Eerste druk, 2016

Deze publicatie is mede mogelijk gemaakt door:

ontwikkeling+beheer natuurkwaliteit

o+bn

Stichting Leerstoel
Agrarisch Natuur en Landschapsbeheer

Inhoudsopgave

Deel 1. Algemeen

Deel 4. Afsluiting

Voorwoord

Landbouw en natuur kunnen samengaan, maar elkaar ook bijten. De intensivering van de landbouw sinds de Tweede Wereldoorlog heeft de natuur min of meer naar de marge gedreven. Daar kwam veel kritiek op. Daarom kwam de regering in 1975 met de Relatienota. Volgens die nota zou een beperkt deel van het landbouwareaal worden omgevormd tot natuurgebied. Op een eveneens klein deel zouden landbouw en natuur blijvend moeten samengaan, met blijvende financiële steun van de overheid. Dit agrarisch natuurbeheer ging in 1981 van start en groeide uit tot zo'n 65.000 hectare.

Inmiddels hebben we 35 jaar ervaring met betaald agrarisch natuurbeheer en is het tijd om de balans op te maken. Dat is wat dit boek doet. Het geeft een *state of the art* van de ecologische en bedrijfsmatige aspecten van agrarisch natuurbeheer. Het biedt een breed, degelijk, evenwichtig en fraai geïllustreerd overzicht. Wat is geprobeerd? Wat is gelukt, en wat niet? En waar liggen kansen voor de toekomst? Een breed scala van natuurelementen passeert de revue: weidevogels, akkervogels, sloten en slootkanten, opgaande landschapselementen, planten, kikkers, hamsters en hazen; ook het boerenerf krijgt aandacht.

Dit boek is een uitvloeisel van de leerstoel Agrarisch Natuur- en Landschapsbeheer aan Wageningen Universiteit, die in de periode 2003-2012 werd bezet door Dr Geert de Snoo, die ook eerste redacteur van dit boek is. In totaal hebben 45 deskundige auteurs bijgedragen. Het beeld dat zij schetsen is lang niet altijd vrolijk, maar er zijn ook interessante successen te melden die perspectief bieden voor de toekomst.

Het boek komt op een goed moment, nu het nieuwe stelsel voor agrarisch natuurbeheer van kracht is geworden. Ik hoop en verwacht dat het boek inzicht, houvast, inspiratie en perspectief gaat bieden voor iedereen die bij agrarisch natuurbeheer is betrokken: boeren, agrarische natuurverenigingen en collectieven, medewerkers van waterschappen, terreinbeheerders en natuurbeschermers, studenten en onderzoekers, adviseurs, voedingsmiddelenindustrie, beleidsambtenaren van rijk en provincies, geïnteresseerde recreanten en vele anderen.

Dr Cees Veerman

voorzitter Stichting Leerstoel Agrarisch Natuur- en Landschapsbeheer
oud-minister van Landbouw, Natuur en Voedselkwaliteit
oud-voorzitter van Natuurmonumenten

Afkortingen

1. Begrippen

ANLB/ANB	Agrarisch natuur-en landschapsbeheer
ANV	Agrarische natuurvereniging
BBO	Beschikking beheerovereenkomsten
BBP	Beschikkingen bijdragen probleemgebieden
BOL	Beschikking onderhoudovereenkomsten landschap
CAP	*Common agricultural policy* (= GLB)
EA	Ecologisch aandachtsgebied (= EFA)
EFA	*Environmental focus area* (= EA)
EHS	Ecologische hoofdstructuur (= NNN)
FAB	Functionele agrobiodiversiteit
GLB	Gemeenschappelijk landbouwbeleid (= CAP)
GPS	*Global positioning system*
ILG	Investeringsbudget landelijk gebied
KRW	Kaderrichtlijn water
LFA	*Less favoured area* (= agrarisch probleemgebied)
LOP	Landelijk ontwikkelingsplan
MJP	Meerjarenplan
MVO	Maatschappelijk verantwoord ondernemen
NMP	Nationaal milieubeleidsplan
NNN	Natuurnetwerk Nederland (= EHS)
pEHS	Provinciale ecologische hoofdstructuur
POP	Plattelandsontwikkelingsprogramma
pSAN	Provinciale subsidieregeling agrarisch natuurbeheer
RAL	Regeling aanwijzing landschapselementen
RBO	Regeling beheerovereenkomsten
RBON	Regeling beheersovereenkomsten en natuurontwikkeling
ROL	Regeling onderhoud landschapselementen
SAN	Subsidieregeling agrarisch natuurbeheer
SAN-OS	SAN-organisatiekosten samenwerkingsverbanden
SN	Subsidieregeling natuurbeheer
SNL	Subsidiestelsel natuur- en landschap
SNLa	Subsidiestelsel natuur en landschap – agrarisch natuurbeheer
SNLn	Subsidiestelsel natuur en landschap – natuurbeheer
SVNL	Subsidieverordening natuur- en landschapsbeheer
TBO	Terreinbeherende organisatie
TRAN	Tijdelijke regeling agrarisch natuurbeheer
VR	Voorrangsinventarisatie Relatienotagebieden
WCL	Waardevol cultuurlandschap

2. Organisaties

BFVW	Bond Friese Vogelwachten
CoAL	Coördinatie Onderzoek Aangepaste Landbouw
CBS	Centraal Bureau voor de Statistiek
CLM	Centrum voor Landbouw en Milieu
CML	Centrum voor Milieuwetenschappen, Universiteit Leiden
DLO	Dienst Landbouwkundig Onderzoek
EC	Europese Commissie
EEG	Europese Economische Gemeenschap
EL&I	Ministerie van Economische Zaken, Landbouw en Innovatie
EU	Europese Unie
EZ	Ministerie van Economische Zaken
IPO	Interprovinciaal Overleg
IVN	Instituut voor Natuureducatie en Duurzaamheid
KNNV	Koninklijke Nederlandse Natuurhistorische Vereniging
L&V	Ministerie van Landbouw en Visserij
LBN	Landschapsbeheer Nederland
LEI	Voorheen: Landbouw-Economisch Instituut; nu: LEI Wageningen UR
LTO	Land- en Tuinbouworganisatie
MNP	Milieu- en Natuurplanbureau
NVWA	Nederlandse Voedsel- en Warenautoriteit
OECD	*Organisation for Economic Cooperation and Development*
PBL	Planbureau voor de Leefomgeving
RIWA	Vereniging van Rivierwaterbedrijven
Rli	Raad voor de leefomgeving en infrastructuur
RVO	Rijksdienst voor Ondernemend Nederland
Sovon	Stichting Ornithologisch Veldonderzoek Nederland
TU Delft	Technische Universiteit Delft
VN	Verenigde Naties
VROM	Ministerie van Volkshuisvesting, Ruimtelijke Ordening en Milieu
Wageningen UR	*Wageningen University and Research centre*
WTO	*World Trade Organization* (Wereldhandelsorganisatie)
ZLTO	Zuidelijke Land- en Tuinbouw Organisatie

Auteurslijst

N. Beemster, Altenburg & Wymenga ecologisch onderzoek bv, Feanwâlden
J.F.F.P. Bos, Vogelbescherming Nederland, Zeist; jules.bos@vogelbescherming.nl
F.M. Brouwer, LEI Wageningen UR, Den Haag; floor.brouwer@wur.nl
G.R. de Snoo, Centrum voor Milieuwetenschappen, Universiteit Leiden (CML), Leiden; snoo@cml.leidenuniv.nl
S. de Vries, Culturele Geografie en Alterra Wageningen UR, Wageningen
J. Dekker, dierecoloog, Arnhem
J.H. Faber, Alterra Wageningen UR, Wageningen; jack.faber@wur.nl
C.J. Grashof-Bokdam, Alterra Wageningen UR, Wageningen
J.A. Guldemond, CLM Onderzoek en Advies, Culemborg; guldemond@clm.nl
A.-J. Haarsma, Batweter, Heemstede
R. Haveman, Ministerie van BZK, Rijksvastgoedbedrijf, directie Vastgoedbeheer, Den Haag
B.J. Koks, Stichting Werkgroep Grauwe Kiekendief, Scheemda
H. Korevaar, Plant Research International, Agrosysteemkunde, Wageningen UR, Wageningen; hein.korevaar@wur.nl
F. Kuiper, Provincie Noord-Holland, Haarlem; kuiperf@noord-holland.nl
M. Kuiper, Agrarische Natuurvereniging De Amstel, Amstelveen
M.J.J. La Haye, Zoogdiervereniging Nederland, Nijmegen
A.M. Lokhorst, Wageningen Universiteit, Wageningen
J. Lommen, CLM Onderzoek en Advies, Culemborg
Th.C.P. Melman, Alterra Wageningen UR, Wageningen; dick.melman@wur.nl
C.J.M. Musters, Centrum voor Milieuwetenschappen, Universiteit Leiden (CML), Leiden; musters@cml.leidenuniv.nl
J. Noordijk, EIS Kenniscentrum Insecten, Leiden
A. Oosterbaan, Alterra Wageningen UR, Wageningen; anne.oosterbaan@wur.nl
F.G.W.A. Ottburg, Alterra Wageningen UR, Wageningen
J.A. Scheper, Alterra Wageningen UR, Wageningen
R.A.M. Schrijver, Alterra Wageningen UR, Wageningen; raymond.schrijver@wur.nl
H. Sierdsema, Sovon Vogelonderzoek Nederland, Nijmegen
I.J. Terluin, LEI Wageningen UR, Den Haag
P. Terwan, Terwan onderzoek & advies, Utrecht
W.A. Teunissen, Sovon Vogelonderzoek Nederland, Nijmegen
H.A. Udo de Haes, Centrum voor Milieuwetenschappen, Universiteit Leiden (CML), Leiden; udodehaes@cml.leidenuniv.nl
C. van Bruchem, landbouweconoom, voormalig medewerker LEI Wageningen UR, Den Haag
F. van der Schans, CLM Onderzoek en Advies, Culemborg
W.J. van der Weijden, Stichting Centrum voor Landbouw en Milieu, Culemborg
H.J. van der Windt, Energy & Sustainability Research Institute Groningen, Rijksuniversiteit Groningen
W.F.A. van Dijk, University of Aberdeen, Aberdeen, Schotland
G.-J. van Herwaarden, Landschapsbeheer Nederland/LandschappenNL, De Bilt
A. van Paassen, Landschapsbeheer Nederland/LandschappenNL, De Bilt; a.vanpaassen@landschappen.nl
C.W.M. van Scharenburg, Stichting Werkgroep Grauwe Kiekendief, Scheemda
G.S. Venema, LEI Wageningen UR, Den Haag
R.C.M. Verdonschot, Alterra Wageningen UR, Wageningen

Th.A. Vogelzang, LEI Wageningen UR, Den Haag
M.J. Voskuilen, LEI Wageningen UR, Den Haag
M.G. Vijver, Centrum voor Milieuwetenschappen, Universiteit Leiden (CML), Leiden
J. Westerink, Alterra Wageningen UR, Wageningen
E. Wymenga, Altenburg & Wymenga ecologisch onderzoek bv, Feanwâlden

DEEL 1
ALGEMEEN

Agrarisch natuurbeheer

Helias Udo de Haes*, Dick Melman, Floor Brouwer, Wouter van der Weijden en Geert de Snoo

H.A. Udo de Haes, Centrum voor Milieuwetenschappen, Universiteit Leiden (CML);
udodehaes@cml.leidenuniv.nl
Th.C.P. Melman, Alterra Wageningen UR
F.M. Brouwer, LEI Wageningen UR
W.J. van der Weijden, Stichting Centrum voor Landbouw en Milieu
G.R. de Snoo, Centrum voor Milieuwetenschappen, Universiteit Leiden (CML)

◄ Een wolk kieviten in december, afkomstig uit Oost-Europa en West-Rusland of Scandinavië. Onze vogels overwinteren in Frankrijk, Spanje, Portugal en Groot-Brittannië.

◄ Een verbrede slootkant bij Haarlem met echte koekoeksbloem, scherpe boterbloem en veldzuring – traditionele biodiversiteit in het boerenland. Niet zeldzaam, wel mooi.

◄ Een ouderwets tafereel op het Zeeuwse land: bonen door cultuurhistorische verenigingen op ruiters gezet. Daarnaast Oost-Indische kers, die als weglokker wordt ingezet tegen bladluizen op savooiekool.

1.1 Inleiding

Landbouw is per definitie een ingreep in de natuur, maar is tegelijk ook gebaseerd op de natuur. Daarom gaat de landbouw van oudsher samen met natuurlijke biodiversiteit. In de jaren '60 werd duidelijk dat er steeds minder plaats was voor bloemen, vlinders, bijen en vogels. Rachel Carson was in 1962 met haar boek 'Dode lente' de eerste die alarm sloeg. Het boek sloeg wereldwijd aan en dat bleef niet zonder gevolgen. Ook in Nederland sprongen steeds meer mensen op de bres voor natuur in de landbouw. Dat leidde in de jaren '70 tot de opkomst van het agrarisch natuurbeheer, kort gezegd, natuurbeheer op boerenbedrijven.

Agrarisch natuurbeheer is inmiddels stevig in de Nederlandse landbouw verankerd, en er is jaarlijks ongeveer 60 miljoen euro aan overheidsgeld mee gemoeid. Probleem is echter dat de ecologische resultaten tot dusver sterk zijn achtergebleven bij de verwachtingen. Daarover woedt al zo'n dertig jaar een soms oplaaiend debat (Figuur 1.1). Dit boek geeft een actueel overzicht van de achtergronden en het functioneren van het agrarisch natuurbeheer, de resultaten die daarmee zijn bereikt of juist niet zijn bereikt en ook van de perspectieven die er zijn voor de toekomst.

Ontwikkelingen in de landbouw zijn sterk bepalend voor de kansen van veel soorten planten en dieren in het landbouwgebied zelf. Sommige soorten krijgen dankzij de landbouw een kans om zich uit te breiden of te vestigen. Maar er zijn meer maatschappelijk breed gewaardeerde soorten die door de voortschrijdende landbouwontwikkelingen in de knel komen. Dit zijn soorten die zijn geassocieerd met karakteristieke vormen van – traditionele – landbouw en mede om die reden worden gewaardeerd.

Figuur 1.1. Krantenkoppen illustreren de grote publieke belangstelling voor agrarisch natuurbeheer. Lezers en organisaties roeren zich daarbij, met berichten over noodzaak, zorgpunten en nieuwe ideeën.

Met het toenemende draagvlak voor bescherming van deze bedreigde soorten planten en dieren in het landbouwgebied ontstond de vraag hoe deze zouden kunnen worden veiliggesteld. Moet worden aangestuurd op het beschermen van deze soorten in reservaten waarin het oude agrarische grondgebruik wordt voortgezet? Of kunnen bepaalde soorten, zo nodig met financiële compensatie, ook duurzaam voortbestaan op moderne landbouwbedrijven? Voor deze twee benaderingen worden vaak de termen 'scheiding' en 'verweving' van natuur en landbouw gebruikt.

In dit boek staat het streven naar verweving centraal: in hoeverre kan een moderne bedrijfsvoering worden gecombineerd met het duurzaam in stand houden van de natuur op de landbouwbedrijven zelf? In de afgelopen jaren hebben boeren, vrijwilligers, onderzoekers en beleidmakers tal van activiteiten ontplooid om een dergelijke verweving van landbouw en natuur te behouden of tot stand te brengen. Met wisselende resultaten. We proberen antwoord te geven op de vraag naar de ecologische effectiviteit van het agrarisch natuurbeheer. Daarnaast besteden we aandacht aan de achterliggende sociale en economische aspecten, zoals de kosten, de organisatie en de motivatie van de boeren om mee te doen.

Het is verhelderend om een vergelijking te maken met het natuurbeheer in reservaten. Daarmee zijn in ons land inmiddels wel goede resultaten geboekt. Het areaal bos plus natuurgebied is na eeuwenlange achteruitgang in de periode 1980-2008 gemiddeld met 6,8 km^2 per jaar toegenomen, met binnen deze periode vanaf 2000 weer een afvlakking (Compendium voor de Leefomgeving, 2013). Belangrijker: we zien dat de Rode Lijst van bedreigde soorten sinds 2005 in ons land weer korter wordt en ook dat de mate van bedreiging afneemt (PBL, 2014). Hoewel de populaties van vlinders en amfibieën nog slinken, gaat het met libellen en zoogdieren de goede kant op. Ook is een lichte verbetering geconstateerd voor hogere planten, reptielen en broedvogels. Deze ontwikkelingen komen grotendeels op het conto van reservaten. We kunnen concluderen dat per saldo het natuurbeheer in de reservaten in ons land werkt.

Dat geldt bepaald niet voor de natuur op en rond het boerenland, zowel in ons land als elders in Europa (EEA, 2015). Steeds weer blijkt dat veel soorten verder achteruit zijn gegaan of zijn verdwenen. Het betreft planten, vogels, zoogdieren, vlinders en bijen, en ook de landschappelijke kwaliteiten van het agrarisch gebied. Deze achteruitgang gaat nog steeds door, ondanks tal van inspanningen om hem te stoppen.

Dit beeld wordt krachtig samengevat in het Living Planet Report van het Wereld Natuur Fonds (WNF, 2015). Dat rapport laat zien dat de achteruitgang van de natuur in ons land als geheel omstreeks 1995 is gestopt en heeft plaatsgemaakt voor een lichte vooruitgang. Die vooruitgang is met name te danken aan de ontwikkeling in bossen en in zoute en zoete wateren. In open natuurgebieden zoals duinen en heidevelden, in stedelijk gebied en vooral ook in het landbouwgebied blijkt de natuur nog steeds verder achteruit te gaan. Er is dus werk aan de winkel voor het agrarisch natuurbeheer.

1.2 Wat is agrarisch natuurbeheer?

De zorg voor natuur op boerenland wordt sinds de jaren '90 aangeduid als 'agrarisch natuurbeheer'. Wat verstaan we daar onder? Een sluitende definitie van agrarisch natuurbeheer is niet eenvoudig te geven. In het spraakgebruik gaat het doorgaans over natuurbeheer op agrarische bedrijven. Het wordt dan vaak direct verbonden met de kosten die ermee zijn gemoeid. Wikipedia (raadpleging maart 2016) omschrijft agrarisch natuurbeheer als:

> ...de maatregelen die landbouwers nemen om tot behoud of verbetering van de kwaliteit van natuur en landschap te komen.

En:

> Sommige maatregelen brengen kosten met zich mee. Voor deze maatregelen krijgt de boer een vergoeding van de overheid...

In het advies 'Onbeperkt houdbaar: naar een robuust natuurbeleid' (RLi, 2014) staat de volgende omschrijving:

> Voor versterking van de synergie tussen landbouw en natuur gebruikt de overheid het instrument 'agrarisch natuurbeheer': agrariërs krijgen een vergoeding voor natuur in agrarisch gebied.

De Wikipedia-omschrijving legt dus de nadruk op de boeren als uitvoerders, de RLi beschrijft het als overheidsinstrument. Beide omschrijvingen wijzen op de vergoedingen die de boeren voor hun maatregelen kunnen krijgen.

Wij hanteren een iets ruimere definitie:

> Agrarisch natuurbeheer betreft alle maatregelen die boeren en anderen op landbouwbedrijven nemen om te komen tot behoud of verbetering van de kwaliteit van natuur en landschap.

De maatregelen kunnen dus ook worden uitgevoerd door anderen, veelal vrijwilligers. Het beheer kan ook betrekking hebben op natuurgerichte maatregelen die worden genomen in samenwerking met organisaties als waterschappen of met private partijen. Het kunnen dus zowel maatregelen met als zonder vergoeding zijn.

In deze omschrijving staat doelgerichte zorg centraal. Maar dan zijn we er nog niet helemaal. Wat doen we met maatregelen die niet bewust op natuur zijn gericht, maar wel natuur opleveren? Bij voorbeeld de boerenzwaluwen in een koeienstal (met open ramen, dat wel). Of om het nog iets lastiger te maken: wat vinden we van de rijke weidevogelstand op boerenland in de jaren '50? Die was spontaan ontstaan, in veel gevallen zonder dat er gerichte zorg aan te pas kwam. Onze omschrijving volgend zouden we dat dus geen agrarisch natuurbeheer moeten noemen.

Een andere afbakening is nodig met betrekking tot het beheer van natuurreservaten door boeren. Meer dan driekwart van de Nederlandse graslandreservaten wordt gebruikt door boeren, veelal als pachter. Dit speelt zich af buiten de boerenbedrijven en rekenen we daarmee niet tot het agrarisch natuurbeheer. Wel is er een verwantschap met agrarisch natuurbeheer. Daarom nemen we dit beheer op sommige plaatsen in het boek mee, ook omdat het op veel plekken aansluit bij agrarisch natuurbeheer (zie bijvoorbeeld Hoofdstuk 13).

Foto 1.1. De wetenschap in actie. Hier een twintigtal proefschriften uit diverse Nederlandse universiteiten. Vele over weidevogels, maar ook over akkervogels, sloten en slootkanten, insecten, en ook enkele over sociaalwetenschappelijke aspecten.

Er zijn ook agrarische bedrijven die niet gericht maatregelen nemen om de soortenrijkdom te verhogen, maar een vorm van landbouw bedrijven die inherent een grotere biodiversiteit met zich meebrengt. Bekend voorbeeld is de biologische landbouw, die niet specifiek is gericht op een grotere soortenrijkdom, maar daarvoor wel van betekenis is (Tekstkader 1.1). Het zijn bedrijven die meer 'met de natuur' werken. Dit streven zien we terug in het recente beleid van het ministerie van Economische Zaken om voor de landbouw meer in algemene zin te komen tot een zogenoemde 'natuurinclusieve' landbouw. Daarmee wordt landbouw bedoeld die zich rekenschap geeft dat natuur de basis is voor voedselproductie en daar ook naar handelt. Dat zou een uitgangspunt kunnen zijn voor duurzame landbouw. Het zal duidelijk zijn dat deze laatste voorbeelden wel een raakvlak hebben met agrarisch natuurbeheer. Misschien is het niet zo belangrijk om op deze punten een scherpe scheidslijn te trekken.

Biodiversiteit heeft een waarde op zich, maar we schenken ook aandacht aan het eventuele nut er van voor de productie, ook wel aangeduid als 'functionele agrobiodiversiteit' (Hoofdstuk 12). Tot slot besteden we enige aandacht aan de belevingswaarde van landschapselementen en de daarbij behorende natuurwaarden en de aanknopingspunten die dat biedt voor verbreding van de bedrijfsvoering met recreatie, toerisme en zorg (Hoofdstuk 14).

We besteden geen aandacht aan effecten die onze landbouw en ons (agrarisch) natuurbeheer hebben op natuur buiten ons land, ook buiten Europa. Denk voor wat betreft de veehouderij aan de import van soja als veevoer, waarvoor in Zuid Amerika forse arealen bossen zijn en nog worden gekapt en savannen worden ontgonnen. Ook agrarisch natuurbeheer kan in geringe mate een dergelijk effect hebben: het vormt een beperking voor de voedselproductie in Nederland, en kan er daardoor toe leiden dat in het buitenland iets meer natuurgebied zal worden ontgonnen. De kap van bossen is vanzelfsprekend is van groot belang, maar we beperken ons tot de effecten van landbouw en het agrarisch natuurbeheer in Nederland.

Tekstkader 1.1. Biodiversiteit in de biologische landbouw.

Helias Udo de Haes en Wouter van der Weijden

De biologische landbouw kwam op in de jaren twintig van de vorige eeuw, als reactie op, en alternatief voor de steeds verder industrialiserende landbouw met synthetische kunstmest en bestrijdingsmiddelen. In 1972 heeft de koepelorganisatie International Federation of Organic Agriculture Movements (IFOAM) normen opgesteld. In 2007 werd de Europese verordening (EG) Nr. 834/2007 van kracht, waarop ook een Europees keurmerk is gebaseerd. In Nederland voldoet het EKO-keurmerk daaraan en vindt de controle plaats door Skal als certificeringsbureau.

Specifieke beginselen van de Europese verordening (Art. 5) betreffen onder andere:

- in stand houden van de bodemvruchtbaarheid;
- beperkt gebruik van niet-hernieuwbare hulpbronnen;
- preventieve technieken tegen ziekten en plagen;
- grondgebonden veehouderij;
- in stand houden van diergezondheid en dierenwelzijn.

Algemene eisen bij de biologische keurmerken zijn: geen kunstmest, geen synthetische gewasbeschermingsmiddelen, alleen curatief gebruik van antibiotica, geen genetisch gemodificeerde gewassen. Voor biodiversiteit met betrekking tot het bodemleven gelden alleen functionele eisen.

Wat is in de praktijk de stand van de bovengrondse biodiversiteit op biologische bedrijven? Bengtsson e.a. (2005) vonden op basis van een overzichtsstudie voor hogere planten, broedvogels, roofinsecten en spinnen gemiddeld op biologische landbouwbedrijven een 30 procent hogere soortendiversiteit en een 50 procent hogere dichtheid van organismen. Vergelijkbare resultaten werden gevonden door Hole e.a. (2005), Mondelaers e.a. (2009) en Tuomisto e.a. (2012). Uit beide laatste overzichtsstudies bleek voorts een hoger organische stofgehalte in de bodem. De milieuprestaties bleken gemengd: lagere emissies van nutriënten en broeikasgassen per hectare, maar gelijke of zelfs hogere emissies per eenheid product. Dat verschil hangt samen met de lagere opbrengsten per hectare.

Kragten (2009) deed een vergelijkend onderzoek naar de broedvogelstand op biologische en gangbare akkerbouwbedrijven in de IJsselmeerpolders, met speciale aandacht voor boerenzwaluw, kievit en veldleeuwerik. De soortenrijkdom bleek op beide type bedrijven gelijk, maar de samenstelling was anders. De beide laatste soorten bleken op biologische bedrijven in aanzienlijk hogere dichtheden voor te komen. Landschapselementen waren op beide typen gelijkelijk aanwezig. Overigens bleken biologische bedrijven ook specifieke nadelen te hebben: door mechanische in plaats van chemische onkruidbestrijding gaan nesten van op de grond broedende soorten vaker verloren dan in de gangbare landbouw; deze bedrijven zouden dan als *sinks* kunnen functioneren (Kragten en De Snoo, 2007).

Schneider e.a. (2014) vonden in een breed eigen onderzoek in twaalf Europese en Afrikaanse regio's een 10,5 procent hogere diversiteit van soorten planten, regenwormen, spinnen en bijen op percelen van biologische bedrijven vergeleken met percelen van gangbare bedrijven. Dat verschil nam toe tot 45 procent in regio's met de meest intensieve bedrijven. Op bedrijfsniveau waren de verschillen veel kleiner, als gevolg van een vrijwel gelijk aandeel niet-productieve percelen op beide typen bedrijven.

De biologische landbouw groeit wereldwijd. Het aandeel in het landbouwareaal is wereldwijd 0,86 procent, in Nederland 2,7 procent en in Oostenrijk 19,7 procent (Willer e.a., 2013). In ons land was de oppervlakte in 2013 circa 50.000 hectare. Dat was vergelijkbaar met het areaal agrarisch natuurbeheer in dat jaar (exclusief nestbescherming) (Figuur 1.1.1).

Daarmee zijn er duidelijke aanwijzingen dat biologische landbouw leidt tot een toename van de biodiversiteit, maar ook dat de variatie tussen biologische bedrijven groot is. Oorzaken zijn waarschijnlijk, naast

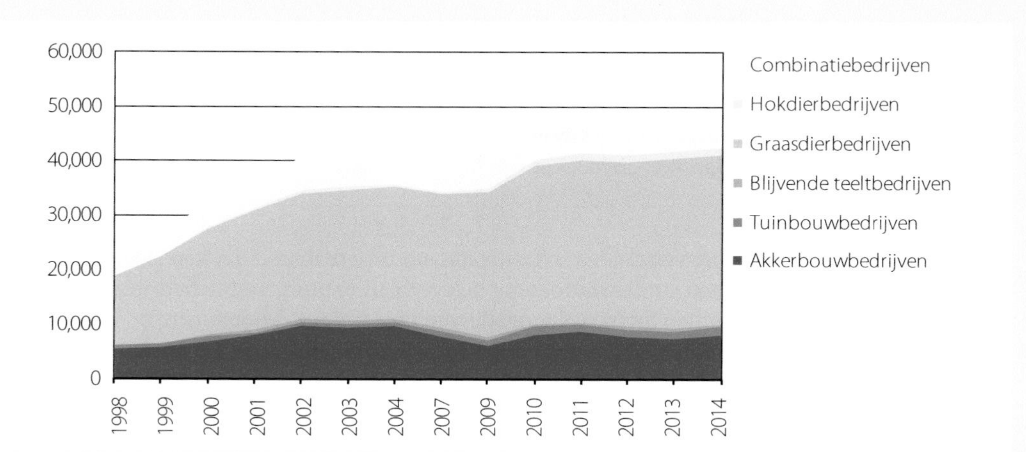

Figuur 1.1.1. Areaal biologische landbouw in Nederland 1998-2014 (Compendium voor de Leefomgeving, 2015).

afwezigheid van synthetische bestrijdingsmiddelen, het bredere bouwplan met meer verschillende gewassen en soms de aanwezigheid van meer landschapselementen. De biodiversiteit op biologische bedrijven zal waarschijnlijk toenemen als er ook criteria komen voor de biodiversiteit. Dergelijke criteria zijn er nog steeds niet. In ons land zijn natuurbeschermingsorganisaties, biologische landbouw en Stichting milieukeur een initiatief gestart voor 'natuur en biodiversiteit in de biologische markt' (Meeuwsen e.a., 2015).

Hier moet wel aan worden toegevoegd dat de productie per hectare gemiddeld zo'n 20 procent lager is dan op gangbare bedrijven (Ponisio e.a., 2015). Daarom is vaak betoogd dat biologische landbouw niet in staat zal zijn om in de toekomst de gehele wereldbevolking te voeden (o.a. Fresco, 2012). In elk geval vergt grootschalige toepassing meer ruimte, die dan al gauw ten koste zal gaan van natuurgebieden. Wel zou biologische landbouw door zijn zorgvuldige bodemgebruik in bepaalde situaties duurzamer kunnen zijn dan veel gangbare vormen van landbouw.

1.3 Beheermaatregelen: reikwijdte, organisatie en vergoedingen

Bij agrarisch natuurbeheer wordt vaak alleen gedacht aan weidevogelbeheer, waarbij het gaat om maatregelen zoals later maaien van percelen en plaatsen van nestbeschermers. Het is echter veel breder van karakter, en omvat maatregelen die meer of minder sterk met de bedrijfsvoering verbonden zijn. Een voorbeeld van een maatregel die vrijwel los staat van de bedrijfsvoering is het plaatsen van nestkasten voor kerkuilen (Hoofdstuk 11). Het kunnen ook maatregelen zijn die vroeger deel uitmaakten van de bedrijfsvoering maar nu niet meer: het knotten van bomen of het aanleggen van poelen. Ook kan het gaan om natuurgericht beheer van zones die aan het productieland grenzen en daardoor voor de bedrijfsvoering maar van beperkte betekenis zijn. Ook aangepast beheer van sloten en houtwallen kan daar deel van uitmaken (Hoofdstuk 9 en 10). Het meest vergaand zijn maatregelen die rechtsreeks op de productie ingrijpen: uitstellen van de datum waarop het gras wordt gemaaid of beweid en aanpassen van de mestgift (Hoofdstuk 6 en 13). En op akkers: braakleggen van (delen van) akkers, inzaaien van gewassen die vogels kunnen benutten als schuilplek of als foerageerplek (Hoofdstuk 8).

Agrarisch natuurbeheer is in ons land geheel vrijwillig; het wordt op vrijwillige basis uitgevoerd door boeren en door vrijwilligers. Er zijn geen wetten of voorschriften die deelname van boeren of burgers afdwingen. Als we ons beperken tot de deelname aan de subsidieregelingen en wat daar direct aan is verbonden, dan zijn er op dit moment zo'n 7.000 boeren en zo'n 9.000 vrijwillige weidevogelbeschermers[1] die er aan meedoen. Wat zijn hun motieven om mee te doen en hoe is een en ander georganiseerd?

Tussen boeren bestaan er grote verschillen in motivatie om mee te doen. Het kan gaan om boeren die hart voor de natuur hebben en die voldoening beleven aan natuurgerichte bedrijfsvoering. De vergoedingen maken het voor hen financieel mogelijk om mee te doen. Voor andere boeren vormen de vergoedingen het hoofdmotief en is deelname vooral een zakelijke aangelegenheid. Ook kan deelname samenhangen met de behoefte om tegemoet te komen aan de maatschappelijke wens om natuur te bevorderen. Het kan dan een onderdeel vormen van maatschappelijk verantwoord ondernemen of zelfs van een *license to produce*. Samenwerken met vrijwilligers en hun organisaties maakt daar deel van uit. Deelname van vrijwilligers wordt gevoed door persoonlijk enthousiasme voor natuur op boerenland in combinatie met een aangename vrije tijdsbesteding met maatschappelijk nut (zie Hoofdstuk 6, 13 en 14).

Wat betreft de organisatie zien we in de tijd een interessante ontwikkeling. Aanvankelijk was het een regeling van de rijksoverheid, die tezamen met alle betrokkenen, waaronder de landbouworganisaties, werd ontwikkeld. Beheerovereenkomsten werden gesloten met individuele boeren. Later gingen de deelnemende boeren zich organiseren in agrarische natuurverenigingen, waarvan er nu ongeveer honderdvijftig bestaan (zie Hoofdstuk 5). Bij de stelselwijziging die in 2016 is ingegaan, zijn de verenigingen samengevoegd tot zogenoemde 'collectieven'. Landelijk zijn er daarvan in totaal circa 40. In deze collectieven is ook ruimte voor samenwerking met andere natuurorganisaties zoals Natuurmonumenten, de provinciale landschappen en Staatsbosbeheer.

Wat betreft de vergoedingen: van de boeren kon en mocht niet worden verwacht dat ze uit eigen wil en op eigen kosten meer natuurgericht gingen boeren. Het bepalen van een redelijke hoogte van de vergoedingen is echter geen sinecure. Uiteindelijk is gekozen voor een vergoedingensystematiek die is gebaseerd op een compensatie van de opbrengstderving en van de extra arbeidskosten die met het aangepaste beheer samenhangen. Daarbovenop wordt een bescheiden bonus gegeven voor overhead en organisatiekosten.

1.4 Ontwikkeling van het agrarisch natuurbeheer, effectiviteit, kritiek, verschillende visies

Het startschot van de regeling voor agrarisch natuurbeheer is gegeven in 1975, toen de Relatienota werd gepubliceerd. Het kabinet Den Uyl publiceerde toen drie 'groene nota's', respectievelijk over Nationale Parken, over Nationale Landschapsparken en de 'Nota betreffende de relatie tussen landbouw en natuur- en landschapsbehoud', kortweg de Relatienota (Foto 1.2). Deze nota's beoogden de toen snel afkalvende natuur- en landschapswaarden (denk aan ruilverkavelingen) van het landelijke gebied te beschermen. Voor wat betreft het landbouwgebied werd in de Relatienota ingezet op:

[1] In het Nederlandse landschap zijn in totaal jaarlijks zo'n 75.000 vrijwilligers aan het werk.

- Aankoop van gronden met hoge, kwetsbare natuurwaarden om deze om te vormen tot reservaten. Daarvoor was in totaal 100.000 hectare beoogd.
- Voor een even groot gebied (100.000 hectare) was wel bescherming van natuurwaarden beoogd, maar werd geen aankoop en reservaatvorming voorgestaan. In dat gebied, aangeduid als 'beheergebied', zouden boeren worden uitgenodigd om op vrijwillige basis hun bijdrage aan het natuurbeheer te leveren. De veronderstelling daarbij was dat in deze beheergebieden het benodigde beheer weinig ingrijpend was en in de reguliere bedrijfsvoering zou kunnen worden ingepast.

Het eerste doel sloot goed aan bij het plan-Mansholt (vastgesteld in 1971), dat voorzag in het uit cultuur nemen van een deel van de Europese landbouwgrond ter beheersing van de destijds toenemende overproductie. Tekstkader 4.2 laat zien dat in 2011 het beoogde areaal reservaten voor circa 50 procent was gerealiseerd en het areaal beheergebied voor circa 60 procent.

Vanaf het begin kwam er kritiek op de drie groene nota's, zowel vanuit de landbouw als vanuit de natuurorganisaties. Vanuit de landbouw kwam de zwaarste kritiek op het plan voor de nationale landschapsparken, waarin de boer nog slechts een parkwachter zou zijn die 'agrarische schijnbewegingen' zou maken. De kritiek op de Relatienota richtte zich op de onduidelijke planologische status van de beheergebieden – mogelijke planologische schaduwwerking[2] – die zou leiden tot een indirect gedwongen deelname, en op het stelsel van vergoedingen voor het uit te voeren beheer. Over dat

Foto 1.2. De Relatienota als sluitstuk van de drie 'groene nota's uit 1975: deel I, de nota over de Nationale Parken; deel II over de Nationale Landschapsparken; en deel III, de Relatienota, waar het beleid allemaal mee begon.

[2] Onder planologische schaduwwerking wordt verstaan dat aanwijzing van een gebied als beheergebied verdere landbouwkundige verbetering (ontwatering, kavelverbetering) in de weg kan staan. Dat zou een oneigenlijk effect van aanwijzing zijn. Het officiële beleid was daarom: aanwijzing als beheergebied volgt op planologische status. Omdat in de praktijk beide zaken veelal gelijk op liepen, vertrouwden boeren dit niet helemaal.

stelsel is zes jaar onderhandeld. In 1981 werd overeenstemming bereikt en kon met de uitvoering worden begonnen. Het beheer werd al snel 'Relatienotabeheer' genoemd. De deelname ontwikkelde zich in de eerste jaren langzaam. Vooral de begrenzing van gebieden – de keuze voor welke gebieden overeenkomsten konden worden afgesloten en voor welke niet, en het wegnemen van de vrees voor planologische schaduwwerking – kostte veel tijd. In de jaren '90 nam de deelname sterk toe, mede door de invoering van melkquota.

Ook vanuit de natuurbescherming was er kritiek. Sommigen vonden dat te zwaar werd geleund op vrijwilligheid, wat te gemakkelijk kon ontaarden in vrijblijvendheid. Meer algemeen was de mening dat de contracten een te korte loopduur hadden, dat de beheerde arealen te klein konden zijn en dat er te lichte beheervormen werden aangeboden. Tevens werd er op gewezen dat het beschikbare areaal slechts een zeer beperkt deel van het landbouwareaal uitmaakte (minder dan 5 procent), en dat het slechts om 'bloempottennatuur' dreigde te gaan (Van der Weijden, 1977). Daardoor zou al bij voorbaat het overgrote deel van de natuur in het resterende landbouwgebied worden prijsgegeven.

Er bestaan verschillende visies op de potentiële rol van het agrarisch natuurbeheer. Van der Weijden (1977) zag gebieden met agrarisch natuurbeheer als potentiële vernieuwingsgebieden, met een voorbeeldwerking voor het hele landbouwareaal. In vergelijkbare termen stelden De Snoo e.a. dat dit beheer zou kunnen werken als vliegwiel voor de plattelandsontwikkeling (De Snoo, 2004; De Snoo e.a., 2013). Lijnrecht daar tegenover staat de visie die het agrarisch natuurbeheer beschouwt als een achterhaalde bezigheid (o.a. Van de Klundert, 2013). Deelname zou vooral aantrekkelijk zijn voor uitzichtloze, ouderwetse bedrijven en bedrijven zonder opvolger. Hij stelde vast dat landbouw en natuur steeds meer uit elkaar groeien, waardoor verweving steeds moeilijker zal worden. Op termijn zou dat niet meer vol te houden zijn, ook niet in economisch opzicht.

Al vrij snel na de start van het beheer werden er evaluatieonderzoeken gedaan. Een onderzoek van het ministerie van Landbouw, Natuur en Visserij liet zien dat de ontwikkelingen binnen beheerde gebieden gemiddeld niet gunstiger waren dan daarbuiten (Commissie Beheer Landbouwgronden, 1993). Onderzoek van Kleijn e.a. (2001) waarin een paarsgewijze vergelijking van wel- en niet-beheerde percelen werd uitgevoerd, gaf aan dat er niet of nauwelijks aantoonbare positieve effecten waren. Een recente Europese review-studie van Batáry e.a. (2015) geeft een meer genuanceerd beeld van de effectiviteit van het agrarisch natuurbeheer, met als conclusie dat dit over het geheel genomen een bescheiden positief effect heeft. Relevant in deze studie is de constatering dat positieve effecten vooral optreden op gronden zonder productie, zoals perceelranden of houtwallen en niet of zeer beperkt op productiegrond.

1.5 Lerend beheer

Agrarisch natuurbeheer is geen statisch gegeven. De drie belangrijkste partijen – de boeren, de overheid en de wetenschap – hebben in de afgelopen veertig jaar telkens opnieuw van elkaar geleerd en verbeteringen toegepast. De overheid begon in 1975 met beleid dat vrijwel in zijn geheel gericht was op de bescherming van nesten van weidevogels en vervolgens steeds uitgebreider van karakter werd. Boeren voerden, vaak ondersteund door vrijwilligers, de voorgeschreven maatregelen uit, en de wetenschap evalueerde de effecten daarvan. Die bleken vaak teleurstellend. Ecologen deden daarop nader onderzoek en leidden daar nieuwe maatregelen uit af. De overheid vertaalde deze op haar beurt in beheerpakketten, en de boeren en vrijwilligers brachten deze in praktijk.

Interessant in deze steeds opnieuw doorlopen cyclus is dat de spelers, ieder op hun domein, vaak tegen de heersende mening in innovatieve bijdragen hebben geleverd (Figuur 1.2). Zo ontstond stap voor stap een nieuw, samenhangend bouwwerk van elkaar versterkende maatregelen. Dit heeft in het nieuwe stelsel vorm gekregen in de zogenoemde kerngebiedenbenadering (Hoofdstuk 6).

Een nieuwe ontwikkeling is dat ook andere private partijen een rol in deze innovatiecyclus beginnen te spelen. Bij de weidevogels gaat het vooral om het initiatief 'Redt de rijke weide' van de Vogelbescherming (https://www.redderijkeweide.nl), en het initiatief van het Wereldnatuurfonds Nederland samen met FrieslandCampina om boeren financieel te ondersteunen bij een actieve rol in het weidevogelbeheer (Trouw, 20 januari 2015: http://tinyurl.com/qgwbn8z).

Naast weidevogels en akkervogels komen in dit boek vele andere onderwerpen aan de orde: de sloten en slootkanten als blauw netwerk in het landschap (Hoofdstuk 8), de groene opgaande landschapselementen (Hoofdstuk 9), en erven en gebouwen bij de boerderijen (Hoofdstuk 10). Het gaat in dit boek ook niet alleen om hogere planten en broedvogels. In tekstkaders komen ook overwinterende vogels zoals vinken en gorzen, en zoogdieren zoals de haas en de hamster aan de orde. Een nieuwe invalshoek vormt de functionele agrobiodiversiteit, ofwel soorten die van betekenis zijn voor de agrarische bedrijfsvoering zelf. Een belangrijke vraag is welke rol het agrarisch natuurbeheer daarbij zal kunnen spelen (Hoofdstuk 11).

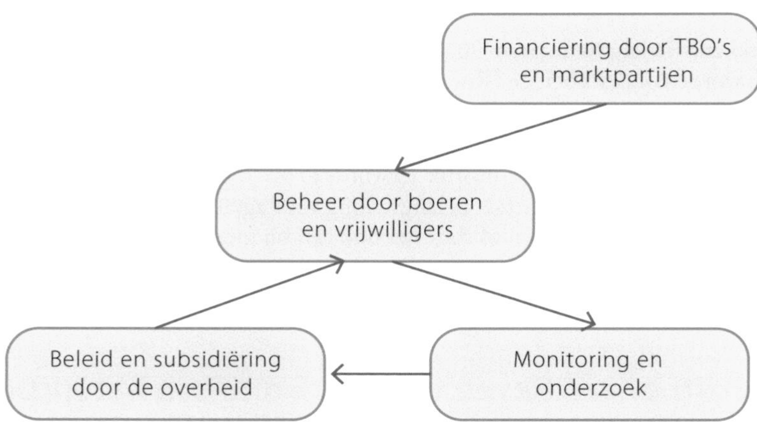

Figuur 1.2. Leercyclus in het agrarisch natuurbeheer. TBO = terreinbeherende organisaties.

1.6 Sociale en economische vragen

Naast ecologische aspecten zijn voor het agrarisch natuurbeheer ook sociale en economische aspecten belangrijk. Immers, het beheer zal moeten aansluiten bij de economische bedrijfsvoering en bij de bedrijfscultuur. Hoe maken boeren hun keuzes, hoe kunnen zij de benodigde maatregelen in hun bedrijfsvoering inpassen? Kan dat uiteindelijk toch alleen op grond zonder productie of ook op productiegrond? Biedt de regeling voldoende ruimte voor een toekomstgerichte bedrijfsontwikkeling? Wat zijn de perspectieven van innovatie, bijvoorbeeld gericht op boeren bij hoog grondwaterpeil?

Foto 1.3. De Kenniskring Weidevogels op excursie in Friesland. De groep van Theunis Piersma doet hier langjarig onderzoek naar weidevogels. Door vogels individueel te volgen wordt geprobeerd de ecologie van de grutto te ontrafelen.

Een belangwekkend inzicht in de jaren '90 was dat binnen het boerenbedrijf verschillende bedrijfsstijlen kunnen worden onderscheiden (Roep e.a., 1991; Volker, 1995). Tot dan werd het landbouwbedrijf vaak als uniform beschouwd, alsof alle boeren werken vanuit dezelfde waarden en zich op dezelfde wijze op de toekomst oriënteren. De inpasbaarheid van natuurbeheer verschilt sterk tussen de verschillende bedrijfsstijlen. In Hoofdstuk 13 wordt in beeld gebracht bij welke typen bedrijven en agrarische ondernemers we de meeste belangstelling voor agrarisch natuurbeheer zien. Gaat het om achterblijvers op kleine bedrijven of slaat het ook aan bij moderne boeren op grote bedrijven? Welke eisen stelt het beheer aan het ondernemerschap? Dit inzicht heeft ook de strategieën voor verbreding van het boerenbedrijf sterk gevoed (Hoofdstuk 14).

1.7 Toekomstperspectieven voor het agrarisch natuurbeheer

In het laatste hoofdstuk gaan we in op de toekomstperspectieven voor het agrarisch natuurbeheer. Dat doen we aan de hand van drie thema's. Het eerste thema betreft de ecologische effectiviteit van de beheermaatregelen. De bevindingen van de Hoofdstukken 6 t/m 12 worden kort samengevat en verklaringen voor het optreden of uitblijven van effecten worden gezocht.

Het tweede thema betreft de ruimtelijke strategie. In hoeverre is natuurbehoud nu en op langere termijn te combineren met de voedselproductie? In hoeverre kan dat op de percelen zelf (met volvelds beheer), vergeleken met beheer op bedrijfsonderdelen die niet of maar weinig voor de productie van belang zijn, zoals perceelranden, sloten en slootkanten, poelen, houtwallen, bosjes, erven en gebouwen? En wat zijn de mogelijkheden en de effectiviteit van maatregelen die generiek, over het landbouwgebied als geheel, worden genomen ten opzichte van maatregelen die plaatselijk worden gericht op het beheer van bijzondere soorten?

Foto 1.4. Hooiland met scherpe boterbloemen en veldzuring. Geen zeldzame planten, maar wel landschappelijk mooi. De kruidenrijke vegetatie is rijk aan insecten, de belangrijkste voedselbron voor weidevogelkuikens.

Het derde thema betreft de sturing en de rollen van de betrokken partijen. Wat is de rol van de overheden, wat die van de boeren en vrijwilligers, en welke rol ligt er voor de voedselindustrie, de supermarkten en ook de burgers, als consument van voedsel en als recreant of gebruiker van het landelijke gebied? En hoe zou een en ander gefinancierd moeten en kunnen worden; waar zijn aanvullende financieringsbronnen te vinden? En ten slotte gaan we in op een aantal belangrijke nieuwe ontwikkelingen.

1.8 Leeswijzer

Hierna volgen de hoofdstukken waarin de betreffende auteurs hun onderwerp uit de doeken doen. We sluiten elk hoofdstuk af met een 'Van de redactie'. Daarin reflecteren we op de belangrijkste onderdelen van het hoofdstuk en schenken we speciale aandacht aan de perspectieven voor de toekomst van het agrarisch natuurbeheer.

Hoofdstuk 2.

Ontwikkeling natuurbescherming op boerenland en in reservaten[1]

Geert de Snoo* en Henny van der Windt

G.R. de Snoo, Centrum voor Milieuwetenschappen, Universiteit Leiden (CML); snoo@cml.leidenuniv.nl
H.J. van der Windt, Energy & Sustainability Research Institute Groningen, Rijksuniversiteit Groningen

◀ Romantisch beeld van bos. Het laatste oerbos in Nederland werd in 1871 nog zonder veel protest omgehakt. Daardoor ontbreekt ook het natuurlijk referentiekader hoe de natuur er in ons land uitziet.
◀ Echt Hollands kleurrijk boerenland in het veenweidegebied met gele lis aan de slootkant.
◀ De bescherming van kenmerkende weidevogels zoals tureluur (foto), grutto, kievit en scholekster heeft de afgelopen 40 jaar veel aandacht gekregen. Zowel in reservaten als in boerenlan

[1] Een groot deel van dit hoofdstuk is ontleend aan: G.R. de Snoo, 2004. Dynamisch land – rijke natuur. Oratie 28 oktober 2004, Wageningen Universiteit; G.R. de Snoo, 2016. Succesvol natuur beschermen. Diesoratie 8 februari 2016, Universiteit Leiden; en H.J. van der Windt, 1995. En dan: wat is de natuur nog in dit land? Natuurbescherming in Nederland 1880-1990. Boom, Amsterdam. Vanwege de leesbaarheid zijn deze publicaties niet op alle plaatsen in het hoofdstuk geciteerd.

2.1 Aankoop van natuurreservaten

Aandacht voor de bescherming van natuur is er in allerlei culturen in vele eeuwen geweest (zie Tekstkader 2.1). Echter, een georganiseerde bescherming van soorten en gebieden – in de vorm van het aankopen van gebieden, het invoeren van wetten voor het behoud van soorten en gebieden en het oprichten van natuurorganisaties – ontstond pas midden negentiende eeuw. Als tegenbeweging van de industriële revolutie en agrarische veranderingen werd de roep om een harmonieuze relatie tussen mens en natuur steeds luider. In de Verenigde Staten stond in de tweede helft van de negentiende eeuw het 'parkconcept' centraal. Zo ontwierp Olmsted in 1865 een plan om van Yosemite in Californië een zogenaamd 'National Park' te maken, naar analogie van de publieke stadsparken (Van der Windt, 1995). Nationale Parken waren bedoeld als gebieden waar planten en dieren bescherming vinden en mensen kunnen recreëren. De slogan in Olmsted's plan luidde 'for the free enjoyment of the people'. In 1872 werd het eerste Nationale Park gesticht: Yellowstone Park. Het concept kreeg navolging op andere plaatsen binnen de Verenigde Staten. Het waren gebieden waar aan natuurbescherming werd gedaan omwille van de natuur zelf, en niet alleen vanwege jagers- of houtvestersbelangen (Van der Meulen, 2009).

Ook in Europa, en met name in Duitsland waren er vroege initiatieven, onder andere van de romanticus en componist Rudorff, om sommige bijzonderheden van landschap en natuur te bewaren. Daarvoor werden de termen 'Heimatschutz', 'Landschaftschutz' en 'Naturschutz' gebruikt. Om het verdwijnen van planten- en diersoorten te voorkomen, moesten delen van het land in oorspronkelijk staat behouden blijven als 'Naturdenkmäler', zo stelden natuurbeschermers van het eerste uur (Van der Windt, 1995). Daarbij lag in Duitsland, vergeleken met de Verenigde Staten, het accent veel minder op de ontspanning van het volk, maar louter op het behoud van de natuurlijke toestand van de oorspronkelijke natuur.

Naast de bescherming van natuurgebieden ontstonden in de negentiende eeuw – met name in Engeland – georganiseerde initiatieven die zich inzetten voor de bescherming van individuele dieren: de dierenbescherming. Daarbij ging het aanvankelijk om het verbeteren van de omgang met (landbouw)huisdieren, maar later ook om de bescherming van wilde vogels. Vooral de veren van zilverreigers en sterns werden veelvuldig gebruikt om dameshoeden te verfraaien. De oprichting van de 's-Gravenhaagse Vereeniging tot Bescherming van Dieren in 1864 wordt in ons land gezien als startjaar van de Nederlandse Dierenbescherming (Saris, 2007).

Als beginpunt van de Nederlandse natuurbeschermingsbeweging wordt veelal de periode rond 1900 gekozen (Coesèl e.a., 2007; Van der Windt, 1995; e.a.). Dat is relatief laat, temeer omdat in die tijd veel oorspronkelijke natuur in Nederland al was verdwenen. Het nabij Apeldoorn gelegen Beekbergerwoud – veelal aangeduid als het laatste oerbos van Nederland – werd tussen 1869 en 1871 omgehakt zonder veel protest (Van der Meulen, 2009). Ook waren kenmerkende soorten zoals de wolf (laatste exemplaar gedood in 1869 nabij Schinveld, www.wolveninnederland.nl) en de bever (laatste exemplaar gedood in 1826 nabij Zalk, www.zoogdiervereniging.nl) uit ons land verdwenen. En het aandeel 'woeste gronden', niet-gecultiveerde terreinen, zoals heide en moerassen was toen al sterk afgenomen.

Dat Nederland ten opzichte van de ons omringende landen laat begint met deze natuurbescherming, wordt vaak gerelateerd aan de latere aanvang van de Industriële Revolutie en ook de minder krachtige romantische beweging. Wel zijn er in ons land vergelijkbare ontwikkelingen te zien. Na

Tekstkader 2.1. Agrarisch natuurbeheer vóór 1900: de ooievaar.

Wouter van der Weijden

Gerichte zorg voor natuur door boeren kwam al voor in de negentiende eeuw. Een soort die toen tot de verbeelding sprak en bescherming genoot was de ooievaar. Dit laten bijvoorbeeld de dagboeken van boer Doeke Hellema in het Friese Wirdum (Algra, 1979) zien, die de periode van 1821 tot 1856 beslaan:

> De ojevaars vermenigvuldigen alhier in den omtrek jaarlijks, en geen wonder, een ieder is met de komst van een paar van deze vogels vereert, en ruimt derzelve gaarne eene plaats in wanneer zij genegenheid betoonen ergens te nestelen; zoo hadden zich voor den jare 1806 een paar op onze oude schuur genesteld, jongen voortgebragt, en kwamen telken jare weder;...

Als het nest in 1823 gevaar loopt, schiet hij de vogels te hulp:

> ...reeds hadden zij hun nest weder betrokken, toen men de oude schuur begon af te breken, om eene nieuwe in plaats te stellen; waarom de schrijver te rade wierd, om het nest, reeds met eijers of jongen voorzien af te nemen en op eene daartoe gekozene boom te plaatsen; dit gelukte volkomen. De jongen werden aldaar door hen gevoed en tot rijpheid gebragt. (...) Schoon deze dieren geen voordeel voor de houders aanbrengen, is derzelver huishouden en tegenwoordigheid, gedurende hun verblijf alhier niet onaangenaam.

Hellema meldt ook dat het mannetje altijd een paar dagen eerder dan het vrouwtje aankomt en dat de ouders bijna elk jaar een of meer jongen uit het nest werpen of zelfs doden. Als hij een keer een jong teruglegt in het nest, wordt het opnieuw verstoten.

Op 9 april 1832 meldt hij dat de vogels zijn weggebleven:

> ...sedert 1806 hebben zij het nest op denzelfden boom betrokken gehad; denkelijk zullen wij van deze gezellige dieren thans verstoken zijn.

Op 20 juli 1847 meldt hij nog wel dat een boer een stuk land onder water had gezet om muizen te bestrijden, waarop:

> ...eene verzameling van Ojevaars aldaar zich plaatste, welke van alle kanten kwamen aanvliegen om op de muizen, welke door het water uit hunne hoolen gedreven waren, te aazen, hij hadde meer dan 400 geteld, en dacht dat er in geheel Friesland zooveel Ojevaars niet waren;...

Hij verbindt daaraan overigens niet de conclusie dat ooievaars helpen tegen de muizenplaag.

vroege initiatieven zoals die van Frederik Willem van Eeden, zijn het met name de onderwijzers Jac. P. Thijsse en Eli Heimans geweest die de basis hebben gelegd voor het ontstaan van natuurbeschermingsorganisaties in Nederland (Coesèl e.a., 2007). In 1896 verscheen de eerste aflevering van het blad *De Levende Natuur*, dat aan het begin stond van de Nederlandsche Natuurhistorische Vereniging (1901). In 1899 werd de Vereeniging tot Bescherming van Vogels opgericht. En in 1903 werd het woord 'natuurbescherming' voor het eerst gebruikt in De Levende Natuur. Het voornemen van de stad Amsterdam om het Naardermeer te gaan gebruiken als stortplaats voor het stadsafval vormde de aanleiding voor natuurbeschermers om zich te verenigen in een eigen organisatie, de Vereniging tot Behoud van Natuurmonumenten in Nederland (1905), meestal aangeduid als 'Natuurmonumenten'. De actie had succes, en het lukte om dit moerasgebied als eerste 'natuurmonument' aan te kopen. Daarna volgden nog vele andere terreinen, in de eerste periode vooral op Texel en de Veluwe.

Foto 2.1. De wolf verdween uit ons land in de negentiende eeuw. De laatste werd waarschijnlijk in 1869 bij Schinveld in Limburg gedood. In maart 2015 werd in het noorden van Nederland voor het eerst weer een wolf gezien.

Nadat Natuurmonumenten een aantal natuurterreinen in bezit had gekregen, ontstond discussie over het beheer ervan. Kon men de gebieden aan zichzelf overlaten om natuurlijke processen zo ongestoord mogelijk te laten verlopen via het zogenoemde procesbeheer? Of moest de reeds aanwezige en bestaande natuur zoveel mogelijk gehandhaafd blijven via het zogenoemde patroonbeheer? In het eerste geval werden processen als successie en verlanding aangemoedigd. In het tweede geval lag de nadruk op soortenbeheer, en werden verlanding en verdere successie juist door beheer periodiek tegengegaan (Coesèl, 1993; Maas, 2005 e.a.; Van der Windt, 1995; Vereniging tot Behoud van Natuurmonumenten, 1956). Daar doorheen speelde de vraag of de natuurgebieden zodanig door de mens mochten worden gebruikt dat er nog wat geld mee kon worden verdiend, bijvoorbeeld door de verkoop van hout. Het was de botanicus Victor Westhoff die omstreeks 1945 het 'natuurtechnisch' beheer dusdanig geaccepteerd kreeg dat de natuurbescherming zich vervolgens enkele decennia lang voornamelijk heeft beziggehouden met het actief in stand houden van reeds aanwezige natuur (Van der Windt, 1995). Ook brak hij een lans voor de specifieke kwaliteiten van de oude cultuurlandschappen en kwam hij met de term 'halfnatuurlijke vegetaties' waarbij menselijk beheer essentieel is voor de instandhouding (Courbois en Schaminée, 2009). Daarmee werd het patroonbeheer in ons land lange tijd dominant (De Jong, 2002; Maas 2005).

Een belangrijke kentering trad pas op in de jaren zeventig, met de 'her-ecologisering van de natuurbescherming' (Maas, 2005; Schouten, 2003; e.a.). De nadruk kwam te liggen op natuurbouw en natuurherstel en later op natuurontwikkeling. Vanaf de jaren tachtig staat het stimuleren van natuurlijke processen centraal, onder meer met kracht bepleit en beargumenteerd door Frans Vera (Courbois en Schaminée, 2009; Vera, 1997). Daarvoor zijn volgens Vera uitgestrekte aaneengesloten natuurgebieden nodig, waar bijvoorbeeld begrazing met grote herbivoren een van de sturende processen is. De ervaringen met het ontstaan van de Oostvaardersplassen maakten duidelijk dat reeds binnen een verrassend kort tijdsbestek 'oernatuur' kon worden gerealiseerd. Hoewel de maakbaarheid van natuurgebieden al in 1943 werd bepleit door de botanicus en landschapsarchitect Jan Bijhouwer (Andela, 2011; Bijhouwer, 1943), kwam er dus pas veel later echt aandacht voor. Zo omarmde Natuurmonumenten in 1986 het Plan Ooievaar om de natuurontwikkeling langs de grote rivieren te stimuleren (Maas, 2005). Binnen de Nederlandse natuurbescherming kwamen vragen op

Foto 2.2. Dilemma's binnen de natuurbescherming. Zonder actief ingrijpen van de mens zullen uitgestrekte heidevelden verdwijnen en krijgen bomen de overhand. Natuurlijke successie wordt daartoe afgeremd.

zoals: wat willen we waar realiseren? (Schouten, 2003). Natuur bleek minder plaatsgebonden dan gedacht, en het destijds verguisde beeld van de maakbaarheid van natuurgebieden van Bijhouwer (Bijhouwer, 1943) werd populairder. Gesteld werd dat je met natuur altijd ergens opnieuw kunt beginnen (De Snoo, 2004; Metz, 1988). Recent zijn begrippen als natuurontwikkeling en oernatuur deels vervangen door concepten als 'Nieuwe Wildernis' en 'rewilding', nog steeds met de Oostvaardersplassen als inspirerend voorbeeld.

De maakbaarheid van natuurgebieden en inzichten over de beperkte overlevingskansen van soorten in geïsoleerd gelegen natuurgebieden (eilandbiogeografie) stimuleerden mede het ontwerp van de Ecologische Hoofdstructuur (EHS). De aanleg van de EHS – in 2013 omgedoopt in het Nationaal Natuurnetwerk – had onder meer als doel grote aaneengesloten en onderling verbonden natuurgebieden te creëren. Voor de realisatie van het Nationale Natuurnetwerk heeft de overheid veelal via wet- en regelgeving onder meer (landbouw) gronden verworven en ingericht. Bij het Nationaal Natuurnetwerk lag een sterk accent op natuur als waarde in zichzelf. Dat heeft successen opgeleverd, zo nam het oppervlak natuurgebied na een lange periode van achteruitgang weer toe. De betrokkenheid van de samenleving verminderde echter. En er is 'de overheid dan ook veel aan gelegen om het beeld van natuur als hindermacht in te ruilen voor een beeld van natuur als bron van maatschappelijke en economische ontwikkeling.' (EZ, 2014).

2.2 Natuurbescherming in het cultuurlandschap

In het bovenstaande zijn we met name ingegaan op natuurbescherming in reservaten. Echter, de zorg voor natuur en landschap op het boerenbedrijf is iets dat ook boeren 'altijd hebben gedaan'. Zo zijn door de eeuwen heen tal van landschapselementen aangelegd en onderhouden om bijvoorbeeld te dienen als veekering, perceelscheiding, drinkplaats voor vee of voor de houtproductie. Ook werden omwille van de jacht maatregelen genomen om de stand van het wild op het boerenbedrijf te

Foto 2.3. Met het uitkomen van de film 'De nieuwe wildernis' raakte ook de natuur in de Oostvaardersplassen bij het grote publiek bekend: bijna 690.000 bioscoopbezoekers bekeken de film in 2013. In de film spelen edelherten, konikpaarden, vossen en ijsvogels de hoofdrol.

bevorderen. Vrijwel steeds stond hierbij het gebruik van de natuur en de landschapselementen ten dienste van de mens voorop.

De georganiseerde aandacht voor natuurbescherming in het cultuurlandschap ontstond in de jaren '30 van de vorige eeuw, toen het begrip 'natuur' ruim werd opgevat en ook zaken ging omvatten als natuurschoon en landschapszorg (Dekker, 2002; Schouten, 2003; Van der Windt, 1995; e.a.). Zo stelde de Bond Heemschut zich ten doel om 'te waken over de schoonheid van ons land'. Concrete acties hadden bijvoorbeeld betrekking op de inbedding van wegen in het landschap, het tegengaan van reclameborden langs wegen of de strijd tegen het oprukken van bovengrondse elektriciteitspalen in het landelijk gebied, de zogenoemde palenziekte. In feite stond ook hier het beheer van de (landschappelijke) patronen centraal.

Een van de eerste successen op het gebied van de landschapsbescherming werd in 1925 gehaald met 'de redding van het Gein'. Lintbebouwing langs dit riviertje nabij Abcoude werd tegengegaan ten behoeve van het uitzicht op dit schilderachtige riviertje (Vereniging tot Behoud van Natuurmonumenten, 1956). Een mijlpaal was de oprichting in 1932 van de Contact-Commissie inzake de Natuur- en Landschapsbescherming, als reactie op plannen om een spaarbekken aan te leggen dat een bedreiging vormde voor het landschap van het Geuldal. Een van de doelen van de Contact-Commissie was om bedreigingen van waardevolle cultuurlandschappen tegen te gaan. Vanaf de oprichting waren in de commissie niet alleen natuurbeschermingsorganisaties vertegenwoordigd, maar ook bijvoorbeeld organisaties als de ANWB (Dekker, 2002). Een ander opmerkelijk feit was de oprichting in 1947 van de Bond van Friese Vogel(beschermings)wachten (BFVW) om het rapen van eieren van weidevogels op het boerenland te reguleren.

Pas na de Tweede Wereldoorlog werden in Nederland de landbouworganisaties actief betrokken bij de natuur- en landschapsbescherming. Een belangrijke vraag was ook toen al hoe men de 'waardevolle cultuurlandschappen' kon veiligstellen tegenover de dynamiek in de maatschappij. Na de oorlog was er enige tijd een open dialoog tussen natuurbeschermers en boeren, maar dat veranderde in de daaropvolgende decennia. De intensivering, ontwatering en schaalvergroting – vaak in het kader van ruilverkavelingen– van de landbouw leidden tot grote spanningen tussen natuurbeschermers en boerenorganisaties. De landbouwsector werd steeds meer gezien als grote bedreiging en grotendeels verantwoordelijk gesteld voor de achteruitgang van de kwaliteit van natuur en landschap in het buitengebied. Omgekeerd vond de landbouwsector natuurbeschermers maar lastig omdat door hen de bedrijfsontwikkeling werd belemmerd. Gevolg was dat beide partijen sterk aanstuurden op een scheiding tussen natuur- en landbouwgebieden, maar in reactie daarop kwamen er ook initiatieven tot bloei die juist verweving van landbouw, milieu en natuur nastreefden.

2.3 Agrarisch natuur- en landschapsbeheer

Sinds de jaren zeventig heeft de overheid intensief geprobeerd om belangrijk geachte natuur en landschapselementen in het buitengebied veilig te stellen. Dat streven kreeg in 1975 een vertaling in de nota betreffende de relatie tussen de landbouw en het natuur- en landschapsbehoud 1974-1975, kortweg de Relatienota. Daar vindt het van overheidswege betaalde agrarisch natuurbeheer (voor definitie zie Hoofdstuk 1) haar oorsprong. Doelstelling van de Relatienota was 'het bevorderen van natuur en landschap en de instandhouding van landbouwbedrijven in waardevolle cultuurlandschappen' (Ministerie van CRM en van Landbouw en Visserij, 1975). Om daar invulling aan te geven werd enerzijds boerenland aangekocht en omgezet in reservaten en werden anderzijds boeren via een vergoedingenstelsel gestimuleerd om hun bedrijfsvoering af te stemmen op de aanwezige soortenrijkdom. De gedachte was dat het nemen van maatregelen op het boerenbedrijf in waardevolle cultuurlandschappen voldoende zou zijn om met name sommige botanische kwaliteiten en karakteristieke weidevogels in ons land veilig te stellen. Het Rijk heeft daarvoor in de loop der jaren verschillende regelingen en een veelheid van beheerpakketten ontworpen en geïmplementeerd (zie Hoofdstuk 5). Uitgangspunt daarbij is steeds geweest: vrijwillige deelname van boeren en vergoeding op basis van gederfde inkomsten, dan wel van de inspanningen ten bate van het natuur- en landschapsbeheer.

De eerste overeenkomst werd gesloten in 1981, maar aanvankelijk was de bereidheid onder boeren om deel te nemen aan het agrarisch natuur- en landschapsbeheer gering. Wel werd er op vrijwillige basis druk geëxperimenteerd, waarbij boeren samenwerkten met kennisinstellingen om het beheer te optimaliseren. Vroege voorbeelden daarvan zijn het Samenwerkingsverband Waterland (sinds 1982; zie Hoofdstuk 14) en de Weidevogelvereniging Schipluiden (sinds 1982; Van Paassen e.a., 2008). Ook kwam wetenschappelijk onderzoek op gang naar de mogelijkheden van agrarisch natuurbeheer. Zo werden de factoren onderzocht die de dichtheid van weidevogels bepalen (Musters e.a., 1986). Eveneens werd onderzocht hoe de botanische rijkdom van slootkanten in het veenweidegebied kon worden behouden (Melman, 1991) en hoe de natuurwaarde van de akkerranden kon worden bevorderd (De Snoo, 1995). Ook elders in Europa kreeg agrarisch natuurbeheer vanaf het midden van de jaren zeventig gestalte. Zo startte in Duitsland in 1978 het *Ackerrandstreifenprogramm* dat zich richtte op het beschermen van de akkerflora (Schumacher, 1984) en werd in Groot-Brittannië met name ingezet op het beschermen van akkervogels zoals de patrijs (Cereals and Gamebirds Research Project vanaf 1983; zie De Snoo en Chaney, 1999).

De bereidheid bij Nederlandse boeren om deel te nemen aan het door de overheid gestimuleerde agrarisch natuurbeheer kreeg plaatselijk een impuls door de plannen rond de aanleg van de eerder genoemde Ecologische Hoofdstructuur (Natuurbeleidsplan, 1990). Om nieuwe natuur te maken, moest veel boerenland worden aangekocht. In verschillende gebieden, waaronder Gaasterland, kwamen boeren echter met een alternatief. Zij stelden dat zij ook natuur konden maken zonder te worden uitgekocht, en wel tegen lagere kosten, namelijk op hun eigen bedrijf. Het ontstaan van veel agrarische natuurverenigingen dateert eveneens uit die periode (zie Hoofdstuk 13). De eerste ontstonden in Friesland in het gebied van de Friese Wouden: de Vereniging Eastermars Lânsdouwe (1992), de Vereniging voor Agrarisch Natuur en Landschapsbeheer in Achtkarspelen (1992), gevolgd door agrarische natuurverenigingen in Zuid- en Noord-Holland: binnen een agrarische natuurvereniging werken boeren samen om de natuur- en landschapskwaliteit in hun gebied te versterken. Naar schatting beslaat het totale werkgebied van deze verenigingen momenteel meer dan de helft van ons platteland. In de afgelopen decennia hebben de verschillende agrarische natuurverenigingen zich verenigd in koepelorganisaties, zoals de Stichting Veelzijdig Boerenland. Gesteld kan worden dat de koepelorganisaties met elkaar, naast Natuurmonumenten, Staatsbosbeheer en LandschappenNL, de vierde 'terrein beherende organisatie' van ons land zijn.

2.4 Natuurbescherming in het agrarisch gebied?

Waarom willen we eigenlijk de natuur beschermen in het agrarisch gebied? Immers, de aanvankelijke gedachte was dat we met 'Naturdenkmäler' en Natuurmonumenten voldoende 'asielplaatsen' voor planten en dieren zouden creëren om een tegenwicht te bieden aan de voortdurende achteruitgang van soorten op andere plaatsen, waaronder het boerenland. Er zijn, afgezien van argumenten als leefbaarheid en esthetiek, verschillende argumenten om ook in het agrarisch gebied de natuur (en de kwaliteit van het landschap) te beschermen.

Het belangrijkste argument is dat de manier waarop we landbouw bedrijven van evident belang is voor het voorkomen van wilde soorten planten en dieren en de landschapskwaliteit in ons buitengebied. Veel soorten zijn mede of vrijwel geheel afhankelijk van het agrarisch gebied. Als we in ons land inzetten op een steeds verdere industrialisatie van het agrarisch gebied zal de speelruimte voor deze groep soorten steeds kleiner worden. Als meer soorten in het agrarisch gebied verdwijnen, neemt ook de kwetsbaarheid van de landbouw zelf toe. Veel soortengroepen, zoals bijen die de gewassen bestuiven, regenwormen die de bodem verbeteren of loopkevers en spinnen die de natuurlijke vijanden van plagen zijn, zijn van evident belang in veel landbouwsystemen.

Ook is de landbouwbedrijfsvoering en de inrichting van het agrarisch gebied relevant voor het voorkomen van soorten in nabijgelegen reservaten. De mogelijkheden van veel diersoorten om zich via het intensief gebruikte boerenland van het ene naar het andere reservaat te verplaatsen zijn beperkt. Tot slot spelen ook milieuaspecten een rol. Daarbij gaat het om de emissie van meststoffen en gewasbeschermingsmiddelen naar de reservaten, maar ook om het beheer van het grondwaterpeil in het agrarisch gebied, met vaak verdroging van het reservaat tot gevolg.

Nog steeds kan met recht worden gesteld dat de landbouw ook vandaag de dag nog de belangrijkste 'drager van het landschap' (zie Landschap, 2002) in Nederland is. Meer dan 60 procent van het landoppervlak van ons land bestaat uit landbouwgrond. Ten behoeve van de landbouw zijn in het verleden veengebieden ontwaterd, meren drooggemalen, oerbossen gekapt en woeste gronden (weer) in gebruik genomen. In iedere periode heeft de landbouw letterlijk haar eigen sporen nagelaten. De maakbaarheid van het Nederlandse landschap is echter tegelijk haar kwetsbaarheid. Het lange tijd zo lege land, met een sterke scheiding tussen stad en agrarisch buitengebied, is gemakkelijk vatbaar voor aantasting van de landschapskwaliteit door activiteiten van binnen en buiten de landbouw. Ook in het agrarisch landschap zelf ontplooien boeren steeds meer grootschalige agrarische activiteiten, zoals het bouwen van megastallen. Daarnaast ontplooien zij ook steeds meer niet-agrarische activiteiten, zoals het opzetten van minicampings. Verder worden ook bedrijventerreinen nog regelmatig in het landelijk gebied gevestigd. Wellicht is juist door het ontbreken van de oorspronkelijke natuur en door de – traditionele – maakbaarheid van het land het historisch besef van natuur en landschap in het buitengebied onder Nederlanders gering (De Snoo, 2004).

Behalve voor de inrichting van het landschap is de landbouw van oudsher ook sterk bepalend geweest voor de condities voor wilde soorten planten en dieren in het boerenland. Door de oriëntatie op markten en de toeleverende en verwerkende industrie kent de landbouw een grote dynamiek, met steeds veranderende gewasarealen en landbouwpraktijken. Teelten als vlas, boekweit, luzerne, tabak, rogge en haver zijn inmiddels gemarginaliseerd. Na gras is nieuwkomer maïs heden ten dage het meest geteelde gewas; het is vooral te vinden op de zandgronden, maar ook in het veenweidegebied (zie ook Hoofdstuk 4).

Met de steeds veranderende landbouwpraktijk maakten ook telkens andere planten- en diersoorten hun opwachting in ons land. Zo vestigden zich op de voedselrijke graslanden spontaan diverse soorten vogels van toendra, steppe en kustgebieden, in dichtheden die soms ver boven die in de natuurlijke biotopen liggen (Beintema e.a., 1995). Op bouwland konden klaproos en korenbloem tot bloei komen door de terugkerende bodembewerking en de verspreiding via het onvolledig geschoond zaaizaad van de gewassen. Meer recent vestigde de grauwe kiekendief zich weer op braakliggende akkers in Groningen. Dergelijke soorten hebben zelfs namen gekregen die met hun nieuwe leefgebied te maken hebben: weidevogels (zie Hoofdstuk 6), akkerkruiden en akkervogels (zie Hoofdstuk 8). Duidelijk is dat alleen soorten die zich goed weten te schikken naar de veranderende landbouwpraktijk een kans hebben om goed te gedijen.

Na 1850 heeft de industrialisatie van de landbouw een sterke vlucht genomen (Van der Windt, 2014). De uitvinding van onder andere kunstmest en prikkeldraad ter vervanging van heggen en hagen als perceelscheidingen hebben het mogelijk gemaakt dat we steeds minder afhankelijk zijn geworden van lokale natuurlijke hulpbronnen. Een verregaande mechanisering van het productieproces is mogelijk geworden, met een enorme schaalvergroting van bedrijven en landschappen als gevolg. Daardoor hing de productie van voedsel minder samen met de zorg voor de natuurlijke groene elementen, en zijn bovendien de afstand tussen boer en burger en die tussen producent en consument sterk toegenomen. Na de Tweede Wereldoorlog steeg de productiviteit van de landbouw nog veel sterker (zie Hoofdstuk 3). Op nationaal niveau speelden ruilverkavelingen en landinrichting daarbij een belangrijke rol. Op Europees niveau heeft het Gemeenschappelijk Landbouwbeleid schaalvergroting en intensivering sterk gestimuleerd – een proces dat overigens op veel plaatsen in Europa nog steeds doorgaat.

Door het streven om met minder arbeid een hogere productie te realiseren zien de agrarische bedrijfsvoering en het landschap er anno 2015 heel anders uit dan enkele decennia geleden. Veel karakteristieke landschapselementen, zoals houtwallen en bosjes, hebben hun agrarische functie verloren en zijn goeddeels uit het landschap verdwenen. Een akkerbouwer op de Drentse zandgrond heeft vandaag ongeveer een even klein aandeel landschapselementen (2 tot 3 procent) op zijn bedrijf als zijn collega in een grootschalig landschap als de Wieringermeerpolder (Manhoudt en De Snoo, 2003). Natuurlijk zijn er nog landschapselementen in het landschap aanwezig, maar die zijn in sommige streken niet altijd meer in eigendom en beheer bij de boer. Ook het gebruik van meststoffen en bestrijdingsmiddelen heeft een hoge vlucht genomen. Gras wordt steeds vroeger in het voorjaar gemaaid en ook de maaisnelheid laat zich nauwelijks vergelijken met die in de jaren zeventig (zie Hoofdstuk 6). Een verdere beheersing van de productiefactoren, bijvoorbeeld in de vorm van precisielandbouw en robotisering, is gaande en wellicht krijgen in de toekomst ook genetisch gemodificeerde gewassen een plaats in de Nederlandse landbouw.

Dergelijke veranderingen hebben hun weerslag op de soortenrijkdom in onze grasland- en akkergebieden en de inrichting van het huidige boerenland. Schaalvergroting en intensivering van de landbouw worden beschouwd als de belangrijkste oorzaak van de achteruitgang van planten en dieren. Studies in de Europese akkerbouwgebieden tonen aan dat hoe hoger de productie per hectare is, hoe minder planten, vogels en nuttige insecten er op de velden voorkomen (Donald e.a., 2006; Geiger e.a., 2010a). De soortenrijkdom neemt af en een aantal specifieke soorten die wij zijn gaan waarderen, is niet langer in staat zich in voldoende mate te handhaven. Bekende voorbeelden hiervan zijn grutto, veldleeuwerik en patrijs. Ook buiten de landbouw is in het buitengebied veel veranderd. De toenemende verkeersdrukte en de aanleg van verkeerswegen, onttrekking van landbouwgrond ten behoeve van woningbouw, industrie en recreatie werden nieuwe bronnen van verstoring en hebben de landschappelijke openheid aangetast die bijvoorbeeld voor weidevogels van groot belang is. Tot slot moet ook de toename van predatoren worden genoemd, zoals roofvogels en de vos. Veel predatoren werden in het verleden intensief bejaagd, waardoor ze schaarser waren. De toename van predatoren heeft ook gevolgen voor het voorkomen van akker- en weidevogels.

2.5 Denken over natuur binnen het agrarisch natuurbeheer

De manier waarop natuurbeschermers over natuurbeheer in reservaten denken, veranderde in de loop van de tijd. Zoals aangegeven lag ten tijde van de aankoop van de eerste reservaten het accent op het patroonbeheer en het behoud van specifieke soorten. Later is het accent sterker komen te liggen op de natuurontwikkeling, waarbij natuurlijke processen centraal staan en concepten zoals ‘nieuwe wildernis’ hun intrede deden. En hoewel het in de praktijk van terrein beherende organisaties gaat om een mix van patroonbeheer, soortenbeheer en procesbeheer, lijken gedachten rond het stimuleren van natuurlijke processen aan invloed te winnen, met name in de grotere natuurterreinen. De vraag is of zich in de natuur- en landschapsbescherming in het agrarisch gebied vergelijkbare ontwikkelingen voordoen.

De dominante benadering binnen het agrarisch natuurbeheer is van oudsher het soortenbeheer geweest: het behouden van specifieke plantensoorten en met name bepaalde vogelsoorten. Zo werd al in de Relatienota de bescherming van weidevogels als specifiek doel genoemd. Voordeel van de soortgerichte benadering is dat concrete doelen worden nagestreefd, zoals het behoud van bepaalde aantallen grutto’s, patrijzen of hamsters. Daarmee is deze benadering in principe ‘afrekenbaar’. Dat is motiverend als boeren, burgers en beleidsmakers de gestelde doelen halen, maar kan demotiverend zijn als de resultaten achterblijven bij de verwachtingen. Een ander voordeel is dat het beschermen van een bepaalde soort voor veel betrokkenen iets concreets is, nauw verbonden met emotionele aspecten, veel meer dan dat het geval is bij concepten zoals ‘vegetatietype’ of ‘natuurlijk proces’.

Het weidevogelbeheer werd wel breder dan de bescherming van afzonderlijke soorten. Werd bij de aanvang van het weidevogelbeheer aangenomen dat kon worden volstaan met het toepassen van nestbescherming en het later maaien van de graslanden, na verloop van tijd werd duidelijk dat veel verdergaande maatregelen noodzakelijk waren. Zo bleek dat niet alleen de eieren maar ook de jonge vogels beschermd moeten worden. Inmiddels is duidelijk dat de hele levenscyclus van deze soorten aandacht behoeft. De periode dat de vogels in Nederland zijn is daarbij het meest kritisch (zie Hoofdstuk 6). Ook is de oorspronkelijke gedachte verlaten dat volstaan kon worden met het beheer op individuele boerenbedrijven. Beheermaatregelen worden nu geconcentreerd en ruimtelijk samenhangend in een bepaald gebied ingezet: mozaïekbeheer. Met dit beheer worden steeds in ruimte en tijd gunstige voorwaarden geschapen voor de verschillende levensstadia van de te beschermen soorten. Daarbij worden ook steeds meer landschapsecologische factoren betrokken, zoals landschappelijke openheid, waterpeil en ook condities voor predatie (zie verder Hoofdstuk 6). Om invulling te geven aan de bescherming van de weidevogels zijn 'gruttoboerderijen' ingericht en programma's opgezet zoals 'Nederland Gruttoland' om tot een 'rijk weidevogellandschap' te komen (Laporte en De Graaff, 2006).

Er zijn echter ook meer fundamentele beperkingen van een puur soortgerichte benadering beschreven (De Snoo, 2004, 2016). Als de focus ligt op het optimaliseren van maatregelen voor één of een beperkt aantal soorten, wat zijn dan de gevolgen voor andere soorten? Maatregelen voor de ene soort zullen lang niet altijd positief uitwerken voor andere soorten, soms zelfs negatief. Zelfs binnen een beperkte groep als de weidevogels kunnen de afzonderlijke soorten verschillend op maatregelen reageren (zie Hoofdstuk 6). Ook het vraagstuk van de predatie speelt hierbij een rol. Hoe ver gaan we bij de bescherming van weidevogels als predatoren hun tol eisen?

Foto 2.4. In 2003 startte het project 'Nederland Gruttoland', een initiatief van Landschapsbeheer Nederland, Natuurlijk Platteland Nederland en Vogelbescherming Nederland. Op een groot aantal gruttoboerderijen werd het beheer van het grasland zo optimaal mogelijk ingericht om het broedsucces van grutto's te vergroten.

Een tweede beperking van de soortenbenadering is dat zij weinig recht doet aan zowel de veranderlijkheid van de natuur zelf als aan de dynamiek van de landbouw (De Snoo, 2004, 2016). Door met name klimaatveranderingen wijzigt geleidelijk het verspreidingsgebied van veel soorten in ons land. Met een verdergaande intensivering van de landbouwbedrijfsvoering zijn dan in de loop van de tijd steeds verdergaande beheersmaatregelen nodig om een bepaalde soortengroep te behouden. De kans is groot dat de toekomstige productiewijze van de landbouw steeds verder uit de pas gaat lopen met het beheer van de soorten die we willen behouden. Dan zou het agrarisch natuurbeheer zich geleidelijk gaan ontwikkelen tot een vorm van reservaatbeheer. Daarmee zullen de jaarlijkse beheerkosten oplopen. En zal het gebied waarop agrarisch natuurbeheer kan worden uitgevoerd steeds kleiner worden.

Naast de bovengeschetste benadering, waarbij het accent ligt op het behoud van specifieke soorten, wordt vanuit verschillende invalshoeken de afgelopen jaren gepleit voor het stimuleren van de basiscondities voor natuur in het agrarisch gebied (De Snoo, 2004, 2016; EU, 2010, 2013; e.a.). Het accent komt dan te liggen op het creëren van goede randvoorwaarden en uitgangspunten voor een grotere soortenrijkdom op alle bedrijven. Daarbij gaat het in eerste plaats om het creëren van meer fysieke ruimte voor natuur op de bedrijven. Op de akkerbouwbedrijven in ons land wordt circa 98 procent van het bedrijfsoppervlak ingenomen door gewassen, gebouwen en wegen, enzovoorts (Manhoudt en De Snoo, 2003). Slechts 2 tot 3 procent bestaat uit landschapselementen als sloten, slootkanten en groene elementen. Daarmee is de ruimte voor natuur op de bedrijven zeer beperkt. Om de kans te verhogen dat de natuur zich überhaupt op een bedrijf kan ontwikkelen, wordt er al langer voor gepleit om deze ruimte uit te breiden naar minimaal 5 procent van het bedrijfsoppervlak (EU, 2010; Smeding en De Snoo, 2003). Deze 5 procent dient dan te worden gevrijwaard van meststoffen en bestrijdingsmiddelen en zo min mogelijk te worden verstoord. De landschapselementen, bijvoorbeeld in de vorm van akkerranden, slootkanten, sloten en houtwallen dienen daarbij wel actief beheerd te worden, gericht op onder meer het vergroten van de variatie. Ook binnen het Gemeenschappelijk Landbouwbeleid zijn recent dergelijke inzichten opgenomen en is gekozen voor

Foto 2.5. Plas-dras situatie met de vrijwel verdwenen kemphaan en 'nieuwkomers', de grauwe gans, in Nederland een zeldzame combinatie.

het stimuleren van een groter aandeel niet-productiegrond op landbouwbedrijven: de zogenoemde 'ecological focus areas' (ecologische aandachtsgebieden) (EU, 2013). Door het creëren van dergelijke ecologische aandachtsgebieden zou een scala van soorten op de bedrijven een kans krijgen om voedsel te zoeken en beschutting te vinden.

Voor een eventueel succesvol natuurbeheer op boerenland is niet alleen het percentage niet-productiegrond op bedrijfsniveau van belang, maar wellicht nog wel sterker de aard van het landschap waarvan de betrokken landbouwbedrijven onderdeel zijn. Modelberekeningen en veldonderzoek laten zien dat de toegevoegde waarde van agrarisch natuurbeheer voor planten, ongewervelde dieren, vogels en zoogdieren sterk afhankelijk is van het aandeel niet-productiegrond op landschapsschaal, aangeduid als de complexiteit van het landschap (Roschewitz e.a., 2005; Tscharntke e.a., 2005). Zo wordt voorspeld dat in gebieden met minder dan 2 procent groene en blauwe landschapselementen – ook wel 'cleared landscapes' genoemd – agrarisch natuurbeheer nauwelijks kans van slagen heeft (Tscharntke e.a., 2005). Maar de toegevoegde waarde van agrarisch natuurbeheer is eveneens gering in gebieden waar al veel groene elementen zijn: de zogenoemde 'complex landscapes' met meer dan 20 procent van het oppervlak.

De verwachting is dat de bijdrage van agrarisch natuurbeheer vooral groot is in gebieden waar het aandeel landschapselementen tussen de 2 en 20 procent ligt, de 'simple landscapes' (Tscharntke e.a., 2005). Natuurlijk zijn dit vooral modelmatige berekeningen en vanzelfsprekend zijn er verschillen tussen soortengroepen en landschappen. Zo zullen soorten van open landschappen zoals veel weidevogels geen baat hebben bij landschappen met veel houtwallen of struwelen. Ook de hier genoemde percentages zijn geen absolute grenzen. Er is veeleer sprake van geleidelijke verschuivingen van de kans rijkdom van de inspanningen op het gebied van agrarisch natuurbeheer, die – ook in Nederland – verder moeten worden onderzocht. De resultaten van een eerste onderzoek in Nederland laten zien dat er een grote samenhang is tussen het aandeel landschapselementen in het landschap, zoals houtwallen, heggen en sloten, en de soortenrijkdom van planten en ongewervelden dieren (Cormont e.a., 2016). Als we gebieden met 3 procent en met 7 procent landschapselementen onderling vergelijken, blijkt dat vooral de soortenrijkdom van vlinders, zweefvliegen en vogels aanzienlijk toeneemt. De bovenstaande inzichten kunnen naar verwachting bijdragen aan het optimaliseren van het agrarisch natuurbeheer.

Bij het verbeteren van de randvoorwaarden voor natuur wordt in de literatuur naast het vergroten van het oppervlak voor natuur op de bedrijven – en in het agrarisch landschap – ook gepleit voor een grotere aandacht voor het bodem- en waterbeheer van de landbouwpercelen zelf. Daarbij ging het van oudsher met name om de fysische en chemische milieurandvoorwaarden zoals een schone bodem, met zo laag mogelijk gehalten aan zware metalen, gewasbeschermingsmiddelen en andere toxische stoffen, en het gebruik van de juiste soort en hoeveelheid meststoffen. Inmiddels wordt ook steeds meer aandacht gevraagd voor andere aspecten van het bodembeheer (Boer e.a., 2003; Van Eekeren e.a., 2003). Daarbij gaat het onder meer om het organisch stofgehalte en de rijkdom van het bodemleven: bacteriën, schimmels, regenwormen en insecten (zie Hoofdstuk 12). In de ecologische literatuur is de samenhang tussen de ondergrondse en bovengrondse delen van ecosystemen pas de laatste decennia in zijn volle omvang onderkend (Van der Putten, 2004). Het 'kleine spul' onder, op en boven de akkers en graslanden vormt de basis van het 'voedselweb' en wordt ook van levensbelang geacht voor vogels en zoogdieren in het agrarisch gebied (De Snoo, 2004). Een voorbeeld hiervan is de afhankelijkheid van jonge weidevogels van insecten in weilanden. Een deel van deze insectensoorten is alleen aanwezig als ze als larve kunnen opgroeien in koeienvlaaien in de wei. Koeien in het weiland zijn dus niet alleen van landschappelijke waarde, maar dragen ook bij aan het in stand houden van de levenscyclus van het weidevogelvoedsel (Geiger e.a., 2010b).

Elementen van de bovengeschetste benadering, waarin het accent niet ligt op het beheer van specifieke soorten, maar meer op het creëren van goede uitgangspunten voor natuur in het algemeen, zijn verwant aan bijvoorbeeld de biologische, geïntegreerde landbouw. Daarmee komen de sporen van duurzame landbouw en de zorg van natuur dichter bij elkaar, hetgeen we in ons land inmiddels aanduiden met 'natuurinclusieve landbouw' (EZ, 2014). Hoewel er ook binnen het nieuwe landbouwbeleid van de EU met de ecologische aandachtsgebieden wordt ingezet op meer ruimte voor natuur en het verbeteren van het organisch stofgehalte van de landbouwbodems, zijn dergelijke zaken nog nauwelijks op enige schaal in de praktijk gebracht.

2.6 Afsluiting

In de eerdere paragrafen werd duidelijk dat de natuur- en landschapskwaliteit in het Nederlandse buitengebied ondanks alle inspanningen nog steeds achteruit gaat. De belangrijkste oorzaak daarvan is de steeds verder gaande intensivering van de landbouw, maar ook ontwikkelingen buiten de landbouw dragen hieraan bij. De vraag is hoe we in de nabije toekomst willen omgaan met de natuur op boerenland. Op de achtergrond spelen dan natuurlijk vragen over de manier waarop we voedsel produceren, niet alleen in ons land, maar ook in een mondiaal perspectief. Draagt een hoge productie in Nederland wellicht bij aan behoud van de natuur elders op aarde? Ook spelen vragen mee die betrekking hebben op onze opvattingen over natuur en de bescherming en de maakbaarheid daarvan, zowel in reservaten als op het boerenland. Daarbij is zowel de natuur zelf, als ook onze opvattingen over de natuur aan veranderingen onderhevig.

Foto 2.6. Van het aanleggen van bloemranden rond de akkers kan een groot aantal diersoorten profiteren. De randen zijn aantrekkelijk voor bloembezoekende insecten, maar ook vogels vinden hier voedsel en beschutting.

Tot nu toe is binnen het agrarisch natuurbeheer met veel inzet en op vrijwillige basis vooral geprobeerd bepaalde kenmerkende soorten te behouden in combinatie met de 'gangbare bedrijfsvoering'. Onderzoek en praktijk hebben echter laten zien dat voor het behoud van deze soorten steeds verdergaande maatregelen noodzakelijk zijn, die dieper ingrijpen op de agrarische bedrijfsvoering en toegepast moeten worden op een groot aantal bedrijven in een bepaald gebied. Daardoor zullen de kosten van dergelijk beheer toenemen en bij een gelijk blijvende hoeveelheid geld zal het aantal bedrijven afnemen waarop het agrarisch natuurbeheer wordt uitgevoerd. De vraag kan worden gesteld in hoeverre daarbij de natuur in het buitengebied impliciet is beschouwd als niet meer dan een afgeleide van de aard en activiteiten van de landbouw. In de context van de steeds veranderende agrarische activiteiten is dan het behoud van specifieke soorten zoals grutto, veldleeuwerik en patrijs – pessimistisch gesteld – een soort *end of pipe* benadering, waarbij de landbouw zich grotendeels autonoom verder kan ontwikkelen. Het zijn dan soorten 'uit het verleden' geworden, passend bij een landbouwbedrijfsvoering uit een andere tijd.

Om de achteruitgang van de soortenrijkdom in het agrarisch gebied te stoppen is opgeroepen tot een omslag op 'alle' landbouwbedrijven vanuit een landschapsecologisch perspectief (De Snoo, 2004, 2016). Daarbij kan de focus niet eenzijdig liggen op het behoud van specifieke soorten, maar zeker ook op het creëren van goede randvoorwaarden voor natuur in, op en rond de landbouwpercelen: meer fysieke ruimte voor natuur op de bedrijven en een grotere zorg voor een gezond bodemecosysteem. Ook in het nieuwe Gemeenschappelijk Landbouwbeleid van de EU wordt dit benadrukt. In dit kader kan ook worden onderzocht in hoeverre het mogelijk is om voor de toekomst een natuurinclusieve landbouw te ontwerpen.

Een belangrijke vraag is hierbij natuurlijk wat een dergelijke benadering echt op zou kunnen leveren. Immers, het beoogde resultaat is deels onbekend en zal er van tijd tot tijd en van plaats tot plaats anders uitzien. Sommige soorten kunnen in aantal achteruit gaan, terwijl andere wellicht hun plaats innemen. Zal een dergelijke benadering bijdragen aan het behoud van natuur die we nu als bijzonder aanmerken in het agrarisch gebied? Staan we ons zelf wel toe ons te laten verrassen door de natuur op het boerenland? En wat is dan het antwoord op de vraag rond de effectiviteit van het agrarisch natuurbeheer? Vooralsnog lijkt het belangrijk om net als bij het natuurbeheer in reservaten te zoeken naar een goede mix van op soorten gerichte maatregelen, patroonbeheer en een aanpak waarbij het scheppen van goede condities voor natuur voorop staat en die mede richting geeft aan een meer duurzame landbouwbedrijfsvoering.

Van de redactie

1. Natuurbescherming als maatschappelijke activiteit is halverwege de 19[e] eeuw ontstaan, eerst in Noord-Amerika, later in Europa. Het begin van de Nederlandse natuurbescherming ligt rond 1900.
2. De motivatie voor natuurbescherming werd vooral gevoed door de grootschalige veranderingen die zich voltrokken in samenhang met de industriële revolutie.
3. Natuurbescherming werpt onvermijdelijk principiële vragen op. Gaat het om de bescherming van soorten of om het stimuleren van natuurlijke processen? Deze vraag wordt des te klemmender bij het behouden van halfnatuurlijke landschappen, waar naast natuurlijke processen ook menselijk beheer essentieel is.
4. Agrarisch natuurbeheer beweegt zich bij uitstek in half-natuurlijke en in cultuurlandschappen. Het ging bij aanvang om het behoud van soorten die zich kennelijk goed thuis voelen bij een extensief landbouwkundige gebruik. Bovendien speelt bij agrarisch natuurbeheer ook de wens tot behoud van landschappelijke kwaliteiten (belevingswaarde).
5. Binnen het beleid is agrarisch natuurbeheer in 1975 op de kaart gezet. De bescherming van de agrarische natuur- en landschapswaarden werd enerzijds gezocht in het onttrekking van gronden aan de landbouw (reservaten) en anderzijds door het combineren van voedselproductie met natuur- en landschapsbeheer, op basis van vrijwilligheid door boeren te realiseren.
6. Het effectief beschermen van de natuurwaarden door agrarisch natuurbeheer is tot dusverre slechts zeer beperkt gelukt. Eén van de oorzaken daarvan ligt in de voortdurend voortgaande ontwikkelingen in de reguliere landbouw, waardoor de beheervoorschriften uit regelingen altijd 'achterlopen'. Het blijvend ontwikkelen van kennis en de doorstroming ervan naar alle geledingen is hierbij essentieel gebleken.
7. Door de in de afgelopen veertig jaar opgedane ervaring is duidelijk geworden dat agrarisch natuurbeheer slechts perspectieven kan hebben als het door boeren wordt gedragen; het moet een integraal onderdeel van de bedrijfsvoering worden, geen handicap waar ze mee moeten leren leven.
8. In de overheidsregelingen is er daarom steeds meer aandacht gekomen om boeren zelf verantwoordelijkheid te geven voor het behalen van resultaten.
9. Tegelijkertijd ontwikkelt het Europese landbouwbeleid een spoor waarin het leveren van een bijdrage aan natuur niet langer vrijblijvend is, maar generiek aan de landbouw wordt opgelegd. De resultaten van deze benadering zijn echter nog ongewis.
10. Om tot een effectieve bescherming van de biodiversiteit in het landbouwgebied te komen is een samenstel van soortgerichte maatregelen en procesgerichte maatregelen nodig. Het is een uitdaging om deze maatregelen zoveel mogelijk te combineren met de ontwikkeling naar een meer duurzame landbouw, zodat de belangen van voedselproductie en de andere kwaliteiten van het landelijk gebied meer parallel gaan lopen.

Hoofdstuk 3.

Ontwikkelingen in de grondgebonden landbouw

Floor Brouwer[*], Cees van Bruchem, Helias Udo de Haes en Wouter van der Weijden

F.M. Brouwer, LEI Wageningen UR; floor.brouwer@wur.nl
C. van Bruchem, landbouweconoom, voormalig medewerker LEI Wageningen UR
H.A. Udo de Haes, Centrum voor Milieuwetenschappen, Universiteit Leiden (CML)
W.J. van der Weijden, Stichting Centrum voor Landbouw en Milieu

◀ De ontwikkeling van de landbouw is de laatste 50 jaar gekenmerkt door intensivering en schaalvergroting. Van boven naar beneden: koeien op hoogproductief gras en teelt van aardappelen, suikerbieten en tarwe, qua areaal de belangrijkste akkerbouwgewassen in ons land.

3.1 Inleiding

In dit hoofdstuk proberen we inzicht te bieden in de ontwikkelingen in de landbouw. We doen dat aan de hand van de volgende vragen:

- Wat is de economische betekenis van de agrarische sector?
- Wat zijn de belangrijkste ontwikkelingen in die sector?
- Wat zijn de belangrijkste oorzaken daarvan?
- Wat zijn de gevolgen voor het milieu?
- Wat zijn de gevolgen voor natuur en landschap?
- Welke ontwikkelingen zijn te verwachten en welke bedreigingen en kansen brengen die met zich mee voor de agrarische natuur en het landschap?

We beperken ons goeddeels tot de grondgebonden landbouw, met name melkveehouderij en akkerbouw. Die sectoren beslaan tezamen veruit het grootste deel van het landbouwareaal en daar is relatief de meeste landbouw-gerelateerde natuur te vinden. Aan de vollegronds tuinbouw (circa 90.000 hectare) besteden we slechts zijdelings aandacht.

3.2 Economische betekenis van de agrarische sector

De land- en tuinbouw levert een belangrijke bijdrage aan de Nederlandse economie, zowel direct als indirect. In de periode tussen 2012 en 2014 bedroeg de bruto productiewaarde van de primaire land- en tuinbouw gemiddeld ruim 27 miljard euro per jaar (LEI, 2015). Dat is inclusief de agrarische dienstverlening van bijvoorbeeld loonwerkbedrijven, evenals een deel van de 'verbredingsactiviteiten' zoals natuurbeheer door boeren en de verkoop van boerenkaas op het eigen bedrijf. Andere verbredingsactiviteiten, zoals zorg en recreatie op de boerderij, worden doorgaans toegerekend aan andere sectoren van de economie.

De tuinbouw heeft met een bedrag van circa 9,5 miljard euro het grootste aandeel in de nationale productiewaarde. Op de tweede plaats komt de rundveehouderij met 6,5 miljard euro, gevolgd door de intensieve varkens- en pluimveehouderij met ruim 4 miljard euro. De productiewaarde van de akkerbouw schommelt de laatste jaren rond 3,5 miljard euro. De rest – eveneens zo'n 3,5 miljard euro – betreft vooral de agrarische dienstverlening. De grondgebonden productie – globaal de rundveehouderij plus de akkerbouw, de schapenhouderij, de boomteelt, de fruitteelt, de groenteteelt in de vollegrond en de bloembollenteelt – is als geheel goed voor ruim 10 miljard euro per jaar, ofwel 40 à 45 procent van de totale agrarische productie van 27 miljard euro.

Voor die productie wordt in totaal per jaar ruim 17,5 miljard euro aan productiemiddelen aangekocht. Veevoer is de grootste post. Kapitaalgoederen, zoals machines en gebouwen, zitten er niet in. Hiermee resteert een kleine 10 miljard euro per jaar aan 'bruto toegevoegde waarde' – de meest gebruikte maatstaf voor de bijdrage van een sector aan de economie. Dat komt overeen met ongeveer 1,7 procent van het nationaal inkomen. Hiermee verbonden is een werkgelegenheid van ongeveer 160.000 arbeidsplaatsen, oftewel 2,3 procent van de nationale werkgelegenheid, waarbij de grondgebonden sectoren van de land- en tuinbouw samen iets meer dan de helft van de arbeidsplaatsen voor hun rekening nemen (Verhoog, 2015).

Van de bruto toegevoegde waarde komt slechts een beperkt deel terecht bij de agrariërs en hun gezinsleden. Onder andere de afschrijvingen op kapitaalgoederen, de loonkosten en de betaalde rente – samen zo'n 8 miljard euro – gaan er nog af. Daar tegenover staan circa 0,8 miljard euro aan toeslagen vanuit de EU. Per saldo resteert circa 2,5 miljard euro als beloning voor de agrariërs. Dat is minder dan 10 procent van de eerder genoemde bruto productiewaarde van 27 miljard euro. De marges voor de boeren en tuinders zijn dus smal.

Bij de berekening van de bijdrage van de gehele sector aan de economie moeten we ook de activiteiten betrekken die met de Nederlandse land- en tuinbouw samenhangen: toelevering, verwerking en distributie. In totaal is de totale toegevoegde waarde dan circa 32 miljard euro (in 2013), dus ruim drie keer zoveel als die van de primaire land- en tuinbouw. De bijdrage aan het nationaal inkomen komt dan op ongeveer 5,5 procent. De werkgelegenheid die met al deze activiteiten samenhangt, beloopt ongeveer 430.000 arbeidsplaatsen, ruim 6 procent van het nationale totaal. Bijna driekwart van de totale toegevoegde waarde en van de werkgelegenheid is verbonden met de export.

De bijdrage van de Nederlandse agrosector aan de handelsbalans is extreem hoog voor een klein land. In 2014 bedroeg de agrarische export bijna 81 miljard euro, 19 procent van de totale uitvoer. Daarmee was Nederland wereldwijd na de Verenigde Staten (VS) de grootste exporteur van agrarische producten en voedingsmiddelen. Daar tegenover stond een agrarische import van ruim 52 miljard euro (LEI, 2015). Het agrarische handelssaldo kwam dus uit op een kleine 30 miljard euro, oftewel 60 procent van het saldo van de totale goederenhandel. Daarmee komt Nederland ook qua agrarisch handelssaldo op de tweede plaats, in dit geval na Brazilië.

Ook van de productie van de grondgebonden landbouw wordt een groot deel geëxporteerd. Zo wordt van de Nederlandse zuivelproductie 65 procent in het buitenland afgezet, vooral in landen binnen de EU. Een deel van de export betreft producten die weinig met de Nederlandse landbouw te maken hebben, zoals tropische producten. Ongeveer een kwart van de agrarische uitvoer betreft doorvoer of zogeheten wederuitvoer van ingevoerde producten die een bewerking hebben ondergaan.

Hoe hebben de economische prestaties van het agrocomplex zich in de tijd ontwikkeld? In absolute zin is er een enorme groei geweest, maar relatief is er sprake van krimp. Zo vertoont zowel de werkgelegenheid als het aandeel in het nationaal inkomen sinds 1960 een dalende lijn. Dat geldt het sterkst voor de primaire land- en tuinbouw (Figuur 3.1). Daar is de werkgelegenheid tussen 1960 en 2013 met meer dan 60 procent verminderd, van bijna 440.000 naar ruim 160.000 arbeidsplaatsen. De op invoer gebaseerde productie is juist gestegen.

3.3 Ontwikkelingen in de landbouw

Hoe de Nederlandse landbouw zich de afgelopen decennia heeft ontwikkeld kunnen we samenvatten in één zin: groei van de productie gebeurde met steeds minder (Nederlandse) grond, arbeid en bedrijven. We kijken eerst naar de productie, daarna naar de productiemiddelen.

Productie

In de afgelopen vijftig jaar is de productiewaarde van de landbouw jaarlijks met ongeveer 4 procent gegroeid. De groei van de productie ging gepaard met een verschuiving naar meer intensieve pro-

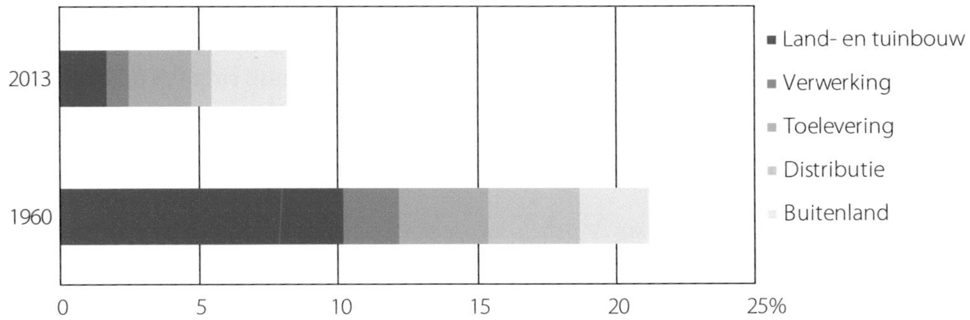

Figuur 3.1. Aandeel agrocomplex in het nationaal inkomen (procent) in 1960 en 2013. De linker vier blokjes betreffen activiteiten die betrekking hebben op de verwerking van binnenlandse grondstoffen. Het rechtse, vijfde blokje betreft de activiteiten die samenhangen met de verwerking van buitenlandse grondstoffen (bijvoorbeeld de cacao-industrie). Onder 'distributie' wordt verstaan: handel, transport, enzovoorts tussen voedingsmiddelenindustrie en supermarkt; voor 1960 gaat het hierbij om een schatting (LEI, 2015; Van Bruchem e.a., 2008; Van Leeuwen, 2006; Van Leeuwen e.a., 2008, 2009, 2010, 2012a,b).

ductierichtingen, zoals de tuinbouw en de intensieve veehouderij. De groei van de productie was vooral mogelijk door een hogere opbrengst per hectare. Dat werd mogelijk door technologische ontwikkeling. Lag de opbrengst van wintertarwe medio jaren '70 op ongeveer 5 ton per hectare, in 2014 was dat bijna verdubbeld tot 9,7 ton per hectare – resultaat van het gebruik van andere rassen, effectievere gewasbescherming en hogere bemesting (Figuur 3.2).

Omdat het areaal van verschillende akkerbouwgewassen is afgenomen, geeft de totale productie van de akkerbouwproducten een wisselend beeld te zien (Figuur 3.3). De productie van consumptieaardappelen is in de periode tussen 1975 en 2000 ongeveer verdubbeld tot bijna 6 miljoen ton per jaar en daarna afgenomen tot ongeveer 5 miljoen ton per jaar. De productie van suikerbieten ligt in 2013 op hetzelfde niveau als in 1975, maar op een areaal dat was gehalveerd. De productie van tarwe is sinds 1975 meer dan verdubbeld. Daar staat tegenover dat producten als rogge en haver door het wegvallen van afzetmogelijkheden vrijwel zijn verdwenen.

Een vergelijkbare ontwikkeling zien we in de melkveehouderij. Met een zelfde aantal melkkoeien als in 1960 werd in 2015 ongeveer twee keer zo veel melk geproduceerd (Figuur 3.4). Door de melkquotering in 1984 daalde de melkproductie geleidelijk tot 10,5 miljoen ton, om daarna weer te groeien tot ruim 12 miljoen ton in 2014. De rundvleesproductie groeide tot begin jaren '90, bereikte een piek van 450 miljoen kilogram in 1992 en daalde daarna tot een niveau van bijna 160 miljoen kilogram in 2014. Het totaal aantal stuks vlees- en weidevee is tussen 1960 en 2014 verminderd van 280.000 naar 250.000 dieren.

Productiemiddelen

De totale oppervlakte landbouwgrond is tussen 1970 en 2014 met ongeveer 14 procent afgenomen, van ruim 2,1 miljoen hectare tot zo'n 1,8 miljoen hectare (Figuur 3.5). Dit ondanks de toevoeging van 50.000 hectare in de Flevopolders in de jaren '60 en '70. Werd begin jaren '80 nog 71 procent van de Nederlandse grond ingezet voor land- en tuinbouw, in 2008 was dat gedaald tot 67 procent.

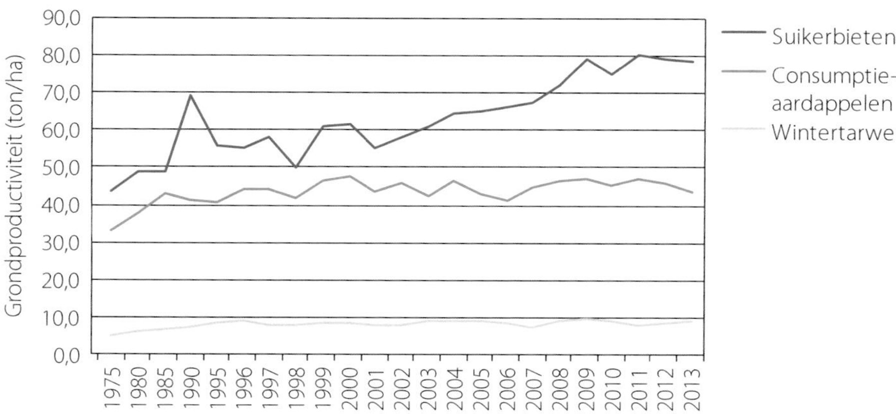

Figuur 3.2. Ontwikkeling grondproductiviteit in de akkerbouw, 1975-2013 (http://statline.cbs.nl).

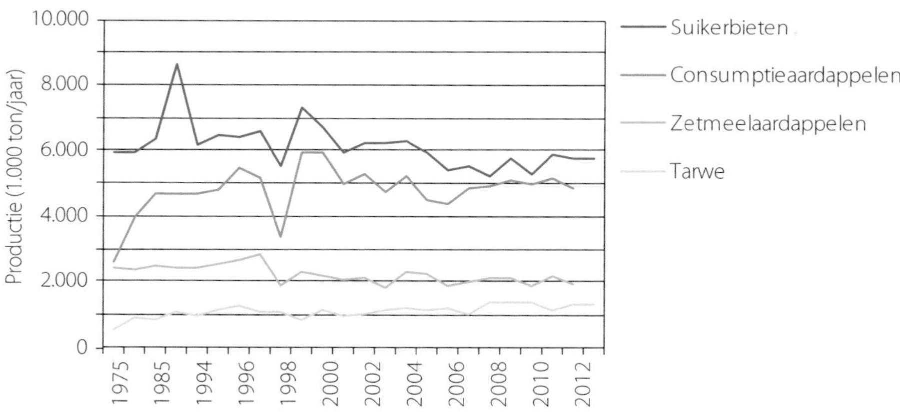

Figuur 3.3. Ontwikkeling productie van akkerbouwproducten, 1975-2013 (http://statline.cbs.nl).

Foto 3.1. Om de productie te verhogen maakt de landbouw veel gebruik van externe inputs, vooral kunstmest en aangekocht veevoer. Links een kunstmeststrooier in actie, rechts krachtvoersilo's bij een varkensbedrijf. Terwijl het gebruik van stikstofkunstmest vanaf 1986 terugliep, nam het gebruik van dierlijke mest verder toe, om vanaf de jaren '90, onder invloed van de Nitraatrichtlijn, eveneens te dalen.

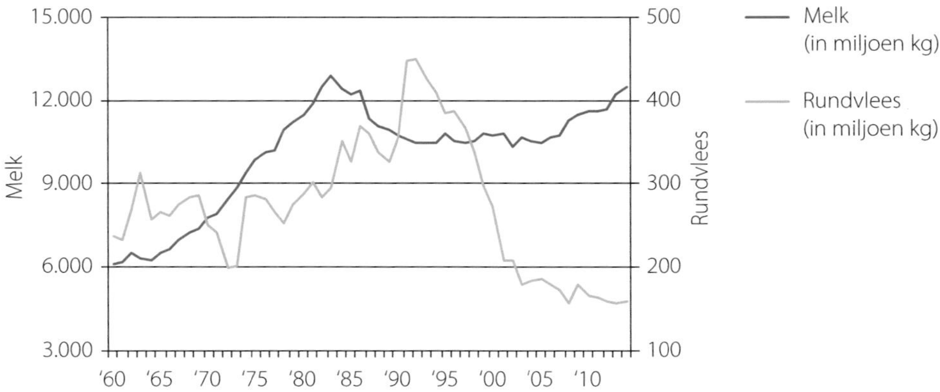

Figuur 3.4. Ontwikkeling melkproductie (melk afgeleverd aan fabrieken, in miljoen kilogram) en productie van rundvlees (in miljoen kilogram), 1960-2014 (http://statline.cbs.nl).

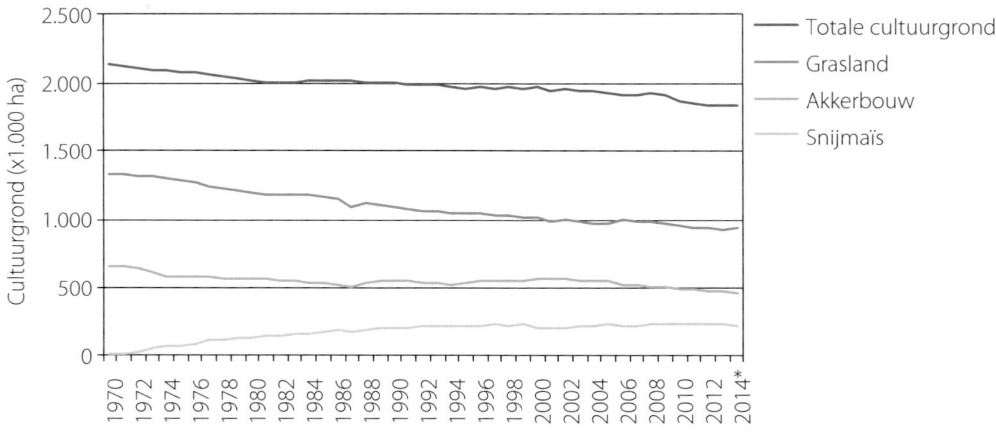

Figuur 3.5. Ontwikkeling cultuurgrond in 1.000 hectare, 1970-2014 (http://statline.cbs.nl).

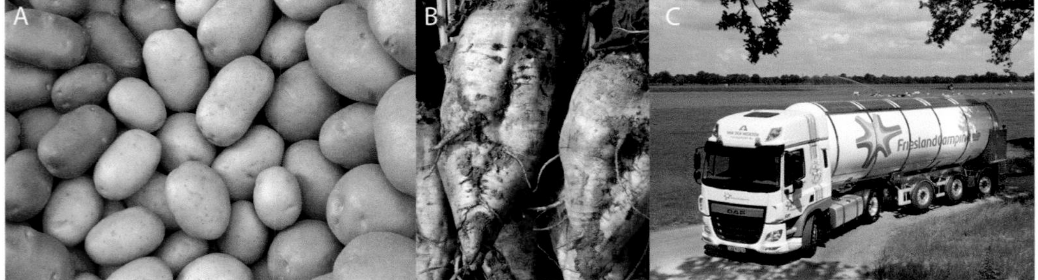

Foto 3.2. Drie belangrijke producten van de grondgebonden landbouw: (A) aardappelen; (B) suikerbieten; en (C) melk.

In de periode tussen 2008 en 2014 is de oppervlakte cultuurgrond met nog ongeveer 90.000 hectare afgenomen. Het grootste deel van die verschuiving komt voor rekening van de woningbouw, maar ook infrastructuur en bedrijventerreinen slokten landbouwgrond op. Sinds de jaren '80 kwam daar de behoefte aan grond voor natuur en recreatie bij.

Terwijl het areaal landbouwgrond in Nederland krimpt, is de agrifoodsector in Nederland meer afhankelijk geworden van producten die op grond in het buitenland worden geproduceerd, vooral veevoer voor de rund- en intensieve veehouderij. Zo is alleen al voor de productie van soja voor de veehouderij in Nederland in het buitenland circa 780.000 hectare nodig. Daarvan kunnen we ruwweg een derde toerekenen aan sojaolie en twee derde, dus 520.000 hectare, aan sojaschroot voor de mengvoerproductie (R. Hoste, persoonlijke mededeling). Daar komt nog een groot areaal bij voor de productie van onder meer voedergranen elders in Europa, in de VS en in Canada, van maïs en maïsgluten in de VS en van palmolie(schroot) in Zuidoost-Azië.

De boven beschreven areaalvermindering betreft een totaalbeeld voor ons land. De ontwikkelingen in de verschillende grondgebonden sectoren waren divers. Het areaal akkerbouwland nam, na een aanvankelijk forse daling sinds de jaren '50, vanaf de jaren '70 weer toe. Dat was vooral het gevolg van de opkomst van maïs, een voedergewas. Het areaal graan (exclusief snijmaïs) is sinds de jaren '50 sterk teruggelopen van bijna 500.000 hectare tot rond de 200.000 hectare. Daarbinnen trad een verschuiving op van zomertarwe naar wintertarwe. Akkerbouwers vervingen graan vanwege het lage saldo door aardappelen en suikerbieten. De opkomst van maïs tot ruim 200.000 ha is ten koste gegaan van het areaal grasland dat sinds de jaren '80 met bijna 200.000 hectare is gekrompen.

Naast het areaal namen ook de aantallen arbeidskrachten en bedrijven af. In samenhang met de mechanisering en automatisering is het aantal gezinsarbeidskrachten in de landbouw sinds begin jaren '70 teruggelopen van bijna 300.000 naar 130.000 personen. Naast het gezinshoofd worden hiertoe ook de meewerkende gezinsleden gerekend. Sinds 1950 is het aantal bedrijven jaarlijks met 2 à 3 procent verminderd, van ruim 300.000 naar 66.000 in 2014. Dat is een vermindering met 78 procent (Figuur 3.6). De gemiddelde bedrijfsgrootte groeide van ongeveer 7,5 hectare in 1950 tot ruim 27 hectare in 2014, wat overeenkomt met een jaarlijkse groei van ongeveer 3 procent. Ook een intensiever gebruik van kunstmest en gewasbeschermingsmiddelen zorgde voor groei (zie Paragraaf 3.5).

3.4 Drijvende krachten

De belangrijkste drijvende krachten achter de schaalvergroting en intensivering van de landbouw van de afgelopen vijftig jaar waren:

- De ontwikkeling van kost- en opbrengstprijzen.
- De vorming van de Europese gemeenschappelijke markt en het Gemeenschappelijk Landbouwbeleid (GLB), inclusief diverse hervormingen daarvan, plus de stapsgewijze uitbreiding van de EU. We staan daarbij apart stil bij het voor Nederland zo belangrijke zuivelbeleid.
- De technologische ontwikkeling.
- Het milieubeleid van Nederland en vooral de EU. Dat heeft vernieuwing gestimuleerd, maar ook de productie, de schaalvergroting en vooral de intensivering afgeremd. Dat beleid behandelen we in Paragraaf 3.5.

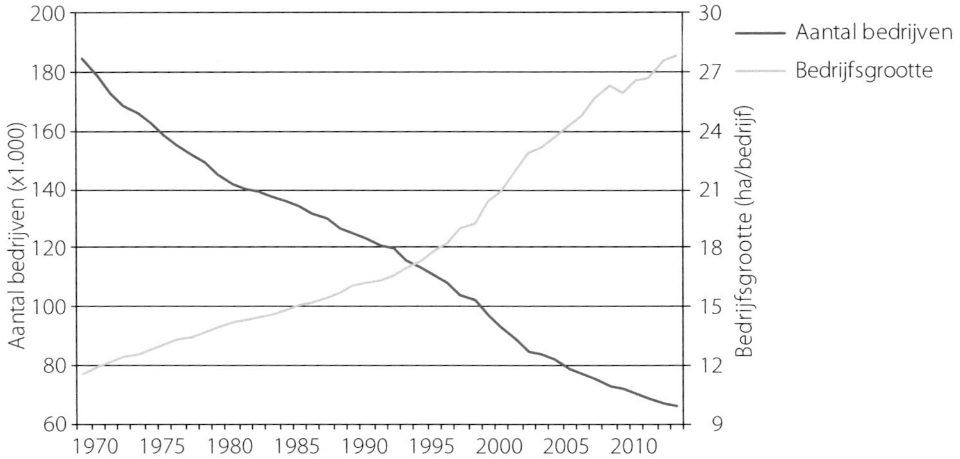

Figuur 3.6. Ontwikkeling van het aantal bedrijven (×1.000) en van de bedrijfsgrootte (ha/bedrijf), 1970-2014 (http://statline.cbs.nl).

De vier drijvende krachten hebben ook invloed op elkaar gehad. De technologie reageerde vaak op prijsverhoudingen, maar beïnvloedde deze ook, het landbouwbeleid en het milieubeleid hadden invloed op prijzen, enzovoorts.

Ontwikkeling kost- en opbrengstprijzen

De kosten van arbeid en grond zijn de afgelopen zestig jaar sterk gestegen, terwijl gelijktijdig de opbrengsten van landbouwproducten, gecorrigeerd voor inflatie, gestaag daalden. Deze dominante prijsontwikkelingen vormden de realiteit waaraan geen enkele boer kon ontsnappen. Tussen 1950 en 2014 is de melkprijs gehalveerd, terwijl de prijs van tarwe zelfs met ruim 80 procent is gedaald (Figuur 3.7), beide gecorrigeerd voor inflatie. Daarentegen steeg de prijs van landbouwgrond tussen 1950 en 2010 met een factor zes, gecorrigeerd voor inflatie. En de kosten van arbeid waren in de landbouw in 2014 ruim het viervoudige van die in 1950 (Figuur 3.8).

Hoe konden de opbrengstprijzen dalen terwijl de kosten van arbeid en grond zo sterk stegen? Dat kwam door de inzet van meer grondbesparende productiemiddelen, met name kunstmest, krachtvoer en meer productieve rassen, en van arbeidsbesparende productiemiddelen zoals machines en herbiciden. Het hielp daarbij dat de prijzen van kunstmest en veevoer reëel daalden. Figuur 3.8 laat dat zien, waarbij moet worden bedacht dat de prijs van veevoer samenhangt met die van tarwe. Toch kunnen er in de loop der tijd op de internationale grondstoffenmarkten forse schommelingen optreden. Zo leidde onrust in het Midden-Oosten en de oorlog tussen Iran en Irak rond 1980 tot een forse stijging van de energieprijzen.

William Cochrane (1958) heeft voor de verklaring van de dalende marktprijzen het beeld van de tredmolen gebruikt. Bedrijven die te maken krijgen met dalende marktprijzen zullen eerder overgaan tot het verlagen van hun kosten (bijvoorbeeld door het uitstellen van investeringen in stallen

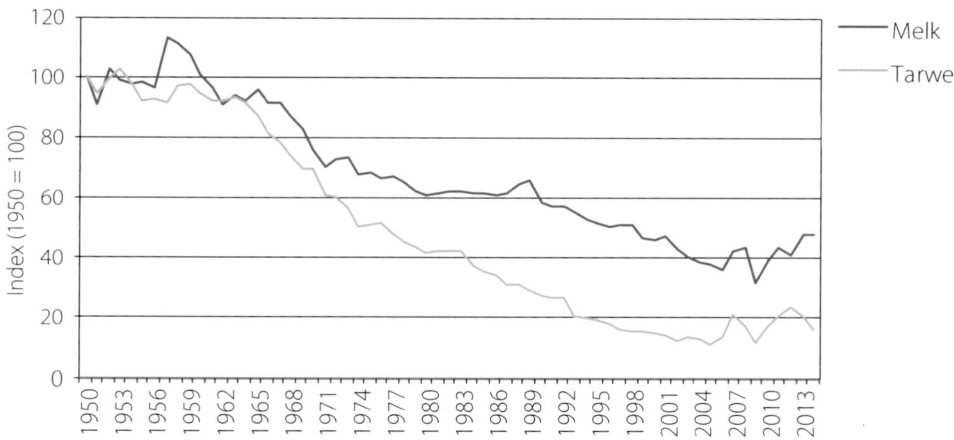

Figuur 3.7. Reële prijsontwikkeling van landbouwproducten, 1950-2014 ((LEI Wageningen UR).

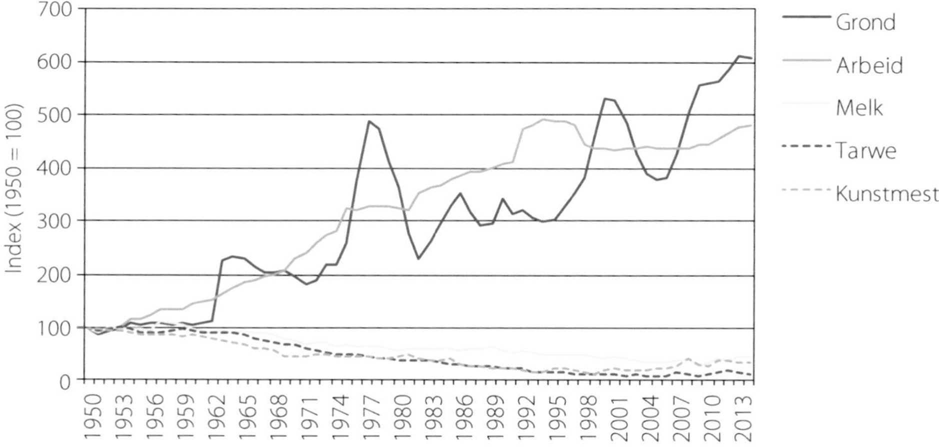

Figuur 3.8. Reële, dus voor inflatie gecorrigeerde prijsontwikkeling in de landbouw, 1950-2014 (CBS, DLG, Kadaster, LEI Wageningen UR).

en machines en besparen op kunstmest en veevoer) dan te stoppen. Daardoor is er een voortdurende tendens naar overproductie en blijven de prijzen dalen. Intussen komt er nieuwe technologie beschikbaar waarmee koplopers hun productie kunnen verhogen en/of tijdelijk een financieel voordeel behalen. Maar vervolgens dalen de opbrengstprijzen verder en moeten bedrijven hun productie nog verder verhogen en/of hun kostprijs nog verder verlagen.

Vorming EU en Gemeenschappelijk Landbouwbeleid

Nederland kende al voor de Tweede Wereldoorlog een landbouwbeleid met onder meer onderzoek, voorlichting, garantieprijzen, saneringsregelingen en ruilverkavelingen. Maar de vorming van de gemeenschappelijke Europese markt, de stapsgewijze uitbreiding van die markt en het GLB leverde nieuwe dynamiek. Toen in 1957 de doelstellingen van het GLB werden geformuleerd in het Verdrag van Rome, lagen de verwoestingen en de voedselschaarste van de Tweede Wereldoorlog nog vers in het geheugen. Het was toen nog een prioriteit om de productiviteit snel en duurzaam te verhogen om de voedselvoorziening veilig te stellen en sociale onrust te voorkomen. Maar toen het GLB rond 1965 van kracht werd, was er al lang geen voedselschaarste meer. Nieuwe prioriteiten waren dat boeren moesten kunnen rekenen op een redelijke levensstandaard en consumenten op eerlijke prijzen. Voor een aantal landbouwproducten werden daarom zogenaamde marktordeningen ingesteld, stelsels van gegarandeerde prijzen, opkoopregelingen en invoerheffingen; later kwamen daar ook exportsubsidies bij.

Dit beleid is succesvol geweest, maar kende ook schaduwzijden. De garantieprijzen leidden al snel tot overproductie – de 'boterbergen' en 'wijnplassen' – en sterk stijgende budgetlasten voor de EU. Vanwege de toenemende marktverstorende export, kwam er bovendien van andere landen, zoals de VS en Nieuw-Zeeland, steeds meer kritiek op het landbouwbeleid van de EU, en dan vooral op de exportsubsidies en de invoerheffingen.

Eén detail in het beleid bleek een koekoeksjong. De EU had de importtarieven voor graanvervangers, zoals soja, in de jaren '60 op nul gezet, niet vermoedend dat deze eerst nog kleine stroom later explosief zou kunnen gaan groeien. Aangezien deze grondstoffen voor de Europese markt grotendeels via Rotterdam binnenkwamen, werd al snel gesproken over het 'gat van Rotterdam'. Dit goedkope veevoer legde de basis voor de groei van de intensieve veehouderij, en stimuleerde ook intensivering van de melkveehouderij.

Een extra pijler van het GLB was het structuurbeleid, in 1968 ontwikkeld door de toenmalige commissaris voor Landbouw van de Europese Economische Gemeenschap (EEG), Sicco Mansholt. Hij wilde vooral het probleem van de kleine boeren aanpakken en de efficiëntie in de landbouw verbeteren. Dit beleid was gericht op schaalvergroting door ontwikkeling en sanering van bedrijven, en door verbetering van de infrastructuur. In Nederland zijn daarmee onder meer ruilverkavelingen gesubsidieerd. Daarnaast wilde Mansholt grond uit cultuur nemen om de productie te verminderen

Foto 3.3. Vier belangrijke Eurocommissarissen van Landbouw. (A) Sicco Mansholt (voerde garantieprijzen, invoerheffingen en exportsubsidies in). (B) MacSharry (verving prijssteun door steun op basis van aantal dieren en gewasproductie). (C) Franz Fischler (van steun naar bedrijfstoeslagen). (D) Dacian Ciolos (hectaretoeslagen, losgekoppeld van de productie). Door deze stappen werden garantieprijzen steeds verder verlaagd met beperkte inkomensgevolgen voor boeren, vond de Europese markt aansluiting bij de wereldmarkt, verdwenen overschotten en werden exportsubsidies overbodig.

en natuurgebieden te creëren. Dat effect bleef beperkt, maar in Nederland sloot de Relatienota (zie Hoofdstuk 4) er naadloos bij aan. In 1988 voerde de EU voor de akkerbouw een areaalbeperking in waarbij de grond in handen van de boer bleef: vrijwillige braaklegging tegen vergoeding. Daarbij zetten deelnemende akkerbouwers vooral hun minst productieve gronden in (Brouwer en Van Berkum, 1996), waardoor het productiebeperkende effect beperkt bleef.

Begin jaren '90 besloot de Europese Commissie het over een andere boeg te gooien, en de prijzen te verlagen om aansluiting bij de wereldmarkt te vinden. Boeren werden daarvoor gecompenseerd door directe inkomenssteun via bedrijfstoeslagen die waren gebaseerd op hun productie in de voorgaande jaren. De interventieprijzen voor granen gingen met een derde omlaag. Maar boeren met een productie van tenminste 92 ton granen kregen bovendien te maken met een verplichte braaklegging van 15 procent van hun land. In 1994/1995 ging het in Nederland om 28.000 hectare en dat leverde verrassende natuur op. In 2008, toen de landbouwprijzen wereldwijd hoog waren, werd deze regeling afgeschaft. Bij de volgende hervorming van 2013 werden de bedrijfstoeslagen omgezet in hectarepremies. Tegelijk heeft de EU een vergroening doorgevoerd om milieuvriendelijk gedrag van boeren te stimuleren. Voor meer details verwijzen we naar Hoofdstuk 8.

We staan apart stil bij het voor Nederland zo belangrijke onderdeel van het GLB, namelijk het zuivelbeleid. Begin jaren '80 kampte de EU met boter- en melkpoederbergen. Drastische prijsverlaging was geen optie, omdat dat een crisis zou veroorzaken in grote delen van de landbouw en het platteland. In 1984 voerde de EU de melkquotering in, die direct ingreep in de productie. Daarbij kreeg elk bedrijf een bepaald productiequotum toegewezen, dat was gebaseerd op de productie in de voorafgaande jaren. Over de melk boven het quotum moest het bedrijf een (super)heffing betalen, die veelal net zo hoog was als de melkprijs.

Dit beleid had grote gevolgen. Was het aantal melkkoeien in Nederland tussen 1960 en 1983 toegenomen van 1,6 miljoen en 2,5 miljoen, onder de quotering moesten veehouders hun melkproductie in enkele stappen met ongeveer 10 procent verminderen. Doordat de melkproductie per koe bleef stijgen met ongeveer 1 procent per jaar, daalde het aantal koeien geleidelijk nog sterker, en wel tot 1,4 miljoen in 2006 – het niveau van rond de Tweede Wereldoorlog.

Omdat de EU de quotering op termijn wilde afschaffen, verlaagde ze de garantieprijzen stapsgewijs naar het niveau van de wereldmarkt. De zuivelindustrie kon daardoor steeds meer producten zonder subsidie op de wereldmarkt afzetten. Ter compensatie gaf de EU melkveehouders bedrijfstoeslagen op basis van hun melkquotum, die in 2013 zijn omgezet in hectaretoeslagen. Uiteindelijk is de quotering op 1 april 2015 beëindigd.

Vooruitlopend daarop werden de melkquota al vanaf 2008 met circa 1 procent per jaar verruimd. Bovendien gingen sommige melkveehouders in 2013 en 2014 melk boven hun quotum produceren, omdat de melkprijs toen tijdelijk flink hoger was dan de superheffing. In deze jaren hielden vrijwel alle veehouders extra jongvee aan en lieten dat voorjaar 2015 afkalven om hun melkproductie na 1 april snel te kunnen opvoeren.

Door de snelle groei voor en na 1 april kwam in Nederland al spoedig een nieuwe grens in zicht: het fosfaatplafond. Dat plafond had de regering al in 2006 met de EU afgesproken om de productie van nitraat en fosfaat uit dierlijke mest aan banden te leggen. Die afspraak was gemaakt in het kader van de Europese Nitraatrichtlijn. Volgens die richtlijn mag een veehouder niet meer dan 170 kilogram stikstof uit dierlijke mest per hectare gebruiken. Omdat de grasproductie per hectare in Nederland relatief hoog is, kregen Nederlandse boeren een 'derogatie' en mochten zij onder verschillende voorwaarden en 250 kilogram stikstof per hectare grasland aanwenden. Voor de hele veehouderij bedraagt het fosfaatplafond 172,9 miljoen kilogram fosfaat, waarbij de melkveehouderij zich vastlegde op een plafond van 84,9 miljoen kilogram. Toen die grens in zicht kwam, gingen veehouders juist extra koeien aanhouden of kopen om zo een gunstige referentie te creëren voor het geval er een nieuwe productiebeperking zouden komen. Die werd reeds drie maanden na afschaffing van de melkquotering aangekondigd in de vorm van zogeheten melkfosfaatrechten. Melkveehouders mogen in de loop van 2016 niet meer dieren houden dan waarvoor zij in 2015 fosfaatrechten toegewezen hebben gekregen. Een eventuele verdere groei van de Nederlandse melkproductie zal afhankelijk zijn van de ontwikkeling van de wereldwijde vraag naar zuivelproducten, de melkprijs, de kosten van veevoer en het fosfaat- en ammoniakbeleid.

Technologische ontwikkeling

Technologische ontwikkelingen zijn niet zelden een reactie op prijsontwikkelingen. Veel technologie was dan ook gericht op besparing van arbeid en grond. Landbouwbedrijven werken door schaalvergroting en efficiëntere inzet van arbeid op meer hectares en met meer dieren, dankzij de inzet van grotere stallen en meer en/of grotere machines, onder andere voor bemesting, gewasbescherming, zaaien, oogsten, maaien, voeren en melken. Gewasveredeling, kunstmest en gewasbescherming maakten een hogere productie per hectare mogelijk en bespaarden dus grondkosten. Door de hogere productiviteit konden de landbouwprijzen verder dalen.

3.5 Effecten op het milieu

In Paragraaf 3.3 hebben we aangegeven dat de productiewaarde van de landbouw in de afgelopen halve eeuw jaarlijks met ongeveer 4 procent is gegroeid. Tegen de achtergrond van de enorme toename die in totaal over deze periode is gerealiseerd, is een belangrijke vraag hoe de milieudruk zich in de laatste decennia heeft ontwikkeld. We concentreren ons daarbij op de belasting van bodem en oppervlaktewater met nutriënten, de emissie van broeikasgassen en het gebruik van gewasbeschermingsmiddelen. Daarbij gaan we ook kort in op het gebruik van andere toegevoegde stoffen.

Nutriënten

Kunstmest en dierlijke mest, als bron voor stikstof (N), fosfor (P) en kalium (K), worden ingezet voor de voeding van gewassen; ruwvoer en krachtvoer zijn de voedingsmiddelen voor dieren. De dalende (reële) prijzen van kunstmest en krachtvoer stimuleerden het gebruik, maar niet de efficientie daarvan, met als gevolg toenemende verliezen en een groeiend milieuprobleem. Stikstof spoelt uit als nitraat, verdwijnt als ammoniak in de lucht en wordt als lachgas en stikstofgas gevormd in de bodem om eveneens in de lucht te verdwijnen. Fosfaat hoopt zich op in de bodem en kan bij hoge concentraties ook uitspoelen.

Tot midden jaren '80 werd landbouwgrond steeds sterker belast met voedingsstoffen. Dat kwam door de groei van de veestapel en een toenemend gebruik van kunstmest en dierlijke mest. De omslag kwam medio jaren '80 door de invoering van de Europese melkquotering en het nationale mestbeleid. Sindsdien is de belasting van landbouwgrond met stikstof met circa 45 procent afgenomen. De meest recente cijfers over de zuivelsector laten echter over de periode tussen 2013 en 2014 weer een stijging van de fosfaatemissie zien als gevolg van het toegenomen aantal melkkoeien en het hogere fosforgehalte in het ruwvoer (Reijs e.a., 2015).

Niet alle nutriënten in de mestgift kunnen door het gewas worden opgenomen en alleen het overschot belast het milieu, het zogeheten nutriëntenoverschot of -verlies. Van 1985 tot 2014 namen die overschotten gestaag af (Figuur 3.9). Deze afname is vooral te danken aan efficiënter management en aan het mestbeleid. Na introductie van de mineralenboekhouding ontdekten veehouders dat ze veel meer – kostbare – kunstmest gebruikten dan nodig was (Van Miltenburg e.a., 1992). In 1998 voerde de overheid het Mineralenaangiftesysteem (MINAS) in, waarbij veehouders boven vastgestelde verliesnormen een heffing moesten betalen. Dat systeem werd in 2006 onder druk van de EU vervangen door een beleid gericht op normen voor het – gemakkelijker vast te stellen – totale gebruik van nutriënten in dierlijke mest en kunstmest. Deze gebruiksnormen zijn afhankelijk van gewas, grondsoort en de fosfaattoestand van de grond.

De toegenomen efficiëntie blijkt uit gestegen benuttingspercentages. Dit percentage nam voor stikstof in de periode tussen 1997 en 2011 toe van 31 procent tot 53 procent en voor fosfor van 48 procent tot 81 procent (Compendium voor de Leefomgeving, 2014). Als logisch gevolg daarvan daalde in verschillende bodemtypen het nitraatgehalte in het bovenste grondwater (Figuur 3.10). In zandgronden zijn de gehalten in de periode tussen 1992 en 2012 afgenomen met gemiddeld circa 75 procent (http://tinyurl.com/jz3jo2w). We kunnen hier zonder meer spreken van succesvol milieubeleid. Wel stagneerde de afname van de stikstofbelasting sinds 2012 als gevolg van de verruiming en in 2015 de afschaffing van de melkquotering.

Zijn met deze emissiereducties de milieunormen bereikt? De nitraatproblemen waren het grootst in zand- en lössgronden, met in de jaren '80 plaatselijk zelfs concentraties tot boven de 300 mg/l. Ter vergelijking: de Wereldgezondheidsorganisatie hanteert 50 mg/l als nitraatnorm voor drinkwater en de EU ook voor het grondwater. In 2012 was die doelstelling ruimschoots gehaald voor kleigronden,

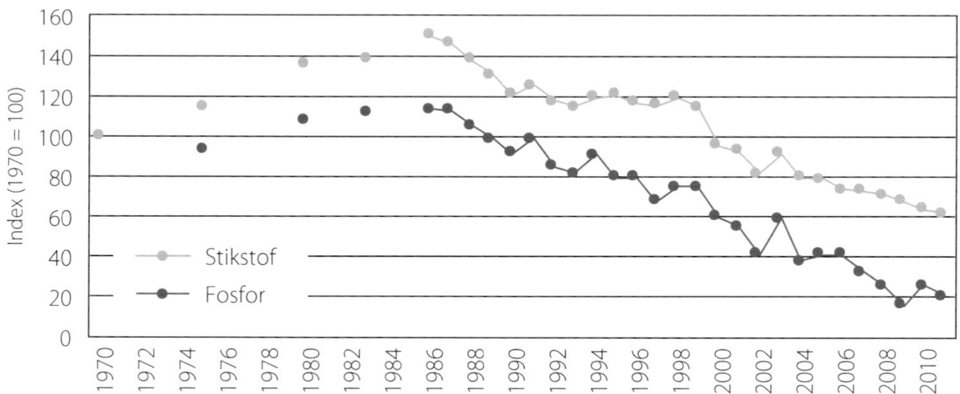

Figuur 3.9. Ontwikkeling van de landelijke nutriëntenoverschotten in de landbouw, 1970-2011 (Compendium voor de Leefomgeving, 2014).

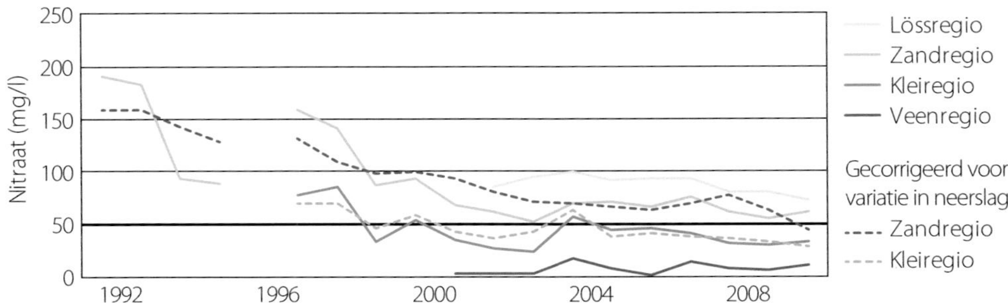

Figuur 3.10. Nitraat in het bovenste grondwater in landbouwgebieden, 1992-2012. De EU-nitraatnorm voor grondwater is 50 mg/l (http://tinyurl.com/jz3jo2w).

nipt voor de zandgronden en, met name in Noord-Limburg en Oost-Brabant, nog niet geheel voor de lössgronden. De afname kan vrijwel geheel worden toegeschreven aan melkveebedrijven waar het kunstmestgebruik sinds de jaren '80 is gehalveerd.

De uit de mestproductie voortkomende emissie van ammoniak is sinds 1990 met bijna 70 procent gedaald (Compendium voor de Leefomgeving, 2014), vooral tussen 1990 en 2000 (Figuur 3.11). Deze daling kwam tot stand door de verplichting om de mestopslag af te dekken en mest emissiearm aan te wenden, maar ook door krimp van de veestapel en de daarmee samenhangende mestproductie. In de periode tussen 2011 en 2014 is de emissie van ammoniak in de zuivelsector echter weer met ruim 10 procent toegenomen als gevolg van een groei van de melkveestapel als gevolg van de verruiming van de melkquotering en het toegenomen eiwitgehalte in het gras (Reijs e.a., 2015).

De land- en tuinbouw produceert ook aanzienlijke emissies van de broeikasgassen koolstofdioxide (CO_2), methaan (CH_4) en lachgas (N_2O). CO_2 ontstaat bij de productie van elektriciteit met fossiele brandstoffen en bij verwarming van kassen. Methaan ontstaat in de pens van herkauwers, vooral koeien, en uit mest van alle veesoorten. Lachgas ontstaat uit omzetting van nitraat en ammonium in

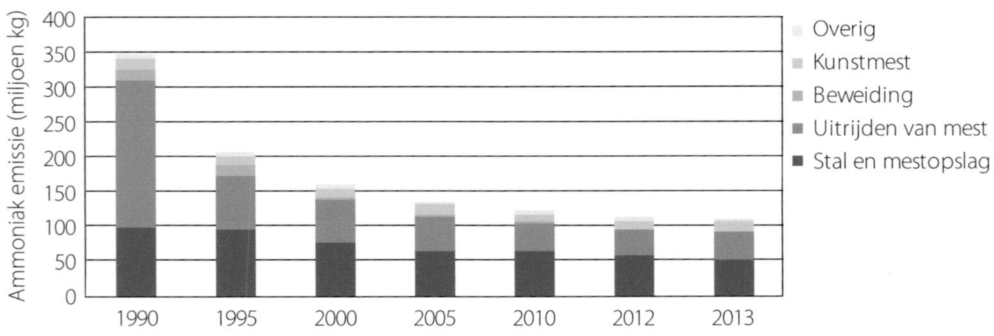

Figuur 3.11. Emissie van ammoniak door de land- en tuinbouw over de periode tussen 1990 en 2013 (Compendium voor de Leefomgeving, 2015).

de bodem. In de periode tussen 1990 en 2013 is de directe emissie van broeikasgassen vanuit de land- en tuinbouw (dat wil zeggen, exclusief die uit de productie van elektriciteit en bij teelt en transport van aangekocht veevoer) met ruim 20 procent afgenomen, twee keer zo veel als de ruim 10 procent in de totale economie (Compendium voor de Leefomgeving, 2016: berekend uit de achterliggende Excel figuurdata). In de periode tussen 2011 en 2014 nam deze emissie in de melkveehouderij echter weer met ruim 6 procent toe als gevolg van de groei van de melkveestapel (Reijs e.a., 2015).

Gewasbeschermingsmiddelen

Sinds de jaren '50 heeft het gebruik van chemische gewasbeschermingsmiddelen een hoge vlucht genomen. Het gebruik van insecticiden als DDT, de zogenoemde 'drins' (toxische, persistente en cumulerende stoffen als aldrin, dieldrin en endrin) en parathion tegen insecten, en herbiciden als atrazin en paraquat tegen onkruiden had vaak zeer ongunstige natuureffecten, zoals het doden van (ook nuttige) insecten en wilde plantensoorten. In ons land bracht vooral de vissterfte in de Rijn in 1969 door lozing van het insecticide endosulfan een schok in de publieke opinie teweeg. Gewasbeschermingsmiddelen zijn vooral schadelijk als ze toxiciteit combineren met persistentie en cumulerend vermogen in de voedselketen. Dan kunnen ook via voedselketens effecten optreden, zoals duidelijk werd bij sterfte onder buizerds in de jaren '60 in Drenthe.

Al in de jaren '60 is in Nederland en op EU niveau relevant milieubeleid op gang gekomen, zowel voor de landbouw als de industrie. De Regulering Grondontsmettingsmiddelen uit 1993 zorgde voor een sterke reductie van het totale gebruik van gewasbeschermingsmiddelen. Figuur 3.12 toont de belasting van oppervlaktewater, grondwater, bodem en vogels door gewasbeschermingsmiddelen uit de land- en tuinbouw door vergelijking van blootstellingsconcentraties met wettelijk toegestane concentraties, zoals met het maximaal toelaatbaar risiconiveau (de zogenoemde MTR-normen) of met de *no observed effect dose* (NOED). Hoe hoger het verhoudingsgetal, des te groter het risico voor het milieu. De bodembelasting blijkt met 95 procent het sterkst te zijn afgenomen, de grondwa-

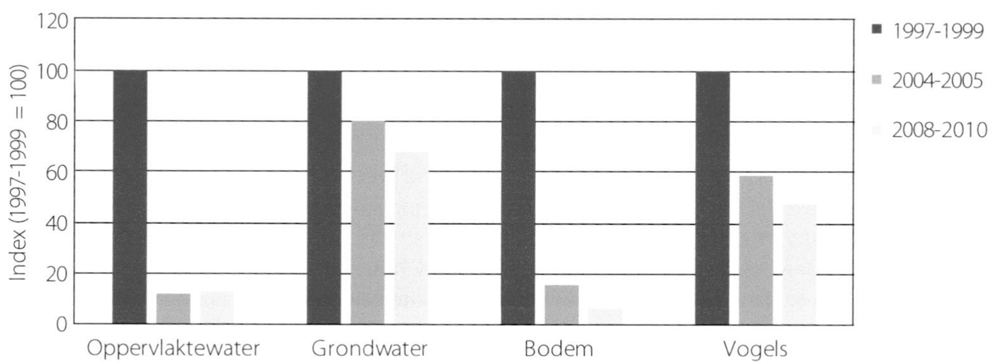

Figuur 3.12. Trends van het chronische risico van gewasbeschermingsmiddelen (excl. natte grondontsmetting) voor waterleven, grondwater, bodemleven en het terrestrische ecosysteem, gerelateerd aan respectievelijk het MTR Water, het drinkwatercriterium, het MTR Bodem en de NOED voor vogels (Van der Linden e.a., 2012).

terbelasting met 30 procent het minst. Deze figuur suggereert ook dat de vergiftigingsrisico's voor dieren aanzienlijk zijn gedaald (zie ook Van Eerdt e.a., 2012).

Twee derde van deze reducties is bereikt doordat boeren ervoor zorgden dat er minder emissie naar het oppervlaktewater plaatsvond door gebruik van emissiebeperkende apparatuur en door stroken langs oppervlaktewater onbeteeld te laten. Het resterende deel kwam vooral door het verbod van relatief giftige middelen en door toepassing van geïntegreerde gewasbescherming. De milieuwinst blijkt vooral behaald in het begin van de onderzochte periode. Ondanks deze daling werd in de afgelopen jaren de kwaliteitsnorm voor oppervlaktewater van 0.5 microgram per liter water nog op ongeveer de helft van de meetlocaties overschreden (Musters e.a., 2012).

Een risico dat recent alle aandacht kreeg, is het gebruik van neonicotinoïden, een wereldwijd veel verkochte groep van insecticiden. Lange tijd was er onduidelijkheid over de schadelijkheid voor soorten die geen doelwit van de bestrijding zijn, maar inmiddels weten we meer (Tekstkader 3.1).

Tekstkader 3.1. Neonicotinoïden in de landbouw: imidacloprid meer dan alleen een bijengif.

Martina Vijver en Geert de Snoo

Een groep gewasbeschermingsmiddelen waarover al enkele jaren een verhitte maatschappelijke discussie plaatsvindt, zijn de neonicotinoïden. Neonicotinoïden behoren tot de meest verkochte groep insecticiden ter wereld. Bekende insecticiden zijn imidacloprid, clothianidin en thiacloprid.

Imidacloprid werd medio 2015 in Nederland toegepast in 28 toegelaten gewasbeschermingsmiddelen. Een belangrijke toepassing is de behandeling van zaaizaad: vóór het planten krijgen zaden een coating met een neonicotinoïde. Door deze wijze van toepassen hoeft, in vergelijking met het bespuiten van een heel perceel, slechts een geringe hoeveelheid middel te worden gebruikt. Dat is in principe relatief gunstig voor het milieu.

Bij de toepassing als zaadcoating verspreiden de insecticiden zich via sapstromen door de hele plant (inclusief pollen en nectar). Dankzij deze 'systemische' werking worden tal van insectensoorten effectief bestreden. Het belangrijkste werkingsmechanisme van de stoffen berust op het blokkeren van de overdracht van zenuwimpulsen, waardoor insecten verlamd raken, stoppen met eten en uiteindelijk sterven door verhongering, uitdroging of doordat ze ten prooi vallen aan andere dieren.

Imidacloprid is de meest toegepaste stof uit de groep van neonicotinoïden. Het wordt behalve als zaadcoating tevens toegepast in kassen en in de (fruit)boomteelt. Ook is de stof aanwezig in middelen voor gebruik in de tuin, bijvoorbeeld ter bestrijding van mieren. Imidacloprid is in het milieu vrij moeilijk afbreekbaar en vrij mobiel in de bodem en komt daardoor ook terecht in het oppervlaktewater. Daar worden op veel plaatsen de milieunormen overschreden (zie Figuur 3.1.1, www.bestrijdingsmiddelenatlas.nl). Waterorganismen reageren erg verschillend op de blootstelling aan imidacloprid. Watervlooien, die behoren tot de groep van kreeftachtigen, zijn het standaardtoetsorganisme in veel toxiciteitsonderzoek en zijn 'gemiddeld' gevoelig voor imidacloprid. Over het algemeen lijken amfibieën en vissoorten niet zo gevoelig, terwijl sommige in het water levende insectensoorten zoals muggenlarven juist erg gevoelig blijken te zijn. De concentratie imidacloprid in het oppervlaktewater in Nederland is negatief gecorreleerd met de aanwezigheid van verschillende groepen waterorganismen (Van Dijk e.a., 2013; Vijver en Van den Brink, 2014).

Lang is gedacht dat deze stoffen voornamelijk effect hebben op schadelijke insecten die planten en gewassen aantasten. In de afgelopen jaren is echter ook de ongerustheid over de effecten van neonicotinoïden op andere op het land levende diersoorten sterk toegenomen. Zo zijn Kamervragen gesteld over de neveneffecten op soorten zoals honingbijen. In 2014 bleek uit een artikel in *Nature* dat de achteruitgang van 15 soorten zangvogels in het landelijk gebied in Nederland is gecorreleerd met de concentraties imidacloprid in het oppervlaktewater (Hallmann e.a., 2014). In 2015 concludeerde de Europese Academie van Wetenschappen (EASAC, 2015) dat er steeds meer bewijs komt dat het systematisch preventief op zaden toepassen van de neonicotinoïden een zwaar negatief effect heeft op de biodiversiteit in landbouwgebieden. De sleutelsoort honingbij blijkt minder gevoelig te zijn, maar de vele soorten wilde bijen (waaronder ook hommels), vlinders en zweefvliegen blijken juist erg kwetsbaar voor zeer lage doses neonicotinoïden. Het grootschalig gebruik van deze stoffen, zo stelt de EASAC, blijkt daarmee ook gevolgen te hebben voor ecosysteemdiensten zoals de bestuiving van gewassen en natuurlijke plaagregulatie.

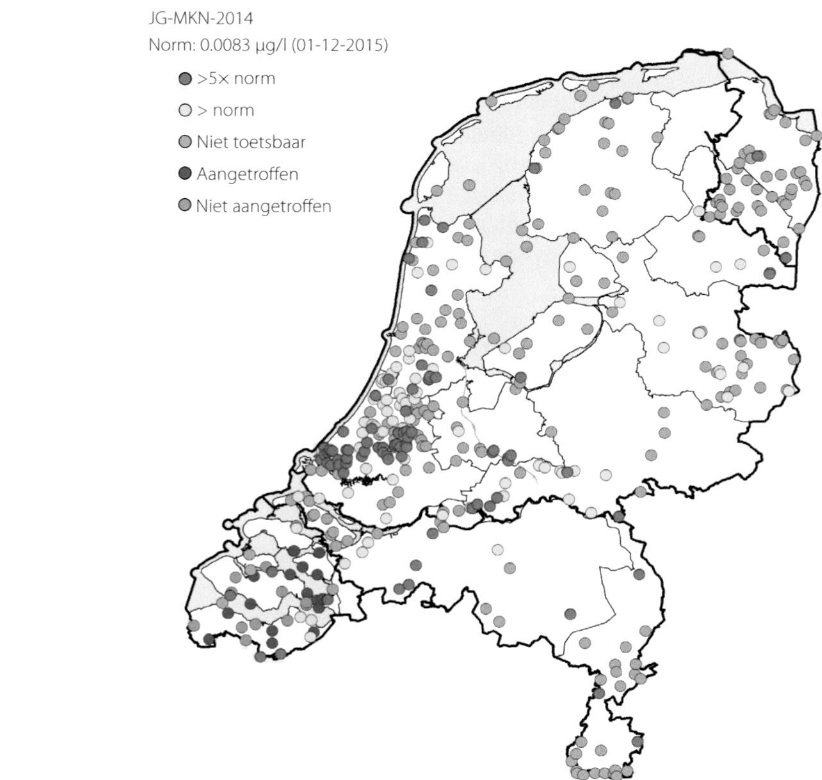

Figuur 3.1.1. Imidacloprid metingen (uitgevoerd in 2014) in het oppervlaktewater getoetst aan de (jaargemiddelde) milieukwaliteitsnorm (JG-MKN) van deze stof (http://www.bestrijdingsmiddelenatlas.nl/). De kleuren geven de mate van normoverschrijding aan.

Andere toegevoegde stoffen

Naast stikstof, fosfaat en gewasbeschermingsmiddelen gebruiken veehouders onder meer de veevoeradditieven koper en zink, antibiotica en ontwormingsmiddelen. Koper en zink zijn essentiële micronutriënten voor planten en dieren. Koper is in Nederland echter ook gebruikt als additief in varkensvoer om de productie te verhogen. Toen bleek dat onder andere schapen er dood aan kunnen gaan, is het gebruik sterk verlaagd. Binnen de EU werden vanaf 1986 maxima gesteld aan de gehalten aan koper en zink in varkensvoer (http://edepot.wur.nl/291755, Tabel 1). Deze normen zijn geleidelijk aangescherpt.

Het gebruik van antibiotica is in de periode tussen 2000 en 2007 explosief toegenomen, mede doordat ze net als koper werden gebruikt als groeibevorderaar. Na alarmerende berichten over resistente bacteriën, die ook een risico zijn voor de volksgezondheid, is de verkoop van antimicrobiële diergeneesmiddelen in de periode tussen 2007 en 2014 met ruim 60 procent verlaagd. Gebruik als groeibevorderaar is in 2006 verboden. Vleeskalverhouders behandelen hun dieren het vaakst, melkveehouders het minst. Inmiddels worden ook in de bodem steeds meer resistente bacteriën aangetroffen, maar de ecologische effecten daarvan zijn nog slecht bekend. Ecologische effecten in aquatisch milieu zijn vooralsnog niet goed in te schatten (Mensink en Montforts, 2008).

In de melkveehouderij, maar vooral de schapenhouderij worden regelmatig ontwormingsmiddelen gebruikt. De ecologische effecten van deze middelen zijn nog slecht onderzocht. Waarschijnlijk hebben ze effecten op het bodemleven en zeker op insecten in mestflatten, die voedsel vormen voor jonge weidevogels en mogelijk ook voor vleermuizen (Madsen e.a., 1990). Bij schapen treedt bij maagdarmwormen resistentie op tegen verschillende gebruikte middelen en de resistentie tegen leverbot breidt zich uit over het land (Borgsteede e.a., 2010; GD, 2012).

3.6 Effecten op natuur en landschap

De landbouw beïnvloedt natuur en landschap niet alleen door milieufactoren maar ook door fysische en ruimtelijke factoren, zoals:

- vergroting van percelen en kavels (dempen van sloten, opruimen houtbestanden);
- ontwatering (kanalisering van beken, peilverlaging);
- bewerking van het maaiveld (egaliseren, diepploegen);
- nieuwbouw van stallen;
- verharding en aanleg van wegen.

Dergelijke cultuurtechnische werken, vooral gericht op mechanisering en schaalvergroting van de landbouw, werden grotendeels uitgevoerd in het kader van ruilverkavelingen. Een voorbeeld toont een deel van de kaart van Walcheren voor en na de in 1979 begonnen ruilverkaveling (Figuur 3.13). Bij een ruilverkaveling konden ook natuurreservaten worden gesticht; de omvang en ligging daarvan werd meestal vastgelegd na langdurige 'hectaregevechten'.

In 1985 is de Ruilverkavelingswet van 1921 ingeruild voor de Landinrichtingswet, waarin het belang van natuur en landschap een meer gelijkwaardige positie ten opzichte van de landbouw hebben gekregen. Dat neemt niet weg dat ook na de invoering van deze wet de schaalvergroting en intensivering van de landbouw door bleef gaan. De gevolgen daarvan voor natuur en landschap bespreken we nader in de Hoofdstukken 6 tot en met 12. Daarbij besteden we ook aandacht aan de mogelijkheden van het agrarisch natuurbeheer om deze ontwikkelingen plaatselijk in een meer natuurvriendelijke richting om te buigen.

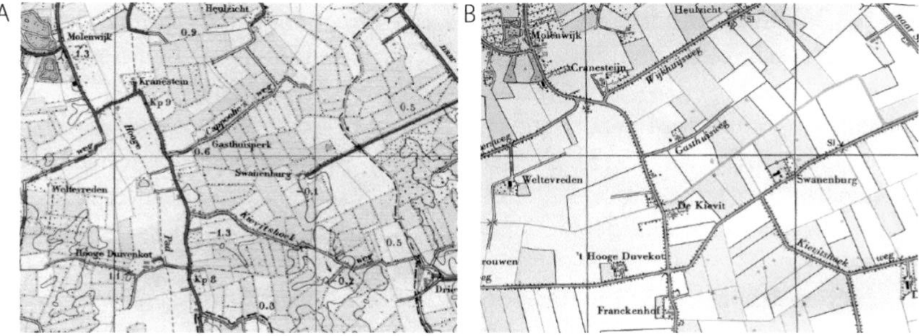

Figuur 3.13. Landschap op Walcheren (A) voor en (B) na de ruilverkaveling.

Hier beperken we ons tot een schets van de effecten van de eerder genoemde milieueffecten op de natuur. Broeikasgassen hebben geen direct effect op de natuur ter plekke en laten we daarom rusten. De toenemende bemesting daarentegen heeft grote effecten gehad op de vegetatie. In grote lijnen kunnen we stellen dat bij ontbrekende of zeer lage bemesting (oligotrofe condities) een klein aantal plantensoorten in lage dichtheden voorkomen, die tolerant zijn voor voedselarmoede. Bij toenemende bemesting (mesotrofe en ook eutrofe condities) neemt het aantal soorten toe en concurreren ze onderling om de aanwezige voedingsstoffen. Ook bij zeer hoge bemesting (polytrofe condities) is een klein aantal soorten aanwezig, die nu echter concurreren om licht (Grime, 1973). Dit geldt zowel voor terrestrische als voor aquatische ecosystemen.

De toename van de bemesting is gunstig geweest voor ganzen, die geprofiteerd hebben van het hogere eiwitgehalte van het gras, maar was ongunstig voor de diversiteit aan planten, die sterk is teruggelopen. We zouden kunnen verwachten dat die diversiteit met het verlagen van de bemestingsniveaus weer zou toenemen, maar dat valt tegen. De meeste graslanden bijvoorbeeld zijn nog even monotoon als voorheen. Hierbij spelen natuurlijk ook andere factoren een rol, zoals scheuren en opnieuw inzaaien van het grasland en een daling van het organische stofgehalte. Maar op veel percelen is het fosfaatgehalte van de bodem nog steeds te hoog. Een aanwijzing hiervoor vormt het onderzoek van Melman e.a. (2010), waaruit bleek dat zwaar beheer – niet bemesten, wel maaien, en afvoeren van het gemaaide gras – nodig was om zelfs maar een kleine verbetering van de soortenrijkdom van graslandvegetaties te bewerkstelligen. Weliswaar geldt in Nederland sinds 2015 een regime van evenwichtsbemesting, dus niet meer fosfaat op het perceel brengen dan wordt afgevoerd, maar dat hoeft niet te beteken dat de fosfaatvoorraad in de bodem gaat dalen. Herstel van de plantendiversiteit is dus vooralsnog niet verwachten.

Wat de gewasbeschermingsmiddelen betreft hebben herbiciden sterk bijgedragen aan verarming van de vegetatie, vooral op akkers. Insecticiden hebben sterk negatieve gevolgen gehad voor insectenpopulaties, zowel op het land als in het water, en voor de daarvan afhankelijke insectenetende vogels. Voor een overzicht en analyse van de effecten van bestrijdingsmiddelen op de waterkwaliteit zie De Snoo en Vijver (2012). Over effecten van gewasbeschermingsmiddelen op het bodemecosysteem is, zoals hierboven al werd aangegeven, nog weinig bekend. Tekstkader 3.1 bespreekt effecten op de biodiversiteit van de neonicotinoïden, moderne, systemisch werkende insecticiden. We noemden al de risico's van ontwormingsmiddelen voor het bodemleven en voor insecten in mestflatten.

Ook bij gewasbeschermingsmiddelen is de vraag: welke effecten heeft het milieubeleid gehad, i.c. het beleid om over te schakelen op minder schadelijk geachte middelen? Het is mogelijk dat deze omschakeling ertoe heeft bijgedragen dat de libellen zich sterk hebben hersteld (Termaat e.a., 2015) en dat de achteruitgang van wilde bijen, zweefvliegen en andere bestuivers is vertraagd of zelfs omgeslagen in herstel (Carvalheiro e.a., 2013). Daar staat tegenover dat vlinders en insectenetende vogels nog net zo snel achteruit gaan als vóór 1990. Hierbij is echter de relatie met veranderingen in het gebruik van gewasbeschermingsmiddelen niet onderzocht.

Een andere relevante indicator vormt het populatieverloop van roofvogels, een groep die zich had hersteld na het verbod op DDT en verschillende drins. Hier is het beeld sinds 1983 sterk gemengd, met zowel afnemende als toenemende soorten. Het populatieverloop van buizerd, havik, sperwer, torenvalk, boomvalk en bruine en grauwe kiekendief blijkt dermate verschillend dat hier meer soortspecifieke factoren aan ten grondslag moeten liggen. Het lijkt er daarmee op dat gewasbeschermingsmiddelen voor deze groep relatief minder belangrijk zijn geworden.

Alles bijeen bestaat nog steeds het beeld van een grote druk op de biodiversiteit van de met de landbouw samenhangende milieufactoren, maar wel met enkele punten van herstel.

Niet onvermeld mag blijven dat er ook natuureffecten overzee zijn, met name als gevolg van de invoer van soja voor de mengvoederproductie. Daarmee is circa 780.000 hectare gemoeid (Hoste, 2014), vooral in Brazilië en Argentinië. Dat grondgebruik is ten koste gegaan van natuurgebieden, niet alleen van regenwoud, maar ook van eveneens biodiverse savannen (de Cerrado) en graslanden (pampa's). Een steeds groter deel van de ingevoerde soja voldoet aan de standaard van de *Round Table on Responsible Soy*. Die voorkomt illegale ontginning van primair regenwoud, maar niet ontginning van andere natuurgebieden.

3.7 Vooruitzichten

Wat zijn de vooruitzichten voor de grondgebonden Nederlandse landbouw? Wat betekent dat voor weidegang, het milieu, de natuur en het agrarisch natuurbeheer? En aan welke 'knoppen' zouden we kunnen draaien als we meer ruimte willen creëren voor agrarische natuur? We bezien dit aan de hand van de drijvende krachten: prijsverhoudingen, landbouwbeleid (annex handelsbeleid), milieubeleid, technologie en marktontwikkelingen.

Prijsverhoudingen

In de toekomst zullen de prijzen van landbouwproducten alleen stijgen als de productie wereldwijd achterblijft bij de vraag. Dan zal ook veevoer duurder worden, wat remmend zou werken op intensievere vormen van veehouderij. Van het prijsvoordeel dat Nederlandse intensieve veehouders hadden dankzij het 'gat van Rotterdam' is overigens weinig meer over, doordat de Europese graanprijzen zijn gedaald tot het niveau van de wereldmarkt. Arbeid zal mogelijk minder duur worden als de immigratie uit de oostelijke lidstaten, het Midden Oosten en Afrika doorgaat en/of de lasten op arbeid worden verlicht. Maar dat zou de personeelskosten drukken van grote bedrijven die arbeid inhuren, en zou de schaalvergroting nauwelijks afremmen. Een daling van de grondprijzen is niet te verwachten, want de vraag naar grond vanuit de stad en de landbouw blijft groot. Daarmee wordt de ruimte voor extensief grondgebruik nog krapper dan zij al is. Bovendien ziet het er naar uit dat kapitaal voorlopig goedkoop zal blijven. Dat vormt een stimulans voor investeringen, onder meer voor schaalvergroting.

Het is niet uitgesloten dat fosfaatkunstmest duurder wordt, bijvoorbeeld onder invloed van geopolitiek. Dan zou de afzet van dierlijke mest minder kosten, wat gunstig is voor intensieve veebedrijven. Daar staat tegenover dat ook geïmporteerde soja dan mogelijk duurder zou worden, wat voor hen juist ongunstig is. Gewasbeschermingsmiddelen zullen wellicht goedkoper worden als gevolg van het aflopen van patenten. Dat is geen stimulans voor zuiniger gebruik en voor het gebruik naar alternatieven. Of energie duurder wordt, is onzeker. Wel zeker is dat de kostprijs van zonne- en windenergie steeds verder daalt. Mogelijk zullen boeren hier en daar landbouwpercelen vol zetten met zonnepanelen. Ook op zulke percelen zullen ze de vegetatie kort willen houden. Omdat ze met de maaimachine niet uit de voeten kunnen, zullen ze waarschijnlijk kiezen voor begrazing. Als zulke percelen verder niet worden bemest ontstaan kansen voor grasland met meer soorten kruiden.

Bij de huidige prijsverhoudingen kan de Nederlandse melkveehouderij nog groeien, hetzij door areaaluitbreiding ten koste van de akkerbouw of door intensivering – waar de akkerbouw juist van kan profiteren door veevoer te produceren. Die groei en intensivering worden beperkt door het milieubeleid, met name de fosfaatrechten, de Nitraatrichtlijn en het ammoniakplafond, en plaatselijk ook door het natuurbeleid en de ruimtelijke ordening.

Landbouw- en handelsbeleid

Een tweede belangrijke factor is het Europese landbouwbeleid. De EU heeft vanaf 2016 de hectaretoeslagen voor de boeren voor het eerst gekoppeld aan groene prestaties, in de vorm van een minimumpercentage permanent grasland en in de akkerbouw gewasvariatie en zogenoemde ecologische aandachtsgebieden. Maar de eisen voor zowel het permanente grasland als de ecologische aandachtsgebieden zijn in Nederland sterk uitgehold. Zo mogen ecologische aandachtsgebieden ook worden ingevuld met vanggewassen en eiwitgewassen. Bij de volgende herziening van het GLB wordt de vergroening wellicht aangescherpt, maar waarschijnlijk zullen tegelijk de hectaretoeslagen omlaag gaan, omdat de EU wil bezuinigen op haar landbouwbudget en mogelijk een groter deel van dat budget naar de oostelijke lidstaten wil sluizen. Dan zal een groter deel van de Nederlandse akkerbouwers – om de vergroeningsplicht te ontlopen – er voor kiezen om geen gebruik meer te maken van de vergroeningstoeslag. In dat geval ontstaat een tweedeling tussen vergroende en niet-vergroende akkerbouw. Een ander scenario is dat de EU een deel van het vergroeningsbudget uit de eerste pijler gaat overhevelen naar de 'echt groene tweede pijler' van het beleid. Maar als dat betekent dat de lidstaten daaraan zelf moeten meebetalen, zal daarvoor in Nederland weinig politiek draagvlak zijn.

Naast het landbouwbeleid is ook het handelsbeleid van belang. De EU onderhandelt over handelsverdragen met Canada, de VS en de Mercosur-landen Brazilië, Argentinië, Paraguay en Uruguay. De afloop is nog onzeker. Handelsverdragen leiden altijd tot verscherpte concurrentie op de markt, en die draait steevast om prijzen, vaak ook om voedselveiligheid en soms ook om kwaliteit. Andere waarden zoals natuur, landschap en dierenwelzijn zullen verder in de verdrukking komen. De verdragen kunnen onder meer leiden tot een grote stroom goedkoop vlees en zuivel uit de VS en Zuid-Amerika. Dat kan leiden tot een krimp van de Europese varkens-, pluimvee- en vleesveehouderij. Dat kan hier milieuwinst opleveren, maar misschien ook natuurverlies, want veel grasland in natuurgebieden wordt beweid met vleeskoeien. De Nederlandse melkveehouderij staat sterker, maar heeft vooralsnog te maken met mestplafonds voor fosfaat en stikstof die de groeiruimte beperken. Lagere melkprijzen zullen intensieve melkveehouders dwingen tot nog efficiënter graslandgebruik – ongunstig voor weidevogels. Extensieve melkveehouders kunnen het zoeken in kwaliteitsmerken voor vlees en zuivel en daarin lijkt wat meer aandacht te komen voor biodiversiteit (zie verder onder 'Markt'). In aangewezen gebieden kunnen veehouders hun risico spreiden door een overeenkomst voor agrarisch natuurbeheer aan te gaan.

Voor de akkerbouw zullen de handelsverdragen minder verschil maken, want deze sector is – met uitzondering van suikerbieten – al gewend aan lagere prijzen op het niveau van de wereldmarkt. Wel is denkbaar dat afnemers ook hier meer nadruk gaan leggen op kwaliteitsmerken met hogere eisen inzake residuen van gewasbeschermingsmiddelen, duurzame productie en natuur.

Milieubeleid

Het milieubeleid blijft van grote invloed op de landbouw. Voor de akkerbouw en andere plantaardige sectoren telt vooral het gewasbeschermingsbeleid. Het Europese gewasbeschermingsbeleid schrijft voor dat telers moeten werken volgens de principes van geïntegreerde gewasbescherming. Dus chemische middelen alleen inzetten als preventieve en niet-chemische maatregelen onvoldoende werken. Dit is (nog) niet uitgewerkt in verplichte maatregelen. Wel moeten telers sinds 2015 in een 'gewasbeschermingsmonitor' beschrijven welke maatregelen zij op hun bedrijf toepassen.

Verontrustende berichten over de schadelijkheid van neonicotinoïden maken aannemelijk dat de EU in het toelatingsbeleid meer rekening zal houden met risico's voor niet-doelwit dieren. Dan zullen akkerbouwers en andere plantentelers overschakelen op minder schadelijk geachte middelen. Aanscherping zal echter ook nieuwe impulsen geven voor meer duurzame methoden zoals resistentieveredeling, natuurlijke plaagbeheersing en middelen van natuurlijke oorsprong (zie Hoofdstuk 12).

Voor de veehouderij telt vooral het mest- en ammoniakbeleid. Primaire vraag is daarbij of de EU de 'derogatie' van de Nitraatrichtlijn blijft verlenen. Wordt geen derogatie verleend, dan zal een groot deel van het graslandareaal circa een derde minder intensief worden bemest. Dat schept meer ruimte voor weidevogelbeheer, maar zorgt ook voor een enorm extra overschot van rundveemest. De verwerking en/of export daarvan zal zo veel geld kosten dat veel melkveebedrijven in financiële problemen komen, waaronder ook bedrijven die aan weidevogelbeheer doen. Daar staat tegenover dat de veestapel kan gaan krimpen, wat meer ruimte zou bieden voor extensief graslandgebruik en weidevogels. Ook kan betaald beheer dan weer aantrekkelijker worden.

Blijft de derogatie overeind, dan blijft de vraag of de EU Nederland zal houden aan de afgesproken fosfaat- en nitraatplafonds. Zo ja, dan zou de Nederlandse overheid de melkveehouderij groeiruimte kunnen bieden die gelijke tred houdt met de krimp van de varkens- en pluimveehouderij. Dat zou leiden tot meer vraag naar ruwvoer en dus minder ruimte voor extensief graslandgebruik en weidevogels. Daarnaast kan enige groeiruimte ontstaan als veehouders fosfaat efficiënter gaan benutten. Ook dat zal ten koste gaan van weidegang en weidevogels (zie Tekstkader 3.2). Zou de EU de fosfaat- en stikstofplafonds verruimen of opheffen, dan zullen er veel meer melkkoeien komen, meer transport van mest en ruwvoer en minder ruimte voor weidevogels.

De veehouderij zoekt al sinds de jaren '80 naar technieken van mestverwerking. Er zijn wel vorderingen mee gemaakt, maar installaties kunnen pas rendabel worden als ze continu draaien. Om dat

Tekstkader 3.2. Melkveehouderij, weidegang en weidevogels.

Frits van der Schans en Wouter van der Weijden

Weidelandschappen met koeien zijn karakteristiek voor grote delen van Nederland. Dat beeld wordt breed gewaardeerd in onze samenleving en de zuivelindustrie gebruikt het ook steeds vaker in de marketing – tot in China. De melkvee- en de zuivelsector willen dat beeld behouden, maar toch is weidegang op zijn retour. Liep in 2001 nog 90 procent van de melkkoeien 's zomers in de wei, in 2014 was dit afgenomen tot 69 procent (CBS, 2015b). Weidegang heeft voor- en nadelen voor de veehouder, de koe, het milieu en de natuur.

Voor- en nadelen voor de veehouder

Weidegang kost de veehouder arbeid omdat hij ervoor moet zorgen dat de koeien elk dag naar de wei kunnen en weer terug naar stal komen. Daar staat tegenover dat de koeien zelf hun voer ophalen en zelf hun mest weg brengen. Dat bespaart de veehouder arbeids-, machine- en mestopslagkosten. Maar ook de melkrobot (automatisch melksysteem) die op steeds meer bedrijven voorkomt, bespaart arbeid. Bedrijven met een robot die hun koeien weiden, hebben vaak moeite om de capaciteit van de robot volledig te benutten. Wel lukt het een toenemend aantal veehouders met een melkrobot, dankzij nieuwe techniek en beter managementvaardigheden, om koeien te weiden. Had in 2010 de helft van de bedrijven met een melkrobot de koeien in de wei, in 2012 was dat toegenomen tot bijna twee derde van die bedrijven (Van der Schans en Keuper, 2013).

Dat bedrijven steeds groter en intensiever zijn geworden bevordert weidegang niet. Weidegang vindt plaats op de huiskavel en die moet voldoende groot zijn om koeien graasruimte te bieden. Dat wordt lastiger naarmate bedrijven groter en intensiever worden. Bij een goede verkaveling kan overigens zelfs een bedrijf met 250 koeien nog weidegang bieden. Wat niet betekent dat een goede verkaveling een garantie is voor weidegang. Dat zien we bijvoorbeeld in Zuid- en Oost-Flevoland, waar ondanks een prima verkaveling vrijwel geen koe meer in de wei staat. Daarbij komen er steeds meer melkveebedrijven in gebieden met overwegend akkerbouw. Daar is weinig grasland, omdat gronden waardevoller zijn voor akkerbouw, en is er dus minder gelegenheid voor beweiding.

Weidegang heeft ook effecten op de gras- en de melkproductie. De bruto grasproductie is bij beweiden iets lager dan bij uitsluitend maaien, maar tegenover beweidingsverliezen staan maai-, oogst- en conserveringsverliezen. De netto grasproducties lopen niet sterk uiteen. Wel is, in elk geval in veenweidegebieden, beweiding gunstig voor de stevigheid van de graszode. Er zijn ook aanwijzingen dat beweiding muizenplagen kan helpen voorkomen (Wymenga e.a., 2016). Wel kan de veehouder met de koeien op stal de melkproductie en het voerverbruik nauwkeuriger sturen. Dat is interessant voor veehouders die mikken op een hoge en constante melkproductie per koe.

Wat is het financiële saldo van weidegang? In modelberekeningen blijkt beweiding financieel aantrekkelijk, mits melkkoeien voldoende vers weidegras opnemen. Bij een lage opname van vers gras is weidegang niet voordelig (Van den Pol-Van Dasselaar e.a., 2013). Daar bovenop komen eventuele extra inkomsten uit een weidepremie. De economische voordelen van weidegang nemen sterk af naar mate bedrijven toenemen in omvang. Dit komt doordat op grotere bedrijven per koe minder beweidbare huiskavel beschikbaar is, waardoor ze minder vers weidegras kunnen opnemen. Met een weidepremie van 0,5 cent per kilogram melk, bleek weidegang economisch aantrekkelijk voor bedrijven met een omvang tot ongeveer 130 à 140 melkkoeien.

Voor- en nadelen voor koeien, milieu en weidevogels

Koeien die weidegang krijgen hebben doorgaans minder last van klauwproblemen. Door moderne stallen met diervriendelijkere ligboxen en vloeren wordt dat voordeel geringer. Blijft staan dat koeien in de wei meer ruimte hebben voor natuurlijke gedragingen, zoals in kuddeverband grazen en herkauwen. En ook is de infectiedruk in de wei lager. Maar op dagen met zware regen of hete zon zijn koeien vaak liever binnen. Dan kan de veehouder ervoor kiezen om de koeien 's nachts te weiden.

Voor het milieu heeft weidegang als belangrijk voordeel een lagere ammoniakemissie. Dat komt doordat ammoniak pas ontstaat als mest en urine vermengd raken en dat gebeurt in de wei veel minder dan op stal. De ammoniakemissie bij weidegang is per koe ongeveer 8 kilogram per jaar lager (CBS, 2015a). De emissie kan op stal worden gereduceerd met een luchtwasser, maar die is duur en verbruikt energie. Ook wat betreft broeikasgassen lijkt weidegang goed te scoren. Een Amerikaans onderzoek duidt er op dat weidegang per saldo gunstiger voor het klimaat is dan opstallen. Dat komt door minder machinegebruik, meer grasland (in plaats van voedergewassen) en meer opslag van koolstof in de bodem (http://tinyurl.com/ja9z8lw).

Voor de natuur heeft weidegang het voordeel dat de mestflatten insecten aantrekken, die daarin hun eitjes leggen waaruit larven voorkomen. Insecten en larven zijn voedsel voor jonge weidevogels (Geiger e.a., 2010) en grote vliegende insecten zoals mestkevers ook voor vleermuizen. Daar staat tegenover dat koeien in de wei nesten kunnen vertrappen. Dat effect is beperkt doordat koeien veelal rond de stal weiden, waar weinig weidevogels broeden. Blijven de koeien op stal, dan kan de veehouder het gras vaker (gemiddeld vijf keer per jaar) maaien. Dat laat weidevogels te weinig tijd om te broeden en/of hun jongen groot te brengen. En nesten waar omheen wordt gemaaid zijn gemakkelijker te vinden door predatoren.

Perspectief

In maart 2015 heeft de overheid grenzen gesteld aan de intensivering door de invoering van een Algemene Maatregel van Bestuur Grondgebonden groei melkveehouderij. Binnen die grenzen is toch nog een forse intensivering mogelijk, en dat beperkt de ruimte voor weidegang en weidevogelbeheer. Bovendien overweegt de overheid om veehouders die kunnen aantonen dat ze fosfaat efficiënter gebruiken, navenant meer groeiruimte te geven. Dat geeft een extra impuls om koeien op stal te houden, want daar kunnen ze de fosfaatproductie beter sturen. Dan kunnen ze een hogere grasopbrengst en daarmee een hogere fosfaatefficiëntie realiseren. Dat betekent minder weidevogels. De invulling van het stelsel van fosfaatrechten wordt dus van groot belang voor weidegang en weidevogels.

De meeste zuivelbedrijven stimuleren melkveehouders tot weidegang via een premie op de melkprijs. Onder druk van de Tweede Kamer heeft de staatssecretaris een stimuleringsprogramma aangekondigd dat er – samen met de inspanningen van de sector – voor moet zorgen dat in 2020 80 procent van de koeien in de zomer weidegang krijgt. Of die impulsen sterker zijn dan de impulsen om de koeien op stal te houden, zal de komende jaren blijken. Voor weidevogelbeheer geeft de zuivelindustrie tot dusver geen stimulansen.

Foto 3.2.1. Koeien in de wei worden door het publiek hoog gewaardeerd. Liep in 2001 nog 90 procent van de melkkoeien in het zomerhalfjaar in de wei, in 2014 was dit afgenomen tot 69 procent.

knelpunt weg te nemen, verplicht de Nederlandse overheid veehouders om een groter deel van hun mest te laten verwerken. Uit mest kan zogeheten 'mineralenconcentraat' worden gemaakt dat kunstmest kan vervangen. Sectororganisaties hopen dat het fosfaat en de stikstof daarin niet langer mee hoeven te tellen voor de fosfaat- en stikstofplafonds. Als de EU daarin meegaat, zou enige verdere groei van de veestapel mogelijk worden. Dit gaat dan ten koste van weidegang en weidevogels, totdat een volgende milieugrens wordt bereikt, wellicht het nationale ammoniakplafond en plaatselijk de ruimtelijke ordening en de Natuurbeschermingswet (vergunning voor de ammoniakemissie). Veehouders kunnen daartoe hun emissies verlagen met dichte stallen en luchtwassers. Maar dat betekent een verdere industrialisering en dat kan weerstand oproepen in de samenleving.

Grondgebondenheid is geen eis van de EU, maar een wens van de Nederlandse overheid, natuur- en milieuorganisaties en in mindere mate ook van de melkveesector. Achterliggende doelen zijn nutriëntenkringlopen en koeien in de wei. Tot dusver heeft de overheid echter nog veel ruimte opengelaten voor verdere intensivering. Die gaat ten koste van extensief graslandgebruik en daarmee van het weidevogelbeheer. De verdere besluitvorming over grondgebondenheid is van groot belang voor de ruimte die er voor weidevogelbeheer resteert.

Van toenemend belang wordt het Europese waterbeleid in de vorm van de Kaderrichtlijn Water (KRW). Die richtlijn bevordert meer ecologische vormen van waterbeheer. Mede onder druk van de Europese Commissie begint het besef door te dringen dat het niet voldoende is om de acties te richten op een select aantal waterlopen, maar dat ook de boerensloten – de 'haarvaten' van het Nederlands watersysteem – van groot belang zijn voor een goede waterkwaliteit. Ook de provincies willen graag de biodiversiteit in sloten – lange tijd een lacune in het natuurbeleid – bevorderen (zie Hoofdstuk 9). Waterschappen en landbouworganisaties hebben inmiddels een Deltaplan agrarisch waterbeheer ontwikkeld en waterbeheer maakt onderdeel uit van het nieuwe stelsel voor agrarisch natuurbeheer.

Ook de bodem krijgt steeds meer aandacht in de landbouw en het beleid, mede als gevolg van het VN Jaar van de bodem 2015. Europa heeft in 2006 wel een Thematische Bodem Strategie vastgesteld, maar die is niet vertaald in een kaderrichtlijn of in nationale wetgeving. Wel heeft bodemzorg een plek gekregen in het hervormde GLB en in het Zevende Milieuactieprogramma van de EU. Het is denkbaar dat Nederlandse agroketens en waterschappen hier vanuit hun langetermijnbelang ook uit zichzelf meer aan gaan doen. Steeds meer bodems lijden aan verdichting als gevolg van het gebruik van zware machines, vaak tot laat in het najaar. Dat leidt tot slechte doorluchting en afwatering en daarmee tot stagnerende opbrengsten en plasvorming (zie Hoofdstuk 12). Plaatselijk daalt ook het gehalte aan organische stof. Meer aandacht voor bodemkwaliteit kan leiden tot hogere organische stofgehalten, wat ook voordelen heeft voor het bodemleven. En daarmee ook voor de bovengrondse biodiversiteit: denk aan regenwormen als voedsel voor das, steenuil en grutto. Een dergelijk beleid valt goed te combineren met klimaatbeleid.

Ook het klimaatbeleid zal waarschijnlijk worden aangescherpt, als uitvloeisel van het eind 2015 gesloten klimaatverdrag van Parijs. Niet alleen de emissies van CO_2, maar ook die van N_2O en CH_4 zullen verder omlaag moeten. Wat CO_2 betreft kunnen grondbezitters en -gebruikers hiervan in beginsel profiteren door plaatsing van zonnepanelen en windmolens, door teelt van energiegewassen en door opbouw van organische stof in de bodem. De overheid zou opbouw van organische stof kunnen bevorderen door die opslag mee te nemen in het systeem van emissiehandel, of als ze zou kiezen voor een koolstofheffing te belonen met een negatieve heffing. Ook is denkbaar dat de overheid de afbraak van organische bodems, met name veen, gaat afremmen teneinde de CO_2-emissies te beperken. Dat zou betekenen dat veehouders in veenweidegebieden moeten gaan boeren met een hoger waterpeil, wat lastig is voor hen maar gunstig voor weidevogels. Hier zijn innovaties nodig. Methaanbeleid kan juist een impuls geven voor verdere industrialisering van de melkveehouderij, want veehouders met een biogasinstallatie zullen hun koeien zo veel mogelijk op stal willen houden. Maar als we af mogen gaan op een Amerikaans onderzoek leidt weidegang per saldo tot minder emissies van broeikasgassen (zie Tekstkader 3.2).

Marktontwikkelingen

Op de markt zien we een doorgaande en toenemende concurrentie op de Europese en internationale markten, een verdere concentratie bij onderling scherp op prijs concurrerende verwerkende bedrijven en supermarktketens, en toenemende organisatie van de landbouw in ketens. Toenemende concurrentie gaat doorgaans ten koste van de opbrengstprijzen van de boeren, die daardoor nog sterker zullen opereren op de grenzen van wat wettelijk is toegestaan. Wel zullen meer boeren kiezen voor organisatie in ketenverbanden, waarmee de concurrentie enigszins wordt beperkt.

Daar komt bij dat steeds meer grote bedrijven inzetten op maatschappelijk verantwoord ondernemen. Steeds meer boeren en verwerkers willen weg uit de anonimiteit. In de top van de markt domineren kwaliteitsmerken, die veelal bovenwettelijke eisen stellen aan de productiewijze. Biodiversiteit zit daar in Nederland tot dusver nog nauwelijks bij, maar in Zwitserland is dat bij voorbeeld al wel het geval (http://tinyurl.com/z2suynn). In Nederland speelt vooral dierenwelzijn een grote rol. Denk aan het Beter Leven keurmerk met de drie sterren van de Dierenbescherming en de initiatieven van enkele supermarkten inzake pluimvee- en varkensvlees. Voor zuivel is zo'n systeem in ontwikkeling en het is de bedoeling om daarin ook biodiversiteit mee te nemen. Er bestaan al keurmerken voor biologische melk en voor weidemelk (zie ook Tekstkader 2.1). Ook zijn er diverse kaasmerken met een 'natuur-plus' (bloemrijke weiden, weidevogels), maar het marktaandeel daarvan is nog miniem.

Tegenover de globalisering en schaalvergroting bestaat ook een tendens naar schaalverkleining en regionalisering of zelfs lokalisering. Er is weer toenemende belangstelling voor streekproducten en voor korte ketens waarin consument en producent dichter bij elkaar komen. In de biermarkt bijvoorbeeld zijn lokale merken in opmars ten koste van grote, internationale merken. Terwijl lokale biermerken veelal geïmporteerde gerst gebruiken, ligt bij vlees, groente en zuivel lokale *sourcing* meer voor de hand.

Er lijkt een tweedeling te ontstaan tussen landbouw voor de Nederlandse en voor de buitenlandse markt. Bij de laatste gaat het om grote volumes, waarin duurzaamheid en maatschappelijk verantwoord ondernemen een rol spelen, maar biodiversiteit nog nauwelijks. Op de binnenlandse markt en op lokale markten lijken de kansen voor biodiversiteit beter. Weliswaar zijn de meeste Nederlandse landbouwproducten bestemd voor de buitenlandse markt, maar de Franse *appellations d'origine contrôlées* voor wijn tonen aan dat streekproducten ook op de exportmarkt succes kunnen hebben. Overigens is bij rooivruchten als aardappelen en suikerbieten veel minder biodiversiteitswinst mogelijk dan bij grasland en bij gewassen als tarwe, luzerne en koolzaad.

Technologie

In de landbouwtechnologie is een interessante ontwikkeling die van de precisielandbouw. Boeren maken volop gebruik van buienradar, smartphones, sensoren, robots, waarschuwingssystemen voor gewas- en dierziekten en sinds kort ook drones. Precisielandbouw kan voordelen hebben voor milieu en natuur in perceelsranden, slootkanten en sloten. Op de percelen zelf zal precisielandbouw eerder leiden tot homogenisering. Maar plaatselijk worden drones al gebruikt om voorafgaand aan het maaien reekalfjes op te sporen en wellicht kan dat ook bij het opsporen van nesten en jongen van weide- en akkervogels.

Ook arbeidsbesparende technologieën schrijden voort. Het voeren van vee, het melken van koeien en het reinigen van de stalvloer wordt steeds vaker volledig geautomatiseerd. Dat maakt verdere schaalvergroting mogelijk. Waar de grens ligt is moeilijk te zeggen. Bedrijven worden steeds kapitaalintensiever en steeds meer afhankelijk van vreemd kapitaal. Dat maakt overname van bedrijven door jonge boeren steeds moeilijker. Het is denkbaar dat het gezinsbedrijf in delen van Europa plaats gaat maken voor zeer grote bedrijven die anders zijn gefinancierd en georganiseerd, zoals is te zien in de oostelijke lidstaten, de VS en Brazilië. Dat leidt tot monoculturen, wat ongunstig is voor de biodiversiteit. Misschien gaat de ontwikkeling zelfs nog verder, want in Japan zijn al 'boervrije' landbouwbedrijven ontwikkeld waar robots het werk doen.

Er is een tendens dat de melkveehouderij nog verder gaat differentiëren, waarbij het houden van koeien, het houden van jongvee, de voederwinning en de mestverwerking plaatsvinden op verschillende, sterk gespecialiseerde bedrijven. Dat zal leiden tot een meer industrieel landschap met voerstations en mestverwerkingsinstallaties en tot meer transport van vee, voer en mest. Daar staat tegenover dat er weer meer belangstelling ontstaat voor combinaties van akkerbouw en veehouderij, waarbij het akkerbouwbedrijf veevoer levert en het veebedrijf mest, ook ter wille van de bodemkwaliteit. Het zal dan minder gaan om gemengde bedrijven dan om clusters van samenwerkende bedrijven.

Een andere belangrijke technologie is genetische modificatie. De EU heeft tot dusver slechts weinig genetisch gemodificeerde gewassen toegelaten. Voor het milieu kunnen zulke gewassen zowel voordelen als nadelen hebben. Voordeel van plaagresistente gewassen, veelal zogenoemde Bt-rassen, is dat de boer minder gewasbeschermingsmiddelen hoeft te gebruiken. Hoewel in Nederland nog weinig aan genetisch gemodificeerde gewassen is gewerkt, zijn Wageningse onderzoekers er in geslaagd om aardappelrassen met behulp van zogeheten 'cisgenese' (inbouwen van genen van andere rassen van dezelfde soort) resistent te maken tegen Phytophthora – in Nederland het belangrijkste doelwit van fungiciden. Maar zulke resistenties worden doorgaans vroeg of laat doorbroken door het plaagorganisme – de evolutie staat immers nooit stil en dan zijn weer nieuwe genetisch gemodificeerde rassen nodig. Bovendien kunnen rassen die resistent zijn gemaakt tegen insecten ook ten koste gaan van nuttige insecten, zoals sommige bodeminsecten, predatoren en bestuivers.

Minder omstreden zijn biologische en ecologische methoden om plagen te beheersen. Biologische bestrijding is in de glasgroententeelt min of meer standaard, maar in vollegrondsteelten nog zeldzaam. Recent zijn resultaten geboekt met andere biologische middelen, zoals specifieke schimmels en bacteriën in de wortelzone van gewassen. Die kunnen leiden tot een hoger productie en minder aantasting door ziekten (Glick, 2015) Handicap is dat toeleverende industrieën minder kunnen verdienen met biologische technieken, maar toch beginnen zelfs chemie- en gentechreuzen als Syngenta, Bayer en Monsanto te investeren in *biologicals*. Zulke middelen kunnen gunstig uitpakken voor het milieu en de (agrarische) natuur.

Tenslotte zijn technologische vernieuwingen te verwachten als gevolg van twee door de overheid gestimuleerde maatschappelijke ontwikkelingen: *biobased economy* en circulaire economie. Het eerste kan er toe leiden dat meer landbouwgewassen worden gebruikt voor de productie van grondstoffen. Bij de hoge Nederlandse grondprijzen zullend dat hoogwaardige grondstoffen moeten zijn, bijvoorbeeld voor de productie van geneesmiddelen. Dat biedt alleen kansen voor biodiversiteit in enkele gewassen, zoals luzerne. Circulaire economie heeft in de grondgebonden landbouw minder toegevoegde waarde dan in veel andere sectoren omdat zij al van oudsher al een tamelijk circulair karakter heeft, met onder meer kringlopen van veevoer en mest. Winst voor de biodiversiteit is mogelijk als de landbouw weer meer compost uit de stad gaat gebruiken, wat gunstig is voor bodem en bodemleven.

Effecten op milieu en natuur

Wat betekenen de boven geschetste ontwikkelingen voor grondgebruik, milieu en agrarische natuur?

- De dominante ontwikkeling in de landbouw blijft vooralsnog ongunstig voor agrarische natuur: hoge grondprijzen, tendens tot overproductie en daardoor lagere prijzen, meer prijsconcurrentie en nadruk op korte-termijn efficiëntie.
- De schaalvergroting is nog niet ten einde. Dat heeft gevolgen voor het landschap: grotere stallen, grotere bedrijven, bredere wegen, grotere percelen samengaand met minder landschapselementen en sloten, meer mestverwerkingsfabrieken en minder koeien in de wei. Vooral grotere percelen zijn vaak nadelig voor de biodiversiteit.
- De intensivering van de landbouw gaat echter niet zonder meer door. De productie per hectare zal wellicht verder stijgen, maar het gebruik van mest en kunstmest wordt juist minder als gevolg van strengere milieunormen. Voor fosfaat geldt zelfs evenwichtsbemesting. Melkveebedrijven mogen weliswaar meer dieren per hectare houden, maar dan moeten ze mestoverschotten verwerken of afvoeren naar akkerbouwgebieden, zodat de bodem niet verder wordt belast. Minder bemesting moge gunstig zijn voor de milieukwaliteit, het betekent niet dat de biodiversiteit toeneemt, want daarvoor zijn de fosfaatgehalten vooralsnog veel te hoog. De chemisering van de gewasbescherming zal niet zonder meer doorzetten. Net als in de glastuinbouw kunnen biologische methoden belangrijker worden, wat betere kansen voor agrarische natuur zou kunnen bieden.

Aangrijpingspunten

Als we meer voor agrarische natuur willen doen, wat zijn dan de belangrijkste aangrijpingspunten? Nederland heeft slechts beperkt invloed op prijsverhoudingen en op Europese beleidsterreinen als het landbouw-, handels-, milieu- en natuurbeleid. Wel hebben lidstaten beleidsruimte bij de invulling van Europees beleid. Nederland kan dus kiezen voor meer of minder vergroening van het landbouwbeleid, wel of niet meenemen van sloten bij invulling van de Kaderrichtlijn Water en wel of niet grondgebonden houden van de melkveehouderij. Ook kan Nederland een eigen bodemkwaliteitsbeleid voeren, of een eigen beleid inzake de ruimtelijke ordening waarmee bijvoorbeeld houtwallen, slootpatronen en open landschappen worden beschermd. Ook het landbouwonderwijs en het onderzoeks- en innovatiebeleid kan Nederland voor een belangrijk deel zelf vorm geven. Daarin kan agrarische natuurbeheer een betere plek krijgen. Daarnaast liggen er aangrijpingspunten in de private sfeer. Denk aan maatschappelijk verantwoord ondernemen door de aardappelhandel en grote verwerkende bedrijven in de zuivel-, de suiker- en de bierindustrie. En aan nichemarkten voor biologische- en streekproducten.

Van de redactie

1. De land- en tuinbouw droeg in de periode van 2012 tot 2014 1,7 procent bij aan het nationaal inkomen. Daarvan kwam 0,7 procentpunt voor rekening van de grondgebonden sectoren. De agrosector is na de VS de grootste bruto-exporteur en na Brazilië de grootste netto-exporteur van landbouwproducten.
2. In de afgelopen vijftig jaar is de productie sterk gegroeid. Dat lukte met steeds minder grond en minder arbeid, en met minder maar grotere bedrijven. Wel werd steeds meer veevoer gebruikt en – tot medio jaren '80 – ook meer kunstmest. Tevens werd meer grond in het buitenland gebruikt. Ondanks de productiestijging in de landbouw daalde het aandeel van het totale agrocomplex in de economie van 21,2 procent in 1960 naar 8,2 procent in 2013.
3. De ontwikkeling van de grondgebonden landbouw is sterk bepaald door: (1) de vorming en uitbreiding van de Europese gemeenschappelijke markt; (2) het Europese landbouw- en handelsbeleid; (3) technologische ontwikkelingen die het mogelijk maakten om meer te produceren met minder arbeid en minder grond; en (4) het milieubeleid.
4. Sinds de jaren '80 heeft de EU de landbouwproductie beheerst met quota in de melkveehouderij en de suikerbietenteelt, en met braaklegging in de akkerbouw. Deze regelingen zijn afgeschaft toen de landbouwprijzen waren verlaagd tot wereldmarktniveau. Ter compensatie kregen de boeren aanvankelijk bedrijfstoeslagen en later hectaretoeslagen. De afschaffing in 2015 van de melkquotering leidde in Nederland tot overschrijding van het met Brussel afgesproken fosfaatplafond, waarna al snel een nieuwe groeirem volgde door de aankondiging van fosfaatrechten.
5. De belasting van landbouwgrond met dierlijke mest en kunstmest is sinds 1985 bijna gehalveerd, waardoor de nitraatgehalten in het grondwater in 2012 bijna overal beneden de Europese norm waren gekomen. Dat was het gevolg van inkrimping van de melkveestapel, efficiënter management en de Europese Nitraatrichtlijn. Desondanks is de biodiversiteit in grasland niet toegenomen. Ook de emissie van ammoniak is in de jaren '90 met bijna 60 procent afgenomen. Toch wordt het landelijke ammoniakplafond nog overschreden.
6. De belasting van bodem en oppervlaktewater met gewasbeschermingsmiddelen is in de jaren '90 sterk afgenomen, daarna veel minder. De grondwaterbelasting ligt op veel punten nog boven de normen. Neonicotinoïden, veel gebruikte insecticiden, blijken toxischer voor de fauna dan was aangenomen.
7. Het percentage koeien dat 's zomers in de wei loopt, gaat al decennialang achteruit. De zuivelindustrie probeert weidegang op peil te houden met een premie op de melkprijs.
8. Maatschappelijk verantwoord ondernemen, kwaliteitsmerken en -keurmerken en groeiende nichemarkten voor biologische en streekproducten zitten in de lift. Daarin begint ook biodiversiteit een rol te spelen.
9. We mogen verwachten dat schaalvergroting en automatisering door zullen gaan, maar dat de bemesting – naar verhouding – laag zal blijven, terwijl precisielandbouw gangbaar wordt. Dat laatste kan ten goede komen aan de biodiversiteit in de marge (sloten, slootkanten en akkerranden), maar nauwelijks op de percelen zelf.
10. De komende herziening van het Europese landbouwbeleid en de aanscherping van het klimaatbeleid bieden zowel kansen als risico's voor de biodiversiteit. Het Europese waterbeleid biedt kansen voor de biodiversiteit in sloten.

Hoofdstuk 4.

Ontwikkelingen in het natuur- en landbouwbeleid

Franck Kuiper*, Ida Terluin en Paul Terwan

F. Kuiper, Provincie Noord-Holland; kuiperf@noord-holland.nl
I.J. Terluin, LEI Wageningen UR
P. Terwan, Paul Terwan onderzoek & advies

◄ Op de Bezuidenhoutseweg in Den Haag was het ministerie van Landbouw en Visserij gehuisvest. In 2003 werd de naam veranderd in ministerie van Landbouw, Natuur en Voedselkwaliteit. In 2010 fuseerde dat met het ministerie van Economische Zaken tot het ministerie van Economische Zaken, Landbouw & Innovatie, vanaf 2013 ministerie van Economische Zaken. In 2014 decentraliseerde de Rijksoverheid het natuurbeleid naar de provincies.

◄ Hier de provinciehuizen van Drenthe en Noord-Holland.

4.1 Inleiding

In het natuurbeleid heeft het agrarisch gebied een duidelijke plaats, omdat het landbouwareaal in 2015 nog steeds twee derde van het Nederlands grondoppervlak in gebruik heeft. Deze landbouwgebieden zijn bovendien vaak verweven met natuurterreinen. Ook herbergt het kenmerkende en belangrijke natuurwaarden, zoals de weidevogels, waarvoor ons land internationaal gezien van bijzondere betekenis is.

Sinds de jaren vijftig bracht de intensivering van de landbouw en de vervlakking van het landschap door ruilverkavelingen, die natuurwaarden in het nauw. Daarom ging de overheid vanaf de jaren zestig bij ruilverkavelingen op steeds grotere schaal landbouwgrond opkopen voor de vorming van natuurreservaten. De agrarische productie werd daarbij vaak op extensieve wijze voortgezet. Deze werkwijze leidde in de jaren zestig en zeventig vaak tot 'hectaregevechten' tussen landbouw en natuurbescherming.

De overheid wilde hier van af. Een ander deel van de natuurbescherming droeg bovendien aan dat 'bloempotnatuur', geïsoleerde natuurenclaves in een verder ecologisch arm cultuurlandschap, weinig effectief en duurzaam zou zijn. Hoewel in het cultuurlandschap de soortenrijkdom en de dichtheden per saldo lager zijn dan in natuurgebied, kan het door zijn grote oppervlakte toch om substantiële aandelen in landelijke populaties gaan. In 1975 werd voor dit dilemma een compromis bereikt met de Relatienota. Boeren zouden zelf tegen vergoeding natuur kunnen beheren of creëren. Over de rol die beleid speelde en kan spelen bij de ontwikkeling van dit agrarisch natuurbeheer, gaat dit hoofdstuk.

4.2 Ontwikkeling nationaal beleid

Beleidsmatige slingerbewegingen tussen scheiding en verweving

Het beleid dat invloed heeft op wat we nu agrarisch natuurbeheer noemen, kenmerkte zich in de afgelopen zestig à zeventig jaar door beleidsmatige slingerbewegingen tussen scheiding en verweving van natuur en landbouw. Na de Tweede Wereldoorlog stonden wederopbouw en voedselzekerheid centraal. De landbouwproductie moest worden opgevoerd. Dat gebeurde zo succesvol dat het zijn doel voorbij schoot, want in de jaren zestig en zeventig ontstonden aanzienlijke voedseloverschotten. Bovendien leidde de intensivering tot milieuproblemen en de schaalvergroting tot aantasting van landschappen (Algemene Rekenkamer, 1990). De wal keerde het schip. Binnen een jaar na zijn Europese moderniseringsplan (1971) kwam Mansholt met een oproep voor ecologisering (1972), onder andere gevolgd door maatregelen om marginale landbouwgronden uit cultuur te nemen om de overproductie te lijf gaan. Daar zou natuur kunnen ontstaan. De Relatienota van 1975 vertaalde dat voor Nederland in ongeveer 100.000 hectare reservaat. Daarnaast zou er ongeveer 100.000 hectare komen voor verweving van landbouw en natuur. Dat was een compromis, want het betrof slechts 5 procent van het landbouwareaal.

Aan het einde van de jaren tachtig komt er in het beleid de nadruk te liggen op de scheiding van natuur en landbouw, en ontstond er met het Natuurbeleidsplan en de Ecologische Hoofdstructuur (EHS) meer aandacht voor ontwikkeling van nieuwe natuur. In de tweede helft van de jaren negentig kwam het accent van het beleid weer op de verweving van natuur en landbouw te liggen, met het

Foto 4.1. (A) Wim Meijer (PvdA) en (B) Fons van der Stee (CDA) waren respectievelijk staatssecretaris voor Cultuur, Recreatie en Maatschappelijk Werk en minister van Landbouw en Visserij in het kabinet Den Uyl. In 1975 brachten ze tezamen met Hans Gruijters (D66), toen minister van Volkshuisvesting en Ruimtelijke Ordening, de befaamde drie Groene Nota's uit.

Programma Beheer als resultaat. In de jaren daarna, met een 'Natuuroffensief' (2001), krijgt vooral de grondverwerving een financiële impuls, maar die stuit al na twee jaar op een bestedingenstop.

In 2003 komt er opnieuw een beleidsomslag, nu vanuit het kabinet Balkenende II. Voortaan mag een deel van de opgave voor nieuwe natuur in het kader van de EHS, worden ingevuld met agrarisch natuurbeheer en door particulieren die aan natuurbeheer doen. Daarmee neemt de beleidsambitie toe van ongeveer 100.000 naar 117.685 hectare. Tegelijkertijd worden opnieuw veel middelen uitgetrokken voor grondverwerving voor natuur.

Na de decentralisatie van het natuurbeleid in 2014 blijkt dat de ene provincie positiever staat tegenover agrarisch natuurbeheer dan de andere, maar de gemene deler is dat het agrarisch natuurbeheer, om redenen van ecologische effectiviteit en budget, sterker wordt geconcentreerd in 'kerngebieden' (zie hierna en in Hoofdstuk 6).

Regelingen

Met de Relatienota werd in 1975 bij het beleid een instrumentarium ontwikkeld, met de eerste overheidsregelingen voor agrarisch en particulier natuurbeheer. In 1977 komt het Rijk met een inventarisatie en selectie van gebieden die in aanmerking komen voor toepassing van de Relatienota, de zogenoemde Voorrangsinventarisatie. Daarna volgen diverse andere beschikkingen met een verwarrende veelheid aan termen en afkortingen die uiteindelijk maar kort zijn gebruikt (zie Tabel 4.1). Om budgettaire redenen wordt de uitvoering van de Relatienota, voor zowel beheer- als reservaatgebied, voorlopig beperkt tot de helft van het in de Relatienota beoogde areaal. De tweede tranche wordt pas opengesteld in het Structuurschema Groene Ruimte van 1992. Vanaf 1993 kun-

Tabel 4.1. Beleidsdocumenten en uitvoeringsregelingen rond agrarisch natuurbeheer, met aangegeven of het accent meer op verweving danwel op scheiding van natuur en landbouw ligt.

Verweving	1973	Derde Nota Ruimtelijke Ordening
	1975	Relatienota
	1977	Nota Landelijke gebieden
		Voorrangsinventarisatie Relatienotagebieden (VR)
		Beschikkingen Beheerovereenkomsten (BBO)
		Beschikkingen Onderhoudovereenkomsten Landschap (BOL)
	1979	Beschikking Bijdragen Probleemgebieden (BBP)
	1983	Regeling Beheerovereenkomsten (RBO)
		Regeling Onderhoud Landschapselementen (ROL)
Scheiding	1988	Vierde Nota Ruimtelijke Ordening
	1991	Natuurbeleidsplan
	1992	Structuurschema Groene Ruimte
	1993	Regeling Beheerovereenkomsten Natuur (RBON)
Verweving	1996	Nota Dynamiek en Vernieuwing
	1997	Programma beheer
	1999	Tijdelijke regeling agrarisch natuurbeheer (TRAN)
	2000	Natuur voor mensen, Mensen voor natuur
		Subsidieregeling agrarisch natuurbeheer (SAN)
	2005	Nota Ruimte
	2006	Agenda (en MJP) Vitaal Platteland
	2007	Provinciale subsidieregeling agrarisch natuurbeheer (pSAN)
	2009	Subsidiestelsel natuur-en landschapsbeheer (SNL)
	2010	Subsidieverordening natuur en landschap (SVNL)
Nog meer	2014	Rijksnatuurvisie Natuurlijk Verder
verweving	2016	Vernieuwd stelsel natuur-en landschapsbeheer (ANLb-2016)

nen boeren op eigen grond ook aan natuurontwikkeling doen, een beheervorm die later particulier natuurbeheer (PNB) is gaan heten. Het landschapsonderhoud wordt in 1992 gedecentraliseerd naar de provincies, waarna de landelijke regeling is blijven bestaan naast de nieuwe provinciale regelingen voor kleine landschapselementen.

De uitvoering blijft in die jaren eigenlijk gelijk: in geselecteerde gebieden kunnen agrariërs overeenkomsten sluiten. De gebieden uit de Voorrangsinventarisatie liggen bijna allemaal in gebieden met landinrichting, als vervolg op de eerdere ruilverkavelingen, waar planmatig met grond wordt geschoven en waarvoor een beheerplan is opgesteld voor uitvoering van de Relatienota.

De scheidslijnen tussen landbouw en natuur zijn niet altijd even scherp in de regelingen voor agrarisch natuurbeheer. Zo kunnen er ook beheerovereenkomsten gesloten worden op gronden die als natuurgebied zijn begrensd, maar nog niet zijn verworven. Hier kan een overeenkomst voor zogeheten 'overgangsbeheer' worden afgesloten. In 2003 wordt dit een reguliere keuzemogelijkheid als toenmalig minister Veerman besluit dat delen van de nog te realiseren natuuropgave (EHS) mogen worden ingevuld met agrarisch en particulier natuurbeheer. Ook kunnen er beheerovereenkomsten gesloten worden op gronden die al voor 1 december 1977 in verpachte staat, in handen waren van een terreinbeherende organisatie. Bij andere regelgeving (waar onder de mestwetgeving) gelden deze als landbouwgrond. De aparte behandeling van deze gronden wordt vanaf 2014 afgebouwd.

In 2000 komt met het Programma Beheer de eerste majeure verschuiving in de opzet van subsidiering van agrarisch natuurbeheer. Waren agrarisch natuurbeheer en beheer van natuurterreinen voorheen gescheiden werelden, nu komen ze – behalve voor Staatsbosbeheer – onder dezelfde aansturing te vallen, zij het met twee aparte regelingen: de Subsidieregeling agrarisch natuurbeheer en de Subsidieregeling natuurbeheer. Beide regelingen hebben een eigen grondslag voor de subsidie. Voor agrariërs gaat het vooral om compensatie van inkomensderving. Voor andere beheerders gaat het om betaling van uitgevoerd werk tegen genormeerde kosten. Voor agrariërs is de gevraagde beheerprestatie hierbij veel gedetailleerder benoemd.

Nieuw is dat agrarische natuurverenigingen een intermediaire positie kunnen vervullen als contractpartner en 'betaalorgaan', een positie die overigens al in 2003 zal sneuvelen (zie Hoofdstuk 5). Nieuw is ook dat er een lichte vorm van resultaatbeloning in de subsidie is ingebouwd (zie Tekstkader 4.1). Het scala aan beheervormen neemt sterk toe, met name voor weidevogels. Begrenzing en doelbepaling zijn sterker dan voorheen een zaak van de provincies. Vanaf 2007 wordt de uitvoering van de regelingen geheel onder regie van de provincies gebracht, als onderdeel van de decentralisatieafspraken bij het Investeringsbudget Landelijk Gebied 2007-2013. Vanaf 2014 wordt ook het beleid gedecentraliseerd aan de hand van het Natuurakkoord uit 2011 en het Natuurpact uit 2013.

De Europese Commissie moest wennen aan de werkwijze die Nederland in het Programma Beheer koos, en keurde deze bij herhaling af. De kritiek betrof niet alleen de positie van agrarische natuurverenigingen, maar ook de vergoedingsberekeningen en de relatie tot de regeling voor natuurgebieden, die op veel punten verschilden. Verschillen in de typering en de definitie van natuur leidde tot kritische opmerkingen van de Algemene rekenkamer. De tijd was rijp voor uniformering. De provincies bouwden met beheerders en het Rijk een nieuw stelsel, dat in 2010 ingevoerd wordt, het Subsidiestelsel Natuur- en Landschapsbeheer (SNL). De ambities waren helder en een reactie op de ervaringen met Programma Beheer. Daardoor was het eenvoudiger in uitvoering, waren de overheadkosten lager en werden betere resultaten gerealiseerd door een gegroeid vertrouwen in beheerders, meer samenhang in beheer en een betere samenwerking tussen beheerders (IPO, 2007). Niet langer stonden terreinen van een bepaalde beheerder centraal. Het draaide om integraal en gebiedsgericht beheer. Aanvragen voor agrarisch natuurbeheer dienden voortaan gecoördineerd per gebied te worden ingediend, eerst voor weide- en akkervogels en vanaf 2014 voor alle agrarisch natuurbeheer.

De opbouw van het SNL is gelaagd, met nationale uniformiteit in regelingen en werkwijzen, provinciale kaders voor beheer en financiën en regionaal gecoördineerd maatwerk in de uitvoering van beheermaatregelen en monitoring, samen met of door de agrarische natuurvereniging (Figuur 4.1). Wellicht de grootste verdienste van het SNL is de vergaande standaardisering en vereenvoudiging van begrippen. Er komt een uniforme taal voor wat we onder beheer verstaan, met de 'Index natuur en landschap' (Brabers, 2008), en een transparante vergoeding voor beheer met een standaardkostprijs (IPO, 2009). De provinciale Natuurbeheerplannen laten op digitale kaarten duidelijk zien waar welke beheerwaardige natuur ligt en wat daarnaast de ambities zijn. Ook de gecoördineerde aanpak door de provincies bij weide- en akkervogels, met gebiedsbeheerplannen en gebiedscoördinatie, is een stap voorwaarts in het bevorderen van effectief beheer.

Tekstkader 4.1. Betalen voor maatregelen of voor (natuur)resultaten?

In de jaren tachtig en negentig is door verschillende organisaties onderzoek gedaan naar de zogenoemde natuurproductiebetaling of resultaatbeloning (Musters e.a., 2001; Van Paassen e.a., 1991). De gedachte was om natuurbeheer door boeren af te rekenen op een manier die ze voor andere producten gewend waren: als stuksprijs, zoals voor graan of melk, maar dan voor nesten en planten. Vroege voorbeelden waren er vanaf de jaren zeventig (premies voor elk geslaagd broedgeval van de kerkuil in Nederland en van de ortolaan in Vlaanderen), maar niet als onderdeel van een beheerregeling. In Nederland experimenteerden verschillende provincies in de jaren tachtig en negentig met resultaatbeloning voor weidevogels per legsel (Kruk, 1993) en slootkanten op basis van indicatorsoorten (Kruk e.a., 1994; Melman, 1991).

Van 2000 t/m 2003 was resultaatbeloning onderdeel van het Programma Beheer: bij de botanische pakketten wordt dan de laatste 15 procent vergoeding pas uitbetaald als de geformuleerde resultaten zijn gehaald. Deze werkwijze werd echter niet door de EU geaccepteerd, moest per 2004 worden geschrapt en komt ook bij de stelselherziening in 2010 niet meer terug. Sinds 2004 vindt er een geprivatiseerde vorm van resultaatbeloning plaats door agrarische natuurverenigingen. De meeste verenigingen in het westen van het land herverdelen een deel van de vergoeding die hun leden ontvangen naar rato van de behaalde natuurresultaten. Bij de stelselvernieuwing in 2016 zijn enkele beheervormen (zoals nestbescherming) weer teruggekomen in de vorm van resultaatbeloning.

Er is geen langjarig onderzoek gedaan naar de effectiviteit van resultaatbeloning. Een voordeel is uiteraard dat 'het geld de vogels volgt' en er niet wordt betaald voor 'lege' hectares. Ook blijkt het bij te dragen aan de soortenkennis van de boer en levert het tastbare resultaten op die kunnen worden gebruikt in de communicatie en verantwoording naar boeren, burgers en financiers.

Veelgenoemd kritiekpunt op resultaatbeloning is de (verstorende) arbeidsintensiviteit van waarneming door vrijwilligers of veldmedewerkers van verenigingen: alle beloonde soorten moeten worden geteld. Aangezien bijvoorbeeld nestwaarneming ook weinig zegt over het broedsucces wordt nu verkend of er 'slimmere' vormen van resultaatbeloning uitvoerbaar zijn, met minder telwerk en een directe relatie met het ecologisch resultaat. Bovendien kunnen wellicht efficiënte koppelingen worden gemaakt met de (nu verplichte) monitoring van het vernieuwde stelsel.

Het blijkt lastig om resultaatbeloning alsnog op te nemen in regelingen die mede door de EU worden gefinancierd. Toch zijn er voorbeelden van regelingen waarbij via een omweg een resultaatcomponent is opgenomen, zoals het Duitse MEKA-project (zie Paragraaf 4.4). De laatste tijd staat resultaatbeloning weer sterker in de Europese belangstelling (Barnes e.a., 2011; Keenleyside e.a., 2011), mede dankzij enkele grote projecten (inclusief pilots) gefinancierd door het Directoraat Generaal Milieu van de EU, resulterend in onder meer een handboek voor resultaatbeloning (Keenleyside e.a. 2014). De nieuwe plattelandsverordening van de EU van eind 2014 geeft voor het eerst 'officieel' ruimte voor resultaatbeloning: de betaalde vergoeding hoeft niet langer één op één te zijn gekoppeld aan de uitgevoerde maatregelen.

In 2011 kwam het kabinet-Rutte I met forse bezuinigingen, ook op het natuurbeleid. Toenmalig staatssecretaris Bleker introduceerde nog een ander beleidsvoornemen. Het agrarisch natuurbeheer buiten de EHS zou voortaan via de zogenaamde 'vergroening' onder het Gemeenschappelijk Landbouwbeleid (GLB) van de Europese Unie (EU) worden geregeld. Daarmee zou dit weer onder regie van het Rijk komen (IPO, 2012). Na het aantreden van een nieuw kabinet met een andere politieke kleur en toen duidelijk werd dat de relatie tussen de vergroening van het GLB en agrarisch natuurbeheer vooralsnog beperkt zou blijven (zie Paragraaf 4.3), besloot het kabinet-Rutte II dat het agrarisch natuurbeheer binnen en buiten de EHS toch onder de regie van de provincies zou blijven.

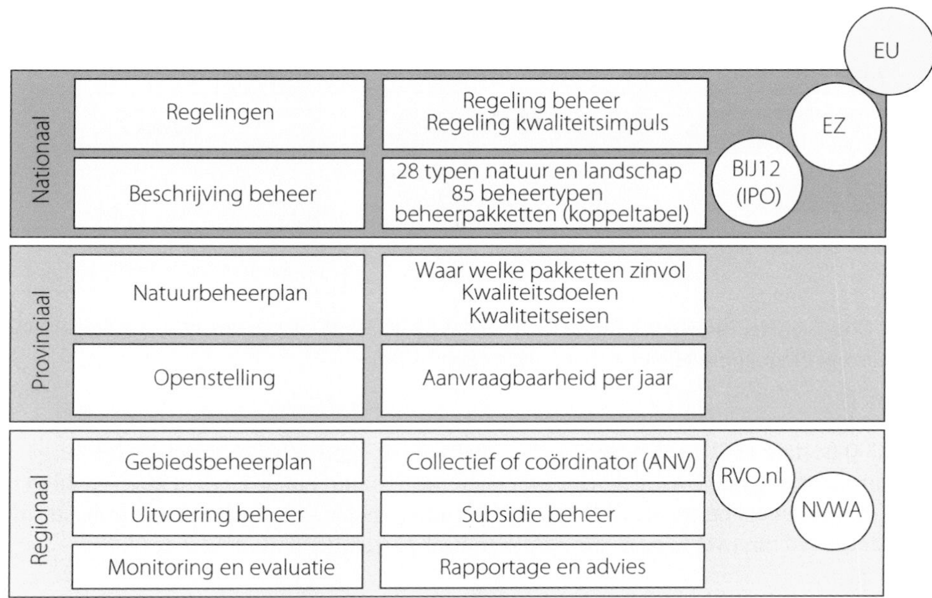

Figuur 4.1. Structuur Subsidiestelsel Natuur- en Landschapsbeheer.

De Raad voor de Leefomgeving kwam in het voorjaar van 2013 met een advies waarin harde noten werden gekraakt over de effectiviteit van het agrarisch natuurbeheer (RLI, 2013). Toch bleef in het Natuurpact van 2013, waarin het Rijk en de provincies afspraken maakten over het natuurbeleid, het budget min of meer overeind (IPO, 2013). Daarbij werd wel vastgelegd dat de uitvoeringskosten, circa 40 procent van de subsidiekosten (IPO, 2011), fors omlaag moesten en de ecologische effectiviteit flink omhoog. In 2013 kondigde staatssecretaris Dijksma, mede namens de provincies, een vernieuwd stelsel voor agrarisch natuurbeheer aan vanaf 2016, waarin gebiedscollectieven een hoofdrol zouden spelen door een regionale bundeling van de aanvragen voor de realisering van lagere uitvoeringskosten en de coördinatie van beheer voor een verhoogde effectiviteit (zie Paragraaf 4.4). Voor een vergelijking van de opzet van het vernieuwde SNL met die van het Programma Beheer en van het oorspronkelijke SNL, zie Figuur 4.2.

Deelname: van schaarste naar overvloed

De eerste beheerovereenkomsten voor agrarisch natuurbeheer werden in 1981 gesloten in onder meer de Eilandspolder in Noord-Holland en in Noordwest-Overijssel. De deelname kwam aanvankelijk langzaam op gang. In deze tijd waren er heftige discussies over nationale landschapsparken en 'boeren als parkwachters'. De eerste jaren werden vooral overeenkomsten gesloten in gebieden met lastige productieomstandigheden en/of pachtcontracten waarin al beheerbepalingen waren opgenomen. Het areaal met beheerovereenkomsten in reservaatgebied was in die jaren tweemaal zo groot als daarbuiten. Hoewel de beoogde groei van het totale areaal zo'n 5.000 hectare per jaar was, lag er in 1985 nog slechts een overeenkomst op 4.700 hectare en in 1990 nog slechts op 15.500 hectare. In de jaren negentig groeide het areaal tot zo'n 64.000 hectare in 1999. Na 2000 is er eerst nog een stijging, daarna een gestage daling, die vanaf 2009 toch weer wordt gevolgd door een stijging naar

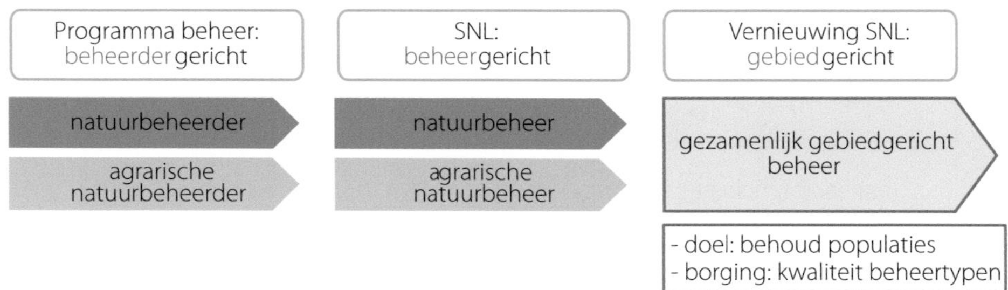

Figuur 4.2. Opzet van het vernieuwde Subsidiestelsel Natuur- en Landschapsbeheer (SNL) in vergelijking met de opzet van het Programma Beheer en het oorspronkelijke SNL.

bijna 60.000 hectare in 2014. Een aanzienlijk deel van het agrarisch natuurbeheer ligt lange tijd in natuurgebied dat nog niet is aangekocht. Met de herbegrenzing van de EHS in 2013 en 2014 is veel agrarisch natuurbeheer buiten de EHS terecht gekomen, en zijn grondgebruikers binnen de nieuwe EHS gestimuleerd om over te gaan van agrarisch naar particulier natuurbeheer.

Vanaf het Programma Beheer in 2000 meet de overheid met twee maten: de werkelijk gecontracteerde fysieke hectares en de ecologisch en budgettair gewogen 'beleidshectares'. Dit betekent dat een aantal 'lichte' beheerpakketten, vooral legselbescherming, lager wordt gewogen en daarom maar gedeeltelijk meetelt als gecontracteerd oppervlak. Het totaal van feitelijk gecontracteerd oppervlakte met agrarisch natuurbeheer was in 2011 opgelopen tot ruim 171.000 hectare in beheergebieden en bijna 7.800 hectare landschapsbeheer, de gewogen oppervlakte tot ruim 55.000 ha. Daarmee was in dat jaar een bedrag van 64 miljoen gemoeid.

Door dit verschil in meetmethode is niet te zeggen of de taakstelling uit de Relatienota van ongeveer 100.000 hectare is gehaald. Dat geldt ook voor de hogere taakstelling door de genoemde omslag onder minister Veerman. In de 'beleidshectares' is ruim de helft van de taakstelling gerealiseerd, in de feitelijk beheerde hectares 145 procent. In algemene zin blijkt de definitie en registratie van natuur en agrarische gronden door de jaren variabel, wat toetsing aan beleidsdoelen nauwelijks mogelijk maakt. Pas vanaf 2011 wordt er een standaarddefinitie gehanteerd (zie Tekstkader 4.2).

Vanaf 2010 was de belangstelling voor agrarisch natuurbeheer in verschillende provincies groter dan het beschikbare budget, zodat een aantal provincies geen ruimte voor uitbreiding heeft. Ook pasten provincies vanaf 2011 de tarieven voor het beheer niet aan de ontwikkeling van de agrarische kosten aan. Deze bevriezing was een reactie op het beleid van het kabinet Rutte I, dat de lopende overeenkomst met de provincies had opengebroken om te bezuinigen.

Inzet instrumentarium: breed of smal?

Inzet van de Relatienota was om op een beperkt deel van het landbouwareaal natuurgerichte maatregelen te nemen, niet om een basiskwaliteit van het landelijk gebied als geheel te waarborgen. In de loop van de jaren verwatert dit principe. In de tweede helft van de jaren negentig komt er door toepassing van concepten als 'ruime jas' en 'vliegende hectares', ruimte om ook buiten de eerder begrensde gebieden contracten te sluiten. Met het Programma Beheer krijgen de agrarische natuur-

Tekstkader 4.2. Realisatie streefdoelen Relatienota.

Helias Udo de Haes en Franck Kuiper

De Relatienota van 1975 omvatte twee streefdoelen: in de orde van 100.000 hectare beheergebied en in de orde van 100.000 hectare reservaatgebied. In het Natuurbeleidsplan van 1990 was vastgelegd dat dit in 2018 zou zijn voltooid. Hoe heeft zich een en ander ontwikkeld en hoever zijn we nu?

Beantwoording van die vraag is veel lastiger dan op het eerste gezicht lijkt, omdat de administratie in de loop der jaren steeds gecompliceerder is geworden, waardoor vroeger en nu niet meer direct kunnen worden vergeleken. De cijfers van het Planbureau voor de Leefomgeving, die het areaal agrarisch natuurbeheer bijhoudt, zijn zodoende niet consistent (Figuur 4.2.1). De raadpleging 2010 liet tot 2008 een continue stijging zien en sloot daar op circa 78.000 hectare. De raadpleging 2015 laat voor de periode 2000-2008 een dalende tendens zien, met vanaf 2009 weer een lichte stijging en geeft voor 2012 een areaal van circa 60.000 hectare (Figuur 4.2.1).

Hoe kunnen er in een ogenschijnlijk eenvoudig bij te houden arealen zulke grote verschillen optreden? In welk jaar bereikte het areaal zijn maximale omvang? We doen een poging om één en ander te verhelderen.

Aanvankelijk werd de ontwikkeling van het beheerde gebied in eenduidige hectares bijgehouden: elke hectare was er één. Met de invoering van legselbeheer, een lichte beheervorm, ontstond de behoefte de zwaarte van het beheer te wegen. In de loop der tijd is deze weging meerdere malen aangepast en werden zelfs verschillende wegingen naast elkaar gehanteerd (Brabers e.a., 2008). In de huidige, door het Rijk geïntroduceerde en door de provincies overgenomen berekeningswijze telt legselbeheer, afhankelijk van de soortenrijkdom van het gebied, mee voor 5 procent tot 12,5 procent van het bruto areaal (dat wil zeggen van het totale areaal waarin beheer plaats vindt), en meer intensieve beheerpakketten voor 25 procent tot 100 procent, afhankelijk van de gestelde voorwaarden. De aldus berekende oppervlakte wordt aangeduid als netto-areaal, dat maatgevend is geworden.

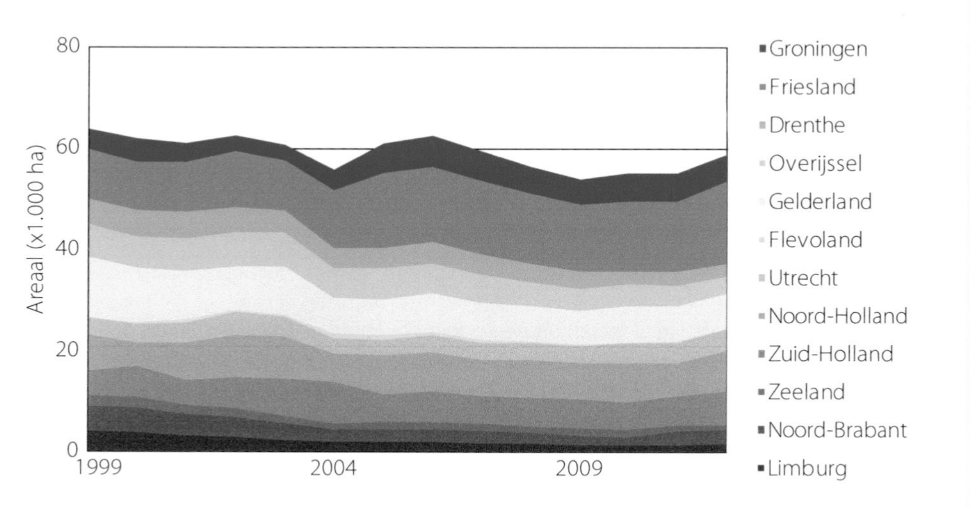

Figuur 4.2.1. Overzicht ontwikkeling areaal agrarisch natuurbeheer (http://www.compendiumvoordeleefomgeving.nl/; raadpleging 2015 (1999-2012)). ANB = agrarisch natuurbeheer; NB = natuurbeheer.

Een verdere aanpassing trad op toen de Europese Unie rond de invoering van het Subsidiestelsel Natuur- en Landschapsbeheer eind 2009 verordonneerde dat inliggende sloten en kavelpaden niet langer tot het subsidiabele areaal gerekend mochten worden. Dat betekende dat het beheerde areaal in sommige gebieden aanzienlijk verminderde. Dit compliceert een vergelijking in de tijd. Deze berekeningswijze is opgenomen in het huidige milieucompendium. Deze verandering in berekeningswijze maakt het niet mogelijk vast te stellen sinds wanneer het areaal is afgenomen. De huidige berekeningswijze laat zien dat sinds 1999 het areaal een dalende tendens heeft, maar juist de laatste jaren weer een stijgende tendens laat zien.

De meest recente gegevens (RVO, 2014) betreffen de stand van zaken per 31 december 2013, met een netto areaal van 57.805 hectare agrarisch natuurbeheer en 7.429 hectare voor landschapsbeheer door boeren, tezamen 65.234 hectare. Daarnaast is er ook nog beheer dat gefinancierd wordt uit andere bronnen, zoals groenblauwe diensten, landschapsfondsen en het programma Groen en Doen, maar dat maakt geen deel uit van de streefdoelen van de Relatienota. Ten slotte is er het onbetaalde weidevogelbeheer dat zowel binnen het officiële beheergebied als daarbuiten plaats vindt (zie ook Hoofdstuk 13).

Ook bij het vaststellen van de gerealiseerde oppervlakte reservaten binnen het landbouwgebied bestaan er onduidelijkheden. Probleem hierbij is met name dat de term 'reservaat' niet meer als afzonderlijke categorie bestaat. In de jaren negentig zijn reservaten en natuurontwikkelingsgebieden samengenomen in de (qua naam ietwat misleidende) beleidscategorie 'nieuwe natuur'. Daarbinnen kunnen we de onderdelen 'bloemrijke en vogelrijke graslanden en akkers' als benadering beschouwen van de reservaten in agrarisch gebied. Voor 2006 schatte Sanders (2009) de oppervlakte daarvan op 40.000 hectare. Op basis van gegevens van het IPO over de verwerving van nieuwe natuur kan dit worden geëxtrapoleerd naar 48.000 hectare in 2011 (CBS e.a., 2014; IPO, 2011).

De doelen van de Relatienota kunnen ook worden uitgedrukt als aandeel van het totale areaal landbouwgrond. In 1975 bedroeg dat naar schatting 2.080.000 hectare (CBS, 2015). De streefdoelen van de Relatienota hadden daarmee betrekking op resp. 4,8 + 4,8 = 9,6 procent van de oppervlakte 'totale cultuurgrond' in dat jaar. Omgerekend naar het gekrompen areaal in 2011, dat 1.842.000 hectare bedroeg, zou het streefdoel van de Relatienota uitkomen op 10,8 procent. De realisatie van de ruim 65.000 hectare agrarisch natuurbeheer (inclusief landschapsbeheer) betreft 3,1 procent van de totale oppervlakte cultuurgrond in 1975 en 3,5 procent in 2011. De 48.000 hectare gerealiseerd reservaat betreft 2,3 procent van de totale oppervlakte cultuurgrond in 1975 en 2,6 procent in 2011 (Tabel 4.2.1).

Het streefdoel met betrekking tot het beheergebied interpreteren we nu als door de Rijksoverheid betaald netto beheergebied met agrarisch natuurbeheer. Dan was in 2011 van het streefdoel van – in de orde van – 100.000 hectare ruim 65.000 hectare ofwel 65 procent gerealiseerd. Het streefdoel met betrekking tot het reservaatgebied interpreteren we nu als nieuwe natuur met kruidenrijke en vogelrijke graslanden en akkers. Dan was van de beoogde streefdoel van – in de orde van – 100.000 hectare agrarisch reservaatgebied in 2011 naar schatting een kleine 50 procent ofwel 48.000 hectare gerealiseerd. Het streefdoel met betrekking tot

Tabel 4.2.1. Overzicht van de streefdoelen uit de Relatienota en de realisatie ervan (cursief), in termen van percentages cultuurgrond, zowel ten opzichte van het areaal cultuurgrond in 1975 en in 2011.

	Beheergebied	Reservaatgebied	Totaal
Oppervlakte (hectare)	65.000 (2013)	48.000 (2011)	
Procent t.o.v. areaal cultuurgrond 1975 (2.080.000 hectare)	4,8/*3,1*	4,8/*2,3*	9,6/*5,4*
Procent t.o.v. areaal cultuurgrond 2011 (1.842.000 hectare)	5,4/*3,5*	5,4/*2,6*	10,8/*6,1*

beheergebieden en reservaatgebieden tezamen had betrekking op circa 9,6 procent van het landbouwareaal in 1975 en 10,8 procent van het landbouwareaal in 2011. De gerealiseerde beheergebieden en reservaatgebieden tezamen beslaan 5,4 procent van de cultuurgrond in 1975, en 6,1 procent in 2011. Ofwel ruim de helft van het oorspronkelijke doel van 9,6 (resp. 10,8) procent (Figuur 4.2.2).

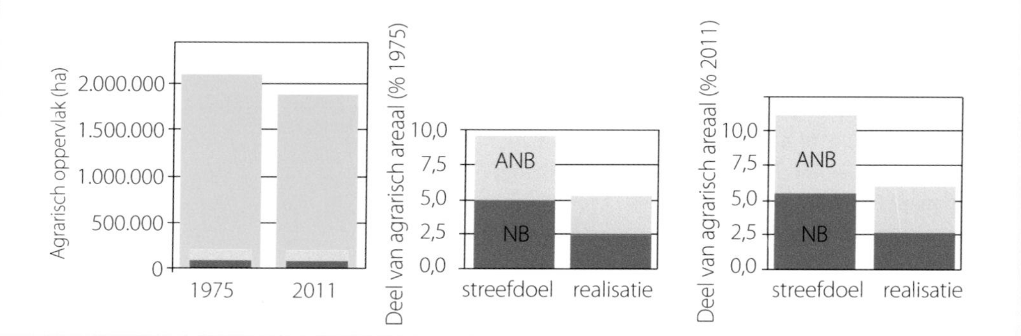

Figuur 4.2.2. Links: oppervlak (in hectare) van agrarisch natuurbeheer (ANB) en reservaten (NB) in vergelijking met de agrarische oppervlakte in 1975 en in 2011. Midden en rechts: vergelijking van opgave en realisatie van agrarisch natuurbeheer en reservaten in boerenland (NB) in percentages van agrarisch areaal in 1975 en 2011.

verenigingen ruimte voor 'eigen' contracten buiten de begrenzingen. 'Elke beschermde weidevogel is er één', was de gedachte hierachter, maar daarin is de laatste jaren een kentering zichtbaar.

Door de aanhoudende discussies over de tegenvallende effectiviteit willen de provincies hun geld alleen nog inzetten in kansrijke gebieden. Er zijn 'kerngebieden' geselecteerd voor akker- en weidevogels, waarvan de begrenzing in de loop der jaren gestaag is aangescherpt (zie Hoofdstuk 5). In de aanloop naar het vernieuwde stelsel (vanaf 2016) zijn landelijk en provinciaal voor alle soorten en biotopen 'kansenkaarten' opgesteld (Buij e.a., 2013; Ten Holt e.a., 2013; Melman e.a., 2014a,b,c; Schotman e.a., 2014; Trimbos e.a., 2014).

Aan de ene kant is de inzet van het vernieuwde stelsel breder, doordat de vier typen beheergebieden, 'leefgebieden' zijn genoemd: open grasland (weidefauna), open akker (akkerfauna), droge dooradering en natte dooradering. Hiervoor zijn soortenlijsten samengesteld met daarin ook soorten en soortgroepen waaraan het agrarisch natuurbeheer tot dusverre nauwelijks aandacht gaf. Aan de andere kant proberen provincies daarbinnen gedetailleerde doelen te stellen om te weten en te meten waarvoor ze betalen (zie Tekstkader 4.1). Ook is voor het eerst een categorie 'agrarisch waterbeheer' opgenomen, gefinancierd door de waterschappen. Daarmee is een belangrijke verbreding van groene naar groenblauwe diensten in gang gezet (zie ook Hoofdstuk 9). Daarentegen is het botanische beheer als aparte categorie komen te vervallen (zie Tekstkader 4.3).

Inzet op soorten, verbindingen of leefgebieden?

Beheergebieden waren aanvankelijk grotendeels onderdeel van de Ecologische Hoofdstructuur, bestaande uit kerngebieden, bufferzones en verbindingen. Het beheer was gericht op weidevogels, botanische waarden in slootkanten en landschapselementen. Akkervogels werden later als doel-

Tekstkader 4.3. Exit botanisch beheer: gemiste kans of logische beslissing?

Helias Udo de Haes en Dick Melman

Botanisch beheer is van meet af aan een belangrijk onderdeel van het agrarisch natuurbeheer. In 2013 vond op ruim 13.000 hectare beheer plaats dat geheel of mede gericht was op botanische kwaliteiten (zie Hoofdstuk 13, Tabel 13.2). Botanisch beheer grijpt direct in op de productiviteit van grasland. Daarom is het niet makkelijk inpasbaar in de bedrijfsvoering want soortenrijke vegetaties met zeldzame soorten zijn per definitie weinig productief. Het geeft dan ook in reservaten duidelijk betere resultaten dan bij agrarisch natuurbeheer.

Melman e.a. (2010) hebben de effectiviteit van vormen van botanisch graslandbeheer onderzocht. Met toenemende beheerintensiteit (agrarisch natuurbeheer – reservaat) werd een toenemend soortenaantal gevonden met een range van gemiddeld 11 tot 25 soorten per opname. Bij de hoge beheerintensiteiten gaf de soortsamenstelling aan dat er van een verminderde stikstofbelasting sprake was, zoals ook mocht worden verwacht. De verschillende beheerregimes bleken grosso modo te resulteren in hooguit een handhaving van de soortenrijkdom, terwijl in gangbaar geëxploiteerd agrarisch gebied de soortenrijkdom verder afnam. Het beheer leverde vrijwel nooit een verhoging van het aantal soorten op.

Vanaf 2016, de start van het vernieuwde stelsel, is de expliciete botanische doelstelling van het agrarisch natuurbeheer vervallen. De achtergrond daarvan is dat het vernieuwde stelsel zich alleen richt op soorten van internationaal belang, en dit is voor plantensoorten in agrarisch grasland en akkerland niet of nauwelijks het geval. Deze keuze is helder, maar heeft een keerzijde. De voor ons land 'bijzondere' en fraaie soorten zoals dotterbloem, echte koekoeksbloem, grasklokje, korenbloem en margriet zijn niet langer een expliciete doelstelling van het agrarisch natuurbeheer. En ook meer algemene soorten die vooral belangrijk zijn voor uit landschappelijk oogpunt fraaie vegetaties, zoals veldzuring, scherpe boterbloem en pinksterbloem, vormen geen zelfstandig beleidsdoel meer.

In de toekomst zullen dergelijke soorten alleen nog kunnen meeliften met andere doelen van het agrarisch natuurbeheer. Dat is het geval bij het weidevogelbeheer, waar dat is gericht op kruidenrijk kuikenland. Dat zal ook het geval zijn bij het beheer van akkerranden, slootkanten en sloten waar dat is gericht op amfibieën, insecten en vissen, waarvoor diverse plantensoorten als onderdeel van hun habitat noodzakelijk zijn.

Afscheid van het specifieke volvelds botanisch beheer als onderdeel van het agrarisch natuurbeheer is daarmee een logische beslissing. Wel is het jammer dat aansprekende soorten die internationaal niet van belang zijn, zoals dotter en koekoeksbloem, vanuit het agrarisch natuurbeheer niet langer expliciete aandacht krijgen. Een bescheiden zorg voor botanische kwaliteiten blijft gelukkig behouden: daar waar ze een onderdeel vormen van het habitat van andere soorten waar het agrarisch natuurbeheer wél voor wordt ingezet.

soorten toegevoegd, en in het vernieuwde stelsel (zie Paragraaf 4.4 en Tekstkader 4.4) zal dus ook waterbeheer een structurele plek krijgen.

De EHS is echt een hoofdstructuur voor de natuur. Het is het Rijksdeel van de eerdere ideeën over ecologische verbindingen uit de jaren zeventig en tachtig, waarvan ook fijnmaziger vertakkingen deel uitmaakten. Die vertakkingen kwamen deels weer in beeld in de jaren negentig, met provinciale aanvullingen op de EHS. De EHS is na verschillende herbegrenzingen doorontwikkeld tot wat we nu het Natuurnetwerk Nederland (NNN) noemen. Bijna alle gebieden met agrarisch natuurbeheer zijn daarbij buiten het NNN terechtgekomen.

Voor landbouwgebieden lijken ruime kansen te liggen in de ecologische microstructuur: de fijnmazige dooradering met sloten, perceelsranden en landschapselementen (Bertels en Tamis, 2002, Mel-

Foto 4.2. Minister van LNV, Jozias van Aartsen, bij de startbijeenkomst van de Kwaliteitsimpuls Groene Hart, april 1998. Naast hem staan Jaap Wolf (l), gedeputeerde van Zuid-Holland en Teunis Jacob Slob (r), namens de agrarische natuurverenigingen in West-Nederland.

man en Van Strien, 1993). Dit is een in potentie robuust netwerk in de periferie van het productieareaal, waar ruimte is voor zowel functionele agrobiodiversiteit als ecologische corridors en leefgebieden voor soorten van het landelijk gebied. Dit agro-ecologisch netwerk kan in het vernieuwde stelsel voor agrarisch natuurbeheer vanaf 2016 ook een vaste plek in het beleid krijgen, zeker in combinatie met de belangstelling van de waterschappen voor ecologisch beheer van waterlopen. Een logische aanvulling op de inzet voor grasland en bouwland als omvattend biotoop voor verschillende soortgroepen.

Andere provinciale regelingen voor groenblauwe diensten

Naast de landelijke stelsels ontwikkelden provincies eigen regelingen voor groene en blauwe diensten, die soms sterk leken op de landelijke regelingen. Overijssel begon daar op experimentele basis mee in 2003, Noord-Brabant volgde in 2008. Inmiddels hebben of hadden ook Noord-Holland, Utrecht, Gelderland en Limburg zulke eigen regelingen. Vaak zijn ze sterk gericht op landschapselementen, soms worden ze samen met de gemeenten uitgevoerd, die er dan ook aan meebetalen, zoals in Overijssel en op Texel. In de provinciale regelingen voor groenblauwe diensten gaan jaarlijks naar schatting enkele miljoenen om. De provinciale regelingen blijven vooralsnog voortbestaan naast het vernieuwde stelsel voor agrarisch natuurbeheer, voor zover ze al niet tijdelijk waren.

4.3 EU-beleid voor agrarisch natuurbeheer

Op de conferentie van Stresa (1958) werd afgesproken dat het Gemeenschappelijk Landbouwbeleid van de EU (GLB) niet alleen uit een gemeenschappelijk markt- en prijsbeleid moest gaan bestaan om de markten en prijzen voor landbouwproducten te reguleren, maar ook uit een gemeenschappelijk landbouwstructuurbeleid, gericht op de verbetering van de productieomstandigheden voor de landbouw (Heringa, 1988). Het markt- en prijsbeleid werd in de jaren zestig snel gerealiseerd, maar het landbouwstructuurbeleid kreeg veel trager vorm. Pas in 1972 werden er drie richtlijnen vastge-

Tekstkader 4.4. Het vernieuwde stelsel agrarisch natuurbeheer.

Dick Melman

In het vernieuwde stelsel stelt het Rijk op landelijk niveau de doelen voor agrarisch natuurbeheer vast en draagt zorg voor de benodigde Brusselse goedkeuring. Het Rijk is systeemverantwoordelijke en stelt de landelijke kaders die door de provincies met eigen beleid en uitvoeringsinstrumenten invulling krijgt.

Een vernieuwd stelsel is vanaf 2016 operationeel met als hoofddoel de versterking van de ecologische effectiviteit. Nevendoelen zijn het terugbrengen van de overheadkosten – die in het oude stelsel boven de 40 procent lagen – en een zuiverder deling van verantwoordelijkheden tussen beleid en beheerders. Het beleid gaat primair over de doelen en waar deze gerealiseerd worden (het 'wat' en 'waar'), de beheerders gaan over de wijze waarop ze deze doelen willen gaan realiseren (het 'hoe'). De provincies hebben afspraken gemaakt met collectieven, waarvan er in Nederland 40 zijn opgericht. Collectieven zijn vaak voortgekomen uit agrarische natuurverenigingen.

Ecologische doelstelling

Het vernieuwde stelsel, uitgewerkt door provincies en Rijk, richt zich expliciet op soorten waarvoor Nederland in EU-verband verplichtingen heeft: soorten van de Vogel- en Habitatrichtlijn (in jargon: VHR-soorten). Dit zijn er 67 (verdere informatie is te vinden op www.portaalnatuurenlandschap.nl). Het betreft soorten waarvoor wordt verondersteld dat het agrarisch natuurbeheer een substantiële betekenis kan hebben bij het verkrijgen van een zogenaamde 'gunstige staat van instandhouding'. Daarmee is het doel van het vernieuwde stelsel: het bevorderen van deze 67 soorten. Daaronder zijn vogels (43 soorten) (naast weidevogels ook akkervogels, vogels van bosjes en struwelen e.d.), zoogdieren (7 soorten), amfibieën (8 soorten), insecten (4 soorten), vissen (4 soorten) en weekdieren (1 soort). Planten ontbreken.

Om de 67 soorten hanteerbaar te maken zijn ze toebedeeld aan vier agrarische natuurtypen waar ze het meest in voorkomen: open grasland, open akkers, droge dooradering (houtsingels, bosjes, knotbomen) en natte dooradering (sloten, watergangen). Het stelsel richt zich op het verbeteren van de kwaliteit van deze vier leefgebiedtypen (waar het type water later aan is toegevoegd).

Uitvoering

Elke provincie heeft in het kader van het vernieuwde stelsel een Natuurbeheerplan opgesteld. In deze plannen zijn de specifieke doelen weergeven en ook de contouren van de gebieden die volgens de provincie kansrijk zijn (het 'wat' en 'waar'). De provincie heeft de collectieven uitgenodigd om aanvragen in te dienen. Deze plannen (die ingaan op het 'hoe') moeten aansluiten op het provinciale Natuurbeheerplan. De verantwoordelijkheid voor de kwaliteit van de plannen ligt daarmee in het gebied, niet bij de overheid. Om dit waar te kunnen maken hebben de collectieven zich moeten professionaliseren. De provincies beoordelen de aanvragen en beslissen of ze al dan niet gunnen. Beschikkingen op aanvragen hebben een looptijd van steeds zes jaar en kunnen in die periode uitgebreid worden. De eerste beschikkingen voor het vernieuwde stelsel lopen dus van 2016 tot en met 2021.

Wat mogen we ervan verwachten?

Deelname aan agrarisch natuurbeheer is vrijwillig, boeren kunnen zelf beslissen of ze al of niet willen meedoen. Deze vrijwilligheid geldt niet voor het beleid. Immers, het gaat om de bescherming van soorten waarvoor Nederland in internationaal verband verplichtingen is aangegaan. Niets doen is voor het beleid dus geen optie. Het stelsel zal daarom voor boeren zo aantrekkelijk moeten zijn dat ze in voldoende mate bereid zijn mee te doen. Hier zit een spanning. Wat deelnamebereidheid betreft: denk bijvoorbeeld aan de gevolgen van het vervallen van de melkquotering, waardoor boeren zullen heroverwegen of ze agrarisch natuurbeheer in hun bedrijf willen inpassen.

Sociaal kapitaal

Bij het ontwikkelen van het stelsel door provincies en Rijk stond de ecologische effectiviteit voorop. Tegelijkertijd geldt de noodzaak dat er voldoende boeren meedoen. De boeren vormen als het ware het sociale kapitaal om de natuurdoelen te realiseren, naast het ecologische kapitaal van de ecologisch kansrijke gebieden. De provincies kijken daarom goed naar wat de overwegingen van boeren zijn om wel of niet mee te doen (Nieuwenhuizen e.a., 2014).

Adequate financiële vergoeding in de vorm van subsidie is belangrijk, maar niet voldoende. Uiteindelijk zal voor natuur een verdienmodel moeten worden ontwikkeld, zodat het een volwaardig onderdeel wordt van de onderneming. Er zijn al boeren die kaas maken die specifiek is gekoppeld aan zorg voor natuur en daar ook extra toegevoegde waarde aan ontlenen (zie bijvoorbeeld: www.redderijkeweide.nl). Ook zuivelcoöperaties zijn doende om zorg voor natuur en landschap in hun marketing te betrekken ('koe in de wei'; 'Gilde boeren'), met medewerking van organisaties als Vogelbescherming Nederland en het Wereld Natuurfonds. Zo wordt ook de consument bij de zorg voor natuur betrokken en krijgt agrarisch natuurbeheer de status die het verdient: het verbeeldt de wijze hoe wij voedsel willen produceren: met ruimte voor andere soorten. Natuur ook via de boodschappentas! Hier zal ook een rol voor de overheid liggen, omdat het overgrote deel van de Nederlandse zuivelproductie wordt geëxporteerd naar het buitenland, dat niet per se geïnteresseerd is in de natuur die op ons grasland is te vinden.

Lerend beheer noodzaak

Bovenstaande maakt duidelijk dat het vernieuwde stelsel ANLb-2016 eerder een beginpunt dan een eindpunt is. Dat geldt zowel voor de sturing door de provincies, de vaardigheden en professionaliteit van de collectieven als de ecologische kennis (vertaling naar de praktijk; nieuw te ontwikkelen). Om hiermee verder te komen zal sprake moeten zijn van 'lerend beheren'. Bijvoorbeeld: onderzoek, provincie en collectieven zullen in samenwerking kaarten kunnen maken die de kansen voor effectief beheer (nog) beter weergeven. Monitoring en evaluatie zullen scherpere inzichten opleveren in wat wel en wat niet werkt. Belangrijk hiervoor is dat kennis en informatie goed worden ontsloten. Voor weidevogels is inmiddels een kennissysteem gereed waarmee beheermozaïeken kunnen worden ontworpen en geëvalueerd (Melman e.a., 2012). Benchmarking (collectieven die zich met elkaar vergelijken) kan hierbij stimulerend zijn (De Snoo e.a., 2010). Essentieel is dat de inspanningen zijn gericht op verbetering en elkaar inspireren.

Lerend beheren vergt flexibiliteit van alle betrokkenen om beheer aan te passen aan nieuwe inzichten en om te stoppen met activiteiten die niet zinvol blijken. Als dit serieus wordt opgepakt, en hiervoor de tijd wordt gegeven, er goed wordt gemonitord en de regeling voldoende ruimte biedt, kan het vernieuwde stelsel een waardevolle bijdrage leveren aan het realiseren van een hogere biodiversiteit in het agrarisch gebied.

steld voor respectievelijk de modernisering van landbouwbedrijven, de bevordering van bedrijfsbeeindiging en de sociaaleconomische voorlichting.

Het Verenigd Koninkrijk stelde bij de toetreding tot de EEG in 1973, dus al voor de Relatienota, als eis dat het landbouwstructuurbeleid zou worden uitgebreid met een regeling die leek op hun *Hill Farms Bill,* een regeling waarbij boeren een inkomensondersteuning ontvangen om de landbouw te handhaven in gebieden met bergen, heuvels of andere natuurlijke handicaps (Slot, 1988). Door deze eis werd in 1975 de richtlijn voor landbouw in bergstreken en andere gebieden met natuurlijke handicaps in het landbouwstructuurbeleid geïntroduceerd, kortweg het beleid voor *less favoured areas* ofwel de bergboerenregeling. Deze richtlijn voorzag in inkomensondersteuning voor boeren om de landbouw in de *less favoured areas* te handhaven, ontvolking tegen te gaan en de kwaliteit van het landschap te behouden.

Het beleid voor *less favoured areas* kan worden beschouwd als het eerste instrument voor, weliswaar passief, agrarisch natuur- en landschapsbeheer in het GLB. Nederland was de enige lidstaat die dit beleid koppelde aan actief beheer (IEEP, 2006). Dat kwam doordat Nederland in de Relatienota (1975) het voornemen had vastgelegd om boeren in beheergebieden te belonen als zij hun bedrijfsvoering afstemden op natuur- en landschapsbeheer (zie Paragraaf 4.2). Omdat al snel bleek dat het toekennen van een redelijke beloning voor dat beheer een kostbare zaak was, werd de premie voor *less favoured areas* ingezet als basisbedrag in de beheervergoeding. Door die koppeling werd de betreffende premie een prikkel voor boeren om deel te nemen aan actief beheer. De koppeling gold overigens niet altijd en overal. Er zijn in ons land perioden en gebieden geweest waar boeren ook alleen een bergboerenpremie konden aanvragen.

Geleidelijk meer aandacht voor agrarisch natuurbeheer in het GLB

Het markt- en prijsbeleid van het GLB leidde in de jaren zeventig tot productieoverschotten, die hoge budgetlasten en conflicten met handelspartners met zich meebrachten. Als reactie op de overschotten en op het genoemde groeiende besef dat de moderne landbouw gepaard gaat met ongewenste effecten voor biodiversiteit, landschap en milieu, volgden vanaf de jaren tachtig een reeks van aanpassingen in het GLB. Daarbij kregen de stappen om landschap en milieu te ontzien steeds meer aandacht, eerst alleen binnen het landbouwstructuurbeleid, later ook in het markt- en prijsbeleid.

In 1985 verving EEG-Verordening 797/85 de aan het begin van deze paragraaf genoemde drie richtlijnen uit 1972. Op Brits verzoek werd hierin een maatregel opgenomen die voorziet in steun aan boeren in ecologisch kwetsbare gebieden als zij hun landbouwactiviteiten verenigbaar maken met de eisen van de bescherming van biodiversiteit, landschap en milieu (Tracy, 1989).

Bij de MacSharry-hervorming (1992) van het markt- en prijsbeleid (zie ook Hoofdstuk 3) werden 'begeleidende maatregelen' van kracht. Deze hadden betrekking op vervroegde uittreding, landbouwmilieumaatregelen en bebossing van landbouwgrond. In tegenstelling tot de eerdere facultatieve maatregelen waren lidstaten verplicht de landbouwmilieumaatregelen uit te voeren (Berkhout, 2008). Die maatregelen konden ze op diverse wijzen invullen, zoals met extensivering, bescherming of verbetering van milieu, landschap en natuurlijke hulpbronnen, langdurige braak en openstelling van land voor publiek. Daarnaast bleek ook de verplichte braaklegregeling uit de MacSharry-hervorming, bedoeld om de overproductie in de akkerbouw in te dammen, positieve effecten op de biodiversiteit te hebben (Wiersma e.a., 2014). Lidstaten ontwikkelden pakketten waarbij de braakliggende gronden worden ingezaaid met akkerkruiden, grasmengsels, bloemrijke gewassen, koolzaad, vlas of karwij, wat aantrekkelijk is voor vogels, insecten en andere dieren.

Duurzame landbouw een kerndoel

In Agenda 2000 (EP, 1999), waarin een nieuwe ronde van wijzigingen van het GLB werd vastgelegd, wordt de ingeslagen weg van de MacSharry-hervorming voortgezet. Vanaf dan wordt het bevorderen van landbouwproductie die vanuit het oogpunt van biodiversiteit, landschap en milieu

Foto 4.3. Staatssecretaris Sharon Dijksma (PvdA, 2012-2015) voerde het nieuwe stelsel voor agrarisch natuurbeheer in, dat van start is gegaan in 2016. Rechts Douwe Hoogland, die een rapport overhandigt over pilotprojecten waarin agrarische natuurverenigingen hadden verkend hoe agrarisch natuurbeheer en het hervormde Gemeenschappelijk Landbouwbeleid op elkaar kunnen worden afgestemd.

duurzaam is en bijdraagt aan het behoud van natuurlijke hulpbronnen, beschouwd als één van de kerndoelen van het GLB (Meester e.a., 2013). Dat uit zich op de volgende manieren.

Ten eerste krijgen de landbouwmilieumaatregelen en de bosbouwmaatregelen uit de Mac Sharry-hervorming een plaats in de nieuwgevormde tweede pijler van het GLB, naast de eerste pijler voor inkomenssteun aan boeren in de gangbare landbouwgebieden.

Ten tweede wordt bij de GLB-hervorming van 2003 het principe van randvoorwaarden of *cross compliance* ingevoerd. Met deze randvoorwaarden wil de EU garanderen, dat boeren die GLB-steun ontvangen, duurzaam en maatschappelijk verantwoord ondernemen. Deze randvoorwaarden zijn verplicht vanaf 2007. Boeren worden op hun GLB-toeslagen gekort als zij niet voldoen aan:

- EU-richtlijnen en -verordeningen op het gebied van milieu, volksgezondheid, de gezondheid van planten en dieren, en dierenwelzijn;
- normen om de landbouwgrond in een goede landbouw- en milieuconditie te houden;
- het in stand houden van permanent grasland.

Ten derde worden de maatregelen van de tweede pijler voor de periode van 2007 tot 2013 gerangschikt in groepen, de zogenoemde 'assen'. De groep met de landbouwmilieumaatregelen en het beleid voor *less favoured areas* heet de tweede as, die vanaf 2007 alleen nog gericht is op de voortzetting van het gebruik van landbouwgrond om zo landelijke gebieden en duurzame landbouwsystemen in stand te houden (Terluin e.a., 2008). De uitbreiding van het agrarisch natuurbeheer wordt in de periode van 2007 tot 2013 vooral vorm gegeven in de verplichting dat lidstaten minimaal 25 procent van het budget voor de tweede pijler moeten besteden aan landbouw-milieumaatregelen (Berkhout, 2008).

Veranderingen in het GLB vanaf 2014

Of de steeds groter wordende nadruk op agrarisch natuur- en landschapsbeheer in het GLB, zoals die zichtbaar was in de reeks van beleidsaanpassingen sinds de jaren tachtig, ook geldt voor de recente herziening van het GLB in 2013, valt te betwijfelen. In 2010 kwam de Europese Commissie (EC) met ambitieuze plannen om boeren in de eerste pijler een basistoeslag per hectare en een vergroeningspremie voor het leveren van maatschappelijke diensten toe te kennen. In de uiteindelijke akkoorden, die de EC, de Raad van Landbouwministers en het Europees Parlement over de herziening van het GLB na 2014 hebben bereikt, zijn deze plannen danig afgezwakt. Alle boeren die landbouwgrond in goede landbouw- en milieuconditie houden, komen in aanmerking voor de basistoeslag per hectare. Daarnaast kunnen boeren een vergroeningspremie krijgen, die iets meer dan 3/7 van de basistoeslag bedraagt. Zij ontvangen de vergroeningspremie als ze aan drie voorwaarden voldoen:

- handhaving van het areaal blijvend grasland;
- gewasrotatie met ten minste drie gewassen (twee als het bedrijf kleiner is dan 30 hectare);
- het aanleggen van ecologische aandachtsgebieden op minimaal 5 procent van hun totale akkerbouwareaal.

Lidstaten mogen deze vergroeningsvoorwaarden ook invullen met andere, gelijkwaardige maatregelen, die eenzelfde effect hebben op het milieu en de biodiversiteit. De vergroeningsvoorwaarden gelden niet voor biologische boeren en boeren met minder dan 15 hectare akkerbouwareaal. Boeren die niet aan de vergroeningsvoorwaarden voldoen, krijgen vanaf 2017 een korting op de basispremie, die in 2017 uitkomt op 20 procent van de vergroeningspremie en in de jaren daarna op 25 procent.

Eisen ecologische aandachtsgebieden verwaterd

De 5 procent ecologische aandachtsgebieden als vergroeningsmaatregel is een compromis. Nadat een voorstel voor 10 procent was afgevallen omdat het de landbouwproductie teveel zou beperken, vonden de Raad van Landbouwministers en het Europees Parlement ook een ecologisch aandachtsgebied van 7 procent (zoals in Zwitserland, zie Paragraaf 4.5) te hoog. Een ecologisch aandachtsgebied van 5 procent van het akkerbouwareaal komt in veel situaties overeen met de bestaande situatie, waardoor het effect voor biodiversiteit, landschap en milieu beperkt zal zijn. Wel is een mogelijke verhoging naar 7 procent in 2017 afgesproken. Door het toevoegen van 'lichtgroene' maatregelen aan de lijst van invullingen van ecologische aandachtsgebieden en door het relatief zwaar meewegen van donkergroene invullingen is het de grondgebruiker bovendien gemakkelijk gemaakt om aan de verplichte 5 procent te komen.

Agrarisch natuurbeheer in tweede pijler ook collectief

Het beleid in de tweede pijler verandert nauwelijks vanaf 2014. Wel nieuw is dat groepen van boeren en/of andere agrarische grondgebruikers gezamenlijk kunnen worden aangemerkt als eindbegunstigden van vergoedingen voor agrarisch natuur- en landschapsbeheer. Een dergelijke werkwijze was in 2003 nog nadrukkelijk door de EU afgewezen, maar krijgt nu een tweede kans. De gezamenlijke aanpak biedt mogelijkheden om de samenhang in gebiedsgericht beheer verder te versterken en het beheer effectiever te maken.

Doorvoeren GLB-herziening in Nederland

Nederland bouwt de bedrijfstoeslagen vanaf 2015 af naar een uniforme hectaretoeslag in 2019, waarbij boeren een basispremie van 270 euro ontvangen plus, mits ze aan de voorwaarden voldoen, een vergroeningspremie van 120 euro per hectare (EZ, 2013). Naast de genoemde drie door de EU voorgeschreven voorwaarden voor de vergroeningspremie wil Nederland ook gebruik maken van de optie van 'gelijkwaardige maatregelen'. Het gaat daarbij om (EZ, 2014a):

- twee private duurzaamheidscertificaten, waarmee boeren kunnen aantonen dat ze op een duurzame wijze produceren;
- een overheidscertificaat: het 'akkerbouw-randenpakket' voor combinaties van beheerde akkerranden met aangrenzende sloten, arealen met vang- of eiwitgewassen en/of landschapselementen waarvoor een beheercontract is afgesloten;
- Nederland biedt boeren de mogelijkheid om maximaal de helft van hun ecologische aandachtsgebied collectief te beheren, waardoor grotere aaneengesloten en ecologisch samenhangende gebieden kunnen worden aangelegd en beheerd.

Bij de invulling van het beleid voor de tweede pijler voor de periode 2014-2020 hanteert Nederland een groene groeistrategie (EZ, 2014b), waarbij zowel de economische groei en de versterking van de concurrentiepositie van de landbouwsector, als de verbetering van biodiversiteit en milieu worden gestimuleerd. Gelet op het beperkte budget voor de tweede pijler is gekozen voor inzet van een beperkt aantal maatregelen. Die keuze houdt ook in dat Nederland het beleid voor *less favoured areas* niet langer zal toepassen.

Vergroening vergt geen grote aanpassingen op landbouwbedrijven

Door de ruime mogelijkheden voor de invulling van ecologische aandachtsgebieden voor Nederlandse boeren, zullen de effecten ervan voor milieu, biodiversiteit en klimaat beperkt zijn. Bovendien bestaat 40 procent van het Nederlandse landbouwareaal uit permanent grasland, waarvoor geen verplichting voor ecologische aandachtsgebieden geldt. Naar verwachting gaan boeren sloten en arealen met vang- of eiwitgewassen als ecologische aandachtsgebieden aanwijzen, waarbij de aanpassing van de bedrijfsvoering en de opbrengstderving tot een minimum beperkt blijft. Als Nederland de criteria voor de ecologische aandachtsgebieden ambitieuzer had ingevuld, met bijvoorbeeld alleen meerjarige braak, opgaande groene landschapselementen, poelen, bufferstroken, akkerranden en percelen met meerjarige vlinderbloemigen, dan zou van de ecologische aandachtsgebieden wel een positief effect op de biodiversiteit uitgaan (Van Doorn e.a., 2013). Deze invulling kan opnieuw aan de orde komen bij de aanpassing van het GLB in 2017.

Overig EU-beleid

Ook het sectorale EU-beleid voor natuur, milieu en water raakt direct en indirect aan het beleid voor agrarisch natuurbeheer. Zo zijn de soorten uit de Vogel- en Habitatrichtlijn vanaf 2016 mede bepalend voor het agrarisch natuurbeheer in Nederland. Ook zal het agrarisch natuurbeheer zich, met zijn kerngebieden, ruimtelijk sterker concentreren rond natuurgebieden, waaronder de Natura 2000-gebieden.

De Kaderrichtlijn Water (KRW) krijgt ook een grotere betekenis voor het agrarisch natuurbeheer doordat boeren groenblauwe diensten kunnen aanbieden. Hiervoor hebben de waterschappen een fors bedrag uitgetrokken, dat voor een belangrijk deel via de nieuwe collectieven zal worden uitgegeven aan waterlopen in het agrarisch gebied (zie Paragraaf 4.4 en Hoofdstuk 9).

4.4 Het huidige en toekomstige beleid voor agrarisch natuurbeheer

Het Nederlandse natuurbeleid staat eind 2015 aan de vooravond van een belangrijke transitie. De tweejarige, stevige discussie tussen Rijk en provincies over het natuurbeleid, resulteerde in 2013 in het Natuurpact. Daarin is het budget voor agrarisch natuurbeheer min of meer gehandhaafd. De kosten van het beheer zijn ondertussen wel gestegen, terwijl de uitvoeringskosten voortaan onderdeel van de beheersubsidie zijn. Er wordt effectiever, vaak 'zwaarder' en daarmee duurder beheer gevraagd. Gevolg is dat het gecontracteerde areaal substantieel zal dalen (zie ook Paragraaf 4.6).

De provincies zijn nauwer gaan samenwerken om het natuurbeleid voldoende uniform gestalte te kunnen geven. De verplicht gecoördineerde aanpak die we sinds 2010 kennen voor akker- en weidevogelbeheer, is vanaf 2014 verbreed naar alle beheertypen. Dit als opmaat naar de louter collectieve aanpak vanaf 2016 zoals die door provincies en Rijk is ontwikkeld. De gebiedsgerichte beheerplannen, tussen 2010 en 2015 van de regionale coördinator voor de SNL – vaak een agrarische natuurvereniging – en vanaf 2016 van het collectief, vormen de ruimtelijke vertaling van de ecologische spelregels die de provincies in hun Natuurbeheerplannen hebben opgenomen.

Veel discussie over relatie met vergroening GLB

De invulling van de vergroeningsvoorwaarden voor toeslagen in de eerste pijler van het GLB (zie Paragraaf 4.3) maakt overlap mogelijk met maatregelen waarvoor boeren onder het SNL een vergoeding ontvangen. De EU bepaalt dat er bij overlap geen dubbelbetaling mag plaatsvinden. Die situatie kan zich voordoen bij akkerranden en landschapselementen. Als een beheerde akkerrand of een beheerd landschapselement wordt opgevoerd als een ecologisch aandachtsgebied, vervalt de beheervergoeding. Daar waar de vergroening geen beheer vereist, zoals bij de keuzemogelijkheid 'onbeheerde akkerrand', mag voor aanvullend beheer wel worden betaald, maar niet voor de productiederving. De effecten hiervan zijn nog enigszins onduidelijk. Sommigen vrezen uitholling van het agrarisch natuurbeheer, anderen zien dit juist als versterking. Als betaald mag worden voor aanvullend beheer kan het volume aan goed beheerde randen toenemen. Doordat veel akkerbouwers de vergroening echter invullen met vang- en eiwitgewassen, lijkt er vooralsnog geen sprake van veel overlap, en dus ook niet van synergie.

Vanaf 2016 alleen nog subsidiering van gebiedscollectieven

Provincies financieren vanaf 2016 het agrarisch natuurbeheer alleen nog via collectieven van grondgebruikers. Individuele aanvragen en beschikkingen zijn niet langer mogelijk. Alleen gebiedscollectieven met een gecertificeerde werkwijze kunnen aanvragen doen en krijgen in hun regio de uitvoering in handen (zie Hoofdstuk 5). Met dit vernieuwde stelsel hoopt Nederland de effectiviteit van agrarisch natuurbeheer te verbeteren en, door een efficiëntere organisatie, de uitvoeringskosten te verminderen. Voor de structuur van het vernieuwde stelsel voor natuurbeheer zie Figuur 4.3.

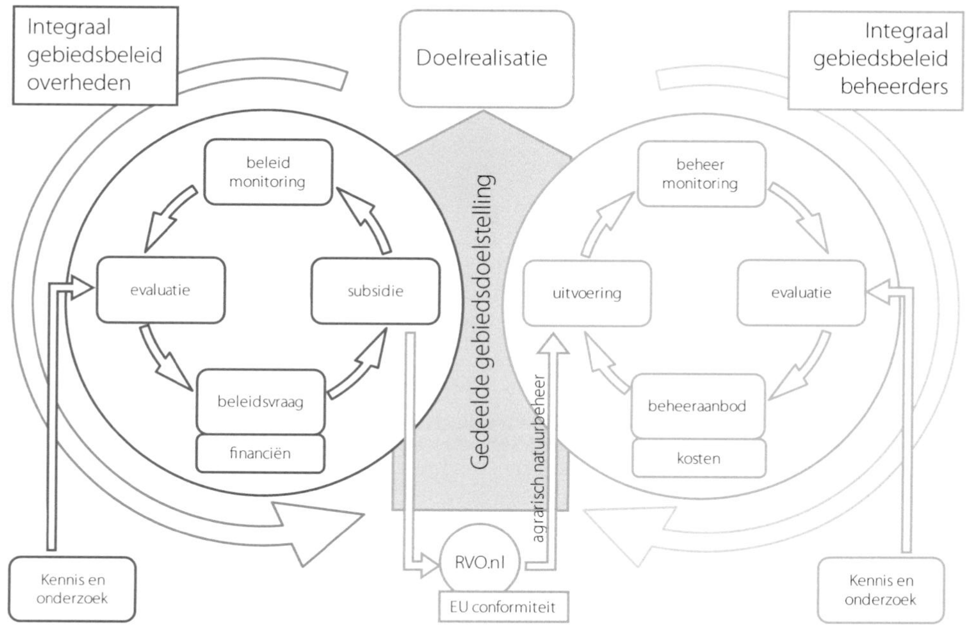

Figuur 4.3. Structuur vernieuwd natuurbeheer. SNL = Subsidiestelsel Natuur- en Landschapsbeheer.

Het vernieuwde stelsel stelt als eis dat alle soorten en habitats waarvoor Nederland, ook buiten de Natura 2000-gebieden, internationale verplichtingen heeft, duurzaam worden beheerd. Elke provincie heeft daaraan eigen doelen toegevoegd. Voor elk gebied hebben de provincies een ecologische kansenkaart opgesteld, die het kader vormt waarbinnen het agrarisch natuurcollectief een aanvraag indient. Daarnaast zijn voor het eerst waterdoelen geformuleerd. Op basis van deze aanvraag sluit het collectief een overeenkomst op hoofdlijnen met de provincie, waarna de detaillering plaatsvindt in individuele contracten tussen collectief en grondgebruikers. Als basis voor de individuele afspraken gelden de subsidiebouwstenen van de Catalogus Groenblauwe Diensten (Heinen e.a., 2014). De gebiedsgerichte aanpak betekent ook dat het beheer beter wordt afgestemd met andere beheerders, met name natuurbeheerders en waterbeheerders.

Voor het vernieuwde stelsel zijn andermaal nieuwe beheertypen geformuleerd. Zoals we in Paragraaf 4.2 zagen, gaat het om vier hoofdtypen van leefgebieden waarbinnen nog een nadere verdeling gemaakt is in tien beheertypen. De omslag naar leefgebieden is nieuw, net als de introductie van een aantal internationaal belangrijke soortengroepen die niet eerder een expliciete plaats in het beleid hadden, zoals vlinders, libellen, vissen en amfibieën, maar nauwelijks planten. Daardoor worden de collectieven uitgedaagd om de kwaliteiten van en kansen voor hun gebied door een ruimere bril te gaan bekijken.

Het vernieuwde stelsel verbindt de beleidscyclus aan de beheercyclus met een gedeelde gebiedsgerichte doelstelling voor alle natuur. Beide cycli doorlopen de stadia van planvorming, uitvoering, monitoring en evaluatie (zie Figuur 4.2). De afspraken tussen overheid en beheerder zijn op gebiedsdoelen gericht waarbij het agrarisch collectief deze vertaalt in concrete maatregelen in uitvoeringscontracten met deelnemers. Voor een meer uitvoerige beschrijving van het vernieuwde stelsel zie Tekstkader 4.4. Voor de opzet van de vormen van de monitoring en toetsing in het vernieuwde SNL en de verantwoordelijkheden daarbij, zie Figuur 4.4.

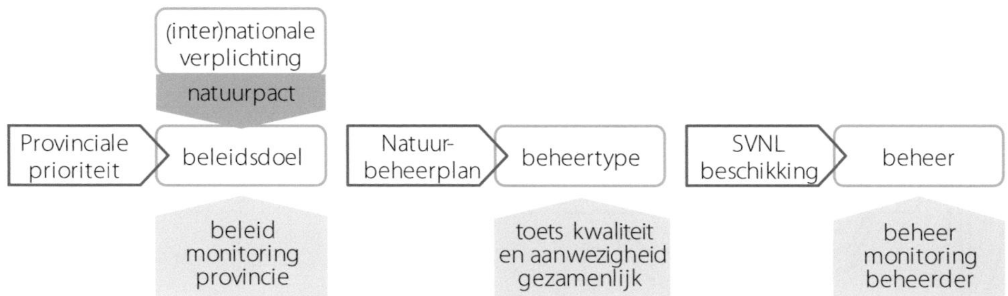

Figuur 4.4. Vormen van monitoring in vernieuwd Subsidiestelsel Natuur- en Landschapsbeheer en verantwoordelijken daarbij.

4.5 Welk beleid voeren andere landen?

Nederland staat niet alleen in de invulling van het agrarisch natuurbeheer. Sinds 1992 zijn EU-lidstaten verplicht agrarisch natuurbeheerbeleid te voeren, en vanaf 2007 bestaat er een ondergrens aan het EU-budget dat hiervoor moet worden uitgetrokken (zie Paragraaf 4.3). Ook enkele landen buiten de EU, zoals Zwitserland en Noorwegen, hebben beheerregelingen. In deze paragraaf kijken we puntsgewijs naar opmerkelijke verschillen met de Nederlandse aanpak.

Waar het gaat om territoriale dekking werkt Nederland met afgebakende gebieden, en voor akker- en weidevogels met scherp begrensde kerngebieden. Veel andere landen hebben beheerpakketten die op het hele landbouwareaal kunnen worden gecontracteerd. Een EU-brede analyse (Oréade-Brèche, 2005) laat zien dat bijna twee derde van alle pakketten in het hele land wordt ingezet. Dit heeft ook te maken met het karakter van de pakketten.

Vergeleken met Nederland valt op dat in het agrarisch natuurbeheer van andere landen naast biodiversiteitsmaatregelen veel milieumaatregelen in de regeling zijn opgenomen, zoals in het Verenigd Koninkrijk, Denemarken en Finland. Het gaat dan bijvoorbeeld om het reduceren van uit- en afspoeling van meststoffen, het omzetten van bouwland naar grasland, het creëren van bufferzones en extensivering van de veehouderij (verlagen veebezetting). EU-breed zijn maatregelen gericht op het verminderen van *inputs*, afgemeten aan het areaal onder contract. Dat wordt echter ook verklaard door de vaak landelijke geldigheid van zulke pakketten en het feit dat hierbij vaak hele bedrijven meedoen.

Ook zijn in het buitenland meer maatregelen opgenomen in de sfeer van cultureel erfgoed (zoals in het Verenigd Koningrijk en Ierland) en voor waterbeheer (bijvoorbeeld peilverhoging). Nederland heeft in 2016 een start gemaakt met watermaatregelen (zie Paragraaf 4.3).

In het buitenland zijn maatregelen opgenomen voor de instandhouding van het agrarisch gebruik van grasland en bouwland. Soms gaat het daarbij om instandhouding van extensieve landbouwpraktijken, het afzien van intensivering. Vaker gaat het om het in agrarisch gebruik houden van gebieden om ontvolking en verbossing tegen te gaan. Hoewel Nederland geen voorkeur heeft voor dergelijke 'passieve' diensten, vormen ze Europees gezien een belangrijk bestanddeel van de beheerregelingen. Ook zijn er maatregelen opgenomen voor bouwland en voor bodemleven. Nederland heeft wel bouwlandpakketten voor planten en vogels, maar in andere landen gaat het vooral ook om pakketten van maatregelen voor bodembedekking en wintergewassen, toepassen van niet-kerende grondbewerking en erosiebestrijding, die in ons land niet worden gehanteerd.

Anders dan Nederland maken andere landen soms een onderscheid tussen verplichte en niet-verplichte maatregelen. Het gaat dan bij voorbeeld om de verplichting tot het opstellen van een bedrijfsnatuurplan, waarbij ook koppelingen gemaakt kunnen worden tussen maatregelen en sommige maatregelen niet zelfstandig kunnen worden gecontracteerd.

De verplichting tot een bedrijfsnatuurplan (of -milieuplan) hangt ook samen met het onderscheid tussen regelingen met een *whole farm approach*, waarbij sommige maatregelen gelden voor het gehele bedrijf, en regelingen die het mogelijk maken een contract te sluiten voor enkele hectares of elementen zonder verdere verplichtingen voor de rest van het bedrijf.

Ook de opbouw van de regelingen verschilt. Sommige landen, zoals het Verenigd Koninkrijk en Zwitserland, hebben een sterk getrapte opbouw, soms met verschillende elkaar aanvullende beheerregelingen. Zo vormen ze een 'piramide' van breed toepasbare en relatief lichte maatregelen tot selectief inzetbare, meer ingrijpende maatregelen gericht op specifieke soorten of habitats. Zwitserland kent bijvoorbeeld een drietrapsraket met:

- Een basispremie voor het in cultuur houden van grond (gedifferentieerd naar 'handicaps').
- Een voedselzekerheidsbijdrage voor reserves van bepaalde strategische gewassen.
- Individuele (bedrijfsgebonden) bijdragen voor biodiversiteit, landschapskwaliteit en dierenwelzijn. Ook is er een premie voor het creëren van ecologische verbindingen (*Vernetzung*) als onderdeel van het bestemmen van 7 procent van het areaal voor natuur en landschap. Dit is de voorwaarde die Zwitserland al sinds 1998 stelt aan het ontvangen van landbouwsteun en die model heeft gestaan voor de 5 procent ecologische aandachtsgebieden in het nieuwe GLB – al heeft Zwitserland zijn 7 procent 'groener' ingevuld dan de EU dat nu heeft gedaan. Het VK heeft een 'basisniveau' met relatief lichte maatregelen: het *Entry Level Scheme*.

Sommige landen of deelstaten hebben hun regeling vormgegeven als een puntensysteem: een bedrijf krijgt een vaste vergoeding als het een basis aantal punten heeft behaald door voldoende maatregelen te kiezen uit een breed keuzemenu. Voorbeelden hiervan zijn het Britse *Entry Level Scheme*, het MEKA-systeem in de Duitse deelstaat Baden-Württemberg en het Oostenrijke Öpul-systeem.

Zonder afbreuk te doen aan de waarde van het Nederlandse systeem, is de meer integrale benadering die een aantal landen toepast voor Nederland interessant. Het gaat dan zowel om een meer bedrijfsgerichte aanpak, zoals in de *whole farm approach,* als om een breder scala aan duurzaamheidsthema's in de regelingen. In Nederland is het recent toegevoegde thema water, waaronder ook maatregelen voor duurzaam bodembeheer mogelijk zijn, hiervoor een veelbelovende start.

4.6 Toekomstperspectieven beleid agrarisch natuurbeheer

Het Nederlandse agrarisch natuurbeheer gaat een periode in waarin bredere en ambitieuzere doelen moeten worden gerealiseerd met een duidelijker regionale coördinatie. Dat lijkt een goede uitgangssituatie voor het bereiken van een hogere ecologische en organisatorische effectiviteit in de komende jaren. Het welslagen daarvan zal mede bepalen of en hoeveel de overheid op langere termijn wil investeren in het agrarisch natuurbeheer. Doordat de vergoedingen zijn aangepast aan de gestegen marktprijzen, kan bij gelijkblijvend budget slechts een kleiner areaal worden gecontracteerd, terwijl ook de organisatie uit de vergoedingen betaald moet worden en meer wordt ingezet op zwaarder, duurder beheer. Het is daardoor de vraag of de ambitieuze doelen, die in Paragraaf 4.4 zijn beschreven, worden gerealiseerd.

Tegelijk zien we een belangrijke verbreding van de financiering van het agrarisch natuurbeheer. Ten eerste uit publieke middelen: de waterschappen investeren de komende jaren fors in 'blauwe' diensten in het boerenland en er is veel geld voor vergroening in de eerste pijler van het GLB. Ten tweede zijn er initiatieven met private financiering, zoals dat van FrieslandCampina en Wereld Natuurfonds voor de 'weidemelk'. Daarmee wordt de financiële basis breder (zie ook Hoofdstuk 13).

Het beleid zal landelijk gezien ook diverser worden door de verdeling over dertien financiers – alle provincies en het Rijk – elk met hun eigen prioriteiten en aanpak. De provincies zullen hun regierol verschillend invullen, zoals al bleek in de aanloop naar het vernieuwde stelsel 2016. De eigen invulling biedt kansen voor gebiedsgericht maatwerk en effectieve gebiedscoalities, maar heeft ook het risico van versnippering van het beleid tot twaalf provinciale stelsels.

Wellicht nog het meest cruciaal voor de toekomst van het beleid rond agrarisch natuurbeheer is de relatie met de vergroening in de eerste pijler van het GLB, waar vanaf 2015 de eerste stappen zijn gezet in de ontwikkeling naar 'natuurinclusieve landbouw'. De huidige invulling van de vergroeningsvoorwaarden is vooralsnog zeer beperkt, waardoor de natuureffecten ook alleen maar beperkt kunnen zijn. De vergroening van de eerste pijler kan twee belangrijke gevolgen hebben voor de positie van het agrarisch natuurbeheer. Ten eerste moeten nu alle boeren 'groene' inspanningen leveren. Bij een groenere invulling dan nu kan dat leiden tot een vermindering van de inzet van de tweede-pijlergelden voor agrarisch natuurbeheer, om dubbelbetaling te voorkomen en/of als beleidskeuze, bijvoorbeeld als besparing voor provincies. Omgekeerd komt er door de vergroening van het GLB potentieel een fors extra budget beschikbaar voor natuurmaatregelen. In Nederland betreft dat, afhankelijk van de invulling, maximaal 225 miljoen per jaar. Beheergelden die ook voor aanvullend beheer op 'vergroend' productie-areaal gebruikt kunnen worden, wat kan leiden tot hogere natuurwaarden ten opzichte van agrarisch natuurbeheer op dat areaal.

De relatie tussen vergroening uit de eerste pijler van het GLB en agrarisch natuurbeheer uit de tweede pijler kan op verschillende manieren uitkristalliseren. Eén scenario is dat de politieke druk in de EU wordt opgevoerd om de vergroening een meer substantiële invulling te geven. Alle boeren zullen dan meer snelheid moeten maken. De deelnemers aan het agrarisch natuurbeheer kunnen met hun ervaring ook verdergaande stappen zetten in kwaliteit en breedte van het dienstenpakket. Vergroening en agrarisch natuurbeheer lopen dan eigenlijk naadloos in elkaar over.

Een ander scenario is dat de invulling van de vergroening onder druk van de landbouwlobby voor langere tijd beperkt blijft. Dan zal de druk toenemen om een (groter) deel van het budget van de

Foto 4.4. Alex Datema werd in februari 2016 gekozen tot voorzitter van BoerenNatuur.nl, de nieuwe landelijke koepelorganisatie van collectieven.

eerste pijler over te hevelen naar het dat van de tweede pijler voor agrarisch natuurbeheer. De groene ngo's pleiten hier al langer voor. In de tweede pijler staat straks instrumentarium klaar om extra geld goed gecoördineerd, efficiënt en met meer natuurresultaat te besteden. Zo kan daar een robuust budget ontstaan voor groenblauwe diensten, waarmee het agrarisch natuurbeheer geconcentreerd kan worden bij een kleine groep boeren die echt vaart kunnen en willen maken.

In beide scenario's kan het agrarisch natuurbeheer er sterker uitkomen. Hetzij met minder kwaliteit in meer gebieden, waardoor het areaal toeneemt, hetzij met meer kwaliteit in minder gebieden, waardoor daarin de biodiversiteit toeneemt.

Van de redactie

1. Het overheidsbeleid voor agrarisch natuurbeheer begon in 1975 met de Relatienota, en is na de feitelijke start in 1981 vele malen aangepast. Vaste aandachtspunten waren: inpasbaarheid in de bedrijfsvoering, vergoedingensystematiek, lokaal maatwerk, draagvlak in de streek en ecologische effectiviteit.
2. Het verwevingsbeleid was en is gericht op ongeveer 100.000 hectare, 4,8 procent van het landbouwareaal in 1975. Daarvan zijn in 2013 65.000 – naar zwaarte van beheer – gewogen hectares gerealiseerd (netto), op in totaal 171.000 hectare bedrijfsoppervlak waarop natuurbeheer plaats vindt (bruto). Van het streefdoel van ongeveer 100.000 hectare reservaten in agrarisch gebied is 48.000 hectare gerealiseerd.
3. Vanaf 2016 geldt het vernieuwde stelsel agrarisch natuur- en landschapsbeheer (ANLb-2016). Nadat in 2007 de regierol voor beheer werd gedecentraliseerd van het Rijk naar de provincies, is het beleid dichter bij de uitvoering komen te staan en is meer maatwerk mogelijk geworden. Keerzijde vormen een dreigend gebrek aan landelijke afstemming van prioriteiten en landelijk overzicht. De provincies zijn verantwoordelijk voor invulling en uitvoering van het (agrarisch) natuurbeleid, maar het Rijk blijft voor Europa aanspreekbaar op Europese natuurdoelstellingen.
4. De uitvoering berust bij collectieven van agrarische grondgebruikers, merendeels voortgekomen uit agrarische natuurverenigingen. Deze worden ondersteund door een landelijke organisatie die zorgt voor afstemming en overleg met provincies en Rijk. De collectieven vragen voor hun werkgebied *lump sum*-subsidie voor beheer aan, waarmee zij middels contracten met individuele deelnemers het beheer realiseren. Hiermee bepalen zij de wijze van uitvoering van het beleid.
5. Sinds eind jaren '90 bekostigt het Gemeenschappelijk Landbouwbeleid (GLB) in de tweede pijler voor de helft mee aan het agrarisch natuurbeheer. Nederland heeft besloten dat dit beheer zich moet richten op in totaal 67 soorten. De voor het agrarisch natuurbeheer belangrijke weidevogels staan daar op, maar slechts één plantensoort.
6. Het GLB geeft in de eerste pijler, sinds 2015 via Ecologische Aandachtsgebieden – vooralsnog beperkte – stimulansen voor generieke vergroening van de landbouw. Natuurorganisaties bepleiten dat als deze vergroening niet verder gaat, de EU de middelen overhevelt naar de tweede pijler voor bijzondere natuurwaarden in agrarisch gebied. De lidstaat moet dan wel mee financieren.
7. Het GLB biedt in de tweede pijler lidstaten enige ruimte bij de invulling van het agrarisch natuurbeheer. De collectieven zouden de ruimte binnen het subsidiekader kunnen benutten voor: (1) een bonus op de vergoeding bij beheer op een groot areaal binnen het bedrijf; (2) vormen van resultaatbeloning; en/of (3) benchmarking van de ecologische resultaten.
8. Financiering van agrarisch natuurbeheer uit private fondsen is nog schaars, maar lijkt toe te nemen. Interessant zijn bijvoorbeeld prille initiatieven van de zuivel- en bierindustrie, natuurorganisaties zoals Wereldnatuurfonds Nederland, en van burgerinitiatieven om via veilingen en *crowd funding* aankoop en beheer van landschapselementen in het boerenland financieren.

Veelzijdig Boerenland
Hoofdprijs
Uitgereikt aan:
Agrarische Natuurvereniging Oost-Groningen (ANOG)
Voor het project
Grauwe gors
Ter waarde van:
€ 15.000,-
landschap
Waterbeheer

Hoofdstuk 5.

Organisatie van agrarisch natuurbeheer: van individueel naar collectief

Adriaan Guldemond* en Paul Terwan

J.A. Guldemond, CLM Onderzoek en Advies; guldemond@clm.nl
P. Terwan, Paul Terwan onderzoek & advies

◀ De laatste 20 jaar is er voor het agrarisch natuurbeheer een stevige organisatie neergezet. Jaarlijks wordt een landelijke ANV-dag gehouden, waarvoor de opkomst altijd groot is. Tijdens de dag wordt een prijs toegekend voor opmerkelijk initiatieven of prestaties. Ook internationaal trekken de huidige collectieven aandacht; hier op excursie in Noord-Holland.

5.1 Inleiding

Van een vrijwillige activiteit, zoals de weidevogelbescherming in Friesland die is ontstaan halverwege de vorige eeuw, is het agrarisch natuurbeheer ontwikkeld tot een door de overheid gestimuleerde activiteit om biodiversiteit in het agrarisch gebied te behouden en te bevorderen. Dat heeft voor de organisatie van het agrarisch natuurbeheer veel betekend. De organisatie is veranderd van individuele initiatieven tot een samenwerking van boeren in agrarische natuurverenigingen en recent ook in collectieven. In dit hoofdstuk gaan we na wat de rol van deze organisaties is. Allereerst beschrijven we de ontwikkelingen in organisatie. Daarna gaan we dieper in op de aard, ontwikkeling en rollen van agrarische natuurverenigingen, waarbij ook buitenlandse voorbeelden aan de orde komen. Vervolgens beschrijven we nieuwe vormen van organisatie in het agrarisch natuurbeheer, de collectieven, de organisatie van het reservaatbeheer door boeren en de mogelijke rol van ketenpartijen. We besluiten met de toekomstperspectieven van de organisatie van het agrarisch natuurbeheer.

Er is weinig (recent) onderzoek naar de organisatie van het agrarisch natuurbeheer, de breedte van de werkzaamheden van agrarische natuurverenigingen/collectieven en hun ecologische meerwaarde. Daarom hebben we voor een deel geput uit eigen kennis en ervaring en worden niet alle redeneringen met literatuur onderbouwd.

5.2 Ontwikkeling van de organisatievormen

Van oudsher werd het beheer van natuur- en landschapselementen op boerenbedrijven uitgevoerd als onderdeel van de bedrijfsvoering, het ging om functionele natuur. Houtwallen dienden als vee- en wildkering en boeren onderhielden ze, waarbij ze het snoeihout gebruikten voor verwarming en koken, voor stelen van gereedschap, klompen, weidepalen e.d. Verder werden in Friesland vanaf de Tweede Wereldoorlog weidevogelnesten beschermd op agrarische percelen, nadat eerst kievitseieren waren geraapt. Deze zogenaamde 'nazorg' was in eerste instantie bedoeld om de weidevogelstand ten behoeve van het eierrapen in stand te houden, later als zelfstandige beschermingsactiviteit. Maatregelen op en rond het erf zijn nog veel ouder. Boeren plaatsten karrewielen op daken of nestpalen voor de ooievaar; Nederlof en Teeuw (1995) noemen een nestplaats uit 1908 in Sliedrecht. En uilenborden waarachter een kerk- of steenuil kan broeden, maakten boeren in Noord-Nederland al in de zeventiende eeuw in de nok van de schuur of stal. Al deze vormen van onbetaald, vrijwillig, individueel beheer kunnen worden beschouwd als agrarisch natuurbeheer *avant la lettre* met veelal een functioneel gebruik als hoofddoel.

De organisatie van het agrarisch natuurbeheer heeft zich ontwikkeld langs drie lijnen:

- van onbetaald naar betaald;
- van individueel naar collectief;
- van ongeorganiseerd naar sterk geregisseerd.

In de Relatienota van 1975 werd een stelsel van betaald natuurbeheer door boeren aangekondigd. Boeren zouden in aangewezen gebieden beheerovereenkomsten met de overheid kunnen afsluiten. Dat beheer werd al gauw relatienotabeheer genoemd en later agrarisch natuurbeheer.

Betaald agrarisch natuurbeheer was aanvankelijk een individuele aangelegenheid. Een boer sloot individueel een beheerovereenkomst met de overheid. Dit kon in gebieden die door de overheid waren aangewezen en in principe kansrijk waren voor verschillende vormen van biodiversiteit. In de jaren negentig kwamen de agrarische natuurverenigingen op. Dat zijn samenwerkingsverbanden van boeren en veelal ook burgers die het stimuleren en uitvoeren van agrarisch natuurbeheer als doel hebben. Daarmee werd het agrarisch natuurbeheer beter georganiseerd, maar formeel was het toen nog steeds een individuele aangelegenheid. In 2000 kregen agrarische natuurverenigingen de positie van intermediaire contractpartner onder de Subsidieregeling Agrarisch Natuurbeheer (SAN), waardoor er in het beheer ook meer ruimte kwam voor maatwerk. Aan de positie van de verenigingen in de regelgeving kwam echter in 2010 met de komst van het Subsidiestelsel Natuur en Landschap (SNL) een einde. De overheid voerde toen, vergeleken met de periode daarvoor, meer regie op het beheer: het opstellen van collectieve weide- en akkervogelbeheerplannen werd verplicht, de begrenzing van gebieden werd aangescherpt en de spelregels voor het beheer werden strakker (zie verder Hoofdstuk 6 en 8).

Ook na de invoering van betaald agrarisch natuurbeheer doen nog veel boeren aan onbetaald natuurbeheer, zoals landschapsonderhoud of het ophangen van nestkasten voor mezen, uilen en torenvalk. Daarbij spelen vrijwilligersorganisaties zoals lokale vogelwerkgroepen van IVN en KNNV een belangrijke rol. Ook weidevogelbescherming wordt nog voor een groot deel onbetaald uitgevoerd, zowel door boeren als door vrijwilligers, onder andere van de Bond Friese Vogelwachten (BFVW, sinds 1947) en door provinciale organisaties voor landschapsbeheer (nu LandschappenNL geheten). Landelijk vond in 2012 vrijwillige nestbescherming plaats op circa 236.000 hectare, waarvan 154.000 hectare buiten gebieden die onder betaald natuurbeheer vallen (Figuur 5.1). In totaal waren hier in 2012 ruim negenduizend vrijwilligers bij betrokken, waarvan meer dan de helft in Friesland (Teunissen en Van Paassen, 2013). Zij leveren een belangrijke bijdrage aan de weidevogelbescherming door nesten te markeren die anders bij werkzaamheden en beweiding verloren zouden gaan (zie Hoofdstuk 6 voor een verdere bespreking).

In het betaalde beheer heeft een verschuiving plaatsgevonden van het vrijwel ontbreken van organisatie naar een sterker geleide overheidsaanpak van met name het weide- en akkervogelbeheer. Vanaf 2016 lopen alle vormen van agrarisch natuurbeheer via de nieuw gevormde collectieven: een door de overheid verplichte administratieve tussenlaag bestaande uit soms één, vaak meerdere agrarische natuurverenigingen en vaak ook LTO-afdelingen. Zij fungeren de komende jaren als eindbegunstigde voor beschikkingen voor het beheer. We bespreken de collectieven verder in Paragraaf 5.4.

Wat het sluiten van de contracten betreft is er een afwisseling van een individuele en collectieve benadering: bij de start zijn er individuele contracten, van 2000 tot en met 2003 is er in delen van het land, met name in het westen, een collectieve aanpak via de agrarische natuurverenigingen, daarna tot en met 2015 weer een individuele aanpak. Vanaf 2016 zijn alle overheidscontracten weer collectief. Dit lijkt op zigzagbeleid, maar de sturing op effectiviteit wordt wel steeds sterker. Op de toegevoegde waarde van een collectieve organisatie voor ecologische resultaten komen we terug in de volgende paragraaf.

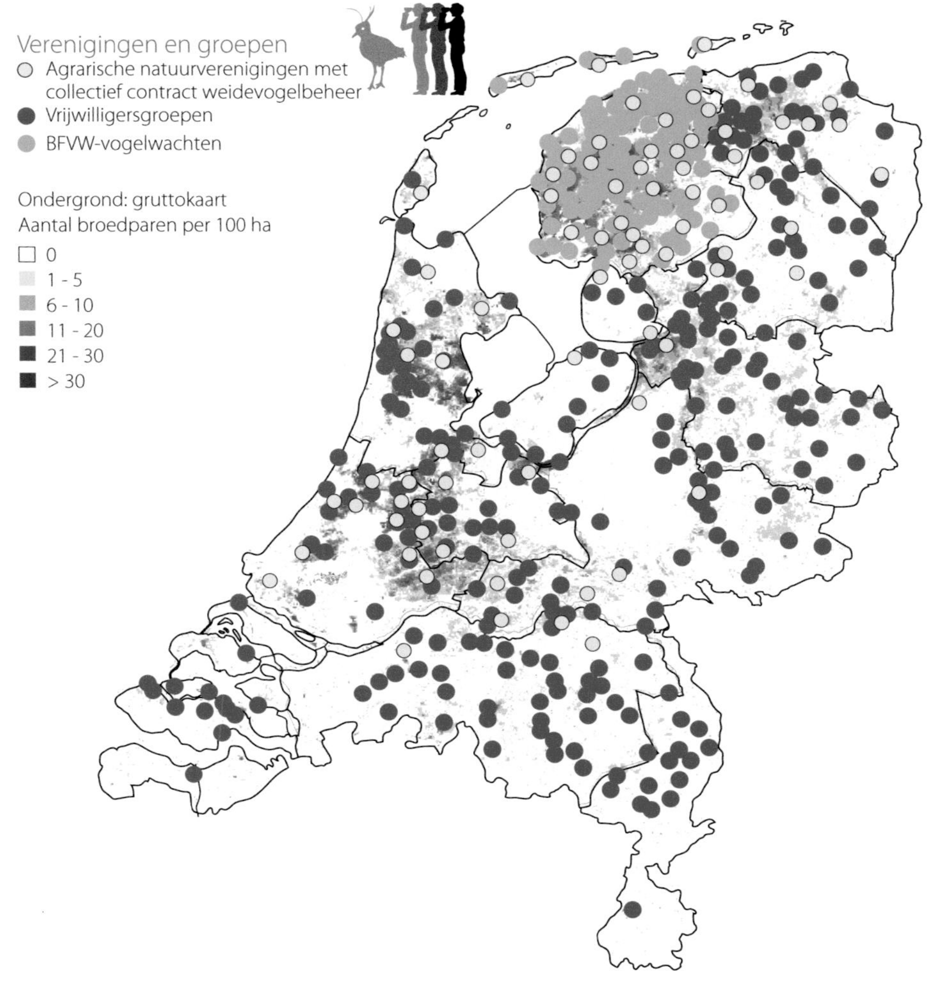

Figuur 5.1. Verdeling van het vrijwillig en betaald weidevogelbeheer (via collectieve weidevogelbeheerplannen) in 2012 (Van Paassen en Teunissen, 2013).

5.3 Agrarische natuurverenigingen als organisatievorm

Opkomst agrarische natuurverenigingen

Voordat de eerste 'officiële' agrarische natuurverenigingen rond 1993 werden opgericht, waren er al actieve groepen die zich bezighielden met scheiding en verweving van landbouw en natuur, waarvoor de Relatienota in 1975 beleid had geformuleerd. Een grotere zeggenschap over de eigen streek en de eigen grond was daarbij vaak een centraal motief. Rond 1980 vormde een tiental regionale initiatieven het Landelijk Overleg van Boerenwerkgroepen in relatienotagebieden, waarin boeren en riettelers waren vertegenwoordigd. Zij wisselden ervaringen uit en probeerden het beleid van rijk en provincie te beïnvloeden (Hees, 2000). Het Landelijk Overleg bleef bestaan tot eind jaren negentig, toen de eerste koepelorganisaties voor agrarisch natuurbeheer een deel van de functie van het informele overlegplatform overnamen. De meeste van de aangesloten streekinitiatieven hadden zich inmiddels 'doorontwikkeld' tot agrarische natuurvereniging of milieucoöperatie[1].

In Waterland werd uit onvrede met de lastige inpasbaarheid van de beheerbepalingen in 1982 het Samenwerkingsverband Waterland opgericht, waarin een groep jonge boeren, de Milieufederatie Noord-Holland, Centrum voor Landbouw en Milieu (CLM) en enkele individuele natuurbeschermers samenwerkten. Zij deden eigen onderzoek naar de inpasbaarheid van beheerpakketten en gingen de discussie hierover aan met de overheid. Later coördineerde het samenwerkingsverband ook de vrijwillige weidevogelbescherming, tot het in 1997 werd overgedragen aan de Natuurvereniging Waterland. Naast het coördineren van natuurbeheer werden in een aantal gebieden ook plannen opgesteld om de milieudoelen van de overheid collectief te realiseren. Idee was om 'gebiedscontracten' met de overheid te sluiten over een breed scala aan maatschappelijke doelen tegelijk. Zulke experimenten met bestuurlijke vernieuwing werden gestimuleerd door de nota 'Sturing op maat' (Ministerie van LNV, 1994) van het ministerie van LNV. Voorbeelden van milieucoöperaties zijn de in 1993 als eerste officiële milieucoöperatie opgerichte Vereniging Eastermar Lânsdouwe in Friesland en Milieucoöperatie De Peel. Ook Waterland stelde in 1997 een 'gebiedsaanbod' op (Vereniging Agrarisch Natuurbeheer Waterland, 1997). Met name in de tweede helft van de jaren negentig groeide het aantal agrarische natuurverenigingen sterk.

Factoren die de opkomst verklaren

Aan het ontstaan en de groei van de milieucoöperaties en natuurverenigingen ligt een verscheidenheid van factoren ten grondslag. De verenigingen zijn allereerst een reactie op de overheid die landbouwgrond aankoopt voor natuur. Liever dan een defensieve opstelling kozen boeren in de betrokken gebieden voor een proactieve opstelling, waarbij zij lieten zien dat zij ook zelf kunnen bijdragen aan versterking van natuur en landschap. Hoewel ze er ten tijde van de Relatienota zelf mee hadden ingestemd, hebben de landbouworganisaties het agrarisch natuurbeheer lange tijd weinig serieus genomen. Ook op die situatie was de 'zelforganisatie' van boeren een reactie. Het in de landbouw vertrouwde model van de producentencoöperatie bleek ook toepasbaar op collectieve goederen zoals natuur en landschap, zij het dat de vraag vooralsnog uitsluitend van de overheid kwam. De eerste natuurverenigingen ontstonden vooral in gebieden waar relatief grote oppervlakten beheergebied waren aangewezen. Dit waren deels ook gebieden waar de economische basis van de landbouw fragiel was en de behoefte aan neveninkomsten relatief groot. Maar later werden – met name in het zuiden van het land – ook juist vanuit de landbouworganisaties natuurverenigingen opgericht.

In het verlengde daarvan was er behoefte aan een eigen organisatie, los van de overheid en de landbouworganisaties, die zaken voor de boeren kon regelen. Niet voor niets kennen gebieden met een lange traditie van relatieve zelfstandigheid (bijvoorbeeld Waterland, Friese Wouden) relatief sterke en breed gedragen natuurverenigingen. De eerste natuurverenigingen bouwden vaak voort op reeds bestaande actieve groepen. Zo kwam Den Hâneker voort uit de Werkgroep Duurzame Landbouw

[1] Omdat de termen in dit hoofdstuk nogal over elkaar heen buitelen, een korte toelichting. Agrarische natuurverenigingen richtten zich primair op agrarisch natuurbeheer, milieucoöperaties beoogden integrale gebiedscontracten met de overheid, breder dan natuur en landschap. Gaandeweg gingen de laatste zich ook agrarische natuurvereniging noemen. Sinds 2015 zijn daar de gebiedscollectieven bijgekomen, veelal als tussenlaag tussen de overheid, waar een collectieve aanvraag wordt gedaan, en de uitvoering, die veelal nog bij de agrarische natuurverenigingen ligt.

Foto 5.1. Al in de jaren '80 organiseerden boeren zich om tegenwicht te bieden aan het top-down beleid van de rijksoverheid. In het Landelijk Overleg van Boerenwerkgroepen in Relatienotagebieden organiseerden zich boeren die elk in hun gebied actief waren met agrarisch natuurbeheer. Vanuit deze groepen boeren, hier op hun jaarlijkse excursie, vormden zich in de jaren '90 de eerste agrarische natuurverenigingen.

en Ontwikkelingssamenwerking Alblasserwaard-Vijfheerenlanden, opgericht in 1983, en werd de natuurvereniging Waterland opgericht vanuit het eerdergenoemde Samenwerkingsverband Waterland. In een toenemend aantal gebieden groeide het besef dat de achteruitgang van bepaalde natuurwaarden, met name van soorten die zich niet storen aan bedrijfsgrenzen (zoals weide- en akkervogels en de soorten van de 'linten in het landschap'), alleen te keren zou zijn door samen op te trekken en het beheer te organiseren op gebiedsniveau.

Was de opkomst van agrarische natuurverenigingen eerst ook 'georganiseerde weerstand' tegen de overheid, later groeide de omarming door de overheid en betaalde de overheid de uitvoeringskosten van agrarische natuurverenigingen. Recent ziet de overheid de collectieve aanpak als middel om de effectiviteit van het beheer te verhogen en de (hoge) uitvoeringskosten van de overheid te verlagen. Eveneens recent groeit de notie van een 'natuurinclusieve landbouw' met een bedrijfsvoering waarin natuur er gewoon bij hoort. Deze notie vindt weerklank bij de agrarische natuurverenigingen, die zich juist altijd hebben verzet tegen het oude idee in de landbouw(organisaties) dat natuurbeheer iets zou zijn voor nevenberoepers en afbouwende bedrijven.

Positie in beheerregelingen

Ondanks de sterke groei van het aantal natuurverenigingen en milieucoöperaties bleef het sluiten van contracten tot het jaar 2000 een individuele zaak. Ook de beoogde integrale gebiedscontracten kwamen niet of slechts ten dele van de grond. Het bleek lastig om één overeenkomst te sluiten met verschillende provincies en ministeries, die elk hun eigen beleidsterrein behartigden en budget beheerden.

Voor het agrarisch natuurbeheer kwam daarin verandering met de komst van een nieuw stelsel voor natuurbeheer in 2000, het Programma Beheer. Via de daaronder vallende SAN werd het mogelijk om gezamenlijk beheerpakketten aan te vragen, waarbij de agrarische natuurvereniging fungeerde als aanvrager en eindbegunstigde van beheervergoedingen. Ook werden niet langer de middelen, maar de doelen centraal gesteld. Elk beheerpakket werd voorzien van een concreet natuurresultaat. Voor de collectieve weidevogelpakketten gold dat niet aan de beheervoorschriften hoefde te worden voldaan als het doel werd bereikt. Ook konden de agrarische natuurverenigingen naar de grondgebruikers toe 'eigen' beheerpakketten en daarop afgestemde vergoedingen te hanteren. Dit lokale maatwerk loste een oud probleem op: boeren vonden al tijden dat de landelijke lijst van beheermaatregelen te rigide was, reden waarom die lijst voortdurende uitdijde. Ook kregen de agrarische natuurverenigingen een centrale rol in de uitvoering, inclusief controles. Voor de organisatiekosten van agrarische natuurverenigingen werd een aparte bijdrageregeling in het leven geroepen, de Regeling Organisatiekosten Samenwerkingsverbanden (ROS).

Deze spilfunctie voor agrarische natuurverenigingen in de regelgeving leidde tot een verdere groei van hun aantal. In 2003 kwam aan deze situatie een voortijdig einde toen het ministerie van LNV onder druk van de Europese Commissie besloot om de betalingen voortaan weer alleen aan individuele boeren te laten plaatsvinden. De commissie vond dat agrarische natuurverenigingen in feite als betaalorgaan fungeren, een rol waaraan strenge eisen zijn gesteld. Ook het betalen voor resultaten was niet toegestaan als niet tegelijk ook de bijbehorende maatregelen worden uitgevoerd. Met de beëindiging van de intermediaire rol behoorden ook afwijkende contracten en vergoedingen niet langer tot de mogelijkheden.

In 2007 begon de rijksoverheid met de decentralisatie van het natuurbeleid naar de provincies. De regelingen voor agrarisch natuurbeheer, inclusief die voor financiering van de uitvoeringskosten van de agrarische natuurverenigingen, werden provinciale regelingen en in de pakketten werd weer meer maatwerk mogelijk. Dit leidde tot het aanstellen van coördinatoren bij agrarische natuurverenigingen. Zij gingen in de professionaliseringsslag een belangrijke rol spelen. In 2010 werd het Programma Beheer vervangen door het SNL. Onder het SNL hadden agrarische natuurverenigingen formeel geen positie meer. Wel vereiste het SNL voor weide- en akkervogelbeheer de aanstelling van regionale coördinatoren en het opstellen van collectieve beheerplannen. In de praktijk vervulden agrarische natuurverenigingen vaak de rol van regionaal coördinator. De zigzagbewegingen van de overheid leken willekeurig, maar werden mede ingegeven door de wens om de ecologische sturing te vergroten zonder in lastige discussies met Brussel verzeild te raken over de positie van agrarische natuurverenigingen.

Aan die spagaat is in 2016 een eind gekomen. Het agrarisch natuurbeheer is andermaal op een nieuwe leest geschoeid, waarbij het perspectief opnieuw kantelde. De overheid doet nu juist exclusief zaken met collectieven en niet langer met individuen. Doel was het verkrijgen van een hogere effectiviteit door betere sturing op beheer en lagere uitvoeringskosten door een efficiëntere administratie en controle (zie verder Paragraaf 5.4 en Hoofdstuk 4). De plattelandsverordening van de Europese Unie (EU) voor de periode tussen 2014 en 2020 opende niet alleen de mogelijkheid voor het collectief aanvragen en ontvangen van beheervergoedingen, maar ook voor vormen van resultaatbeloning, c.q. een minder strikte relatie tussen de betaalde vergoeding en het uitvoeren van beheermaatregelen. Nederland is vooralsnog uniek met betrekking tot de rol van collectieven. Maar ook in het buitenland groeit het aantal voorbeelden van regionale samenwerking op het gebied van agrarisch natuurbeheer en waterbeheer (Tekstkader 5.1).

Tekstkader 5.1. Buitenlandse voorbeelden van samenwerking.

Nederland behoort met zijn model van agrarische natuurverenigingen tot de internationale voorhoede, maar kan van het buitenland juist weer leren over de collectieve aanpak van agrarisch waterbeheer (waarvan de voorbeelden in Nederland nog schaars zijn) en over de samenwerking met andere gebiedspartijen, die in Nederland vaak nog broos en/of incidenteel is. In het buitenland zijn er tal van interessante initiatieven waarbij op plaatselijk niveau wordt samengewerkt tussen of met boeren om de gebiedskwaliteit te verbeteren. De Organisatie voor Economische Samenwerking en Ontwikkeling (OESO) houdt zich bezig met de voordelen van samenwerking en publiceerde hierover enkele rapporten (bijvoorbeeld OECD, 1998, 2013), het laatste voorzien van een groot aantal praktijkvoorbeelden.

Al langer bestaande voorbeelden zijn de Australische Landcare-groepen, de Duitse Landschaftspflegeverbände en de Britse groepen die zich bezighouden met het beheer van *common land* (Franks en McGloin, 2007; Pannell e.a., 2006; Prager, 2009). Daarnaast is er een toenemend aantal regionale initiatieven voor verbetering van de waterkwaliteit of de verdeling van irrigatiewater – thema's waarbij samenwerking bijna een must is – en voor het beheer van waardevolle graslanden, zoals in Zweden en Italië. Het Franse landbouwministerie introduceerde in 2013 een bijdrage voor Groupements d'intérêt économique et environnemental. In het voorjaar van 2014 nam de Groep van Brugge, een denktank rond het Europese Gemeenschappelijke Landbouwbeleid (GLB), samen met de gewestelijke koepelorganisaties voor agrarisch natuurbeheer het initiatief tot een Europees netwerk van regionale samenwerkingsverbanden, gericht op publieke diensten in het buitengebied.

Aantalsontwikkeling

Het aantal agrarische natuurverenigingen is sinds de jaren negentig sterk toegenomen (Figuur 5.2). Waren er in 2001 100 agrarische natuurverenigingen en in 2004 124 (Oerlemans e.a., 2004), in 2009 was het aantal verder toegenomen tot circa 150 (Joldersma e.a., 2009) en in 2014 tot 153 (gegevens CLM), hetgeen wijst op stabilisatie. Vooral in Noord- en Oost-Nederland is er een flinke toename geweest, mede als gevolg van de opkomst van natuurbeheer in de akkerbouw met verschillende soorten akkerranden en akkervogelpakketten. De laatste jaren ontstonden er ongeveer evenveel nieuwe agrarische natuurverenigingen als er verdwenen door fusie of opheffing. Er zijn fusies geweest, zoals die van Waterland en Tussen IJ en Dijken tot Water, Land en Dijken, maar ook clusteringen met vaak een nieuwe bestuurslaag, zoals die bij zes agrarische natuurverenigingen in Friesland tot de Noordelijke Friese Wouden en bij de agrarische natuurverenigingen in Drenthe. Recent anticipeerden agrarische natuurverenigingen ook op de vorming van grootschaliger collectieven. Door fusies en clustering waren er eind 2015 nog 144 agrarische natuurverenigingen.

In 2006 is voor een deel van de agrarische natuurverenigingen een inschatting gemaakt van het totale gebied waarin een agrarische natuurvereniging actief is. Bij de 10 procent kleinste agrarische natuurverenigingen bedroeg dit gemiddeld slechts een paar honderd hectare en bij de 10 procent grootste bijna 30.000 hectare; gemiddeld was de grootte van het werkgebied 16.000 hectare (Slangen e.a., 2008). Meer recente cijfers over de grootte van de werkgebieden van agrarische natuurverenigingen zijn niet bekend, maar we mogen aannemen dat er geen grote verschuivingen zijn opgetreden. De grootste agrarische natuurvereniging, de Agrarische Natuurvereniging Oost-Groningen (ANOG), beslaat circa 130.000 hectare.

Het aantal boeren dat lid is van een agrarische natuurvereniging is allengs gestegen en bedroeg in 2006 circa 18.000, circa 22 procent van alle landbouwbedrijven, exclusief tuinbouw- en hok-

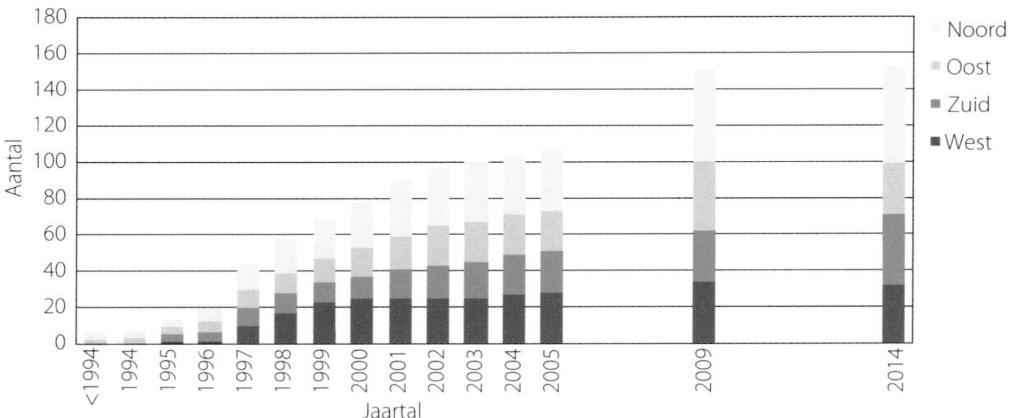

Figuur 5.2. Aantal agrarische natuurverenigingen (Joldersma e.a., 2009; Oerlemans e.a., 2006; eigen data Centrum voor Landbouw en Milieu).

dierbedrijven (Slangen e.a., 2008). Het aantal leden, zowel boeren- als burgerleden, per agrarische natuurvereniging verschilt van minder dan 50 tot circa 1.300. 17 procent van de agrarische natuurverenigingen had in 2007 meer dan 200 leden (Oerlemans e.a., 2007).

Cijfers uit 2011 (IPO, 2011) laten zien dat de oppervlakte waarop collectief weide- en akkervogelbeheer plaatsvond, en waarvoor de agrarische natuurverenigingen verantwoordelijk waren, was gegroeid tot bijna 149.000 hectare voor weidevogelbeheer en 3.000 hectare voor akkervogelbeheer. De totale oppervlakte waarop agrarisch natuurbeheer plaatsvond was toen 179.000 hectare, hetgeen betekent dat 85 procent van het betaalde agrarische natuurbeheer plaatsvond door middel van regionale coördinatie op basis van collectieve beheerplannen. Bovendien vond op 48.000 hectare opvang van ganzen plaats via collectieve contracten met agrarische natuurverenigingen (IPO, 2011). In sommige gebieden met ganzenbeheer wordt ook aan weidevogelbeheer gedaan, dus de getallen kunnen niet bij elkaar worden opgeteld, maar het aandeel regionaal gecoördineerd agrarisch natuurbeheer, dus met het ganzenbeheer erbij, wordt daardoor nog hoger.

De werkgebieden van de agrarische natuurverenigingen bestrijken het grootste deel van het agrarisch gebied in Nederland en de veertig collectieven bestrijken vrijwel geheel Nederland (zie verderop Figuur 5.3). Dit betekent natuurlijk niet dat hier overal agrarisch natuurbeheer plaatsvindt, maar wel dat de – potentiële – invloed van de agrarische natuurverenigingen zich uitstrekt over vrijwel geheel Nederland.

Activiteiten agrarische natuurverenigingen

Welke activiteiten pakken agrarische natuurverenigingen op? Hun *core business* was – en is – het stimuleren, ondersteunen en organiseren van agrarisch natuurbeheer voor de leden. Dit betekent waar mogelijk het opstellen van collectieve beheerplannen voor weide- of akkervogelbeheer, het organiseren van grotere aaneengesloten ganzenopvanggebieden of het stimuleren en ondersteunen van leden bij individuele aanvragen. Die laatste rol varieerde met de positie van de verenigingen in

Foto 5.2. Kennisverspreiding is essentieel voor agrarisch natuurbeheer. Er worden veel brochures, folders en rapporten gemaakt over uiteenlopende onderwerpen. Ze zijn gericht op boeren, vrijwilligers en geïnteresseerde burgers. Agrarische natuurverenigingen maakten ook voorlichtingsmateriaal voor hun leden.

de regelgeving (zie terug). In de beginperiode richtten veel verenigingen zich sterk op weidevogel- en slootkantbeheer, de meest voorkomende beheervormen in de gebieden van het eerste uur. Veel verenigingen coördineerden ook de onbetaalde weidevogelbescherming. Wat later kwamen ook het beheer van landschapselementen en akkerranden daarbij. Met botanisch beheer (anders dan in akkerranden) hebben relatief weinig verenigingen directe bemoeienis mee gehad. Toen in 2010 collectieve beheerplannen verplicht werden voor weide- en akkervogels, gingen deze beheervormen een nog groter aandeel uitmaken van het takenpakket van de verenigingen. Met de inwerkingtreding van het nieuwe stelsel in 2016 is deze trend in de betrokken gebieden nog weer verder versterkt. Daarnaast is er minder ruimte gekomen voor botanisch beheer en in laag Nederland voor landschapsbeheer, maar juist meer ruimte voor water- en oeverbeheer.

De verenigingen houden zich bovendien op uitgebreide schaal bezig met onbetaald beheer en met projecten en experimenten gericht op natuur- en landschapsbeheer. Een voorbeeld daarvan is de versterking van de natuur op en rond het erf, waarbij ook de provinciale organisaties van LandschappenNL een stimulerende rol spelen. Activiteiten zijn bijvoorbeeld de aanleg van streekeigen beplanting en het ophangen van nestkasten voor steen- en kerkuilen. Daarnaast is er veel geëxperimenteerd met alternatieve en aanvullende beschermingsmaatregelen voor weide- en akkervogels. Enkele verenigingen maakten werk van natuurvriendelijk slootbeheer, tot 2016 een belangrijke lacune in de subsidieregelingen. Meer in de breedte gingen verenigingen (soms betaald door waterschappen) aan de slag met oevers en sloten. Een overzicht van het gevoerde beheer in de periode tussen 2000 en 2004 wordt gegeven in Oerlemans e.a. (2001, 2004).

Verbredingsactiviteiten

Daarnaast ondernemen de agrarische natuurverenigingen nog andere activiteiten (Oerlemans e.a., 2006):

- stimuleren en uitvoeren van milieumaatregelen, zoals het verminderen van mineralenverliezen en -uitspoeling, toepassing mineralenbalans en monitoring;
- beleidsbeïnvloeding en samenwerking met andere partners, waarbij het betrekken van burgers bij de activiteiten en samenwerking met maatschappelijke organisaties het draagvlak verbreedt;

- testen van nieuwe maatregelen voor agrarisch natuurbeheer voor het ontwikkelen van nieuwe pakketten;
- groen loonwerk voor gemeenten, terreinbeheerders en particulieren, waarbij natuurverenigingen, vooral in het oosten en zuiden, met een groenwerkploeg in de stille wintertijd landschapsonderhoud verricht of het groenbeheer voor een gemeente uitvoert.

Veel agrarische natuurverenigingen hebben zich ontwikkeld tot verbrede verenigingen waar, naast agrarisch natuurbeheer, nieuwe plattelandsdiensten door agrariërs worden opgepakt (zie ook Hoofdstuk 14). We kunnen onderscheid maken tussen twee verschillende vormen van verbreding. In de eerste plaats kan het gaan om publieke diensten, zoals het creëren van wandelroutes over boerenland, het plaatsen van recreatieve voorzieningen en het leveren van waterdiensten zoals waterberging en het verbeteren van de waterkwaliteit. In de tweede plaats kan het gaan om private diensten zoals recreatiefaciliteiten op het bedrijf, de verkoop van streekproducten of het aanbieden van zorg of kinderopvang.

Bij verbredingsactiviteiten is de rol van de agrarische natuurvereniging het verkennen van vraag en aanbod, het coördineren van activiteiten en het maken van onderlinge afspraken, het uitwisselen van ervaringen en het opdoen van kennis (Oerlemans e.a., 2006). Enkele verbredingsactiviteiten vormen inmiddels een serieuze markt voor agrariërs (Van der Meulen e.a., 2014). Ook de agrarische natuurverenigingen zelf doen soms zaken, vooral met waterschappen. In veel gebieden liggen forse wateropgaven vanuit de Kaderrichtlijn Water, zoals aanleg en beheer van natuurvriendelijke oevers of de behoefte aan waterberging. Enkele agrarische natuurverenigingen leveren al jaren diensten aan waterschappen. Daarbij gaat het bijvoorbeeld om natuurvriendelijk baggeren van sloten met de baggerspuit, om het terugdringen van erfafspoeling, aanleg en beheer van bufferzones en natuurvriendelijke oevers, of het afnemen en verwerken van maaisel. Zoals gezegd loopt vanaf 2016 ook een deel van het agrarisch waterbeheer via de collectieven. Hiervoor is ongeveer 5 miljoen euro per jaar beschikbaar. Een andere vorm van dienstverlening is het collectief aannemen van het beheer van recreatiegebieden, bijvoorbeeld in Midden-Delfland.

Ecologische effectiviteit

In theorie biedt een gecoördineerde en gebiedsmatige aanpak van het beheer grote voordelen. Zo kan immers op gebiedsniveau een effectieve beheerstrategie worden ontwikkeld en toegepast, die er toe leidt dat het beheer terecht komt op kansrijke plekken en bij gemotiveerde grondgebruikers. Probleem is dat er niet of nauwelijks onderzoek is dat aantoont of deze benadering ook tot betere natuurresultaten leidt. Voor zulk onderzoek zijn solide tijdreeksen nodig, die over de afgelopen decennia niet beschikbaar zijn, en vergelijkingsgebieden zonder (collectief) beheer. Deze combinatie maakt dit soort onderzoek problematisch. Monitoring van de natuurresultaten wordt pas met ingang van het nieuwe stelsel in 2016 systematisch opgepakt, waarbij de vrees bestaat of dit op een voldoende grote schaal gaat gebeuren om tot conclusies over de effectiviteit van de collectieve aanpak te komen (Van der Weijden en Guldemond, 2015).

Laten we eerst eens kijken welke elementen in de collectieve aanpak tot een positief natuureffect zouden kunnen leiden. Let wel: de genoemde elementen worden niet door elke agrarische natuurvereniging toegepast en geven dus geen landelijk geldend beeld.

Ten eerste hebben agrarisch natuurverenigingen, mede vanwege kritiek op de ecologische effectiviteit van agrarisch natuurbeheer, maatregelen genomen om de effectiviteit van het beheer te verhogen

(Oerlemans e.a., 2007). Een aantal agrarische natuurverenigingen past al langer een 'ecologisch filter' toe door ineffectief geachte aanvragen af te wijzen of slechts beperkt te honoreren. Tot enkele jaren terug was het voor deelnemers echter mogelijk om te shoppen: als de agrarische natuurvereniging een overeenkomst weigerde, vroegen ze die gewoon rechtstreeks aan bij de overheid. Die mogelijkheid bestaat sinds 2010 niet meer voor het akker- en weidevogelbeheer en vanaf 2016 niet meer voor alle individuele aanvragen.

Ten tweede zijn er meer mogelijkheden om het beheer ecologisch te sturen. De mogelijkheden voor zogeheten 'last minute-beheer' voor weidevogels zijn toegenomen. Steeds meer agrarische natuurverenigingen passen dit toe om in het broedseizoen naar bevind van zaken alsnog een maaidatum af te spreken, maaidata verder uit te stellen of extra plas-dras aan te leggen in droge voorjaren. Zo wordt nog gedurende het seizoen sturing gegeven aan het beheer. Daarnaast passen sommige agrarische natuurverenigingen in West-Nederland resultaatbeloning (voor weidevogellegsels en/of slootkantplanten) toe als vorm van ecologische sturing. Zo gaat er weinig of geen geld naar situaties zonder resultaat en juist meer geld naar percelen mét resultaat. Deze beloningsvorm werd mogelijk toen de agrarische natuurverenigingen in 2000 de functie van intermediaire contractpartner gingen vervullen en zelf contracten met grondgebruikers konden sluiten. Toen die functie in 2003 weer werd afgeschaft, besloten enkele agrarische natuurverenigingen in het westen van het land om resultaatbeloning langs privaatrechtelijke weg te handhaven. Zij sloten met hun leden-grondgebruikers contracten af waarin werd vastgelegd dat ze een deel van de beheervergoeding aan de vereniging afdragen. De vereniging verdeelt dit budget vervolgens onder de deelnemers naar rato van het aantal gevonden legsels. Deze vorm van resultaatbeloning staat of valt met het vertrouwen dat de vereniging bij de leden heeft (zie Tekstkader 4.1). Vanaf 2016 (nieuwe stelsel) wordt alle legselbeheer als resultaatbeloning ingevuld.

Ten derde leidt controle en het opleggen van sancties bij overtredingen door het collectief tot een (kosten-)effectievere aanpak. Hoewel sommige collectieven huiverig waren voor het controleren en sanctioneren van de eigen leden, blijkt uit experimenten met de collectieve aanpak (Terwan en Rozendaal, 2014) dat deze werkwijze – mede door het element van sociale controle – juist relatief goed wordt geaccepteerd en dus effectiever is.

Ten slotte organiseren veel agrarische natuurverenigingen scholing voor hun leden en voor betrokken vrijwilligers. Voorbeelden zijn cursussen, excursies en jaarlijkse weidevogelavonden. Hier vindt kennisuitwisseling plaats en worden de resultaten van het beheer gedeeld. De agrarische natuurverenigingen werken vaak intensief samen met vrijwilligers(groepen) en hebben binnen hun gelederen vaak ook deskundige burgerleden en/of adviseurs. De effectiviteit van dit soort activiteiten is aannemelijk, maar wordt niet gestaafd door onderzoek.

Hoewel de relatie met concrete natuurresultaten lastig is te leggen, is wel onderzocht of de beheermaatregelen op de juiste plekken liggen (Melman e.a., 2008, 2014; Sierdsema e.a., 2013). Uit die studies blijkt dat er ook bij de aanpak met collectieve beheerplannen nog relatief veel beheer 'verkeerd' is gesitueerd, namelijk op plekken met minder optimale leefomstandigheden en/of lage vogeldichtheden. Om hierin verbetering te brengen, heeft Alterra het model 'Beheer op maat' ontwikkeld, maar dat wordt door de collectieven nog maar mondjesmaat gebruikt. Achterliggende oorzaak van het suboptimale beheer is vooral de voortdurende spagaat waarin veel agrarische natuurverenigingen zich bevinden. Ze moeten zoveel mogelijk leden bedienen en zo de streek maximaal betrokken houden en tegelijk meer doelgericht te werk gaan met het risico van draagvlakverlies (zie ook

Nieuwenhuizen e.a., 2014). Voor verbetering van de ecologische effectiviteit mikt het ministerie van Economische Zaken juist op de collectieven, en wel door hen een spilfunctie te geven vergezeld van ecologische spelregels vanuit de overheid. Anderen hebben de collectieven min of meer opgegeven waar het gaat om ecologische effectiviteit, getuige de oprichting in 2015 van het veertigste, landelijke collectief, de Coöperatieve Vereniging Collectief Deltaplan Landschap, door Werkgroep Grauwe Kiekendief, Vereniging Nederlands Cultuurlandschap en Louis Bolk Instituut. Dit collectief wil louter zaken doen met gemotiveerde boeren die het natuurresultaat voorop stellen; het mikt op aansluiting van gemotiveerde groepen boeren of zelfs hele agrarische natuurverenigingen om concurrerende gebiedsplannen te kunnen indienen.

Burgerparticipatie

De meeste agrarische natuurverenigingen hadden in de beginperiode primair boeren als leden. Zij zijn degenen die het agrarisch natuurbeheer uitvoeren op hun eigen bedrijf. Steeds meer agrarische natuurverenigingen hebben ervoor gekozen ook burgers als lid toe te laten. Gaf in 2006 al twee derde van de agrarische natuurverenigingen aan dat burgers lid konden worden (Oerlemans e.a., 2007), naar verwachting ligt dit percentage nu nog hoger. Burgerleden kunnen donateur zijn, maar vaak zijn ze ook weidevogelvrijwilliger, landschapsbeheerder of inventariseren ze natuurwaarden op het bedrijf. Tegenwoordig zitten ze soms ook in het bestuur of vervullen ze zelfs de voorzittersfunctie. Agrarische natuurverenigingen gaven zelf in de onderzoekenquête aan dat burgerleden een grote meerwaarde hebben – niet alleen door het actieve vrijwilligerswerk dat sommigen verrichten, maar vooral doordat zij de zeggingskracht van de vereniging als plattelandsspreekbuis vergroten. Daarmee neemt het regionale draagvlak voor de agrarische natuurverenigingen toe en kunnen zij zich ook profileren ten opzichte van de traditioneel agrarische belangenbehartiging. Ook houden burgers agrarische leden soms een spiegel voor en gaan de dialoog aan, waardoor agrariërs hun activiteiten beter kunnen afstemmen op wensen van de samenleving (Oerlemans e.a., 2006).

Draagvlak bij andere partijen

Agrarische natuurverenigingen opereren vanzelfsprekend niet los van de rest van de samenleving, maar veeleer als onderdeel van een krachtenveld met diverse publieke en private partijen. Door die omgeving wordt verschillend aangekeken tegen het fenomeen 'agrarische natuurvereniging'. Om te beginnen is er lange tijd een soort haat-liefdeverhouding geweest met LTO, deels ook vanuit een machtsstrijd om de belangenbehartiging. De eerste agrarische natuurverenigingen ontwikkelden zich grotendeels los van LTO, en zoals we schreven deels zelfs als tegenwicht tegen LTO. Vervolgens is LTO – met name in het zuiden en oosten van het land – ook zelf actief agrarische natuurverenigingen gaan oprichten. Met de meer 'autonome' verenigingen ontstonden daardoor niet zelden spanningen over de belangenbehartiging op het gebied van natuur en landschap. In 2014 startten de agrarische natuurverenigingen en LTO een samenwerkingsproject voor de verdere professionalsering van de collectieven met het oog op het nieuwe stelsel in 2016 (zie Paragraaf 5.4).

De verschillende overheden waren vaak wel gelukkig met de opkomst van de agrarische natuurverenigingen. Het toenmalige Ministerie van Landbouw heeft de ontwikkeling zelfs bevorderd en de agrarische natuurverenigingen al in 2000 een kortstondige plaats in de beheerregelingen toevertrouwd. En de provincies, die toen nog niet de regie hadden over het agrarisch natuurbeheer, zagen de agrarische natuurverenigingen als waardevolle nieuwe gesprekspartners over gebiedsontwikkeling en als een welkome aanvulling op de reguliere agrarische belangenbehartiging. In de aanloop naar het nieuwe stelsel (Paragraaf 5.4) zijn de provincies veel kritischer geworden op de centrale rol van collectieven en kwam er stevige discussie over de mate van 'zelfsturing' door collectieven: sommige provincies wilden graag een stevige regie houden, ook op de details, andere wilden vooral sturen op hoofdlijnen.

De natuur- en milieuorganisaties oordeelden zeer wisselend: immer kritisch, soms constructief en soms ronduit negatief. Een redelijk constructieve samenwerking is er met de organisaties die qua werkterrein het dichtst bij de agrarische natuurverenigingen staan, zoals Landschapsbeheer Nederland en de Vogelbescherming. Met de terreinbeherende organisaties is de verhouding wat meer gespannen. De kritische houding komt vooral voort uit argwaan dat agrarische natuurverenigingen een slim voertuig zijn om veel geld naar het gebied te halen en weinig aandacht besteden aan het behalen van goede resultaten. Ook concurrentie om geld en grond speelt een rol, vooral als de agrarische natuurverenigingen zich profileren als de vierde landelijke terreinbeherende organisatie. Schoorvoetend komt er niettemin meer samenwerking, waarbij de terreinbeheerders er in stapjes toe over gaan om het beheer van gebieden uit te besteden aan een agrarische natuurvereniging in plaats van aan individuele boeren. Die stap is bijvoorbeeld al vroeg gezet in de polder de Ronde Hoep bij Amstelveen, waar Landschap Noord-Holland het beheer van het 160 hectare grote weidevogelreservaat heeft uitbesteed aan Agrarische Natuurvereniging De Amstel. Recent zijn er meer van zulke voorbeelden, onder meer in Waterland, in het Overijsselse Horstermaten en het Groningse Zuidelijk Westerkwartier.

Gewestelijke koepelorganisaties voor agrarische natuurverenigingen

Met de toename van het aantal agrarische natuurverenigingen groeide ook de behoefte aan overkoepelende organisaties, met name voor de belangenbehartiging. De eerste werden opgericht in West-Nederland (1997) en Noord-Nederland (2002). Tot in 2015 waren er vijf regionale koepels: Veelzijdig Boerenland (west), BoerenNatuur (noord), Natuurlijk Platteland Oost, Natuurrijk Limburg en de ZLTO, die fungeert als koepel voor Brabant en Zeeland. De koepels organiseerden de belangenbehartiging voor de agrarische natuurverenigingen, c.q. voor het agrarisch natuurbeheer. De onderwerpen daarbij variëren van meedenken over het ontwerp van de subsidiestelsels, de inpas-

Foto 5.3. Teunis Jacob Slob (hier met zijn vrouw Nelie) is jarenlang een stimulerende voorman geweest van het agrarisch natuurbeheer, lokaal (als medeoprichter van ANV Den Hâneker), gewestelijk en landelijk.

baarheid van de beheerpakketten in de bedrijfsvoering en de hoogte van de vergoedingen, tot de relatie tussen agrarisch natuurbeheer en de vergroening in het kader van het Europese Gemeenschappelijk Landbouwbeleid (GLB, zie ook Hoofdstuk 4). Daarnaast verzorgden ze de ondersteuning van de aangesloten agrarische natuurverenigingen waar het gaat om hun organisatievorm en bestuurskwaliteiten, certificering, het opstellen van collectieve beheerplannen en overleg met provincies, gemeenten en waterschappen.

In de loop der jaren zijn er verschillende pogingen ondernomen om tot één landelijke koepel te komen. Dat lukte de eerste jaren niet door de wens tot autonomie van een deel van de agrarische natuurverenigingen en door meningsverschillen over de relatie tot LTO. Maar doordat de nieuwe collectieven een veel groter schaalniveau hebben dan de agrarische natuurverenigingen (zie Paragraaf 5.4), voelden de koepels zich genoodzaakt om zich opnieuw te beraden op hun positie. Eind 2015 zijn alle regionale koepels opgegaan in de nieuwe landelijke organisatie Boerennatuur.nl.

5.4 De collectieven en andere nieuwe organisatievormen

De nieuwe collectieven vanaf 2016

De nieuwe plattelandsverordening die de EU publiceerde voor de periode tussen 2014 en 2020 maakt het mogelijk dat naast individuele grondgebruikers ook groepen van boeren en eventueel andere grondgebruikers aanvrager en eindbegunstigde zijn van subsidies voor agrarisch natuurbeheer. Nederland heeft vervolgens besloten om vanaf 2016 alleen nog zaken te doen met professionele collectieven van grondgebruikers. In 2013 zijn zowel de overheid als de landbouw begonnen met het voorbereiden van deze beleidsomslag, die – zo hopen de beleidsmakers – moet leiden tot een hogere effectiviteit van het gevoerde beheer en tot lagere uitvoeringskosten (zie Hoofdstuk 4). Er is lang gesproken over de samenstelling en schaalgrootte van deze collectieven. Moeten hierin alle relevante gebiedsorganisaties een plek krijgen, moet er een ondergrens worden gesteld aan oppervlakte en/of aantallen deelnemers? Uiteindelijk zijn de eisen aan de organisatievorm van overheidswege beperkt gebleven. Die zouden immers ook spanning kunnen opleveren met de ontstaansgeschiedenis 'van onderop' van veel agrarische natuurverenigingen. Hoewel er in verschillende regio's al wel sprake was van samenwerking en schaalvergroting, is de vorming van collectieven niet zozeer een wens vanuit de agrarische natuurverenigingen als wel een gevolg van het nieuwe overheidsbeleid.

In 2015 waren er 40 collectieven opgericht: 39 regionale en één landelijk. De omvang van de regionale collectieven varieert sterk: sommige beslaan een hele provincie, zoals in Zeeland, Limburg, Drenthe en Flevoland, andere provincies hebben er zes of zeven, zoals in Friesland en Zuid-Holland (Figuur 5.3). De nieuwe collectieven krijgen in veel gevallen de vorm van een coöperatieve vereniging. Ze komen doorgaans niet in de plaats van de oorspronkelijke agrarische natuurverenigingen, maar vormen een tussenlaag tussen de provincie en de agrarische natuurverenigingen. Sinds de oprichting van collectieven is het aantal natuurverenigingen licht afgenomen.

De collectieven zijn voor de overheid en voor de Europese Commissie de officiële contractpartner voor agrarisch natuur- en waterbeheer. Ze vragen aan, ontvangen de subsidiebeschikking en zijn verantwoordelijk voor de gehele uitvoering in het veld met zaken als controle, sanctionering, administratie en uitbetaling. Daarom startte in 2013 een omvangrijk professionaliseringstraject waarin de collectieven werden klaargestoomd voor hun nieuwe taken. Dit proces wordt aangestuurd door

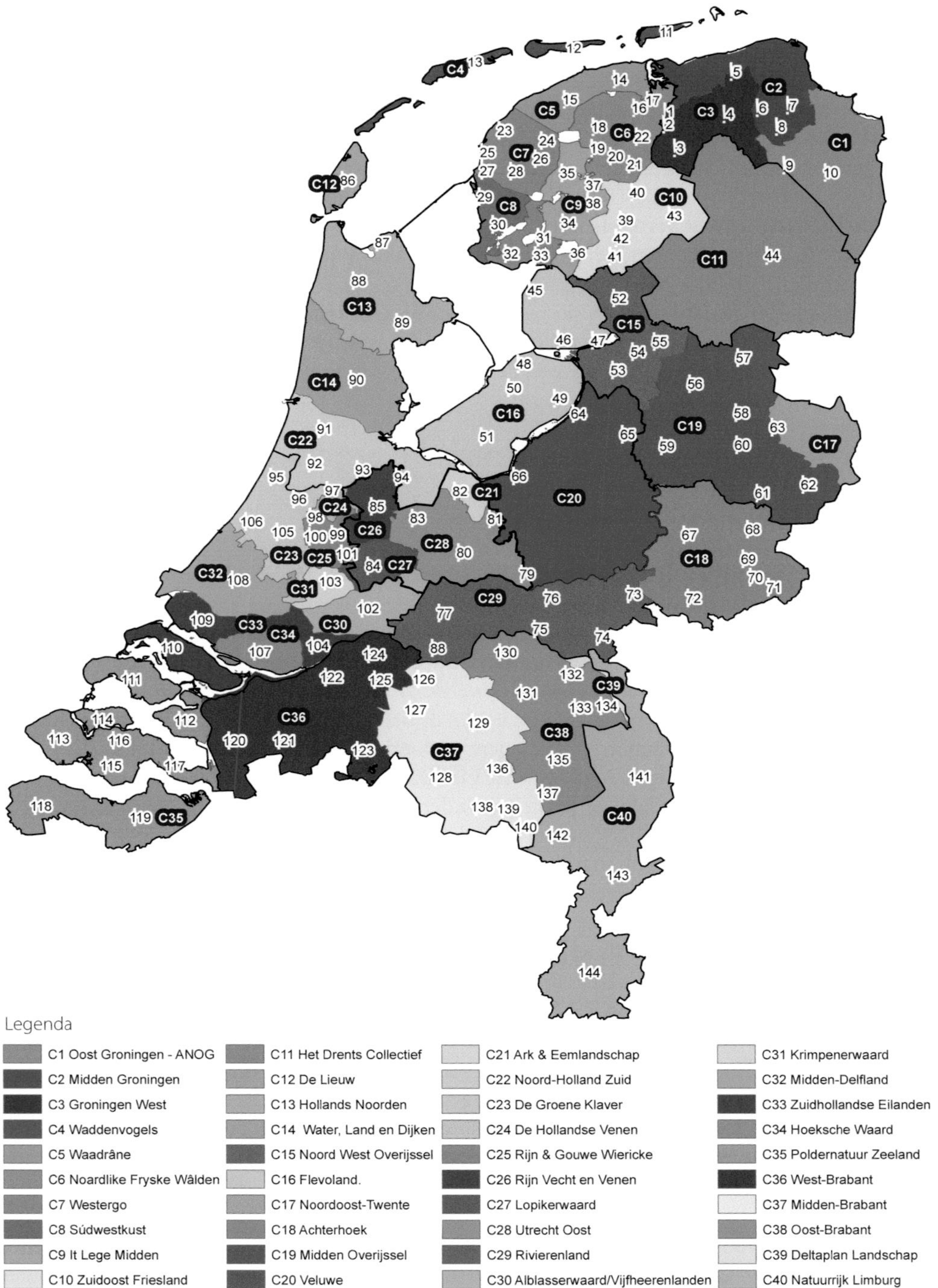

Figuur 5.3. Verspreiding van collectieven en agrarische natuurverenigingen in Nederland per eind 2015 (beschikbaar gesteld door Stichting Collectief Agrarisch Natuurbeheer).

Legenda agrarische natuurverenigingen (kortheidshalve is de 'roepnaam' gebruikt)

Groningen (10)
1 St. Dotterbloem
2 De Eendracht
3 Zuidelijk Westerkwartier
4 Stad en Ommeland
5 Wierde & Dijk
6 Ons Belang
7 Meervogel
8 Slochteren
9 Part. Natuurbeheer Oost-Groningen
10 Oost-Groningen (ANOG)

Friesland (33)
11 Boerenbelang Schiermonnikoog 12
Ameland
13 Agrarisch Belang Terschelling
14 Guozzekrite
15 Om'e Koaien
16 It Kollumer Grien
17 Skalsumer Natuurbeheer
18 Dantumadeel
19 Wâld en Finnen
20 Eastermar's Lânsdouwe
21 Smelne's Singellân
22 Achtkarspelen
23 Menatura
24 Oer de Wjuk
25 Fûgelfrij
26 Baarderadiel
27 Gooyumerpolder
28 De Greidhoeke
29 Kuststripe
30 De Súdwesthoeke
31 Tusken Sleatergat en Welleslaet e.o.
32 Bosk en Greide
33 Tusken Marren en Fearten
34 Tusken Skarren en Marren
35 't Bûtlân
36 Tusken Tsjûkemar en Tsjonger
37 Tusken Boarn en Swette
38 De Fjûrlanne
39 Grien Brongergea
40 De Alde Delte
41 Weststellingwerf
42 De Tjongervallei
43 Gagelvenne

Drenthe (1)
44 ANV Drenthe

Flevoland (7)
45 Kop van de NOP
46 Schokkerambacht
47 Zwartemeerdijk
48 Rivierduingebied
49 Rondom het Greppelveld
50 Langs de Vaart
51 Akkerwaard

Overijssel (12)
52 Kopse Agrarische Natuurvereniging
53 Het Camperland
54 Tolhuislanden
55 Horst en Maten
56 De Ommer Marke
57 Vitaal Platteland Hardenberg
58 Land & Schap
59 Groen Salland
60 De Reggestreek
61 Hooltwark
62 Landschapsfonds Enschede
63 De Grutto

Gelderland (16)
64 NMC Randmeerkust
65 Veluwe IJsselzoom
66 St. BAO
67 't Onderholt
68 Berkel & Slinge
69 Groen Goed
70 Marke Vragender Veen
71 PAN Winterswijk
72 VAL Oude IJssel
73 Streekbeheer Rijnstromen
74 De Ploegdriever
75 Streekbeheer Rijk Maas & Waal 76
Lingestreek
77 Tieler- en Culemborgerwaarden 78
De Capreton
79 Het Binnenveld (deels Utrecht)

Utrecht (6)
80 Kromme Rijnstreek
81 Vallei Horstee (deels Gelderland) 82
Ark & Eemlandschap
83 Noorderpark
84 Lopikerwaard
85 Utrechtse Venen

Noord-Holland (9)
86 De Lieuw
87 De Rotgangs
88 De Frisse Wind
89 West Friesland
90 Water, Land & Dijken
91 Ons Spaarnwoude e.o.
92 Haarlemmermeerboeren
93 De Amstel
94 Vechtvallei

Zuid-Holland (16)
95 Geestgrond
96 VAN Ade
97 De Hollandse Venen
98 De Wetering
99 De Parmey
100 Weide en Waterpracht
101 Lange Ruige Weide
102 Den Hâneker
103 Weidehof Krimpenerwaard
104 Boer en Groen
105 Wijk en Wouden
106 Santvoorde
107 Rietgors
108 Vockestaert
109 Natuurlijk Voorne-Putten!
110 In Goede Aarde

Zeeland (9)
111 Zonnestraal
112 SANELT
113 Natuurlijk Walcheren!
114 Stichting Akkerleven
115 Zak van Zuid-Beveland
116 Goes
117 Oost Zuid-Beveland
118 Bloeiend West Zeeuws-Vlaanderen
119 Groene Oogst

Brabant (21)
120 Brabantse Wal
121 Tussen Baronie en Markiezaat 122
Drimmelen
123 Baarle Nassau
124 Altena Biesbosch
125 Slagenland
126 Oostelijke Langstraat
127 Duinboeren
128 Kempenland
129 't Groene Woud
130 D'n Beerse Overlaet
131 Maashorstboeren
132 Raamvallei
133 Sint Tunnis
134 Groen Boxmeer
135 PION - De Peel
136 't Broek
137 Summers Landschap
138 Boven Dommel
139 Hei Heg en Hoogeind
140 Land van Cranendonck

Limburg (4)
141 Innovatief Platteland
142 Peel en Maas
143 Boeren met Natuur
144 Natuurrijk Limburg Zuid

Figuur 5.3. Vervolg.

de Stichting Collectief Agrarisch Natuurbeheer (SCAN), een tijdelijk samenwerkingsverband van de koepelorganisaties en LTO. Vooruitlopend daarop is van 2011 en 2014 geëxperimenteerd met een collectieve aanpak in vier pilots in het kader van het GLB in Oost-Groningen, Noordelijke Friese Wouden, Laag Holland en Winterswijk. Deze collectieven bleken goed te kunnen sturen op ecologische effectiviteit tegen relatief lage uitvoeringskosten (Terwan en Rozendaal, 2014).

Vanaf 2016 loopt ook het agrarisch waterbeheer deels via de collectieven. Van het budget dat de waterschappen hebben uitgetrokken voor blauwe diensten, is een deel – via het nieuwe subsidiestelsel – gecontracteerd met collectieven. Sommige collectieven zijn hiermee meteen in 2016 van start gegaan, andere wachten hiermee nog één of twee jaar. Een deel van de diensten overlapt sterk met het agrarisch natuurbeheer – denk aan natuurvriendelijke oevers, andere vormen van randenbeheer en ecologisch slootschonen.

Voor de provincies betekent de nieuwe manier van werken dat het beleid meer gestalte krijgt op hoofdlijnen, en meer op gebiedsniveau dan op perceelsniveau. In de provinciale natuurbeheerplannen worden daartoe ook de gewenste beheertypen op gebiedsniveau vastgelegd. Het collectief maakt daarna een – ecologisch getoetste – vertaalslag naar bedrijven en percelen.

Naast het agrarisch natuurbeheer kunnen collectieven in beginsel ook de vergroening van het GLB aansturen. De helft van de ecologische aandachtsgebieden mag van Brussel immers collectief worden ingevuld (zie Hoofdstuk 4). Als dat regionaal gecoördineerd plaatsvindt, is extra natuurwinst mogelijk. In 2015 startten hiernaar de eerste verkenningen. Voorlopig staat Nederland alleen een collectieve invulling met maximaal tien naburige grondgebruikers toe. Dat is een heel andere schaal dan die waarop de collectieven functioneren. Het GLB kent ook nog een grootschaliger variant, maar daarvan voorziet Nederland nogal wat uitvoeringsproblemen. Nieuwe organisatievormen vinden we buiten het agrarisch natuurbeheer ook in het agrarisch beheer van reservaten; zie hiervoor Tekstkader 5.2.

Private financiering

Mede door de bezuinigingen op het natuurbeleid neemt het aantal initiatieven met private financiering de laatste jaren toe. Een voorbeeld zijn de landschapsveilingen zoals die door de Vereniging Nederlands Cultuurlandschap en Bureau Triple E werden opgezet, niet zelden samen met agrarische natuurverenigingen. Hier fungeerden dus relatief nieuwe spelers als veilingmeester, waarbij burgers kunnen bieden op bijvoorbeeld een heg, houtwal of hooiweide, waarbij hun bijdrage het onderhoud voor een aantal jaren garandeert. Ook is er een toenemend aantal 'natuurbedrijven' dat zijn afzet zelf organiseert via één op één-contacten tussen bedrijf en consument en daarmee ook het natuurbeheer bekostigt. Tot dusverre raken deze initiatieven nog niet zozeer aan de organisatie van het agrarisch natuurbeheer, maar zijn het vooral alternatieve financieringsvormen, waarbij soms ook agrarische natuurverenigingen zijn betrokken.

Daarnaast neemt een groeiend aantal bedrijven in de voedselketen duurzaamheidscriteria op in zijn productievoorwaarden. Die betreffen soms ook biodiversiteit, natuurelementen en/of landschap. Hoewel natuur- en landschapsbeheer nog in geen van de protocollen verplichte onderdelen zijn – het gaat vaak om puntensystemen met keuze uit verschillende duurzaamheidthema's – worden de initiatieven van onder meer Cono, FrieslandCampina voor de melkveehouderij en Stichting Veldleeuwerik, McCain en Suiker Unie voor de akkerbouw wellicht ook interessant voor biodiversiteit. Cono heeft het duurzaamheidsprogramma 'Caring dairy'. FrieslandCampina beloont in het

Tekstkader 5.2. Nieuwe organisatievormen van reservaatbeheer door boeren.

Hoewel het beheer van natuurterreinen door boeren formeel niet onder de in dit boek gehanteerde definitie van agrarisch natuurbeheer valt (zie Hoofdstuk 1), is het een vorm van natuurbeheer door boeren waar zich qua organisatiegraad interessante ontwikkelingen voordoen. Tot enkele jaren terug was de inzet van boeren bij het beheer van natuurgebieden veelal een zaak tussen de individuele boer en een terreinbeherende organisatie. Daardoor is een bonte lappendeken aan afspraken ontstaan, die voor de agrariër qua gebruikszekerheid en financiën lang niet altijd duurzaam bleek te zijn.

Het Landelijk Overleg van Boerenwerkgroepen in Relatienotagebieden maakte zich in de jaren tachtig al hard voor een betere organisatie van het boerenbeheer in natuurgebieden, met name waar het gaat om de gebruikszekerheid van de grond en om de verdeling van kosten en baten. Afgezien van de introductie van de natuurpacht rond 1990 bleven die inspanningen lange tijd zonder resultaat. De laatste jaren komt hierin verandering. In een gestaag groeiend aantal gebieden heeft de terreinbeheerder afspraken gemaakt met agrariërs of de agrarische natuurvereniging. Ook het aantal agrarische natuurverenigingen dat fungeert als onderaannemer van terreinbeheerders groeit.

Bovendien zijn er enkele belangenorganisaties opgericht voor terreinbeherende agrariërs. Belangrijke voorbeelden daarvan zijn de Beroepsvereniging Natuurboeren en de stichting Natuurboer uit de Buurt.

De Beroepsvereniging Natuurboeren is opgericht in 2012 en ontwikkelt een landelijk concept van een hbo-opleiding in samenwerking met de Christelijke Agrarische Hogeschool (CAH) Dronten en een bedrijfskeurmerk Erkende Natuurboerderij. De vereniging wil deskundige en vakbekwame mensen opleiden die op een gewaarborgde professionele manier willen werken. Met het certificaat willen de ondernemers zich onderscheiden van hun collega's en voorrang krijgen bij toedeling van pachtgronden door terreinbeheerders. Sinds de oprichting werkt de vereniging intensief samen met Staatsbosbeheer, dat een intentieverklaring heeft getekend om met voorrang zaken te doen met gecertificeerde boeren. Daarnaast is de vereniging belangenbehartiger. Inzet is om de kosten van het beheer te verlagen en de baten te verhogen, bijvoorbeeld door te onderhandelen over voorrang bij (erf-)pacht, lagere pachtprijzen, hogere beheervergoedingen, tegemoetkoming wildschade, toeslagrechten en fiscale voordelen.

De stichting Natuurboer uit de Buurt is opgericht in 2010 als een van oorsprong Overijssels initiatief en ontwikkelt marktconcepten voor bedrijven die veel aandacht schenken aan duurzaamheid en biodiversiteit. De leden zijn tot dusverre biologische boeren en hebben minimaal 25 procent van hun bedrijfsoppervlakte beschikbaar voor natuur. Anno 2014 zijn 25 agrariërs betrokken, waarvan 12 bedrijven in Overijssel. Zij gebruiken veelal traditionele runderrassen. Het vlees wordt met een vleesgrossier in de markt gezet en door een supermarktketen verkocht als kwaliteitsvlees.

programma 'Foqus planet' duurzaamheid in brede zin op basis van een puntensysteem (via de melkprijs, waarbij voorlopers geld krijgen en achterblijvers geld inleveren). Biodiversiteit vormt in beide programma's een – beperkt –onderdeel. FrieslandCampina verkent nu met Wereld Natuur Fonds, Rabobank en enkele Friese agrarische natuurverenigingen of het mogelijk is om verdergaande scores voor biodiversiteit op te nemen in hun puntensysteem.

5.5 Toekomstperspectieven

Hoe ziet de toekomst er uit voor de verschillende organisatievormen van het agrarisch natuurbeheer? Zoals we schreven vindt in 2016 een belangrijke verandering plaats, als de nieuw gevormde collectieven de contractpartners van de overheid worden. Ze zullen het overgrote deel van het landelijk gebied tot hun werkgebied kunnen rekenen. Het zal op diverse manieren spannend worden. De vraag is hoe de agrarische natuurverenigingen met hun bottom-up traditie zullen functioneren in een sterk door de overheid bepaalde beleidsomgeving. Ook zal moeten blijken in hoeverre de tussenlaag van de collectieven meerwaarde biedt ten opzichte van de agrarische natuurverenigingen en of de aansturing niet te ver van de grondgebruikers is komen te staan.

Belangrijkste vraag is of het nu beter lukt om aantoonbare resultaten te boeken. Wat dit betreft is het nu of nooit: als er in 2021 weinig resultaat is, bestaat het risico dat er minder of geen budget meer voor het agrarisch natuurbeheer wordt uitgetrokken. Wellicht kan de oprichting van het landelijke collectief de andere collectieven prikkelen om de lat hoger te leggen.

Ook interessant is de vraag of de collectieven met de verwachte krimp van het beheerde areaal, vanwege het selectiever contracteren, in combinatie met de grotere werkgebieden van de soms landsdekkende collectieven levensvatbaar zullen zijn in termen van omzet en draagvlak. De situatie varieert hier sterk per regio. Bij een geringe omzet uit natuurbeheer kunnen collectieven op zoek gaan naar andere financieringsmogelijkheden of zich richten op andere activiteiten dan natuurbeheer. Die twee laatste richtingen zijn op dit moment al zichtbaar. Er wordt vaker privaat geld aangeboord (zie hierboven) en agrarische natuurverenigingen voeren steeds meer beheer uit voor waterschappen en gemeenten.

Daarnaast speelt dat bedrijven, met name in de voedselketen, hun beleid voor maatschappelijk verantwoord ondernemen zullen willen versterken met een serieuze pijler biodiversiteit. Zij zullen de vogels en vlinders op verpakkingen en reclames die de natuurlijkheid van hun producten onderstrepen, waar moeten maken of schrappen – al dan niet onder druk van ngo's. Zuivelbedrijven belonen weidegang nu al met een hogere melkprijs en dat zouden ze ook specifiek kunnen doen met betrekking tot biodiversiteit, door daaraan extra punten toe te kennen. Agrarisch natuurbeheer op bedrijven wordt dan gestimuleerd vanuit de markt, via de keten van landbouwbedrijven, verwerkers, retailers en consumenten.

Ook zal de vergroening van het GLB, zeker als deze wat serieuzere vormen aanneemt, kunnen bijdragen aan een hogere basiskwaliteit op een groot areaal. We hebben het dan vooralsnog met name over de akkerbouw. Zowel bij initiatieven vanuit de markt of het GLB is de ruimtelijke samenhang van de maatregelen niet bij voorbaat verzekerd, wat kan leiden tot een beperkt natuurresultaat. Bovendien zullen maatregelen lichter groen van kleur zijn dan de pakketten in het huidige stelsel van agrarisch natuurbeheer. Momenteel worden de mogelijkheden verkend van een 'groenere' vergroening van het GLB en van de mogelijkheden voor aansturing hiervan door collectieven. Als daaruit een werkbare vorm komt, kan dit de natuurwinst van de vergroening en de synergie met het agrarisch natuurbeheer aanmerkelijk vergroten.

Een mogelijk toekomstbeeld is een tweedeling in de collectieve aanpak. Enerzijds collectieven die zich richten op hoogwaardiger natuur en zich opwerpen voor een gecoördineerde invulling van de vergroening van het GLB in hun gebied. Anderzijds collectieven met een relatief lage omzet uit agrarisch natuurbeheer die zich sterker richten op waterbeheer en andere plattelandsdiensten, ook vanuit private financiering. Door de grote schaal van veel collectieven zullen daarnaast binnen hun werkgebieden nieuwe collectieven of andere organisaties ontstaan rond specifieke thema's, deelgebieden of initiatieven. De kunst is om deze niet als bedreiging te zien, maar als meerwaarde voor het gebied.

Van de redactie

1. In de eerste periode tussen het (betaalde) agrarisch natuurbeheer vanaf de jaren tachtig namen de boeren daar, individueel en niet georganiseerd aan deel. Vanaf de jaren '90 organiseerden ze zich in agrarische natuurverenigingen, waarvan er eind 2015 144 bestaan. Sinds 2016 hebben de boeren zich in het nieuwe stelsel voor agrarisch natuurbeheer, daartoe aangezet door de provincies, georganiseerd in 40 zogenoemde collectieven: 39 regionale en één landelijke. Samen zijn deze landsdekkend. Daarnaast vindt er op een substantieel areaal (gecoördineerd) onbetaald natuurbeheer plaats, vooral weidevogelbescherming.
2. In de ontwikkeling van het agrarisch natuurbeheer zien we bij de boeren en hun organisaties een toename van belangenbehartiging, professionalisering, verantwoordelijkheid voor de natuurresultaten en maatschappelijke verbreding.
3. Aanvankelijk sloten individuele boeren overeenkomsten met de overheid over vastomlijnde beheerpakketten. Later scherpte de overheid de beleidskaders aanmerkelijk aan, maar kwam er tegelijk ook meer ruimte voor de boer om het beheer gestalte te geven. Deze tendens mondde uiteindelijk uit in een stelsel van provinciale spelregels waarbinnen veel ruimte is voor regionaal maatwerk.
4. In het nieuwe stelsel hebben de collectieven de verantwoordelijkheid voor de uitvoering van de maatregelen en de administratie daarvan, de handhaving en een deel van de monitoring. De verantwoordelijkheid voor de organisatie en toetsing aan het beleid ligt bij de overkoepelende projectorganisatie, waarin rijk en provincies vertegenwoordigd zijn. De provincie heeft de regierol bij de uitvoering.
5. De overheid heeft zich gebonden aan Europese verplichtingen met betrekking tot de natuurdoelstellingen, met name in de Habitat- en Vogelrichtlijn, waarin het beheer wordt gericht op ruim 60 soorten. Zij geeft aan dat deze doelstellingen effectiever en efficiënter door collectieven dan door afzonderlijke agrarische natuurverenigingen zullen kunnen worden gerealiseerd. Met name zal sprake zijn van lagere overheadkosten.
6. Het zal echter moeten blijken in hoeverre de collectieven als nieuwe laag tussen agrarische natuurverenigingen en overheid voor het beheer een meerwaarde bieden en of de aansturing niet te ver van de boeren is komen te staan. Nu de collectieven een belangrijk deel van de uitvoeringstaak van de overheid overnemen, kunnen zij worden gezien als verlengstuk van de overheid. Dat kan spanning opleveren met de oorsprong van agrarische natuurverenigingen als bottom-up initiatief.
7. Bij het beheer van sloten en slootkanten is er onder invloed van de Europese Kaderrichtlijn Water een toenemende rol van de waterschappen. Het nieuwe stelsel voor het agrarisch natuurbeheer en de Kaderrichtlijn Water bieden daarmee tezamen een goede basis voor synergie tussen natuur- en waterbeheer (zie verder Hoofdstuk 9).

DEEL 2
ECOLOGISCHE ASPECTEN

Hoofdstuk 6.

Weidevogels – op weg naar kerngebieden

Dick Melman*, Wolf Teunissen en Adriaan Guldemond

Th.C.P. Melman, Alterra Wageningen UR; dick.melman@wur.nl
W.A. Teunissen, Sovon Vogelonderzoek Nederland
J.A. Guldemond, CLM Onderzoek en Advies

◀ Enkele karakteristieke soorten van het Nederlandse grasland: slobeend, grutto, scholekster en tureluur. Grasland is voor deze soorten een geschikt biotoop, waarbij elke soort zijn eigen plek heeft: in lager of hoger gras, nat-drassig of droger, bij greppel of sloot. Al deze soorten zijn de afgelopen decennia achteruit gegaan.

6.1 Inleiding

Ongeveer twee derde van Nederland bestaat uit agrarisch gebied, waarvan de helft grasland, de rest akker- en tuinbouw. Graslandpercelen worden meestal omzoomd door sloten; her en der staan houtkaden, houtwallen of kleine bosjes. In dit cultuurlandschap heeft zich een aantal vogelsoorten gevestigd, die gebruik maken van de omstandigheden die daar mede door de mens zijn gemaakt. Het zijn van oorsprong vogelsoorten van toendra's, steppen, kwelders en grazige vloedvlakten langs rivieren.

Er zijn primaire en secundaire weidevogels. Primaire weidevogels zijn direct afhankelijk van graslanden. Hierover gaat dit hoofdstuk. Het betreft:

- steltlopers zoals kievit, grutto, kemphaan, watersnip, tureluur, scholekster en wulp;
- zangvogels zoals veldleeuwerik, graspieper en gele kwikstaart;
- eendensoorten zoals kuifeend, slobeend en zomertaling.

Secundaire weidevogels zijn soorten die in grasland foerageren en soms ook broeden, maar niet primair afhankelijk zijn van graslanden. Tot deze secundaire weidevogels worden gerekend: wintertaling, krakeend, bergeend, patrijs, kwartel, kwartelkoning, meerkoet, kluut, kokmeeuw, zwarte stern, visdief, roodborsttapuit, paapje en grauwe gors.

Een belangrijk deel van de Europese weidevogelpopulatie broedt in Nederland. Dat geldt met name voor grutto en scholekster en in iets mindere mate de kievit (Figuur 6.1). Vanwege hun schoonheid, hun binding met het Nederlandse polderlandschap en de internationale betekenis die Nederland voor deze soorten heeft, wordt al een halve eeuw veel gedaan om ze te beschermen. Dat gebeurt zowel in reservaten als in boerenland. Omdat een groot deel van de populaties broedt op agrarisch gebruikt grasland, spelen boeren bij het behoud een belangrijke rol.

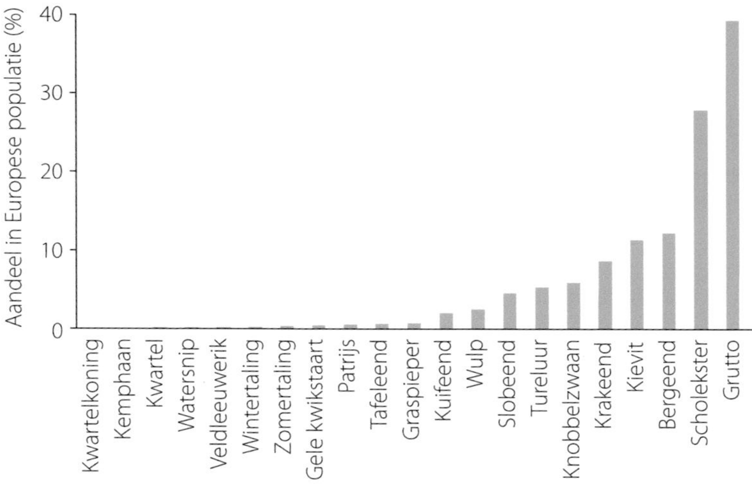

Figuur 6.1. Aandeel van 21 Nederlandse weidevogels in de Europese broedvogelpopulatie (Teunissen en Soldaat, 2006).

6.2 Ontstaan van weidevogellandschap

Weidevogels vinden in onze graslanden alles van hun gading: weidsheid, voedsel (wormen, insecten) en voldoende dekking voor de jongen. Dankzij veranderingen in het landgebruik van de graslanden zijn de omstandigheden voor de weidevogels in de afgelopen vijftig jaar ingrijpend veranderd.

Vrijwel alle Nederlandse graslanden zijn ontstaan door mensenhand. Oorspronkelijk waren er moerasbossen en bossen op droge gronden, hoogveengebieden, meren, breed uitwaaierende rivieren, strandvlakten, schorren en kwelders. Vanaf circa 5500 voor Christus vestigden zich in hoog Nederland gemeenschappen die agrarische activiteiten uitvoerden; de oudste landbouwnederzettingen in West-Nederland dateren van circa 3000 voor Christus (Hoppenbrouwers, 1986). Voor weidevogels zijn vooral de ontginningen van de veengebieden, de noordelijke kleigebieden en vloedvlakten langs rivieren belangrijk geweest. De ontginning van de westelijke veengebieden heeft zich voltrokken tussen 1000 en 1200 na Christus, terwijl de noordelijke kleigebieden nog tot in de vorige eeuw tot cultuurgraslanden zijn omgevormd (Groeneveld, 1985; Hendrikx, 1989).

Met de ontginningen ontstonden er op grote schaal uitgestrekte, open landschappen, waarvan de vegetatiestructuur, de openheid en de vochtigheid een uitstekend biotoop bood voor soorten die we nu weidevogels noemen. Daarnaast vinden ook zoogdieren er een plek, bijvoorbeeld de haas (zie Tekstkader 6.1). De veengebieden zijn in de eerste periode na ontginning veelal gebruikt als akkerland en later – vaak al na enkele decennia, toen de drooglegging niet meer volstond – omgevormd tot grasland. Dit was nodig omdat veen inklinkt zodra het is drooggelegd. Omdat de klink van drooggelegde, venige bodems voortdurend doorgaat en het maaiveld daardoor steeds verder daalt (met circa 1 centimeter per jaar), was een periodieke aanpassing van de ontwatering noodzaak.

Nieuwe technieken waren onmisbaar om het agrarisch gebruik te continueren. De komst van de watermolen in de vijftiende eeuw maakte het mogelijk de waterstand verder te verlagen. Stoomgemalen (negentiende eeuw) en elektrische gemalen (twintigste eeuw) gaven nog verdergaande mogelijkheden. Maar daardoor zakte het maaiveld steeds verder, in sommige gebieden zelfs met meerdere meters. In onze tijd wordt dieper ontwaterd dan ooit tevoren. Was in de jaren veertig en vijftig van de vorige eeuw een drooglegging van 20 tot 40 centimeter gangbaar, tegenwoordig is dat 40 tot 60 centimeter of nog dieper. Daarmee werd het groeiseizoen verlengd en werd gebruik van zwaardere machines mogelijk.

Tot halverwege de twintigste eeuw waren er in veel polders nog bescheiden restanten van het oermoeras van voor de ontginning aanwezig. Een combinatie van nieuwe technieken en ruilverkavelingen maakten het mogelijk ook deze delen te ontginnen en bij de bedrijfsvoering te betrekken (Groeneveld, 1985). In de jaren zeventig deed maïs zijn intrede in het teeltplan (inmiddels al meer dan 200.000 hectare), waardoor het landschapsbeeld in veel gebieden ingrijpend is veranderd. Meer recent is steeds meer blijvend grasland omgezet in tijdelijk grasland. Werd in 1950 ongeveer 3 procent van de graslanden binnen vijf jaar vernieuwd, in 2012 was dat circa 20 procent (Figuur 6.2).

Intensiteit van het grondgebruik

De intensivering van de melkveehouderij in Nederland komt tot uiting in onder andere de mestgift per hectare, de melkproductie per hectare en de maaidatum. De stikstofgift via kunstmest is in de periode tussen 1910 en 1985 toegenomen van vrijwel nul naar 300 tot 400 kilo stikstof per hectare

Tekstkader 6.1. Agrarisch natuurbeheer en hazen.

Jasja Dekker

In agrarisch natuurbeheer spelen zoogdieren een bijrol. Toch zijn ook sommige zoogdieren karakteristiek voor het agrarisch gebied. Een soort die veel mensen kennen van akkers en weilanden is de haas: menigeen geniet van het zien van rammelende hazen op een mooie lentedag (Foto 6.1.1). Rammelen kan je zien als de 'bronst' bij de hazen: ze rennen, buitelen en vechten er op los en het kan in een paring eindigen.

De haas heeft in Nederland geen bijzondere beschermingsstatus of Rode lijst-status. Wel is de populatietrend al sinds de jaren zestig negatief. Als we mogen afgaan op afschotcijfers, heeft voor de periode vanaf de jaren zestig tot heden een achteruitgang van meer dan 60 procent plaatsgevonden (Broekhuizen, 1986; KNJV, 2013; Montizaan en Dekker, 2016). Sinds 1996 zijn er ook tellingen beschikbaar in het kader van het Netwerk Ecologische Monitoring (NEM). De beide reeksen geven een nogal verschillend beeld: de afschotcijfers geven een continue daling te zien, terwijl de NEM-telling voor de laatste jaren een toename geeft (zie Figuur 6.1.1).

Mogelijk komt dit doordat NEM-telplots relatief vaak in natuurgebieden liggen, en afschot vooral plaatsvindt in agrarisch gebied. Daarom lijkt een overall afname het meest waarschijnlijk. Die doet zich in heel Noordwest Europa voor (Smith e.a., 2005). De oorzaak wordt vooral gezocht in intensivering en schaalvergroting van de landbouw (Broekhuizen, 1986; Smith e.a., 2005). Officiële cijfers van het totale aantal in ons land ontbreken, ik schat het op circa 650.000 dieren.

Er zijn diverse maatregelen in bedrijfsvoering en landschapsinrichting te nemen die de haas ten goede kunnen komen. Qua ecologie zijn er parallellen met weidevogels: de legers van de hazen zijn bovengronds en de jongen worden vanaf februari geboren. Dat maakt hen kwetsbaar: de moeder kan ze niet wegleiden bij gevaar, de dieren drukken zich bij onraad. Maaien heeft dus voor hazen desastreuze gevolgen, net als voor weidevogels. Als grote oppervlakken in één keer worden gemaaid, geoogst en/of geploegd, zijn dekking en voedsel volledig verdwenen. Op landschapsschaal maakt de haas gebruik van variatie (grasland/houtsingels/bosjes) en kleinschaligheid. Afwisseling in grashoogte is belangrijk (Smith e.a., 2004). Mozaïekbeheer via gefaseerd maaien, zoals dat voor weidevogels wordt nagestreefd, is dus ook voor hazen gunstig. Op akkers kan een afwisselende structuur worden gecreëerd door een gevarieerd bouwplan. Mogelijk kunnen ook akkerranden soelaas bieden, maar dat is in de praktijk nog niet uitgeprobeerd.

Foto 6.1.1. Rammelende hazen in het prille voorjaar. Rammelen is de 'bronst' bij de hazen: ze rennen, buitelen en vechten er op los en dit eindigt vaak met een paring.

Figuur 6.1.1. Blauwe lijn en linker as: afschot van hazen (aantal per 100 hectare) in Nederland sinds winter 1980-1981 (Koninklijke Nederlandse Jagersvereniging). Lichtblauwe lijn en rechter as: index (jaar 2000 = 100) van aantal hazen zoals vastgesteld in het Netwerk Ecologische Monitoring (Netwerk Ecologische Monitoring (Zoogdiervereniging, Sovon, CBS)).

Er zijn echter ook verschillen met weidevogels. Percelen in het vroege voorjaar natter maken lokt weidevogels, maar is voor hazen minder gunstig: ze zijn gevoelig voor kou en vocht en vatbaar voor bepaalde parasieten die goed gedijen in natte omstandigheden (Rödel en Dekker, 2012). Nog een verschil: terwijl weidevogels houtwallen en bosjes mijden, maken hazen hier juist gebruik van als slaap- en rustplek (Petrovan e.a., 2013; Tapper en Barnes, 1986). Ontbreken daarvan maakt ze gevoeliger voor slechte weersomstandigheden en geeft bovendien grote predatieverliezen (Rödel en Dekker, 2012; Smith e.a., 2005).

De haas wordt onder de Flora- en Faunawet beschouwd als wild. Dit betekent dat er naast afschot voor schadebestrijding binnen een bepaalde tijdsperiode mag worden 'geoogst'. In een analyse van factoren die in West Europa dichtheden van hazen bepalen, werd geen effect van jacht gevonden (Smith e.a., 2004). Ook in Nederland is niet duidelijk of jacht invloed heeft op de populatieomvang van hazen, maar het laatste onderzoek daarover dateert al weer uit de jaren zeventig (Broekhuizen, 1979). Goede monitoring van de populatie is zeer gewenst. Jagers pogen op een duurzame manier afschot te plegen door maar een deel van de aanwezige hazen te schieten. Maar lokaal wordt dit principe losgelaten en worden alle dieren geschoten. De bottleneck in de overleving van een haas zit vooral in de fase tot één jaar oud (Broekhuizen, 1979). In die fase zijn kleinschalig landschap, gewastype, beschutting gevende akkerranden en maairegime belangrijk.

Gezien de negatieve trend is het gewenst dat in agrarische gebieden maatregelen ten behoeve van hazen worden genomen en dat als er jacht plaats vindt, dit op duurzame wijze plaatsvindt (op monitoring gebaseerd beperkt afschot). Agrarisch natuurbeheer wordt in Nederland – ook in het nieuwe stelsel – tot dusver niet ingezet voor de haas. In enkele andere landen (Italië, Verenigd Koninkrijk, Ierland) is dat wel het geval (Genghini en Capizzi, 2005; Petrovan e.a., 2013; Reid e.a., 2005; e.a.). Opmerkelijk genoeg is dit beheer in die landen (mede) gericht op het in stand houden van de haas als jachtwild.

per jaar, maar daarna mede onder druk van milieuregelgeving weer aanzienlijk gedaald naar 200 en 250 kilo stikstof per hectare per jaar (zie ook Hoofdstuk 3). Dit leidde niet tot een afname van de grasproductie, vanwege efficiënter gebruik van meststoffen – van stikstof steeg de benutting van circa 20 naar 50 procent (http://statline.cbs.nl). De melkproductie per hectare is de afgelopen vijftig jaar ruim verdubbeld, mede door de toename van het gebruik van krachtvoer (Tabel 6.1).

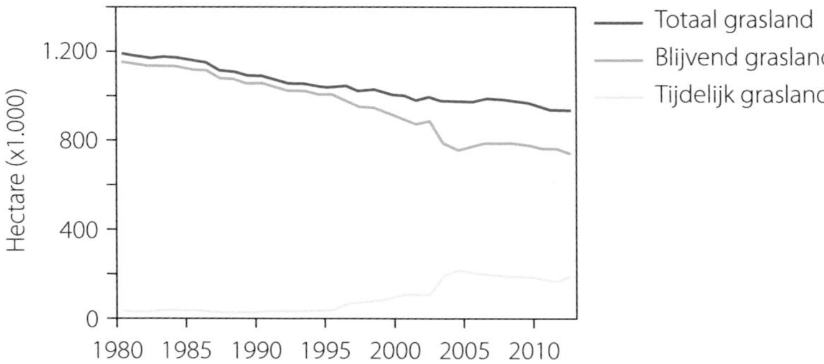

Figuur 6.2. De ontwikkeling van permanent en tijdelijk grasland in Nederland sinds 1950; (http://statline.cbs.nl).

Tabel 6.1. Ontwikkeling van de melkproductie per hectare en per koe tussen 1960 en 2001 (LEI Wageningen UR/CBS; Productschap voor Zuivel).

	1960	1975	1985	1995	2000	2005	2007	2009	2011	2012
Melkproductie (kg/ha/jr)	5.500	8.864	12.512	12.018	12.340	12.560	12.980	13.114	13.555	13.554
Melkproductie (kg/koe/jr)	4.200	4.650	5.300	6.610	7.420	7.550	7.880	7.806	8.060	8.006

De gemiddelde maaidatum is vervroegd van 10 juni in 1900 naar 18 mei in 1975 en daarna met nog eens meer dan twee weken tot eind april of begin mei (Beintema e.a., 1995; Kleijn e.a., 2010). De maaisnelheid is in dezelfde periode toegenomen van zo'n 6 naar 14 kilometer per uur en de maaibreedte van 1 naar 12 meter. Maaien gebeurt dus veel vroeger, sneller en grootschaliger en vindt bovendien soms ook 's nachts plaats.

Door de veranderingen in de landbouw en het grondgebruik zijn er soorten verdwenen. Zo hebben in het verre verleden soorten als goudplevier in onze streken gebroed en meer of minder van menselijke ontginning gebruik gemaakt. Tot in de jaren zeventig behoorden kwartelkoning, watersnip, zomertaling en kemphaan tot gangbare broeders. Het huidige (cultuur)landschap is voor deze soorten niet of nauwelijks meer geschikt. Er zijn ook soorten in aantal toegenomen of bijgekomen. Sinds de jaren zeventig hebben krakeend, kuifeend en knobbelzwaan zich uitgebreid als broedvogels in graslandgebieden. Grauwe gans, brandgans, ooievaar, en grote zilverreiger (als wintergast) zijn terug- of nieuwkomers. Het gaat ook goed met lepelaar en buizerd. Dit zijn weliswaar geen weidevogels maar foerageren wel in het agrarisch landschap en broeden in aangrenzende houtsingels, riet- en moerasgebieden, gelegen in agrarisch gebied of in reservaten.

6.3 Ecologie van weidevogels

Vanaf de jaren zestig zijn er betrouwbare cijfers beschikbaar over de ontwikkeling van de vier belangrijkste weidevogels: scholekster, kievit, grutto en tureluur (Figuur 6.3). Deze hadden in eerste instantie veel baat bij de toename van de bemesting, die de bodemfauna verrijkte. Latere ontwikkelingen in de bedrijfsvoering (verdere drooglegging, mechanisering, kunstmest) hebben dat weer teniet gedaan. Tot 1990 is het beeld nog gemengd: grutto en tureluur, die vooral afhankelijk zijn van

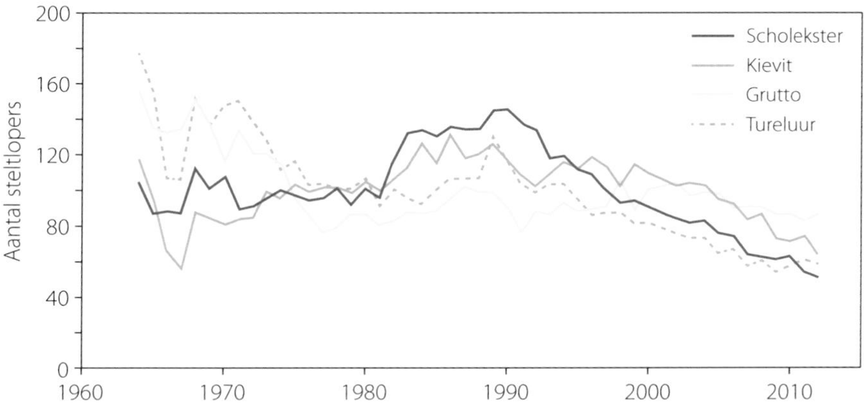

Figuur 6.3. Aantallen van vier steltlopers in Nederland. Terwille van de vergelijkbaarheid tussen de soorten is voor elke soort de indexwaarde op gemiddeld 100 gezet. (Netwerk Ecologische Monitoring (Sovon, CBS, provincies)).

natte/vochtige graslanden, vertonen een afname, maar kievit en scholekster, die drogere graslanden prefereren, laten een stabilisatie of zelfs een toename zien. Vanaf de jaren negentig zien we echter ook voor scholekster en kievit een gestage afname.

Broedperiode is cruciaal

Uitgebreide analyses van reproductie- en overlevingsgegevens van scholekster, kievit, grutto, tureluur en wulp laten zien dat sinds de jaren vijftig de overleving van volwassen vogels geen grote veranderingen vertoont (Bruinzeel, 2010; Roodbergen e.a., 2012). Uit zenderonderzoek bij grutto's blijkt ook dat een substantieel deel van de vogels niet langer doortrekt naar Afrika, maar overwintert op het Iberisch schiereiland (Hooijmeijer e.a., 2011). In de overwinteringsgebieden maken grutto's van oudsher volop gebruik van rijstvelden. Deze bevinden zich zowel in West-Afrika als in Portugal en Spanje, maar in Portugal en Spanje neemt het areaal af. Des te opmerkelijker dat grutto's daar nu juist méér gebruik van lijken te maken. Een mogelijke verklaring is dat de exploitatie van de velden in Afrika tegenwoordig veel dynamischer is, met meer bewerkingen en snellere wisselingen in gebruik, dan in het verleden. Klimaatverandering kan hier ook een rol spelen. Of deze verandering in trekpatroon gevolgen zal hebben voor de overleving valt op dit moment nog niet te zeggen. De Universiteit van Groningen doet hier momenteel onderzoek naar.

Is de overleving bij de volwassen vogels nauwelijks veranderd, bij de legsels en kuikens is deze de laatste veertig jaar juist sterk afgenomen. Over de periode tussen 1950 en 1980 werd in heel West-Europa een afname van het uitkomstsucces vastgesteld. Onderzoek in Nederland liet zien dat waar nesten niet beschermd werden, de verliezen van legsels en kuikens tussen eind jaren tachtig en eind jaren negentig door agrarische werkzaamheden bij kievit en grutto zijn toegenomen met resp. een factor 1,4 (van 18 procent naar 25 procent) en 6,7 (van 7 procent naar 40 procent). In diezelfde periode namen de verliezen door predatie toe met respectievelijk een factor 1,9 (van 25 procent naar 42 procent) en 2,4 (van 18 procent naar 37 procent) (Figuur 6.4). De kern van het probleem

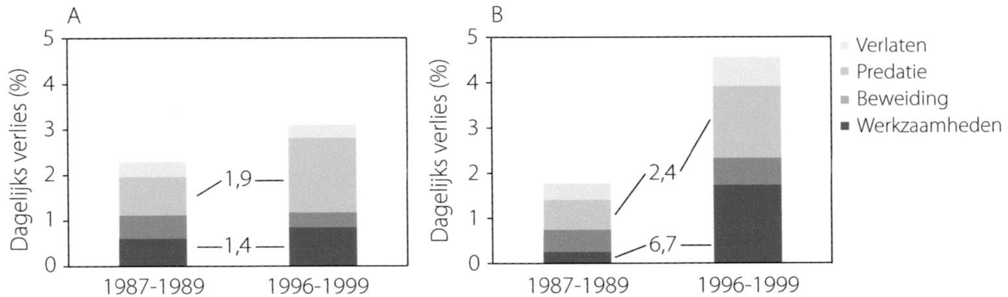

Figuur 6.4. Dagelijkse verlieskansen door verschillende factoren in gebieden zonder nestbescherming aan het eind van de jaren tachtig en negentig bij (A) kievit en (B) grutto (Teunissen en Willems, 2004). Het getal in de grafiek geeft aan met welke factor de verlieskans voor werkzaamheden (donkerblauw) en predatie (middelblauw) is toegenomen (zie ook Tekstkader 6.2).

ligt daarmee in eigen land en wel in de broedperiode, bij de aanwas van jongen (Kentie e.a., 2012; Roodbergen e.a., 2012; Schekkerman, 2008; Schekkerman en Müskens, 2000).

Door de verdergaande drooglegging en mechanisering kunnen boeren vroeger en vaker het land op om het grasland te verzorgen en te maaien. De grasgroei komt sneller op gang en de eerste 'snede' kan eerder van het land worden gehaald. Dat betekent een sterke inkorting van de periode waarbinnen de vogels een geschikte nestplaats moeten vinden, de eieren uitbroeden en de jongen grootbrengen, zonder het risico te lopen dat ze verloren gaan door werkzaamheden of beweiding.

De lengte van deze rustperiode is dus cruciaal. Vooral het succes van eerste legsels is belangrijk voor de totale reproductie. Kuikens uit vroege legsels blijken namelijk een grotere kans te hebben om zelf later broedvogel te worden dan kuikens uit late legsels (Teunissen e.a., 2008). Vermoedelijk hangt dat samen met het feit dat de eieren van het eerste legsels gemiddeld groter zijn dan die van vervolglegsels. Grotere eieren leveren namelijk sterkere kuikens. Het laatste deel van de rustperiode, eind mei tot half juni, is belangrijk om de kuikens tot vliegvlug te laten uitgroeien. Maaien in die periode kan een ware slachting aanrichten.

Ook het landschap is van belang. Bij een onderzoek door Teunissen e.a. (2012) in gebieden waar grutto's in aantal stabiel waren of toenamen, bleek in vergelijking met andere gebieden de openheid van het landschap de belangrijkste factor te zijn voor groeiende aantallen. Dat is niet zo vreemd, want weidevogels zijn van origine vogels van open landschappen. Op die openheid zijn ze ingesteld: ze signaleren naderende predatoren vroegtijdig en zijn zo in staat om hen – vaak in samenwerking met andere weidevogels – te verjagen (Van der Vliet, 2013). De tweede belangrijke factor bleek de mate van drooglegging te zijn, oftewel een voldoende hoog waterpeil. De derde was de maaidatum: maaien na 15 juni. Een hoger waterpeil resulteert onder meer in een uitgebreider voedselaanbod en betere beschikbaarheid van het voedsel en een meer kruidenrijke vegetatie (Van 't Veer e.a., 2008). Dit laatste biedt ook meer nestgelegenheid voor de vogels. Ook de maaidatum wordt beïnvloed doordat de grasgroei als gevolg van een hoger waterpeil trager verloopt en de vegetatie meer open blijft. Hierdoor worden er minder kuikens slachtoffer van het maaien.

Tekstkader 6.2. Weidevogels en predatie.

Wolf Teunissen

Agrarisch natuurbeheer is tot dusver vooral gericht op het voorkomen van legselverliezen door agrarische werkzaamheden. Er is echter discussie of dit wel de juiste aanpak is omdat veel legsels en jongen verloren blijken te gaan door predatie. Het gemiddelde voor de kievit lag in 2012 landelijk op 24 procent, maar kan verschillen per regio. In Zeeland lag dit percentage bijvoorbeeld op 11 procent, in Gelderland op ruim 40 procent. Predatieonderzoek (Teunissen e.a., 2005) liet zien dat in hetzelfde jaar in sommige gebieden bijna 90 procent van de legsels door predatie verloren ging, terwijl dat in andere gebieden slechts 10 procent was. Maar ook tussen jaren kan het percentage verschillen in eenzelfde gebied. Een variatie van 15 procent predatie in het ene jaar tot 90 procent in een ander jaar is niet uitzonderlijk. Uit onderzoek blijkt dat predatieverliezen bij legsels sinds de jaren tachtig zijn toegenomen, maar ook dat in diezelfde periode de verliezen door agrarische werkzaamheden toenemen waar legsels niet werden beschermd (Teunissen e.a., 2005; zie ook Figuur 6.4). Dat laatste is vooral het geval bij grutto's, doordat in de loop der jaren de maaidatum is vervroegd.

Een grote groep predatoren blijkt wel eens een ei of kuiken te eten (Tabel 6.2.1). Zoogdieren als vos en hermelijn blijken de voornaamste rovers van eieren. Van in totaal negen zoogdiersoorten is met zekerheid vastgesteld dat ze eieren eten. Kuikens worden vooral gegeten door vogels, zoals buizerd en blauwe reiger, maar ook hermelijnen blijken graag kuikens te eten. In totaal zijn er 14 soorten vastgesteld (vogels en zoogdieren) die wel eens een kuiken eten. Het aandeel van de verschillende predatorsoorten loopt zeer sterk uiteen. De grote lijst aan predatoren maakt duidelijk dat beheer via bijvoorbeeld afschot weinig zekerheid biedt voor het herstel van weidevogels. Zelfs al zou het lukken een soort te elimineren, dan zijn er wel weer andere soorten die de rol overnemen. Modelmatige verkenningen maakten duidelijk dat zelfs als alle predatie van eieren of kuikens zou worden voorkomen, de populatie gemiddeld gezien nog steeds geen groei zou vertonen omdat andere verliesoorzaken als agrarische werkzaamheden nog steeds een te hoge tol vergen. Het omgekeerde is overigens ook het geval. Dit laat zien dat op meerdere fronten tegelijk geprobeerd moet worden de verliezen te beperken.

Tabel 6.2.1. Met zekerheid vastgestelde predatoren van eieren en/of kuikens bij weidevogels (Teunissen e.a., 2005).

Eieren	Kuikens
bruine kiekendief	hermelijn/wezel
bunzing	blauwe reiger
egel	bruine kiekendief
havik	buizerd
hermelijn/wezel	havik
hond	kat
steenmarter	kauw
vos	meeuw
zwarte kraai	ooievaar
	rat
	sperwer
	torenvalk
	vos
	zwarte kraai

Openheid van het landschap is een belangrijke factor. Weidevogels zijn grondbroeders en daarmee kwetsbaar voor vele predatoren. In open landschappen zien de vogels een predator eerder aankomen en kunnen ze tijdig zelf ontkomen en de aandacht afleiden van hun nest of jongen. Ook biedt een open landschap voor predatoren minder mogelijkheden voor uitkijkposten en schuilmogelijkheden.

Een tweede belangrijke factor is het waterpeil. Behalve dat dit voor een goed foerageerhabitat zorgt, zorgt het er ook voor dat het habitat voor veel zoogdieren minder geschikt wordt. Bij de huidige, diepe drooglegging profiteren diverse zoogdieren. De muizenplaag in Friesland in de winter van 2014/2015 is hier mogelijk een voorbeeld van.

Predatie valt niet volledig uit te sluiten maar de verliezen kunnen en moeten wèl worden verkleind door het landschap op de juiste wijze in te richten. De kerngebiedenbenadering biedt hiervoor aanknopingspunten. Verwijdering van bomen en bosjes vermindert de aantrekkelijkheid voor vogelpredatoren. Opruimen van rommelhoekjes en aanpassing van het waterpeil zal wellicht leiden tot minder predatie door grondpredatoren zoals hermelijn, wezel en vos. Als dan tegelijk de agrarische bedrijfsvoering via agrarisch natuurbeheer wordt aangepast aan de behoeften van weidevogels kan in die gebieden het tij voor weidevogels worden gekeerd. Dit wordt het beste verwoord door het motto: 'Maatwerk op gebiedsniveau, op meerdere fronten tegelijk'. Predatie maakt daar deel van uit.

Foto 6.2.1. Weidevogels zijn goed in staat om zich te weren tegen roofvogels en kraaien. Grutto's, kieviten en andere soorten werken daarbij samen. Dat is een van de redenen dat ze graag dicht bij elkaar broeden. Predatie is een belangrijke sterftefactor geworden. Naast de vos zijn er nog zeker 14 andere soorten die weidevogels op het menu hebben staan. Hier een zwarte kraai die door een scholekster wordt afgeleid van de jongen.

De samenstelling en structuur van de graslandvegetatie zijn dus essentieel. Louter lang, ongemaaid gras is niet voldoende om kuikens op te laten groeien, en een zwaar gewas kan voor de kuikens zelfs fataal zijn omdat ze er moeilijker doorheen komen. Het belang van een kruidenrijke vegetatie hangt samen met de manier waarop jongen van veel soorten steltlopers opgroeien. Weidevogeljongen zijn namelijk nestvlieders en moeten vanaf dag één hun eigen kostje bij elkaar scharrelen. Daarin zijn vooral grote prooidieren belangrijk, met name insecten en spinnen groter dan circa 5 millimeter (Schekkerman en Beintema, 2007; Schekkerman en Boele, 2009). Deze komen vooral voor in kruidenrijke graslanden, maar zijn schaars in frequent gemaaid grasland; daar kunnen ze

Foto 6.1. Bij het moderne, snelle maaien worden alle percelen op een bedrijf in één dag 'platgelegd'. Voor weidevogelgezinnen is dat desastreus. Na het weghalen van het gras resteert een zeer korte stoppelvegetatie waar de weinige jongen die het maaien en oogsten hebben overleefd, nauwelijks voedsel kunnen vinden en een gemakkelijke prooi vormen voor predatoren als blauwe reiger, ooievaar, buizerd en zwarte kraai.

hun levenscyclus niet of slechts moeizaam volbrengen (Siepel e.a., 1990). Kruidenrijke graslanden hebben als belangrijke eigenschap dat ze variatie in structuur vertonen, waarbij de begroeiing bestaat uit een afwisseling van zowel hoge en lage als open en een dichte delen. Kuikens kunnen zich daarin goed voortbewegen, het juiste voedsel van het juiste formaat vinden en dekking vinden bij naderend onheil (Roodbergen e.a., 2011; Schekkerman en Beintema, 2007; Schekkerman en Boele, 2009; Schekkerman e.a., 2009). Zulke graslanden zijn zowel voor volwassen als jonge vogels geschikt.

In frequent gemaaid land moeten de jongen zich dus behelpen met kleinere insecten, wat tot langere foerageertijden leidt en het risico op verzwakking en uithongering vergroot. Daarom is de tweede snede gras, het gras dat opnieuw groeit na de eerste keer maaien, geen optimaal opgroeihabitat voor kuikens: er zitten te weinig insecten in. Dat geldt zeker voor gruttokuikens die hun voedsel in de vegetatie moeten vinden, maar ook voor kievitkuikens, die weliswaar hun voedsel op de bodem vinden maar dat bij voorkeur doen in een open vegetatie met voldoende voedselaanbod en schuilmogelijkheden. Op pas gemaaid grasland zijn kuikens namelijk veel beter zichtbaar, wat het risico op predatie vergroot (Schekkerman e.a., 2009). Voor volwassen vogels ligt dat anders: in pas gemaaid grasland zijn vaak veel wormen en emelten te vinden, die juist voor volwassen vogels een belangrijke voedselbron vormen en na het maaien goed bereikbaar zijn.

6.4 De uitvoerders: boeren, agrarische natuurverenigingen en vrijwilligers

De uitvoering van het agrarisch natuurbeheer berust bij boeren en vrijwilligers. Boeren doen dit deels betaald en deels onbetaald. De meesten hebben zich verenigd in agrarische natuurverenigingen. Vrijwilligers zijn per definitie onbetaald, al vindt de coördinatie van hun activiteiten vaak plaats door betaalde professionals.

Met de gegevens uit Hoofdstuk 13 en van Landschapsbeheer Nederland over het vrijwillige en betaalde weidevogelbeheer kunnen we een schatting maken van het aantal boeren en vrijwilligers dat aan weidevogelbeheer doet. In 2013 deden circa 2.150 boeren mee aan betaald weidevogelbeheer (Tabellen 13.2 en 13.3). Daarnaast deden er in dat jaar naar schatting 8.850 mee aan onbetaald weidevogelbeheer (opgave Landschapsbeheer Nederland, ongepubliceerd[1]). Op 80 procent van de bedrijven vindt dus alleen onbetaald weidevogelbeheer plaats, meestal in de vorm van legselbeheer. In 2012 waren er 78 agrarische natuurverenigingen in alle provincies met uitzondering van Zeeland en Limburg met collectieve beschikkingen voor weidevogelbeheer (Teunissen en Van Paassen, 2013; zie ook Paragraaf 13.2). Dit is ongeveer de helft van alle 153 agrarische natuurverenigingen.

Het areaal waarop weidevogelbeheer is afgesloten, bedroeg in 2011 bijna 21.000 hectare met pakketten met een uitgestelde maaidatum, ruim 160.000 hectare met alleen legselbeheer en ruim 14.000 hectare met andere pakketten zoals kruidenrijk weidevogelgrasland (Teunissen en Van Paassen, 2013; zie ook Hoofdstuk 13). Ter vergelijking: er is circa 25.500 hectare reservaatbeheer voor weidevogels (Teunissen en Van Paassen, 2013).

Weidevogelvrijwilligers

Vrijwilligers zijn al lang actief in weidevogelbescherming. De Bond Friese Vogelwachten is in 1947 opgericht en is nog altijd actief in Friesland. Het zoeken van eieren, *aai sykjen* zoals de Friezen zeggen, was begin twintigste eeuw ontstaan vanuit de behoefte aan eiwitrijk voedsel voor de sociale onderlaag van de bevolking, maar is in de loop der jaren getransformeerd in 'sport plus nazorg': eerst rapen van kievitseieren en vervolgens beschermen van alle weidevogellegsels. In 2015 is het rapen van de eieren in Friesland door een gerechtelijke uitspraak verboden. In met name Oost-Nederland is de sectie Vanellus vanellus van Stichting Beheer Natuur en Landelijk gebied actief. Ook deze organisatie is opgericht door kievitseierenrapers. Tenslotte Landschapsbeheer Nederland – tegenwoordig LandschappenNL geheten – een maatschappelijke organisatie die met haar provinciale organisaties in heel Nederland aan weidevogelbescherming werkt, en daarnaast ook bij landschapsonderhoud actief is.

Het totale aantal vrijwilligers is toegenomen van circa 5.000 in 1993 tot meer dan 12.000 in 2005. Daarna heeft een afname plaatsgevonden tot circa 9.000 in 2012 (Figuur 6.5). Ruim de helft van de vrijwilligers is actief in Friesland, waaronder de *aai sykers*.

De afname van het aantal vrijwilligers heeft verschillende oorzaken. Allereerst verminderde het animo om te beschermen vanwege de gestage achteruitgang van de weidevogels. Vergrijzing van het vrijwilligersbestand is een tweede oorzaak. Daarnaast blijkt uit onderzoek dat het controleren van nesten tot extra verliezen leidt bovenop de natuurlijke verliezen. Dit is groter in gebieden met relatief veel predatie. In gebieden met gemiddelde predatieverliezen resulteert een controle in ongeveer 2 à 4 procent extra verlies, maar in gebieden met twee keer zo veel predatieverliezen kan dat oplopen tot 10 à 15 procent extra verlies per controle. (Goedhart e.a., 2010). Een gelukkige omstandigheid is dat op percelen met een uitgestelde maaidatum geen nesten meer gezocht hoeven te worden, omdat deze geen risico op beschadiging door veldwerkzaamheden lopen en daarmee de kans op extra verliezen ook nihil is geworden. Daardoor zijn minder vrijwilligers nodig (Teunissen en Van Paassen, 2013).

[1] De weidevogelbalans 2010 (Van Paassen en Teunissen, 2010) vermeldt dat er in 2008 14.000 boeren meededen aan de bescherming van weidevogellegsels.

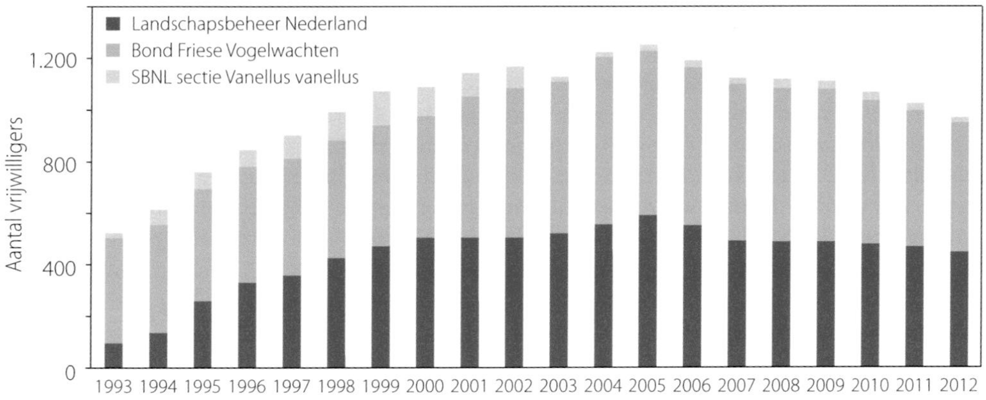

Figuur 6.5. Ontwikkeling van het aantal vrijwilligers bij de weidevogelbescherming (jaarverslagen BFVW, SBNL sectie Vanellus vanellus en LBN, aangevuld door A. van Paassen, LandschappenNL).

Wat is het effect van nestbescherming op de overleving van weidevogellegsels? Analyse van gegevens uit de periode tussen 1996 en 2002 liet zien dat de aantallen van kievit, grutto, tureluur en scholekster in gebieden met nestbescherming een gunstiger ontwikkeling kent dan in gebieden zonder nestbescherming (Teunissen en Willems, 2004). Bescherming van legsels vergroot de kans op het uitkomen van de eieren. Voor kievit en grutto was dit significant, voor scholekster en tureluur niet. Toch heeft nestbescherming niet kunnen voorkomen dat de weidevogels op landelijk niveau in aantallen achteruit zijn gegaan. We zagen al dat de cruciale factor in de overleving van weidevogels de opgroeifase van de jongen is. Daarmee kan nestbescherming pas echt effectief worden wanneer er na het uitkomen van de eieren wordt gezorgd voor goed vervolgbeheer zodat de jongen ook vliegvlug kunnen worden.

De rol die vrijwilligers spelen is ook op een ander vlak belangrijk (De Lynx, 2003). De tijd en energie die zij steken in de weidevogelbescherming kan boeren stimuleren mee te blijven doen aan weidevogelbeheer, alhoewel er soms spanningen zijn over de uitvoering van het beheer.

6.5 Beleid en regelingen

Met de introductie van de Relatienota in 1975 werd het beleid voor betaald agrarisch natuurbeheer in gang gezet (zie Hoofdstuk 4).Voor het weidevogelbeheer was het uitstellen van de eerste maai- en weidedatum het belangrijkste onderdeel. Tot halverwege de jaren tachtig kwamen de overeenkomsten mondjesmaat van de grond; de aanwas bedroeg enkele honderden tot een paar duizend hectare per jaar. Rond 1990 versnelde de groei en werd de 25.000 hectare gepasseerd. De maximum omvang van circa 64.000 hectare werd bereikt rond 2000. In 2013 was de omvang circa 59.000 hectare (zie verder Hoofdstuk 4; Tekstkader 4.2)[2].

[2] Het is niet mogelijk om vanaf 1981 een eenduidige ontwikkelingslijn op te stellen. De berekeningswijze (m.n. hoe nestbescherming en beheer in gebieden met natuurlijke handicaps worden meegeteld) is door het Planbureau voor de Leefomgeving meermalen gewijzigd.

De regelingen voor agrarisch natuurbeheer zijn regelmatig aangepast. Het voert te ver om alle veranderingen hier te bespreken. Daarvoor verwijzen we naar Hoofdstuk 4 en 13. In 2010 werd de ruimtelijke schaal van het weidevogelbeheer vergroot en konden de vergoedingen voor het beheer niet meer door afzonderlijke bedrijven maar alleen nog in collectief verband worden aangevraagd via het Subsidiestelsel Natuur en Landschap. Het weidevogelbeheer werd meer en meer gebiedsgericht benaderd. Deze schaalvergroting werd vooral uit ecologische overwegingen gemotiveerd. Tegelijkertijd werden de eisen aan agrarische natuurverenigingen aangescherpt: om voor subsidie in aanmerking te komen moet men gecertificeerd zijn. De eisen voor certificering zijn tot dusver echter vrij beperkt: het zijn eerder goede bedoelingen die men vastlegt dan scherpe, toetsbare kwaliteitseisen. De overheden zien het dan ook vooral als een stap in de ontwikkeling naar een steeds professionelere werkwijze.

De stelselwijziging die in 2016 ingaat is ingrijpend (zie Hoofdstuk 4 en Tekstkader 4.2). Het agrarisch natuurbeheer zal zich vanaf dan uitsluitend richten op soorten waarvoor Nederland in internationaal kader verplichtingen is aangegaan. Weidevogels maken hiervan deel uit en voor deze groep zijn kansrijke gebieden aangemerkt (open graslanden).

6.6 Effectiviteit

Vanuit het beleid wordt sinds 1985 evaluatieonderzoek uitgevoerd. Daarbij werden aanvankelijk de ontwikkelingen in circa 25 gebieden gevolgd (Wymenga e.a., 1996). Maar omdat de omvang van het beheerde areaal gering was en er geen systematische vergelijking tussen wel en niet beheerd werd gemaakt, was de bewijskracht gering. Zo'n systematische vergelijking werd eind jaren negentig gemaakt door Kleijn e.a. (2001). Hun onderzoek vestigde landelijk de aandacht op de ineffectiviteit van agrarisch natuurbeheer en liet zien dat dit beheer per saldo geen verbetering teweegbracht in de weidevogelstand. Aanvullend onderzoek, waarbij werd gekeken naar de aantallen weidevogels in afzonderlijke gebiedstypen, lieten een stabilisatie in reservaten zien en een verdere afname in beheergebieden en regulier agrarisch gebruikte gebieden (Van Egmond en De Koeijer, 2006). Breeuwer e.a. (2009) vergeleken de aantallen voor en na invoering van een beheerovereenkomst en vonden geen positief effect.

In reservaten is de toestand nu weliswaar gemiddeld stabiel, maar ook daar is de weidevogelstand plaatselijk achteruitgegaan (Guldemond e.a., 2000). Oorzaak hiervan is onder andere een te sterke verschraling door het achterwege blijven van bemesting. Daardoor verzuurt de bodem sterk en neemt de hoeveelheid wormen af, en daarmee een belangrijke voedselbron. Bovendien neemt door 'verpitrussing' de verruiging van de vegetatie toe. Dit vermindert de geschiktheid als broedbiotoop. Terreinbeheerders hebben dit onderkend en dat heeft geleid tot zogenaamde opkrikplannen in Friesland en Noord-Holland (Oosterveld, 2008; Oosterveld en Altenburg, 2005).

Het gebrek aan positieve effecten heeft diverse oorzaken. In de eerste plaats blijkt dat 43 procent van het weidevogelbeheer niet in goede weidevogelgebieden ligt. Zo is met name de landschappelijke openheid vaak te gering en is de drooglegging te diep, heeft de vegetatie zich al vroeg in het seizoen te ver ontwikkeld, wordt er te vroeg, te vaak en te snel gemaaid en is er sprake van veel verstoring, bijvoorbeeld door verkeer en recreatie of vanuit bebouwing (Melman e.a., 2008). In de tweede plaats is gebleken dat op zichzelf staande maatregelen niet leiden tot een verbetering van de weidevogelstand. Dat geldt voor legselbescherming, omdat alleen het vergroten van het aantal uitgekomen eieren nog

Foto 6.2. Maaien kan veel slachtoffers maken onder weidvogelkuikens. Moderne maaiers zijn tot 12 m breed en maaien met 10 à 15 km per uur. Op gemaaid land hebben de kuikens geen dekking.

niet leidt tot een verbeterde reproductie. Ook de opgroeimogelijkheden van de kuikens moeten verbeterd. Zo biedt een rustperiode tot bijvoorbeeld 1 juni de jongen onvoldoende tijdruimte op te groeien. En in gebieden waar wel 15 juni of later wordt gemaaid is het areaal met kruidenrijk gras vaak niet toereikend om opgroeiende kuikens van voldoende voedsel te voorzien. In de niet beheerde gebieden is het frequente maaien in de periode tussen eind mei tot begin juni een eerste doodsoorzaak, maar schieten ook voedselbeschikbaarheid en beschutting tekort.

Zoals hierboven uiteengezet, is de opgroeiperiode van kuikens tot vliegvlugge jongen de sleutel om tot een stabiele, duurzame populatie te komen. Legsels profiteren uiteraard wel van de ingestelde rustperioden, maar dat is niet genoeg om voldoende vliegvlugge jongen groot te brengen. Daarvoor is het nodig om te benadrukken dat aan alle factoren aandacht wordt geschonken die nodig zijn om tot vliegvlugge weidevogelkuikens te komen:

- een landschap dat geschikt is voor vestiging: een weids en open gebied;
- een voldoende hoge grondwaterstand om de ondergronds levende wormen en emelten bereikbaar te houden voor prikkende snavels en de grasgroei te vertragen;
- een vegetatiestructuur die het voor kuikens mogelijk maakt zich te verplaatsen (dus niet te dicht);
- voldoende en bereikbaar voedsel voor kuikens, waaronder op de grond en in het gewas voorkomende insecten, van het juiste formaat;
- zo laag mogelijke predatieverliezen. Dat kan door middel van een open landschap, waarin weidevogels naderende rovers tijdig kunnen signaleren en roofvogels weinig tot geen broedgelegenheid hebben (Tekstkader 6.2);
- voldoende rust, zodat weidevogels zoveel mogelijk tijd aan foerageren kunnen besteden en de jongen goed beschermd kunnen worden tegen predatie.

Kortom, voordat er kostbare beheerinspanningen worden gedaan, is het belangrijk er zeker van te zijn dat de gebieden voldoen aan cruciale fysieke omstandigheden: voldoende omvang en voldoende openheid, een gunstige ontwateringssituatie en weinig verstoring. Hiertoe zijn zogenaamde geschiktheidskaarten opgesteld, die een landelijk beeld geven waar de voor weidevogels geschikte gebieden liggen (Schotman e.a., 2007). In bijna geschikte gebieden kunnen deze omstandigheden zo nodig plaatselijk op orde worden gebracht met inrichtingsbeheer; bijvoorbeeld verwijderen van opgaande begroeiing of opzetten van het waterpeil.

Vervolgens is bij het plannen van het beheer het belangrijk het zodanig in te zetten dat er voor de opgroeiende weidevogelgezinnen gedurende de hele opgroeiperiode voldoende geschikt kuikenland is. Dit is uitgewerkt in het concept 'mozaïekbeheer'. Mozaïekbeheer is een ruimtelijk kleinschalige afwisseling van verschillende soorten grasland in verschillende groeifasen. Deze afwisseling is zodanig dat er op elk moment in voldoende mate geschikt en bereikbaar kuikenland aanwezig is. Dit bestaat uit een structuurrijke graslandvegetatie. Zo kunnen de jongen onder gunstige omstandigheden opgroeien totdat ze vliegvlug zijn. Het onderzoek naar deze aanpak (Oosterveld e.a., 2011, Schekkerman e.a., 2008) laat zien dat daarmee een stabilisatie of toename van de weidevogelaantallen kan worden bereikt. Maar tegelijkertijd blijkt dat het vanwege variabele weersomstandigheden niet altijd mogelijk is dergelijke mozaïeken op het gewenste moment te realiseren. Aanbieden van het gewenste graslandtype op 'bestelling' is dus niet altijd niet mogelijk.

Op basis van beschikbaar onderzoek zijn concrete vuistregels ontwikkeld hoe een effectief beheermozaïek eruit moet zien. Belangrijk is dat dit voorziet in voldoende 'kuikenland' per gruttogezin binnen loopbereik van de jongen, naar schatting 1 à 1,4 hectare (Schekkerman e.a., 1998). Omdat door groei, maaien en beweiden de hoeveelheid en de kwaliteit van het kuikenland gedurende het seizoen voortdurend verandert, en omdat weidevogelgezinnen later in het seizoen – als de jongen ouder zijn – zich verder kunnen verplaatsen dan aan het begin, is het beoordelen van een mozaïek lastig. Bovendien wordt de kwaliteit ook bepaald door de ontwateringssituatie en de kruidenrijkdom. Daarom is voor het maken en beoordelen van beheerplannen een ruimtelijk model ontwikkeld dat met deze factoren rekening houdt. Agrarische natuurverenigingen hebben hiermee de mogelijkheid om gefundeerd sturing te geven aan de hoeveelheid en locatie van kuikenland (Melman e.a., 2012a, 2014; Schotman e.a., 2007). In dit model kunnen ook reservaten worden meegenomen, waardoor voor het gehele gebied, landbouw- plus natuurpercelen, gemakkelijk volwaardige weidevogelmozaïeken kunnen worden ontworpen en beoordeeld. Dat zal vanaf 2016 voor beheercollectieven een belangrijke opgave zal zijn.

6.7 Perspectieven

Wat zijn nu de perspectieven om tot verbetering van de Nederlandse weidevogelstand te komen? Een eerste vraag die daarbij opkomt is: moeten we onze aandacht nog wel op het agrarisch gebied richten? Tot nu toe heeft het agrarisch natuurbeheer immers weinig voor de weidevogels opgeleverd. Kunnen we de inspanningen niet beter alleen op reservaten richten? Hierover loopt al jarenlang een debat (zie onder andere Rli, 2013).

Eén van de inzichten die daarbij relevant zijn is: hoe zijn de huidige weidevogelpopulaties verdeeld over reservaten, beheergebieden en gangbaar gebruikte agrarische gebieden? Opmerkelijk genoeg is daar tot nu toe weinig aandacht aan besteed. Op basis van de landelijke verspreidingskaarten zoals die bij Sovon gemaakt zijn, blijkt dat de broeddichtheden in reservaten hoger zijn dan daarbuiten (Figuur 6.6B), maar tegelijk dat er van de meeste soorten nog altijd het grootste deel buiten reservaten broedt (Figuur 6.6A; Melman e.a., 2013). Van de grutto, tureluur, kievit en scholekster broedt 15 tot 32 procent in reservaten en 29 tot 65 procent in agrarische gebieden met legselbescherming en/of uitgestelde maaidatum. In het voor weidevogels belangrijke Noord-Holland is op basis van stippengegevens, dat wil zeggen gegevens over de feitelijke territoria, vastgesteld dat van genoemde soorten 12 en 28 procent in reservaten broedt en 45 tot 49 procent binnen gebieden met legselbescherming en uitgestelde maaidatum. Dat betekent dat agrarische gebieden buiten reservaten nog altijd heel belangrijk zijn voor weidevogels en dat het alleszins de moeite waard is om daarvoor tot effectieve beheervormen te komen.

Bovendien blijkt dat in sommige agrarische gebieden de stand van de weidevogels de afgelopen jaren op een hoog niveau in stand is gebleven of zelfs is toegenomen. Dat geldt bijvoorbeeld in de Ronde Hoep en Bovenkerkerpolder in Noord-Holland, de Eempolder in Utrecht en de Klaas Engelbrechtpolder in Zuid-Holland. Het betreft vaak, maar niet altijd gebieden waar reservaat en landbouwgebied zijn vervlochten en er een goede samenwerking bestaat tussen terreinbeheerder en boeren en waar het beheer over het geheel zorgvuldig wordt geregisseerd (zie ook Tekstkader 6.3). De praktijk laat dus zien dat in agrarisch gebied succesvol beheer mogelijk is (zie ook Hoofdstuk 13).

Dit inzicht is uitgewerkt in de zogenaamde kerngebiedenbenadering. Het basisidee achter deze benadering is om de inspanningen van het beheer zoveel mogelijk te bundelen in gebieden waar de basisomstandigheden goed zijn en de weidevogelstand nog goed is. Beheer kan immers alleen succesvol zijn als de basisomstandigheden op orde zijn. De inspanningen moeten er op zijn gericht deze gebieden te ontwikkelen tot zogenaamde brongebieden – gebieden waar de aanwas groter is dan de sterfte. Zulke gebieden zijn robuust en zorgen ervoor dat daarbinnen de aantallen stabiliseren. De ambitie van de kerngebiedenbenadering is om met de beschikbare gelden een zo groot mogelijke, duurzame weidevogelpopulatie te realiseren. Om tot kerngebieden te komen is het eerst nodig te definiëren hoe die gebieden er uit zouden moeten zien om brongebied te kunnen worden. Het gaat om vragen als: hoe open moet een open landschap zijn? Hoe hoog moet het grondwater staan? Hoe ziet een geschikte vegetatie er uit en hoeveel is daar per weidevogelgezin voor nodig? Tot wanneer

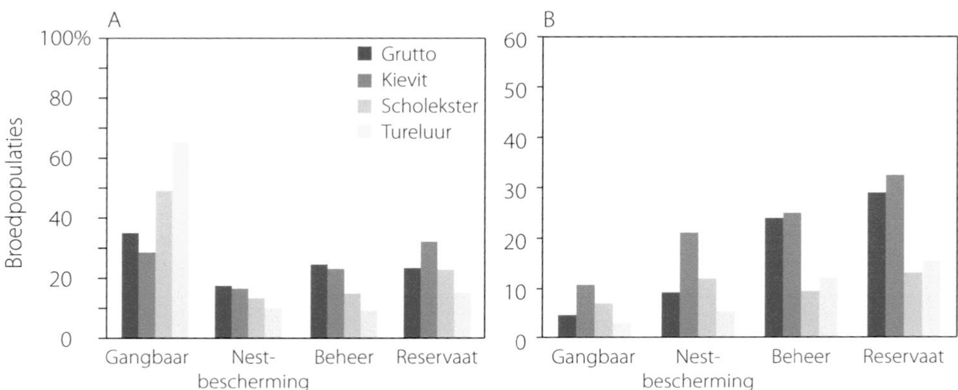

Figuur 6.6. (A) De procentuele landelijke verdeling van de broedpopulaties van enkele weidevogelsoorten over gebiedscategorieën op basis van landelijke verspreidingsgegevens (2005-2012). (B) Verdeling broeddichtheden in Noord-Holland (broedparen/100 ha) op basis van territoriumstippen (Melman e.a., 2013).

Tekstkader 6.3. Lerend beheren in Amstelland.

Mark Kuiper

In Amstelland heeft de plaatselijke agrarische natuurvereniging De Amstel de laatste jaren opvallende successen geboekt met het gruttobeheer. Een kort verslag.

Polder de Ronde Hoep

De polder de Ronde Hoep bij Ouderkerk aan de Amstel is een belangrijk weidevogelgebied. In 2005 telden vrijwilligers de gruttogezinnen in de polder. De nesten waren beschermd, de eieren konden veilig uitkomen. Maar de spaarzame percelen met de afspraak 'uitgesteld maaien' waren begroeid met te ver doorgegroeid en omgevallen raaigras: voor kuikens nauwelijks om door te komen. Het overgrote deel van de polder was gemaaid – geen gruttokuiken te bekennen. Schokkend. De lessen waren onontkoombaar: nesten beschermen is onvoldoende en laat maaien van 'turbogras' helpt niet (zie Figuur 6.3.1 en 6.3.2).

In de tien jaar die volgden veranderde veel. 160 hectare grasland in het hart van de polder werd eigendom van Landschap Noord-Holland. De boeren gebruiken dit land onder regie van een gebiedscoördinator om de omstandigheden voor de weidevogels goed te krijgen. Tegen dit reservaat aan liggen eigen percelen van de boeren, in totaal ongeveer 25 hectare, waar ze het water met stuwen hoog houden en het gras pas maaien als de kuikens veilig zijn opgegroeid. Of ze beweiden het gras tot begin mei, waarna het in juni prachtig kuikenland is, dat pas wordt gemaaid als de kuikens weg zijn. Buiten deze cirkel is het landgebruik intensief, maar waar nodig worden wel nesten beschermd. In 2014 konden we een vrolijke kaart maken! Het aantal gezinnen met kuikens eind mei was gestegen naar 211.

Het beheermodel is even eenvoudig als effectief: een goede twintig bedrijven beheren elk enkele percelen als kuikenland (variërend van 2 en 10 hectare) die het verst van de boerderij liggen. Deze liggen als een ring rondom het reservaat, dat bestaat uit broedgebied en kuikenland. Daaromheen ligt gangbaar graslandbeheer met legselbescherming.

Figuur 6.3.1. Alarmerende gruttoparen in de polder de Ronde Hoep in 2005. Blijkens alarmtellingen waren er in 2005 zeer weinig jonge grutto's. Linksboven in de figuur een grote groep op een plek waar geen enkele boer aan bescherming deed. Rechts een groep in smalle, ongemaaide 'vluchtstroken' langs de percelen. De blauwe percelen zijn afgeweid, de gele gemaaid en de groene nog niet gemaaid. Oranje zijn percelen met vluchtstroken. Bijna overal waren nesten beschermd en op de oranje percelen liet de boer volgens afspraak vluchtstroken staan. De ongemaaide percelen hadden voor ruim de helft een vergoeding voor uitgesteld maaien.

Figuur 6.3.2. Grutto reproductie in 2014 in polder de Ronde Hoep. Rode stippen: gezinnen met kuikens eind mei. Alle percelen met een kleurtje hebben kuikenlandbeheer (rust en 15 juni, 1 juli, voorweiden en 1 mei of extensief weiden). Het reservaat is rood omlijnd. BTS = bruto territoriaal succes.

Bovenkerkerpolder

We vroegen ons af: kan dat succes ergens anders worden herhaald? We probeerden het aan de overkant van de Amstel, in de Bovenkerkerpolder. In 2005 hadden we daar een begin-telling met een al even somber resultaat. Met de invoering van het nieuwe Subsidiestelsel Natuur en Landschap (SNL) in 2010 kwam de kans het beheer in deze polder beter aan te pakken. De boeren wisten het voor elkaar te krijgen om de percelen met uitgesteld maaien tegen elkaar aan te leggen tot grotere blokken kuikenland. Met een investering in schotten en pompen creëerden ze in drie blokken van elk ongeveer 20 hectare een 'bovenbemaling', hetgeen mogelijk werd gemaakt met middelen van het Amstellandfonds. Dat werkte als een magneet op de vogels. 80 procent van de grutto's wist de kuikens tot vliegvlug te laten opgroeien. Vier jaar later kon ook hier de vlag uit. Het aantal gruttoparen dat succesvol was in de reproductie steeg van 28 in 2005 naar 127 in 2014.

Conclusie

In de loop van tien jaar blijken de broedpopulaties van de grutto (en van andere weidevogelsoorten) in beide polders sterk te zijn toegenomen (Figuur 6.3.3). Deze resultaten zijn waarschijnlijk te danken aan de combinatie van nat en reliëfrijk broedgebied, resulterend in bloemrijk kuikenland en daaromheen intensief gebruikt gangbaar grasland dat dienst doet als foerageergebied. En aan lerend beheer.

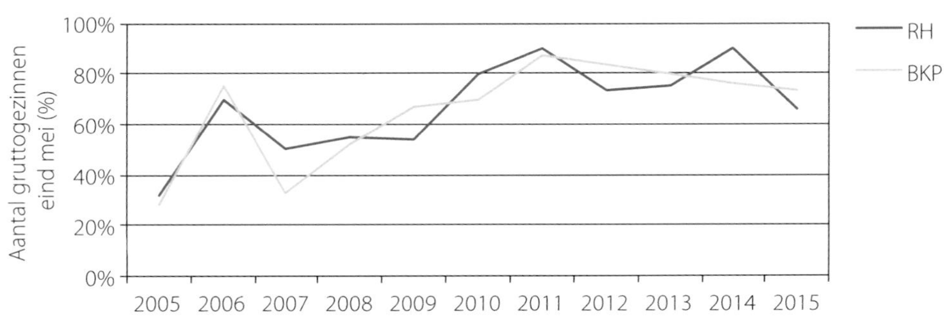

Figuur 6.3.3. Aantal broedparen van de grutto in polder de Ronde Hoep (RH) en de Bovenkerkerpolder (BKP) van 2005 en 2014 (eind mei).

in het seizoen is een dergelijke vegetatie nodig? En ten slotte: hoeveel en wat voor beheer is er nodig om een dergelijke geschikte vegetatie te realiseren?

Deze benadering is uitgewerkt voor de grutto (Figuur 6.7; Melman e.a., 2012b; Teunissen e.a., 2012). Daarbij is allereerst onderzocht wat de basisomstandigheden zijn van gebieden waarin de aantallen nog stabiel zijn of zelfs toenemen, vergeleken met gebieden waarin de aantallen juist afnemen. De volgende kenmerken kwamen daarbij als belangrijk naar voren: het landschap heeft een vrij zicht van minimaal 400 meter en bij voorkeur 600 meter. De optimale drooglegging op veen, klei op veen en kleigronden is in de zomer respectievelijk 25 centimeter, 35 centimeter en 50 centimeter beneden maaiveld en maximaal 35 centimeter, 60 centimeter en 75 centimeter. De kruidenrijke vegetatie wordt in die gevallen gekenmerkt door de aanwezigheid van soorten als scherpe boterbloem, beemdlangbloem, smalle weegbree, rode klaver, veldzuring en reukgras (Van der Geld e.a., 2013). Een bescheiden bemesting is daarbij belangrijk – met een maximum van 65 kilo stikstof per hectare– evenals een maaidatum na 15 juni, dan wel een zorgvuldig samengesteld beheermozaïek met daarin ook, al dan niet extensief beweide percelen. Geen verstoring door wegen is eveneens van belang. Wat nog niet kon worden onderzocht is de minimaal vereiste grootte van de aaneengesloten gebieden die aan bovengenoemde voorwaarden moeten voldoen. Op basis van *expert judgement* is bij de selectie een ondergrens van 250 hectare aangehouden.

Om te komen tot kerngebieden is een zogenaamde potentiële kerngebiedenkaart gemaakt op basis van het actueel voorkomen van de grutto (Figuur 6.8A). Deze kan worden gecombineerd met de

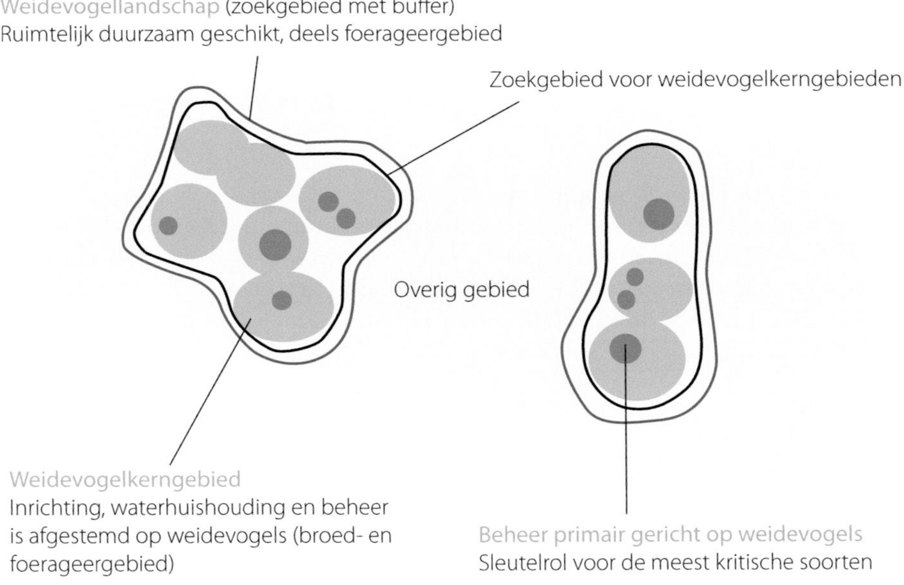

Figuur 6.7. Schematische weergave van het concept 'weidevogellandschap', waarbinnen kerngebieden worden onderscheiden (gericht op weidevogels, met name de meer kritische soorten). Binnen de kerngebieden kunnen 'superkernen' liggen (veelal reservaten) die volledig zijn ingericht en beheerd voor de meest kritische weidevogels, zoals kemphaan en watersnip.

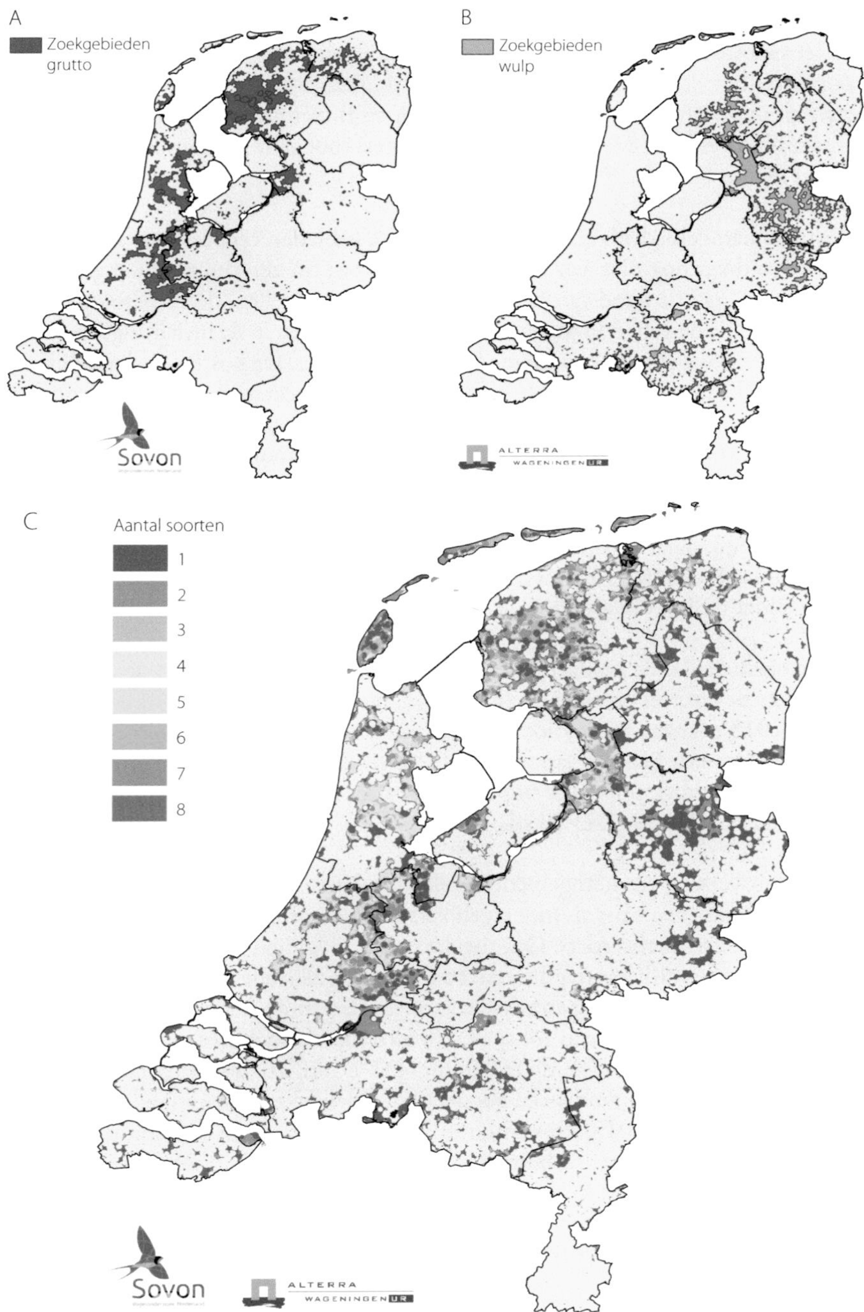

Figuur 6.8. Potentiële kerngebieden voor de (A) grutto en (B) wulp. (C) Potentiële kerngebieden voor acht soorten weidevogels gecombineerd (grutto, tureluur, kievit, scholekster, slobeend, watersnip, zomertaling kievit en wulp). De kleuren geven het aantal soorten aan dat er voorkomt.

geschiktheid van de terreinomstandigheden. Hiermee kunnen de gebieden worden geselecteerd waarin de terreinomstandigheden het meest gunstig zijn en waarin zich een zo groot mogelijk deel van de populatie bevindt. Potentiële kerngebieden blijken voor de verschillende weidevogelsoorten aanzienlijk te verschillen (vergelijk Figuur 6.8A en B met grutto links- en wulp rechtsboven). Het gezamenlijke beeld van de potentiële kerngebieden voor acht belangrijke weidevogelsoorten is weergeven in Figuur 6.8C.

Deze potentiële kerngebieden zijn weliswaar de beste gebieden op basis van het huidige voorkomen, maar ze voldoen nog niet aan alle voorwaarden om tot een duurzame populatie te komen. Per gebied kunnen aan de hand van de eisen die de soorten stellen, de verbeteropgaven zichtbaar worden gemaakt. Die betreffen in de eerste plaats verbeteringen in de inrichting, zoals openheid en drooglegging, en vervolgens de benodigde beheerinspanning. De kosten die landelijk zouden zijn gemoeid met inrichting en beheer van de beste circa 100.000 hectare voor de weidevogelsoorten van vochtige gebieden, zijn niet gering. Ze zijn indicatief geschat op circa 100 miljoen euro eenmalige inrichtingskosten, voor bijvoorbeeld een aanpassing van de drooglegging en het versterken van de openheid en circa 40 miljoen euro aan jaarlijkse beheerkosten (Melman e.a., 2014). Het huidige jaarlijks beschikbare totale bedrag voor het totale agrarisch natuurbeheer[3] zou voor het beheerdeel bijna toereikend zijn, maar er zijn geen gelden begroot voor de inrichting. Hier ligt dus een fors budgettair probleem en een grote uitvoeringsopgave (zie ook Tekstkader 6.4). Dit nog afgezien van de vraag onder welke voorwaarden de betrokken agrariërs bereid zouden zijn mee te werken.

In het weidevogelbeleid is de aandacht tot dusverre geconcentreerd geweest op de grutto. Hiervoor zijn goede redenen: een zeer groot deel van de populatie broedt in Nederland, de soort spreekt sterk aan – ze is in 2015 gekozen tot 'nationale vogel' – en is bovendien kwetsbaar. De andere soorten kunnen daar echter maar beperkt van mee profiteren. Neemt men de beste gruttogebieden – waar 60 procent van de huidige populatie broedt – dan broedt daarbinnen van de andere soorten een beduidend kleiner percentage (zie Tekstkader 6.4).

Bovenstaande uitwerking van kerngebieden is alleen gebaseerd op de fysieke kenmerken van gebieden. Realisering heeft geen kans als niet tegelijkertijd ook wordt gekeken naar het draagvlak onder boeren en andere terreinbeheerders. Om tot draagvlak te komen is het belangrijk dat met hen en met andere bewoners wordt overlegd welke voorwaarden zij stellen. Belangrijke elementen zullen hierbij zijn een flexibele uitvoering en zekerheid op lange termijn wat betreft de regeling. Daarnaast zullen meer algemene factoren een rol spelen, waaronder ontwikkelingen in de melkveesector – onder andere na het wegvallen van de melkquota per 1 april 2015– het belang van natuurbeheer als onderdeel van de *license to produce* en het maatschappelijk verantwoord ondernemen (Hendriks e.a., 2012; Westerink e.a., 2015) en combineerbaarheid van agrarisch natuurbeheer met andere inkomstenbronnen. En tenslotte de bereidheid van de consument – waarvan slechts 20 procent in eigen land woont en 80 procent in het buitenland – om meer te betalen voor zuivelproducten met een duidelijke plus voor biodiversiteit. Uiteindelijk is agrarische natuur niet een zaak van boeren alleen, maar een uitdaging voor boeren, natuurbeschermers en samenleving gezamenlijk.

---

[3] In het nieuwe stelsel voor agrarisch natuurbeheer (ANLb-2016) wordt uitgegaan van een landelijk beschikbaar bedrag van jaarlijks 60 à 70 miljoen euro voor het gehele agrarisch natuurbeheer (dus ook voor andere dan weidevogelsoorten); interne notitie min EZ, november 2014).

Tekstkader 6.4. Tot welke aantallen weidevogels kunnen kerngebieden leiden?

Dick Melman, Wolf Teunissen, Henk Sierdsema

In 2013 omvatte de landelijke broedpopulatie van de grutto circa 36.000 paar. Hoeveel mogen we er verwachten wanneer de hier geschetste kerngebiedenbenadering wordt uitgevoerd? Hieronder volgt een benadering op hoofdlijnen, op basis van de huidige verspreidingskarakteristiek (gebaseerd op Melman e.a., 2014).

Het zoekgebied met potentiële kerngebieden zoals weergegeven in Figuur 6.8C omvat in totaal circa 440.000 hectare. Deze bestaan uit reservaten en agrarische gebieden, al of niet met agrarisch natuurbeheer. De aandelen van de populaties van de verschillende weidevogelsoorten die binnen de potentiële kerngebieden voor al deze soorten voorkomen is weergeven in Tabel 6.4.1. Wat opvalt is dat van een aantal soorten zoals wulp, kievit en scholekster nog altijd het grootste deel van de populaties buiten de potentiele kerngebieden broedt. Het aandeel van een populatie dat zich binnen reservaten bevindt in de potentiële kerngebieden varieert van 7 tot 35 procent.

Van de 440.000 hectare potentieel kerngebied vindt momenteel op 107.300 hectare enige vorm van beheer plaats, verdeeld over 21.800 hectare reservaat en 85.500 hectare agrarisch gebied (Tabel 6.4.2). Duurzame subpopulaties mogen alleen worden verwacht op plaatsen waar wordt voldaan aan alle randvoorwaarden: openheid, drooglegging, afwezigheid van verstoring en goed beheer.

Uit Tabel 6.4.2 blijkt dat van de nu beheerde gebieden binnen reservaten en gebieden met agrarisch natuurbeheer slechts 1.860 hectare (2 procent) in alle opzichten voor de grutto voldoet. Elders laten vooral openheid en drooglegging veel te wensen over. Buiten de reservaten en gebieden met agrarisch natuurbe-

Tabel 6.4.1. Aantallen broedparen van acht weidevogelsoorten: de totale huidige Nederlandse populatie, en de aantallen in de potentiële kerngebieden (Figuur 6.8C), onderverdeeld in reservaten en agrarisch gebied.

Soort	Huidige landelijke broedpopulatie	Waarvan in zoekgebieden, deel reservaten	Waarvan in zoekgebieden, deel agrarisch gebied
grutto	36.000	2.932 (8%)	18.668 (52%)
zomertaling	550	98 (18%)	270 (49%)
slobeend	5.700	1.098 (19%)	2.607 (46%)
scholekster	58.000	1.488 (3%)	19.972 (34%)
kievit	145.000	4.240 (3%)	50.860 (35%)
watersnip	1.100	202 (18%)	370 (34%)
wulp	4.500	83 (2%)	817 (18%)
tureluur	17.000	1.269 (7%)	8.081 (48%)

Tabel 6.4.2. Potentiële kerngebieden voor acht weidevogelsoorten (zie Figuur 6.8C), het aandeel met bestaand beheer daarbinnen en het deel daarvan dat voldoet aan alle randvoorwaarden die voor de grutto van belang zijn.

	Totale oppervlakte (ha)	Voldoet reeds aan randvoorwaarden	Voldoet niet aan alle randvoorwaarden
Reservaten	21.800	2.500	19.200
Agrarisch natuurbeheer	85.500	1.860	84.740
Overig agrarisch gebied	331.700	2.480	329.220

heer voldoet 2.480 hectare (11,5 procent) aan alle randvoorwaarden. In die delen van de potentiële kerngebieden waar nu al reservaatbeheer of agrarisch natuurbeheer plaatsvindt, broedt nu circa 10.500 paar, waarvan bijna 3.000 in de reservaten en 7.500 onder agrarisch natuurbeheer (Tabel 6.4.3). Indien alle nu beheerde potentiële kerngebieden volledig zouden voldoen aan de randvoorwaarden, zou de gruttopopulatie binnen de agrarische gebieden kunnen toenemen naar 15.500 paren en in de reservaten naar 6.000 paren, in totaal 21.500 paar. Om deze gebieden volledig geschikt te maken zijn evenwel forse verbeteringen nodig (zie Paragraaf 6.7, p. 158). Het is zeer de vraag of dat gaat lukken. Gebeurt er aan inrichting niets, en blijven alleen de nu in alle opzichten geschikte gebieden over (6.840 hectare) en worden die blijvend goed beheerd (reservaatbeheer of agrarisch natuurbeheer) en verdwijnen daarbuiten op termijn alle grutto's, dan zakt het aantal broedparen in heel Nederland uiteindelijk naar 1.000 à 1.500 paar.

Deze berekeningen zijn zeer ruw en alleen bedoeld om op hoofdlijnen de aantallen te schetsen die bij verschillende scenario's op de lange duur mogen worden verwacht. Ze laten zien dat met een adequaat beheer/aanpak binnen de kernen de huidige grutto-aantallen aldaar ongeveer kunnen worden verdubbeld. Tegelijkertijd blijkt dat de gebieden die nu aan alle randvoorwaarden voldoen slechts 3-5 procent van de huidige populatie herbergen. Voortzetting van de huidige inspanningen zonder echte verbeteringen, zal de achteruitgang dus bij lange na niet stoppen. Willen we een populatie van 20.000-25.000 paar grutto's duurzaam in de benen houden, dan vergt dat dus een enorme inspanning.

Tabel 6.4.3. Geschatte en verwachte aantallen broedparen grutto's in potentiële kerngebieden, met en zonder verbeteringen in inrichting en beheer.

	In gebied dat nu aan alle randvoorwaarden voldoet	In gebied dat nog niet aan alle randvoorwaarden voldoet	
		Huidige aantal	Te verwachten aantal bij verbetering inrichting en beheer
Reservaten	1.000-1.500	3.000	6.000
Agrarisch natuurbeheer		7.500	15.500
Totaal	1.000-1.500	10.500	21.500

Van de redactie

1. Nederland is belangrijk voor weidevogels en weidevogels zijn belangrijk voor Nederland. Voor de instandhouding op het huidige niveau zijn zowel reservaten als het boerenland van belang.
2. Van meet af aan hebben weidevogels een belangrijke plek gehad in het agrarisch natuurbeheer. Tot dusver heeft dit niet geleid tot het stopzetten van de achteruitgang, ook niet in beheerde gebieden.
3. De bottleneck voor weidevogels ligt in de broedperiode. Hoofdoorzaak van de ontoereikende effectiviteit van het beheer is dat te weinig 'kuikenland' wordt gerealiseerd. Het beheer is te weinig gericht op het creëren van grasland van de juiste kwaliteit. Het beheerde areaal is te gering in omvang en vertoont onvoldoende ruimtelijke samenhang, waardoor op zich geschikt kuikenland voor de jongen niet bereikbaar is. Voorts is er een gemiddeld te sterke drooglegging van de graslanden, een geleidelijk toenemende verdichting van het landschap (minder openheid) en daarmee samenhangend een toenemende predatiedruk.
4. Weidevogelbeheer heeft ecologisch gezien pas perspectief wanneer er zogeheten 'brongebieden' worden gerealiseerd, gebieden waarin meer jongen vliegvlug worden dan er volwassen vogels doodgaan. Dit stelt eisen aan de kwaliteit én de omvang van de gebieden. De ondergrens ligt doorgaans bij enkele honderden hectaren.
5. In de te realiseren weidevogelgebieden moet – anders dan tot nu toe – aandacht worden geschonken aan álle factoren die belangrijk zijn: openheid, drooglegging, vegetatiestructuur en –samenstelling, verstoring en predatie.
6. Het is het meest kostenefficiënt en effectief om de middelen voor inrichting en beheer – meer geconcentreerd in te zetten in die gebieden die van zichzelf het meest geschikt zijn en waar de weidevogeldichtheden al hoog zijn. Deze benadering wordt aangeduid als de 'kerngebiedenbenadering'. Het gaat dan om het geheel van boerenland en reservaten.
7. Naast het creëren van de goede landschaps-ecologische randvoorwaarden is het noodzakelijk om een goede samenwerking en afstemming tussen de verschillende actoren in het gebied te realiseren: van boeren en vrijwilligers tot terreinbeheerders. Hierbij kunnen zogenoemde gebiedsregisseurs een cruciale rol spelen.
8. Omdat weidevogelbeheer door boeren vrijwillig is, moet het voldoende inpasbaar zijn in het bedrijf en moet er ruimte zijn voor regionaal maatwerk en het inbrengen van eigen ervaring.
9. In enkele gebieden zijn de laatste jaren, in lijn met bovenstaande benadering, hoopgevende ervaringen opgedaan. Een afname van de weidevogelstand kon in deze gebieden worden omgezet in een toename. Deze aanpak verdient verdere doorontwikkeling en brede toepassing.
10. Weidevogelbeheer heeft alleen toekomst wanneer het een volwaardig onderdeel van het bedrijf wordt. Naast overheidssubsidiëring is een bredere financiële basis nodig, bijvoorbeeld via een hogere prijs voor melk, kaas of vlees, of *crowdfunding*. Dit vergt een proces van lange adem, waarvoor de verantwoordelijkheid niet alleen ligt bij de boeren maar ook bij verwerkende bedrijven, supermarkten en burgers.

Hoofdstuk 7.

Ganzen: succes en probleem[1]

Adriaan Guldemond* en Dick Melman

J.A. Guldemond, CLM Onderzoek en Advies; guldemond@clm.nl
Th.C.P. Melman, Alterra Wageningen UR

◀ Nederland is de laatste 40 jaar voor ganzen heel aantrekkelijk geworden. Dit geldt onder meer voor kolgans, grauwe gans, brandgans en rotgans. Ganzen zijn vaak een verrijking van de natuur, maar door hun grote aantallen zorgen ze voor overlast in de landbouw. De opgave is een goede balans te vinden.

[1] Met dank aan Julia Stahl (Sovon) die de paragraaf over de 'Ecologische sleutelfactoren' heeft geschreven.

7.1 Inleiding

Ganzen zijn een succesverhaal van de natuurbescherming. Het aantal hier overwinterende ganzen, de wintergasten, is sinds midden jaren zeventig vervijfvoudigd, van circa 400.000 tot rond de 2 miljoen individuen (Hornman e.a., 2013). Voorts hebben vanaf de jaren zestig verschillende ganzensoorten zich in Nederland als broedvogel gevestigd. Naar schatting bedroeg de broedpopulatie in 2012 van alle hier broedende, en grotendeels jaarrond verblijvende ganzen, 146.000 paar (Schekkerman, 2012). Wat zijn de factoren die deze ontwikkeling bepalen en wat is de rol van het natuurbeheer? Voor wintergasten is het de combinatie van beschikbaarheid van voedsel op graslanden, akkers of kwelders met veilige overnachtingsmogelijkheden op open water die Nederland aantrekkelijk maakt. De Nederlandse overheid heeft haar internationale verantwoordelijkheid om de trekganzen te beschermen opgepakt met het instellen van Natura 2000-gebieden, die voorzien in rust en voedsel (Melman e.a., 2011). Daarnaast zijn halverwege de jaren tachtig winterrustgebieden ingesteld, die later in het kader van agrarisch natuurbeheer opgevolgd werden door ganzenfoerageergebieden. Maar daarmee is in 2014 gestopt, omdat de kosten te hoog werden bevonden en de ganzen zich niet genoeg lieten concentreren (zie Paragraaf 7.5). Buiten de foerageergebieden verleent het Faunafonds een tegemoetkoming in de schade. Deze regeling geldt voor ganzenschade veroorzaakt zowel in de winter als in de zomer. Het budget hiervoor is gelimiteerd, waardoor bij omvangrijke schade de vergoedingen per schade eenheid kunnen gaan dalen.

Het agrarisch natuurbeheer heeft in het succesvolle ganzenbeheer geen belangrijke rol gespeeld. De bescherming van ganzen richtte zich met name op de overwinterende ganzen, omdat onze internationale verantwoordelijkheid daar betrekking op heeft. Wat de broedende populaties ganzen in Nederland betreft, is de verrassende populatiegroei van de grauwe gans in gang gezet door herintroducties en door het ontstaan van de Oostvaardersplassen, wat kan gelden als een succes voor het

Foto 7.1. Kolganzen zijn in ons land vrijwel allemaal overwinteraars. Maximaal vertoeven hier bijna 900.000 kolganzen, 80 procent van de wereldpopulatie. Ze reageren snel op dooi of vorst, en kunnen tijdens de winter tussen noord en zuid heen en weer pendelen.

natuurbeheer. De combinatie van de uitbreiding van natte natuur als geschikt broedgebied met aangrenzend mals, agrarisch grasland waar de jongen kunnen opgroeien, maakte een stormachtige toename mogelijk. Keerzijde van dit succes waren toenemende problemen voor de landbouw en de luchtvaart, maar ook voor het natuurbeheer en de recreatie (zie Paragraaf 7.4).

Wat wordt gedaan om de schade te verminderen? De hier broedende grauwe gans, brandgans en kolgans zijn beschermde soorten, maar de provincie kan ontheffing voor afschot en vangen verlenen om de schade te beperken. De exotische soorten nijlgans en Canadese gans zijn zogenaamde vrijgestelde soorten, waarvoor de afschotmogelijkheden ruimer zijn. Alle overwinterende trekganzen zijn beschermd met, in de meeste provincies, een rustperiode tussen 1 maart en 1 november.

7.2 Ecologische sleutelfactoren

Grote groepen ganzen in de winter en het voorjaar zijn kenmerkend voor onze natte natuurgebieden en het open agrarische cultuurlandschap. Ganzen foerageren in de winter in grote sociale groepen, samen met hun jongen van de afgelopen zomer. Ze zijn herbivoor en omdat zij anders dan koeien, schapen of paarden geen groot spijsverteringsstelsel hebben, zijn ze erg kieskeurig wat de kwaliteit van hun voedsel betreft. Malse graslanden of wintergraanvelden in ons intensief gebruikte cultuurlandschap zijn voor hen perfect. Daar kunnen de ganzen in winter en voorjaar vetreserves opbouwen, voordat ze enkele duizenden kilometers vliegen naar hun broedgebieden in de arctische toendra.

Waarom broeden zij in die voor ons onherbergzame gebieden? Dat wordt bepaald door verschillende factoren (Van der Graaf e.a., 2006). Het langdurige of zelfs permanente daglicht in de polaire zomer maakt, samen met een late voedselpiek van de zeer eiwitrijke vegetatie in arctische gebieden, dat jonge ganzen tijdens hun opgroeiperiode optimaal kunnen foerageren en daardoor al binnen enkele weken zijn volgroeid. Verder maakt een lage parasietendruk en afwezigheid van verstoring en jacht de toendra's tot een aantrekkelijk broedgebied (zie onder andere Ebbinge, 2014; Piersma, 1997). Het broedsucces wordt in sterke mate bepaald door de cyclische aan- of juist afwezigheid van lemmingen, stapelvoedsel voor predatoren zoals bijvoorbeeld de poolvos. In een jaar met veel lemmingen laat de poolvos de ganzen links liggen en is hun broedsucces hoog, in een jaar met weinig lemmingen predeert hij legsels en jongen en is het broedsucces praktisch nul (Ebbinge, 2014).

De wintersterfte van veel trekpopulaties is in de afgelopen decennia verlaagd. Dat komt door de intensivering van de landbouw in Noordwest-Europa, waardoor meer eiwitrijk gras en ander voedsel beschikbaar is gekomen, in combinatie met verlaging van de jachtdruk in de gehele flyway, de vliegroute die migrerende vogels gebruiken (Van Eerden e.a., 2005). Bovendien zijn nieuwe broedgebieden beschikbaar gekomen, in het noorden door klimaatverandering en bij ons door nieuw aangelegde natte natuurgebieden, in combinatie met voedselrijke graslanden. De ganzen hebben deze nieuwe ecologische ruimte snel benut en dit heeft tot de enorme groei van de meeste ganzenpopulaties geleid.

Ook blijken, zoals gezegd, in ons land enkele ganzensoorten zeer succesvol te kunnen broeden: gunstige omstandigheden zijn aanwezig zoals een geringe verstoring, broeden op geïsoleerde eilandjes, waardoor grondpredatoren geen kans krijgen, goede foerageergebieden met veel stikstofrijk en vezelarm plantenmateriaal, ook in de zomer, en toegang tot open water tijdens de zomerse rui.

We zouden ook kunnen zeggen: niet terugkeren naar de polaire broedgebieden wordt niet meer afgestraft, ondanks de hogere parasietendruk. De brandgans is een voorbeeld van een voorheen strikt arctische soort die nu zeer succesvol in Nederland broedt. De grauwe gans is een inheemse Nederlandse broedvogel, die zich hier weer succesvol heeft uitgebreid.

7.3 Ontwikkeling ganzenpopulaties

In deze paragraaf bespreken we de ontwikkeling van de hier overwinterende trekganzen en de jaarrond verblijvende broedende ganzen.

Overwinterende trekganzen

Het aantal trekganzen dat in Nederland overwintert, bedroeg in de winter van 2011-2012 circa 2,1 miljoen individuen. Kolgans, brandgans en grauwe gans vormen de hoofdmoot. Andere wintergasten zijn, in afnemende aantallen: toendrarietgans, (zwartbuik)rotgans, kleine rietgans, dwerggans en taigarietgans. Grote Canadese gans en nijlgans overwinteren ook, maar dit betreft jaarrondganzen. Gemiddeld meer dan 60 procent van de Noordwest-Europese flyway-populatie verblijft 's winters in Nederland, variërend van 35 procent voor de toendrarietgans tot meer dan 80 procent voor de brandgans (Tabel 7.1; Hornman e.a., 2013). De Noordwest-Europese flyway-populatie omvat ganzen afkomstig uit noordelijke, arctische gebieden tot ver in Siberië, die naar West-Europa trekken om te overwinteren, én ganzen die hier broeden en hier jaarrond verblijven. Van de soorten die in Nederland zijn toegenomen, zoals grauwe gans, kolgans en brandgans, zijn de populaties van de Noordwest-Europese flyway sinds de vorige schatting in de jaren negentig ook fors toegenomen (Fox e.a., 2010).

De ganzenpopulaties die hier overwinteren bestaan, afhankelijk van de soort, uitsluitend uit trekvogels uit noordelijke gebieden als rotgans, uit een mix van trekganzen en inheemse broedvogels als grauwe gans of uitsluitend uit inheemse broedvogels, waaronder exoten als nijlgans. De verwachting is dat het aantal overwinterende ganzen nog zal toenemen (Baveco e.a., 2013; Guldemond e.a.,

Tabel 7.1. Aantal winterganzen in 2011-2012 (Hornman e.a., 2013) en Noordwest-Europese flyway populatie (schattingen overwegend periode tussen 2007 en 2009; Fox e.a., 2010).

Soort	Seizoensmaxima 2011/2012	Flyway-populatie (2007/2009)
kolgans	875.000	1.200.000
brandgans	857.000	935.000-1.050.000
grauwe gans	421.000	610.000
toendrarietgans	194.000	550.500
kleine rietgans	24.000	63.000
(zwartbuik)rotgans	102.000	245.900
grote canadese gans	28.000	41.000
nijlgans	25.000	?
dwerggans	110	?
taigarietgans	14	63.000

2012). Grauwe gans en brandgans zijn nog sterk in opmars, voornamelijk door de toename van het aantal hier broedende ganzen. Voor de overwinterende grauwe ganzen is berekend dat in de winter van 2011-2012 67 procent bestaat uit hier broedende vogels (Kleijn e.a., 2012). Kolgans en rotgans lijken te stabiliseren.

Omdat de overwinterende ganzen afhankelijk van de soort langer of korter in Nederland verblijven, is naast de maximale aantallen ook het aantal gansdagen informatief. Deze maat geeft een beeld van hoe de ganzen Nederland benutten qua hoeveelheid voedsel, en dus ook van de potentiële schade. Gansdagen worden simpelweg berekend door het aantal ganzen te vermenigvuldigen met hun verblijfsduur in dagen. Dat aantal is sterk gestegen, van minder dan 50 miljoen in de jaren zeventig tot rond de 300 miljoen gansdagen in de winter van 2011-2012 (Figuur 7.1). Dit is een toename met een factor 6, terwijl de maximale aantallen ganzen met een factor 5 zijn toegenomen. Dit verschil wordt veroorzaakt door een langere verblijfsduur in Nederland. Zo blijft de brandgans in het voorjaar langer in Nederland. De kolgans, die aanvankelijk goed was voor ruim de helft van het totaal aantal gansdagen, is momenteel nog slechts goed voor ongeveer een derde. Grauwe gans en brandgans laten een sterke toename zien, van 25 procent van de gansdagen in de winter van 1990-1991 tot ruim 50 procent in de winter van 2011-2012.

Van de ganzen die in Nederland broeden is onderscheid te maken tussen inheemse ganzen, nieuwe soorten en exoten. De grauwe gans is inheems voor Nederland, maar in de jaren twintig stierf hij vrijwel uit als gevolg van het drooggeggen van broedgebieden en door jacht. In de jaren zestig leidden herintroducties en spontane uitbreiding van de spaarzaam overgebleven broedparen ertoe dat

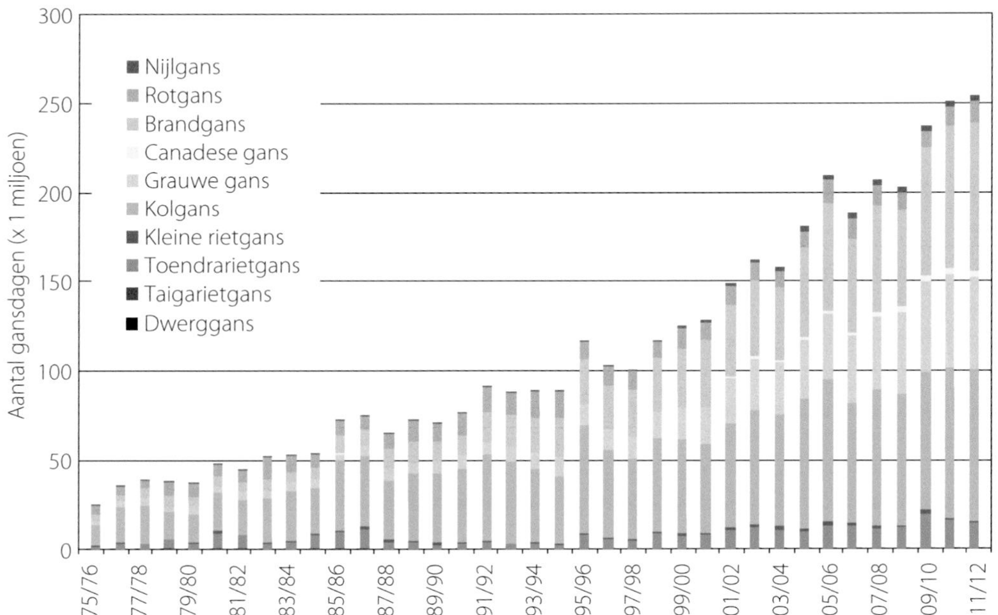

Figuur 7.1. Aantal gansdagen van overwinterende en doortrekkende ganzen in Nederland in de periode september tot en met mei (Netwerk Ecologische Monitoring (Sovon/CBS) watervogeltellingen; Sovon, 2013).

de grauwe gans zich weer als broedvogel ging uitbreiden (Lensink e.a., 2013a). De brandgans heeft zich hier in 1982 spontaan gevestigd als gevolg van een gestage zuidwaartse uitbreiding van het broedgebied langs de trekroute, en plaatselijk door ontsnapte of losgelaten individuen. Beide soorten begonnen aan een spectaculaire opmars. Exoten zoals nijlgans (1967), grote Canadese gans (1973) en Indische gans (1986), zijn hier gekomen doordat ze ontsnapten uit vogelparken en particuliere watervogelcollecties. De broedpopulatie van de kolgans (1980) is waarschijnlijk ontstaan uit aangeschoten vogels of ontsnapte lokvogels (Guldemond en Roog, 1980; Lensink e.a., 2013b; Melman e.a., 2011).

Alle hier broedende ganzensoorten hebben een snelle toename laten zien, van 20 procent per jaar bij de grauwe gans tot bijna 45 procent bij de brandgans, hoewel de groei sinds 2000 is afgenomen (Voslamber e.a., 2007, 2010). De huidige populatieomvang is niet systematisch in kaart gebracht en schattingen hebben een grote onzekerheidsmarge (Schekkerman, 2012). De grauwe gans is veruit de meest talrijke soort met bijna 440.000 individuen, gevolgd door de brandgans met 52.000. In totaal werd de populatiegrootte van alle broedende ganzen voor juli 2012 geschat op circa 146.000 paar (583.000 individuen: adulten, subadulten en jongen; Schekkerman, 2012). Figuur 7.2 laat de groei van de populatie jaarrondganzen zien. Er blijkt nog geen sprake te zijn van stabilisatie.

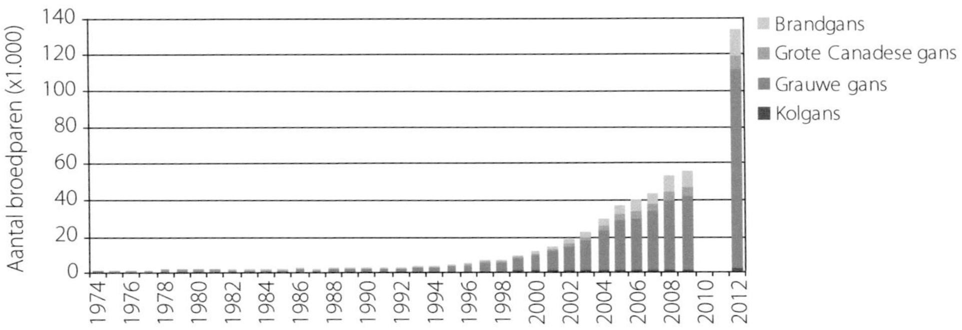

Figuur 7.2. Populatie-ontwikkeling van de jaarrondganzen (samengesteld uit: Melman e.a., 2011; Schekkerman, 2012).

7.4 Effecten op landbouw, natuur, recreatie en vliegveiligheid

Hier bespreken we de effecten van ganzen op landbouwgewassen, natuur, recreatiegebieden en vliegveiligheid.

Landbouw

Van de ganzenschade in de landbouw wordt 87 procent veroorzaakt in gras, 8 procent in granen en 4 procent in andere akkerbouwgewassen (Guldemond e.a., 2013). Als een boer maatregelen heeft genomen om schade te voorkomen, kan hij een tegemoetkoming in de schade krijgen via het Faunafonds. Weren en verjagen zijn verplichte maatregelen, evenals verjagen met ondersteunend afschot. De schade wordt getaxeerd op basis van gederfde opbrengsten. De uitgekeerde schade in de winter is toegenomen tot in 2011 en schommelt sindsdien rond een niveau van ongeveer 7 miljoen euro (Figuur 7.3). De zomerschade neemt nog steeds toe en bedraagt nu bijna 3 miljoen euro. Onderzoek geeft aan dat wanneer het beleid van voor 2012 zou worden voorgezet – dus met een beperkte inzet van populatie regulerende maatregelen – de winterschade in 2018 zou oplopen naar ruim 11 miljoen euro en de zomerschade naar 7,5 miljoen euro (Guldemond e.a., 2012). Dit wordt hoofdzakelijk veroorzaakt door de groei van het aantal jaarrondganzen, die zowel in de zomer als in de winter extra schade veroorzaken.

Ganzen en eenden worden ook verdacht van het overbrengen van vogelgriep. Onderzoek (Kleijn e.a., 2010) bij kolganzen wees uit dat 2,5 à 10,7 procent van de ganzen was besmet met laag pathogene griepvirussen. Bij aankomst in Nederland waren de ganzen echter niet besmet, zodat het overbrengen van hoog pathogene virussen uit de broedgebieden in Azië via deze route onwaarschijnlijk is. Wel is in 2014 een aantal eenden – met name smienten – in Nederland aangetroffen met het hoog pathogene virus. Onduidelijk is nog of zij dit virus zelf hebben meegenomen of dat ze het in Nederland hebben opgedaan.

Ganzen kunnen overigens ook voordelen voor de boer opleveren. Beperkte ganzenbegrazing van wintertarwe maakt dat het graan sterker uitstoelt met meer aren en de opbrengst daardoor hoger is. Dit levert naar schatting een jaarlijks voordeel op van 0,4 miljoen euro (Guldemond e.a., 2013).

Natuur

Toen grauwe ganzen weer meer in Nederland gingen broeden, werden ze verwelkomd door beheerders van natuurterreinen. Ze vormden een verrijking van de natuur en brachten bovendien meer dynamiek (begrazing) in natte natuurgebieden. Ook voorkwamen ze bijvoorbeeld dat de Oostvaardersplassen helemaal dichtgroeiden met riet. Maar diezelfde ganzen bleken toen hun aantallen toenamen soms ook nadelige gevolgen voor de natuur te hebben (Kleijn e.a., 2011). Ze hebben door hun graas-, woel- en ontlastingsgedrag negatieve effecten op sommige vegetaties, waar ze door

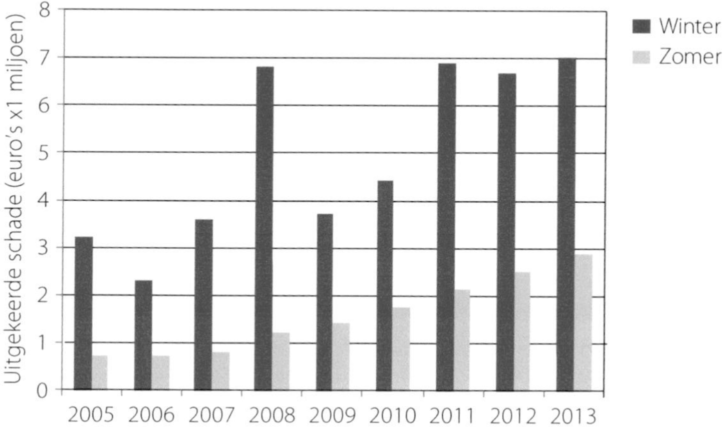

Figuur 7.3. Uitgekeerde schade in euro's veroorzaakt door ganzen in de winter- en zomerperiode (gegevens: Faunafonds, 2014; Guldemond e.a., 2012).

intensieve begrazing en het uittrekken van wortelstokken de rietkragen belemmeren in hun groei of zelfs doen verdwijnen. Schrale, soortenrijke vegetaties worden geëutrofieerd. Door vermesting gaat de waterkwaliteit in met name voedselarme vennen en plassen achteruit, met alle negatieve gevolgen voor de daar aanwezige biodiversiteit.

Ook wordt vermoed dat er negatieve effecten op weidevogels zijn, maar dat is niet eenduidig vastgesteld. Kleijn e.a. (2009) vonden geen invloed van ganzen op de vestiging en het gedrag van weidevogels. Wel werd in sommige terreinen van Staatsbosbeheer een correlatie gevonden tussen de toename van ganzen en een afname van weidevogels (Lensink e.a., 2010).

Ganzen rond recreatieplassen veroorzaken negatieve effecten. Ze zorgen voor bevuiling van ligweiden, steigers en fietspaden door uitwerpselen en bacteriële besmetting van het water met *Escherichia coli*, waardoor dit tijdelijk ongeschikt kan zijn als zwemwater (De Lange e.a., 2013).

Veiligheid

Vooral voor het vliegverkeer rond vliegvelden vormen ganzen een groot potentieel gevaar. Wanneer ze in een motor terechtkomen, kan deze uitvallen. Het aantal vliegbewegingen van ganzen over de banen van Schiphol is in de periode tussen 2006 en 2012 exponentieel toegenomen (Lensink en Boudewijn, 2013). Het toegenomen aantal ganzen heeft op Schiphol al geleid tot verschillende vogelaanvaringen, waarbij ook noodlandingen zijn voorgekomen. Sinds 2005 vinden er ieder jaar één tot zeven aanvaringen plaats met ganzen, waarbij grauwe gans en Canadese gans het vaakst zijn betrokken (Lensink en Boudewijn, 2013; Visser e.a., 2015).

Ganzen broeden steeds meer in de stad, behalve de soepgans met name ook nijlgans, Canadese gans en grauwe gans (Voslamber, 2013). Daar veroorzaken ze soms gevaarlijke verkeerssituaties. Ook ganzen die op klaverbladen met waterpartijen broeden kunnen mogelijk gevaarlijke situaties voor het wegverkeer opleveren.

Foto 7.2. Twee nieuwkomers. (A) De Canadese gans is uitgezet in Groot-Brittannië (17^{e} eeuw) en in Zweden (begin 20^{e} eeuw) en broedt sinds 1974 in Nederland. (B) De nijlgans (eigenlijk een eendensoort!) ontsnapte waarschijnlijk in Wassenaar uit gevangenschap en broedt sinds 1967 in Nederland. Beide soorten nemen snel in aantal toe.

7.5 Ganzenbeleid

Gedoog- en foerageergebieden

De betekenis van Nederland als pleisterplaats voor overwinterende trekganzen werd al vanaf begin jaren vijftig aanleiding voor een doelgericht wintergastenbeleid. Toen werd de jacht op rot- en brandgans gesloten (Ebbinge, 2014; Mörzer Bruijns, 1958). In 1970 kregen ganzen prioriteit in het Nederlandse comité voor het Natuurbeschermingsjaar N70 van de Raad van Europa. In 1979 kregen enkele ganzensoorten, waar onder grauwe gans, kolgans en brandgans, beschermingsstatus op basis van de Vogelrichtlijn. In 1999 werd de jacht op alle ganzen geheel gesloten. Daarmee werd een schaderegeling noodzakelijk.

Omdat het aantal overwinterende trekganzen en daarmee de schade steeds verder toenam, ontstond in de jaren negentig het idee om ganzengedooggebieden (later ganzenopvang- en ganzenfoerageergebieden genoemd) aan te wijzen. Daar waren ganzen welkom en zouden ze door verjaging elders naar toe kunnen vliegen. Binnen deze gebieden konden boeren beheerovereenkomsten afsluiten, waarin het aanbieden van rust en voldoende gras aan het begin van de winter de belangrijkste maatregel was. Hiermee is enkele jaren proefgedraaid en in 2005 werd de regeling ingevoerd op landelijke schaal (Ministerie van LNV, 2004). Beoogd werd 80.000 hectare ganzenopvanggebieden, waarvan 65.000 hectare agrarisch gebied en 15.000 hectare natuurgebied. Daarmee wilde de overheid voldoen aan internationale verplichtingen en tegelijkertijd de schade in de landbouwgebieden beperken.

Uit onderzoek blijkt dat circa 60 procent van de ganzen in de winter in opvanggebieden verblijft. Dit aandeel neemt echter niet toe (Schekkerman e.a., 2013; Van der Zee, e.a., 2009). De oorzaak daarvan ligt mogelijk in de 'rafelige begrenzing' van de opvanggebieden, waardoor ruimtelijke concentratie van ganzen lastig is. De totale uitvoerings- en schadekosten voor winterganzen stegen in de periode tussen 2001 en 2008 van 6 naar ruim 14 miljoen euro per seizoen (Melman e.a., 2011) en namen daarna nog verder toe en 22 miljoen euro in de winter van 2010/2011 (Guldemond e.a., 2012).

Natura 2000-gebieden

In 53 Nederlandse Natura 2000-gebieden zijn kwantitatieve beschermingsdoelstellingen voor overwinterende ganzen opgenomen, als andere maatregel om Europese verplichtingen na te komen. Het gaat met name om het aanbieden van slaapgebieden. Voor het foerageren zijn de omliggende agrarische gebieden nodig, de boven beschreven foerageergebieden. De opvang die Natura 2000-gebieden zouden moeten bieden, is voor brandgans en kolgans het grootst, elk voor meer dan 250.000 individuen. In totaal gaat het om de opvang van ruim 700.000 ganzen. Dat is ongeveer 36 procent van het aantal ganzen dat in Nederland overwintert.

Jaarrondganzen

Vanaf eind jaren negentig namen ook de jaarrond broedende ganzen toe. Deze veroorzaakten steeds meer landbouwschade in de zomerperiode (Faunafonds, 2014; zie Paragraaf 7.4). De overlast bij boeren is relatief groot doordat de schade wordt aangericht in het productieseizoen. Aanvankelijk was voor deze groep geen schaderegeling van toepassing, omdat de Nederlandse verantwoordelijkheid de overwinterende ganzen betrof en de jaarrondganzen daar niet onder vielen. Maar omdat

Foto 7.3. De grauwe gans, die als broedvogel vrijwel was verdwenen in het begin van de vorige eeuw, heeft zich sinds de jaren '60 weer gevestigd. De combinatie van nieuwe moerasgebieden en voedselrijk boerengrasland is hiervoor bepalend geweest.

het grootste deel van de jaarrondganzen ook bij ons overwintert, is ook hiervoor beleid ontwikkeld. Het betreft voor de zomerperiode aantalsregulering in combinatie met een schaderegeling. Het nemen van schade beperkende maatregelen wordt toegestaan, beginnend bij weren en verjagen. Aantalsregulerende maatregelen als eierenrapen, vangen en afmaken, en afschot zijn gebonden aan een provinciale ontheffing.

Provinciaal beleid

Sinds 2012 zijn provincies verantwoordelijk voor het ganzenbeleid. Ganzenbeleid ligt maatschappelijk gevoelig vanwege de daaraan gekoppelde aantalsregulering via jacht en het vangen en met CO_2 doden van de ganzen (vergassing). Om uit de impasse te komen hadden zeven landelijke organisaties, de Ganzen7, kortweg G7, de handen ineengeslagen. Hierin zaten onder andere beheerders van natuurterreinen, de landbouw en Vogelbescherming. De G7 had als doel tot onderlinge overeenstemming te komen over het te voeren beleid, en legde onder andere maatregelen over aard en tempo van maatregelen en na te streven aantallen vast in een akkoord. De provincies omarmden dit beleid, en de G7 werd G19 (Ganzenakkoord, 2012). Kern van het akkoord was dat de trekganzen in de winter worden beschermd en niet worden verjaagd of bestreden, wat in lijn is met onze internationale verantwoordelijkheid. De populaties zomerganzen moesten echter naar een aanvaardbaar niveau teruggebracht worden om meer schade te voorkomen, te weten de (schade)omvang van 2005. Dit overleg was begin 2014 echter stukgelopen. Nu formuleert iedere provincie een eigen ganzenbeleid, waarbij de meeste provincies voortborduren op het oorspronkelijke G7-akkoord, maar de rustperiode in de winter hebben verkort en afhankelijk hebben gemaakt van de beoogde reductie van het aantal ganzen.

Effect van het beleid op populatieontwikkeling

Heeft het beleid van agrarisch natuurbeheer voor trekganzen bijgedragen aan hun populatietoename? Dit lijkt niet waarschijnlijk. Geschikte graslanden voor foerageren en water om te overnachten zijn er in Nederland volop. Grote delen van Nederland vormen van zichzelf al een uitermate geschikt biotoop voor ganzen. Ganzenfoerageergebieden, die dit voedsel en deze rust bieden, dragen bij aan de opvang van ganzen in de winter, maar zouden dat zonder deze expliciet toegekende functie waarschijnlijk ook doen. De agrarisch natuurbeheer regeling heeft wel bijgedragen aan de acceptatie van winterganzen door agrariërs.

Een belangrijker factor voor de toename van de winterganzen was het stoppen van de jacht, niet alleen in Nederland, maar in grote delen van de flyway. Ook de toename van eiwitrijk gras heeft een rol gespeeld (zie Paragraaf 7.2). Foerageergebieden en schaderegeling hebben er aan bijgedragen dat de schade die de ganzen in de landbouw veroorzaken, in ieder geval ten dele wordt vergoed. Daarbij vinden boeren de foerageergebieden een stuk positiever dan een schaderegeling. Het gastvrij ontvangen van ganzen in de winter en daar een vergoeding voor krijgen, werkt beter dan een gedeeltelijke vergoeding te krijgen voor schade in het voorjaar die je juist helemaal wilt vermijden. 'Ik produceer mijn gras niet voor de ganzen' is een gevleugelde uitspraak van veel boeren.

7.6 Dilemma's, maatschappelijke discussie en toekomst

De toename van het aantal ganzen roept verschillende gevoelens op. Enerzijds is het geweldig dat ganzen het zo goed doen. Anderzijds gaan de huidige aantallen gepaard met aanzienlijke schade en veiligheidsrisico's. Dat noopt tot aantalsregulering, wat als strijdig wordt ervaren met natuur- en dierenbescherming.

In de afweging rond aantalsregulering worden de trekganzen anders beoordeeld dan de hier broedende ganzen. Ook al veroorzaken de trekganzen aanzienlijke schade, toch ligt daar de focus van de bescherming, omdat de Nederlandse internationale verantwoordelijkheid de trekganzen betreft in onder meer de Conventie van Bonn en de Europese Vogelrichtlijn. Om daaraan te voldoen is het belangrijk om met andere landen uit de flyway van Rusland tot Spanje afspraken te maken en beleid af te stemmen wat betreft jacht, aantalsregulering, beschermde foerageer- en rustgebieden op de trekroutes en in de overwinteringsgebieden. Dit met als doel om levensvatbare populaties te behouden.

In Nederland broedende jaarrondganzen worden anders beoordeeld. Zij vormen een nationaal probleem. Aantalsregulering is noodzakelijk om de schade te beheersen, maar met behoud van de 'gunstige staat van instandhouding', zoals de Flora- en Faunawet dat omschrijft.

Maatschappelijke discussie

Het huidige ganzenbeleid is maatschappelijk omstreden. Voor boeren is de maat al lang vol. Zij ondervinden de meeste hinder, *in casu* economische schade. Verder worden rond vliegvelden grote inspanningen geleverd om gevaarlijke situaties te voorkomen. De grotere vliegvelden hebben een afdeling *bird control*. Rond Schiphol beperken boeren het aanbod van voedsel door oogstresten snel onder te ploegen in het kader van een betaalde regeling (Guldemond en Den Hollander, 2011; Kraakman e.a., 2011). Dit lijkt een effectieve strategie om het aantal ganzen rond Schiphol terug te dringen (Bos en Van Belle, 2014). Ook telen boeren op beperkte schaal andere, voor ganzen onaantrekkelijke gewassen, zoals olifantsgras.

Maatregelen om de schade te beperken zijn noodzakelijk, maar voor partijen als Faunabescherming en de Partij voor de Dieren blijft populatieregulering door doodmaken onbespreekbaar. Het is een dilemma. Het doden door afschot en vooral door vangen en vergassen roept weerstand op, terwijl dit juist effectieve maatregelen kunnen zijn. Tegelijkertijd is duidelijk dat de afweging tussen enerzijds ethiek – respect voor alle leven – en anderzijds vliegveiligheid en voorkomen van landbouwschade –respect voor menselijk leven en economische belangen – aan de andere kant pregnant is. Het maatschappelijk draagvlak is mogelijk te verbreden door vlees van geschoten ganzen aan te bieden als streek- of natuurproduct, waarbij natuurorganisaties ook een rol kunnen spelen. Predatie door vos of zeearend kan plaatselijk een regulerende rol spelen, maar is moeilijk stuurbaar en kan conflicteren met bijvoorbeeld bescherming van weidevogels (Gijsbertsen en Teunissen, 2013). Daarnaast kan de groei van broedpopulaties worden beperkt door broedgebieden minder aantrekkelijk te maken, wat echter ook negatieve effecten op andere, gewenste soorten, kan hebben, of door broedgebied en opgroeigebied voor de jonge ganzen met rasters te scheiden (Voslamber, 2010). Dan hebben de opgroeiende jongen een kleinere overlevingskans.

Toekomstig ganzenbeleid

Naar de toekomst kunnen we twee extreme scenario's tegenover elkaar zetten. In het eerste scenario vindt er geen aantalsregulering meer plaats van onze hier broedende ganzen. De populatie zal dan sterk toenemen en uiteindelijk stabiliseren op een hoog niveau (Baveco e.a., 2013). In sommige gebieden waar grauwe ganzen al lang zitten, vindt stabilisering al plaats, bijvoorbeeld in de Ooijpolder. Dan zal de schade overal vergoed moeten worden en/of zal een veel grotere inspanning nodig zijn om de schade te beperken. In het tweede scenario wordt de schade niet meer vergoed. Dan is er een veel grotere noodzaak om de aantallen te beperken en terug te dringen. Ganzen worden weer op de jachtlijst geplaatst en mogen het hele jaar door worden bejaagd. Populaties worden teruggebracht tot een laag niveau.

Er is evenwel nog een derde weg, die naar onze mening de voorkeur verdient. Die ligt dicht tegen de ideeën van de G7 aan. Deze betreft het aanbieden van rustgebieden voor overwinterende trekganzen. Daar zou de schade volledig moeten worden vergoed, hetgeen overigens knelt met het budget dat de provincies beschikbaar hebben. In een aantal provincies (Friesland, Utrecht en Zeeland) zijn deze ganzenrustgebieden al ingesteld of worden voorbereid. Voor een groot deel kan worden aangesloten op de voormalige ganzenfoerageergebieden, die dan wel homogener en dus effectiever moeten worden. Tegelijkertijd zullen de hier broedende ganzen flink in aantal teruggebracht moeten worden om maatschappelijk draagvlak te behouden, zoals was afgesproken met een typische polderafspraak door de G7 en later de G19. Daarmee wordt ook de schade naar een aanvaardbaar niveau terug gebracht. Zo kan worden verantwoord dat gemeenschapsgeld wordt gebruikt voor de opvang van wintergasten. In al deze opties zouden stakeholders – in de landbouw, het natuurbeheer, dierenwelzijnsorganisaties – meer moeten inzetten op het zoeken naar nieuwe mogelijkheden voor populatieregulering en schadebeperking die kunnen rekenen op een bredere acceptatie. Hier ligt een uitdaging voor innovators.

Van de redactie

1. Afgelopen decennia zijn ganzen spectaculair in aantal toegenomen, aanvankelijk als overwinteraars, later ook als broedvogels.
2. Deze toename is veroorzaakt door de combinatie van de sterke uitbreiding van moerasgebieden in Nederland (Oostvaardersplassen en moerassen gecreëerd in het kader van natuurontwikkeling) met de toegenomen voederwaarde van het agrarisch gras. Dat leverde enerzijds rust- en broedgelegenheid en anderzijds foerageermogelijkheden. Ook de inperking van de jacht vanaf de jaren zeventig heeft een belangrijke rol gespeeld.
3. De toename is verwelkomd vanuit de natuurbescherming, maar levert voor de landbouw schade op (circa 10 en 15 miljoen euro per jaar). Daarnaast veroorzaken ganzen veiligheidsrisico's bij vliegvelden. Ook kunnen ze ongewenste ontwikkelingen in natuurgebieden veroorzaken.
4. Diverse overwinterende ganzensoorten genieten bescherming vanuit de internationale verantwoordelijkheid die Nederland hiervoor heeft. Daarom heeft de overheid regelingen voor ganzenschade in agrarische gebieden ingevoerd.
5. Aangetoonde schade wordt (deels) financieel gecompenseerd. Daarnaast zijn er zogenoemde ganzenopvanggebieden gecreëerd, waarin de overheid met de boeren van te voren afspraken maakt over beschikbaarheid van gras en handhaving van rust. Deze zijn in 2014 afgeschaft en worden deels vervangen door ganzenrustgebieden. Voorts zijn een vijftigtal Natura 2000-gebieden ingesteld voor overwinterende ganzen, met name als ganzenslaapplaats.
6. De uitvoering van het ganzenbeleid is rond 2012 gedecentraliseerd van rijk naar provincies. Bij de vormgeving en uitvoering van het beleid zijn diverse maatschappelijke organisaties betrokken. Nut en noodzaak van aantalregulering zijn onderwerp van vaak verhitte discussies.
7. Voordeel van uitvoering door provincies is dat het beleid dichter bij boeren en burgers komt en dat meer maatwerk mogelijk wordt. Nadeel is dat beleid tussen provincies wat uit elkaar gaat lopen en in toenemende mate een landelijk overzicht ontbreekt van aantalsontwikkeling, ingezette verjagings- en reguleringsmaatregelen, schade en veiligheidsrisico's.
8. De perspectieven voor de overwinterende ganzen worden voor een belangrijk deel bepaald door de internationale verplichtingen. Voor deze verplichtingen lijken de huidige middelen toereikend. Afschot wordt tot een minimum beperkt.
9. De aantallen broedende ganzen nemen snel toe en daarmee de schade voor landbouw, in sommige natuurgebieden en de risico's voor het vliegverkeer. Regulatie zal maatschappelijk gezien onontkoombaar blijven, maar levert heftige publieke discussies op. Benutting van de gedode ganzen voor consumptie kan het draagvlak voor regulatie ten goede komen, maar zal niet alle bezwaren wegnemen.

Hoofdstuk 8.

Akkervogels tussen hoop en vrees

Jules Bos*, Ben Koks, Marije Kuiper en Kees van Scharenburg

J.F.F.P. Bos, Vogelbescherming Nederland; jules.bos@vogelbescherming.nl
B.J. Koks, Stichting Werkgroep Grauwe Kiekendief
M. Kuiper, Agrarische Natuurvereniging De Amstel
C.W.M. van Scharenburg, Stichting Werkgroep Grauwe Kiekendief

◄ Akkervogels krijgen de laatste vijftien jaar relatief veel aandacht. Dit als gevolg van de onverwacht positieve effecten van de braaklegging in de jaren '90. Patrijs, veldleeuwerik en gele kwikstaart vinden er hun habitat. In uitgestrekte akkergebieden kunnen ook grauwe kiekendief en blauwe kiekendief broeden.

◄ De kenmerkende akkerflora is sterk achteruitgegaan. Daarbij horen fraai bloeiende soorten als de korenbloem, gele ganzenbloem en klaproos en de vrijwel verdwenen roggelelie (foto).

8.1 Het Nederlandse akkerbouwlandschap – enkele historische ontwikkelingen

Vóór de intrede van de kunstmest waren veehouderij en akkerbouw op bedrijfsniveau nauw verweven. Veehouderij stelde boeren in staat delen van hun landerijen die niet als akkerland konden worden benut toch in de bedrijfsvoering op te nemen. Door het omzetten van bouwland in tijdelijk grasland konden boeren de bodemvruchtbaarheid en bodemstructuur verbeteren. Bovendien was een afwisseling van gewassen noodzakelijk voor onkruidbestrijding en beheersing van ziekten en plagen. Tenslotte leverde de veehouderij de voor de gewasteelt benodigde mest.

Met de komst van kunstmest en pesticiden verviel de noodzaak om er ter wille van bodemvruchtbaarheid en ziekten- en plaagbeheersing een gemengde bedrijfsvoering op na te houden. Daarnaast zijn vanaf de jaren dertig in hoog tempo ruilverkavelingen doorgevoerd. Waar voorheen veranderingen kleinschalig en geleidelijk plaatsvonden, ging binnen een tijdsbestek van vijftig jaar vrijwel het hele agrarisch gebied op de schop. De ruilverkavelingen hadden ingrijpende gevolgen voor inrichting en beheer van het landelijk gebied, zoals diepere ontwatering, kanalisering van beken, egalisering van hoogteverschillen, toegenomen mogelijkheden voor mechanisering, grotere percelen en het opruimen van landschapselementen (Bijlsma e.a., 2001). Hiermee samenhangend hebben zich vanaf midden jaren zestig belangrijke verschuivingen in gewasarealen voorgedaan. Zo is het areaal maïs vanaf 1970 toegenomen, terwijl het areaal zomergranen juist sterk afnam. Als gevolg van het goeddeels verdwijnen van de roggeteelt uit Nederland, nam ook het areaal wintergranen af. In de afgelopen vijftig jaar is het totale areaal akkerbouw met circa 13 procent gekrompen. De grootte van akkerbouwbedrijven is daarentegen sterk toegenomen, wat gepaard ging met een beduidende vergroting van de gemiddelde perceelsoppervlakte.

Landschappelijk bezien bestaan er grote en voor akkervogels relevante verschillen tussen de diverse regio's wat betreft de schaal van het landschap en de daarin aanwezige gewasteelten. Een belangrijke

Foto 8.1. Blauwborsten worden door weinigen met akkers geassocieerd. Na vestiging in 1989 in Noord-Groningse akkers is het deze soort voor de wind gegaan. Tegenwoordig wordt in koolzaadvelden de gemiddelde dichtheid geschat op 1 broedpaar per hectare en de blauwborst is daarmee zo'n beetje de talrijkste broedvogel.

scheidslijn is die tussen hoog en laag Nederland. De gebieden boven NAP vallen grotendeels samen met het droge en relatief nog steeds kleinschalige zandgebied. De gebieden beneden NAP omvatten de nattere, meestal grootschaliger en meer open klei- en veengebieden.

8.2 Wat zijn akkervogels?

De aan cultuurlandschappen gebonden vogels zijn ruwweg onder te verdelen in twee groepen (Dochy en Hens 2005; Van Scharenburg e.a., 1990): (1) soorten van open landschappen; en (2) soorten van halfopen en meer besloten landschappen. Veel van de aan open landschappen gebonden soorten vinden hun oorsprong in natuurlijke biotopen als steppen, kwelders en natuurlijke graslanden. Dit betreft voornamelijk grondbroeders als grauwe kiekendief, kievit, wulp, grutto, kwartel, watersnip, grauwe gors, graspieper, gele kwikstaart en veldleeuwerik. Soorten van halfopen en besloten landschappen vertonen niet alleen binding met akkers en graslanden, maar ook met landschapselementen als bosjes, houtwallen, struweelhagen, ruigten, greppels, erven en natte elementen. Hiertoe behoren onder andere ransuil, torenvalk, geelgors, ringmus, patrijs, zomertortel en kneu.

Veel soorten van het open landschap kwamen tot medio vorige eeuw zowel in graslanden als in akkers voor. Mede als gevolg van de intensivering van de landbouw zijn ze uiteengevallen in wat we in het dagelijks spraakgebruik 'weidevogels' en 'akkervogels' zijn gaan noemen. Tot de akkervogels worden dan soorten gerekend die tegenwoordig hoofdzakelijk nog in akkerbouwgebieden voorkomen, waar onder patrijs, veldleeuwerik en gele kwikstaart. In de praktijk is de scheiding echter niet zwart-wit, want in gebieden met zowel akkers als graslanden maken veel soorten binnen hun leefgebied gebruik van beide. De ecologie van de betreffende soorten wordt dan ook meer recht gedaan door te spreken over 'boerenlandvogels'. Maar ondanks de verwarring die het kan oproepen, houden we hier toch vast aan de breed ingeburgerde term akkervogels. Tabel 8.1 geeft voor een achttal soorten een ruwe schatting van de verdeling van de Nederlandse broedpopulatie over akkerland, gemengd cultuurland en grasland.

Tabel 8.1. Aandeel (procent) van de totale aantallen broedend in agrarisch gebied van enkele soorten akkervogels per landschapstype: 'akkerland' (>75 procent van het oppervlak aan landbouwgrond is akker), 'gemengd cultuurland' (25-75 procent akker) en 'grasland' (>75 procent grasland). Het landschapstype waar het grootste aandeel van de cultuurlandpopulatie broedt is vet weergegeven. Onder 'elders' is aangegeven of er in Nederland nog noemenswaardige (+) of substantiële (++) broedpopulaties zijn buiten het cultuurland, zoals in heide, duinen of kwelders. De cijfers zijn tot stand gekomen door modelvoorspellingen op basis van verzamelde vogelgegevens in de periode tussen 1998 en 2008 en hebben een aanzienlijke onzekerheidsmarge (Bos e.a., 2010).

Soort	Akkerland	Gemengd cultuurland	Grasland	Elders
geelgors	**42**	31	27	++
gele kwikstaart	**69**	17	14	
graspieper	31	16	**53**	++
kievit	24	22	**54**	
kwartel	**76**	12	12	
patrijs	**53**	28	19	+
scholekster	19	18	**63**	++
veldleeuwerik	**48**	17	35	+

8.3 Landbouwintensivering en akkervogels

Na eeuwenlange expansie van de landbouw is momenteel een belangrijk deel van de Europese biodiversiteit gebonden aan agrarische landschappen. Deze aan de landbouw gebonden biodiversiteit staat op Europese schaal onder druk. Veel vogelsoorten hebben aanvankelijk geprofiteerd van de expansie van de landbouw, maar laten de afgelopen decennia een afnemende verspreiding en afnemende aantallen zien (Donald e.a., 2001a, 2006). Het lijdt geen twijfel dat deze negatieve ontwikkeling voor een aanzienlijk deel kan worden verklaard door intensivering en schaalvergroting van de landbouw (Chamberlain e.a., 2000; Donald e.a., 2006, 2001a; Newton, 2004). Tabel 8.2 geeft voor enkele soorten een overzicht van populatietrends in Nederland sinds begin jaren zestig.

De belangrijkste mechanismen achter de achteruitgang van vogels in het agrarisch cultuurlandschap zijn inmiddels goed bekend. Elke soort heeft zijn eigen behoeften en voorkeuren met betrekking tot onder meer nest- en schuilgelegenheid en zomer- en wintervoedsel (Dochy en Hens, 2005). Waar de schoen wringt, is voor elke soort anders en verschilt bovendien per land en per regio (Baker e.a., 2012; Newton 2004). Zo blijkt de zomertortel vooral een probleem te hebben met het vinden van voldoende voedsel tijdens het broedseizoen (Dunn e.a., 2015), resulterend in een afname van het aantal broedpogingen (Browne en Aebischer, 2004). Jacht is waarschijnlijk ook een factor van betekenis in zowel Europa als de Afrikaanse overwinteringsgebieden, maar betrouwbare gegevens over

Tabel 8.2. Overzicht van populatietrends van enkele boerenlandvogels in Nederland en beschermingsstatus van deze vogels in de EU-25 (Birdlife International, 2004; Sovon, 2012; Van Beusekom e.a., 2005).

	Populatie-schatting 1998-2000	Populatie-schatting 1973-1977	Status Nederlandse Rode Lijst	Procentuele afname sinds 1960	Threat Status EU-25	Conservation Status EU-25
Geelgors	25.000	22.000-28.000[a]			declining	unfavourable
Gele kwikstaart	40.000-50.000	40.000-70.000[a]	gevoelig	50-75%	declining	unfavourable
Graspieper	70.000-80.000	>100.000	gevoelig	>50%	depleted	unfavourable
Grauwe gors	50-100	1.100-1.250	ernstig bedreigd	>99%	declining	unfavourable
Groenling	50.000-100.000	40.000-60.000			secure	favourable
Kievit	200.000-300.000	200.000-275.000[a]			vulnerable	unfavourable
Kneu	40.000-50.000	75.000-100.000	gevoelig	50-75%	declining	unfavourable
Ortolaan	0-2	90-125	ernstig bedreigd	>99%	declining	unfavourable
Paapje	500-700	1.250-1.750	bedreigd	>80%	declining	unfavourable
Putter	15.000-20.000	3.000-4.500			secure	favourable
Patrijs	9.000-13.000[b]	37.500-47.500	kwetsbaar	>95%	vulnerable	unfavourable
Rietgors	70.000-100.000	25.000-30.000			declining	unfavourable
Ringmus	50.000-150.000	500.000-750.000	gevoelig	>50%	declining	unfavourable
Torenvalk	5.000-7.500	5.000-6.500			declining	unfavourable
Veldleeuwerik	50.000-70.000[c]	500.000-750.000	gevoelig	>95%	declining	unfavourable
Zomertortel	10.000-12.000	35.000-50.000	kwetsbaar	>90%	vulnerable	unfavourable

[a] Schatting uit iets recentere periode.

[b] De schatting voor 2005 bedraagt 10.000 broedparen.

[c] De schatting voor 2004 bedraagt 35.500-48.000 broedparen.

geschoten aantallen ontbreken. Het voortbestaan van een patrijzenpopulatie is vooral afhankelijk van de vraag of kuikens in hun eerste levensdagen voldoende insecten kunnen vinden (Kuijper e.a., 2009). Gorzen ervaren door een gebrek aan zadenrijke habitats vooral in de winter voedselschaarste, met name in februari tot april (Siriwardena e.a., 2008). De veldleeuwerik heeft in de zomer problemen met het vinden van geschikte nestgelegenheid (Kragten e.a., 2008; Kuiper e.a., 2015) en in de winter vermoedelijk met het vinden van voldoende voedsel (Geiger e.a., 2014).

In de afgelopen decennia zijn twee soorten akkervogels als broedvogel in Nederland nagenoeg uitgestorven, ortolaan en grauwe gors. Naast welbekende oorzaken, zoals toegenomen herbicidengebruik, het vroeger maaien van graslanden en het verdwijnen van landschapselementen en overhoekjes, heeft ook specifiek de opkomst van maïs in de jaren zeventig bij beide soorten sterk bijgedragen aan hun uitsterven. De ortolaan is een warmteminnende soort die voorkwam in structuurrijk, kleinschalig agrarisch cultuurlandschap op de hogere zandgronden en daar gebonden was aan de teelt van rogge. Van Noorden (1999) wijt het uitsterven van de ortolaan – 800 à 1.000 broedparen in 1960, laatste broedgeval in 1994 – voor een groot deel aan het verdwijnen van geschikt broedhabitat als gevolg van de zeer sterke afname van de winterroggeteelt in de jaren zestig en de opkomst van maïs vanaf de jaren zeventig. De sinds 1999 verboden, intensieve jacht op de ortolaan in Zuidwest-Frankrijk tijdens de najaarstrek heeft vermoedelijk ook een rol gespeeld. De ortolaan geldt in de Franse keuken als delicatesse.

De grauwe gors – 1.100 à 1.250 broedparen in de jaren zeventig – kwam voor in een viertal kernen in Groningen, het Rivierengebied, Zeeuws-Vlaanderen en Limburg. In het Rivierengebied vormden uiterwaarden het leefgebied, in de andere kernen ging het om open akkerbouwlandschappen. In Limburg was de grauwe gors onlosmakelijk verbonden met graanakkers, veelal in combinatie met andere akkerbouwgewassen, wei- en hooilanden en ruige bermen of greppels (Hustings e.a., 1990). Als gevolg van de opkomst van maïs ging ook voor deze soort veel nesthabitat verloren en verslechterde de voedselsituatie in zomer en winter. Tegenwoordig broedt de grauwe gors onregelmatig in Nederland. Het gaat dan hooguit om een handvol broedparen.

8.4 Enkele soorten nader bekeken

In deze paragraaf gaan we dieper in op de ecologie van een drietal soorten die we kunnen zien als representanten van de akkervogelgemeenschap: grauwe kiekendief, patrijs en veldleeuwerik. Aan elk van deze soorten is in Europa de afgelopen twintig jaar veel onderzoek verricht, waardoor relatief goed bekend is met welke problemen ze in hedendaagse agrarische cultuurlandschappen te kampen hebben en wat daaraan te doen valt. Ook wordt duidelijk hoe de omvang van de populaties nauw samenhangt met ontwikkelingen in de landbouw.

Grauwe kiekendief

Grauwe kiekendieven broeden van oudsher in duinen, venen en ruigtes, maar tegenwoordig broedt 70 à 90 procent van de Europese populatie in agrarisch gebied (Arroyo e.a., 2002). In Noordwest-Europese akkerbouwgebieden wordt genesteld in gewassen als koolzaad, luzerne en wintergranen. Broeden in een zo sterk door mensen beïnvloede omgeving maakt de soort kwetsbaar en populaties in landbouwgebieden kunnen dan ook alleen voortbestaan dankzij intensieve nestbescherming. In

Foto 8.2. De (her)vestiging van de grauwe kiekendief in noordoost-Groningen was spectaculair. Welke randvoorwaarden deze soort aan zijn leefgebied stelt, is inmiddels intensief onderzocht. Daarbij zijn vogels van 'dataloggers' voorzien, waarmee tot in detail kan worden gevolgd hoe de kiekendieven door het landschap bewegen. Ze vertonen individueel gedrag: de ene zoekt boven akkers, de ander stroopt slootkanten af.

Nederland was de grauwe kiekendief begin twintigste eeuw met 500 à 1.000 broedparen één van de meest talrijke roofvogels.

Grootschalige ontginningen van 'woeste gronden', intensivering van landbouw, vervolging en bebossing leidden er toe dat de soort eind jaren tachtig zeer zeldzaam was geworden. Toen serieus rekening werd gehouden met het verdwijnen van de soort uit Nederland, doken in 1990 onverwacht drie broedparen op in Noordoost-Groningen (Koks en Van Scharenburg, 1997). Deze vestiging hield verband met Europese regelingen ter beheersing van overproductie, in het kader waarvan grote stukken landbouwgrond meerjarig braak werden gelegd. Na afschaffing van deze braakleggingsregeling in 1994 bleken meerjarige akkerranden het voedselaanbod voor kiekendieven op peil te kunnen houden (Koks e.a., 2007). De stijging van het aantal broedparen zette in de jaren negentig gestaag door (Figuur 8.1). Soortgelijke toenames van de grauwe kiekendief na introductie van akkerranden werden gezien in Noordwest-Groningen (Trierweiler e.a., 2008) en in het Duitse Rheiderland.

Tegenwoordig herbergt Nederland een kleine, maar stabiele populatie grauwe kiekendieven van 40 tot 60 broedparen. Het gros daarvan broedt in Oost-Groningen, met kleinere clusters in Noordwest-Groningen, Flevoland en Noord-Friesland. Het succes van de grauwe kiekendief in Groningen staat of valt met nestbescherming (Wiersma e.a., 2014). Alle nesten van grauwe kiekendieven worden door de Werkgroep Grauwe Kiekendief opgezocht en vervolgens beschermd met een gazen kooi of een stroomhek rondom het nest. Zonder deze bescherming zou het merendeel van de nesten door oogstwerkzaamheden of predatie verloren gaan, en zou de jongenproductie te laag zijn om de populatie in stand te houden (Trierweiler e.a., 2008).

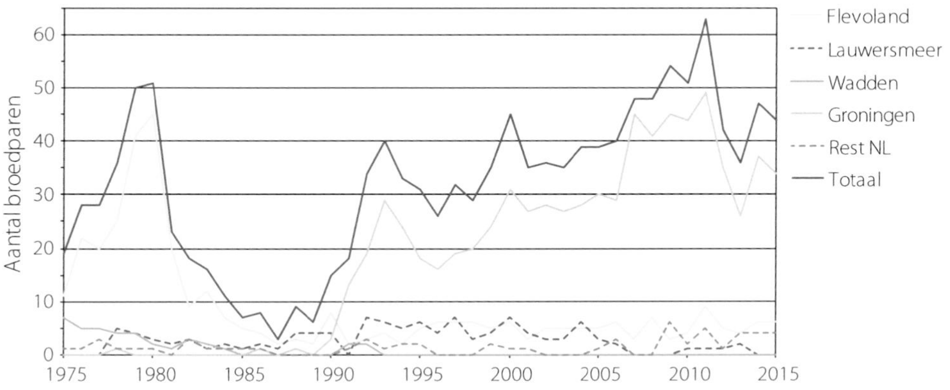

Figuur 8.1. Aantallen broedparen in de periode tussen 1975 en 2015 van de grauwe kiekendief in verschillende deelpopulaties in Nederland (data Werkgroep Grauwe Kiekendief).

Doordat de grauwe kiekendief hoog in de voedselketen staat, geeft deze soort een indicatie van de kwaliteit van het onderliggende voedselweb. De soort kiest jaarrond een breed spectrum aan prooisoorten, waaronder muizen en andere kleine zoogdieren, vogels, hazen, reptielen, eieren en grote insecten. De belangrijkste prooisoort verschilt per seizoen, regio en populatie. In Nederlandse landbouwgebieden zijn grauwe kiekendieven gespecialiseerd in het eten van woelmuizen, vooral de veldmuis (Koks e.a., 2007), maar in jaren met een lage muizenstand neemt het aandeel zangvogels en jonge hazen in het menu toe. Ondanks de aanwezigheid van deze alternatieve prooien zijn Nederlandse grauwe kiekendieven kwetsbaar als hun belangrijkste prooi, de veldmuis, wegvalt. Het agrarisch cultuurlandschap biedt momenteel te weinig armslag om daljaren in muizencycli op te kunnen vangen.

Uit onderzoek met gezenderde grauwe kiekendieven bleek dat de omvang van het leefgebied van individuele mannetjes, verantwoordelijk voor het aanslepen van voedsel voor broedende vrouwtjes en opgroeiende nestjongen, gemiddeld 35 vierkante kilometer bedraagt (Trierweiler, 2010). Recenter onderzoek, waarbij vogels zijn uitgerust met nog geavanceerdere zenders (zogenaamde GPS-loggers; Figuur 8.2), laat echter zien dat het leefgebied meestal aanzienlijk groter is. Naarmate er meer gunstig habitat in het leefgebied aanwezig is, zoals luzerne en braakachtige vegetaties, kunnen de vogels volstaan met een kleinere home range. De oppervlakte van het leefgebied is daarmee een maat voor de kwaliteit van het gebied, die in het geval van de grauwe kiekendief vooral een functie is van aantallen prooidieren. Het grootste deel van de leefgebieden van de grauwe kiekendief bestaat uit graanpercelen, waarin de vogels een veilige broedplaats vinden. Tijdens de jacht hebben de vogels een sterke voorkeur voor pas gemaaide luzerne en grasland, waarin prooien goed zichtbaar en bereikbaar zijn. In de huidige leefgebieden van de grauwe kiekendief zijn luzerne en braak schaars. Door Wiersma e.a. (2014) uitgevoerde analyses van het 'landgebruik' door grauwe kiekendieven lieten zien dat verhoging van het aanbod van deze vegetaties zal bijdragen aan de aantrekkelijkheid van een gebied en aan een verhoogd broedsucces (Figuur 8.2).

Figuur 8.2. Voorbeeld van een home range van een mannetje grauwe kiekendief zoals vastgelegd met een moderne GPS-logger (Klaassen e.a., 2014). Bij A de track van de vogel (GPS-punten verbonden met een lijn), bij B het relatieve gebruik van 100 × 100 m hokjes voor dezelfde vogel. Hoe groener de kleur, hoe meer tijd in het hokje werd besteed. Het GPS-logger onderzoek onthulde onder andere dat grauwe kiekendieven bovengemiddeld vaak gebieden opzoeken waar relatief veel maatregelen (akkerranden, wintervoedselveldjes, vogelakkers) zijn genomen, hoewel ze hun prooien (veldmuizen en akkervogels) lang niet altijd vangen in de percelen met maatregelen (Wiersma e.a., 2014).

Patrijs

De patrijs komt zowel voor in zeer open, grootschalige landschappen als in kleinschalige en besloten landschappen. In besloten landschappen zijn de populatiedichtheden meestal hoger. De patrijs nestelt op goed beschermde plaatsen op de grond, bij voorkeur in grasachtige vegetaties. De oppervlaktes van de leefgebieden van patrijzen varieert in het broedseizoen van enkele hectaren tot enkele tientallen hectaren, afhankelijk van landschapskarakteristieken en habitatkwaliteit.

De afgelopen decennia is de patrijs sterk in aantal afgenomen. Het verloop van deze afname kan goed worden gereconstrueerd aan de hand van jachtstatistieken van geschoten vogels. Op basis van afschotgegevens van een landgoed in Norfolk onderscheiden Potts en Aebischer (1995) drie perioden. De eerste periode loopt van de achttiende eeuw en 1950, ofwel de periode voor de grootschalige introductie van gewasbeschermingsmiddelen in de landbouw. Deze periode wordt gekenmerkt door stabiele populaties, met tientallen tot soms wel honderd afgeschoten vogels per vierkante kilometer. Weersomstandigheden verklaarden in die tijd meer dan 50 procent van de waargenomen variatie in afschotcijfers. Dit vormt een aanwijzing dat vóór 1950 de kuikenoverleving een belangrijke parameter was voor de populatieontwikkeling. De gemiddelde kuikenoverleving in die periode bedroeg circa 50 procent (Figuur 8.3).

De tweede periode beslaat de jaren van 1950 en 1970, waarin de geschoten aantallen sterk teruggelopen tot slechts enkele vogels per vierkante kilometer. In deze periode nam de kuikenoverleving plots sterk af, wat wordt toegeschreven aan de grootschalige introductie van gewasbeschermingsmiddelen in de landbouw. Werd in de jaren vijftig nog maar 15 procent van alle graanakkers behandeld met herbiciden, in 1965 was dit al toegenomen tot 90 procent. Dat veroorzaakte een sterke afname

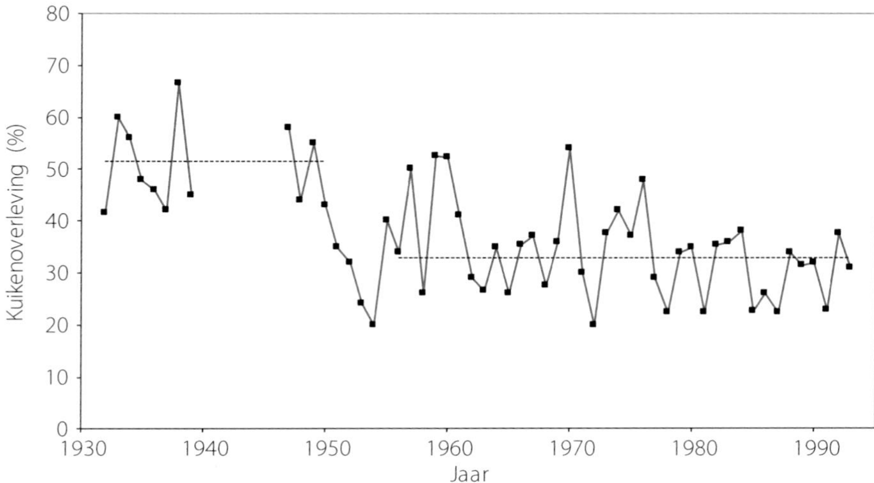

Figuur 8.3. Jaarlijkse overleving van patrijskuikens tussen uitkomen van eieren en een leeftijd van 6 weken. Kuikenoverleving is berekend op basis van de grootte van familiegroepen in augustus. Gegevens zijn afkomstig uit het gehele Verenigd Koninkrijk (Potts en Aebischer, 1995).

van onkruid- en insectenpopulaties, en daarmee van het voedsel voor zowel kuikens als volwassen patrijzen (Benton e.a., 2002; Boatman e.a., 2004; Wilson e.a., 1999).

In de derde periode, van 1970 en 1993, ging de afname van de geschoten aantallen verder door, maar verminderde de snelheid van die afname. In deze periode kon de waargenomen trend niet worden verklaard uit een verder afnemende kuikenoverleving, maar uit de afname van het percentage uitgekomen legsels. De verminderde nestoverleving ging gepaard met een verhoogde predatie van broedende hennen. Beide factoren worden toegeschreven aan afnemende vervolging van predatoren, zoals roofvogels, kraaiachtigen en marterachtigen. Een soortgelijk patroon als hierboven is geschetst voor Engeland komt ook naar voren uit telgegevens van het Europese vasteland, al trad de afname daar iets later op. In de meeste landen en regio's was er sprake van een ware ineenstorting van de populatie in een relatief kort tijdsbestek, waarna herstel naar het oorspronkelijke niveau uitbleef.

In de winter opereren patrijzen in groepen die bestaan uit één of meer ouderparen met hun jongen. Voor een standvogel als de patrijs is het aanbod van wintervoedsel van groot belang. Dit wintervoedsel bestaat uit blad van granen en onkruiden en zaden van onkruiden en landbouwgewassen (Orłowski e.a., 2011). Patrijzen benutten 's winters een breed scala aan habitats, waarbij ze een voorkeur hebben voor gronden met enige vorm van begroeiing, zoals stoppels, wintergraanakkers en grasachtige overhoekjes. Juist de voedselrijke stoppelvelden en overhoekjes zijn echter de afgelopen decennia in oppervlakte afgenomen.

Samenvattend wordt de populatieomvang van patrijzen bepaald door de kuikenoverleving, het aanbod aan geschikte en veilige nestgelegenheid, en het aanbod aan dekking en voedsel in de winter. Maatregelen voor herstel van populaties moeten zich dus op deze factoren richten. Vaak worden lijnvormige elementen in het landschap aangelegd als habitatverbeteringen voor patrijzen. Diverse studies laten zien dat patrijzen deze stroken snel weten te vinden en zich bij voorkeur ook daar

Foto 8.3. De patrijs leeft op akkers maar heeft ook beschutting nodig in een ruige akkerrand of een houtwal. Voor deze standvogel is zorg behalve in de broedperiode ook in de winterperiode belangrijk. Hij voedt zich dan met bladgroen en onkruidzaden.

vestigen (Bruner e.a., 2005). Dat bij de juiste combinaties van maatregelen patrijzen snel kunnen reageren, blijkt uit een zesjarige studie door Henderson e.a. (2009). In een landbouwgebied waar een deel van de wintertarwe werd vervangen door zomergranen en braak, en waar in een deel van het areaal werd afgezien van bemesting en bespuitingen, nam het aantal broedparen binnen enkele jaren substantieel toe.

Veldleeuwerik

Veldleeuweriken broeden op Europese schaal bezien in zowel akkerbouw- als graslandgebieden. De veldleeuwerik was begin jaren zeventig nog één van de talrijkste en meest wijd verspreide broedvogels van Nederland. Sinds 1960 is de veldleeuwerik in Nederland echter met 96 procent afgenomen (Sovon, 2012). Vooral in graslandgebieden is de soort compleet van de kaart geveegd. Veldleeuweriken broeden in allerlei typen habitats die als gemeenschappelijk kenmerk hebben dat de vegetatie tussen de 20 en 80 centimeter hoog is en niet te dicht mag zijn. De vegetatiehoogte is van belang voor de dekking voor vogels en nesten enerzijds en het uitzicht op de omgeving anderzijds. Een enigszins open vegetatie is van belang omdat veldleeuweriken als bodemfoerageerders en bodembroeders toegang moeten hebben tot kale bodem.

Als kortlevende soort zijn veldleeuweriken in staat meerdere legsels per seizoen te produceren. Broedpaartjes produceren doorgaans twee à drie legsels per seizoen, maar dat kan bij goede omstandigheden oplopen tot wel vijf. Nestjongen worden gevoerd met allerlei soorten insecten die de ouders verzamelen in gewassen en in insectenrijke ijle en schrale vegetaties, zoals zandwegen, wegbermen, perceelsgrenzen, werktuigsporen en akkerranden (Kuiper e.a., 2013). Verliezen van eieren en/of nestjongen kunnen bij de veldleeuwerik aanzienlijk zijn (Morris en Gilroy, 2008). De belangrijkste oorzaken zijn landbouwkundige activiteiten, predatie en afkoeling of verhongering

Foto 8.4. De veldleeuwerik kan per seizoen twee tot drie legsels grootbrengen (met uitschieters tot vijf). Aangezien ze niet oud worden (tot drie jaar) hebben ze dat nodig om hun populatie op peil te houden. Dat vereist broedgelegenheid van april t/m juli.

van nestjongen. Om toch een voldoende hoge reproductie te realiseren, heeft de veldleeuwerik voor opeenvolgende broedpogingen gedurende het broedseizoen – begin april tot eind juli – behoefte aan geschikte en voedselrijke vegetaties om veilig in te nestelen en te foerageren.

In landbouwgebieden broedende veldleeuweriken hebben voor het bouwen van een nest een sterke voorkeur voor bepaalde gewastypen. Vroeg in het seizoen gaat de voorkeur uit naar gewassen die dan voldoende dekking bieden, zoals wintergranen, braakpercelen, luzerne, grasland en andere grasachtige vegetaties. Enigszins afhankelijk van het gevoerde beheer blijven braak, luzerne en grasland gedurende het gehele broedseizoen geschikt. Wintergranen worden vanaf half mei niet of nauwelijks meer benut, doordat het gewas dan te hoog en te dicht is geworden. In akkerbouwgebieden worden de hoogste dichtheden aangetroffen in gebieden waar gedurende het gehele broedseizoen een mozaïek van de 'juiste' gewastypen aanwezig is (Kragten e.a., 2008), zodat er op elk moment wel een gewas is dat geschikt is om in te nestelen.

In veel moderne akkerbouwlandschappen is de gewasdiversiteit echter beperkt, waardoor er een gebrek is aan geschikt en veilig broedhabitat. Hiaten in het aanbod van voor broeden geschikte en veilige gewastypen zijn vooral te verwachten in gebieden waar wintergranen, hakvruchten en maïs domineren. In veel Nederlandse landbouwregio's is dit het geval. In regio's waar akkerbouw is verweven met de teelt van gras, wijken veldleeuweriken voor hun vervolglegsels vaak uit naar grasland (Figuur 8.4 en 8.5). Daar is het tijdsbestek tussen twee maaibeurten echter zo kort dat een veldleeuwerik zelden in staat is om een legsel groot te brengen. Gevolg: een dramatisch slecht broedsucces (Donald e.a., 2002; Ottens e.a., 2013). Het effect van een verlenging van de tussenperiode vormt nu een onderwerp van verder onderzoek (Ottens e.a., 2016)

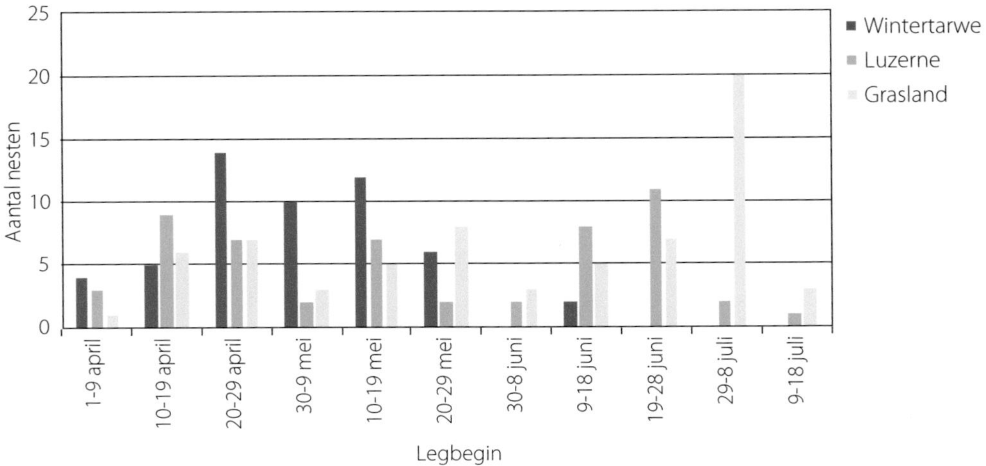

Figuur 8.4. Berekend legbegin van veldleeuweriknesten in wintertarwe, luzerne en intensief grasland in het Oldambt (Oost-Groningen) in 2007 tot en met 2012, weergegeven in tiendaagse perioden. Het onderzoeksgebied (680 ha) betreft een zeer open landschap met overwegend grootschalige akkerbouw op zware zeeklei. Wintertarweteelt is veruit de belangrijkste teelt (50 procent), maar langs de randen van het gebied, in de buurt van veehouderijbedrijven, komt ook intensief grasland (20 procent) en snijmaïs (8 procent) voor. Andere gewassen komen in geringe oppervlakte voor, waaronder luzerne (4 procent) en akkerranden (5 procent) (Ottens e.a., 2013).

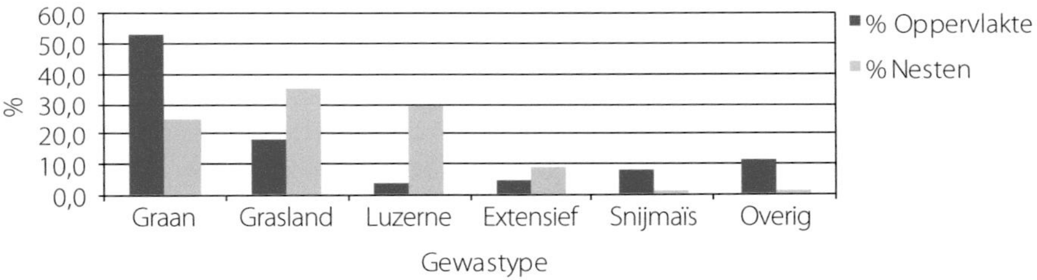

Figuur 8.5. Het gemiddelde oppervlaktepercentage van de gewassen en het aandeel veldleeuweriknesten in deze gewassen in het Oldambt (Oost-Groningen) in 2007 t/m 2012. Het verschil tussen oppervlakte en gebruik was significant voor alle gewassen behalve de categorie 'overig'. Categorie 'extensief' staat voor natuurbraak, akkerranden, bermen en schouwpaden (Ottens e.a., 2013).

In gebieden waar veldleeuweriken zich in de loop van het broedseizoen vestigen in grasland, zijn ze gebaat bij 'veiliger' alternatieven die minimaal een even grote aantrekkingskracht uitoefenen. Hiertoe behoren onder meer luzerne en braak gelegde akkers. Luzerne kent een lagere maaifrequentie dan grasland, waardoor nestverliezen geringer zijn en het gewas het hele broedseizoen een geschikte hoogte en structuur heeft. Veldleeuweriken vertonen dan ook een grote voorkeur voor luzerne als broedgewas (Figuur 8.5) en het broedsucces is er beduidend hoger dan in andere onderzochte gewassen (Eraud en Boutin, 2002; Kuiper e.a., 2015). De teelt van luzerne is meerjarig en het gewas wordt niet of nauwelijks bespoten, wat zorgt voor een relatief gunstig voedselaanbod. Ook braak gelegde akkers kunnen gedurende het hele broedseizoen hoge dichtheden veldleeuweriken herbergen (Henderson e.a., 2000; Poulsen e.a., 1998). Andere alternatieven die vestiging in onveilige gewassen mogelijk kunnen helpen voorkomen zijn zomergranen (Eggers e.a., 2011), graszaad en peulvruchten, met name in gebieden waar deze gewassen goeddeels ontbreken en hun introductie dus bijdraagt aan verrijking van het mozaïek.

In de winter zoeken veldleeuweriken grootschalig akkerland op. Dit geldt ook voor populaties die niet in cultuurland broeden. Tot hun favoriete habitats behoren dan braakland, bietenstoppels, aardappelstoppels en vooral graanstoppels (Donald e.a., 2001b; Geiger e.a., 2014). Graanstoppels zijn geliefd omdat ze daar graankorrels kunnen vinden, die veel energie leveren. Ook zaden en blad van onkruiden maken in alle habitattypen een belangrijk deel uit van het dieet, hetgeen suggereert dat veldleeuweriken in het winterhalfjaar gebaat zijn bij een ruim aanbod aan onkruiden (Donald e.a., 2001b). Het is waarschijnlijk dat een verlaagde winteroverleving door voedselgebrek een rol speelt bij populatieafnames van de veldleeuwerik (Geiger e.a., 2014; Wilson e.a., 2009), maar in welke mate is onbekend.

8.5 Effectief akkervogelbeheer

In Nederland staat het akkervogelbeheer feitelijk nog in de kinderschoenen. Een onderzoekstraditie zoals die is ontstaan in Engeland, Zwitserland en in mindere mate Frankrijk en Duitsland, begint zich in ons land recent te ontwikkelen. Dat heeft plaatselijk tot positieve resultaten geleid, maar op nationaal niveau is nog geen sprake van een eenduidige en succesvolle aanpak. Interessant genoeg vormt onderzoek naar specifieke soorten in de meeste gevallen de aanleiding om tot pragmatische maatregelen te komen. Het onderzoek naar veldleeuwerik (Kuiper, 2015) en grauwe kiekendief (Trierweiler, 2010) heeft in Nederland de meeste kennis rond akkervogelbeheer gegenereerd. Recent kwamen daar maatregelen rond overwinterende akkervogels bij (Hammers e.a., 2014). In deze paragraaf proberen we dit onderzoek door te vertalen naar meer algemene richtlijnen voor effectief akkervogelbeheer. Overigens is in Nederland inmiddels ook de nodige ervaring opgedaan met de soortgerichte bescherming van hamsters (Tekstkader 8.1), een andere typische en in zijn voortbestaan bedreigde bewoner van akkerbouwlandschappen.

Optimaal akkervogelbeheer laat zich niet gemakkelijk definiëren. Grote verschillen tussen regio's voor wat betreft doelsoorten, landschappelijke context, geteelde gewassen, bodemtype, de aanwezigheid van bronpopulaties en landbouwpraktijken maken dat er niet één mal bestaat voor effectief akkervogelbeheer die landelijk kan worden toegepast. De invloed van gewassen op reproductie, foerageersucces en het rendement van maatregelen zou wel eens groter kunnen zijn dan we nu overzien. Het lijkt er sterk op dat meerjarige en structuurrijke gewassen als luzerne (Bretagnolle e.a., 2011; Kuiper e.a., 2015), karwij en bepaalde graszaadsoorten van grote betekenis zijn (Van Scharenburg e.a., 1990) – een onderschat en daarom nog nader te onderzoeken aspect in het akkervogelbeheer. Hoewel hier met de ontwikkeling van een nieuw stelsel van agrarisch natuurbeheer verandering in lijkt te komen, is agrarisch natuurbeheer in akkerland vooralsnog verstoken van landelijke gerealiseerde successen. Zeker is dat maatregelen geplaatst in een specifieke landschappelijke configuratie meer effect hebben dan lukraak een aantal hectares uitzetten te midden van intensief bouwland. Belangrijk uitgangspunt is dat in kansrijke gebieden een substantiële hoeveelheid hectares met goed op elkaar afgestemde maatregelen wordt gerealiseerd.

Tekstkader 8.1. De hamster.

Maurice La Haye

Akkerbeheer is ook nodig voor de hamster of korenwolf (*Cricetus cricetus*). Dit is een relatief fors knaagdier dat lokaal voorkomt op akkers met een löss- of leembodem in Limburg ten zuiden van Roermond (Lenders, 1985). Deze gronden zijn geschikt voor het maken van een burcht, doordat ze voldoende stevig zijn en toch waterdoorlatend. Dezelfde eigenschappen maken löss- en leemakkers echter ook uitermate geschikt voor intensieve akkerbouw. De veranderingen in de landbouw in de afgelopen eeuw hebben er aan bijgedragen dat de hamster in Nederland in 1999 nagenoeg was uitgestorven (Kuiters e.a., 2010; La Haye e.a., 2014). Om de soort voor uitsterven te behoeden worden al bijna twintig jaar beschermingsmaatregelen genomen, waaronder het ontwikkelen en uitvoeren van specifiek hamstervriendelijk agrarisch beheer op akkers in Zuid-Limburg.

In Limburg zijn in verschillende hamsterleefgebieden akkerreservaten aangelegd en worden op aangrenzende landbouwgronden agrariërs gesubsidieerd voor het hamstervriendelijk verbouwen van voedingsgewassen zoals luzerne, granen en bladrammenas. De belangrijkste aanpassing van de teelt in de reservaten is het veel later of zelfs helemaal niet oogsten. Voor een gezonde populatie hamsters zijn twee succesvolle worpen per vrouwtje noodzakelijk (La Haye e.a., 2014). Door het gewas niet te oogsten, zijn hamsters gedurende het voortplantingsseizoen in de zomer langer en beter beschermd tegen predatoren, waardoor ook een succesvolle tweede worp met jongen kan worden geproduceerd, in tegenstelling tot reguliere percelen, waar amper één succesvolle worp mogelijk is.

De niet geoogste gewassen op hamstervriendelijk beheerde percelen blijven bovendien in de winter staan, waardoor de voedselbeschikbaarheid voor de complete akkerfauna erg groot is. Het aanbod van extra voedsel trekt 's winters enorme aantallen akkervogels, waaronder geelgorzen, rietgorzen, grauwe gorzen, kneuen, groenlingen, houtduiven en diverse soorten roofvogels (Bos en Koks, 2013; Kleijn e.a., 2014; Van Dongen, 2004; Van Noorden, 2013).

Foto 8.1.1. De hamster komt in Limburg voor. Een speciaal fokprogramma is opgezet, wat vooralsnog succesvol is. Dat hamsters slechts op enkele plekken geconcentreerd voorkomen maakt hen gevoelig voor predatie: in één maand kan een fors deel van de populatie verloren gaan.

Dankzij de beschermingsmaatregelen zijn er nu in totaal enkele honderden burchten in drie gebieden, met een gezamenlijke oppervlakte van circa 400 hectare. De populatie nam de eerste jaren na de herintroductie in 2002 gestaag toe en kende een piek van in totaal meer dan 1.000 dieren in 2007. In de daaropvolgende jaren is de omvang van de drie populaties weer sterk afgenomen en lijkt het totaal nu te stabiliseren op ruim 300 dieren (zie Figuur 8.1.1). De precieze mechanismen achter de grote populatieschommelingen zijn niet volledig duidelijk. Waarschijnlijk worden de schommelingen bepaald door de combinatie van het nog steeds geringe areaal met hamstervriendelijk beheer, predatie door vos, uilen en roofvogels, en weersomstandigheden. Bij een lang zomerseizoen zijn er zelfs drie in plaats van twee worpen op hamstervriendelijk beheerde percelen (La Haye e.a., 2010). Alleen in het leefgebied Sittard-Puth-Jabeek-Koningsbos, met meer dan 200 hectare beheer, bevindt zich een redelijke populatie die zich zelfstandig handhaaft. In andere gebieden zijn de populaties klein en is de situatie zeer kwetsbaar. Uitbreiding van het aantal hectares met beheer is daar nodig om hernieuwd uitsterven te voorkomen.

Om de Limburgse hamsterpopulatie robuust te maken is het dus zeer belangrijk om de komende jaren het areaal met hamstervriendelijk beheerde akkers uit te breiden van 400 naar minimaal 750 hectare (Kuiters e.a., 2010). Het benodigde budget is echter fors: de kosten per hectare bedragen momenteel circa 2.000 euro per jaar. Hiermee worden agrariërs gecompenseerd voor gederfde inkomsten. De uitdaging voor de komende jaren is om nieuwe vormen van hamstervriendelijk beheer te ontwikkelen die én gunstig zijn voor de hamster – en voor akkervogels en andere akkerfauna – én minder duur zijn en beter inpasbaar in de normale agrarische praktijk. Hiervoor lijken mogelijkheden te bestaan. Bijvoorbeeld door gewassen op 'hamster-akkers' wél te oogsten, maar daarna snel een ander snelgroeiend gewas te zaaien dat de periode zonder dekking sterk inkort. Een andere mogelijkheid lijkt uitstel van de graanoogst tot september waarbij niet betaald hoeft te worden voor de hele oogst, maar slechts voor de 'verminderde kwaliteit'. Daarmee wordt de deelnamedrempel voor agrariërs lager en kan met hetzelfde budget een groter areaal hamstervriendelijk worden beheerd.

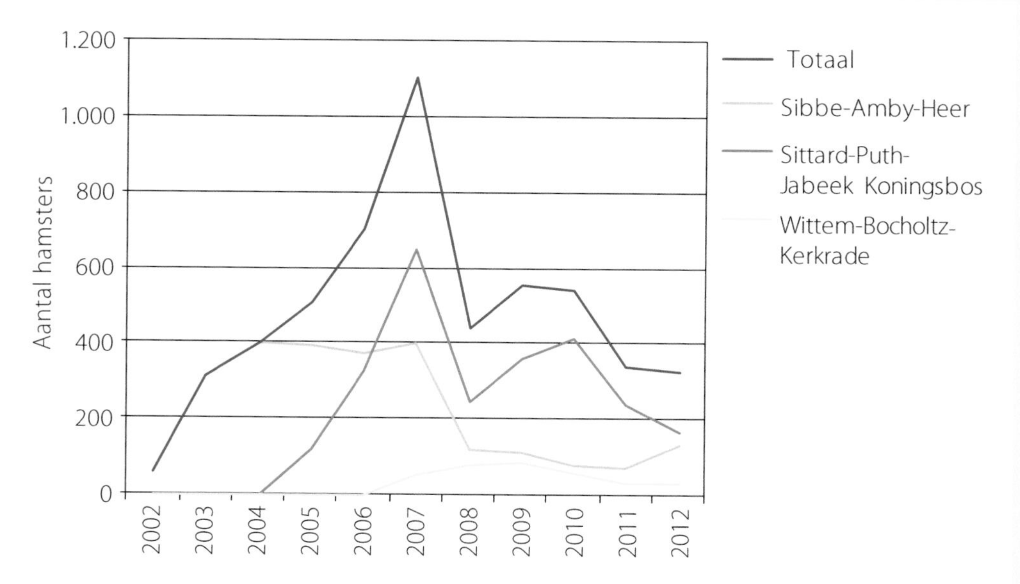

Figuur 8.1.1. Ontwikkeling van het aantal hamsters in drie leefgebieden in Limburg.

Bouwstenen voor een succesvolle aanpak zijn: (1) een goede begrenzing van akkervogelkerngebieden; (2) het stellen van realistische doelen; (3) samenhangende maatregelen, zodat gedurende de hele jaarcyclus in de behoeften van doelsoorten wordt voorzien; (4) een goed beheer van akkerranden (mengsel, maaibeheer); en (5) landbouwers met hart voor de zaak. We bespreken elk van deze bouwstenen.

Begrenzing kerngebieden

De provincie Groningen heeft als eerste provincie in Nederland gekozen voor speciaal begrensde kerngebieden, waar maatregelen als meerjarige akkerranden, natuurbraakpercelen en wintervoedselvelden zijn ingezet voor de doelsoorten grauwe kiekendief en veldleeuwerik (Provincie Groningen, 2008). Hoewel het nog te vroeg is om over deze aanpak een gefundeerd oordeel te vellen, spreekt een aantal feiten voor zich. In het Groningse akkerland liet de populatie grauwe kiekendieven een toename zien, behoren zeldzame soorten als blauwe kiekendief en velduil tot de jaarlijkse broedvogels en zijn de aantallen overwinteraars van bijvoorbeeld ruigpootbuizerd en geelgors van nationale betekenis (Wiersma e.a., 2014). De minimale oppervlakte van een kerngebied ligt – afhankelijk van doelsoort, landschapstype en habitatkwaliteit – ergens tussen de 500 en 2.000 hectare. Minder consensus is er over het percentage maatregelen dat in deze kerngebieden op landschapsschaal nodig zou zijn om een verdere achteruitgang van populaties te voorkomen. Henderson e.a. (2012) toonden aan dat 5 procent seminatuurlijk habitat in een akkerbouwlandschap te weinig is om een verdere achteruitgang van vogelpopulaties tegen te gaan. Zwitserse onderzoekers berekenden dat de oppervlakte maatregelen minimaal 14 procent moet beslaan om de afnames te stoppen (Meichtry-Stier e.a., 2014).

Realistische doelen

Het stellen van realistische doelen is ook belangrijk. Grauwe gorzen in Flevoland, grauwe kiekendieven op Texel, of levensvatbare populaties patrijzen in de kustpolders van Groningen en Friesland – dat is indachtig onze huidige landbouwsystemen te hoog gegrepen. Wel mogelijk lijken stabiele aantallen veldleeuweriken in de veenkoloniën, herstel van geelgorzen in Brabant en substantiële aantallen overwinterende ruigpootbuizerds in Flevolandse akkers – mits vergezeld van goed uitgevoerde maatregelen. Vanuit provinciale beleidsdoelen geredeneerd kan per regio worden bekeken welke soorten kunnen fungeren als boegbeeld voor de te behalen doelen. Van de soortgerichte aanpak die daaruit volgt, profiteren in bijna alle gevallen ook andere soorten.

Samenhangende maatregelen

In een kerngebiedenbenadering is het van belang dat jaarrond met samenhangende maatregelen wordt voorzien in alle behoeften van de doelsoorten. Een gunstig voedselaanbod zal bijvoorbeeld weinig bijdragen aan het broedsucces wanneer niet tegelijk wordt voorzien in voldoende geschikt en veilig broedhabitat. Voor soorten die in Nederland overwinteren komt daarbij dat de voedselsituatie ook in de wintermaanden goed moet zijn. Een afgewogen samenstel van maatregelen is daarom een voorwaarde voor succesvol agrarisch natuurbeheer.

Goed gesitueerde akkerranden met een minimale breedte van negen à tien meter kunnen in open landschappen een positief effect hebben op roofvogels en uilen die woelmuizen eten. Dezelfde randen in meer besloten landschappen kunnen daar mogelijk de patrijs helpen (Dochy, 2013).

Foto 8.5. Aanleg van vogelakkers is een perceelsgewijze aanpak waarin twee doelen met elkaar worden gecombineerd: landbouw (oogst meerjarige eiwitgewassen, bijvoorbeeld luzerne) en natuur (braakstroken al dan niet gecombineerd met wintervoedselmaatregelen). Doordat oogst mogelijk is, kunnen de kosten relatief laag blijven. Bovendien kan de boer een betere bodemstructuur verwachten.

In West-Brabant zijn hoopgevende resultaten behaald met eenjarige randen langs maïsakkers ter verhoging van de overlevingskansen van kievit-pullen (Sloothaak en Smolders, 2014). Idealiter zijn diverse typen randen tegelijkertijd in het landschap aanwezig en worden ze aangesloten op bestaande lijnvormige elementen, zoals schouwpaden, dijken, bermen en wijken.

Enkele akkervogelsoorten vertonen minder binding met randen, maar zoeken juist de centrale delen van percelen op. Voorbeelden zijn veldleeuwerik en grauwe gors. Deze zijn meer gebaat bij het 'volvelds' verbeteren van habitatkwaliteit. De afgelopen jaren is door de Werkgroep Grauwe Kiekendief het veelbelovende volveldse concept van de 'vogelakker' ontwikkeld en in de praktijk getoetst (Schlaich e.a., 2015). In dit concept worden stroken met natuurbraak afgewisseld met stroken van een meerjarig gewas, zoals rode klaver of luzerne. Laatstgenoemde stroken worden jaarlijks maximaal vier keer gemaaid, afgestemd op de broedcyclus van de veldleeuwerik. Achterliggend idee is dat in de stroken met natuurbraak hoge dichtheden van muizen ontstaan, die in de gemaaide luzerne- of klaverstroken bereikbaar zijn voor roofvogels, speciaal de grauwe kiekendief. De vogelakkers herbergen 's zomers hoge dichtheden veldleeuweriken en 's winters hoge aantallen zaadeters en muizeneters zoals ruigpootbuizerd, velduil en blauwe kiekendief. In Frankrijk speelt een enigszins vergelijkbaar concept met volvelds geteelde luzerne een grote rol bij het verhogen van het broedsucces van de kleine trap (Bretagnolle e.a., 2011). Dat is een mooi voorbeeld van succesvol, op gedegen kennis gebaseerd agrarisch natuurbeheer. Ook daar is sprake van aangepast maaibeheer, ter verhoging van het uitkomstsucces van legsels en het voedselaanbod voor kuikens.

Mengsels en maaibeheer

In de praktijk van het akkervogelbeheer bestaat stevige discussie over zaaimengsels voor akkerranden en het maaibeheer. Voor akkerbouwers is van belang dat vermeerdering van probleemonkruiden in akkerranden onder andere via maaien wordt voorkomen, maar voor de natuur is dat maaien juist onwenselijk omdat in die randen broedende vogels als kwartel, patrijs, grasmus en reproducerende insecten kunnen worden doodgemaaid. Goede landbouwpraktijken voor een juiste aanleg en beheer van akkerranden zijn in Nederland en Vlaanderen nog nooit behoorlijk vastgelegd. Zaaimengsels moeten in elk geval bestaan uit een combinatie van bodembedekkers die samen een mozaïekstructuur vormen en kansen bieden aan een veelheid aan insecten. Plantensoorten die veel schaduw veroorzaken of anderszins in akkerranden kunnen gaan domineren (zoals pastinaak of cichorei) dienen te worden vermeden.

Landbouwers met hart voor de zaak

Gemotiveerde akkerbouwers, en die zijn er gelukkig, zijn te allen tijde de sleutel tot succes. Het verschil tussen theorie en praktijk is vaak groter dan strikt genomen nodig is. De collectieven en hun gebiedscoördinatoren wacht een forse taak om te laveren tussen een wirwar aan uitvoeringsregels, de noodzaak om natuurdoelen te halen en de weerbarstige landbouwpraktijk. Als akkerbouwers geen hart voor de zaak hebben, dan zie je dat doorgaans terug in de resultaten en staat agrarisch natuurbeheer in akkerland met 2-0 achter (De Snoo e.a., 2013).

8.6 Perspectieven voor akkervogels

Inspelend op Europese milieurichtlijnen en een verder liberaliserend Europees landbouwbeleid, richt de Nederlandse landbouw zich vooral op verdere verhoging van economische en milieutechnische efficiëntie, waarin geen plaats meer is voor agrarische natuur (Bos e.a., 2013). Een perspectief op behoud van huidige akkervogelpopulaties, zowel qua omvang als verspreiding, is daardoor niet vanzelfsprekend. Veel akkervogelpopulaties zijn overgeleverd aan de economische en politieke wetten van een liberaliserende (landbouw)markt, zonder zelf een prijs te hebben. Elimineren is nog altijd gratis.

In 2011 werd een nieuwe Europese Biodiversiteitsstrategie gepubliceerd (EC, 2011). Hoofddoel is verder biodiversiteitsverlies uiterlijk in 2020 tot staan te hebben gebracht en, voor zover haalbaar, ongedaan te hebben gemaakt. De strategie bevat zes 'prioritaire doelen', waarvan één specifiek gericht op de landbouw, namelijk het per 2020 maximaliseren van het areaal landbouw met maatregelen voor de biodiversiteit als onderdeel van het Gemeenschappelijk Landbouwbeleid van de Europese Unie (GLB). Dit schiep hoge verwachtingen over de vergroening van het GLB (Wilson e.a., 2010). In oktober 2011 leek de Europese Commissie deze verwachtingen waar te maken, toen ze een ambitieus pakket vergroeningsmaatregelen voorstelde. Het voor biodiversiteit in landbouwgebieden belangrijkste voorstel was dat 30 procent van de bedrijfstoeslagen alleen zou worden uitgekeerd als agrariërs tenminste 7 procent van hun land (exclusief permanent grasland) specifiek voor ecologische doelen zouden gaan beheren. De gedachte achter deze zogenaamde ecologische aandachtsgebieden (*ecological focus areas*) was het verhogen van de niet-productieve oppervlakte binnen het agrarisch gebied, om bij te dragen aan doelen met betrekking tot bodem, water, klimaat en biodiversiteit. Voor akkervogels hadden deze aandachtsgebieden veel kunnen betekenen. Echter, tijdens de verdere politieke onderhandelingen is de vergroening, mede onder invloed van de landbouwlobby – zie bijvoorbeeld het ontnuchterende relaas van Vanheste (2013) – dermate uitgehold dat er nauwelijks nog sprake is van positieve effecten voor natuurwaarden op het platteland (Pe'er e.a., 2014). Ten eerste is de melkveehouderij vrijwel geheel van vergroeningsmaatregelen vrijgesteld, hoewel ook in de melkveehouderij door intensivering van graslandgebruik enorm veel biodiversiteit verloren is gegaan. Dat is een gemiste kans, temeer omdat deze sector door de afschaffing van de melkquotering per 1 april 2015 alleen maar in omvang zal toenemen, zeker ook in Nederland. Grootschalige melkveehouderijbedrijven verschijnen in toenemende mate ook in akkerbouwregio's. Daar vormen ze een bedreiging voor de nog resterende akkervogelpopulaties, doordat, zoals we zagen bij de veldleeuwerik, intensief beheerd grasland in het broedseizoen fungeert als een ecologische val (Ottens e.a., 2013).

Doordat ook aan de invulling van ecologische aandachtsgebieden flink is getornd, is in de akkerbouw ook nauwelijks een positief effect op biodiversiteit te verwachten. Ging het oorspronkelijk om landbouwgrond die niet voor productie mocht worden gebruikt, inmiddels is een groot aantal alternatieve invullingen toegestaan die geen aantoonbare meerwaarde voor natuur hebben. Daarbij gaat het onder meer om de teelt van groenbemesters en de teelt van specifieke eenjarige gewassen, waarbij intensieve grondbewerking noodzakelijk is en het gebruik van gewasbeschermingsmiddelen is toegestaan. Verder is de oorspronkelijke 7 procent ecologische aandachtsgebieden teruggebracht tot 5 procent. Vanwege de onttakeling van het aanvankelijk ambitieuze pakket vergroeningsmaatregelen, waarbij ook een Nederlandse lobby een aanzienlijke rol heeft gespeeld, kenschetsen Europese natuur- en milieubeschermingsorganisaties deze als volledig mislukt. In Hoofdstuk 4 wordt uitgebreid beschreven hoe het Nederlandse en Europese beleid ten aanzien van agrarisch natuurbeheer zich ontwikkelde.

Zolang de afname van karakteristieke boerenlandvogels doorgaat, zal, ook gelet op Europese biodiversiteitsdoelen, de bescherming van boerenlandvogels aandacht blijven vragen van de samenleving. Waar het om gaat, is manieren te bedenken die de productiefunctie van landbouw verzoent met de levering van andere publieke waarden, waaronder biodiversiteit. Daarvoor moet het besef gemeengoed worden dat het in de landbouw niet alleen kan gaan om het produceren van voedsel, maar ook om een goed beheer van het land. Zo ver is het nog lang niet. Mocht bescherming van boerenlandvogels – al dan niet via het GLB – niet haalbaar blijken, dan zullen de verliezen zoals die in de afgelopen decennia optraden ook in de komende jaren doorgaan.

Foto 8.6. Akkerland is niet continu tafeltje-dekje. In de weken na het poten van aardappels biedt de akker de aanblik van een woestijn waar voor vogels weinig of niets te halen valt.

Van de redactie

1. Akkers vormen een biotoop voor diverse vogelsoorten. De regelmatig bewerkte bodem en de daarop geteelde gewassen bieden nestgelegenheid, de in akkers voorkomende (on)kruiden en insecten dienen als voedsel en ook akkerranden, aangrenzende heggen, houtsingels of andere landschapselementen bieden nest- en schuilgelegenheid.
2. Akkervogels zijn de afgelopen decennia zeer sterk in aantal achteruitgegaan, zowel in Nederland als elders in Europa. Oorzaak is de intensivering van het grondgebruik: hogere mestgiften (totdat de normen werden aangescherpt), meer onkruid- en insectenbestrijdingsmiddelen, zwaardere grondbewerking, eenzijdiger bouwplan, hogere dichtheid van het gewas, zaadveredeling en –behandeling, perceelvergroting en opruimen van aangrenzende opgaande begroeiing.
3. Door de intensivering is het voedselaanbod voor de vogels achteruitgegaan (minder zaaddragende kruiden, minder achterblijvende oogstresten en minder insecten) en is er minder schuilgelegenheid tegen predatie. Mechanische grondbewerking en onkruidbestrijding verstoren of vernietigen de nesten en de steeds dichtere gewassen bemoeilijken het foerageren.
4. Met beheer van akkervogels is nog relatief weinig praktijkervaring opgedaan. De verplichte grootschalige braaklegging in de jaren negentig gaf zicht op verrassend grote potenties, met als hoogtepunt de terugkeer van grauwe kiekendief en velduil. Dat inspireerde tot verkenning van en onderzoek naar nieuwe mogelijkheden voor het beheer van akkervogels.
5. Dit onderzoek heeft laten zien hoe perspectieven voor de akkervogelstand kunnen worden verbeterd. In het reguliere productieareaal gaat het vooral om het verminderen van de ongewenste effecten van bestrijdingsmiddelen. Voor het areaal met agrarisch natuurbeheer gaat het om: (a) inrichten (inzaaien) en beheren (bemestings- en maairegime) van onbespoten faunaranden; (b) idem van zogenaamde 'vogelakkers'; en (c) vergroten van het voedselaanbod in de winterperiode.
6. Het nieuwe concept van 'vogelakkers' richt zich op het inrichten en beheren van gehele percelen die tegelijkertijd nestgelegenheid en voedsel bieden. Experimenten en praktijkervaring zullen moeten uitwijzen welke omvang en ruimtelijke constellatie nodig is voor een duurzame populatie, welke kosten eraan verbonden zijn en in hoeverre dit inpasbaar is. Het in de vogelakkers opnemen van gewassen als luzerne kan kostenverlagend werken.
7. Van de huidige vergroening van het Gemeenschappelijk Landbouwbeleid (GLB) mogen we nauwelijks positieve effecten verwachten. Bovendien is combinatie van de vergroening met agrarisch natuurbeheer financieel weinig aantrekkelijk voor de akkerbouwer.
8. Verdere vergroening van het GLB kan het perspectief voor akkervogels verbeteren, vooral als daarbij ook een betere aansluiting wordt gevonden bij het agrarisch natuurbeheer. Daarnaast liggen er kansen in de teelten zelf, bijvoorbeeld door vergroting van het areaal luzerne en meerjarige gewassen. Ook kan het stimuleren van functionele agrobiodiversiteit (zie Hoofdstuk 12) ruimte voor akkervogels versterken, mits dit voldoende aantrekkelijk areaal genereert.

Hoofdstuk 9.

Sloten en slootkanten: het blauwe netwerk

Kees Musters*, Ralf Verdonschot en Fabrice Ottburg

C.J.M. Musters, Centrum voor Milieuwetenschappen, Universiteit Leiden (CML); musters@cml.leidenuniv.nl
R.C.M. Verdonschot, Alterra Wageningen FUR
F.G.W.A. Ottburg, Alterra Wageningen UR

◀ In en rond sloten is een grote diversiteit aan levensvormen te vinden: groene kikker, bittervoorn en krabbenscheer. Elke soort stelt zijn eigen eisen aan zijn habitat, de aanwezigheid van een sloot (water) is wat deze soorten met elkaar verbindt.

9.1 Algemeen

Sloten zijn door de mens gegraven om de waterstand te kunnen regelen in gebieden waar onvoldoende natuurlijke afvloeiing van water plaatsvindt. Ze hebben een aantal gemeenschappelijke kenmerken (Peeters e.a., 2014). Sloten bevatten altijd water, wat ze anders maakt dan greppels die periodiek droogvallen. Het zijn lijnvormige wateren met een breedte van hooguit 15 meter en diepte van hooguit 1,5 meter (Foto 9.1). Daardoor oefenen de bodem en de oevers van een sloot grote invloed uit op de processen in het water en kunnen waterplanten gemakkelijk de hele waterkolom vullen. De onderlinge verbondenheid tot een waternetwerk is een belangrijk kenmerk. Dit maakt het voor vele organismen gemakkelijk om zich te verspreiden. Stroming is in sloten geen belangrijke factor omdat het water de grootste tijd van het jaar nagenoeg stil staat. De meeste sloten liggen in het agrarisch gebied en in natuurgebieden die voorheen agrarische gebieden waren, maar ze zijn ook in steden te vinden.

Een sloot kan worden onderverdeeld in drie zones:
- het watergedeelte, ook wel het stroomprofiel of de waterkolom genoemd;
- de natte oever, meestal begroeid met moeras- of oeverplanten;
- het droge talud, de slootkant.

De slootkant eindigt waar het veelal vlakke maaiveld begint. De diepte van de sloot ten opzichte van het maaiveld en de hellingshoek van de slootkant verschillen tussen regio's, samenhangend met het bodemtype en de waterhuishouding. Flauwe oevers bevatten geleidelijke overgangen tussen nat en droog; zo'n geleidelijke overgang biedt, in vergelijking met een abrupte overgang, betere kansen voor een rijke flora en fauna (CUR, 1999, 2000).

De totale lengte van het slotenstelsel in Nederland wordt geschat op 300.000 à 400.000 kilometer (Higler, 1994). Dat is 7,5 à 10 keer de omtrek van de aarde. In sommige delen van het westelijk veenweidegebied, bijvoorbeeld de Zuid-Hollandse Krimpenerwaard en het Noord-Hollandse Waterland, beslaan sloten 10 à 20 procent van de totale oppervlakte (CBS e.a., 2014a). Sloten vormen

Foto 9.1. Laagveensloot in de Bovenkerkerpolder bij Wilnis. De slappe veenbodem in combinatie met intensief gebruik en een hoge voedselrijkdom heeft hier geleid tot een decimering van de onderwatervegetatie.

dus een enorm en fijnmazig netwerk. Alleen al door deze lengte is het belang van het Nederlandse slotenstelsel groot, ecologisch met name voor de biodiversiteit, maar ook doordat het één van de gezichtsbepalende factoren is van het landschap dat zo typisch is voor Nederland.

9.2 Historische ontwikkeling

Vanaf de tiende eeuw werden op substantiële schaal sloten gegraven. Ze hadden als functie het destijds overal in laag Nederland aanwezige veen, dat toen nog boven het grondwater lag en daarom hoogveen wordt genoemd, te ontwateren en zo akkerbouw mogelijk te maken. De sloten werden loodrecht op de inmiddels bedijkte rivieren en stromen gegraven, vaak in hoge dichtheid, en reikten steeds dieper het veen in. Zo ontstonden de smalle, lange percelen, die nu nog steeds op veel plaatsen herkenbaar zijn in het westelijk veenweidegebied. Later werd in deze gebieden turf gewonnen, waardoor er plassen ontstonden die vervolgens weer werden drooggelegd. Voor deze droogmakerijen werd een ander slotenpatroon ontworpen: de percelen zijn er rechthoekig. Dit patroon van sloten werd ook toegepast bij het inpolderen van stukken zee en delen van de Zuiderzee.

Door de ontwatering klonk het hoogveen steeds verder in, waardoor het maaiveld daalde, met vernatting tot gevolg. Gaandeweg werd het steeds moeilijker het veen verder te ontwateren, totdat er in de vijftiende eeuw windmolens kwamen. Die maakten het mogelijk om het water uit het veen weg te malen, zelfs als dat onder het grondwaterniveau lag. Het door regenwater gevoede hoogveen veranderde daardoor in primair door grondwater gevoed laagveen. Het werd toen ook mogelijk de meren en turfplassen droog te leggen. Het oppervlak van deze droogmakerijen lag – en ligt nog steeds – verder onder het grondwaterniveau dan dat van de veengebieden. Een gevolg was dat het water in de sloten veranderde van mineraalarm regenwater in het hoogveen naar mineraalrijk grondwater in het laagveen en de droogmakerijen. Bovendien ontstonden er kwelstromen vanuit de hoger gelegen delen, en zelfs vanuit de zee, naar de veengebieden en droogmakerijen. Later, in de twintigste eeuw, kwam daar nog bij dat het grondwater door de intensieve landbouw werd 'verrijkt' met meststoffen. Tegenwoordig zijn sloten door al deze processen over het algemeen kalkrijk en voedselrijk, en op sommige plaatsen brak.

Deze veranderingen hebben er toe geleid dat ook de functies van de sloten voor de mens in de loop der tijd zijn veranderd. Aanvankelijk dienden sloten uitsluitend om water uit het hoogveen af te voeren en landbouw mogelijk te maken, eerst akkerbouw en daarna weidebouw. Daarna gingen ze ook dienen als veekering en drinkplaats. Het planten- en baggermateriaal dat bij het onderhoud van de sloten beschikbaar kwam, kon worden gebruikt om de weilanden te bemesten. Vanaf de vijftiende eeuw, toen er polders ontstonden die werden drooggemalen, kregen sommige sloten de functie van boezemwater. Met de opkomst van de turfwinning ten behoeve van de opkomende industrie – onder andere bierbrouwerijen – en de groeiende steden, werden sommige sloten bovendien vaarwater voor het vervoer van de turf naar de steden. Ook vee, melk en hooi werden per boot over de sloten vervoerd. En al die tijd fungeerde de sloten tevens als kraamkamers van de vis die overal gevangen werd, en reinigden micro-organismen, planten en mosselen het oppervlaktewater, functies waarvan we nog steeds profiteren.

De geschiedenis is nog steeds terug te vinden in het patroon van de sloten, hoewel het op sommige plaatsen door herinrichting is veranderd, zoals in Zuidwest-Nederland na de overstroming van 1953 (Musters, 2008).

Na de Tweede Wereldoorlog vonden overal in Nederland grootschalige ruilverkavelingen plaats, die leidden tot een verkleining van de omvang van het slotenstelsel (Melman, 1991). Maar de afgelopen decennia, sinds dit type herinrichtingen niet meer plaatsvindt, is de omvang vrijwel gelijk gebleven. Wel zijn er sloten gedempt ter wille van natuurontwikkeling door vernatting, vaak in of grenzend aan bestaande natuurgebieden, maar de lengte daarvan is verwaarloosbaar op de totale slootlengte in Nederland.

9.3 Kenmerkende soorten

Hoewel sloten geen natuurlijke wateren zijn, kunnen ze toch een hoge biodiversiteit herbergen (Ottburg en Jonkers, 2010; Verdonschot, 2012). De flora en fauna zijn te beschouwen als een restant van die van vroegere moerassen, oude beek- en rivierarmen en andere kleine stilstaande wateren. Terwijl deze natuurlijke ecosystemen de afgelopen eeuwen als gevolg van bedijking, drooglegging en ontwatering steeds verder uit het landschap verdwenen, ontstond met het graven van het dichte netwerk aan sloten een 'surrogaathabitat' voor veel van deze soorten. Sloten vormen bovendien een netwerk waarlangs planten en dieren zich kunnen verspreiden.

Planten

Slootkanten horen bij de laatste plaatsen waar vochtminnende plantensoorten van het vroegere agrarisch landschap, zoals die van natte hooilanden, kunnen overleven. In het oog springende soorten zijn bijvoorbeeld echte koekoeksbloem, gele lis, dotterbloem en zwanenbloem. Maar de kwaliteit van slootkanten staat onder druk, onder andere door de zware bemesting van landbouwpercelen. Daardoor gaat de soortenrijkdom er al sinds de jaren '70 achteruit (Blomqvist e.a., 2003; Melman 1991). Deze negatieve trend lijkt recent althans op sommige plaatsen gestopt (bijvoorbeeld in de Krimpenerwaard; Blomqvist e.a., 2009; Leng e.a., 2010; Van Dijk e.a., 2013a).

Een groot deel van de Nederlandse water- en moerasplanten wordt in sloten aangetroffen. Denk daarbij aan fraaie soorten als kikkerbeet, krabbenscheer, gewoon blaasjeskruid en de diverse fonteinkruiden. De geringe diepte en breedte in combinatie met voedselrijke omstandigheden leidt vaak tot een dichte begroeiing (Foto 9.2). Het onderhoud stuurt welke soorten in sloten gaan domineren,

Foto 9.2. Een sloot met een soortenrijke waterplantenbegroeiing bestaande uit onder andere glanzig fonteinkruid, gele plomp, kikkerbeet en grote egelskop.

omdat de ene soort hier beter tegen bestand is dan de andere. Maaien, bijvoorbeeld, stimuleert de verspreiding van plantensoorten die regenereren uit plantenfragmenten, zoals waterpest. Sommige soorten zijn gebonden aan sloten met kwelwater, zoals de waterviolier (zie Tekstkader 9.1).

Ongewervelde dieren

De meest diverse groep in de sloot en de slootkanten zijn de ongewervelde dieren, waarvan er enkele duizenden soorten in Nederland voorkomen. Vrijwel alle soorten van kleine stilstaande wateren en moerassen kunnen in sloten worden aangetroffen. Laagveensloten zijn bijvoorbeeld een van de belangrijkste leefgebieden voor de groene glazenmaker, een libellensoort waarvan de vrouwtjes hun

Tekstkader 9.1. De effecten van slootkantbeheer.

William van Dijk

Met de intensivering van het graslandgebruik verdwenen de bloemrijke graslanden. Slootkanten bleken voor veel van deze soorten als refugium te fungeren (Van Strien en Ter Keurs, 1988). Er leken mogelijkheden aanwezig om ze als afzonderlijk natuurelement te beheren (Melman, 1991). Vanaf 1994 werden ze onderdeel van het agrarisch natuurbeheer. Doel van dit beheer was om met name de soorten te behouden die karakteristiek zijn voor natte hooilanden en moerassen. Het ging daarbij om soorten als koekoeksbloem (*Silene flos-cuculi*), dotterbloem (*Caltha palustris*), moerasvergeetmenietje (*Myosotis palustris*) en moeraswederik (*Lysimachia thyrsiflora*). De maatregelen die het slootkantbeheer onder Subsidieregelingen Agrarisch Natuurbeheer voorschreef, waren het niet bemesten en het vrijwaren van bagger in de eerste meter naast de sloot. Dit om de voedselrijkdom in de slootkanten te beperken en de bloei en zaadzetting van de hooiland- en moerassoorten mogelijk te maken.

Het resultaat was dat over een periode tussen tien jaar de achteruitgang van het soortenaantal weliswaar is afgeremd, maar dit bleek ook plaats te vinden in de niet beheerde sloten (Van Dijk, 2014). Het specifieke slootkantgerichte beheer heeft hier dus geen bepalende rol gespeeld. Verder bleken de soorten waar naar gestreefd werd, niet te zijn toegenomen (Blomqvist e.a., 2009; Van Dijk e.a., 2014). Er was daarentegen wel een verdere 'verruiging' van de vegetatie opgetreden, opnieuw zowel in de beheerde als de niet beheerde slootkanten. Het ging daarbij om hoog opgroeiende soorten van voedselrijke bodems, met name soorten die zich via water verspreiden zoals gele lis (*Iris pseudacorus*) en grote kattestaart (*Lythrum salicaria*).

Deze trends geven aan dat het beheer kennelijk niet leidt tot voldoende verschraling van de bodem. Mogelijk treedt dit effect wel op, maar wordt het overstemd door bodemafbraakprocessen waarbij veel voedingsstoffen vrijkomen, of komen er door schoning veel nutriënten op de kant of dringen nutriënten vanuit het slootwater de slootkanten in. Daarnaast kan het ontbreken van voldoende structuurbeheer – door bijvoorbeeld te weinig maaien – ertoe leiden dat hooilandsoorten worden overgroeid door de grotere en snelgroeiende ruigtesoorten (Van Dijk e.a., 2013b). Tenslotte kan de beperkte verspreidingsmogelijkheid van zaden van soorten, zoals koekoeksbloem die zich niet via water kan verspreiden, ertoe leiden dat eventueel geschikt geworden groeiplaatsen niet worden benut.

Om het verschralingseffect te versterken, werden vanaf 2009 de regelingseisen van het slootkantbeheer uitgebreid van één meter uit de sloot tot twee meter. Dit zou moeten leiden tot meer verschraling van de bodem en een toename van het aantal soorten. Daarnaast kan de verschraling verder versterkt worden door de kanten – tijdelijk – vaker te maaien, waardoor de verruiging wordt tegengegaan en de minder snel groeiende soorten meer kans krijgen. Ook het inbrengen van zaden kan een positief effect hebben. Hierbij kan gedacht worden aan het uitleggen van hooi vanuit nabijgelegen reservaten.

eieren alleen afzetten in de bladeren van krabbenscheer (Dijkstra e.a., 2002). Voor kokerjuffers (Foto 9.3) geldt dat zo'n 60 van de 180 soorten die in Nederland voorkomen gebonden zijn aan sloten en andere kleine, stilstaande wateren; en de soorten die in de Nederlandse sloten zeer algemeen zijn, zijn vaak zeldzaam in onze buurlanden (Higler, 2005).

Voor de slootfauna zijn waterplanten erg belangrijk (Whatley e.a., 2013). Naast het produceren van zuurstof bieden ze een geschikte plek om te leven en vormen ze een belangrijke voedselbron. De meeste waterdieren voeden zich overigens niet met levende waterplanten zelf, maar met de dunne laag algen en bacteriën die daar op groeit, de afstervende delen van waterplanten en de stukjes organisch materiaal die tussen de bladeren van levende planten blijven hangen. Plekken met veel waterplanten worden door ongewervelde dieren gebruikt om zich te verbergen voor vissen. Maar een dichte vegetatie biedt ook mogelijkheden voor ongewervelde rovers die de planten als 'hinderlaag' gebruiken. Larven van waterjuffers bewegen zich bijvoorbeeld zeer voorzichtig door de vegetatie, zodat ze niet opvallen voor bijvoorbeeld rondzwemmende watervlooien of amfibielarven. Zijn ze hun slachtoffer dicht genoeg genaderd, dan vangen ze hun prooi razendsnel met een uitschuifbaar vangmasker. Hierbij komt echter zoveel kracht vrij, dat de larve zich stevig vast moet klemmen aan de planten. Zonder begroeiing is jagen voor deze dieren dus heel lastig. Waterplanten worden ook gebruikt om de eieren op af te zetten. Andere soorten, zoals bijvoorbeeld de driehoeksmossel, hechten zich er aan vast en filteren vanaf die plaats algen, bacteriën en fijne organische deeltjes uit het water.

Vissen

Netwerken van sloten en grotere wateren, zoals weteringen, boezemwateren en plassen, zijn geschikt voor veel soorten vissen. Dat geldt vooral waar zowel ondiepe, plantenrijke wateren aanwezig zijn als paaiplaats en opgroei- en foerageerhabitat, maar ook diepere wateren die bijvoorbeeld dienst kunnen doen als overwinteringsgebied. Soorten die typisch zijn voor stilstaande wateren en moerasgebieden, met name uit de overstromingsvlakten van rivieren, hebben hun toevlucht gezocht in de sloten. Vaak zijn jonge vissen in de sloten te vinden en verplaatsen de volwassen dieren zich naar grotere wateren, om pas weer terug te komen om te paaien.

Soorten als driedoornige en tiendoornige stekelbaars, kleine modderkruiper, blankvoorn, brasem, zeelt, snoek en baars komen overal voor. Vissoorten uit sloten die vermeld worden in de Europese Habitatrichtlijn en waarvoor beschermde gebieden moeten worden aangewezen zijn de grote modderkruiper, kroeskarper en bittervoorn (Melman e.a., 2014).

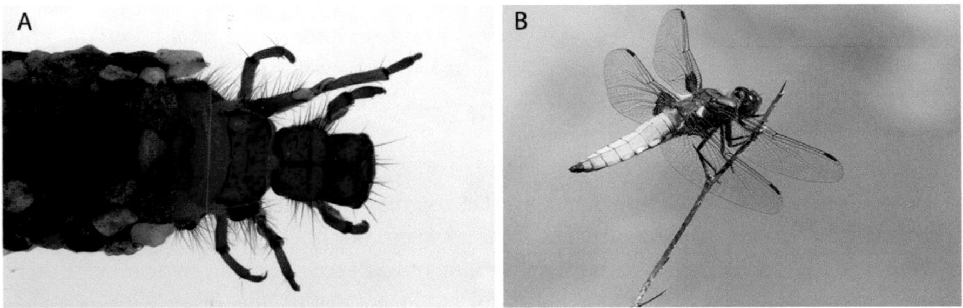

Foto 9.3. (A) Kokerjuffers en (B) libellen zijn als larve talrijk aan te treffen in sloten.

De grote modderkruiper (Foto 9.4) is een nachtdier dat leeft van macrofauna en zich overdag ophoudt in de modder van schone, plantenrijke sloten en in oeverzones van grotere stilstaande wateren. De soort komt alleen voor in wateren met een dichte begroeiing van water- en oeverplanten, gekenmerkt door zuurstofarme omstandigheden in de nacht. Hierin kunnen veel andere vissoorten niet overleven.

Ook kroeskarpers komen in dit type habitat voor, hoewel ze ook nog uit de voeten kunnen in sterker verontreinigde sloten, die de grote modderkruiper mijdt. In tegenstelling tot de grote modderkruiper, die geen grote afstanden aflegt, heeft de kroeskarper wel een verbinding nodig met grotere wateren.

De bittervoorn is een soort van plantenrijke oeverzones in wat grotere sloten, boezemwateren en weteringen. De soort is afhankelijk van de aanwezigheid van zoetwatermosselen die ze gebruiken als paaisubstraat. De grote zoetwatermosselen, zoals schildersmosselen, zwanenmosselen en vijvermosselen, kunnen door intensief schonen verdwijnen. Verdwijnen de mosselen, dan verdwijnt ook de bittervoorn. Als de baggeraar zoetwatermosselen na het schonen teruggooit, kan hij voorkomen dat de bittervoorn lokaal verdwijnt (Ottburg e.a., 2010).

Overige gewervelde dieren

Verder zijn sloten een belangrijk habitat voor amfibieën als padden, kikkers en salamanders en reptielen als de ringslang. Amfibieën leggen niet zelden hun eieren in sloten en hun larven leven er. De meest uitgesproken aan de sloot gebonden soorten zijn groene kikkers als bastaardkikker en meerkikker. De meerkikker is algemeen in Holland, Friesland en de IJsselmeerpolders; ongeveer 60 procent van de waterwaarnemingen van de soort is uit sloten (Berger en Luijten, 2009). De bastaardkikker komt in heel Nederland voor. Van de meeste amfibieënsoorten wordt aangenomen dat ze in Nederland in de jaren '50 meer algemeen voorkwamen dan nu, maar deze twee soorten gaan sinds 1997, toen het amfibieënmeetnet van start ging, niet achteruit (Berger en Luijten, 2009).

Foto 9.4. De grote modderkruiper leeft in waterlichamen die verlanden. In Nederland zijn poldersloten een belangrijk leefgebied. Overdag verschuilt hij zich, 's nachts voedt hij zich onder meer met watervlooien, muggenlarven, waterpissebedden en kreeftjes die hij opspoort met behulp van zijn bekdraden.

De ringslang voedt zich voornamelijk met amfibieën, waarop hij ook in het water jaagt. Het is daarmee het enige Nederlandse reptiel dat echt aan water gebonden is. Deze slang is sinds de jaren '50 met meer dan 25 procent in voorkomen achteruitgegaan en wordt dan ook als 'kwetsbaar' beschouwd op de rode lijst (Van Delft e.a., 2007). Maar sinds het begin van het reptielenmeetnet (1994) gaat de soort weer langzaam vooruit (De Wijer e.a., 2009).

Voor vogels zoals eenden, reigers en rietzangers fungeren sloten en slootkanten als broed-, rust- en foerageergebied. Zwarte sterns maken hun nesten op krabbenscheer. Sommige zoogdieren, zoals woelmuizen en muskusratten, graven in slootkanten hun holen.

9.4 Sleutelfactoren

Dimensies

De breedte en diepte van de sloot bepalen voor een deel welke planten en dieren er voorkomen. Sloten met een breedte vanaf 6 meter bevatten deels andere soorten dan smallere sloten. Zoetwatermosselen komen bijvoorbeeld alleen in brede sloten voor (Nijboer e.a., 2003). Dat komt doordat in brede sloten meer verschillende soorten leefgebieden te vinden zijn en doordat elk afzonderlijk leefgebied vaak een grotere oppervlakte inneemt. In diepe sloten kan een flink temperatuurverschil voorkomen tussen de bovenste een onderste waterlaag. In ondiepe slootjes volgt de watertemperatuur veel meer de luchttemperatuur en kan de watertemperatuur gedurende de dag sterk schommelen. Ook is in ondiepe sloten 's winters de kans op bevriezing groter, zeker wanneer in de winter het water diep wordt weggemalen, wat tegenwoordig veel gebeurt.

Zuurgraad

Zwak gebufferde tot zure sloten met een pH lager dan 6,5 komen vooral voor op de hogere zandgronden en in hoogveengebieden. Een lage pH geeft voor veel planten en dieren fysiologische problemen. Waterslakken worden bijvoorbeeld zelden gevonden bij een pH onder de 6, en bij een pH onder de 4 beschimmelen de eieren van de heikikker (De Jong en Vos, 2009).

Zoutgehalte

In sommige delen van laag Nederland is sprake van brakke kwel, water van de voormalige zee, dat door de almaar lagere polderpeilen naar boven komt, waardoor het slootwater hier relatief veel zout bevat. Een deel van de waterdieren en -planten is hiervoor zeer gevoelig; ze verdwijnen wanneer het chloridegehalte circa 300 milligram per liter bereikt. Zo blijken er in Zeeland duidelijk minder soorten libellen voor te komen bij brakke dan bij zoete sloten (Musters, 2008). Echter, goed ontwikkelde – wat meestal wil zeggen niet sterk bemeste – brakke levensgemeenschappen hebben een karakteristieke flora en fauna die aangepast is aan een verhoogd zoutgehalte; voorbeelden zijn de waterplant groot nimfkruid en de waterwants *Sigara selecta*.

Meststoffen

De voedselrijkdom of trofiegraad van het slootwater is een van de belangrijkste sturende factoren in sloten, zowel direct als indirect. Inspoeling van meststoffen die door de landbouw op de aanliggende percelen worden verspreid leidt tot een hoge voedselrijkdom en organische belasting. Grofweg zijn er op basis van de hoeveelheid meststoffen in de watervegetatie vier situaties te onderscheiden (Janse en Van Puijenbroek, 1998; Verdonschot, 2012):

- relatief lage voedselrijkdom, waarbij een soortenrijke waterplantbegroeiing met allerlei verschillende groeivormen voorkomt (oligotroof);
- een gematigde voedselrijkdom die leidt tot begroeiing gedomineerd door een of enkele ondergedoken soorten (bijvoorbeeld waterpest) (mesotroof);
- (zeer) voedselrijke omstandigheden (eutroof);
- overbemeste omstandigheden, waarbij de sloot wordt bedekt met een laag kroos of een dikke mat met algen (polytroof) (Foto 9.5). Deze drijflaag, laat geen licht doordringen in het water, waardoor ondergedoken planten verdwijnen. Ook ontstaat er zuurstofloosheid doordat de opname van zuurstof door bacteriën in de slootbodem de productie door algen en planten overstijgt. Daardoor ontstaat een negatieve terugkoppeling: chemische processen die alleen onder zuurstofloze omstandigheden plaatsvinden zorgen ervoor dat er nog meer voedingsstoffen vrijkomen uit de waterbodem, maar ook verbindingen die giftig zijn. Het gevolg is dat de levensgemeenschap verarmt en alleen soorten met speciale aanpassingen kunnen overleven (Lamers e.a., 2002; Scheffer en Cubben, 2005; Scheffer e.a., 2003).

Van grotere plassen is bekend dat vermesting leidt tot een totaal andere samenstelling van het dierenleven, waarbij de brasem (Foto 9.6) de dominante vissoort wordt, de snoek verdwijnt en watervlooien niet langer in voldoende aantallen aanwezig zijn om de groei van algen te kunnen beperken (Scheffer, 2001). Hierdoor ontstaat een nieuwe evenwichtssituatie die het water zelfs bij afname van de hoeveelheid meststoffen troebel en soortenarm houdt (Scheffer, 2001; Scheffer en Cubben, 2005). Een dergelijke verarmde evenwichtstoestand kan ook ontstaan in sloten bedekt met kroos en/of kroosvaren. De laatste soort komt vooral incidenteel veel voor in de provincie Zuid-Holland. Als de hoeveelheid meststoffen is verminderd, kan het voor het verder herstel nodig zijn de kroosbedekking weg te halen om de ecologische waarden te herstellen (Scheffer e.a., 2003).

Ook voor de slootkanten spelen meststoffen een belangrijke rol. Er is een duidelijk verband tussen de voedselrijkdom van slootkanten en de soortenrijkdom van oeverplanten in de veenweidegebieden. Simpelweg: hoe voedselrijker des te armer (Melman, 1991; Van Strien, 1991).

Foto 9.5. Onder zeer voedselrijke omstandigheden treedt vaak massale algenontwikkeling op.

Foto 9.6. Als een van de weinige vissoorten kan de brasem zich goed handhaven bij verslechtering van de waterkwaliteit en toename van de vertroebeling. De sterke toename van brasems in zulke situaties wordt 'verbraseming' genoemd.

Gifstoffen

Gifstoffen zoals gewasbeschermingsmiddelen, persistente organische verbindingen, zware metalen en medicijnresten, kunnen de levensgemeenschap in de sloot negatief beïnvloeden. Sloten in glastuinbouwgebieden bleken in het begin van de jaren '90 een duidelijk minder aantal soorten ongewervelde dieren te huisvesten dan de sloten elders (Teunissen-Ordelman en Schrap, 1996). Insecten, zoals haften en kokerjuffers, en kreeftachtigen, zoals watervlooien, verdwijnen door in het water terechtgekomen insecticiden (Van den Brink e.a., 1996; Teunissen-Ordelman en Schrap, 1996). Uit proeven in sloten bleek dat de insecten- en kreeftenfauna pas een half jaar na toediening van een relatief hoge, maar realistische dosis van het insecticide chloorpyrifos hersteld was (Van den Brink e.a., 1996).

9.5 Beheer

De voedselrijkdom van het slootwater in combinatie met de geringe dimensies van het waterlichaam zorgen ervoor dat sloten snel kunnen dichtgroeien, ofwel 'verlanden'. Verlanding leidt uiteindelijk tot het verdwijnen van de sloot. Om de water aan- en afvoerende functie van sloten te waarborgen moet daarom meestal ééénmaal per jaar beheer worden uitgevoerd. Dit bestaat uit het jaarlijks maaien van de planten in het water en op de slootkanten ('schonen') en het zo nu en dan uitbaggeren van de slootbodem, zodat het opgehoopte organisch materiaal wordt verwijderd. De sloot wordt daarmee teruggezet in het verlandingsproces, waardoor waterleven mogelijk blijft.

De manier waarop er wordt geschoond of gebaggerd – welk apparaat er wordt gebruikt, in welk seizoen het gebeurt en hoe vaak – kan direct gevolg hebben voor het planten- en dierenleven in de sloot en in de slootkant (Musters e.a., 2006; Twisk e.a., 2000, 2003; Van Strien, 1991) (Foto 9.7). Bij een analyse van de afzonderlijke onderhoudswerkzaamheden op de algemene kwaliteit van de sloten in

Foto 9.7. Pas geschoonde sloot, waarbij alle vegetatie tot op de bodem is uitgemaaid. Voor veel soorten is het habitat dan (soms tijdelijk) ongeschikt.

het veenweidegebied bleek evenwel dat de effecten daarvan relatief gering zijn (Musters e.a., 2006). Meest optimaal voor de flora en fauna in de sloot is een schoon- en baggerbeheer te volgen waarbij niet alle sloten in de polder tegelijkertijd en jaarlijks worden geschoond. Op deze manier is het voor dieren en planten mogelijk de veranderingen in de polder ruimtelijk te volgen – er is altijd een ongestoord plekje te bereiken – en kunnen populaties duurzaam in stand blijven (Whatley e.a., 2014).

Belangrijk bij dergelijk beheer is pas dan te schonen en baggeren wanneer dit noodzakelijk is, dus zo min mogelijk. Daarmee wordt een natuurlijke reeks van verlandingsstadia opgebouwd. Elk stadium van verlanding herbergt namelijk karakteristieke soorten (Painter, 1999). Door een cyclisch, asynchroon beheer te voeren kunnen alle stadia in een polder naast elkaar aanwezig zijn, waardoor de biodiversiteit van de polder geoptimaliseerd wordt (Herzon en Helenius, 2008). Idealiter wordt dit vastgelegd in een 'polderplan' op hoog ruimtelijk niveau, waarin de agrarische- en waterschapsdoelen zijn verwoord in combinatie met de ecologische visie en natuurdoelstellingen (Ottburg en de Jong, 2009).

Het hierboven beschreven, optimale beheer schept variatie binnen de polder, en die variatie zorgt voor diversiteit aan omstandigheden en daarmee diversiteit aan planten en dieren. Waterbeheerders kunnen ook op indirecte wijze, via de hydrologie van de polder, sturen op het creëren van variatie. In polders wordt een onnatuurlijk waterpeil – 's winters een lage waterstand en 's zomers een hoge waterstand – aangehouden in verband met de agrarische activiteiten die op de aanliggende percelen plaatsvinden. Om dit mogelijk te maken, wordt in de winter veel water afgevoerd, terwijl in de zomer water van buiten het gebied moet worden ingelaten om de waterverdamping te compenseren. Dit 'gebiedsvreemd' water, dat in samenstelling verschilt van het lokale water, kan negatieve effecten hebben op de biodiversiteit. Dat geldt bijvoorbeeld wanneer het aangevoerde water voedselrijk is of een hoog zoutgehalte heeft. Door bij een neerslagoverschot zo lang mogelijk water vast te houden in polders wordt het mogelijk de inlaat van gebiedsvreemd water in de zomer te verminderen. Wanneer inlaat noodzakelijk is, kan de invloed van het ingelaten water worden beperkt door het in- en uitlaatpunt op dezelfde locatie te leggen in plaats van het complete slootnetwerk door te spoelen (Nijboer, 2000).

Beheer van slootkanten

Het beheer van slootkanten in het veenweidegebied wordt beschreven in Tekstkader 9.1. In akkergebieden kan het maaien van slootkanten de plantensoortenrijkdom doen toenemen, mits het maaisel wordt afgevoerd, waarschijnlijk omdat daardoor de voedselrijkdom van de slootkanten afneemt (Musters e.a., 2009).

Het niet bespuiten van akkerranden verkleint de kans dat pesticiden in de sloot terecht komen. Verder verkleint het de kans op ongelukken waarbij er bestrijdingsmiddelen direct in het oppervlaktewater terechtkomen (Longley en Sotherton, 1997). Een spuitvrije zone van 3 meter zorgt er voor dat de bestrijdingsmiddelendrift naar de sloot met ruim 95 procent afneemt (De Snoo 1999). Behalve van de breedte van de zone, zijn hier ook van belang: de begroeiing van de zone, windrichting en –kracht, het type apparatuur en spuitkoppen en uiteraard het bestrijdingsmiddel zelf (De Jong e.a., 2008; De Snoo, 1999).

Begroeiing van de perceelranden is belangrijk om bodemdeeltjes uit het afvloeiende water op te vangen en de daarin opgeloste meststoffen te binden (Lee e.a., 2003; Osborne en Kovacic, 1993; Vought e.a., 1995). Wat de meststoffen betreft, die worden in de herfst alsnog aan de bodem afgegeven als de planten in de herfst hun bladeren verliezen en afsterven. Dit is te voorkomen door de akkerranden regelmatig te maaien en het maaisel af te voeren. Een ander probleem van randen kan zijn dat ze verzadigd raken met sediment en fosfor, en daardoor hun bufferende functie verliezen (Lovell en Sullivan, 2006; Osbourne en Kovacic, 1993; Roberts e.a., 2012; Vought e.a., 1995). Begroeiing van randen kan ook een rol spelen bij het binden van meststoffen die zijn opgelost in het grondwater dat vlak onder de oppervlakte van het perceel naar de sloot stroomt, maar dit effect wordt teniet gedaan door drainage.

Sloten als netwerk

Vaak herbergen sloten individueel niet bijzonder veel soorten, maar wanneer verschillende sloten binnen een polder met elkaar vergeleken worden, blijken ze ieder een iets andere soortensamenstelling te hebben en met elkaar een beduidend groter aantal soorten te huisvesten (Ottburg en Jonkers, 2010; Verdonschot e.a., 2011). Dit komt doordat de locaties allemaal net iets anders zijn, wat sleutelfactoren als diepte en breedte of wat de staat van het onderhoud betreft bijvoorbeeld.

Natuurgebieden kunnen als bron dienen van waaruit dieren en planten zich kunnen verspreiden over de sloten (Maes e.a., 2008) en de slootkant (Leng e.a., 2009, 2010; Van Dijk e.a., 2014; Foto 9.8). Voor de rijkdom van planten in slootkanten is deze bronfunctie van natuurgebieden waarschijnlijk heel belangrijk omdat de verspreiding van zaden een beperkende factor lijkt te zijn voor slootkantplanten (Blomqvist e.a., 2003; Ozinga e.a., 2009). De afstanden waarop natuurgebieden als aantoonbare bron kunnen functioneren voor slootklantplanten is overigens slechts zo'n 200 meter (Leng e.a., 2009; Van Dijk, 2014).

Foto 9.8. Matig voedselrijke laagveensloot aan de rand van natuurgebied de Wieden in Overijssel met een rijke waterplantenbegroeiing (bijvoorbeeld krabbenscheer) en een hoge soortenrijkdom aan waterdieren, waaronder de gevlekte witsnuitlibel.

9.6 Huidige situatie

De huidige kwaliteit

Algemeen wordt aangenomen dat de ecologische kwaliteit van sloten en slootkanten door de belasting met meststoffen en gifstoffen en door uniformering van beheer en inrichting op de lange termijn – bijvoorbeeld sinds Tweede Wereldoorlog – is afgenomen en nog steeds onder druk staat. Helaas beschikken we niet over gegevens die dit kunnen onderbouwen. Wel weten we iets over de huidige kwaliteit, en hoe die sinds 1985 is veranderd.

De kwaliteitscriteria voor oppervlaktewateren zijn geborgd in de Europese Kaderrichtlijn Water (KRW), waarin gestreefd wordt naar een 'goede ecologische toestand' voor alle Europese waterlichamen (EP, 2000). Het gaat hierbij echter in de praktijk vooral om grotere wateren, zoals meren en rivieren. Omdat de meeste sloten niet onder de KRW vallen – slechts 0,5 procent ervan is aangemerkt als KRW Waterlichaam (CBS e.a., 2014a) – worden er op dit moment vanuit de KRW geen ecologische kwaliteitseisen gesteld aan de meeste sloten. Voor de sloten die wel volgens de criteria van de KRW worden beoordeeld geldt dat ze bijna allemaal (ca. 90 procent) een lage kwaliteit hebben: ze zijn 'matig' tot 'ontoereikend' wat betreft macrofauna (CBS e.a., 2014b) en 'matig' tot 'slecht' wat betreft waterplanten (CBS e.a., 2014c). Deze situatie is sinds 1990 nauwelijks verbeterd.

Het nationale natuurbeleid beschrijft, in het kader van het Natuurnetwerk Nederland (voorheen de Ecologische Hoofdstructuur), de beoogde kwaliteit van natuurgebieden en –elementen aan de hand van doelsoorten (Bal e.a., 2001). Omdat sloten natuurelementen zijn, geldt deze beoogde kwaliteit ook voor sloten. Voor het oppervlaktewater zijn 147 ongewervelde dieren aangemerkt als doelsoort. Hiervan zijn er 10 relevant voor sloten, maar in goed ontwikkelde sloten komt slechts 15 tot 30 procent van deze 10 soorten voor (CBS e.a., 2008). Dit betekent dus dat in goede sloten 3 á 4 van deze doelsoorten voorkomen, maar in de meeste zoete wateren komt geen enkele doelsoort voor. In slechts 6,7 procent van de meetpunten komen een of meer doelsoorten voor (CBS e.a., 2008). In het veenweidegebied ten noorden van Amsterdam is de soortenrijkdom aan waterplanten tussen 1990 en 2007 met acht soorten afgenomen en tegelijkertijd nam de soortenrijkdom aan ongewervelde dieren er af (Whatley e.a., 2013).

De hoeveelheid meststoffen die in het oppervlaktewater terecht komt is sinds 1985 afgenomen. In het veenweidegebied ten noorden van Amsterdam zijn tussen 1985 en 2007 de gehalten van totaal stikstof, fosfaat, sulfaat en chloride significant afgenomen (Whatley e.a., 2013). In heel Nederland is het percentage sloten dat een matig tot slecht stikstofgehalte heeft afgenomen van circa 85 procent in 1990 naar circa 60 procent in 2010. Voor het fosforgehalte is dat percentage afgenomen van 75 procent naar 60 procent (CBS e.a., 2012).

De belasting met bestrijdingsmiddelen vermindert gestaag. Incidenten waarbij massaal vissen sterven door bestrijdingsmiddelen zijn gelukkig zeldzaam geworden (Vijver e.a., 2012a). Circa 50 procent van de gemeten sloten/wateren voldoet echter niet aan de ecotoxicologische norm en een groot deel van de sloten hebben onacceptabel hoge concentraties gewasbeschermingsmiddelen (Vijver e.a., 2012b).

Dus hoewel de belasting van zowel de meststoffen als de bestrijdingsmiddelen in de sloten is afgenomen, heeft dat nog niet geleid tot een merkbare verbetering van de ecologische kwaliteit in termen van planten- en dierensoorten. De belasting is waarschijnlijk nog steeds te hoog.

In de kanten van sloten lijkt er sinds 1999 een lichte toename van de verruiging plaats te vinden en er zijn aanwijzingen voor een toenemende vermesting (CBS e.a., 2014d). De verruiging hangt mogelijk samen met het niet altijd mee maaien van de slootkant, omdat die als veevoer niet zo hoog wordt gewaardeerd.

In de meeste sloten zijn wel een of meer soorten aan te treffen die van oorsprong niet inheems zijn. Zo hebben verschillende exotische soorten kreeftachtigen zich massaal in de Nederlandse wateren uitgebreid. De uit Noord-Amerika afkomstige tijgervlokreeft is de meest voorkomende soort. In het oog springend zijn de eveneens uit Noord-Amerika afkomstige veel grotere rivierkreeften, zoals de rode Amerikaanse rivierkreeft en de geknobbelde Amerikaanse rivierkreeft. Deze dieren hebben door hun grootte en gedrag lokaal een grote invloed op de leefgemeenschap van sloten, bijvoorbeeld doordat ze organische stofstromen in het systeem beïnvloeden, slootoevers vergraven, andere inheemse soorten bejagen – onder andere macrofauna, amfibielarven en viseieren –, water- en oeverplanten begrazen en de bodem omwoelen, waardoor planten ontworteld kunnen raken (Roessink e.a., 2009, 2010) (Foto 9.9).

Het huidige beheer

Het grote belang van sloten en slootkanten wordt al geruime tijd in het beleid onderkend. Des te opvallender is het dat noch het waterbeleid in de vorm van de KRW, noch het natuurbeleid harde kwaliteitseisen stelt aan sloten. Wel kent het agrarisch natuurbeheer al slootkantbeheer sinds het begin van de jaren '90 (Tekstkader 9.1). In 2013 lanceerde LTO Nederland het Deltaplan Agrarisch Waterbeheer om, in samenwerking met de waterschappen, de bijdrage van boeren aan het halen van de doelstellingen van de KRW te faciliteren (LTO Nederland, 2013).

Foto 9.9. Volwassen man van de geknobbelde Amerikaanse rivierkreeft. Het zwaartepunt van de verspreiding van deze soort in Nederland ligt in de polders nabij Kamerik en Woerden.

Waterschappen

De waterschappen hebben als belangrijkste taak het land voldoende droog en de kwaliteit van het oppervlakte water goed te houden. Ze beheren binnen polders vooral de grotere wateren. Beheer van de sloten wordt meestal aan de boeren overgelaten en door de waterschappen gecontroleerd via de schouw. De waterschappen beïnvloeden de kwaliteit van sloten vooral via afvoer van water in de winterperiode en aanvoer in de zomerperiode, met verdroging en kwaliteitsvermindering tot gevolg (zie hierboven).

Waterschappen voeren op lokale schaal natuurgerichte activiteiten uit. Ze voeren aangepast maaibeheer voor bepaalde soorten uit, leggen vistrappen aan, vervangen kleine duikers door grotere en leggen overwinteringslocaties en paaigebieden aan. Bovendien leggen ze al meer dan 25 jaar natuurvriendelijke oevers aan, aanvankelijk vooral langs de bredere watergangen, de laatste vijf jaar ook steeds meer langs sloten op boerenland. Een voorbeeld hiervan zijn de 17 kilometer natuurvriendelijke oevers die zijn gerealiseerd in het project Boeren als Waterbeheerders bij Waternet. Deze kunnen een grote verrijking van het leven in de slootkanten en de sloten betekenen (CUR, 1999, 2000). In de praktijk is de effectiviteit van natuurvriendelijke oevers echter niet bekend. Er zijn geen langdurige monitoringsprogramma's. Het enige gepubliceerde onderzoek naar de gevolgen van natuurvriendelijke oevers voor de natuur is gedaan aan grote (Rijks)wateren (Soesbergen en Rozier, 2004). Naast verrijking van de biodiversiteit kunnen natuurvriendelijke oevers ook het landschap verfraaien.

Boeren

Er is momenteel agrarisch natuurbeheer voor perceelranden en slootkanten, maar niet voor slootinrichting en slootonderhoud. Bij het agrarisch natuurbeheer voor slootkanten wordt geprobeerd de kanten niet mee te bemesten en bij het slootschonen worden plantenresten niet op de slootkant gelegd. Toch zijn er geen aanwijzingen dat dit tot een echte verbetering van de slootkantvegetaties heeft geleid sinds 1990 (Blomqvist e.a., 2009; Van Dijk e.a., 2013a; zie ook Tekstkader 9.1). In akkergebieden blijken gras- of bloemranden wel te leiden tot een duidelijke verrijking van de slootkantvegetatie als rand en slootkant jaarlijks worden gemaaid. In de eerste vijf jaar na aanleg van deze akkerranden neemt de soortenrijkdom toe en lijkt de voedselrijkdom van de slootkant af te nemen (Musters e.a., 2009).

9.7 Toekomstperspectief

Het beeld dat in dit hoofdstuk naar voren komt, is dat het blauwe netwerk een enorme omvang en voor de natuur zeer grote potenties heeft. De praktijk laat echter zien dat deze potenties slechts zeer beperkt worden benut, ondanks de aandacht die er de laatste 20 jaar aan is besteed. De ecologische kwaliteit is nog vaak matig tot slecht. Hier valt een wereld te winnen.

Welke perspectieven zijn er voor verbetering van deze situatie? Uit het voorgaande zijn veel mogelijkheden voor verbetering af te leiden. De waterkwaliteit kan worden verbeterd door de toevoer van meststoffen en bestrijdingsmiddelen te minderen, door middel van het vasthouden van neerslagoverschot, het terughoudend aanvoeren van gebiedsvreemd water en het verminderen van de uit- en spoeling van meststoffen en bestrijdingsmiddelen. Het beheer van slootkanten en sloten kan worden verbeterd door het tijdstip en de frequentie van het maaien te optimaliseren, door de toepassing van natuurvriendelijke apparatuur en door werkzaamheden in ruimte en tijd te faseren. De inrichting van sloten en slootkanten kan worden verbeterd door sloten te creëren met een minimale doorstroming om gebiedseigen water te behouden, door slootkanten te verbreden en natuurvriendelijke oevers aan te leggen, en door het verbeteren van verbindingen tussen sloten en grotere wateren, met name voor vissen.

Opmerkelijk is dat op dit moment niemand echt verantwoordelijk lijkt te zijn voor de natuurkwaliteit van sloten. Dit zou kunnen veranderen als de overheid alle sloten onder de KRW brengt of, als dit juridisch niet mogelijk is, onder nationale normstellende regelgeving met dezelfde strekking. De rijksoverheid zou dan eindverantwoordelijk worden en de controle zou kunnen worden uitgeoefend door de waterschappen als onderdeel van de schouw. Dit zou betekenen dat de maatregelen die de boeren moeten uitvoeren geen of weinig verdere kosten voor de overheid met zich mee zouden brengen. Voor die maatregelen zijn dan immers geen beheervergoedingen nodig. Op plaatsen met mogelijkheden voor hoge natuurwaarden die specifiek beheer vereisen, kunnen de waterschappen dan lokale regelingen met de boeren treffen. Met de dicht bij boeren staande waterschappen als tussenverantwoordelijken is de kans groter dat de uitvoering meer effectief zal zijn dan met een provinciale of rijksoverheid. We werken hieronder de bijdragen van de verschillende partijen bij een dergelijke opzet wat nader uit.

Boeren

Bij de reductie van de belasting van sloten met meststoffen en bestrijdingsmiddelen is een directe rol weggelegd voor de boeren. Het is zaak dat zij terughoudend zijn met gebruik van meststoffen en gewasbeschermingsmiddelen, bijvoorbeeld door technische hulpmiddelen te gebruiken die de stoffen heel precies kunnen toedienen via precisiemechanisatie. Niet bemesten en niet bespuiten van perceelranden blijkt een effectief middel om de belasting te reduceren. Afvoeren van het maaisel kan de soortenrijkdom in slootkanten doen toenemen. Maaisel en bagger uit de sloot kan het beste buiten de slootkanten worden gedeponeerd.

Boeren kunnen de diversiteit aan leefgebieden binnen sloten en polders verder bevorderen door tijdens het maaien en baggeren natuurvriendelijk te werk te gaan met verbeterde maaikorf en baggerpomp en hier en daar stroken oevervegetatie te laten staan. Deze stroken kunnen dienen als refugium voor de slootfauna en -flora. Door gefaseerd in ruimte en tijd te baggeren en te schonen kunnen boeren als het ware de verschillende leefgebieden door de polder heen laten wandelen. Verschillende van deze maatregelen kunnen worden uitgevoerd als onderdeel van de schouw. Denk aan het op diepte houden van sloten en het afvoeren van bagger en maaisel buiten de slootkanten, maar ook aan de spreiding van deze maatregelen in ruimte en tijd.

Waterschappen

Als waterschappen verantwoording moeten afleggen aan de rijksoverheid over de natuurkwaliteit van hun sloten, dan zullen ze bij hun peilbeheer meer rekening houden met de gevolgen van de belasting met meststoffen. Dit kan bijvoorbeeld betekenen dat ze inlaten van gebiedsvreemd water in sommige gevallen vermijden, maar in andere gevallen, waar de belasting al hoog is, juist gebruiken om de belasting te verlagen. Dit leidt dus tot maatwerk bij het peilbeheer, waardoor de waterkwaliteit van de poldersloten aanzienlijk zal kunnen verbeteren.

Meer structurele mogelijkheden voor de waterschappen liggen in aanpassingen in het dwars- en lengteprofiel van de sloten. Met name het aanleggen van een flauw talud, een terrastalud of een plaatselijk terugwijkende oeverlijn biedt mogelijkheden. Sloten waarvan de afvoerfunctie gering is, bieden veel mogelijkheden om verscheidenheid in leefgebieden te creëren, zoals het realiseren van zogeheten 'dode slooteindes' waarbij sloten plaatselijk worden vernauwd en verlanding wordt toegelaten. Voor vissen en enkele andere soorten kan het nodig zijn de trekmogelijkheden tussen de sloten en de grotere wateren – zoals weteringen, meren en rivieren – te verbeteren. Sleutelwoorden bij dit type inrichting en beheer zijn variatie en maatwerk. Ook de coördinatie van de verschillende lokale natuurvriendelijke werkzaamheden die boeren en waterschappen kunnen uitvoeren lijkt bij uitstek een taak die waterschappen, in overleg met agrarische natuurverenigingen, op zich zouden kunnen nemen. De winst van coördinatie is dat de doelen van de KRW gemakkelijker worden gehaald.

Overheid

De overheid heeft veel mogelijkheden om te bevorderen dat er zo min mogelijk meststoffen en bestrijdingsmiddelen in de sloten terecht komen. Dit kan door regelgeving en subsidies. De overheid doet dat al door regels voor bemesting en gebruik van bestrijdingsmiddelen. Voorbeelden zijn regels voor aanpassingen aan machines, zoals kunstmeststrooiers of spuitdoppen, of het instellen van spuit- en mestvrije zones of perceelranden. Voor de laatste biedt de vergroening van het Europese Gemeenschappelijk Landbouwbeleid in beginsel goede mogelijkheden. Eenmalige subsidies zijn mogelijk bij de aanschaf van apparatuur voor precisiemechanisatie of het opheffen van barrières in de trekroutes van vissen. Langlopende subsidies in het kader van het vernieuwde agrarisch natuurbeheer kunnen de sluitsteen vormen bij het beheer van kwetsbare soortenrijke vegetaties in de sloten, bijvoorbeeld met waterviolier, of op de oevers van watergangen, bijvoorbeeld met dotterbloemen.

Dit alles laat zien dat er talrijke praktische mogelijkheden zijn om de natuurkwaliteit van sloten en slootkanten te verbeteren. En omdat een goede ecologische kwaliteit van ons landschap voor vele partijen van groot belang is, zou het mogelijk moeten zijn van het blauwe netwerk een van de rijkste en internationaal belangrijkste ecosystemen van Nederland te maken. Hier ligt een enorme uitdaging.

Van de redactie

1. Het Nederlandse slotennetwerk beslaat 350.000 à 400.000 kilometer. Alleen al door deze enorme lengte is het belang van het Nederlandse slotenstelsel groot, niet alleen voor de biodiversiteit, maar ook doordat het één van de gezichtsbepalende factoren is van Nederlandse landschap.
2. De flora en fauna van slootkanten zijn te beschouwen als restanten van vroegere moerassen, oude beek- en rivierarmen en andere kleine stilstaande wateren.
3. Tot dusver is er vanuit het agrarisch natuurbeheer weinig aandacht besteed aan behoud en versterking van de natuurkwaliteiten van de sloten. De oorzaak hiervan ligt in de omstandigheid dat de verantwoordelijkheid voor het beheer is verdeeld over boeren en waterschappen.
4. Wel bestaat er al langere tijd aandacht voor beheer van de slootkant. Dit richt zich met name op de botanische soortenrijkdom, die minder is teruggelopen dan die van de percelen.
5. De meerwaarde van natuurgericht slootkantbeheer is tot dusver echter zeer bescheiden geweest. Mogelijke oorzaak: het beheer volgens de regelingen verschilt te weinig van de gangbare praktijk.
6. Het ANLb-2016, het nieuwe stelsel voor agrarisch natuurbeheer, besteedt expliciet aandacht aan het slotennetwerk (de 'natte dooradering'). Hierbij is de aandacht ecologisch gezien breed: vissen, amfibieën en libellen die in Europees verband van belang zijn. Bij gunstige ecohydrologische condities kunnen boeren een belangrijke meerwaarde aan het slootleven leveren, bijvoorbeeld door paaiplaatsen van vissen en amfibieën in te richten, een aantrekkelijke vegetatiestructuur te creëren door een aangepast mest- en maairegime van de slootkanten en door de schoning te faseren (elk jaar een deel in plaats van alles tegelijk).
7. Praktisch gaat het bij het slotenbeheer onder meer om het instellen van een ecologisch gunstig regime van hoge winterpeilen en relatief lage zomerpeilen en het vasthouden van gebiedseigen water. Het kan ook gaan om het toepassen van voor waterorganismen passeerbare dammen, duikers en sluisjes, in combinatie met gefaseerd schoningsbeheer en natuurvriendelijke schoningsapparatuur.
8. Op dit moment is niemand verantwoordelijk voor de natuurkwaliteit van sloten. Hoewel sloten zelf niet onder het regime van de Europese Kaderrichtlijn Water (KRW) vallen, zijn ze voor de waterschappen wel belangrijk, want de kwaliteit van die sloten bepaalt uiteindelijk de kwaliteit van de KRW-wateren. Provincies formuleren kwaliteitsnormen voor sloten, de waterschappen doen de monitoring, zij het op verschillende manieren. Landbouworganisaties maken plannen om sloten schoner te krijgen in de hoop daarmee te voorkomen dat de overheid de generieke milieunormen voor fosfaat, nitraat en gewasbeschermingsmiddelen gaat aanscherpen. In delen van West Nederland kunnen boeren (of collectieven) plannen indienen die in aanmerking komen voor subsidies die worden betaald door de EU en de waterschappen. Dat biedt nieuwe mogelijkheden voor waterkwaliteit en biodiversiteit.

Hoofdstuk 10.

Groene landschapselementen

Anne Oosterbaan*, Anne-Jifke Haarsma en Carla Grashof-Bokdam

A. Oosterbaan, Alterra Wageningen UR; anne.oosterbaan@wur.nl
A.-J. Haarsma, Batweter
C.J. Grashof-Bokdam, Alterra Wageningen UR

◄ Landschapselementen in het agrarisch gebied worden meestal niet direct voor voedselproductie gebruikt. Veel soorten vinden er een plekje en sommige daarvan maken gebruik van het voedsel dat in de aangrenzende akkers en graslanden te vinden is. Van boven naar beneden: keep, ransuil, boomkikker en bosmuis.

10.1 Inleiding

Het agrarisch landschap omvat naast productiegrond ook sloten, randen en groene landschapselementen. Deze zijn vaak bepalend voor het landschapsbeeld. In dit Hoofdstuk gaan we nader in op de opgaande groene landschapselementen: bomen, bosjes, houtsingels, enzovoorts. Deze karakteriseren agrarische landschappen. Zo zijn er in oostelijk Nederland besloten coulisselandschappen, gras- en bouwland met een intensief netwerk van houtwallen en singels. In West- en Noord-Nederland is het open landschap karakteristiek: uitgestrekte veenweidepolders, bestaande uit grasland omzoomd door houtkaden.

Vanwege veranderingen in het agrarische bedrijf is het voortbestaan van de opgaande houtige elementen niet vanzelfsprekend. In de afgelopen honderd jaar is een aanzienlijk deel opgeruimd en van wat er nog resteert bevindt een groot deel zich in een slechte staat van onderhoud. In de vorige eeuw is de waardering hiervoor geleidelijk gegroeid. In sommige bestemmingsplannen werden ze beschermd en in de jaren tachtig ontstond er een regeling voor beheer en restauratie. Inmiddels bestaan er diverse regelingen (zie ook Hoofdstuk 4). Zo is er nu het landelijke subsidiestelsel voor natuur en landschap SNL, waar ook de opgaande elementen onder vallen (www.portaalnatuurenlandschap.nl). Daarnaast hebben provincies als aanvulling veelal een eigen provinciale regeling. Ook zijn er steeds meer initiatieven van particuliere partijen (zie Tekstkader 10.1 en Paragraaf 10.4). Daarnaast verrichten particulieren veel goed werk in onderhoud en inventarisatie van groene elementen, vaak ondersteund door landschapsorganisaties.

Tekstkader 10.1. Financiering van landschapselementenbeheer.

Paul Terwan

Toen de nutsfuncties van landschapselementen wegvielen en veel elementen sneuvelden, groeide de roep om een betere planologische bescherming en om duurzaam onderhoud. Daarom zagen tegelijk met de eerste regeling voor beheerovereenkomsten (1977) twee andere regelingen het daglicht: een Regeling aanwijzing landschapselementen (RAL) en één voor onderhoudsovereenkomsten landschapselementen (ROL). Deze rijksregelingen voorzagen in een vergoeding voor periodiek onderhoud en voor eenmalig wegwerken van achterstallig onderhoud.

De ROL/RAL werd in 1992 gedecentraliseerd naar de provincies die de uitvoering van de regeling meestal onderbrachten bij de provinciale stichtingen Landschapsbeheer Nederland (nu LandschappenNL). Landschapselementen waren inmiddels ook onderdeel geworden van de landelijke Regeling beheersovereenkomsten uit 1988. Sommige provincies brachten daarbij een scheiding aan en betaalden alleen voor aanleg, herstel en achterstallig onderhoud. Andere provincies bleven ook betalen voor regulier onderhoud. Hier werkten dus twee gelijksoortige regelingen naast elkaar. Deze situatie bleef in veel provincies jarenlang bestaan, ook nadat in 2008 alle rijksregelingen waren gedecentraliseerd. Onder de regelingen van het Programma Beheer, het landelijke Subsidiestelsel Natuur- en Landschapsbeheer (SNL) en het nieuwe stelsel (ANLb-2016) liep en loopt de financiering van landschapsonderhoud min of meer ongewijzigd door, zij het onder verschillende benamingen (thans 'droge en natte dooradering') en met slinkende budgetten.

Enkele provincies kozen ervoor om het landschapsbeheer een extra stimulans te geven en maakten aanzienlijke eigen budgetten vrij voor groenblauwe diensten. Zulke regelingen zijn of waren van kracht in Overijssel, Brabant, Utrecht, Gelderland en Limburg. Soms ligt het accent daarbij sterk op landschap, zoals in Overijssel, soms maken ook natuur- en waterbeheer er onderdeel van uit, zoals in Brabant en Utrecht. De provinciale regelingen voorzien in betaling van een deel van de kosten en zijn daardoor ook een stimulans om gemeenten te laten meebetalen. In Overijssel en Noord-Brabant is dat een succes geworden en daar betaalt inmiddels de meerderheid van de gemeenten mee.

Een oud voorbeeld is de Achterhoekse gemeente Aalten, die hiervoor een deel van de toeristenbelasting aanwendde. Texel draagt uit de toeristenbelasting bij aan een landschapsfonds voor de Hoge Berg. Gemeenten hebben ook nog een andere beloningsmogelijkheid in handen, zoals een soepeler vergunningverlening. Zo koppelde Winterswijk in het kader van Meervoudig Duurzaam Landgebruik het verlenen van een milieuvergunning aan de aanwezigheid van een minimaal percentage natuur- en landschapselementen op het bedrijf.

Sinds 2015 is een nieuwe financieringsbron aangeboord en tellen landschapselementen ook mee voor de vergroening van het Europese Gemeenschappelijke Landbouwbeleid. Omdat er nog geen sluitende registratie is van landschapselementen heeft Nederland dit voorlopig beperkt tot elementen met een SNL-overeenkomst, maar het is niet uitgesloten dat later ook andere elementen gaan meetellen. Overigens regelen de vergroeningsvoorwaarden niet het beheer, maar telt alleen de aanwezigheid mee voor het bereiken van het verplichte vergroeningspercentage.

Een compensatie voor het grondbeslag is ook het principe achter het oude concept van 'erfdienstbaarheid', ofwel het toekennen van een 'kwalitatieve verplichting' aan de grond. Alterra heeft dit oude principe in 2001 nieuw leven ingeblazen met het concept 'Boeren voor natuur'. Hierbij wordt een 'natuurrecht' op de grond gevestigd, waarvoor de agrariër een jaarlijkse rendementsuitkering krijgt uit een fonds waarin de overheid de grondwaarde van het element stort. Dit is bijvoorbeeld succesvol toegepast bij de revitalisering van oude kerkenpaden in de Achterhoek.

Recent is er ook een private financieringsvorm die voor landschapselementen goed blijkt aan te slaan: de landschapsveiling. Hierbij kunnen particulieren en bedrijven landschapselementen of wandelpaden 'adopteren' terwijl het eigendomsrecht bij de oorspronkelijke eigenaar blijft. Veilingen worden sinds het begin van deze eeuw gehouden en zijn bijvoorbeeld succesvol geweest in de Ooijpolder en in Mergelland, waar is gewerkt met een financieringstermijn van tien jaar.

Groene landschapselementen hebben naast landschappelijke waarde ook een belangrijke ecologische betekenis. Voor vele soorten vormen ze een belangrijk onderdeel van hun biotoop. Het gaat om een breed assortiment: planten, vogels, grote zoogdieren, kleine zoogdieren, vleermuizen, amfibieën, vlinders en insecten. Maar landschapsverfraaiing en soorten een onderdak geven waren niet de motieven van hun ontstaan. Ze zijn aangelegd om functionele redenen: markering van eigendom, veekering, bron voor timmer- en gereedschapshout, leverancier van brandstof, beschutting voor het vee, enzovoorts. Aan deze oorspronkelijke functies wordt steeds minder gewicht toegekend: van functioneel werden ze tot sta-in-de-weg. Om de landschappelijke en ecologische kwaliteiten te behouden is het een uitdaging om aan landschapselementen nieuwe functies te verbinden en/of oude functies nieuw leven in te blazen.

10.2 Kenmerkende soorten en ecosystemen

Groene landschapselementen zijn er in vele soorten en maten. Het kunnen alleenstaande bomen zijn, bosjes of lange bomenrijen in de vorm van houtkaden, singels of houtwallen. De leeftijd varieert van pas aangelegd tot eeuwen oud. De soortensamenstelling kan sterk wisselen, afhankelijk van bodemtype, grondwaterstand, plek in het landschap, functie en staat van onderhoud, enzovoorts. Denk bijvoorbeeld aan de tuunwallen op Texel of de houtige omzoming van holle wegen in Limburg.

Het ecologisch functioneren van landschapselementen wordt onder andere bepaald door hun omvang, landschappelijke ligging, leeftijd (zie Tekstkader 10.2), soortensamenstelling en staat van onderhoud. Daarnaast is de ruimtelijke samenhang van landschapselementen belangrijk: de aansluiting met gelijksoortige begroeiing in de omgeving. Veel planten- en diersoorten kunnen niet overleven in kleine, geïsoleerd liggende landschapselementen of bosjes, maar alleen in een netwerk van zowel kleine opgaande elementen als bossen (zie Tekstkader 10.3). Van sommige soorten bestaat dit habitatnetwerk uit meerdere typen elementen. Dit geldt bijvoorbeeld voor de boomkikker, die een netwerk van poelen, ruigten en houtwallen nodig heeft (Vos e.a., 2005). Netwerken van landschapselementen zijn voor vele soorten belangrijk voor op de grond levende soorten, zoals voor amfibieën en kleine zoogdieren, maar ook voor planten die door deze dieren verspreid worden. Ook andere typen landschapselementen, zoals akkerranden, greppels en sloten, vormen voor planten en dieren netwerken met bijvoorbeeld natuurlijke graslanden en moerasgebieden.

Tekstkader 10.2. Landschapselementen: het belang van ouderdom.

Rense Haveman

Singels en houtwallen dooraderen het agrarisch landschap en herbergen veel plantensoorten die je verder niet op de agrarische percelen tegenkomt. In de halfschaduw onder het bladerdak van allerlei houtgewassen kun je er soorten vinden als dauwnetel, hemelsleutel, aronskelk en vele soorten varens en mossen. Het boerengebruik – van tijd tot tijd hout oogsten – heeft er voor gezorgd dat deze soorten hun plekje konden behouden.

Vanuit de landbouw wordt plaatselijk bepleit om houtwallen die hen tegenwoordig in de weg staan te rooien en het verlies te compenseren door aanplant elders in de regio. Landschappelijk is compensatie tot op zekere hoogte mogelijk, maar ook wat betreft biodiversiteit?

Om die vraag te beantwoorden moet we eerst nagaan hoe soorten op houtwallen terecht zijn gekomen. Afgezien van een deel van de houtgewassen zijn ze niet geplant of gezaaid. Sommige staan er zelfs nog van vóór de ontginning, andere zijn in de loop der tijd ingewaaid, meegekomen met het water of aangevoerd door vogels (bijvoorbeeld bessen). Ongeacht de groeiplaats blijkt de soortenrijkdom van houtwallen en heggen samen te hangen met de ouderdom ervan: hoe ouder, hoe soortenrijker. Waar geen sprake is van een oorspronkelijke bosstandplaats ontbreekt een zaadbank en moeten alle soorten de groeiplaats van buiten af zien te bereiken. Dat kost tijd. Voor bijvoorbeeld houtige soorten geldt de vuistregel dat 100 meter lengte elke 100 jaar slechts één extra soort invangt (Pollard e.a., 1974).

Sommige soorten hebben door een beperkt verspreidingsvermogen en beperkte vestigingsmogelijkheden eeuwen nodig om zich te vestigen (Grashof-Bokdam, 1997; Hermy en Bijlsma, 2010). De dispersiecapaciteit van sommige planten- en diersoorten zijn zó beperkt dat deze soorten sterk gebonden zijn aan oude landschapselementen; we spreken van bosrelictsoorten (Bijlsma, 2002). Zo worden stengelloze sleutelbloem, grote muur en schaduwgras vrijwel alleen in oude elementen aangetroffen; en oude wallen in de noordelijke Friese Wouden zijn het laatste bolwerk van het bedreigde gewoon appelmos (Weeda, 2004). Ook bijvoorbeeld onder de mijten en springstaarten, met hun zeer geringe actieradius (Petersen, 1995), bevinden zich waarschijnlijk soorten die gebonden zijn aan oude elementen. Het voortbestaan van deze soorten in het boerenland vergt continuïteit en zorgvuldig beheer van het habitat.

Een weinig bekend aspect van opgaande groene landschapselementen is het voorkomen van zogenaamde regionale braam- en havikskruidsoorten. Dit zijn endemische soorten, soorten met een zeer beperkt verspreidingsgebied; bij de bramen tussen 50 en 250 kilometer (Sell en Murrell, 2014; Weber, 1995). Van de bijna 200 bramensoorten in Nederland zijn er ruim 50 te karakteriseren als regionale soort (Van de Beek e.a., 2014). Over het voorkomen van havikskruidsoorten in Nederland is weinig bekend. Naar schatting gaat het om ongeveer 100 soorten, waaronder ook regionale soorten (Haveman, 2012, 2013). Waar bramen vooral voorkomen in struwelen, zijn havikskruiden kenmerkend voor bomenrijen in bermen. Het voorkomen van deze soorten geeft voor de kenner een sterk regionale kleur aan landschapselementen (Weeda, 2004): hij/zij herkent aan de bramensoorten waar hij is. Onder deze groep zijn ook bosrelictsoorten (Beijerinck, 1956; Beijerinck en Ter Pelkwijk, 1952; Bijlsma, 2002).

Regionale identiteit, bosrelictsoorten en soortenrijkdom moeten worden meegewogen bij de vervanging van oude elementen door elementen op nieuwe plaatsen. Hoewel hiermee de landschapsstructuur min of meer kan worden behouden, is het een aderlating voor de biodiversiteit, zeker voor de soorten die zich moeilijk verspreiden. Herstel – als dat al optreedt – is traag. Daarom is het voortbestaan van oude elementen van groot belang voor het behoud van de biodiversiteit.

Foto 10.2.1. De halfschaduw in houtwallen en de beschutting, de geringe bemesting en het vaak milde maairegime levert geschikte groeiplaatsen op voor havikskruid. Er zijn vele soorten havikskruid en men moet specialist zijn om ze te kunnen onderscheiden.

Streekgebonden verschillen in landschapselementen bepalen in belangrijke mate de biodiversiteit en identiteit van het cultuurlandschap. Zo zijn houtwallen met eiken karakteristiek voor het essenlandschap van hogere zandgronden met akkers zoals we die in Twente nog veel zien. Samen met eiken-beukenbossen vormen ze daar een ecologisch netwerk. Elzensingels zijn karakteristiek voor beekdalen en veenontginningen en vormen een netwerk met elzenbroekbossen (VCL, 2006). Vanwege de cultuurhistorische waarden en de veelheid aan soorten die er voor kan komen spelen bij het beheer zowel landschappelijke als ecologische overwegingen een belangrijke rol.

Groene landschapselementen zijn belangrijk voor de zoogdieren, vogels, reptielen, amfibieën en dagvlinders. Van de ongeveer vierhonderd inheemse soorten is 50 procent geheel of gedeeltelijk afhankelijk van het cultuurlandschap (CBS e.a., 2010). Van de vogels zoals de boerenzwaluw en de dagvlinders komt ongeveer de helft van de soorten ook of uitsluitend (denk aan boerenzwaluw) in het cultuurlandschap voor (Figuur 10.1).

Tekstkader 10.3. Metapopulaties.

Carla Grashof

MacArthur en Wilson (1967) lanceerden de eilandtheorie, die inhoudt dat de soortenrijkdom op een eiland toeneemt met de oppervlakte van dat eiland en afneemt met de afstand tot het vasteland. Naarmate een eiland groter is komen soorten in grotere aantallen voor en is de kans kleiner dat groepen individuen – populaties – van een soort op dat eiland uitsterven. Tegelijkertijd is, als een populatie is uitgestorven, de kans groter dat het eiland opnieuw gekoloniseerd word, via dispersie vanuit het vasteland, als het eiland dichter bij het vasteland ligt. De populatie op het vasteland is zo groot dat deze een hele kleine kans op uitsterven heeft. Dit noemt men een sleutelpopulatie (*key patch*; Verboom e.a., 2001). Dit principe geldt ook voor 'eilanden' van leefgebieden op het vaste land, zoals voor bosfragmenten in agrarische landschappen. Een groep eilandpopulaties die onderling individuen uitwisselen wordt een metapopulatie genoemd. Daarbij zijn de populaties in de afzonderlijke leefgebieden veelal te klein om zelfstandig te kunnen overleven. Soorten van opgaande begroeiing die metapopulaties vormen zijn onder andere de das (Van Apeldoorn e.a., 1998), de boomkikker (Arens e.a., 2006) en de middelste bonte specht (Schippers e.a., 2011), maar ook bosplanten zoals dalkruid en kamperfoelie vormen metapopulaties (Grashof-Bokdam, 1997).

Levins (1970) ontwikkelde wiskundige modellen voor metapopulaties, die verder zijn uitgewerkt door onder andere Gilpin en Hanski (1991). Met deze modellen kan de levensvatbaarheid van een metapopulatie bepaald worden. Het verschilt uiteraard per soort of een habitatplek groot genoeg is om uitsterven te voorkomen, dan wel of de afstand tot de volgende populatie klein genoeg om geherkoloniseerd te worden. Om soortgerichte inrichtingsmaatregelen te kunnen treffen zijn 'ecoprofielen' ontwikkeld (Opdam e.a., 2008). Dit zijn groepen soorten met een vergelijkbaar type habitat, dispersieafstand en oppervlaktebehoefte. Ook kunnen oppervlaktes van en afstanden tussen habitatplekken uitgedrukt worden in soortspecifieke eenheden (Vos e.a., 2001). In Nederland zijn met behulp van die metapopulatiemodellen en ecoprofielen ontwerpregels ontwikkeld voor ontwerp en aanleg van verbindingszones tussen natuurgebieden van de Ecologische Hoofd Structuur (Alterra, 2001), nu Natuurnetwerk Nederland genoemd. Kleine opgaande elementen dienen voor sommige soorten alleen als stapstenen tijdens dispersie, maar voor andere soorten maken ze ook deel uit van het leefgebied zelf (zie Figuur 10.3.1).

Grashof-Bokdam e.a. (2009) hebben aan de hand van veldgegevens bepaald in welke landschappen planten en die het meest voorkomen. Hiervoor zijn veertig soorten vogels, vlinders en planten geselecteerd, die typisch zijn voor opgaande begroeiing van de hogere zandgronden, die niet te talrijk of te zeldzaam zijn, verschillende ecoprofielen vertegenwoordigen en waarvoor voldoende data voorhanden zijn. Uit deze analyse bleek dat voor bijvoorbeeld geel nagelkruid het investeren in de aanleg van bos niet effectief is. Het aanleggen van alleen kleine opgaande elementen is iets effectiever, maar duurzame populaties komen alleen voor in landschappen met zowel bos als kleine opgaande elementen (Figuur 10.3.2).

De meeste onderzochte soorten komen het vaakst voor in landschappen met zowel bos als kleine opgaande elementen. Deze soorten hebben vaak nog wel een voorkeur voor kleine elementen, zoals geel nagelkruid, of voor bos, zoals bont zandoogje. Voor bont zandoogje is de kans van voorkomen voor vier voorbeeldlandschappen berekend (Van Veen e.a., 2010). Er zijn enkele soorten gevonden die een significante voorkeur hebben voor landschappen met alleen kleine landschapselementen, zoals dalkruid en wielewaal. Er zijn geen soorten gevonden met een significante voorkeur voor landschappen met alleen bos (Tabel 10.3.1). Dit kan gerelateerd zijn aan het feit dat er weinig soorten met een grote oppervlaktebehoefte meegenomen konden worden in dit onderzoek. Door de selectie van soorten voor dit onderzoek is het logisch dat er geen soorten gevonden zijn met een voorkeur voor open landschappen.

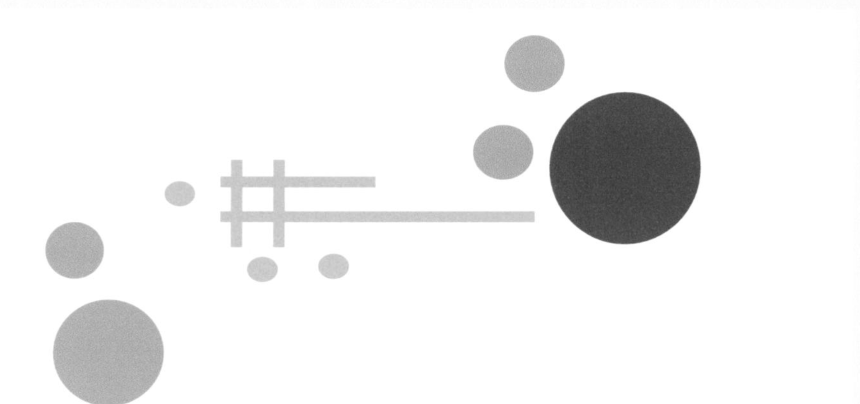

Figuur 10.3.1. Schema van een metapopulatie: groen = populatie in bos; donkergroen = sleutelpopulatie in bos; oranje = populatie in kleine opgaande elementen (houtwallen, houtsingels en kleine bosjes). Voor soorten die alleen in bos voorkomen (groene gebieden) vormen de habitatplekken twee gescheiden metapopulaties. De metapopulatie met de sleutelpopulatie zal zelden uitsterven. De kleine elementen (oranje) kunnen voor deze soorten als stapsteen of corridor dienen. Voor soorten die alleen in kleine elementen voorkomen bestaat het landschap uit één kleinere metapopulatie. Voor soorten die zowel in bos en kleine opgaande elementen voorkomen vormt het figuur één grote metapopulatie.

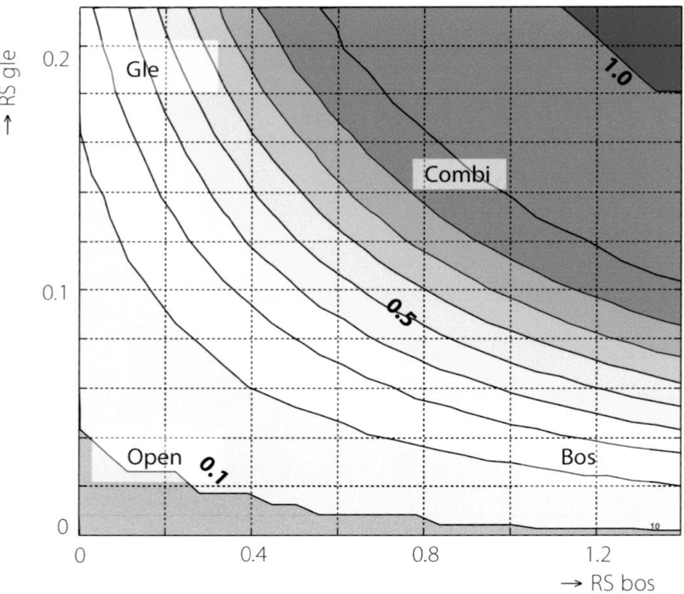

Figuur 10.3.2. Voorspelde kans van voorkomen van geel nagelkruid op basis van velddata in landschappen met verschillende dichtheden (RS = ruimtelijke samenhang) bos en opgaande kleine elementen (Grashof-Bokdam e.a., 2009). In landschappen met alleen bos ('bos') is de kans van voorkomen nauwelijks hoger dan in open landschappen ('open'). In landschappen met alleen kleine opgaande elementen ('gle') is de kans van voorkomen hoger dan in open landschappen, maar duurzame (meta)populaties (blauwgroen gebied: kans op voorkomen >0.5) komen alleen voor in landschappen met zowel bos als kleine opgaande elementen ('combi').

Tabel 10.3.1. Voorspelde voorkeurslandschap van planten, vlinders en vogels op basis van veldgegevens. De meeste onderzochte soorten die een significante voorkeur vertonen komen het meest voor in een landschap met zowel kleine opgaande elementen (gle) als met bos. Zij hebben wel een voorkeur voor kleine opgaande elementen (geel) of voor bos (blauw). Geen van de onderzochte soorten hebben een significante voorkeur voor landschappen met alleen bos. Er zijn geen soorten van open landschappen meegenomen in het onderzoek. Metapopulaties van getoonde planten en vlinders komen voor op lokaal schaalniveau (oppervlakte sleutelpopulatie <10 km^2, dispersiecapaciteit <3 km), terwijl metapopulaties van vogels voorkomen op regionaal schaalniveau (oppervlakte sleutelpopulatie < of > 10 km^2, dispersiecapaciteit >3 km) (Grashof-Bokdam e.a., 2009). Voor bont zandoogje is voor de weergegeven voorbeeldkaartjes de kans van voorkomen berekend (Van Veen e.a., 2010).

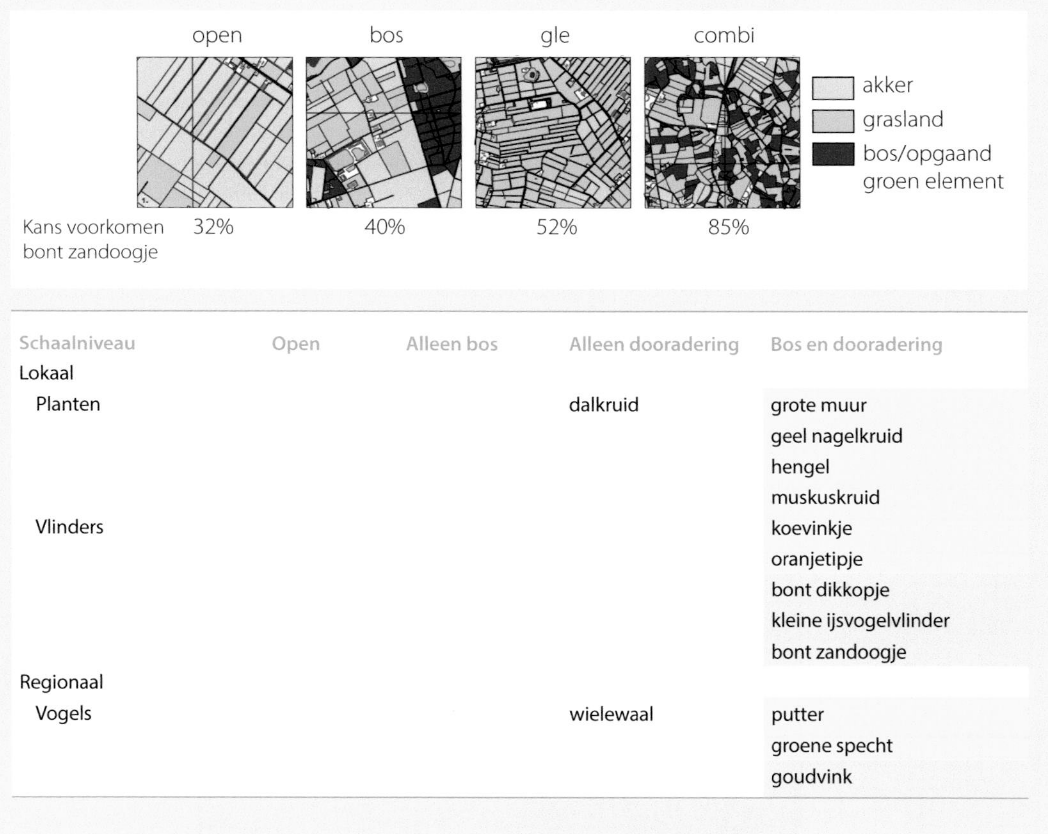

Schaalniveau	Open	Alleen bos	Alleen dooradering	Bos en dooradering
Lokaal				
Planten			dalkruid	grote muur
				geel nagelkruid
				hengel
				muskuskruid
Vlinders				koevinkje
				oranjetipje
				bont dikkopje
				kleine ijsvogelvlinder
				bont zandoogje
Regionaal				
Vogels			wielewaal	putter
				groene specht
				goudvink

Het geheel van groene landschaps- en waterelementen wordt ook wel aangeduid als 'groenblauwe dooradering'. Figuur 10.1 laat zien dat deze groenblauwe dooradering van het landschap belangrijk is voor planten: 26 procent hiervan is afhankelijk van de aanwezigheid van landschapselementen. Diersoorten gebruiken vaak meerdere typen als leefgebied en komen mede daardoor dan ook vaker in zowel natuur- als cultuurlandschap voor. Van de amfibieën is 21 procent van groenblauwe dooradering afhankelijk. Een aantal soorten, zoals kamsalamander en boomkikker komt zelfs uitsluitend in de groenblauwe dooradering voor (CBS e.a., 2010). Van de zoogdieren is 13 procent afhankelijk van het netwerk van landschapselementen.

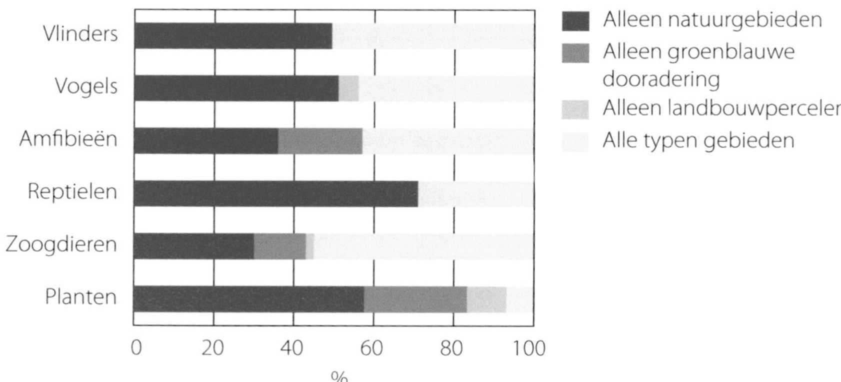

Figuur 10.1. Voorkomen van planten- en diersoorten in natuurgebieden, groenblauwe dooradering en landbouwpercelen (Compendium voor de leefomgeving, www.compendiumvoordeleefomgeving.nl).

Veel soorten hebben een voorkeur voor landschappen met een combinatie van natuurgebieden en landschapselementen. Sommige soorten daarvan zitten vooral in bos zoals bont dikkopje, kleine ijsvogelvlinder, bont zandoogje en de goudvink. Andere soorten leven vooral in landschapselementen, zoals het koevinkje, oranjetipje en planten als grote muur en geel nagelkruid (Grashof-Bokdam e.a., 2009). Er zijn ook soorten die het meest voorkomen in landschappen met alleen landschapselementen zoals dalkruid of de wielewaal of roodborsttapuit (Tekstkader 10.4).

Het grootste knelpunt voor het landschappelijk en ecologisch functioneren van landschapselementen is de instandhouding. Veel elementen worden verwaarloosd en slecht onderhouden (soms worden ze mee beweid door vee) en verdwijnen van lieverlee spoorloos. Uit inventarisaties en de monitoring van het agrarisch cultuurlandschap van Landschapsbeheer Nederland is gebleken dat de kwaliteit van een groot deel van de landschapselementen matig tot slecht is (Oosterbaan en Raap, 2010; Oosterbaan e.a., 2004, 2005; Snepvangers e.a., 2013). Door de langzame maar gestage aftakeling zijn de oude cultuurlandschappen daarom steeds minder herkenbaar en worden de verschillen tussen landschapstypen en streken steeds kleiner (Dirkx, 2011; Koomen e.a., 2007). Hierdoor nemen ook de belevingswaarde en de recreatieve aantrekkelijkheid af.

De beleidsmatige reactie op het geleidelijk verdwijnen van landschapselementen ligt in het afdwingen van de handhaving via planologisch beleid. Dit werkt in de praktijk echter onvoldoende en is daarmee ook een belangrijk knelpunt. Landschapselementen genieten in het algemeen weinig wettelijke bescherming. Sommige gemeenten hebben hun waardevolle landschapselementen vastgelegd in het bestemmingsplan en houden daartoe een digitaal systeem bij. Andere gemeenten hebben slechts globaal aangegeven, bijvoorbeeld in een Landschapsontwikkelingsplan, welke elementen belangrijk zijn. Vaak zijn er geen concrete doelen voor landschapselementen en/of biodiversiteit bij geformuleerd. Dit alles blijkt in de praktijk niet voldoende om de onttakeling een halt toe te roepen.

Ruimtelijke ontwikkelingen, herinrichting en aanleg van de buitenruimte is tegenwoordig geregeld via verschillende wetten, met name de Wet op de Ruimtelijke Ordening. De natuurwaarden aanwezig in de buitenruimte zijn ook beschermd via de Flora- en Faunawet, vanaf 2105 de nieuwe Wet natuurbescherming. Om schade aan landschapselementen en bijbehorende biodiversiteit te

Tekstkader 10.4. De roodborsttapuit.

Dick Melman

De roodborsttapuit – het mannetje met zijn prachtige roodzwarte tekening, het vrouwtje met een meer bescheiden verenkleed – is een trekvogel die overwintert in het gebied rond de Middellandse zee en die in maart/april naar noordelijker streken trekt om te broeden. Ook in Nederland. Hij wordt tegenwoordig misschien eerder geassocieerd met natuurgebied dan met agrarisch gebied. Zijn habitat bestaat uit lage tot middelhoge struiken voor veiligheid en uitzicht, die grenzen aan open gebied dat dien voor voedsel. Zulke gebieden komen ook in het agrarisch gebied voor en daar maakt hij graag gebruik van, zij het dat de aantallen met de intensivering van de landbouw sterk zijn gedaald. Nu broedt circa een derde van de populatie in agrarisch gebied, in de jaren zeventig was dat nog driekwart.

Sinds de jaren negentig zien we echter dat hij het in sommige agrarische gebieden verrassend goed doet (Figuur 10.4.1). Zo namen de aantallen in Midden- en Noord-Limburg en noordelijk Brabant sterk toe, tot wel 400 procenten opzichte van de aantallen van 10 en 20 jaar geleden. De vraag is nu waardoor dit komt. Zit het hem in de veranderende kwaliteit van de struiken en struwelen waar hij broedt, of heeft het beheer van de aangrenzende percelen er iets mee te maken? Of liggen de oorzaken buiten Nederland? En, als belangrijkste vraag: wat kan de toegevoegde waarde zijn van agrarisch natuurbeheer? Overigens is de roodborsttapuit, vanwege de positieve trend, niet als doelsoort in het nieuwe ANLb-stelsel opgenomen[1].

[1] Lijst van soorten van droge dooradering (het biotoop van de roodborsttapuit) die in het nieuwe ANLb-stelsel wel als doelsoorten zijn opgenomen. Broedvogels: kerkuil, ortolaan, patrijs, ringmus, roek, steenuil, torenvalk, zomertortel, grauwe klauwier, braamsluiper, gekraagde roodstaart, grote lijster, hop, houtduif, kneu, kramsvogel, ransuil, spotvogel, spreeuw. Niet-broedvogel:. geelgors. Andere dieren: kamsalamander, boomkikker, knoflookpad, ingekorven vleermuis, vliegend hert, grijze grootoorvleermuis, tweekleurige vleermuis, hazelmuis, vroedmeesterpad, bunzing.

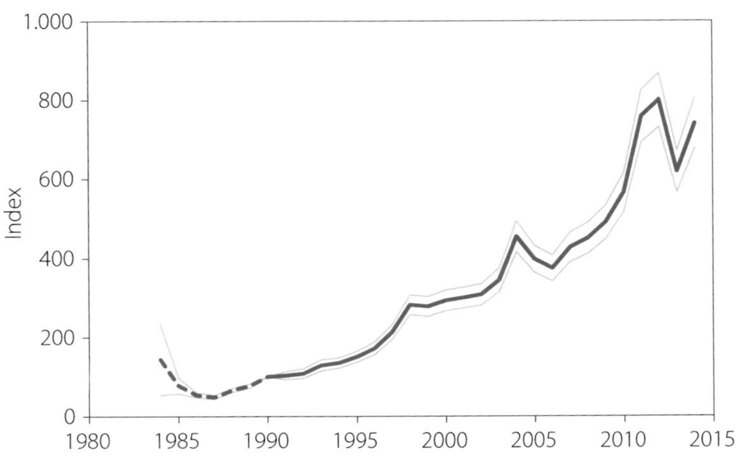

Figuur 10.4.1. Ontwikkeling van roodborsttapuit in Nederland. (De landelijke populatie werd in de jaren '70 geschat op 4.100-5.800 broedparen, eind jaren tachtig op 1.600-2.300 broedparen en nu op 6.500-7.000 broedparen). In andere Europese landen lijkt het met de soort momenteel ook goed te gaan.

Aanknopingspunten hiervoor zijn te vinden in de verspreiding van de territoria die in verband werden gebracht met een aantal habitatkenmerken, voor zover die in de vorm van topografische bestanden voorhanden waren. Het ging om ruige grasvegetaties, en ruigten en opgaand struweel. Het lijkt erop dat de uitbreidingen van de roodborsttapuit in het agrarisch gebied afhankelijk zijn van nabijgelegen vitale populaties, veelal in natuurgebieden. Het is dan wel belangrijk dat er in het agrarisch landschap voldoende en voldoende grote bosjes aanwezig zijn, die op niet te grote afstand van elkaar liggen. Daarnaast lijkt de aanwezigheid van grasbermen en sloten van belang. Met andere woorden: er moet een netwerk van geschikt broed- en foerageerhabitat zijn. Het mooist is als er een aaneensluitend netwerk is. Daarin mogen niet te grote gaten zitten. Uit de verspreidingspatronen kan worden afgeleid dat de afstand die kan worden overbrugd maximaal 4 kilometer is (Figuur 10.4.2). Deze patronen werpen licht op het ruimtelijke patroon van de uitbreiding. Waarom de roodborsttapuit het zo goed doet, is echter nog onduidelijk. Daarvoor is diepgaander onderzoek nodig.

In het agrarisch natuurbeheer kan van deze kennis gebruik worden gemaakt. Er kan worden gewerkt aan een goed netwerk, bestaande uit de diverse onderdelen van de habitat: bosjes, struwelen en ruigtes. Dat geldt wellicht niet alleen voor de roodborsttapuit, maar voor alle soorten van de 'droge dooradering'. Elke soort zal daarbij zijn eigen randvoorwaarden hebben. Uitproberen in combinatie met goede monitoring en evaluatie – de ingrediënten van lerend beheren (zie ook Tekstkader 6.3) – kunnen daarbij helpen.

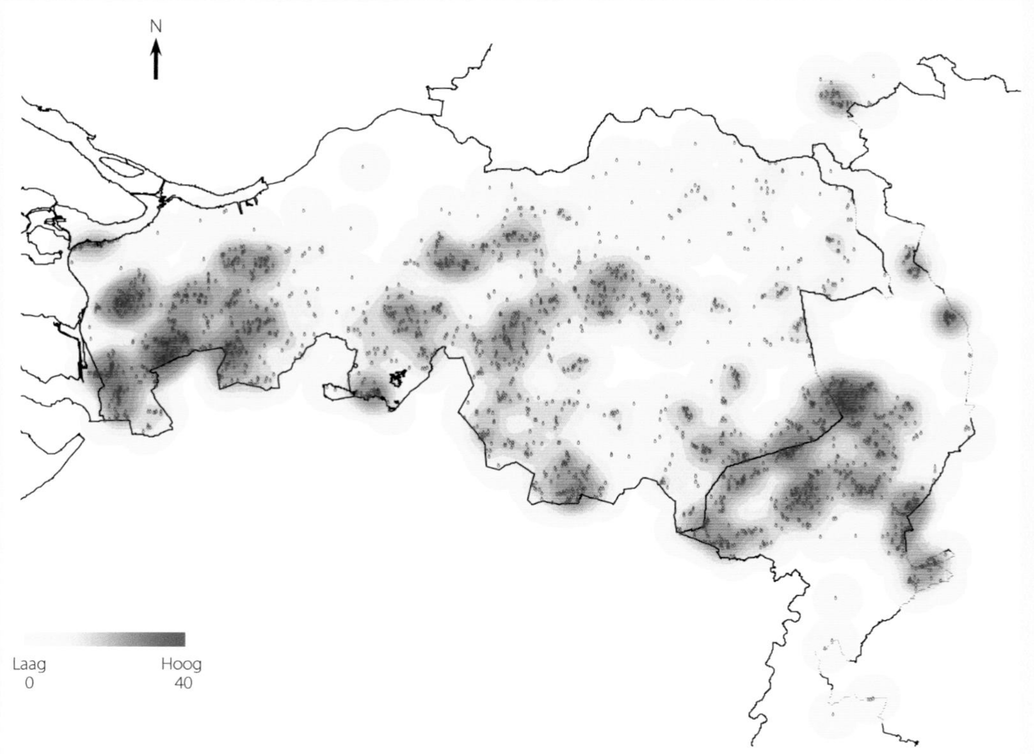

Figuur 10.4.2. De verspreiding van de roodborsttapuit in zuidelijk Noord-Brabant (rode punten). De groene kleur geeft de connectiviteit voor deze soort aan bij een dispersie afstand van maximaal 4 km. Hoe donkergroener, hoe beter het gebied kan worden bereikt (Goutbeek, 2003).

voorkomen is echter niet alleen goede wetgeving, maar ook een goed handhaving en afweging van belangen cruciaal. Het is zeer de vraag of dit gaat werken.

Een tweede reactie op het verval en verdwijnen van landschapselementen is het geven van vergoedingen voor onderhoud en herstel. Deze subsidies zijn echter niet toereikend voor het geheel aan landschapselementen. Daarmee vormen ze ook een knelpunt. Mede om die reden wordt gezocht naar manieren om landschapselementen meer rendabel te maken. Een voorbeeld daarvan is het winnen van biobrandstoffen, bijvoorbeeld van snoeihout, dat verwerkt wordt tot pellets. Daarmee kunnen kosten minder knellend worden. Hierbij is overigens wel alertheid nodig om dit te koppelen aan ecologische waarde, want teveel inzetten op brandstofwinning alleen kan de ecologische waarde van landschapselementen ondermijnen.

10.3 Historische ontwikkeling en huidige situatie

Het geheel aan landschapselementen is door de jaren heen aan grote veranderingen onderhevig geweest. De laatste honderd jaar is meer dan de helft verdwenen (Figuur 10.2). Figuur 10.3 geeft een beeld van de ontwikkeling van een deel van het Achterhoekse landschap.

Gegevens van De Jong e.a. (2009) laten het volgende beeld zien. Op dit moment neemt de oppervlakte van groene landschapselementen ongeveer 3 procent van ons land in. De jongere zandgebieden en het heuvellandschap hebben de grootste dichtheid aan elementen: ruim 5 procent. De oudere zandgebieden, het rivierkleilandschap, de noordelijke veen- en kleigebieden en de duingebieden hebben een lagere dichtheid. We hebben in ons land ruim 70.000 kilometer houtige lijnvormige landschapselementen (bomenrijen, hagen en houtwallen), waarvan circa 2.300 kilometer als windsingel rond kwekerijen staat. Verder gaat het vooral om bosjes: circa 36.000 hectare. Dit kunnen kleine bosjes zijn van minder dan 0,5 hectare, maar ook grotere, langwerpige elementen. Verder is er nog een oppervlakte van ongeveer 2.800 hectare hoogstamboomgaarden en 449 hectare griend.

Landschapselementen zijn in beheer en eigendom van diverse partijen. Agrarische bedrijven, gemeenten en particulieren zijn de belangrijkste eigenaren. Andere aan de overheid gelieerde eigenaren zijn: provincies, Staatsbosbeheer, Rijkswaterstaat, Natuurmonumenten, provinciale landschappen en waterschappen (De Jong e.a., 2009). Deze partijen voeren het beheer uit al of niet met inzet van vrijwilligers, die zich ontfermen over het onderhoud van heggen/hagen, knotbomen en houtwallen en dergelijke.

De huidige bescherming in het kader van Wet op de Ruimtelijk Ordening, Omgevingswet en Flora- en Faunawet is weinig effectief. Dit komt deels door de geringe planologische bescherming – vaak zijn landschapselementen niet in het bestemmingsplan van de Gemeente opgenomen – deels doordat er weinig wordt gehandhaafd.

In het vernieuwde Gemeenschappelijk Landbouwbeleid van de Europese Unie leek er ruimte voor vergroening en aandacht te komen voor onder andere landschapselementen, maar voor komende periode mag daar weinig of niets voor landschapselementen worden verwacht (Van Doorn e.a., 2015). De meeste melkveehouderijen voldoen reeds aan de thans gestelde vergroeningseisen en hoeven dus geen nieuwe groene elementen aan te leggen. Mogelijk dat er nieuwe elementen ontstaan

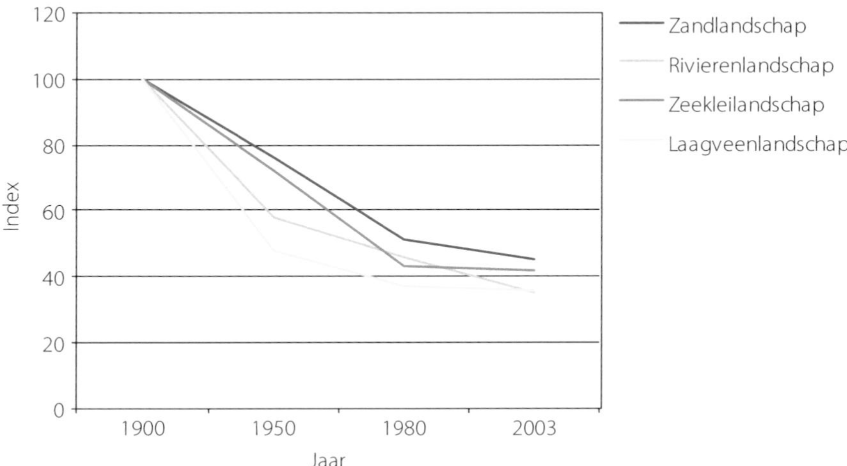

Figuur 10.2. Geïndexeerde ontwikkeling lengte lijnvormige beplantingen in Nederland vanaf 1900 (Koomen e.a., 2007).

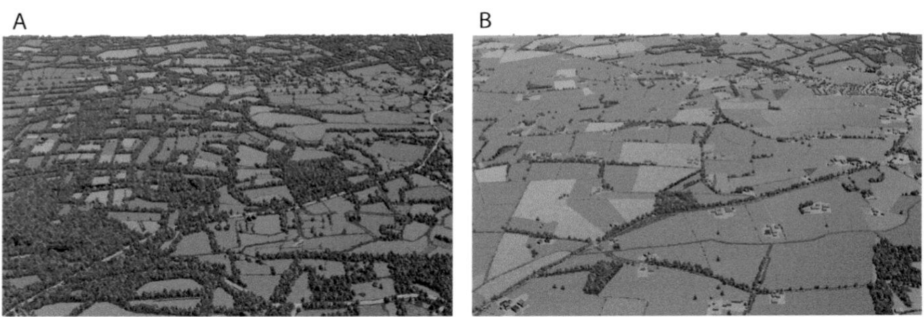

Figuur 10.3. Het landschap van een stuk Achterhoek in 1911 (A) en 2000 (B) (Rienks e.a., 2008).

bij de grote akkerbouwbedrijven (>15 hectare), omdat deze soms niet voldoen aan de eisen om het vergroeningsdeel van de subsidie te mogen ontvangen.

De totale kosten van het beheer van alle kleine landschapselementen in Nederland worden geraamd op 60 à 100 miljoen euro (Jong e.a., 2009). Dit is zonder opbrengsten gerekend. Met opbrengsten van het hout kunnen de kosten wel worden gedrukt, maar blijven er nog flink wat over.

Uit analyses van Melman (Melman e.a., 2014, 2015) blijkt dat van het totaal van subsidies aan agrarisch natuurbeheer (in 2013 ongeveer 56 miljoen euro) ongeveer 6 miljoen aan landschap wordt besteed. Er zit dus nog een aanzienlijk gat tussen de benodigde en beschikbare middelen.

10.4 Nieuwe initiatieven en toekomstperspectief

Door het wegvallen van de oorspronkelijke functies als veekering of levering van gebruikshout en de voortdurende schaalvergroting in de landbouw is het netwerk van landschapselementen steeds dunner geworden. Een aantal maatschappelijke functies, zoals de ecologische en landschappelijke betekenis, worden reeds erkend en ondersteund via subsidieregelingen en inzet van vrijwilligers. Voor behoud en goed beheer van de nog resterende netwerken is het echter van wezenlijk belang extra financiering te vinden (Opdam e.a., 2014). Een voorbeeld van andere publieke diensten van landschapselementen en andere natuurlijke elementen is recreatie, bijvoorbeeld in de vorm van wandelroutes en -arrangementen. Het vergaren van noten, bessen, kastanjes en paddenstoelen kan daar deel van uit maken (Huizenga, 2011, 2013; www.lekkerlandschap.nl), echter zodanig dat dit niet de biodiversiteit in landschapselementen schaadt. Een ander voorbeeld van publieke diensten is de afvang van fijnstof (Oosterbaan e.a., 2007) of het zuiveren van oppervlakte- en grondwater.

Deze diensten worden nu ook al geleverd door landschapselementen, maar boeren worden nog niet vergoed voor deze diensten. Om een financiële verevening te verkrijgen uit deze diensten is het belangrijk dat agrarische natuurverenigingen of collectieven in hun initiatieven rond agrarisch natuurbeheer ook nieuwe partijen betrekken die belang hebben bij nieuwe diensten (Nieuwenhuizen e.a., 2014). Daarnaast kunnen investeringen in landschapselementen en andere natuurlijke elementen ook diensten voor de boer zelf opleveren, die wel – financieel – gestimuleerd maar niet vergoed zouden hoeven te worden. Denk aan leefgebied voor plaagbestrijdende en bestuivende insecten (Geertsema e.a., 2006; Steingröver e.a., 2010), aan beschutting van gewas en vee tegen zon en wind en aan biomassa voor energie en strooisel. Biodiversiteit voor agrarische diensten zoals natuurlijke plaagregulering en bestuiving wordt ook vaak aangeduid als functionele agrobiodiversiteit (zie ook Hoofdstuk 12).

Landschapselementen spelen ook een rol bij verbreding van de landbouw, onder andere voor de circa 10 procent van de agrarische bedrijven die inkomsten genereren uit recreatie, agrotoerisme en verkoop aan huis. Veel diensten kunnen alleen in voldoende mate geleverd worden als boeren op landschapsniveau samenwerken. Voor andere diensten is het niet nodig dat boeren samenwerken, maar kunnen wel meer boeren nodig zijn om voldoende van een dienst te kunnen leveren (zie Tabel 10.1).

Op veel plaatsen worden nieuwe initiatieven ontplooid, waarin ook vele partijen participeren. Hierbij is de overheid (Rijk, provincie of gemeente) vaak betrokken, en naast landschap- en natuurbeheerorganisaties en agrarische bedrijven ook steeds meer andere private partijen. Een mooi voorbeeld van boeren die de productiefunctie van landschapselementen benutten is een groep kalverhouders in West-Brabant met hun project Lokale warmteketen Zuidelijke Baronie. Met de aanplant van bomen rond hun bedrijven willen ze hun energievoorziening in de toekomst onafhankelijk maken van aardgas of aankoop van biomassa van elders.

In onze kleinschalige landschappen hebben agrarische bedrijven voor een efficiëntere bedrijfsvoering regelmatig behoefte aan het verplaatsen van een landschapselement. Hiervoor biedt de zogenaamde CASCO-benadering een oplossing (Maas en Boers, 2010). Het CASCO geeft de duurzaam te behouden hoofdstructuur voor het landschap aan. Met deze benadering kan de Gemeente duidelijk aangeven met welke elementen eventueel geschoven kan worden en waar het landschap op andere plekken versterkt kan worden. Een mooi voorbeeld hiervan is uitgevoerd in vier gemeenten in Noordoost-Twente (Maas en Boers, 2010). In de Achterhoek zijn enkele gemeenten dit voorbeeld aan het volgen. Samenwerking tussen overheden en private partijen vindt onder andere plaats in het kader van zogenaamde Streekfondsen. Zo is voor Midden-Delfland een dergelijk fonds opgericht door de omliggende gemeenten Den Haag en Delft. Het daarin ingelegde geld wordt gebruikt voor het beheer en het landschapsonderhoud door boeren. Dit komt de recreatieve kwaliteiten voor de

Tabel 10.1. Levering en waardering van ecosysteemdiensten van opgaande groene elementen in het agrarisch gebied. Voorbeelden diensten zijn ontleend aan Schrijver en Westerink (2012) en aan Hendriks e.a. (2010). Vetgedrukt zijn ecosysteemdiensten die al erkend worden in huidige subsidieregelingen.

Levering	Waardering	
	Belang ecosysteemdiensten boeren/bedrijven (privaat)	Maatschappelijk belang ecosysteemdiensten (publiek)
Individuele boer kan bijdragen	Producerend: voedsel (productwaarde) vezels energie uit biomassa voor stallen veevoer, meststof, constructiehout streekproducten Regulerend: waterregulatie bodem vasthouden schaduw vee	Producerend: vezels energie voor huishoudens haardhout Regulerend: luchtzuivering vasthouden broeikasgassen
Samenwerking boeren nodig op landschapsniveau	Regulerend: functionele biodiversiteit bestuiving, plaagbestrijding Cultureel: groen imago bedrijven	Cultureel: **behoud biodiversiteit** **cultureel erfgoed, identiteit** **landschapskwaliteit** recreatie/toerisme woongenot

stadsbewoners ten goede. De gemeenten willen met hun ondersteuning de agrarische bedrijven vitaal houden en hen stimuleren tot landschapsonderhoud en zo de bewoners verzekeren van goede recreatiemogelijkheden. Andere voorbeelden hiervan zijn te vinden in de Noordelijke Friese Wouden, Het Groene Woud, Krimpenerwaard, Arkemheen/Eemland en Maashorst.

Vanaf 1 januari 2016 treedt het vernieuwd stelsel Agrarisch Natuur- en Landschapsbeheer in werking. Agrarische collectieven kunnen aanvragen indienen, die onder andere betrekking houden op het landschap, met name waar die betrekking hebben op de zogenoemde groene dooradering (zie Hoofdstuk 4 en 5).

Ook vanuit het bedrijfsleven is er steeds meer aandacht voor een duurzame en aantrekkelijke omgeving. Dat dit breed uit kan stralen op het landschap blijkt uit het voorbeeld rond de bierbrouwerij van Heineken in Zoeterwoude Om het bedrijf klimaatneutraal te maken werkt Heineken met samen met agrarische bedrijven, gemeenten, waterschappen, enzovoorts. Hierdoor zijn reeds bijenvriendelijke bedrijfsterreinen ontstaan en een proefsloot met waterzuiverende planten zoals riet of gele lis op een agrarisch bedrijf (Steingröver e.a., 2011; www.groenecirkels.nl).

Er worden ook landschapsprojecten opgezet door particuliere groepen, waarbij financiering wordt verkregen door middel van sponsoring en/of crowdfunding, zoals voor behoud van het karakteristieke landschap van de boomkikker in de Eschmarke bij Enschede (www.crowdfundingvoornatuur.nl). Verder worden particulieren en groepen op verschillende manieren gestimuleerd om landschapszaken op te pakken, bijvoorbeeld via de actie GroenDoen van het provinciale Landschapsbeheer (www.landschapsbeheer.nl). De Vereniging Nederlands Cultuurlandschap (www.nederlandscultuurlandschap.nl) wil op een planmatige manier het gehele Nederlandse agrarische cultuurlandschap herstellen, inrichten en duurzaam behouden. Hiervoor worden in samenwerking met andere partijen landschapsherstelprojecten uitgevoerd. Kleinere organisaties, zoals Stichting Achterhoek weer Mooi (www.achterhoekweermooi.nl), hebben voor kleinere regio's dezelfde doelen. Het Nationaal Groenfonds steunt allerlei initiatieven bijvoorbeeld via landschapsfondsen zoals ANLV Vechtvallei, waarin onder andere boeren en burgers en LTO Noord samenwerken.

Van de redactie

1. Groene landschapselementen, zoals houtsingels, houtwallen, heggen, bosjes en bomen, zijn bepalend voor het landschapsbeeld. Ze waren in het verleden nuttig als eigendomsmarkering, windbeschutting, veekering, brandstof en/of geriefhout. Tegenwoordig worden ze hoog gewaardeerd vanwege hun cultuurhistorische en belevingswaarde.
2. Landschapselementen zijn ecologisch belangrijk. Ze verschaffen dieren voedsel, beschutting en gelegenheid om te nestelen of te overwinteren. Er komen veel soorten vogels, zoogdieren (waaronder vleermuizen), hogere planten, mossen en paddenstoelen voor. Karakteristieke vogelsoorten van landschapselementen zijn onder meer geelgors, roodborsttapuit en braamsluiper. Naast hun habitatfunctie zijn landschapselementen belangrijk als netwerk voor de verspreiding voor planten- en diersoorten.
3. Landschapselementen hebben hun oorspronkelijke gebruiksfunctie goeddeels verloren, onder meer door de komst van prikkeldraad en door schaalvergroting van de landbouw. Een aanzienlijk deel verkeert in slechte staat van onderhoud, wat een voorbode kan zijn van verdwijning.
4. Het voortbestaan van landschapselementen vergt onderhoud: regelmatig snoeien en 'terugzetten' van de bomen en bosjes, en waar nodig opnieuw inplanten.
5. Het onderhoud gebeurde traditioneel door boeren, maar door het wegvallen van de functies is dit voor hen niet langer rendabel. Al enige decennia worden boeren bij het onderhoud geholpen door vrijwilligersgroepen en bestaan er relevante landelijke, provinciale en gemeentelijke regelingen.
6. De regelingen richten zich tot dusver primair op de landschappelijke kenmerken, niet op de biodiversiteit. Het nieuwe stelsel voor agrarisch natuurbeheer (ANLb-2016) richt zich op een breed scala van diersoorten (die van 'droge dooradering') die zijn aangewezen op landschapselementen. Dat kan het beheer een nieuwe impuls geven. De benodigde kennis is deels aanwezig, maar zal deels nog moeten worden ontwikkeld. Voorts zullen beheerders veel praktijkervaring moeten opbouwen en uitwisselen.
7. De nu beschikbare overheidsbudgetten, zoals uit gemeentelijke fondsen, streekfondsen en het stelsel van agrarisch natuurbeheer, zijn slechts toereikend voor een fractie van het totaal aan landschapselementen.
8. Aanvullende financiering kan komen via nieuwe functies van landschapselementen, zoals de bevordering van insecten die kunnen bijdragen aan plaagbestrijding of de bestuiving van land- en tuinbouwgewassen (Hoofdstuk 12), de productie van biobrandstoffen, de productie van houtsnippers voor gebruik in de stal of als grondstof voor meubelplaten of met vezels versterkte kunststoffen. De belevingswaarde biedt een aanknopingspunt voor financiering door burgers en bedrijven – via giften, vaste afdrachten, veilingen, crowd funding of uitgifte van rechten. Vergunningen voor de horeca kunnen bijvoorbeeld worden gekoppeld aan een bijdrage aan onderhoud en beheer. Hier valt nog veel te ontwikkelen.

Hoofdstuk 11.

Natuur rond erven en gebouwen

Aad van Paassen* en Gerrit-Jan van Herwaarden

A. van Paassen, Landschapsbeheer Nederland/LandschappenNL; a.vanpaassen@landschappen.nl
G.-J. van Herwaarden, Landschapsbeheer Nederland/LandschappenNL

◀ Rond erven en gebouwen is vaak veel te beleven: boerenzwaluw, gewone pad, grauwe vliegenvanger en kerkuil.

11.1 Inleiding

Volgens Van Dale is een erf 'een stuk grond behorende bij en gelegen om een gebouw'. Voor planten en dieren zijn erven vaak ook 'stapstenen' (*stepping stones*) in het landschap en plaatsen die je, vergeleken met de meestal veel soortenarmere omgeving, *hot spots* van biodiversiteit zou kunnen noemen. In veel gevallen zijn erven met elkaar verbonden door groene en blauwe landschapselementen, zoals beplantingen, bermen en sloten. In dit hoofdstuk beschrijven we de karakteristieke elementen van erven met hun bijbehorende sleutelfactoren voor biodiversiteit, de historische ontwikkeling van erven, de huidige situatie ten aanzien van biodiversiteit en de trends van enkele kenmerkende soorten, de toekomstperspectieven en de rol van agrarisch natuurbeheer daarbij.

11.2 Karakterisering

Van oudsher is het begrip erf gekoppeld aan boerderijen. Het boerenerf is vaak gescheiden van de omliggende agrarische gronden door beplanting, hekken of sloten. Traditionele boerenerven kennen een globale scheiding, waarbij de voorkant is gericht op sier en de achterkant op nut (Minkjan e.a., 2006) – een verdeling die vanuit de traditie vaak verschillende beheerders kent. De voorkant was het domein van de boerin, de achterkant dat van de boer. Aan de voorkant ligt de nadruk op schoon en netjes, met parkbomen, bloemen en aangeharkte grindperken. Het beheer aan de achterkant is grover en de bomen zijn er traditioneel niet veel anders dan degene die in de omgeving voorkomen. Hier liggen de elementen die minder intensief onderhoud vragen zoals geriefbosjes en knotbomen (Van Herwaarden e.a., 2005). Ook karakteristieke boomgaarden met hoogstamfruit liggen vaak op dit deel. Een dergelijke – grove – indeling is van oudsher in heel Nederland te vinden, met uitzondering van de boerderijen in Zeeuws-Vlaanderen en Limburg, waar de gebouwen rond een binnenplaats liggen. Er zijn ook andere verschillen tussen erven die samenhangen met het dominante landgebruik (akker-

Foto 11.1. Moderne boerderijen zijn meestal strikt functioneel en veelal groot. Landschappelijk zijn ze niet altijd een sieraad en ze dragen niet veel bij aan de biodiversiteit. Soorten zijn geholpen als er hier en daar rommelhoekjes zijn en er niet met bestrijdingsmiddelen wordt gewerkt.

bouw, veeteelt of gemengd bedrijf) en met de cultuurhistorie en specifieke tradities van de streek. Verbonden aan boerenerven worden gewoonlijk drie typen tuinen onderscheiden (Baas e.a., 2005):
- de nutstuin;
- de formele tuin;
- de tuinen in landschapsstijl.

Bij het eerste type domineert de teelt van groenten. De formele tuin getuigt van een zekere welstand, want al vanaf de zestiende eeuw is dit type tuin verbonden aan boeren die het zich konden permitteren sierplanten te telen. De rijkste boeren, zoals sommige Groninger boeren, gingen in de negentiende eeuw nog verder en legden omvangrijke tuinen in landschapsstijl aan, met veel ruimte voor slingerpaden, vijvers, beplanting en statige bomen, zoals rode beuken.

Biodiversiteit

Voor plant- en diersoorten op erven geldt: hoe diverser het erf, hoe groter het aantal soorten. Die diversiteit wordt niet zozeer bepaald door de verscheidenheid aan gebouwen, zoals woonhuis, stallen en schuren, maar vooral door diversiteit aan biotopen:
- beplantingen zoals bosjes, bomenrijen, boomgaarden, heggen, hagen en solitaire bomen;
- grazige vegetaties zoals graslandjes, overhoekjes, ruigten en gazons;
- wateren zoals sloten, poelen en vijvers;
- en elementen zoals mestvaalten, kuilhopen, takkenhopen, steenhopen, enzovoorts.

De biodiversiteit op een erf hangt ook samen met de regio waarin het erf ligt. Zo komen er in Noord- en West-Nederland (uitgezonderd de duinen) gemiddeld slechts 10 à 12 soorten vlinders voor, terwijl dat er in Oost-Nederland 13 à 20 zijn (Van Swaay en Plate, 2009). Ook het type agrarisch bedrijf en het daardoor gecreëerde landschap zijn mede bepalend voor het voorkomen van soorten (Zie ook Tekstkader 11.1). Onderzoek heeft namelijk aangetoond dat meer dan 70 procent van de geschikte broedlocaties van boerenzwaluwen wordt aangetroffen op erven omgeven door weiland, tegen nog geen 20 procent die omgeven zijn door bouwland. Boerenzwaluwen mijden verder bijna geheel de bebouwde kom, terwijl huiszwaluwen juist wel grotendeels broeden in dorpen en steden en slechts deels op erven (Van den Bremer e.a., 2012).

Tekstkader 11.1. Vleermuizen in agrarisch gebied.

Uit onderzoek in Noord-Holland (Kapteyn, 1995) is bekend op basis van meer dan 10.000 waarnemingen welke vleermuizen in welke mate gebruik maken van welk habitat om te jagen en zich te verplaatsen. De baardvleermuis werd met 52 procent het meest waargenomen in agrarisch gebied en daarbinnen weer voor een groot deel rond erfbeplanting. Bij de laatvlieger werd 37 procent van de waarnemingen gedaan in agrarisch gebied, met eveneens ongeveer de helft van de waarnemingen rond erfbeplanting. Soorten die iets minder vaak werden waargenomen in agrarisch gebied, maar dan wel vooral rond erfbeplantingen waren gewone dwergvleermuis, rosse vleermuis en ruige dwergvleermuis. In recent onderzoek in Limburg (Dekker e.a., 2014) bleek dat een zeldzame soort als de ingekorven vleermuis minimaal 30 procent van de tijd in stallen foerageerde.

Foto 11.2. Als snoeihout wordt verwerkt in takkenrillen biedt dat voor veel soorten kansen: beschutting, veiligheid en nestgelegenheid.

Sleutelfactoren

Sleutelfactoren voor het voorkomen van diersoorten op erven zijn, evenals elders, beschikbaarheid van voedsel en aanwezigheid van een voortplantingsplek. Het gaat om dierlijk voedsel, zoals insecten, muizen, vogels, enzovoorts, en plantaardig voedsel, zoals nectar, graan, veevoer, enzovoorts. Oude bomen bieden meer niches voor soorten dan jonge bomen, bijvoorbeeld nestholten voor vogels en vleermuizen (Boonman e.a., 2014). De aanwezigheid van rommelhoekjes, takkenhopen of steenhopen is gunstig voor muizen en voor insecten, die weer als voedsel dienen voor vogels, zoals vogels als torenvalk en kerkuil. Daar waar natuurlijke nestgelegenheid ontbreekt, kan het plaatsen van nestkasten de biodiversiteit op een erf bevorderen. Mede daardoor broedt tegenwoordig minder dan 10 procent van de steenuilen op natuurlijke nestplekken (Willems e.a., 2004). Bij de kerkuil is dat zelfs nog geen 5 procent (Van Paassen en Schrieken, 1998).

11.3 Historische ontwikkelingen en trends

De laatste decennia hebben ingrijpende veranderingen in de Nederlandse landbouw grote gevolgen gehad voor de erven. Telde Nederland in 1960 nog 300.000 boerenbedrijven, ruim vijftig jaar later waren dat er nog geen 70.000 (CBS, 2015). In totaal telt Nederland circa 91.000 historische boerderijen die grotendeels bewoond worden door burgers en waarvan er ruim 6.400 de status hebben van rijksmonument. Verder hebben nog eens 4.000 à 5.000 boerderijen de status van gemeentelijk of provinciaal monument (Rijksdienst Cultureel Erfgoed, 2010). Daarbij zijn veranderingen aan de buitenzijde van bestaande gebouwen niet toegestaan; voor nieuwe gebouwen is een vergunning nodig en voor vernieuwing van bijvoorbeeld een rieten dak wordt een vergoeding geboden.

Ondanks de afname van het aantal praktiserende boeren is het aantal erven niet wezenlijk afgenomen. Er is wel een ander type eigenaar in gekomen met een andere kijk op inrichting en beheer van het erf. Veel boerderijen, waarvan een groot deel met een monumentenstatus, zijn in handen gekomen van niet-agrarische eigenaren. Bij de herbestemming waarmee een dergelijke overdracht gepaard gaat, is er naast de vanzelfsprekende focus op het bebouwde deel, een groeiende aandacht voor het erf, inclusief mogelijkheden voor natuur daar (Van Arkel en Hendrix, 2014). Het aantal buitenlui – een veel gebruikte term voor de niet agrarische bewoners in het buitengebied – met een grondbezit van 0,5 tot 5 hectare, werd in 2005 al geschat op zo'n 170.000 (Le Rutte e.a., 2005) en was daarmee toen al veel groter dan het aantal actieve boeren. Op grond van de voortgaande 'ontboering' wordt het burgererf dan ook steeds meer het dominante erftype in het buitengebied.

Deze groep nieuwe eigenaren betreft geen uniforme groep en over het inrichten en beheren van hun erf heeft ieder zijn eigen opvattingen, die zowel positieve als negatieve gevolgen hebben voor natuur op het erf. Zo kan de beplanting ingrijpend veranderen, waarbij het boerenerf steeds meer het karakter kan krijgen van een stadse tuin (Le Rutte e.a., 2005). Traditionele beplantingen met meidoorn of leilinden moeten dan wijken voor schuttingen en coniferen. Maar een groeiend aantal buitenlui gaat zorgvuldig om met renovatie en beheer van boerderij en erf (Overbeek e.a., 2008). Dat geldt vooral als de nieuwe eigenaar naast de gebouwen ook enkele hectaren grond mee koopt, zodat er ruimte is voor beplanting en robuuste structuren, die extra kansen bieden aan soorten. Of dit per saldo meer biodiversiteit oplevert en zo ja hoeveel, is niet bekend maar interessant genoeg om nader onderzocht te worden.

Veranderingen op boerenerven

De grootste veranderingen die in de laatste decennia zijn opgetreden op boerenerven is dat ze zijn vergroot en grotendeels verhard. Daardoor zijn rommelhoekjes en ruigten veelal verdwenen, met minder kansen voor insecten en muizen en voor de soorten die dáár van leven. Ook bieden nieuwe stallen minder nestplekken voor van oudsher in stallen broedende soorten als de boerenzwaluw (Tekstkader 11.2). Stallen hebben vaak ook geen dakpannen meer maar golfplaten – al dan niet bedekt met zonnepanelen – en bieden daardoor net als veel nieuwe woonhuizen weinig tot geen toegang meer tot ruimten onder de dakpannen voor soorten zoals spreeuw en huismus. Nieuwe schuren hebben bovendien meestal geen zolders, waar een kerkuil een rustige plek kan vinden om de dag door te brengen. Wel is er, ook bij traditionele erfgebruikers, toenemende aandacht voor soortspecifieke maatregelen, zoals het ophangen van nestkasten en het open houden van stalramen.

Trends bij soorten

Er is geen breed opgezet onderzoek verricht naar het aantal vogelsoorten en het aantal broedparen per soort op specifiek alleen erven. Voor trends bij erfvogels kijken we daarom noodgedwongen naar landelijke trends van vogelsoorten die vaak ook voorkomen op erven (Figuur 11.1). We gaan ervan uit dat de trends in het hele verspreidingsgebied van die soorten in Nederland een redelijke aanwijzing zijn voor de trends van die soorten op erven. Dit verschilt overigens per soort. Zo broeden wel bijna alle boerenzwaluwen op erven, maar slechts een deel van de huiszwaluwen.

Figuur 11.1 laat zien dat de aantallen van steenuil, spotvogel en grauwe vliegenvanger de laatste decennia met 40 à 50 procent zijn afgenomen ten opzichte van 1990, en zich daarna hebben gestabiliseerd. Daar staat tegenover dat het aantal broedparen van de kerkuil, na een aanvankelijke afname en 1998, spectaculair is toegenomen en 200 procent ten opzichte van 1990 (Tekstkader 11.3). De boerenzwaluw is na een halvering van de populatie in de jaren negentig weer geleidelijk toegenomen

Tekstkader 11.2. Boerenzwaluw.

Boerenzwaluwen nestelen graag in gebouwen op boerenerven, zeker in die gebouwen waarin vee staat. Bij het nestelen hebben ze een voorkeur voor plekken die zich dicht onder een zoldervloer bevinden en dus wat donker gelegen zijn. Voor het bouwen van een nest gebruikt de vogel klei uit de omgeving. Soms is er gebrek aan nestmateriaal, zoals modder. In dat geval kan het bewust creëren van modderplekken op het erf de boerenzwaluw en ook de huiszwaluw helpen.

Voor boerenzwaluwen is het van groot belang dat schuren en stallen toegankelijk zijn, bijvoorbeeld met een open raam, dat geschikte broedplekken in stand blijven en dat er zo nodig nestplankjes of kunstnesten worden aangebracht. Nieuwe stallen bieden vaak veel minder nestgelegenheid doordat ze hoger zijn en minder overkapte plekken bevatten (Van den Bremer e.a., 2012).

Een ander maar minder groot knelpunt is dat de zuivelindustrie maximale hygiëne eist in melklokalen, waardoor zwaluwen daar niet meer mogen broeden. Bij het beperken van overlast door insecten in stallen is het voor zwaluwen nadelig als dat gebeurt met chemische middelen. Daardoor wordt het voedselaanbod voor zwaluwen beperkt. Een zwaluw eet wel 50.000 insecten per week. Dat is maar een deel van de insecten die in en rond stallen aanwezig zijn, maar het draagt wel degelijk bij aan het beperken van overlast voor koeien in de stal (www.zwaluwen.info/boerenzwaluw).

Foto 11.2.1. Het boerenbedrijf levert precies wat de boerenzwaluw nodig heeft. Een enkel schuurtje waar ze kunnen in- en uitvliegen, met kleiige modder in de omgeving is al gauw voldoende voor een broedplek. Ze gedijen vooral goed rond open stallen met vee, waar de mest garant staat voor insecten. Moderne stallen zijn vaak te licht om geschikte broedplekken te bieden of zijn de insecten onbereikbaar door gaas.

en zat in 2011 weer op 90 procent van het aantal in 1990 (Van den Bremer e.a., 2012). Aan het herstel van de boerenzwaluw ligt een combinatie van factoren ten grondslag: toename van het aantal paardenstallen met broedende boerenzwaluwen en een toename van het broedsucces in samenhang met een stijging van de gemiddelde temperatuur in mei en juni (Van den Bremer e.a., 2014; Van Turnhout, 2009).

De potenties voor soorten op erven zijn hoog. Op een erf kunnen – afhankelijk van de regio, de omvang van het erf en de variatie aan biotopen – tot wel veertig soorten broedvogels voorkomen

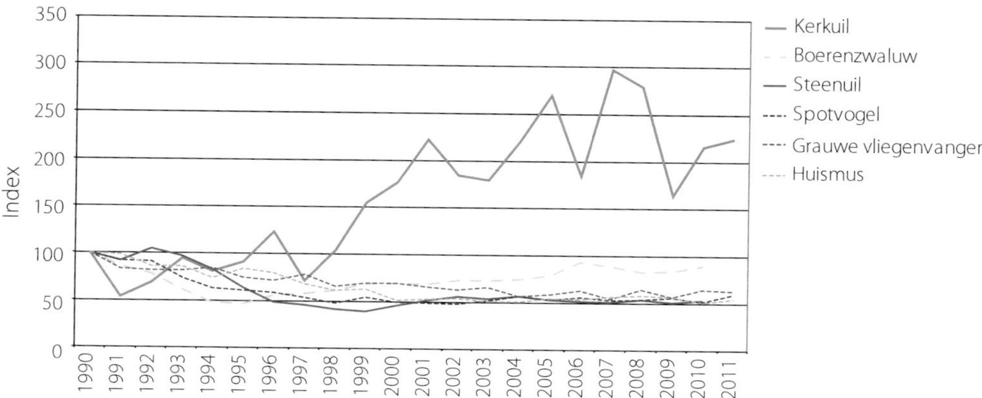

Figuur 11.1. Index van enkele veel voorkomende soorten erfvogels (www.sovon.nl/nl/content/broedvogeltrends).

(Landschapsbeheer Zuid-Holland/Vockestaert, 2005), met soorten als ringmus, huismus, spreeuw, boerenzwaluw, steenuil, vink, spotvogel en grauwe vliegenvanger.

Maatregelen

Het plaatsen van nestkasten is een maatregel die veel effect kan hebben. Zo heeft de werkgroep Kerkuilenbescherming Nederland met het plaatsen van nestkasten een belangrijke bijdrage geleverd aan de spectaculaire toename van de stand van de kerkuil (RvO, 2014). Ook steenuilen broeden voor een belangrijk deel in nestkasten (Willems e.a., 2004). Vrijwilligers van het Coördinatiepunt Landschapsbeheer van het Brabants Landschap onderhouden en controleren meer dan zevenhonderd nestkasten voor de steenuil (Sloothaak en Scholten, 2014). Dat gebeurt in samenwerking met vrijwilligers van de stichting Steenuilonderzoek Nederland (STONE) ook in andere provincies. Toch gaat het met de steenuil niet goed. Bij deze soort lijkt het knelpunt te zitten in de voedselsituatie voor de jongen. De verslechtering daarvan heeft te maken met eerder genoemde veranderingen in inrichting en beheer van boerenerven (Van den Bremer e.a., 2009). De steenuil is hiervoor gevoeliger dan de kerkuil omdat de steenuil een kleinere actieradius heeft dan de kerkuil (Tekstkader 11.4).

Nestkasten kunnen bijdragen aan de staat van instandhouding van een soort. Andere maatregelen voor het bevorderen van de soorten betreffen vooral het verbeteren van de voedselsituatie. Dat kan door op de juiste plaatsen te zorgen voor 'minder nette' plekjes, bijvoorbeeld voldoende oppervlak met vrij dichte (erf)beplanting, meer kruidenrijke grazige overhoekjes, meer poelen met een op het zuiden gerichte, en daardoor als de zon schijnt verwarmde oeverzone, en voldoende veilige schuilplekken.

Instrumenten voor beheer en bescherming

De meest bepalende succesfactor voor een soortenrijk erf is de inzet van de erfgebruiker zelf, en de hulp die hij krijgt bij het beheer van landschapselementen en de monitoring van soorten door een lokale vrijwilligersgroep. In Nederland zijn honderden van dergelijke groepen actief. Subsidies

Tekstkader 11.3. Kerkuil.

De kerkuil was in de vorige eeuw sterk afgenomen, maar laat de laatste 15 jaar aan een opmerkelijk herstel zien (Figuur 11.1). Dat is voor een belangrijk deel te danken van de inzet van vrijwilligers van kerkuilenwerkgroepen bij het plaatsen van nestkasten. Daardoor broedt tegenwoordig maar liefst circa 95 procent van de kerkuilen in een nestkast (Van Paassen en Schrieken, 1998). Veel boerderijen in Noord- en Oost-Nederland hebben van oudsher uilenborden. Daardoor konden uilen de boerderij invliegen en een nestplaats zoeken. De borden dienden vooral om inwateren te voorkomen en voor de ventilatie, maar door de aanwezigheid van een paar uilen werden ook de muizen op het erf bestreden. De belangstelling voor zulke streekeigen uilenborden is recent weer sterk toegenomen, maar doorgaans gaat het louter om decoratie. De meeste recente borden missen zelfs de opening waar uilen doorheen kunnen vliegen.

Tegenwoordig worden uilen ook gebruikt als gratis inventarisatiemedewerkers bij het monitoren van de muizenstand (zie onder andere:www.zoogdiervereniging.nl/uilenmuizen). Door de braakballen van een uil uit te pluizen kun je achterhalen welke muizen zijn gegeten door de uil en dus in het gebied voorkomen.

De toename van kerkuil is niet in het voordeel geweest van de boerenzwaluw. Een kerkuil schroomt namelijk niet om een boerenzwaluw te pakken (www.landschapoverijssel.nl/boerenzwaluw). Een steenuil doet dat soms ook (http://tinyurl.com/zolzpqp). Toch kunnen kerkuil en boerenzwaluw wel succesvol broeden op hetzelfde erf. Cruciaal is de toegankelijkheid van de broedlocatie zo vorm te geven dat alleen kleine vogels als zwaluwen er wel doorheen kunnen vliegen en niet grotere vogels als een kerkuil of steenuil.

Foto 11.3.1. Controle nestkast. Rond steenuilen bestaat een actieve vrijwilligersorganisatie (STONE), die zich zich onder andere bezighoudt met het ophangen en controleren van nestkasten en het ringen en volgen van jonge steenuilen.

Tekstkader 11.4. Steenuil.

Steenuilen vinden hun voedsel niet alleen in beplantingen zoals houtwallen (meikevers), maar ook op en rond mesthopen (muizen), gazons en paardenweitjes (regenwormen). Vooral in de fase van het grootbrengen van hun jongen jagen steenuilen bij gebrek aan beter vaak op regenwormen. Het voedselzoekgebied van een steenuilenpaar is vaak niet groter dan 10 à 15 hectare. Dat betekent dat ze bijna altijd zijn gebonden aan een gebied van één of enkele erven en de tussen- en aanliggende percelen (Van den Bremer e.a., 2009). Steenuilen zijn erg plaatstrouw en broeden vaak jaren achtereen in dezelfde nestkast (Le Gouar e.a., 2010).

Onderzoek heeft inzicht opgeleverd hoe het voorkomen van de steenuil kan worden bevorderd:

- verbeteren van de voedselsituatie door aanbrengen variatie in beplanting, grazige vegetaties, rommelhoekjes en paardenweitjes;
- bevorderen van de nestgelegenheid door bomen met holten, zoals knotbomen en oude fruitbomen, te laten staan, maar vooral door nestkasten te plaatsen;
- geen gif gebruiken bij het bestrijden van muizen;
- rekening houden met veiligheid van jonge steenuilen door geen nestkasten dicht langs wegen te plaatsen;
- zorgen voor ontsnappingsmogelijkheden uit veedrinkbakken, door er bijvoorbeeld een rooster in te leggen.

Foto 11.4.1. Kleinschalig cultuurlandschap is het favoriete habitat voor de steenuil. Hij broedt graag rond schuren en gebouwen. Territoria worden soms tientallen jaren achtereen bewoond.

kunnen een welkome steun bieden, maar worden slechts door een deel van de erfgebruikers echt benut. Via de Subsidieregeling Natuur en Landschap (SNL) is het in diverse provincies mogelijk gelden aan te vragen voor het aanleggen en onderhouden van erfbeplanting. Sommige provincies hebben daarnaast ook een eigen regeling voor aanleg en beheer van landschapselementen buiten het Natuur Netwerk Nederland, maar erven vallen vaak buiten die regeling. Verder dragen ook gebiedsfondsen met private middelen soms financieel bij aan aanleg en onderhoud van erfbeplanting, zoals

Foto 11.3. Op soorten als distels, leverkruid of vlinderstruik vinden veel vlindersoorten nectar, zoals hier de kleine vos. Om haar eieren af te zetten heeft zij de grote brandnetel nodig. De soort overwintert in huizen en schuren.

Landschapsfonds Amstelland. Er bestaat wettelijke bescherming van opgaande beplantingen, maar die is niet waterdicht. Op erven gaat het dan om de gemeentelijke kapverordening, maar adequate handhaving is een probleem, omdat het vaak gaat om kleine en geleidelijke veranderingen. Tot slot is er de Flora- en Faunawet, maar die heeft betrekking op slechts een deel van de aanwezige plant- en diersoorten en ook daar is handhaving vaak gebrekkig.

Knelpunten

Voor het in stand houden c.q. bevorderen van biodiversiteit op erven zijn meerdere knelpunten te voorzien. Bij bestaande erven zal in de komende jaren een verdere schaalvergroting en rationalisering plaatsvinden, mede door het wegvallen van de melkquota voor melkveebedrijven in 2015. Dat heeft al geleid tot veel nieuwbouw in de afgelopen jaren en dat zal in de komende jaren nog wel even doorgaan. Knelpunt is dat zulke erven – als er bij de nieuwbouw niet expliciet rekening mee wordt gehouden – veelal minder mogelijkheden bieden voor flora en fauna dan voorheen. Bijvoorbeeld doordat nestplekken, overhoekjes en andere rommelige plekken zullen verdwijnen, doordat het erf netter wordt bijgehouden.

Het gebruik van gif in de landbouw is een ander knelpunt. Onderzoek heeft sterke aanwijzingen opgeleverd dat er een relatie is tussen het in oppervlaktewater voorkomen van de groep insecticiden onder de naam van neonicotinoïden en de afname van insectenetende vogels. Middelen als imidacloprid werken zo goed tegen insecten en zijn zo slecht afbreekbaar, dat er te weinig insecten overblijven om als voedsel te dienen voor vogels (Hallmann e.a., 2014). Ook andere bestrijdingsmiddelen, zoals muizen- en rattengif, houden een risico in voor biodiversiteit doordat ze kunnen worden opgenomen in de voedselketen en dan schadelijk zijn voor predatoren zoals kerk- en steenuil.

Een ander aandachtspunt is het wegvallen van de agrarische gebruiksfunctie op een erf. In Denemarken nam het aantal boerenzwaluwen op boerderijen na bedrijfsbeëindiging met de helft af, werden

Foto 11.4. Oude gebouwen leveren vaak ruimte aan dieren en vogels. Kierende dakpannen, klimheesters bieden nestgelegenheid voor vogels. Stenenstapels leveren schuilgelegenheid voor padden, salamanders, slakken en pissebedden.

de legsels kleiner en werden er minder tweede legsels geproduceerd dan voor de bedrijfsbeëindiging (Van den Brink, 2003). Het is aannemelijk dat hetzelfde geldt voor bedrijven in Nederland.

Een ander type knelpunt is de afname van de oppervlakte hoogstamboomgaarden bij agrarische erven. Bij Duitse en Engelse inventarisaties werden in hoogstamboomgaarden respectievelijk 1.409 en 2.400 soorten planten en dieren (inclusief ongewervelde dieren) geteld (Le Rutte, 2007). Dat toont de hoge biodiversiteitswaarde aan van hoogstamboomgaarden. De oppervlakte hoogstamboomgaard liep in Limburg tussen 1950 en 1987 terug van 15.000 hectare naar 1.900 hectare. Hetzelfde gebeurde elders in Nederland. Wel heeft in Limburg daarna weer een groei van de oppervlakte hoogstamboomgaard plaatsgevonden met circa 450 hectare, vooral bij particulieren in het buitengebied (Van Paassen, 2012).

11.4 Toekomstperspectief

Steeds meer mensen hebben belangstelling voor de kenmerkende waarden van de eigen leefomgeving. Een deel van deze mensen trekt deze belangstelling door in de actieve inzet voor natuur en landschap. Via LandschappenNL werden in 2014 ruim 70.000 vrijwilligers ondersteund. Veel boeren zijn trots op hun boerderij en het verhaal van de bewoningsgeschiedenis van het eigen erf. Desalniettemin staat de traditionele indeling van boerenerven onder grote druk door autonome ontwikkelingen in de landbouw, zoals het verdwijnen van de melkquotering, en de voortgaande afname van het aantal boeren. Dergelijke ontwikkelingen hangen samen met verdergaande schaalvergroting en mechanisatie die ten koste kunnen gaan van de biodiversiteit op erven.

Foto 11.5. Oude, voormalige boerderijen hebben vaak geen agrarische functie meer, maar kunnen nog aan veel soorten een plekje bieden. Oude bomen als broed- of rustplek. Rommelhoekjes als bron van voedsel en schuilgelegenheid. Veel nieuwe bewoners zijn geïnteresseerd in de streekhistorie en bereid zich in te zetten voor behoud van het erfgoed.

Toch bieden deze ontwikkelingen ook kansen. Nieuwe eigenaren van erven die voor hun inkomen niet afhankelijk zijn van een agrarische bedrijfsvoering, blijken beheerders die soms wel aandacht voor, maar vaak ook weinig kennis hebben van natuurwaarden (Overbeek e.a., 2008). Knelpunten voor de biodiversiteit kunnen ontstaan als dergelijke eigenaren zich vooral richten op aspecten als 'schoon en netjes' en een tuin inrichten met exoten. Goede ondersteuning en advisering, met aandacht voor streekeigenheid is dan van groot belang.

Bij nieuwbouw kan de opdrachtgever, dankzij de beschikbare ecologische kennis, ook bewust rekening houden met de eisen die soorten stellen aan hun leefgebied. Door bijvoorbeeld luchtgaten in stallen te plaatsen om de toegankelijkheid voor boerenzwaluwen te vergroten. Hoewel de nutsfunctie van beplantingen tegenwoordig grotendeels is verdwenen, is erfbeplanting ook voor erfbewoners een aangenaam onderdeel van de eigen leefomgeving (Overbeek e.a., 2008). Door gericht keuzes te maken voor plantensoorten die een aantrekkende werking hebben op dieren, zoals vlinderstruiken voor vlinders, wordt niet alleen de biodiversiteit vergroot, maar valt er ook meer te beleven. Zonnepanelen op boerendaken zijn een andere bedreiging die misschien kan worden omgezet in een kans. Op dat terrein is nog nieuwe kennis op te doen en zijn ook innovaties nodig.

Tegenover de bedreigingen en negatieve ontwikkelingen voor biodiversiteit op erven in het buitengebied zijn er ook kansen en positieve ontwikkelingen. Het behoud van biodiversiteit op erven krijgt meer kansen als erfgebruikers gezamenlijk en in onderlinge afstemming een bewuste keuze voor maken. Vaak beperken soorten op erven zich niet tot één erf, maar hebben ze een groter en voldoende geschikt leefgebied nodig. Alleen bij samenwerking komen kennis, animo, inzet, instrumenten en middelen in voldoende mate bij elkaar om echt bij te dragen aan behoud van biodiversiteit in het cultuurlandschap en in het bijzonder op en rond erven.

Van de redactie

1. Erven en gebouwen zijn belangrijke elementen van de cultuurhistorische kwaliteit van het agrarische landschap. Ze leveren bovendien habitat voor vogels, zoogdieren (o.a. bunzing, steenmarter, vleermuizen), amfibieën en vlinders. Voor boerenzwaluw, kerkuil en de ingekorven vleermuis zijn erven zelfs het belangrijkste biotoop.
2. Boerenerven kunnen tientallen soorten huisvesten. Dit vanwege de veelheid aan structuren en voedselbronnen: gebouwen, mesthopen, boomgaarden, knotbomen, overige beplanting, bloemperken, gazons, vijvers en rommelhoekjes.
3. De ontwikkeling van deze biodiversiteit is gemengd. Soorten als steenuil, grauwe vliegenvanger, spotvogel en huismus gaan achteruit, de boerenzwaluw lijkt zich te herstellen en de kerkuil is sterk toegenomen.
4. Het aantal soorten is teruggelopen als gevolg van een afname van structuurdiversiteit (vooral bij nieuwbouw), minder erfbeplanting, minder rommelhoekjes en hogere eisen aan bedrijfshygiëne. Daardoor is er minder voedsel beschikbaar en minder gelegenheid voor nestelen of verschuilen. Zo schermen veehouders het vee in de stal steeds vaker met gaas af om insecten buiten te houden, waardoor stallen voor vogels en vleermuizen niet meer toegankelijk zijn.
5. Nestkasten kunnen bijdragen aan de staat van instandhouding van een soort. Dat geldt bijvoorbeeld voor de kerkuil, steenuil en torenvalk. Het ophangen, onderhouden en controleren van nestkasten wordt veelal door vrijwilligers gedaan. Andere maatregelen betreffen vooral het verbeteren van de voedselsituatie. Dat kan onder meer door op geschikte plaatsen te zorgen voor 'rommelhoekjes' en door het aanplanten van dichte erfbeplanting.
6. De landelijke regeling voor agrarisch natuurbeheer is niet van toepassing op erven en gebouwen. Wel hebben sommige provincies en gemeenten regelingen voor de aankleding van erven en boomgaarden. Daarnaast zijn er voor enkele gebieden fondsen die zich mede richten op herstel en onderhoud van erven, gebouwen en de daaraan gelieerde beplanting. Het totaal van deze gelden is bescheiden. Met nestkasten zijn overigens geringe bedragen gemoeid: omdat meestal vrijwilligers het werk doen, gaat het alleen om materiaalkosten.
7. Er zijn tegenwoordig meer niet-agrarische dan agrarische eigenaren van erven (met 0,5 tot 5 hectare grond). Ze vormen geen uniforme groep. Over het inrichten en beheren van hun erf heeft ieder zijn eigen opvatting. Dat kan zowel positief als negatief uitpakken voor natuur op het erf.
8. De toekomst van de soorten van erven en gebouwen staat of valt met de inzet van de erfgebruikers zelf: boeren, maar ook nieuwe buitenlui. Voorlichting, enthousiasmering en ondersteuning door vrijwilligers bij het herkennen van cultuurhistorische- en natuurwaarden kunnen erfgebruikers stimuleren aan het beheer bij te dragen.

Hoofdstuk 12.

Functionele agrobiodiversiteit

Jack Faber*, Jinze Noordijk en Jeroen Scheper

J.H. Faber, Alterra Wageningen UR; jack.faber@wur.nl
J. Noordijk, EIS Kenniscentrum Insecten
J.A. Scheper, Alterra Wageningen UR

◀ Functionele agrobiodiversiteit. Veel soorten hebben voor de landbouw een nuttige functie. Sterker, zonder hulp van deze soorten zou een groot deel van de voedselproductie wegvallen.
◀ Van boven naar beneden: doodskopzweefvlieg (bestuiver), aardhommel (bestuiver), roofmijt (plaagbestrijder) en regenworm (o.a. bodembeluchter en -verbeteraar).

12.1 Inleiding

Duurzaamheid is een belangrijk doel van vernieuwing van de Nederlandse landbouw. De opvatting wint veld dat biodiversiteit daarbij een belangrijke rol kan spelen. Biodiversiteit draagt bij aan tal van ecosysteemprocessen die voor de agrarisch productie van belang zijn, zoals nutriëntenkringlopen, bestuiving en natuurlijke ziekte- en plaagregulatie. Méér gericht gebruik maken van deze bijdragen van biodiversiteit kan in beginsel voordelen hebben voor voedselzekerheid, voedselveiligheid, energie- en grondstoffenbesparing, milieu en klimaat (Bommarco e.a., 2013; ELN-FAB, 2012; Vosman en Faber, 2011). Hoewel vanuit het wetenschappelijk onderzoek al jarenlang op deze potentiële betekenis is gewezen, is er nog weinig systematisch praktijkonderzoek uitgevoerd. Innovaties op dit vlak nemen mede daardoor nog steeds geen hoge vlucht. Deze ontwikkeling zou kunnen worden versneld door het bevorderen van functionele agrobiodiversiteit waar mogelijk te koppelen aan agrarisch natuurbeheer. In dit hoofdstuk verkennen we daarvoor de mogelijkheden.

Functionele agrobiodiversiteit

Onder functionele agrobiodiversiteit verstaan we alle elementen van biodiversiteit op en rondom het agrarisch bedrijf en in het omringende landschap, die direct of indirect een positieve invloed hebben op de agrarische productie. De veronderstelling is dat functionele agrobiodiversiteit niet alleen voordelen heeft voor de boer zelf, maar potentieel ook kan bijdragen aan zaken die van belang zijn voor de samenleving als geheel.

Een centrale plek in het gedachtegoed van de functionele agrobiodiversiteit vormt het concept 'ecosysteemdiensten': opbrengsten en diensten die het ecosysteem aan de samenleving levert (Van Wensem en Faber, 2007). In de landbouw gaat het dan om voedselproductie gebaseerd op een vruchtbare bodem, gewasbestuiving en onderdrukking van ziekten en plagen door natuurlijke vijanden zoals predatoren, parasieten, antagonisten (Figuur 12.1). Hoewel nauwelijks in het oog springend, is ook

Foto 12.1. Om bestuiving en plaagbestrijding een handje te helpen worden langs akkers 'bijenhotels' neergezet. Dat is nodig als er geen opgaande begroeiing is of een braakliggende akkerrand ontbreekt. Een bijenhotel bestaat uit een bosje riet of bamboe in een koker. De stengels leveren huisvestingsmogelijkheden op voor wilde bijen- en wespensoorten. Die kunnen van daaruit zorgen voor bestuiving of een handje helpen met het bestrijden van luizen en andere plagen.

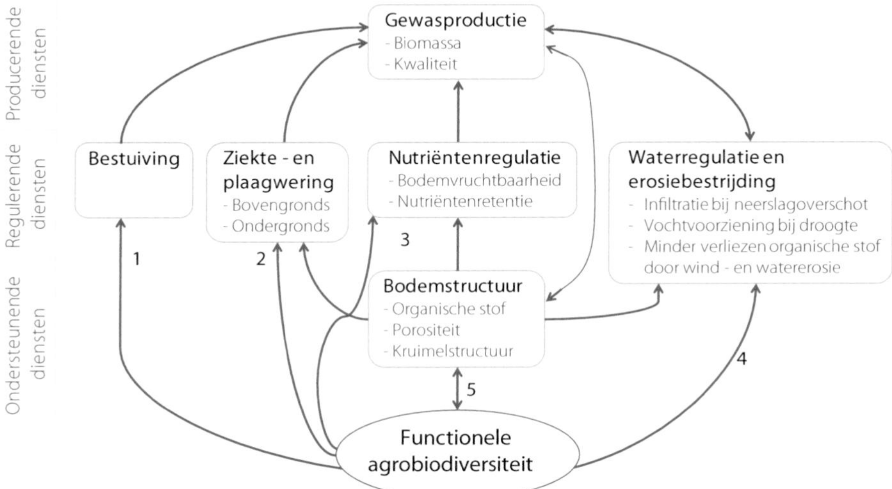

Figuur 12.1. Potentiële bijdragen van functionele agrobiodiversiteit aan ecosysteemdiensten voor de landbouw: (1) directe bijdragen aan de gewasopbrengst van bestuiving door insecten; (2) biologische plaagbestrijding door parasitisme en predatie, ziektewering door schimmels en bacteriën, indirect ook door bodemdieren; (3) stikstof-fixerende bacteriën, organische stof mineraliserende micro-organismen, met indirecte bijdragen van bodemdieren (bijvoorbeeld bioturbatie en inbreng plantresten), efficiënte opname nutriënten via mycorrhiza; (4) pendelende en strooisel inbrengende regenwormen reguleren waterafvoerend en vochtvasthoudend vermogen van de bodem; en (5) vorming van een kruimelige bodemstructuur door mycorrhiza en andere schimmels, bacteriën, en regenwormen, beluchting en ruimte voor wortelgroei door gravende bodemdieren. Wederzijdse afhankelijkheid is weergegeven met tweezijdige pijlen (uitgewerkt naar: Vosman en Faber, 2011).

veel bodemleven te beschouwen als functionele agrobiodiversiteit, vanwege de bijdragen van dat leven aan bodemkwaliteit en -vruchtbaarheid, waterkringloop en de preventie van erosie. Het concept van functionele agrobiodiversiteit geniet inmiddels brede interesse bij beleid en wetenschap, en met een vertaalslag naar praktijkgerichte maatregelen is een begin gemaakt (Faber en Rutgers, 2009; Faber e.a., 2009).

Agrarisch beheer dat is gericht op functionele agrobiodiversiteit, kan samen gaan met agrarisch natuurbeheer dat is gericht op soorten die we waarderen om hun natuurwaarde. Dat geldt bijvoorbeeld voor maatregelen als natuurlijke plaagbestrijding via akkerranden en landschapselementen. Die maatregelen hebben dan ook in afgelopen jaren centraal gestaan in het beleidsondersteunend en praktijkgericht onderzoek. Het is interessant om te verkennen welke andere combinaties mogelijk zijn.

De uitdaging is om functionele agrobiodiversiteit te integreren in het productieproces. Daardoor kunnen, zo is de verwachting, veerkracht, stabiliteit en rendement van het productiesysteem toenemen. De behoefte aan externe input van kunstmest, fossiele brandstoffen, gewasbeschermingsmiddelen en arbeid zal minder worden. Wetenschappelijk is er voldoende bekend over de werkingsmechanismen achter de potentiele bijdragen van agrobiodiversiteit aan de landbouwproductie, en er zijn al diverse succesvolle voorbeelden bekend – bijvoorbeeld uit de biologische landbouw. De vraag is dan ook niet zozeer of biodiversiteit deze functies kan vervullen, maar hoe teeltsystemen en inrichting van het landelijk gebied zodanig kunnen worden aangepast dat zij deze biodiversiteit kunnen bevorderen en benutten. Daarmee ontstaat ook zicht op effectiviteit en rendabiliteit. Er is in ons land grote behoefte aan pilotstudies om voor de gangbare landbouw de stap naar toepassing in de praktijk te maken.

In de volgende paragrafen verkennen we functies van agrobiodiversiteit op de akker en in de directe omgeving daarvan voor structuur en waterhuishouding van de bodem, natuurlijke beheersing van ziekten en plagen, en wilde bestuivers. In de slotparagraaf gaan we in op mogelijkheden voor ondersteuning in samenhang met het beleid voor agrarisch natuurbeheer.

12.2 Bodemvruchtbaarheid en regulatie van organische stof

Bij duurzame landbouw en aan de bodem gerelateerde functionele agrobiodiversiteit draait alles om het beheer van organische stof in de bodem. Méér organische stof betekent méér bodemleven, en méér potenties voor ecosysteemdiensten (Faber e.a., 2009). Een duurzame bedrijfsvoering is daarom sterk gebaat bij maatregelen die het organische stofgehalte van de bodem conserveren en verhogen. Een forse bedreiging daarvan vormt het ploegen.

Jaarlijks wordt 1 procent tot 4 procent van de voorraad organische stof in de Nederlandse akkerbodem afgebroken (Evers e.a., 2000). De voorraad moet worden aangevuld om uitputting van de bodem te voorkomen. De afbraak is afhankelijk van grondsoort, bemesting en grondbewerking. Ook de fysisch-chemische eigenschappen van de organische stof zijn bepalend: naarmate de organische stof is opgenomen in grotere en stabiele aggregaten, is deze beter fysisch beschermd tegen snelle afbraak. Bij een hoog gehalte aan 'oude', zogenaamde chemisch recalcitrante organische stof –dat wil zeggen componenten die zeer moeilijk en langzaam afbreken – zoals in veen- en dalgronden, zal de afbraak beperkt zijn. De aangroei is echter ook heel langzaam. Verse organische stof uit mest of gewasresten breekt veel sneller af, doordat deze relatief veel makkelijk afbreekbare voedingstoffen bevat. Gemiddeld genomen zijn de organische stofgehalten van minerale bodems in Nederland stabiel gebleven (Reijneveld e.a., 2009: gegevens over de periode tussen 1970 en 2000). In laag Nederland neemt de voorraad organische stof wel af, mede als gevolg van drainage (Smit en Kuikman, 2005). Aanvulling van organische stof werd vooral gerealiseerd door omvangrijke aanvoer van dierlijke mest en/of compost. Recent wordt ook de teelt van groenbemesters hiertoe ingezet. Kunstmest draagt niet bij aan de opbouw van organische stof (Aoyama e.a., 1999); bij uitsluitend gebruik van minerale meststoffen is bij gangbare bouwplannen de organische stof niet te handhaven (Bokhorst en Van der Burgt, 2012).

Bodemleven, bodemstructuur en bodemfunctie

Organische stof is de energiebron voor het bodemleven. Omgekeerd reguleert het bodemleven ook opbouw en afbraak van organische stof, en is daarom belangrijk voor iedere gebruiker van de bodem, omdat organische stof positief is gerelateerd aan alle door de bodem geleverde ecosysteemdiensten (Faber e.a., 2009).

Regenwormen bevorderen de bodemwaterhuishouding (Figuur 12.2). De effecten zijn specifiek voor de verschillende ecologische groepen (Spurgeon e.a., 2013). De groep van zogenaamde 'pendelaars'[1] graaft verticale gangen waardoor hemelwater snel de bodem kan binnendringen. Hoe meer wormen, hoe minder risico op stagnerend water en verstikte plantenwortels, en ook hoe beter de toegankelijkheid van het land voor machines. Ook oppervlakkig levende wormensoorten zijn van belang, vooral doordat ze korstvorming tegengaan, organisch materiaal in de bodem brengen en de kruimelstructuur verbeteren. Op bouwland in Nederland komen deze beide functionele groepen echter maar zelden tot aantallen van betekenis (Rutgers e.a., 2007). Dat komt door onvoldoende continuïteit in voedselaanbod – oogstresten en afgestorven plantmateriaal worden doorgaans snel verwijderd – en door de rigoureuze, dodelijke werking van het ploegen.

Schimmels staan bekend om hun bijdrage aan de bodemstructuur door hun netwerk van schimmeldraden en uitscheiding van stoffen zoals glomaline, die bodemdeeltjes doen samenklonteren en zo de kruimelstructuur bevorderen. Hoe meer schimmels – vooral mycorrhiza-vormende schimmels, die in een symbiose doordringen in de plantenwortels – des te ruller en stabieler de kruimelstructuur van de bodem (Figuur 12.3). Maar hoe intensiever het landgebruik en de bodembewerking, des te minder schimmels. Daardoor worden conventionele landbouwbodems in Nederland gedomineerd door bacteriën. Vruchtwisseling, minder of geen grondbewerking, biologische landbouw en groenbedekkers verhogen de totale microbiële biomassa en zorgen voor een verschuiving naar een meer door schimmel gedomineerde levensgemeenschap in de bodem (Six e.a., 2006).

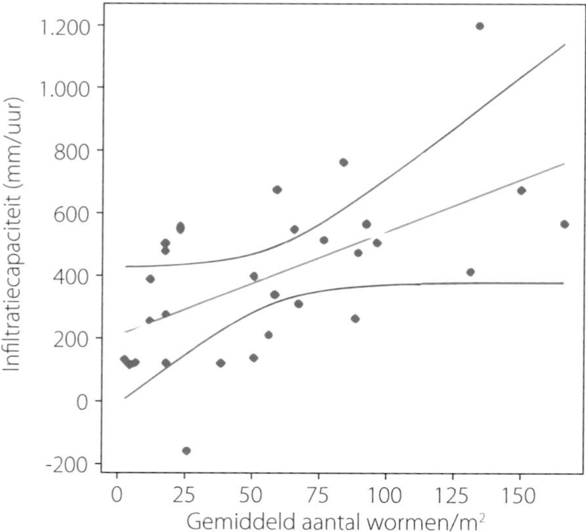

Figuur 12.2. Relatie tussen de dichtheid van regenwormen en de waterinfiltratiesnelheid van de bodem. De rode lijn geeft het best passende lineaire verband, met 95 procent betrouwbaarheidsgrenzen in blauw. In het geval van conventioneel geploegde akkers liggen dichtheden veelal rond 30 regenwormen per m^2, bij minder intensieve grondbewerking rond 100 per m^2 (Pascual e.a., 2015).

[1] In Nederland een taxonomisch kleine groep, bestaande uit slechts twee soorten: *Lumbricus terrestris* en *Aporectodea longa*. De drainagefunctie van deze groep is ook hierom kwetsbaar.

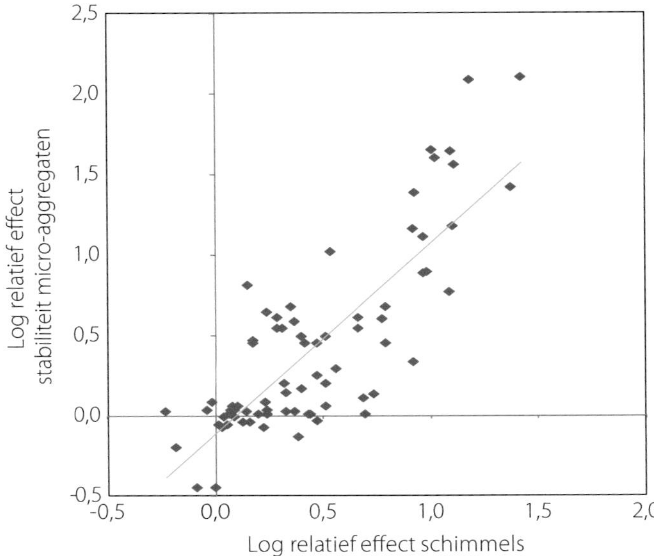

Figuur 12.3. Verband tussen bodemschimmels (biomassa en eiwitbepalingen) en kruimelstructuur (aggregaat stabiliteit) van de bodem (verklaarde variabiliteit R^2=0,67). Resultaat van meta-analyse van literatuurgegevens betreffende transities in landgebruik en bodembeheer: van conventioneel ploegen naar niet-kerende grondbewerking, van bouwland naar grasland, en van grasland naar bos. Op de assen staat horizontaal het relatieve effect van het extensiveren van de intensiteit van landgebruik op de schimmelgemeenschap en verticaal op de stabiliteit van aggregaten, uitgedrukt als logaritmen. Elke extensivering van landgebruik bevordert dus zowel schimmels als stabiele aggregaten (herzien naar: Spurgeon e.a., 2013).

Niet-kerende grondbewerking bevordert functionele agrobiodiversiteit

Boeren ploegen om gewasresten en onkruidzaden onder te werken en 'schone' grond naar boven te halen. De grond, vooral zwaardere grond, wordt losser door het open leggen van de bouwvoor, gevolgd door verwering gedurende de winter. Ploegen en ook frezen zijn echter ingrijpende bewerkingen die zeer schadelijk zijn voor regenwormen en schimmels[2]. Om dit bodemleven te sparen, zijn minder intensieve vormen van bodembewerking nodig. Niet-kerende vormen van grondbewerking laten het natuurlijk functioneren van de bodem beter intact. Deze werkwijze heeft ook als voordeel dat de boer grondbewerking en zaaien vaak in één werkgang kan combineren, waarmee hij dan zowel arbeid als brandstof kan besparen.[3] Niet-kerende grondbewerking reduceert wind- en watererosie en levert een betere vochthuishouding. Op den duur zou ook de behoefte aan kunstmest en gewasbeschermingsmiddelen kunnen verminderen. Hier staat tegenover dat niet-kerende grondbewerking kan leiden tot een toename van onkruiden en schadelijke insecten en slakken (Van der Weide e.a.,

[2] Extra schadelijk is het diepploegen (en 1,5 meter diep) dat vooral plaatsvindt in Flevoland. Zie daarvoor het rapport van de Raad voor Integrale Duurzame Landbouw en Voeding (Staps e.a., 2015).

[3] Het voordeel van besparen op brandstof en arbeid kan omslaan in een nadeel wanneer extra werkgangen voor klepelen en doodspuiten van een vanggewas nodig zijn.

2008). Op diverse plaatsen binnen en buiten Europa vindt niet-kerende grondbewerking[4] steeds meer ingang; in Nederland – met uitzondering van het erosiegevoelige Zuid-Limburg – wordt niet-kerende grondbewerking echter nog weinig toegepast.

Na omschakeling op niet-kerende grondbewerking verbetert het organische stofgehalte op een termijn van vijf tot tien jaar (Six e.a., 2002). Dat gaat samen met een betere bodemstructuur en een toename van bodemorganismen zoals regenwormen en schimmels. Vooral grotere bodemdieren worden talrijker, zoals roofmijten en regenwormen (Postma-Blaauw e.a., 2010). Daarentegen zijn er ook soorten die zich uiterst langzaam herstellen. Zo blijkt dat bepaalde schimmelgrazende mijten zelfs vier decennia na het geheel beëindigen van landbouwactiviteiten nog niet zijn teruggekeerd (Siepel, 1993). Dit heeft lang na-ijlende gevolgen voor de nutriënthuishouding, omdat zowel de basale verdeling over op schimmels of op bacterie gebaseerde voedselketens als de regulatie op hoger trofisch niveau ontregeld is. Recente wetenschappelijk inzicht suggereert dat dit zelfs kan doorwerken op plantengroei en vegetatie (E. Morriën e.a., ongepubliceerde gegevens). Dit geeft aan dat met het moderne landbouwkundige bodemgebruik moeilijk omkeerbare, ongunstige veranderingen in

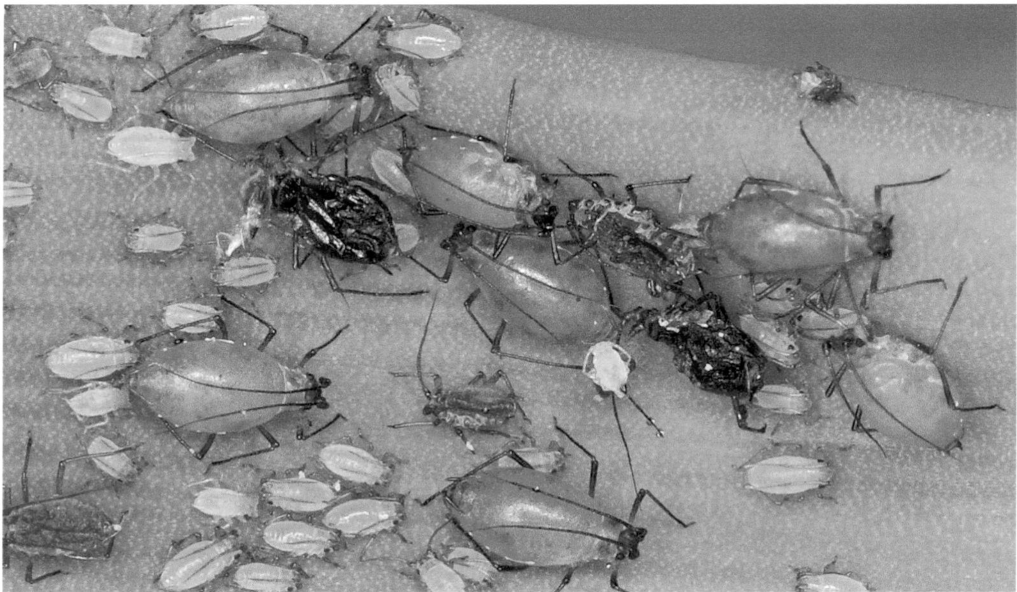

Foto 12.2. Bladluizen kunnen gewassen ernstig aantasten. Van deze soort (*Myzus ascalonicus*) is bekend dat hij onder meer aardbei, komkommer, bloemkool, chrysant en tulp aantast. Ze onttrekken sappen, en kunnen ook virussen overbrengen. Ze kunnen worden bestreden met lieveheersbeestjes en sluipwespen. Zulke nuttige soorten worden bevorderd door gericht randenbeheer (waardplanten voor ei-afzetting, nectar dragende bloemen voor voedsel)

[4] Niet-kerende grondbewerking is niet hetzelfde als *no tillage* (kortweg: *no-till*), zoals dat al vele decennia wordt gebezigd in de VS en Zuid-Amerika. In de Angelsaksische literatuur worden niet-kerende grondbewerking praktijken aangeduid met de termen *reduced tillage* en *conservation tillage*. Dit zijn containerbegrippen, waar verschillende vormen van bodembewerking (zelfs ondiep ploegen) onder vallen, in combinatie met varianten van vruchtwisseling, bemesting, groenbemesters, etc. *No tillage* is dan de meest extreme vorm, zonder enige grondbewerking direct inzaaien. *No-till* is voor Nederland commercieel weinig relevant, hooguit voor (extensieve) graanteelt op zandgronden, maar zou wel passen als maatregel in het kader van hamster- of akkervogelbeheer.

het bodemleven plaatsvinden. Hoe problematisch dit is voor kansen voor functionele agrobiodiversiteit en eventueel natuurherstel is nog onvoldoende onderzocht.

De mogelijkheden voor herstel van het bodemleven na conversie naar minder intensieve vormen van bodembeheer zijn nog weinig onderzocht, en nauwelijks op de langere termijn. Kolonisatie van bodemdieren kan worden versneld door gerichte introductie van soorten of door enten via aangevoerde plaggen of grond. (Faber en Van der Hout, 2009). Mogelijk is ook de mate en het type van groene dooradering van betekenis: ecologische randen en bosjes zouden kunnen dienen als refugium en als bron voor herkolonisatie (Mathieu e.a., 2010).

Bij niet-kerende grondbewerking vindt opbouw van organische stof plaats in het bovenste gedeelte van de bouwvoor (Tebrügge en Düring, 1999), en ontstaat daar een actief bodemleven met veel regenwormen en waterinfiltratiekanalen in de bodem. Kerende grondbewerking vernielt deze kanalen en verstoort de soorten die voor nieuwe kunnen zorgen (Figuur 12.4). Het ontwikkelen van gunstige bodemeigenschappen heeft tijd nodig, maar wordt snel teniet gedaan met één enkele ploeggang; continuïteit is daarom essentieel.

Ongeveer vijf jaar na de laatste keer ploegen heeft de bodem een duidelijk betere kruimelstructuur: hij is rijker aan bodemaggregaten, die bovendien groter zijn en beter bestand tegen verwering door neerslag en verdichting. Dit betekent dat de bodem minder gevoelig wordt voor verslempen of 'dichtslaan' van de bodem en voor oppervlakkige korstvorming (Tebrügge en Düring, 1999). De kruimelstructuur komt ten goede aan zowel de infiltratie bij extreme neerslag, als aan langduriger vochtvoorziening voor het gewas in droogteperioden.

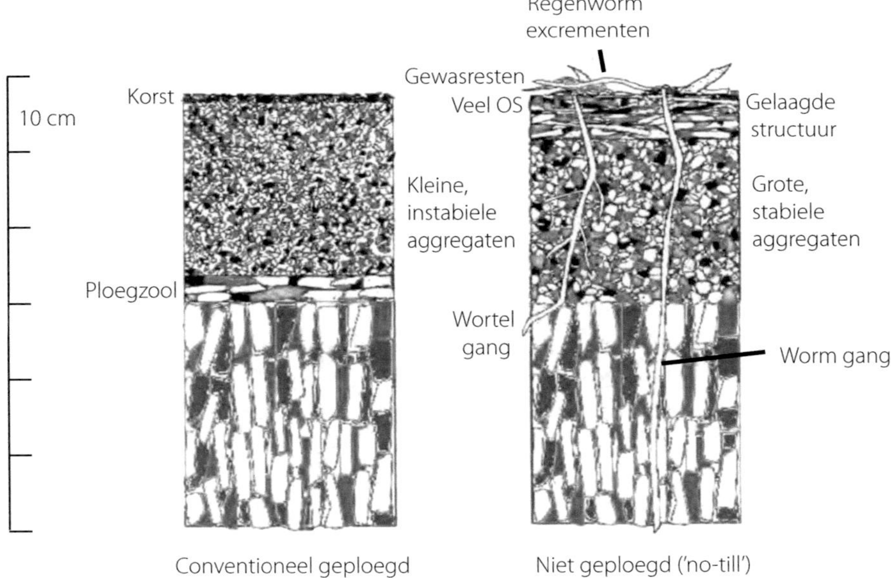

Figuur 12.4. Bodemprofielen bij twee uitersten in bodembewerking: conventioneel ploegen en 'no-tillage' (vertaald van Penn State College of Agricultural Sciences, 2016). OS = organische stof.

12.3 Natuurlijke plaagbestrijding

Biologische plaagbestrijding is het gebruik van natuurlijke vijanden om de populatiegrootte van plaagdieren te reduceren. Dit principe wordt al eeuwen toegepast. Reeds in de zeventiende eeuw plaatsten boeren in Friesland een uilenbord (ûleboerd) in de nok van de boerderij of de stal om broedgelegenheid te bieden aan kerkuil en steenuil. Die vogels hielpen bij de bestrijding van muizen en ratten in de stal en op het erf. Begin vorige eeuw introduceerden Californische boeren doelgericht het Australische lieveheersbeestje *Rodolia cardinalis* tegen de eveneens uit Australië afkomstige schildluis *Icerya purchasi* in citrusboomgaarden (Van Lenteren, 2011). In de VS zijn ook goede ervaringen opgedaan met vleermuizen (zie Tekstkader 12.1). In Nederland werden roofmijten en roofwantsen ingezet als bestrijder van insecteneieren, tripsen en andere mijten in boomgaarden. In de jaren '70 volgde onder meer de sluipwesp *Encarsia formosa* als bestrijder van witte vlieg in kassen.

Sinds begin jaren '90 is er in Nederland ook onderzoek naar de functies van akkerranden voor natuurlijke plaagbestrijding (Udo de Haes, 1996). De randen 'leveren' dan organismen die op de akker plagen kunnen onderdrukken. In deze randen kunnen zaadmengsels worden ingezaaid, of er wordt tijdelijk niets geteeld. Zulke stroken worden soms aangelegd in het kader van agrarisch natuurbeheer, maar in experimentele projecten ook voor plaagbestrijding en bestuiving.

Akkerranden huisvesten een breed scala van predatoren en parasieten: spinnen, hooiwagens, oorwormen, gaasvliegen, galmuggen, zweefvliegen, parasitaire wespen en roofwespen, lieveheersbeestjes, loopkevers en kortschildkevers (Foto 12.3; overzicht in Van Rijn e.a., 2007). Deze diergroepen zijn belangrijk bij de onderdrukking van bladluizen en rupsen; loopkevers prederen ook op slakken (Van Alebeek e.a., 2006). Zweefvliegen, en in mindere mate parasitaire wespen en roofwespen en enkele kevers, functioneren soms ook als bestuivers en spelen dus een dubbelrol.

Predatoren en parasieten maken het mogelijk om de schade aan gewassen te beperken (Figuur 12.5), zodat de boer minder gewasbeschermingsmiddelen hoeft te gebruiken (Carter en Rypstra, 1995; Chambers e.a., 1983; Schmidt e.a., 2004). Veel studies laten zien dat de invloed van predatoren op de plaagsoorten in de akker het grootst is dicht bij stroken met overblijvende vegetatie, zoals akkerranden.

Hoe diep in de akker plaagdieren kunnen worden onderdrukt hangt af van factoren als gewastype, grondsoort, weersomstandigheden en de aanwezige soorten predatoren (Bianchi e.a., 2010; Dennis

Foto 12.3. Enkele algemene predatoren in akkerranden en op akker. (A) De gewone hooiwagen, *Phalangium opilio*. (B) De loopkever *Poecilus cupreus*. (C) De dubbelbandzweefvlieg *Episyrphus balteatus*, als larve een predator van luizen, als adult een bestuiver.

Tekstkader 12.1. Vleermuizen als insectenbestrijders.

Joost Lommen

In de avondschemering vindt een wisseling van de wacht plaats. Zwaluwen gaan slapen en vleermuizen nemen de jacht over. Vleermuizen eten wel 3.000 insecten per nacht. Ze komen op vrijwel elk boerenbedrijf voor. Een kolonie vleermuizen kan bestaan uit 50 tot meer dan 250 individuen. Een grote kolonie kan dus tot 750.000 insecten per nacht eten. Ze verlenen ons daarmee een grote dienst, waarvan lang niet iedereen zich van bewust is.

Buitenlandse praktijkvoorbeelden

In de katoenteelt (VS) en de rijstteelt (Spanje) blijken vleermuizen uitstekende natuurlijke bestrijders van plaaginsecten. Hierdoor hoeven telers minder vaak te bespuiten en besparen ze kosten. In de Winter Garden Region, Texas, jagen 1,5 miljoen vleermuizen boven ruim 4.000 hectare katoenpercelen. Ze jagen vooral op plaaginsecten, o.a. katoenuilen. De larven van deze nachtvlinder veroorzaken vraatschade. Vleermuizen besparen de teler gemiddeld zo'n 183 dollar per hectare per jaar, wat overeenkomt met 15 procent van de katoenopbrengst (Cleveland e.a., 2006).

In de Ebro Delta – een belangrijke rijstregio in Spanje en een nagenoeg boomloze open vlakte, ongeschikt voor vleermuizen – zijn sinds 2000 vleermuiskasten geplaatst. Na negen jaar zaten er ongeveer 4.500 vleermuizen op een areaal van zo'n 100 hectare. Ze voeden zich met de rijststamboorder – een schadelijk motje – waardoor boeren weinig of geen vliegtuigbespuitingen tegen dit insect hoeven uit te voeren (Flaquer e.a., 2011). Eén vliegtuigbespuiting minder bespaart 21 euro per hectare (Puig-Montserrat e.a., 2015).

In Illinois (VS) hebben wetenschappers een delen van een maïsperceel met netten afgeschermd voor de vleermuizen (Maine e.a., 2015). De maïskolven onder deze netten vertoonden 56 procent meer schade door rupsen van een nachtvlinder dan het niet afgeschermde deel. De meeropbrengst was zo'n 7,88 dollar per hectare. Omgerekend naar het wereldwijde maïsareaal zou dat volgens de auteurs neerkomen op tenminste 1 miljard dollar per jaar.

Nederland

In Nederland leven 17 soorten vleermuizen. Voor zover bekend is in Nederland geen onderzoek verricht naar vleermuizen als vorm van functionele agrobiodiversiteit. Dat ze een rol kunnen spelen, daarvan is de eigenaar van de Philips Fruittuin in Eindhoven, Carlos Faes, overtuigd:

> Als je hier tussen de fruitbomen loopt, hoor je op een mooie zomeravond de vleermuizen [dit blijken laatvliegers te zijn; JL], meikevers kraken in hun bek. De volgende ochtend ligt de grond bezaaid met afgebeten keverschildjes. Prachtig!

De larven van de meikevers, engerlingen geheten, tasten de wortels van de fruitbomen aan. Vleermuizen verlagen het aantal meikevers waardoor de vraatschade verminderd.

Een ander voorbeeld is de ingekorven vleermuis. Deze in Nederland zeldzame soort jaagt 32 procent van zijn tijd in veestallen (Dekker e.a., 2008) en eet daar voornamelijk stalvliegen en spinnen (Lambrechts e.a., 2011). Daardoor heeft het vee op stal minder last van vliegen.

Op vijf agrarische bedrijven zijn in 2014 65 voorzieningen geplaatst, waaronder een paalkast, om vleermuizen een verblijfplaats te bieden dichtbij hun jachtterrein. Een aantal voorzieningen werd binnen een jaar in gebruik genomen (Lommen e.a., 2014a,b). In 2015 heeft helaas geen monitoring plaatsgevonden.

Stimuleringsmaatregelen
De volgende maatregelen helpen vleermuizen. Goed beheer van lijnvormige landschapselementen zorgt dat vleermuizen deze kunnen gebruiken om te jagen en om zich te verplaatsen door het open landschap. Oude bomen en toegankelijke stallen kunnen dienen als verblijfplaats, en stallen bovendien als foerageergebied. Ook het plaatsen van een vleermuispaalkast kan soelaas bieden (Foto 12.1.1). Insecticidengebruik in de stal en op het gewas kan beter zo veel mogelijk worden vermeden, want het vermindert het voedselaanbod en heeft risico's voor de gezondheid van vleermuizen. Ook verlichting op het erf en in de stal kan het best tot een minimum worden beperkt omdat veel vleermuissoorten lichtschuw zijn.

Onderzoeksvragen
Voor de optimale toepassing van vleermuizen als bestrijders van plaaginsecten zijn nog heel wat vragen te beantwoorden. Welke vleermuissoorten eten op welke plekken – akker, boomgaard en stal – welke plaaginsecten en in welke hoeveelheden? Hoeveel bespuitingen kan dit uitsparen? Zijn de vleermuizen flexibel en stuurbaar in hun voedselkeuzes? Concreter: zijn ze te lokken om uitbraken van plaaginsecten aan te pakken?

Foto 12.1.1. (A) De vleermuispaal is een merkwaardig ogend bouwsel. Hij wordt neergezet in boomgaarden om vleermuizen aan te trekken. Deze kunnen schadelijke insecten helpen te beheersen, bijvoorbeeld de voor fruitbomen schadelijke rozenkever. (B) De grootoorvleermuis jaagt in uiteenlopende biotopen, maar bij voorkeur in boomrijke terreinen. Zomerkolonies zijn te vinden in zolders, holle bomen en vleermuiskasten.

e.a., 2000). Hiervoor zijn geen algemene richtlijnen te geven: landbouwkundige adviezen vragen specialistische kennis op maat. Effectieve afstanden liggen tussen enkele tientallen meters en circa 150 meter voor in de grond wonende soorten (Collins e.a., 2002; Holland e.a., 1999; Ranjha en Irmler, 2013). Voor vliegende insecten kan het bereik oplopen tot 1 kilometer (Baveco en Bianchi, 2007), maar de effectiviteit loopt dan uiteraard sterk terug. Bij zeer grote akkers kan het daarom goed zijn om ook midden in de akker stroken aan te leggen als bron van plaagbestrijders.

Interessant zijn de resultaten van een pilotstudie met akkerranden van het project LTO-FAB bij vijf boeren in de Hoekse Waard naar plaagonderdrukking van bladluis, koolluis, koolmotje en slakken in graan, aardappelen en spruitkool. Die onderdrukking bleek al na twee jaar dermate effectief dat nog

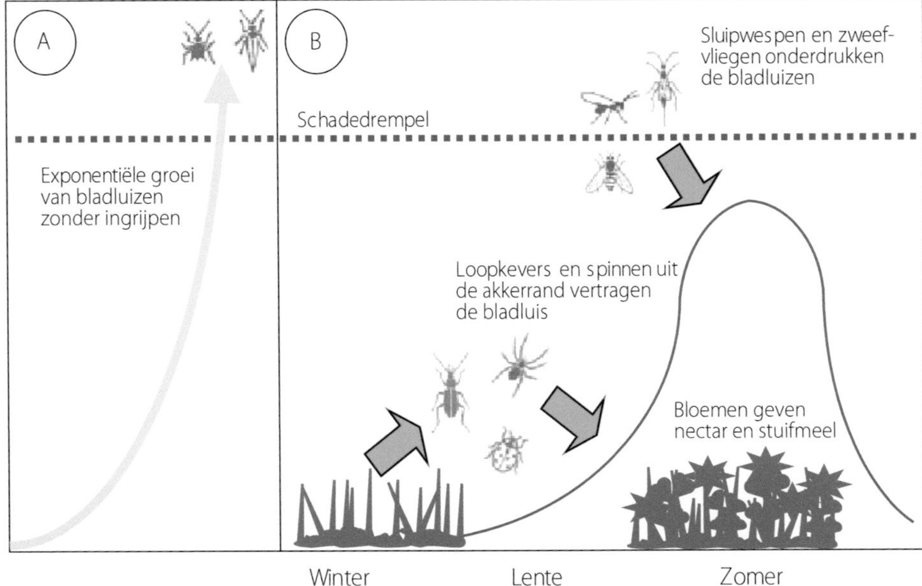

Figuur 12.5. Schematische weergave van een bladluisplaag (A) zonder en (B) met biologische plaagbestrijding (Van Alebeek e.a., 2007). In het eerste geval schiet de bladluispopulatie door de schadedrempel en zal de boer deze chemisch bestrijden. In het tweede geval zorgen kevers en spinnen uit de akkerrand in de lente en sluipwespen en zweefvliegen in de zomer voor plaagonderdrukking, zodat oogstverlies wordt voorkomen en geen pesticiden hoeven worden ingezet.

slechts incidenteel een beroep op gewasbeschermingsmiddelen hoefde te worden gedaan (Scheele en Van Gurp, 2007). Belangrijke projecten waarin op grotere schaal ervaring is opgedaan met functionele agrobiodiversiteit in de akkerbouw zijn Actief Randenbeheer Brabant (Geerts, 2011; Van Hoeij en Vroegrijk, 2011) en Bloeiend Bedrijf (Steenbruggen e.a., 2015). De beste resultaten zijn gevonden voor bladluizen in graan, Coloradokever in aardappel, glanskever in koolzaad en verschillende rupsen (Bos e.a., 2014).

Bijkomend voordeel van natuurlijke bestrijding is dat ze potentieel permanent voorhanden is. Wel is extra terughoudendheid geboden met insecticidegebruik, want dat kan niet alleen dodelijk zijn voor het plaagdier, maar ook voor zijn bestrijder. Daar staat tegenover dat veel soorten die kunnen leven in agrarische milieus, pioniersoorten zijn die relatief snel nieuwe plekken kunnen innemen. Zelfs op en langs percelen waar kortelings pesticiden werden gebruikt, kunnen predatoren en parasieten nog wel een deel van de bestrijding op zich nemen.

In het agrarisch natuur- en landschapsbeheer wordt betekenis gehecht aan landschapselementen als heggen, dijken, bermen e.d. (Tabel 12.2; Hoofdstukken 6 tot en met 11). In een divers landschap met half-natuurlijke biotopen is de soortenrijkdom aan plaagbestrijders relatief groot (Weibull e.a., 2002). Ook de eigenschappen van de akkerrand zelf zijn vanzelfsprekend belangrijk. In het algemeen kunnen zich in permanente randen soortenrijkere gemeenschappen ontwikkelen dan in één- of driejarige randen (Noordijk e.a., 2010). Bodembewonende predatoren – en dan vooral soorten die ook de akkers in lopen – prefereren vaak een open randvegetatie. Randen met dichtere vegetatie zijn beter geschikt voor overwintering van kevers en spinnen (Collins e.a., 2003). En bloemrijke randen trekken zweefvliegen en sluipwespen aan (Wratten e.a., 2003).

Deze verschillende eisen geven frictie. De doorgaans hoge nutriëntenbelasting zorgt voor verruiging van de vegetatie. Bij meerjarige akkerranden leidt dit al snel tot een vegetatie met weinig bloemen, waardoor het minder aantrekkelijk is voor zweefvliegen en sluipwespen, en een hoge dichtheid, wat het minder aantrekkelijk maakt voor loopkevers en grondbewonende spinnen, en tot veel planten met wortelstokken, waar de boer last van kan hebben (De Cauwer e.a., 2005, Noordijk e.a., 2011). Dit laatste is één van de redenen dat veel randen jaarlijks worden geploegd en opnieuw ingezaaid. Dat heeft echter als nadeel dat predatoren nauwelijks een populatie kunnen opbouwen en dat ook de verdere biodiversiteit – met name bodemfauna – ernstig wordt geschaad. Een oplossing zou kunnen zijn om allereerst de nutriëntenbelasting te verlagen door zorgvuldiger toediening van bemesting en verder door akkerranden langer te handhaven op dezelfde plek, en dan een hooibeheer in te voeren met twee maal per jaar maaien en afvoeren.[5] Dan blijft de vegetatie open en bloemrijk, en blijven lastige plantensoorten onder controle. Dergelijk beheer zien we in Nederland echter nauwelijks omdat het niet is opgenomen in de regelingen voor agrarisch natuurbeheer, en omdat akkerbouwers vaak geen eigen materieel hebben om te hooien.

12.4 Bestuiving

Meer dan 80 procent van het scala aan landbouwgewassen in Europa is afhankelijk van bestuiving door bloembezoekende insecten (Tabel 12.1). Dat zijn niet alleen bijen en hommels, maar ook vliegen, zweefvliegen, wespen, vlinders en kevers (Williams, 1994). Bestuiving door insecten is dan ook bij uitstek een voorbeeld van functionele agrobiodiversiteit. Hoewel door insecten bestoven vollegrondgewassen – zoals hard en zacht fruit (appels, peren, kersen, aardbeien), koolzaad en tuin- en veldboon – slechts 15 procent van het Europese areaal aan gewasproductie vormen, genereren zij 31 procent van de totale inkomsten uit gewasproductie (Schulp e.a., 2014). Insectenbestuiving is ook cruciaal bij de teelt van kasgroenten, zoals tomaat, aubergine en paprika – en bij de zaadteelt van kool, sla, peen en ui. Het deel van de inkomsten uit door insecten bestoven gewassen dat aan bestuiving kan worden toegeschreven is voor Europa geschat op 22 miljard euro per jaar (Gallai e.a., 2009).

Hoewel ook andere bloembezoekende insecten effectieve bestuivers kunnen zijn, dragen de honingbijen en wilde bijensoorten van alle bloembezoekende insecten veruit het meest bij aan de gewasbestuiving (Free, 1993). Traditioneel werd hierbij de belangrijkste rol toegedicht aan de door imkers gehouden honingbij *Apis mellifera*, die in Nederland in het wild praktisch niet meer voor komt. Maar de rol van wilde bijensoorten, zoals hommels, zandbijen en metselbijen, is lange tijd onderschat (Breeze e.a., 2011) en uit een recente meta-analyse komt naar voren dat wilde bijensoorten zelfs effectiever zijn dan honingbijen en in veel teeltsystemen de belangrijkste bestuivers vormen (Garibaldi e.a., 2013).

De behoefte aan bestuiving door insecten is nog verder toegenomen door de sterke uitbreiding van de koolzaadteelt voor de productie van biodiesel. Dit heeft er toe geleid dat over 41 Europese landen bezien het theoretisch benodigde aantal honingbijen tussen 2005 en 2010 vijf maal zo snel

[5] Synergie mogelijk door maaisel te composteren?

Tabel 12.1. Europese landbouwgewassen die afhankelijk zijn van insectenbestuiving (STEP, 2015).

Fruit	appel, sinaasappel, tomaat, peer, perzik, meloen, citroen, aardbei, framboos, pruim, abrikoos, kers, kiwi, mango, bessen
Groenten	wortel, ui, paprika, pompoen, tuinboon, courgette, sperzieboon, aubergine, komkommer, sojaboon
Industriële gewassen	katoen, koolzaad, mosterd, boekweit
Zaden en noten	zonnebloem, amandel, kastanje
Kruiden	basilicum, salie, rozemarijn, tijm, koriander, komijn, dille
Voedergewassen	luzerne, klaver
Essentiële olie	kamille, lavendel, teunisbloem

is gestegen als het aantal gehouden honingbijen zelf (Breeze e.a., 2014). Het is nog onduidelijk in hoeverre de landbouwproductie te lijden heeft onder dit 'achterblijven' van de honingbij. Ook is onduidelijke in hoeverre wilde soorten bestuivers tegemoet kunnen komen aan de sterk toegenomen bestuivingsbehoefte.

Betekenis van groene dooradering voor wilde bestuivers

Hoewel nectardragende productiegewassen een belangrijke – zij het eenzijdige – voedselbron voor wilde bijen kunnen zijn, vormen akkers geen geschikt permanent habitat vanwege hun vaak korte bloeiperiode, verstorende maatregelen als pesticiden- en herbicidengebruik en grondbewerking, en het gebrek aan nestgelegenheid en alternatieve voedselbronnen. 'Droge dooradering' in het landschap in de vorm van bloemrijke akkerranden, bosranden, houtwallen en semi-natuurlijke graslanden kan daarentegen voedsel en nestgelegenheid bieden aan soortenrijke bijengemeenschappen, en daarmee fungeren als bronhabitat voor bestuiving van gewassen. Hoe dichter bij het (semi-) natuurlijke habitat, hoe meer bloembezoek en hoe groter de soortenrijkdom aan wilde bijen op het gewas (Garibaldi e.a., 2011) (Foto 12.4).

In veel agrarische landschappen in Nederland is de laatste decennia zowel het areaal semi-natuurlijk habitat als de diversiteit aan wilde bijen sterk achteruitgegaan (Biesmeijer e.a., 2006). Van de circa 350 Nederlandse wilde bijensoorten stonden er in 2004 187 op de Rode Lijst, en daarvan was 66 ernstig bedreigd of zelfs verdwenen (Peeters en Reemer, 2003). Een van de belangrijkste oorzaken van deze achteruitgang is het verlies van favoriete waardplanten als gevolg van veranderd landgebruik en de intensivering van de landbouw in de loop van de twintigste eeuw (Scheper e.a., 2014). Een andere oorzaak is blootstelling aan pesticiden, vooral neonicotinoïden (EFSA 2013a,b,c; Feltham e.a., 2014; Gill e.a., 2012; zie ook Tekstkader 3.1).

In veel landbouwgebieden vormen slootkanten en akkerranden de belangrijkste nog resterende habitats voor bijen. Hoewel de akkerrandvegetatie relatief soortenarm is en vaak wordt gedomineerd door stikstofminnende planten, kunnen hier vroeg in het seizoen toch voor bijen aantrekkelijke voedselplanten beschikbaar zijn. Doorgaans worden akkerranden en slootkanten echter vanaf eind mei meermalen gemaaid. Het bloemenaanbod loopt dan sterk terug (Scheper e.a., 2014), waardoor bijengemeenschappen erg soortenarm worden en worden gedomineerd door enkele algemene, weinig kieskeurige soorten. Dat kan ook nadelig zijn voor het gewas.

Foto 12.4. De aanleg van bloemenstroken verhoogt het bloembezoek van wilde bijen in naastgelegen gewassen; bloemstroken vormen tevens een voedselbron voor natuurlijke vijanden van plaaginsecten, zoals sluipwespen en zweefvliegen. De strook bloeit bij voorkeur gedurende het hele seizoen. De foto toont een rand bij aardappel en spruitkool; in plaats van de exoot Phacelia zou ook een inheems zaadmengsel kunnen worden toegepast.

Er zijn nog steeds soortenrijke bijengemeenschappen in het agrarisch gebied te vinden, maar deze zijn beperkt tot de qua structuur complexe landschappen waarin nog relatief veel semi-natuurlijke habitats aanwezig zijn. Maar ook in simpele, soortenarme agrarische landschappen kan functionele agrobiodiversiteit een belangrijke rol spelen. In Nederland onderzochten De Groot e.a. (2015) welk aandeel bestuivers hebben in de productie van appels en blauwe bessen. Dit aandeel bleek groot: bij het wegvallen van insectenbestuiving nam het aantal geproduceerde appels met 40 procent af en werden de appels bovendien gemiddeld 50 procent kleiner in diameter. De financiële opbrengst van de appeloogst daalde met circa 50 procent. Voor blauwe bes vonden zij vergelijkbare resultaten.

Voor Groot-Brittannië is op basis van gegevens over het totale aantal honingbijen berekend dat de landelijke honingbijenpopulatie theoretisch voor slechts 34 procent van de totale bestuivingsbehoefte van landbouwgewassen zorg kan dragen. Desondanks is de productie van door insecten bestoven landbouwgewassen sinds 1984 met 54 procent gestegen. Dit suggereert dat het grootste deel van de bestuiving wordt verzorgd door wilde bestuivers, niet door honingbijen (Breeze e.a., 2011). En zo zijn er meer studies die aantonen dat een hogere (functionele) diversiteit aan wilde bestuivers positieve effecten heeft op de kwantiteit, kwaliteit en stabiliteit van gewasopbrengsten (Gagic e.a., 2015; Garibaldi e.a., 2014; Mallinger en Gratton, 2014). Dat neemt niet weg dat wereldwijd circa 80 procent van de bestuiving wordt verricht door enkele algemeen voorkomende bijensoorten (Kleijn e.a., 2015). Deze soorten zijn eenvoudig te bevorderen met algemene maatregelen, ook in het kader van agrarisch natuurbeheer, zoals door aanleg van bloemrijke stroken. Agrarisch natuurbeheer blijkt de abundantie en soortenrijkdom van bijen het meest te verhogen in qua structuur simpele agrarische landschappen (Scheper e.a., 2013).

Er is nog weinig onderzoek gedaan naar de vraag hoe rendabel de implementatie van dergelijke maatregelen voor boeren is (Garibaldi e.a., 2014). Een uitzondering vormt een recent Amerikaans onderzoek naar de kosten en baten van de aanleg van bloemenstroken naast bosbesplantages (Blaauw en Isaacs, 2014). Reeds twee jaar na aanleg bleken plantages naast bloemrijke stroken door meer wilde bijen en zweefvliegen te worden bezocht, en hadden ze een hogere gewasopbrengst dan plantages zonder bloemenstrook. De auteurs berekenden dat reeds vijf jaar na aanleg de cumulatieve opbrengsten van de bloemenstroken hoger waren dan de kosten voor aanleg en onderhoud.

Bij een toenemende vraag naar bestuiving in de landbouw zou het wel eens effectiever kunnen zijn om in te zetten op behoud en versterking van populaties wilde bijen in plaats van een vergroting van de populatie honingbijen. Een grotere soortenrijkdom is ook van belang voor de natuur vanwege betere, completere bestuiving van bloemen. Relevant daarbij is dat er soms specifieke relaties tussen soorten bestuivers en planten bestaan.

12.5 Perspectieven voor versterking van functionele agrobiodiversiteit

Functionele agrobiodiversiteit en agrarisch natuurbeheer zijn in zekere zin complementair. Waar functionele agrobiodiversiteit zich richt op de biodiversiteit met een landbouwfunctie, richt agrarisch natuurbeheer zich op vormen van biodiversiteit die los staan van die functie. Waar agrarisch natuurbeheer zich uit de aard der zaak vooral richt op de meer zeldzame soorten, richt functionele agrobiodiversiteit zich juist op algemene soorten. Wel kunnen sommige maatregelen in het kader van functionele agrobiodiversiteit het agrarisch natuurbeheer ondersteunen, en omgekeerd.

Een voorbeeld van functionele agrobiodiversiteit die agrarische natuur ondersteunt is een rijk bodemleven met regenwormen en andere bodemdieren die een voedselbron zijn voor zoogdieren en voedselbron zijn voor bijvoorbeeld weide- en akkervogels. Evenzo kunnen bijen en andere insecten die het gewas bestuiven, ook wilde bloemplanten bestuiven. Ook zullen randen aangelegd voor predatoren ook vaak andere soorten dieren en planten huisvesten.

Omgekeerd kan agrarisch natuurbeheer in veel gevallen functionele agrobiodiversiteit versterken. Denk aan natuurbraak die bodemstructuur en bodemleven verbetert. En aan uitstel van de maai- of weidedatum op graslanden, wat eveneens de bodemstructuur kan verbeteren. Voor andere voorbeelden zie Tabel 12.2. Voor een substantieel effect zou het agrarisch natuurbeheer echter op een veel groter areaal moeten worden toegepast dan de huidige 3,3 procent van het landbouwareaal (zie Tekstkader 4.2).

Ontwikkelen lerende praktijk

Functionele agrobiodiversiteit is weliswaar een veelbelovend concept, maar voor toepassing in de reguliere landbouwpraktijk moet meer praktijkervaring worden opgedaan, met name op de volgende punten:

- de werking en effectiviteit van functionele agrobiodiversiteit;
- de betrouwbaarheid en bedrijfszekerheid van resultaten;
- inpasbaarheid in gangbare landbouwpraktijken;
- toepasbaarheid onder verschillende omstandigheden;
- neveneffecten, zoals opbrengstverliezen en wisselwerking met andere ecosysteemdiensten;
- ofwel meer in het algemeen: de financiële kosten en baten van functionele agrobiodiversiteit.

Tabel 12.2. Agrarisch natuurbeheer dat tevens bevorderlijk is voor functionele agrobiodiversiteit, uitgesplitst naar ecosysteemdienst.[a]

Vorm van agrarisch natuurbeheer			Functionele agrobiodiversiteit					
			Bodem-structuur	Nutriënten-regulatie	Water-regulatie	Ziekte-wering	Plaag-wering	Bestuiving
Soortenbeheer	Weidevogelbeheer		+					
	Akkervogelbeheer						?	
	Beheer uilen en vleermuizen						+	
	Hamsterbeheer	Volveldsbeheer	+	+	+			
		Opvangranden	+	+	+			
Randenbeheer	Slootkantenbeheer			+	+		+	+
	Akkerranden-beheer	Braak leggen					+	+
		Inzaaien					+	+
		Spuitvrije zone					+	+
Perceelsbeheer	Grondwaterpeil aanpassen				+/–			
	Maaidatum aanpassen						+	+
	Bemesting aanpassen						+	+
	Tijdelijk plas-dras zetten					+/–[b]		
	Natuurbraak		+	+	+	+	+	+
	Vanggewassen[c]		+	+	+	+s	+t	+t
Landschaps-elementen[d]	Houtwallen, geriefhoutbosjes, landweren[e], knip- en scheerheggen, struweelhagen, elzensingels, hoogstamboomgaarden, eendenkooien				+?		+	+

[a] + = bevorderlijk; s = afhankelijk van soort; t = afhankelijk van de tijd van het jaar.

[b] Toegepast in bollenteelt tegen aaltjes. Terughoudendheid geboden bij toepassing op grasland i.v.m. leverbot.

[c] Vanggewassen zijn in Nederland alsnog opgenomen op de algemene lijst van vergroeningsopties, overigens zonder veel steun van ecologen. Bloemdragende soorten kunnen FAB insecten aantrekken.

[d] Hier alleen die landschapselementen genoemd die functionele agrobiodiversiteit bevorderen.

[e] Aarden grenswal en of diepe sloot, vaak met een doornenhaag (ook wel landgraaf genoemd).

De tijd lijkt rijp om meer pilots te gaan uitvoeren, waarbij boeren ervaringen delen in praktijknetwerken. Dergelijke pilots zouden op dezelfde leest kunnen worden geschoeid als de planvorming zoals die tegenwoordig wordt gedaan door collectieven voor het agrarisch natuurbeheer (Melman e.a., 2015), of daar ook mee worden geïntegreerd. In het project Bloeiend Bedrijf hebben collectieven al maatregelen voor functionele agrobiodiversiteit gecontracteerd en een lerend netwerk opgezet, waarvan ook onderzoekers deel uitmaken. Internationaal wordt kennis gedeeld via het European Learning Network on Functional AgroBiodiversity.

Collectieven kunnen worden uitgenodigd om voor hun gebied plannen uit te werken, waarin ze expliciet gebruik maken van functionele agrobiodiversiteit ter versterking van de agrarische biodiversiteit en de duurzaamheid van de productie. In beginsel kan dit onder het nieuwe stelsel voor agrarisch natuurbeheer. Maar de provincies hebben als besluitvormend orgaan de focus gelegd op internationaal belangrijke soorten, waardoor een invulling van functionele agrobiodiversiteit wordt bemoeilijkt en de functie van functionele agrobiodiversiteit moet worden 'bediend' via functiecombinaties met de provinciale doelsoorten. Zo ligt voor akkerranden de doelstelling bijna overal bij akkervogels, wat niet gemakkelijk samengaat met een functie van functionele agrobiodiversiteit van de randen. Voor akkervogels dienen de randen ruimtelijk geconcentreerd te zijn, voor functionele agrobiodiversiteit speelt dit niet.

Vragen die men bij pilots kan oppakken zijn bijvoorbeeld:
- Wat zijn mogelijkheden voor versterking van het watervasthoudend vermogen van de bodem en voor vermindering van de erosiegevoeligheid?
- Hoe kunnen de akkerranden en de aangrenzende opgaande begroeiing beter worden benut voor plaagbestrijding en voor ondersteuning van de bestuiving van gewassen?
- Wat zijn in dit gebied de kansen en perspectieven voor versterking van het ziektewerend vermogen van de bodem?

Daarnaast is er aandacht te schenken aan de verhoging van de landschappelijke kwaliteiten en aan de rol van landschapselementen als hotspots van ecosysteemdiensten.

Beleid

Hoe kan het beleid combinaties van functionele agrobiodiversiteit en agrarisch natuurbeheer ondersteunen? We noemen vier beleidsterreinen: milieubeleid, mestbeleid, pachtbeleid en het Europese Gemeenschappelijk Landbouwbeleid (GLB). Daarna noemen we mogelijkheden voor publiek-private samenwerking en financiering.

Het milieubeleid kan krachtige impulsen geven voor functionele agrobiodiversiteit. Zo maakt een strenger beleid voor het gebruik van bestrijdingsmiddelen het voor de boer aantrekkelijker of zelfs noodzakelijk om natuurlijke plaagbestrijders in de vorm van predatoren en parasieten in te zetten. Ook krijgt de boer meer belang bij een gezonde bodem, omdat die de weerstand van het gewas tegen ziekten en plagen kan versterken. Het omgekeerde is overigens ook waar: de aantasting van bijen en andere bestuivers door neonicotinoïden (zie Tekstkader 3.1) is een impuls voor aanscherping van het beleid inzake bestrijdingsmiddelen (Fryday e.a., 2015).

Het mestbeleid kan zowel positieve als negatieve impulsen voor functionele agrobiodiversiteit geven. Positief is dat overbemesting steeds meer wordt teruggedrongen. Negatief is dat al te strikte bemestingsnormen ten koste kunnen gaan van de organische stof in de bodem. Dat geldt bijvoorbeeld voor de evenwichtsbemesting die sinds kort verplicht is voor fosfaat. Als de aanvoer van fosfaat niet groter mag zijn dan de afvoer via de oogst, dan kan dat leiden tot geleidelijke verarming van de bodem. Bodemvruchtbaarheid zal een grotere en meer zelfstandige plek in het mestbeleid moeten krijgen, waarbij het wenselijk is dat eisen gesteld worden aan het duurzaam behoud van bodemvruchtbaarheid.

Het pachtbeleid is momenteel geen stimulans voor functionele agrobiodiversiteit. Integendeel, de steeds grotere rol van kortlopende pacht neemt voor de boer een stimulans weg om te werken aan opbouw van organische stof en biodiversiteit in de bodem. In Flevoland heeft dat bijgedragen aan een frequentere toepassing van diepploegen (Staps e.a., 2015). De overheid zou juist langlopende pacht moeten bevorderen. Ook zou zij kunnen bevorderen dat het organische stofgehalte mee gaat wegen in de grondprijs.

Het GLB biedt in beginsel belangrijke kansen, ook voor financiering. De eerste pijler van het GLB beoogt onder meer bevordering van duurzame landbouw, inclusief bodemvruchtbaarheid. Mede daarom geldt voor grasland als vergroeningseis dat het in stand moet worden gehouden. Doel daarvan is om koolstof in de bodem vast te leggen, ook ten behoeve van het klimaat. Voor bouwland bestaat de vergroening uit verplichte gewasdiversiteit en het in stand houden of aanleggen van Ecologische Aandachtsgebieden. Boeren kunnen voor deze maatregelen een toeslag krijgen. Vergroeningsmaatregelen bieden in beginsel mogelijkheden voor zowel functionele agrobiodiversiteit als agrarische natuur (Dicks e.a., 2014):

- randen langs akkers en waterlopen;
- braaklegging;
- heggen;
- vanggewas en bodembedekkers, al worden die uit natuuroogpunt niet hoog gewaardeerd.

De tweede pijler van het GLB, in Nederland ingevuld met het Plattelandsontwikkelingsprogramma (POP3), is onder meer bedoeld voor betaald agrarisch natuurbeheer. Ook daar zijn, zoals eerder aangeduid, combinaties met functionele agrobiodiversiteit mogelijk. De overheid zou daarvoor extra toeslagen kunnen verlenen.

Op dit moment zijn de mogelijkheden voor combinaties nog gering. De eerste pijler vereist vrijwel nergens een gericht beheer van de ecologische aandachtsgebieden. Dat beheer moet dus komen uit de tweede pijler. Maar daar ligt voor de provincies vanaf 2016 het accent op internationaal belangrijke soorten in het kader van Natura 2000 en is er geen aandacht voor maatregelen in de sfeer van functionele agrobiodiversiteit, bodemkwaliteit, enzovoorts. Alleen enkele waterschappen lijken hierin geïnteresseerd vanwege het effect op een betere waterkwaliteit. Zij gebruiken functionele agrobiodiversiteit als bufferzone langs sloten en minder bestrijdingsmiddelengebruik, en dat wordt gestimuleerd door de Europese Kaderrichtlijn Water.

De overheid kan ervaringen vanuit de hierboven bepleite pilotstudies gebruiken om bij de eerstvolgende herziening van het GLB aan te geven voor welke ecosysteemdiensten onder de eerste en de tweede pijler kan worden betaald. Collectieven kunnen vervolgens plannen indienen (Melman e.a., 2015). De vergoeding zou kunnen bestaan uit compensatie aan boeren voor de meerkosten van benodigd materieel en voor mogelijke productieverliezen in de overbruggingsperiode. Bundeling met andere ondersteunende regelingen, met bijvoorbeeld pakketten voor *conservation agriculture* voor niet-kerende grondbewerking, groenbemesters of permanente bodembedekking, ligt voor de hand.

Financiering

Bij agrarisch natuurbeheer staan tegenover de kosten meestal weinig of geen financiële baten voor de boer, afgezien van de mogelijke toeslagen. Bij functionele agrobiodiversiteit zijn in beginsel wel baten voor de landbouw te verwachten, maar de vraag is natuurlijk of die opwegen tegen de kosten. Hierover is nog weinig bekend. Blijft de gewasopbrengst op peil? Op welke posten is besparing mogelijk: arbeid, brandstof, insecticiden en kunstmest? Welke kosten stijgen, bijvoorbeeld onkruidbestrijding? Hoe werkt een en ander door in het bedrijfssaldo?

Is het saldo negatief, dan rijst de vraag of financiële compensatie een effectief instrument kan zijn om boeren en tuinders te stimuleren tot omschakeling. En in hoeverre zou dat redelijkerwijs kunnen met publieke middelen wanneer de effecten mede ten goede komen aan de samenleving? functionele agrobiodiversiteit kan bijvoorbeeld voordelen bieden voor het lokale milieu en voor publieke en private stakeholders zoals waterschappen, natuurbeheerders, recreanten en eigenaren van onroerend goed. Dat zou zich kunnen vertalen in ondersteuning door die stakeholders.

Een interessante case is de bodemerosie in Zuid Limburg, waarbij niet-kerende grondbewerking verplicht is gesteld met gedeeltelijke financiële compensatie (zie Tekstkader 12.2). Elders in Nederland blijken problemen met de waterhuishouding van de bodem, zoals plassen op het land of juist droogtegevoeligheid, aanleiding voor een omschakeling naar niet-kerende grondbewerking te zijn (PN NKG, 2014).

Ook randenbeheer lijkt momenteel nog niet kostendekkend te zijn (zie bijvoorbeeld KPMG, 2012 over project Actief Randenbeheer Brabant II in Noord-Brabant). Maar lokaal blijken zowel publieke als private partijen bereid mee te betalen. In het Nationaal Landschap Hoeksche Waard werden akkerranden via de 'Agrorandenregeling' tussen 2008 en 2013 betaald door het waterschap Hollandse Delta en de provincie Zuid-Holland. Een continuering van het initiatief werd in de aanloop naar de invoering van het nieuwe GLB gerealiseerd door private partijen en maatschappelijke organisaties verenigd in de Stichting Rietgors. Daarbij wordt de tegemoetkoming in de kosten van aanleg en onderhoud betaald door het waterschap de Hollandse Delta, de provincie Zuid-Holland en Samenwerkingsorgaan Hoeksche Waard. De Hoeksche Randen worden verder gesponsord door de Rabobank en Woningcorporatie HW-Wonen. Het draagvlak blijkt dus verrassend snel toe te nemen.

Ook in ketenverband vinden interessante initiatieven plaats. Akkerbouwers en verwerkende bedrijven werken bijvoorbeeld samen binnen de Stichting Veldleeuwerik om duurzame akkerbouw te stimuleren. Veldleeuwerik verleent certificaten die door de overheid zijn erkend als alternatieve invulling van de vergroeningseisen van het GLB. Wat de winst voor de biodiversiteit is, zal moeten blijken.

Het is een uitdaging om de potenties van functionele agrobiodiversiteit verder te realiseren via maatwerk in de regio, ook in combinatie met agrarisch natuurbeheer. Dat vergt pilotprojecten, relevante kennis bij boeren en sterke financiële en andere prikkels voor de boer. Krachtige impulsen kunnen uitgaan van aanscherping van het milieubeleid, een bodemvriendelijk mestbeleid en een pachtbeleid dat zich ook richt op duurzaam grondgebruik. Op Europees niveau biedt de *mid-term review* van het vernieuwde GLB (2014-2020) een kans om de nu nog te lichte vergroening te evalueren en verder te brengen, zowel in de eerste als de tweede pijler. Op regionaal niveau kunnen collectieven van boeren, hun afnemers, waterschappen, natuurbeschermers en burgers grote betekenis gaan krijgen voor functionele agrobiodiversiteit en biodiversiteit. Maatregelen ten gunste van functionele agrobiodiversiteit en agrarisch natuurbeheer zullen vaker worden gecombineerd naarmate de voordelen van functionele agrobiodiversiteit duidelijker worden aangetoond. Het innovatiebeleid van de rijksoverheid kan daarbij een stimulerende rol spelen.

Tekstkader 12.2. Niet-kerende grondbewerking in Zuid Limburg.

Bodemerosie is een serieus probleem in het Zuid-Limburgse heuvellandschap. De erosiegevoeligheid werd versterkt door intensieve grondbewerking: ploegen. Om dat tegen te gaan heeft de provincie een subsidieperiode gehanteerd voor niet-kerende grondbewerking, teneinde boeren te faciliteren in de omschakeling naar andere vormen van bodembewerking.

Sinds 2013 geldt een verordening – oorspronkelijk van de Productschappen Akkerbouw en Tuinbouw, recent overgenomen door het ministerie van Economische Zaken – dat op landbouwgronden met een hellingspercentage hoger dan 2 procent erosie beperkende maatregelen moeten worden genomen, bij voorkeur niet-kerende grondbewerking in het najaar met toepassing van bodembedekkers. Het bijkomende voordeel voor de biologische bodemkwaliteit en de daarmee te genereren functionele agrobiodiversiteit heeft meegespeeld in de besluitvorming. Eén van de belangrijke speerpunten binnen het INTERREG-project BodemBreed in de grensregio was het versterken van het bodemleven als motor achter natuurlijke bodemprocessen, zoals de omzetting van stoffen, de beluchting door wormgangen en de nutriëntenretentie door schimmels.

Volhardende voorlopers in de toepassing van niet-kerende grondbewerking in de regio hebben de afgelopen twee decennia positieve ervaringen opgedaan met kostenbesparend duurzaam werken – ook op vlakke percelen (persoonlijke mededeling W. Vogels, akkerbouwer te Schinnen). Resultaten: minder bodemverdichting en verslemping. De bodem werd ook minder kwetsbaar voor waterverzadiging en erosie, en de opbrengst en kwaliteit van het gewas bleven niet achter bij die van ploegende collega-akkerbouwers.

Hoewel deze vorm van erosie een specifiek regionaal probleem vormde, valt er uit deze transitie naar minder intensieve bodembewerking op termijn zeker ook voor de rest van Nederland lering uit te trekken.

Foto 12.2.1. Met niet-kerende grondbewerking zoals hier toegepast kan het bodemleven worden ontzien. Ploegen (waarbij de grond wordt gekeerd) verarmt het bodemleven, de wormenstand wordt gedecimeerd. Wormen zijn voor de landbouw zeer nuttig. Met hun gangenstelsel zorgen zij voor goede drainage. Het slijm dat ze bij hun graverij afscheiden en hun uitwerpselen dragen bij aan een goede, kruimelige bodemstructuur. Met het eten en verteren van plantaardig materiaal verhogen ze het organische stofgehalte in de bodem en verhogen ze de bodemvruchtbaarheid.

Van de redactie

1. Agrarisch natuurbeheer richt zich op het voortbestaan van doorgaans makkelijk waarneembare, aaibare soorten. Voor de landbouwproductie zelf zijn deze meestal van weinig betekenis. Daarnaast zijn er soorten die voor de landbouw zelf nuttig (kunnen) zijn. Deze soorten worden ook wel aangeduid met de term 'functionele agrobiodiversiteit'.
2. De belangstelling voor functionele agrobiodiversiteit groeit. Hoe hier optimaal gebruik van te maken is nog volop onderwerp van onderzoek. Een belangrijke stimulans is dat sommige problemen met de nu gangbare middelen steeds lastiger kunnen worden beheerst, terwijl functionele agrobiodiversiteit hier veelbelovend lijkt. In ons land gaat het met name om drie toepassingsvelden.
3. Bevordering van het bodemleven. Regenwormen, pissebedden, mijten e.d. zorgen met hun bewegingen en verplaatsingen voor een goede lucht en waterhuishouding, voor afbraak van plantaardige resten en voor bestrijding van ziektes; daarbij hebben bepaalde bodemschimmels die met planten samenleven (mycorrhiza's) – voor die planten een belangrijke functie bij de opname van water en mineralen uit de bodem en bepalen zo de productie van voedselgewassen.
4. Het bodemleven kan worden bevorderd door niet-kerend ploegen. Daarmee kan het waterregulerend en -bergend vermogen, het ziekte- en plaagwerend vermogen en de erosiebestendigheid van de bodem aanmerkelijk worden versterkt.
5. Plaagbestrijding. In ons land gaat het met name om bevordering van soorten in perceelranden en aangrenzende begroeiing die zorgen voor de bestrijding van luizen. Door aanleg en beheer van een netwerk van perceelsranden en aangrenzende houtsingels en heggen kunnen predatoren van luizen worden bevorderd, die van daaruit de luizen bestrijden.
6. Bestuiving. Door wilde bijensoorten en zweefvliegen wordt een belangrijke bijdrage geleverd aan de bestuiving van landbouwgewassen (o.a. appels, aardbeien).
7. De onder 2b genoemde maatregelen kunnen ook meer ruimte geven aan wilde bijensoorten en zweefvliegen.
8. Voordat functionele agrobiodiversiteit in de Nederlandse reguliere landbouwpraktijk algemeen kan worden toegepast, moet nog veel praktijkervaring worden opgedaan. Cruciaal is meer inzicht te krijgen in hoeverre hiermee de kwaliteit en kwantiteit van de landbouwproductie kan worden verbeterd; en ook in hoeverre ziektes en plagen die niet met functionele agrobiodiversiteit beheerst kunnen anderszins kunnen worden aangepakt zonder de functionele agrobiodiversiteit aan te tasten. In het buitenland zijn hier al goede ervaringen mee opgedaan (insectenbestrijding door vleermuizen in katoenteelt).
9. Gebruik maken van functionele agrobiodiversiteit zou goed kunnen passen in verdere vergroening van het GLB. Hier liggen ook interessante combinatiemogelijkheden met het op biodiversiteit gerichte agrarisch natuurbeheer.
10. Breed gebruik van functionele agrobiodiversiteit kan een belangrijke pijler worden van duurzame landbouw. Hier ligt voor de komende jaren een van de grootste uitdagingen: om de landbouwproductie op een ecologisch verantwoorde wijze te verduurzamen en natuurinclusief te maken.

DEEL 3
SOCIALE EN ECONOMISCHE ASPECTEN

KRONE

Hoofdstuk 13.

Natuurbeheer in de bedrijfsvoering

Raymond Schrijver*, Anne Marike Lokhorst, Helias Udo de Haes, Gabe Venema, Theo Vogelzang en Martien Voskuilen

R.A.M. Schrijver, Alterra Wageningen UR; raymond.schrijver@wur.nl
A.M. Lokhorst, Wageningen Universiteit
H.A. Udo de Haes, Centrum voor Milieuwetenschappen, Universiteit Leiden (CML)
G.S. Venema, LEI Wageningen UR
Th.A. Vogelzang, LEI Wageningen UR
M.J. Voskuilen, LEI Wageningen UR

◀ Agrarisch natuurbeheer staat of valt met de inpasbaarheid in de bedrijfsvoering. Bij de moderne mechanisatie is het een hele opgave om met de natuur rekening te houden. Ook het type vee bepaalt de inpasbaarheid. Roodbont vee staat bekend als een dubbeldoelras dat goed overweg kan met laat gemaaid (15 juni) gras en is daardoor goed met agrarisch natuurbeheer te combineren.

13.1 Inleiding

Agrarisch natuurbeheer heeft alleen toekomst als het goed past binnen de agrarische bedrijfsvoering. Daarbij gaat het niet alleen om de vraag of de vergoedingen ervoor voldoende zijn, maar ook om onzekerheden die daarmee samenhangen. De structuur van het bedrijf bepaalt mede de mogelijkheden voor en de manier waarop boeren agrarisch natuurbeheer in de bedrijfsvoering inpassen. Verder zijn ook de motivatie van de boer en de sociale omgeving van belang. Deze punten bespreken we in dit hoofdstuk.

Centraal staat een actualisering van een eerder onderzoek van Voskuilen en De Koeijer (2006) naar de kenmerken van bedrijven die meedoen aan agrarisch natuurbeheer. In Paragraaf 13.2 gaan we daar nader op in. Paragraaf 13.3 gaat in op de drijvende krachten achter de deelname, zowel de economische als de sociaalpsychologische. Tenslotte bespreken we in Paragraaf 13.4 verschillende innovatieve ontwikkelingen die perspectief bieden voor de toekomstige plaats van agrarisch natuurbeheer binnen een moderne bedrijfsvoering.

13.2 Analyse kenmerken van bedrijven met agrarisch natuurbeheer

Het doel van de analyse is een vergelijking te maken tussen typen bedrijven met betrekking tot het type beheer dat zij al dan niet voor hun rekening nemen. Deze analyse is mogelijk op basis van een combinatie van gegevens van de Rijksdienst voor Ondernemend Nederland (RVO) over agrarisch natuurbeheer van landbouwbedrijven met gegevens van de Landbouwtelling van het CBS over bedrijfskenmerken van dezelfde landbouwbedrijven. Een overzicht over de betrokken groep bedrijven geeft Tabel 13.1.

Het gaat hier om bedrijven die deelnemen aan de Provinciale Regeling Agrarisch Natuurbeheer en de regelingen binnen de Subsidieregeling Natuur en Landschap voor agrarisch beheer (kolom 2). Hierbij is onderscheid gemaakt tussen een bruto en een netto areaal. Bij de netto gegevens heeft een weging plaatsgevonden met betrekking tot het feitelijke deel van de grond waarop het beheer gericht is. Bij het legselbeheer en ook bij het landschapsbeheer is dat maar een beperkt gedeelte van het beheerde oppervlak, bij de andere vormen van beheer is dat meestal 100 procent (zie ook Tekstkader 4.1). Bij het bruto areaal ging het bij deze gegevensbron om 127.962 hectare, bij de netto

Tabel 13.1. Overzicht van deelname (ha) aan PSAN[a] en SNLa[b] regelingen in 2013 (RVO en CBS Landbouwtelling, LEI Wageningen UR).

	Totaal PSAN en SNLa (RVO)	Waarvan in landbouwtelling (CBS)	
		Absoluut	Percentage
Aantal deelnemers	10.736	8.256	77
Areaal bruto	127.962	122.184	95
Areaal netto	65.279	60.199	92

[a] PSAN = Provinciale regeling agrarisch natuurbeheer.

[b] SNLa = Subsidieregeling Natuur en Landschap, agrarisch onderdeel.

gegevens om 65.279 hectare. De analyse is uitgevoerd op de bruto gegevens. Een koppeling van deze gegevens met de bedrijfsgegevens vond plaats voor de bedrijven die ook in de Landbouwtelling van het CBS zijn opgenomen (zie kolom 3 en 4). De analyse is daarmee gericht op 8.256 bedrijven, met een bruto oppervlakte van 122.184 hectare agrarisch natuurbeheer, ofwel 95 procent van het areaal agrarisch natuurbeheer dat plaats vinden onder de provinciale en nationale subsidieregelingen (zie ook Hoofdstuk 4). Van vrijwillig agrarisch natuurbeheer zonder vergoeding waren geen gegevens van de betrokken bedrijven bekend. Deze categorie blijft daarom bij de hierna volgende analyse buiten beschouwing.

Bij de analyse betrokken bedrijven zijn onderscheiden in melkveebedrijven, bedrijven met overwegend overige graasdieren, akkerbouwbedrijven en overige bedrijven. Tuinbouw- en intensieve veehouderijbedrijven zijn buiten beschouwing gelaten (zie Tabel 13.2). De kolommen in deze tabel hebben betrekking op provinciale en nationale regelingen van het agrarisch natuurbeheer, die informatie bieden over het soort beheer en de oppervlakte ervan. Het soort beheer was vormgegeven via zogenaamde beheerpakketten, waarvan er in 2013 meer dan honderd bestonden. Deze zijn in de Subsidieregeling Natuur en Landschap teruggebracht tot vijf hoofdgroepen: landbouwgrond met legselbeheer, overig beheer weidevogels, akkervogels, botanisch en landschap (zie Tabel 13.2). Inmiddels zijn deze pakketten weer op een andere wijze samengevoegd (zie Hoofdstuk 4).

Het totale areaal was 76.459 hectare + 24.709 hectare = 101.168 hectare. Op het 83 procent van het areaal was het beheer gericht op weidevogels, waarbij het in meerderheid ging om legselbeheer en in minderheid om zwaardere pakketten. Bij de zwaardere pakketten waren naast melkvee ook overige graasdieren van belang. Het botanisch beheer was goed voor 11 procent, met een relatief groot aandeel van randenbeheer in de akkerbouw. Het landschap volgde met 4 procent en tenslotte akkervogels met 2 procent. De botanische beheerpakketten dienden soms meerdere doelen, aangezien zij ook werden ingezet in weidevogelgebieden (zie Hoofdstuk 6). In de registratie zijn deze multifunctionele vormen van beheer echter niet opgenomen. Tabel 13.2 geeft daarmee nog een onderschatting van het eigenlijke areaal weidevogelbeheer in 2013.

Ruimtelijk gezien ligt het zwaartepunt van het agrarisch natuurbeheer in de veenweidegebieden. De provincie Friesland telt met ruim 20 procent het grootste aantal deelnemers en heeft ook het grootste areaal in alle categorieën (Figuur 13.1). Voor wat betreft weidevogelbeheer en ganzenopvang is dat ook logisch, gelet op de voorkeur van weidevogels en ganzen voor open weidegebieden met veel water. Maar opvallend is dat Friesland ook het grootste areaal landschap met subsidies ondersteunt,

Tabel 13.2. Bruto-areaal in hectare agrarisch natuurbeheer naar soort beheer en type bedrijf, in 2013 (RVO en CBS Landbouwtelling, LEI Wageningen UR).

Type bedrijf	Legselbeheer	Overig beheer weidevogels	Akkervogels	Botanisch	Landschap	Totaal
Melkvee	65.934	14.351	151	5.887	2.571	88.894
Overig graasdier	6.904	7.733	79	3.615	1.394	19.725
Akkerbouw	1.510	1.447	1.741	2.411	546	7.655
Overig	2.111	1.177	290	1.626	705	5.909
Totaal	76.459	24.709	2.262	13.538	5.217	122.184
Percentage	63	20	2	11	4	100

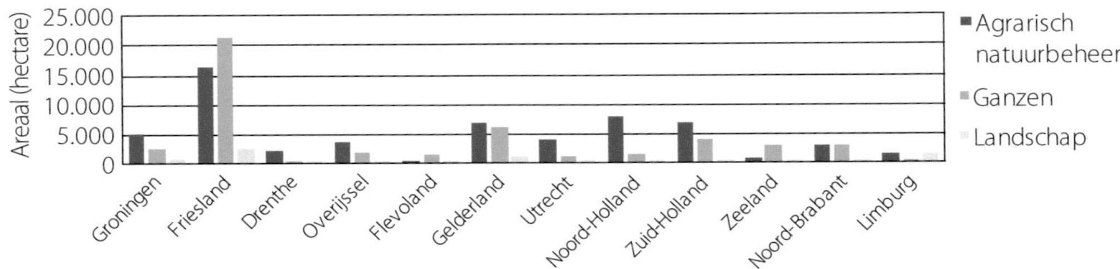

Figuur 13.1. Verdeling van het areaal agrarisch natuurbeheer, ganzenbeheer en landschapsbeheer over de provincies.

hoewel andere provincies minstens zoveel landschappelijke elementen herbergen. Het ganzenbeheer is overigens niet in bovenstaande tabellen opgenomen en maakt geen deel uit van de verdere analyse.

Analyse en resultaten

Zoals gezegd betreft de onderstaande analyse een actualisering van een eerder onderzoek van Voskuilen en De Koeijer (2006). Doel is aan te geven welke kenmerken van de bedrijven een rol spelen bij het deelnemen aan agrarisch natuurbeheer. We maken onderscheid tussen de structuur en intensiteit van de bedrijven maar ook kenmerken die betrekking hebben op de opvolgingssituatie. De economische omvang van een bedrijf is uitgedrukt in de Standaard Verdiencapaciteit (SVC), een maat voor de (gestandaardiseerde) toegevoegde waarde behaald met de agrarische productie. De SVC maakt de vergoeding voor arbeid en kapitaal van verschillende bedrijfstypen met elkaar vergelijkbaar en geeft bovendien een goede indruk van het inkomen. Wanneer de SVC wordt uitgedrukt per hectare is dit een maat voor de intensiteit van bedrijven. Voor de opvolgingssituatie is gekeken naar de leeftijd van het bedrijfshoofd en naar het percentage van bedrijfshoofden van 55 jaar en ouder dat een opvolger heeft. Tabel 13.3 geeft de resultaten.

Een vergelijking tussen de drie typen bedrijven laat zien dat melkveebedrijven de hoogste verdiencapaciteit hebben, met gemiddeld 86.000 euro per bedrijf, gevolgd door akkerbouwbedrijven met 47.000 euro per bedrijf, en ten slotte de overige graasdierbedrijven met slechts 5.000 euro per bedrijf. Over alle bedrijven gemiddeld is dat 48.000 euro per bedrijf.

Wat de opvolgingssituatie betreft is op de melkveebedrijven het bedrijfshoofd gemiddeld 52 jaar oud en heeft 64 procent van de bedrijfshoofden ouder dan 55 jaar een opvolger. Bij de akkerbouwbedrijven is de gemiddelde leeftijd van het bedrijfshoofd 58 jaar en heeft 34 procent van de bedrijfshoofden ouder dan 55 jaar een opvolger. Bij de overige graasdierbedrijven is de gemiddelde leeftijd van het bedrijfshoofd 60 jaar en heeft slechts 19 procent van de bedrijfshoofden ouder dan 55 jaar een opvolger. Daar waar het zwaardere beheer tot voor kort nog vooral werd uitgevoerd door 'afbouwende' bedrijven, zien we nu dus ook steeds meer jonge boeren dit type beheer in hun bedrijfsvoering integreren. De animo om een bedrijf over te nemen, hangt nauw samen met de bedrijfsomvang: van 10 à 20 procent op zeer kleine bedrijven tot 80 procent en meer op grote en zeer grote bedrijven (zie Tabel 13.3).

Een vergelijking tussen bedrijven met en zonder agrarisch natuurbeheer laat interessante verschillen zien in de intensiteit van de bedrijven. Bij alle drie de bedrijfstypen hebben de bedrijven met natuur-

Tabel 13.3. Kenmerken bedrijven met en zonder natuurbeheer (gegevens voor 2013; bron: RVO en CBS Landbouwtelling, LEI Wageningen UR).

	Met natuurbeheer	Zonder natuurbeheer	Alle bedrijven
Melkveebedrijven			
aantal	4.052	12.949	17.001
hectare cultuurgrond	234.450	595.057	829.507
SVC[a] (1.000 euro) per bedrijf	93	83	86
ha per bedrijf	58	46	49
SVC per hectare	1.607	1.813	1.755
leeftijd bedrijfshoofd	51	52	52
procent bedrijfshoofden >55 jaar[b]	34	35	34
procent met opvolger[c]	68	62	64
Overige graasdierbedrijven			
aantal	2.284	15.473	17.757
hectare cultuurgrond	52.313	172.759	225.072
SVC (1.000 euro) per bedrijf	8	5	5
hectare per bedrijf	23	11	13
SVC per hectare	347	449	426
leeftijd bedrijfshoofd	59	60	60
procent bedrijfshoofden >55 jaar	60	61	61
procent met opvolger	27	18	19
Akkerbouwbedrijven			
aantal	1.112	11.030	12.142
hectare cultuurgrond	57.566	407.164	464.731
SVC (1.000 euro) per bedrijf	55	47	47
hectare per bedrijf	52	37	38
SVC per hectare	1.067	1.263	1.239
leeftijd bedrijfshoofd	58	57	58
procent bedrijfshoofden >55 jaar	52	52	52
procent met opvolger	38	33	34
Alle bedrijven[c]			
aantal	7.791	42.355	50.146
hectare cultuurgrond	362.439	1.284.816	1.647.255
SVC (1.000 euro) per bedrijf	62	45	48
hectare per bedrijf	47	30	33
SVC per hectare	1.330	1.483	1.449
leeftijd bedrijfshoofd	55	56	56
procent bedrijfshoofden ≥55 jaar	45	49	49
procent met opvolger	47	33	35

[a] SVC = standaard verdiencapaciteit.

[b] Procent bedrijfshoofden ≥55 jaar en procent met opvolger gelden voor 2012.

[c] Inclusief gemengde bedrijven.

Foto 13.1. Een bloemrijke akkerrand geeft kleur en fleur, en kan ook van nut zijn voor boeren omdat ze voeding opleveren voor insecten die luizen bestrijden in het graan.

beheer een flink lagere intensiteit dan hun tegenhangers zonder natuurbeheer. Bij melkveebedrijven is het verschil in SVC per hectare tussen intensieve bedrijven zonder natuurbeheer – gemiddeld 1.813 euro per hectare – en extensieve bedrijven met natuurbeheer – gemiddeld 1.607 euro per hectare – een bedrag van 206 euro, ofwel 12 procent van de gemiddelde verdiencapaciteit per hectare. Bij akkerbouwbedrijven is dat verschil 196 euro. Absoluut gezien is dat wat kleiner, maar relatief met 16 procent ten opzichte de gemiddelde verdiencapaciteit juist wat groter. Het grootste verschil in intensiteit is vastgesteld bij overige graasdierbedrijven, een 98 euro lagere verdiencapaciteit, 23 procent van de gemiddelde verdiencapaciteit per hectare.

Tegelijk kunnen we vaststellen dat elk van de drie typen bedrijven met agrarisch natuurbeheer een aanzienlijk hoger inkomen heeft dan de overeenkomstige typen bedrijven zonder dit beheer – voor de drie typen bedrijven samen is dit 62.000 tegenover 45.000 euro. Deze conclusie wordt nog versterkt, omdat de vergoeding voor het agrarisch natuurbeheer niet in de SVC is opgenomen.

Ook de opvolgingssituatie is beter bij bedrijven met agrarisch natuurbeheer. De gemiddelde leeftijd van de agrariërs op bedrijven met of zonder natuurbeheer was vrijwel gelijk, maar op de bedrijven met natuurbeheer was het aandeel oudere bedrijfshoofden wat lager, en de animo voor bedrijfsopvolging aanzienlijk hoger – 47 procent tegenover 33 procent van bedrijfshoofden van 55 jaar en ouder met een opvolger. Deze verschillen zien we terug bij alle drie de typen bedrijven.

Conclusie uit de analyse

Met andere woorden: bedrijven met agrarisch natuurbeheer hebben over het geheel genomen een lagere intensiteit, maar anders dan vaak wordt gedacht een beter inkomen en een beter toekomstperspectief dan bedrijven zonder agrarisch natuurbeheer.

13.3 Drijvende krachten achter deelname aan agrarisch natuurbeheer

Opbrengsten uit agrarisch natuurbeheer

De inkomsten die de boer ontvangt op basis van beheerovereenkomsten zijn bedoeld om opbrengstderving te compenseren en als vergoeding voor specifieke beheermaatregelen. De hoogte van de opbrengsten die bedrijven uit betaald natuurbeheer weten te realiseren is geschat op basis van de steekproef die het LEI Wageningen UR jaarlijks uitvoert voor de hele agrarische sector. De opbrengst uit natuurbeheer lag in 2012 gemiddeld op 5.400 euro per deelnemend bedrijf; voor de melkveebedrijven was dat 5.000 euro en voor akkerbouwbedrijven 9.100 euro.

De opbrengsten per bedrijf liepen sterk uiteen, van een paar honderd tot tienduizenden euro 's per bedrijf. Akkerbouwers ontvingen voor hun activiteiten ten behoeve van het natuur- en landschapsbeheer gemiddeld circa 1.700 euro per hectare. Dat is veel meer dan de vergoeding die melkveehouders of overige bedrijven met voornamelijk veehouderij ontvingen: gemiddeld circa 600 euro per hectare. De reden hiervan is dat in de pakketten voor veehouders maatregelen zijn opgenomen waarbij nog een behoorlijke landbouwproductie mogelijk is. Dit geldt het sterkst voor legselbeheer. De berekende inkomstenderving is daardoor bij melkveehouders veel lager dan bij specifieke bouwlandpakketten zoals bijvoorbeeld akkerrandenbeheer, waar de betreffende oppervlakte wel kosten genereert maar weinig of geen opbrengsten.

Maar ook binnen een zelfde beheerpakket zijn er punten die om nadere aandacht vragen. Kernpunt vormen problemen die samenhangen met de vaste vergoeding die per hectare wordt gegeven en die is afgestemd op een gemiddelde opbrengstderving. De kosten van het beheer zijn echter niet voor alle hectares gelijk. Die nemen in de praktijk meer dan gemiddeld toe bij toenemend aantal hectares, als gevolg van de steeds verdergaande aanpassing van de bedrijfsvoering (zie Figuur 13.2).

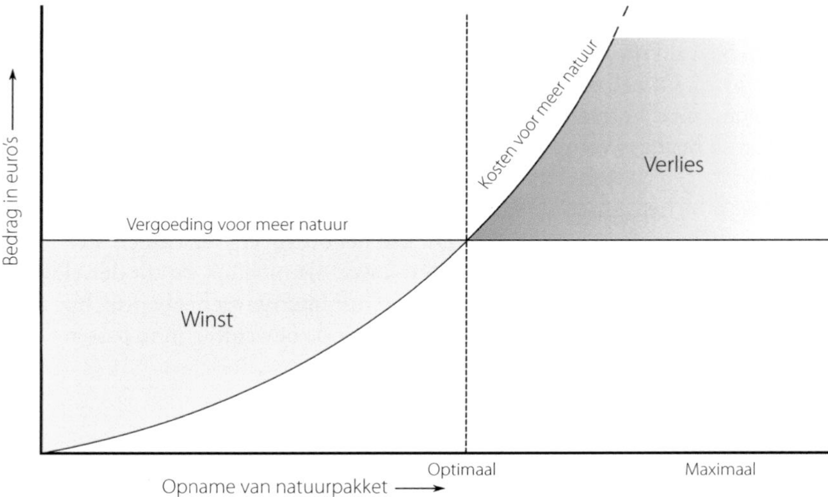

Figuur 13.2. Ontwikkeling van de kosten per hectare bij toenemende deelname aan agrarisch natuurbeheer bij melkveehouderijbedrijven (Schrijver e.a., 2008).

Foto 13.2. Bij mozaïekmaaien maait de boer telkens een klein deel tegelijk. Dan kunnen de kuikens altijd een nog niet gemaaid of reeds hergroeid deel bereiken. Het vergt meer management. Inpasbaarheid wordt door motivatie van de boer bepaald.

Deze toenemende kosten remmen een grotere deelname per bedrijf. Uit de Tabel 13.2 en 13.3 kan worden afgeleid dat bij het zwaardere weidevogelbeheer de deelnemende melkveehouderijbedrijven daarvan gemiddeld slechts circa 3,5 ha inpassen, gemiddeld ongeveer 6 procent van hun areaal cultuurgrond. Vanuit het weidevogelbeheer bezien is een gemiddeld veel groter aandeel wenselijk. Voor de grutto bijvoorbeeld is 35 procent van het areaal gewenst bij het streefbeeld van 25 broedparen per 100 hectare (Hoofdstuk 6). In theorie is inpassing van 15 procent à 30 procent op intensieve melkveehouderijbedrijven mogelijk (Noorduyn en Migchels, 2007; Remmelink e.a., 2007). Het lijkt erop dat in het Nederlandse agrarisch natuurbeheer een selectiemechanisme aan het werk is, zoals ook is beschreven door Bertoni e.a. (2012) voor Noord-Italië. Een vaste hectarevergoeding trok daar een groep bedrijven aan waarvoor de inpassing van pakketten voor agrarisch natuur en landschapsbeheer tot op een bepaald niveau geen enkel probleem met zich meebracht of zelfs winst opleverde (links in Figuur 13.2). Ofwel, er is een groep bedrijven die zonder noemenswaardige bedrijfsaanpassingen voor een aantal hectares goed kan voldoen aan de pakketvoorwaarden, maar stopt met de opname van extra hectares voordat die daadwerkelijke kostbare aanpassingen zouden vergen.

Een ander punt waar bij het vaststellen van vergoedingen geen rekening mee wordt gehouden vormt de verhouding tussen huiskavel en veldkavels. Dit kan per bedrijf erg verschillen. Een maaibeperking op veldkavels leidt tot een grotere druk op de huiskavel, die moeilijk vanuit de veldkavels gecompenseerd kan worden. Hoe kleiner de huiskavel en/of hoe intensiever het bedrijf, hoe moeilijker het wordt om grasland met een uitgestelde maaidatum voor de beweiding in te passen (De Haan e.a., 1996; Vellinga en Verburg, 1995).

Sociaalpsychologische factoren

Maar het gaat niet alleen om geld. Uit talrijke studies blijkt dat financiële compensatie weliswaar een belangrijke conditie vormt voor deelname aan agrarisch natuurbeheer – zonder compensatie gaat het niet – maar voor veel deelnemers is dat zeker niet het enige dat speelt. Deelname aan en het succes van agrarisch natuurbeheer is ook afhankelijk van andere factoren, zoals met name de motivatie van de individuele boer en de sociale context waarin het beheer plaats vindt. Tekstkader 13.1 gaat hier nader op in.

In Tekstkader 13.1 is geschetst dat naast de persoonlijke motivatie de mening van relevante anderen heel belangrijk is voor deelname aan agrarisch natuur- en landschapsbeheer. Tot de relevante anderen behoren ook organisaties in de omgeving van boeren, zoals FrieslandCampina (Westerink e.a., 2013a). Handelend vanuit maatschappelijke druk of vanuit maatschappelijk verantwoord ondernemen leggen zulke organisaties in toenemende mate duurzaamheidseisen op aan hun toeleveranciers.

Tekstkader 13.1. Motivatie van boeren voor natuurbeheer.

Het is van belang inzicht te hebben in de motivatie van boeren voor agrarisch natuurbeheer. Pas wanneer we begrijpen waarom boeren wel of niet aan natuurbeheer willen en kunnen doen, kunnen we effectief natuurbeheer gaan stimuleren. Uiteraard spelen subsidiemogelijkheden daarin een rol, maar dat is zeker niet het hele verhaal (De Snoo e.a., 2013; Wilson en Hart, 2000). Naar de motivatie van boeren voor natuurbeheer is de laatste jaren veelvuldig onderzoek gedaan, zowel in Nederland als in andere landen (zie bijvoorbeeld Pannell e.a., 2006).

Sociaalpsychologisch onderzoek richt zich doorgaans op individuele boeren en analyseert welke factoren een rol spelen bij natuurbeheer. Zo liet onderzoek van Fielding e.a. (2005, 2008) zien dat dergelijke beslissingen van boeren vooral werden bepaald door hun houding, kunde en hun relatie met andere boeren: wat vinden andere boeren in de regio van deze vorm van beheer, en welke maatregelen voeren zij uit?

In een onderzoek in Zeeland, uitgevoerd in de periode tussen 2006 en 2008, is boeren uitgebreid gevraagd naar hun motivatie voor zowel gesubsidieerd als niet-gesubsidieerd beheer (Lokhorst e.a., 2011). De meeste boeren bleken namelijk naast beheersmaatregelen behorende bij natuurbeheerpakketten, ook nog aan niet-gesubsidieerde vormen van beheer te doen. Uit dit onderzoek bleek dat met name het niet-gesubsidieerde beheer gerelateerd was aan het zelfbeeld van de boer: een psychologisch begrip dat aanduidt hoe men zichzelf ziet. Boeren die zichzelf sterker definieerden als natuurbeheerders, en daarmee natuurbeheer als onderdeel van zichzelf zagen, bleken meer gemotiveerd te zijn om aan agrarisch natuurbeheer te doen. Daarnaast is het voor veel boeren ook belangrijk wat 'relevante' anderen van natuurbeheer vinden. Naarmate boeren het idee hebben dat anderen in hun omgeving natuurbeheer belangrijk vinden, zijn zij ook zelf sterker geneigd zulk beheer uit te voeren.

Op zichzelf zijn dit misschien geen verrassende resultaten, maar ze zijn wel degelijk relevant voor de omslag in het agrarisch natuurbeheer na 2015, als de overheidsbetalingen aan afzonderlijke bedrijven voor een groot deel zullen wegvallen. Het is aan de collectieven van agrarische natuurverenigingen om deze bedrijven betrokken te houden. Sociaal kapitaal wordt dan heel belangrijk (Nieuwenhuizen e.a., 2014).

Wat betekent dit voor de vraag hoe natuurbeheer gestimuleerd kan worden? Allereerst dat communicatiecampagnes van belang zijn. Het zelfbeeld kan worden bekrachtigd door mensen heel specifiek te benoemen in hun rol als natuurbeheerder, een methode die ook wel 'labelling' wordt genoemd. Belangrijk hierbij is dat de boeren zich committeren aan hun natuurbeheer, het liefst in het bijzijn van anderen. Wanneer zij zich ervoor in willen zetten en die belofte publiekelijk doen, wordt hun identiteit als natuurbeheerder bevestigd: anderen leggen zich ook vast en een ieder is op de hoogte van elkaars publieke beloften. Een dergelijk sociale commitment kan helpen die beloften te vertalen naar concreet gedrag.

13.4 Perspectiefrijke innovaties

In deze paragraaf bespreken we een aantal mogelijke innovaties in de bedrijfsvoering van landbouwbedrijven die gunstig uitwerken op natuur en landschap. In alle gevallen betreft het innovaties waar al voorbeelden van bestaan in de praktijk. We bespreken innovaties op drie niveaus: op het bedrijf zelf; in de samenwerking met andere bedrijven en organisaties; deelname aan natuurbeheer op gronden van terreinbeherende organisaties.

Innovaties op het niveau van het bedrijf zelf

Innovaties in het bedrijfsmanagement hebben betrekking op een afzonderlijk bedrijf. Tabel 13.4 geeft een overzicht, lopend van makkelijk inpasbare vormen tot vormen die de bedrijfsstructuur betreffen: randenbeheer, mozaïekbeheer, combinatie van intensief en extensief, kringlooplandbouw, gebruik van andere rassen, boeren voor natuur en biologische landbouw. De verschillende bedrijfstypen worden gekarakteriseerd met betrekking tot de benodigde activiteiten, de effecten op natuur en landschap, de benodigde sturingsmechanismen en financiering, geïllustreerd met voorbeelden uit de literatuur.

Naast innovaties op bedrijfsniveau zijn er ook innovaties op het vlak van samenwerking tussen individuele bedrijven en/of groepen van bedrijven (coöperaties en collectieven; zie Hoofdstuk 5), samenwerking met terreinbeherende organisaties en samenwerking met bedrijven in de keten mogelijk (zie Tabel 13.5).

De eerste vorm betreft samenwerking tussen individuele bedrijven en/of groepen van bedrijven. Voor biodiversiteit is dit van belang omdat effectief beheer een organisatie vergt die ruimtelijk boven het individuele bedrijf uit kan stijgen. In de Tabel 13.5 staan onder 1 enkele voorbeelden. Zo is recent is in een aantal agrarische natuurverenigingen een discussie op gang gekomen over de mogelijkheden om gronden die nog zijn aangewezen als resterende taakstelling voor het Nationaal

Foto 13.3. Weidevogelnesten worden gespaard door er net omheen te maaien. Een klein stukje ongemaaid gras levert weinig meerwaarde op vanwege het predatierisico. In hele percelen met ongemaaid gras kunnen weidevogelkuikens een veilig heenkomen vinden.

Tabel 13.4. Aangrijpingspunten voor innovaties op het niveau van het bedrijf zelf.

Type beheer	Activiteiten	Effecten	Sturingsmechanismen en financiering	Literatuur
1. Randenbeheer				
a. Zonder inrichting	vrijwaren bemesting en bestrijdingsmiddelen	verbeterde slootwater kwaliteit		De Geus e.a., 2011
b. Aangepaste profiel vorm sloten	plas-dras zone	helofytenfilter		Melman, 1991; Noij e.a., 2012
2. Mozaïekbeheer				
a. Binnen bedrijf	zorgen voor kuikenland	kleinschalig mozaïek/afwisseling intensief gebruik		
b. Op gebiedsniveau	idem, aansluiten bij reservaten	betere effectiviteit op doelsoorten van beleid		Teunissen e.a., 2012
3. Combinatie van intensief deel met extensief deel				
a. Binnen rantsoen	inpassen 15-30 procent natuurgras uit reservaten door combinatie met eiwitrijk gras; rantsoen op maat (via voerrobot)	optimaal rantsoen; afzetmarkt voor gras uit reservaten	toepassen hoogwaardige technologie met schaalvoordelen	Noorduyn en Migchels, 2007; Remmelink e.a., 2007
b. Via bemesting	precisiebemesting	betere mestbenutting		
4. Kringlooplandbouw	selectief gebruik van externe input; minimaliseren van mineralenverliezen	inkomen op langere termijn. bedrijven blijven intensief, extensivering vindt elders plaats	via eisen van afnemers (kringloopwijzer)	Friesland-Campina, 2011; Hees e.a., 2009; Stuiver and Verhoeven, 2010
5. Gebruik andere rassen van landbouwhuisdieren	inzet van rassen die natuurgras beter verteren	soortenrijkere vegetatie dan gangbaar grasland	betere smaak vlees, vakmanschap; hogere prijs in nichemarkt	Hiemstra e.a., 2010; Hoving e.a., 2011
6. Boeren voor Natuur	geen externe input van mineralen; gemengd bedrijf; inrichting op basis landschappelijke principes	restauratie historische cultuurpatronen (ecologische gradiënten)	fondsvorming met middelen voor verwerving natuurgebieden	Stortelder e.a., 2001; Westerink e.a., 2013b
7. Biologische landbouw	uitbreiding certificering met specifieke criteria voor natuur en landschap	meer biodiversiteit en landschappelijke elementen	hogere prijs in nichemarkt	Visser e.a., 2012

Tabel 13.5. Aangrijpingspunten voor innovaties door samenwerking.[a]

Type beheer	Activiteiten	Effecten	Sturingsmechanismen en financiering	Literatuur
1. Samenwerking tussen landbouwbedrijven				
a. Natuurcoöperatie	samenwerkingsverband van boeren die gezamenlijk natuurgrond beheren zoals TBO's	kostenbesparing bij natuurbeheer	verwerven, inrichten en beheren via SNL	
b. Differentiatie in tarieven; hogere minimum eisen	ANV Ark en Eemlandschap experimenteert al met hogere beloningen voor grotere bijdragen	betere selectie op motivatie	getrapte hectarevergoeding, mogelijk gekoppeld aan resultaatbeloning	
2. Samenwerking met terreinbeheerders (TBO's)				
a. Grootschalige intensieve bedrijven	meer weidegang door toepassing mobiele weidewagens	hogere pachtprijs; daling ammoniakemissie	natuurpacht	Migchels e.a., 2011
b. Gebiedsgericht	collectieve overeenkomst tussen TBO's en groep boeren (o.a. beroepsvereniging natuurboeren)	professionalisering door certificering; creëren van buffers rond reservaten zoals in kerngebieden voor weidevogels	geloofwaardige beleving; beheerovereenkomsten onder SAN	Hendriks e.a., 2012; Terwan en Van Miltenburg, 2014; Westerink e.a., 2013b
3. Samenwerking via ketens				
a. Korte ketens met hoge toegevoegde waarde	weinig schakels tussen boer en consument; leveren van streekproducten	link tussen boerenbedrijf en product dat consument koopt; hoge logistieke kosten		
b. Versterking via gangbare ketens	zuivel meer natuurgericht maken, vgl. de transitie van supermarkten naar scharreleieren (Foqus Planet strategie van FrieslandCampina)	agrarisch natuurbeheer minder afhankelijk van overheidssubsidie	prijsverhoging van bijvoorbeeld 1 procent voor zuivel in supermarkten bovenop die voor weidegang	FrieslandCampina, 2011; Westerink e.a., 2013a

[a] ANV = agrarische natuurvereniging; SAN = Subsidieregeling Agrarisch Natuurbeheer; SNL = subsidiestelsel natuur-en landschapsbeheer; TBO = terreinbeherende organisatie.

Natuurnetwerk in eigen beheer, te verwerven, in te richten en te beheren. De agrarische natuurverenigingen verwachten hier in een eigen natuurcoöperatie synergievoordelen te kunnen behalen.

De tweede vorm betreft samenwerking tussen de nieuwe collectieven met terreinbeherende organisaties. Voorbeelden daarvan staan onder 2 in Tabel 13.5. Een dergelijke samenwerking biedt volop kansen voor bijvoorbeeld een lagere nutriëntenbelasting van al bestaande natuurterreinen door activiteiten van agrarisch natuurbeheer te concentreren in buffers rond deze gebieden. Een ander

Foto 13.4. Plas-dras veldjes trekken in het vroege voorjaar veel weidevogels aan. Na aankomst uit hun wintergebied kunnen ze er 'opvetten' – de wormen zitten dicht aan de oppervlakte – om in goede conditie aan het nestelen te kunnen beginnen.

voorbeeld daarvan vormt samenwerking in kerngebieden voor weidevogels (zie Tekstkader 6.3). Hierbij zoeken collectieven uit hoe beheerpakketten op de juiste plaats kunnen komen rondom een weidevogelreservaat van een terreinbeherende organisatie.

De derde vorm betreft samenwerking met bedrijven in de keten, met voorbeelden onder 3 in Tabel 13.5. Een dergelijke samenwerking is nu in opkomst en biedt verschillende mogelijkheden voor vernieuwing. De grotere partijen in de keten, veelal multinationaal opererende bedrijven, voeren een maatschappelijk debat met overheden en ngo's 's over verduurzaming. Steeds meer nemen ze standpunten in waarbij zij ook het voortouw nemen in een transitie naar verduurzaming. Op termijn kan dat ertoe leiden dat onderdelen van agrarisch natuurbeheer die nu op vrijwillige basis worden uitgevoerd, aan alle boeren en andere leveranciers min of meer dwingend worden opgelegd.

Innovatie door natuurbeheer in terreinen van terreinbeherende organisaties

Weinig bekend is dat bijna 130.000 hectare natuurgebied in eigendom is bij de grote terreinbeherende organisaties in de 'basisregistratie percelen' van de Rijksdienst Voor Ondernemend Nederland staat geregistreerd bij landbouwbedrijven (Tabel 13.6). Dit betekent dat boeren deze grond op een of andere manier in gebruik hebben en dus beheren. In totaal ging het in 2012 zelfs om ruim twee keer de netto omvang van het areaal aan agrarisch natuurbeheer! Er is nog niet zoveel bekend over deze boeren. Melman e.a. (2013) laten zien dat in de gebieden waar veel van deze gronden liggen, ook veel extensieve boeren voorkomen. Mogelijk hebben deze boeren dus ook veel contracten afgesloten voor agrarisch natuurbeheer.

Tabel 13.6. Eigendommen van terrreinbeherende organisaties in gebruik bij boeren (gegevens 2012; Van Os e.a., 2015).

Categorie natuur	Natuurmonumenten en provinciale landschappen	Staatsbosbeheer	Totaal
Natura 2000	26.857	23.937	50.794
Nationaal Natuurnetwerk buiten Natura 2000	21.836	22.604	44.440
Provinciaal gesubsidieerd buiten Nationaal Natuurnetwerk	3.705	4.745	8.450
Niet gesubsidieerd gebied	12.917	11.880	24.797
Totaal	65.315	63.166	128.481

13.5 Tot slot

Agrarisch natuurbeheer is geen zaak van boeren zonder opvolger, maar juist van bedrijven met een goed inkomen en toekomstperspectief. Daarnaast is hun motivatie voor het natuurbeheer van groot belang en zeker ook de houding van hun omgeving. Er is geen sprake van 'vasthouden aan het verleden'. In tegendeel. Er zijn vele mogelijkheden voor innovaties, zowel binnen het eigen bedrijf als in samenwerking met andere bedrijven en organisaties, waaronder ook de grote terreinbeherende organisaties.

Van de redactie

1. Bedrijven met agrarisch natuurbeheer zijn gemiddeld minder intensief dan bedrijven zonder dit beheer. Anders dan vaak wordt verondersteld zijn ze gemiddeld ook groter, hebben ze een hoger inkomen en hebben ze een betere opvolgingssituatie. Het zijn dus geen 'achterlopende bedrijven'. Beter inzicht is echter nodig of dit ook geldt voor de bedrijven met de hoogste natuurwaarden.
2. Bij de beslissing van de boer om wel of niet mee te doen met agrarisch natuurbeheer is de financiële vergoeding belangrijk, maar niet doorslaggevend. Ook de persoonlijke motivatie en de houding van andere boeren of bijvoorbeeld zuivelbedrijven zijn van groot belang. Daarom zijn communicatiecampagnes kansrijk.
3. Melkveehouders die deelnemen aan beheerprogramma's hebben gemiddeld 3,5 hectare onder agrarisch natuurbeheer. Die versnippering is weinig effectief uit oogpunt van het natuurbeheer. Voor boeren speelt een rol dat bij een hoger percentage beheer de inkomensderving meer dan proportioneel toeneemt. Daarom is er iets te zeggen voor een gedifferentieerde vergoeding, die toeneemt met de oppervlakte die het bedrijf onder beheer heeft.
4. Om agrarisch natuurbeheer ook op langere termijn te kunnen voortzetten, zijn naast vergoedingen van de overheid ook andere inkomsten nodig. Hiervoor zijn nieuwe verdienmodellen nodig. Dat vergt innovaties.
5. Kansrijke ontwikkelingen liggen er rond het gebruik van andere grassoorten en veerassen, en combinaties van eiwitrijk gras van het eigen bedrijf en vezelrijk gras uit natuurgebied. Dit laatste is al geen zeldzaamheid meer.
6. Op dit moment wordt op circa 120.000 hectare natuurgebied van terreinbeherende organisaties het beheer uitgevoerd door boeren. Dat is twee maal zoveel als het areaal dat via agrarisch natuurbeheer wordt beheerd.
7. Een interessante optie is ook een grondbank die extra pachtgrond biedt aan boeren die een groter areaal met kansrijke percelen onder beheer willen brengen. De agrarische natuurvereniging Ark en Eemlandschap experimenteert daar al mee. Mogelijk kan ook de zuivelindustrie daarbij een rol spelen.
8. Ook kortere lijnen tussen boeren en burgers kunnen agrarisch natuurbeheer ondersteunen. Streekproducten kunnen daarbij een belangrijke rol spelen. Een andere mogelijkheid is dat boeren – in navolging van de Vogelbescherming en Staatsbosbeheer – gebruik gaan maken van sociale media en webcams voor communicatie met het publiek over het agrarisch natuurbeheer.

BOERENDAG TREKKERTREK
VESSEM 27 JULI
OVERNACHTEN OP DE BOERDERIJ

Hoofdstuk 14.

Agrarisch natuurbeheer en verbrede landbouw

Hein Korevaar[*], Judith Westerink en Sjerp de Vries

H. Korevaar, Wageningen UR - Agrosysteemkunde; hein.korevaar@wur.nl
J. Westerink, Alterra Wageningen UR
S. de Vries, Culturele Geografie en Alterra Wageningen UR

◄ Verbreding, meer dan alleen voedselproductie, kan vele vormen aannemen.
◄ (Voormalige) boerderijen lenen zich uitstekend voor Bed & Breakfast.
◄ Schaapherders leggen zich toe op ecologisch grasonderhoud, hier op de geniedijk in de Haarlemmermeer.
◄ Verkoop van kaas en zuivel aan huis zit dichtbij de core-business.

14.1 Inleiding

Van oudsher was een boerenbedrijf een brede onderneming. Het inkomen kwam tot stand vanuit meerdere activiteiten die parallel aan de landbouw plaatsvonden zoals visserij, een herberg, een veerdienst, een maalderij of textielnijverheid. Vaak werden landbouwproducten op het eigen bedrijf verwerkt en tot waarde gebracht door verkoop vanuit huis of op de lokale markt. In de loop van de twintigste eeuw is specialisatie opgetreden naar bedrijven die het merendeel van hun werkzaamheden en inkomen uit de primaire productie halen en de verwerking en de verkoop van producten overlaten aan anderen. Het gemengde bedrijf maakte plaats maakte voor sterk gespecialiseerde melkvee-, akkerbouw-, varkenshouderijbedrijven enzovoort. Dat ging gepaard met intensivering en schaalvergroting van de bedrijven en deels ook verlies aan grondgebondenheid, wat leidde tot de in voorgaande hoofdstukken geschetste verarming van natuur en landschap. In de laatste decennia is de belangstelling om de landbouw te verbreden gegroeid, zowel vanuit de samenleving als vanuit individuele motieven van boeren, zoals de wens om binnen het bedrijf risico's te spreiden (Hansson e.a., 2013; Marsden e.a., 2002; Seuneke e.a., 2013).

Venema e.a. (2009) geven verschillende definities van verbrede landbouw en concluderen dat deze wordt gekenmerkt door twee basiselementen. Ten eerste is de toegevoegde waarde van de producten en diensten niet direct gerelateerd aan een agrarische keten; er vindt dus geen substitutie plaats van activiteiten die normaal gezien door een andere schakel in de keten wordt verricht. Ten tweede worden de producten en diensten geproduceerd en geleverd door de inzet van beschikbare productiefactoren grond, arbeid en kapitaal op het agrarische bedrijf.

Daarmee heeft verbrede landbouw een directe relatie met de grond, het gebouw, de gewassen, de dieren en/of de arbeid die op het bedrijf aanwezig zijn. Doel van de verbreding is om extra inkomsten uit het bedrijf te halen. De belangrijkste vormen van verbreding zijn recreatie en toerisme, zorglandbouw, natuurbeheer en verkoop van streekproducten. Daarnaast is er een breed scala aan activiteiten

Foto 14.1. Boerderijen lenen zich ook voor bedrijfsuitjes. Deze boerderij combineert een biologische melkveehouderij met een innovatief stalconcept met een forse sportaccommodatie, waar jaarlijks duizenden bezoekers worden ontvangen.

die soms wel en soms niet tot verbrede landbouw worden gerekend, zoals paardenhouderij, stalling voor caravans, teelt van oude gewassen en productie van bio-energie in de vorm van methaan of hout voor elektriciteitscentrales. In veel gevallen vormen natuur en landschap een belangrijke basis voor deze 'nieuwe economische dragers'. Vanuit bedrijfsoogpunt gaat het om een diversificatie van werkzaamheden en inkomen, vanuit gebiedsperspectief om een combinatie van de functie landbouw met andere functies zoals natuur- en landschapsbeheer, waterberging, zorg en recreatie.

In dit hoofdstuk laten we zien hoe agrarisch natuurbeheer zich verhoudt tot enkele andere vormen van verbreding van boerenbedrijven, hoe deze andere vormen zich hebben ontwikkeld in afgelopen jaren en wat de toekomstperspectieven zijn. We beperken ons tot zorg, recreatie en toerisme, en productie en verkoop van streekproducten, omdat deze de meeste mogelijkheden bieden voor synergie met het agrarische natuurbeheer. Ter vergelijking zal ook steeds het agrarisch natuurbeheer zelf worden meegenomen.

14.2 Omvang van verbrede landbouw

De Taskforce Multifunctionele Landbouw heeft afgelopen jaren regelmatig onderzoek laten doen naar de omvang en omzet van verbrede landbouw in Nederland. Sinds 2007 blijft het aantal bedrijven met agrarisch natuur- en landschapsbeheer vrij constant, evenals de omzet die bedrijven daaruit weten te genereren (Tabel 14.1). Voor de drie andere verbredingsactiviteiten valt uit de tabel af te leiden dat tussen 2007 en 2011 het aantal bedrijven is toegenomen met 15 à 40 procent en de omzet met maar liefst circa 70 procent. De meeste inkomsten werden in 2011 gehaald uit verkoop van streekproducten en uit recreatie en toerisme.

Ondanks het grote aantal bedrijven dat actief is met één of meerdere vormen van verbrede landbouw, blijft de financiële omvang ervan voor de meeste bedrijven bescheiden. In 2013 kwam op 61 procent van de bedrijven met verbredingsactiviteiten minder dan 10 procent van de totale bruto opbrengsten uit de verbreding (Tabel 14.2). Op slechts 11 procent van de bedrijven met verbreding was dat meer dan 50 procent (http://statline.cbs.nl/statweb).

Tabel 14.1. Totaal aantal bedrijven en omzetschattingen voor vier verbredingsactiviteiten in de jaren 2007, 2009 en 2011 (Venema e.a., 2012).

Activiteiten	Aantal bedrijven			Totale omzet in mln. euro		
	2007	2009	2011	2007	2009	2011
Zorglandbouw	756	870	1.050	45	63	80
Verkoop streekproducten	2.850	3.000	3.300	89	128	147
Agrarisch natuurbeheer	13.700	13.660	14.000	90	79	86
Recreatie en toerisme	2.432	2.240	2.884	92	121	156
Totaal	[a]	[a]	[a]	316	391	469

[a] Het totaal aantal verbrede bedrijven is niet de som van de aantallen per activiteit. Veel bedrijven hebben namelijk twee of meer verbredingsactiviteiten.

Het aantal bedrijven met verbreding dat meer dan 50 procent van de bruto opbrengsten uit verbreding haalt, is het grootst in Limburg, Noord-Brabant en Gelderland. In Flevoland en Friesland is dat het kleinst (Tabel 14.2). Een opvallend punt is dat in Friesland 31 procent van het totale aantal bedrijven aan natuur- en landschapsbeheer doet, maar dat dit relatief weinig geld oplevert.

De belangstelling onder boeren voor agrarisch natuur- en landschapsbeheer bereikte in 2003 een piek, nam daarna weer wat af en is sinds 2007 min of meer constant. Ondanks deze daling is agrarisch natuurbeheer wat aantal deelnemers betreft nog steeds de grootste verbredingsactiviteit. In dezelfde periode daalde ook het areaal agrarisch natuurbeheer, zij het in mindere mate dan het aantal bedrijven (PBL, 2012). Het Planbureau voor de Leefomgeving heeft een analyse gemaakt van de redenen van deze achteruitgang. Agrariërs noemden als reden om te stoppen met agrarisch natuurbeheer het vaakst: problemen met beheer (zoals onkruid) en inpassing in de bedrijfsvoering; de hoogte van de vergoedingen; een teveel aan bureaucratie, en verkoop van de grond waarvoor beheerovereenkomsten waren afgesloten. Ook door de relatief korte contractduur is de continuïteit van het agrarisch natuurbeheer niet gewaarborgd (PBL, 2012).

Tabel 14.2. Aantal bedrijven met verbredingsactiviteiten per provincie en hun opbrengsten uit verbreding in 2013 (http://statline.cbs.nl/statweb).

	Landbouwbedrijven	Verbredingsactiviteit					Opbrengst uit verbreding[1]		
		Verkoop aan huis	Agrotoerisme	Verwerking landbouwproducten	Zorglandbouw	Agrarisch natuur- en landschapsbeheer	Minder dan 10%	10-50%	Meer dan 50%
Groningen	3.215	124	76	43	33	609	66	26	8
Friesland	5.501	146	191	46	59	1.705	73	21	6
Drenthe	3.579	122	132	35	54	212	62	27	11
Overijssel	8.283	230	363	83	112	547	66	22	12
Flevoland	1.806	66	48	60	16	60	59	36	5
Gelderland	11.516	529	482	143	143	969	60	26	14
Utrecht	2.779	149	148	67	50	621	57	32	11
Noord-Holland	4.588	238	264	114	99	730	55	33	12
Zuid-Holland	6.499	333	221	160	88	871	57	32	11
Zeeland	3.202	227	280	66	22	245	49	38	13
Noord-Brabant	11.919	600	388	146	145	415	60	26	14
Limburg	4.594	363	184	78	53	420	51	34	15
Nederland	67.481	3.127	2.777	1.041	874	7.404	61	28	11
Aandeel van de Nederlandse landbouwbedrijven (%)		4,6	4,1	1,5	1,3	11,0			

[1] Bij bedrijven met verbrede landbouw: percentage van de opbrengsten uit verbreding ten opzichte van de totale bruto opbrengsten van het bedrijf (inclusief subsidies). In deze opbrengsten heeft het CBS ook inkomsten meegerekend uit stalling van goederen of diensten, verwerking van landbouwproducten, aquacultuur, loonwerk door derden, agrarische kinderopvang en boerderijeducatie.

14.3 Houding van boeren ten opzichte van verbrede landbouw

Jongeneel e.a. (2008) hebben de redenen waarom boeren voor verbrede landbouw kiezen onderzocht op basis van de uitkomsten van een enquête die door 495 boeren uit heel Nederland was ingevuld. Uit deze studie blijkt dat boeren verschillende motieven hebben om wel of niet te kiezen voor functiecombinaties binnen hun bedrijf. Zo kiezen boeren die ondernemerschap – in de zin van vrijheid en onafhankelijkheid – hoog waarderen niet gauw voor huisverkoop van streekproducten en recreatie en toerisme omdat dat hun vrijheid teveel beperkt. Boeren die hechten aan grondbezit staan vaak negatief tegenover agrarisch natuurbeheer. Als zij daarvoor contracten sluiten, betekent dit in hun ogen dat zij minder vrijheid zullen hebben in de wijze waarop zij hun percelen beheren. Een andere constatering uit het onderzoek is dat de houding vertrouwen in de overheid een positief verband laat zien met multifunctionele landbouwactiviteiten. Naarmate boeren meer vertrouwen in de overheid hebben, kiezen ze vaker voor agrarisch natuurbeheer en voor recreatie en toerisme. Deze activiteiten hebben namelijk een sterke relatie met sturing door de overheid. Boeren met weinig vertrouwen in de overheid kiezen vaker voor multifunctionele landbouwactiviteiten die dichter aanliggen tegen de private sector, zoals huisverkoop.

Zowel Hansson e.a. (2013) als Seuneke e.a. (2013) benadrukken de rol van het gezin en met name van de echtgenotes bij de transitie naar verbrede landbouw. Bij andere verbredingsactiviteiten dan agrarisch natuurbeheer is het vaak de vrouw die de nieuwe verbredingsactiviteiten ontwikkelt en uitvoert. Zie ook Tekstkader 14.1 over verbrede landbouw en verschillende bedrijfstypen.

14.4 Beleving

Eén van de doelen van agrarisch natuurbeheer is zorgen voor een aantrekkelijk landschap. In de beleidsnota Natuur voor mensen, mensen voor natuur (Ministerie van LNV, 2000) werd dit als volgt verwoord: 'We willen een mooi land om in te wonen en te werken'.

Tekstkader 14.1. Verbrede landbouw en bedrijfstypen.

In verkenningen naar verbrede landbouw was tot voor kort weinig aandacht voor de invloed van het bedrijfstype. Uit een recente studie (J. Hassink, H.J. Agricola en J.T.N.M. Thissen, ongepubliceerde gegevens) komt naar voren dat er een relatie is tussen het bedrijfstype en het aandeel verbrede landbouw. Zij onderscheiden drie groepen: melkveebedrijven, akkerbouwbedrijven en intensieve veehouderij- en tuinbouwbedrijven.

De melkveebedrijven kiezen het vaakst voor zorglandbouw, recreatie en toerisme, en agrarisch natuurbeheer. Verschillende groepen gebruikers komen naar deze bedrijven vanwege de activiteiten in een groene omgeving en het contact met dieren. Binnen akkerbouwbedrijven zijn recreatie, agrarisch natuurbeheer en verkoop van producten relatief breed verspreid. Voor beide groepen geldt dat de gemiddelde leeftijd van de boeren met verbredingsactiviteiten op hun bedrijf verrassenderwijs lager is dan die van boeren met een niet verbreed bedrijf. Dit duidt er op dat vooral jonge boeren verbreding zien als een levensvatbare strategie voor de toekomst. De intensieve veehouderij- en tuinbouwbedrijven zijn zeer gespecialiseerd en kapitaalintensief. Voor de meeste boeren in deze groep is verbreding geen aantrekkelijke optie vanwege risico's van ziekteverspreiding. Ook de jongere boeren in deze groep zien meer toekomst zonder verbreding. Opvallend binnen de tuinbouwbedrijven is echter een subgroep die wel voor verbreding kiest. Deze subgroep onderscheidt zich door een kleine bedrijfsomvang.

Foto 14.2. Bloemrijke perceelranden kunnen multifunctioneel worden ingezet: niet alleen als zône waar bijen honing kunnen vinden waarmee ze ondersteund worden in hun bestuivingswerk, maar ook als strook waarin bezoekers een bosje bloemen kunnen plukken.

In de nieuwste natuurvisie van het rijk, Natuurlijk verder (EZ, 2014), wordt gesteld dat natuurcombinaties – natuur in combinatie met landbouw, landgoederen, recreatie, zorglandbouw – veel maatschappelijke winst kunnen opleveren. Die zal alleen worden gerealiseerd als de boer toewerkt naar een 'natuur-inclusieve landbouw', waarbij voedselproductie op economische wijze is verweven met natuur op het bedrijf.

De vraag is wat mensen een mooi landschap vinden en hoe agrarisch natuurbeheer eraan kan bijdragen het mooier te maken of mooi te houden. Hoewel niet iedereen dezelfde ideeën heeft over wat een mooi landschap is, lijkt er toch sprake van een hoge mate van consensus tussen Nederlanders. Zo worden *grosso modo* natuur- en bosgebieden mooier gevonden dan agrarisch gebied. Beter gezegd, een landschap met veel bos- en/of natuurgebied wordt mooier gevonden dan een landschap dat vrijwel alleen uit agrarisch gebied bestaat (De Vries e.a., 2007). Beperken we ons tot landschappen die overwegend uit agrarisch gebied bestaan, dan zien we doorgaans een voorkeur voor kleinschalige agrarische landschappen (Goossen e.a., 2011). Opgaande landschapselementen zoals heggen- en bomenrijen dragen daar positief aan bij. Ook aanwezigheid van water wordt in het algemeen als een verrijking beschouwd. Verrommeling van het landschap wordt de laatste decennia door veel Nederlanders steeds vaker als ernstige aantasting van het agrarisch cultuurlandschap genoemd. Hierbij kan het gaan om een onduidelijke structuur van het landschap, of de introductie van storende elementen zoals windturbines, reclameborden en megastallen (Veeneklaas e.a., 2006).

De gebruikers van het landschap zijn te beschouwen als de 'afnemers' van het agrarisch natuurbeheer (Schrijver en Westerink, 2012). Agrarisch natuurbeheer zou zich mede daarom ook meer kunnen richten op het verrijken van de ervaringen van recreanten om daarmee de betrokkenheid van burgers bij het agrarische landschap en zijn beheerders te vergroten. Ervaringen kunnen breder en rijker worden door bijvoorbeeld persoonlijk contact met de boer, een diversiteit aan landschapselementen en dieren, inzicht in het boerenbedrijf en kennis van de ecologie en de historie van het landschap.

Foto 14.3. Bed & Breakfast en boerencampings zijn inmiddels ingeburgerd. De ambiance van een traditionele boerderij maakt een verblijf voor velen aantrekkelijk.

14.5 Recreatie en toerisme

Recreatief gebruik

Het aantal bedrijven dat recreatieve en toeristische activiteiten aanbiedt, is tussen 2007 en 2011 met 18 procent toegenomen en de omzet die ze eruit genereren zelfs met 70 procent (Tabel 14.1).

Om het landschap te kunnen beleven, moet men het waarnemen met alle zintuigen. Voor agrarisch gebied gebeurt dat dit meestal en passant vanaf de weg of een pad. Dit inzicht heeft enige jaren geleden geleid tot het aanwijzen van snelwegpanorama's door de rijksoverheid (Piek e.a., 2006); deze zijn overigens al weer afgeschaft. Naast dit 'passief' beleven kan het agrarisch gebied – of breder: het buitengebied – een recreatieve bestemming zijn die recreanten bewust opzoeken in hun vrije tijd. Uit vrijetijdsonderzoek blijkt dat fietsen de meest populaire recreatieactiviteit in het landelijk gebied is. Dat doet men meestal direct vanuit huis, waardoor de actieradius tamelijk beperkt is (De Vries en De Boer, 2006). Hoe mooi mensen het gebied vinden, speelt bij de omvang van deze activiteit een relatief geringe rol: door de geringe actieradius valt er niet zo veel te kiezen.

Anders ligt dit voor mensen die eerst met de auto naar een gebied rijden om daar te fietsen, en zeker voor vakantiebestemmingen. Zij stellen wél duidelijke kwaliteitseisen. De verblijfsaccommodatie wordt juist gekozen vanwege de ligging in een aantrekkelijk gebied, zoals de Veluwe, de Achterhoek, Zuid-Limburg, het kustgebied en de Waddeneilanden. In Nederland is het recreatieve gebruik van het agrarisch gebied door stedelingen vanwege onze fietscultuur wellicht hoger dan in veel andere Europese landen, omdat de fietser een grotere actieradius heeft dan de wandelaar. Meer regelmatig bezoek aan een gebied gaat gepaard met een grotere vertrouwdheid. Dit kan bijdragen aan een grotere bereidheid om bij te dragen aan de instandhouding van een dergelijk gebied.

Boerenlandpaden kunnen de beleving van de 'producten' van het agrarisch natuurbeheer vergroten. In diverse gebieden zijn netwerken opgezet van boerenlandpaden, klompenpaden en ommetjes (zie www.boerenlandpad.nl voor een overzicht). Soms zijn deze gebaseerd op historisch gebruik, zoals de kerkenpaden (Stortelder en Molleman, 1998). Veel van deze paden zijn opnieuw opengesteld of aangelegd met steun van provinciale subsidieregelingen. Maar subsidie is niet altijd voldoende om boeren over te halen om mee te doen. Daardoor is het soms lastig om aaneengesloten routes te creëren (Westerink e.a., 2010). Boeren vrezen vaak voor hun privacy en voor belemmering van hun bedrijfsvoering (Rijk, 2005). Daarnaast zijn ze beducht voor zwerfafval en voor de risico's van loslopende honden voor schapen en weidevogels, en de risico's van hun uitwerpselen voor het vee. Niettemin groeit het aanbod. Borden en klaphekken wijzen recreanten op gewenst gedrag en sommige paden worden in het broedseizoen gesloten.

Welzijnseffecten

De welzijnseffecten van recreëren in de natuur zijn minder goed te bepalen dan de inkomsten die de verbrede landbouw levert. Er komen steeds duidelijker bewijzen dat contact met natuur een positief effect heeft op het welzijn en de gezondheid van mensen. Natuur mag daarbij breed worden opgevat: ook stedelijk groen en agrarisch gebied tellen mee (De Vries e.a., 2003). Contact met natuur blijkt met name bij mentale uitputting en overbelasting een herstellende functie te hebben. Deze herstelfunctie kan positief zijn op zowel cognitief (concentratievermogen) als emotioneel (stress) vlak. Volgens de populaire *Attention Restoration Theory* (Kaplan, 1995) hangt het helend vermogen van een omgeving onder andere af van de mate waarin deze afwijkt van de situatie waarin de uitputting of stress is ontstaan. Een agrarisch gebied met een sterk landelijk karakter zou dit mogelijk in dezelfde mate kunnen bieden als een bos- of natuurgebied. Het laag-dynamische karakter contrasteert dan met de hoog-dynamische stedelijke omgeving waarin de meeste mensen het grootste gedeelte van hun tijd doorbrengen. Voor het herstellend vermogen hoeft de natuur niet spannend en nieuw te zijn, maar is juist een bepaalde mate van vertrouwdheid bevorderlijk. In een vertrouwde omgeving kan men zich ontspannen en tot rust komen (Adevi en Grahn, 2011).

Naast het herstellen van mentale inspanning en (over)belasting kunnen fietsen en wandelen in het groen positieve effecten hebben op zowel lichaam als geest. Er zijn overigens geen aanwijzingen dat in de Nederlandse context mensen met veel groen in hun woonomgeving – waarin het agrarisch gebied doorgaans een groot aandeel heeft – meer lichamelijk activiteiten zoals wandelen en fietsen in het buitengebied ondernemen dan mensen omringd door minder groen (Maas e.a., 2008). Het zou interessant zijn te bepalen wat de economische betekenis van deze welzijnseffecten is, maar dat is methodologisch lastig (KPMG, 2012). In elk geval zijn dit vooralsnog geen baten die ten goede komen aan de boer als beheerder van het agrarisch landschap.

14.6 Zorglandbouw

Zorgboerderijen combineren landbouwproductie met het aanbieden van gezondheids- en sociale diensten die de kwaliteit van leven van zorgvragers kunnen verbeteren (Hassink e.a., 2014). Haubenhofer e.a. (2010) beschrijven veel voorkomende therapeutische vormen van omgang met dieren en planten, waarvan in Nederland zorglandbouw veruit de belangrijke vorm is. Het aantal zorgboerderijen is vanaf 1995 snel gestegen tot meer dan 1.000 in 2009 (Hassink e.a., 2014). Overigens wijzen deze auteurs er ook op dat de aantallen variëren, afhankelijk van de gebruikte statistische bronnen en de daarachter liggende definities. Dat uit zich in een behoorlijke variatie in de vermelde aantallen[1]. Een dergelijke variatie geldt ook voor de cijfers rond andere vormen van verbrede (of

[1] Volgens CBS Statline (2014) waren er in 2013 in Nederland 874 zorgboerderijen (zie ook Tabel 14.2), terwijl Venema e.a. (2012) al voor het jaar 2009 870 zorgboerderijen vermeldde (Tabel 14.1). In 2011 was het aantal volgens Venema e.a. (2012) gegroeid naar 1.050. De Federatie van Zorgboerderijen telde echter al in 2009 1.088 zorgboerderijen.

Foto 14.4. Zorgboerderijen hebben een forse opgang gemaakt. Het relatief eenvoudige leven en het ritme van de agrarische werkzaamheden, het contact met dieren, grond en landschap worden als rustgevend ervaren en worden voor velen gewaardeerd.

multifunctionele) landbouw. Naast het aantal bedrijven met een zorglandbouw, is ook de economische omvang daarvan toegenomen: tussen 2007 en 2011 met maar liefst 77 procent (Tabel 14.1).

Er zijn veel verschillende soorten zorgboerderijen. Niet alleen de doelgroepen van de verschillende zorgboerderijen verschillen sterk – cliënten met een verstandelijke handicap of met een psychische problematiek, jongeren en (dementerende) ouderen – maar ook de organisatievormen variëren. Zo zijn er zorgboerderijen als onderdeel van een zorginstelling, maar veruit de meeste zorgboerderijen zijn het eigen bedrijf van de ondernemer. Ook de financieringsvorm, de bedrijfsvoering (biologisch, gangbaar, veehouderij of tuinbouw) en de zorgtaak als nevenactiviteit of als hoofdinkomen van de ondernemer verschillen per bedrijf (Hassink e.a., 2014).

Pluspunten van de zorglandbouw op andere vormen van zorg en dagbesteding zijn het 'buiten zijn' en het contact met dieren. In de vorige paragraaf wezen we al op gunstige welzijnseffecten van het contact van mensen met de natuur. Volgens Elings (2011, gebaseerd op Gezondheidsraad, 2004) zijn vooral een betere stemming en sneller herstel van het concentratievermogen relevante effecten van zorglandbouw. Diverse zorgboeren zetten – afhankelijk van de doelgroep en de werkzaamheden die op dat moment beschikbaar zijn – hun 'hulpboeren' in bij onderhoud van het landschap, en ze ervaren dat actief bezig zijn in 'de natuur' positieve gezondheids- en welzijnseffecten oplevert voor hun cliënten (zie Paragraaf 14.5). Dat wordt ondersteund door wetenschappelijk onderzoek (Elings, 2011). Zo kunnen zorg- en natuurbeheeractiviteiten op een boerenbedrijf elkaar versterken.

14.7 Productie en verkoop van streekproducten

Verkoop van producten aan huis kent een lange traditie, maar vindt vanwege het arbeidsintensieve karakter en de gebondenheid die het met zich meebrengt slechts plaats op circa 5 procent van de bedrijven (Tabel 14.2). Uit Tabel 14.1 blijkt dat van 2007 en 2011 het aantal bedrijven met verkoop uit huis en de omzet ervan zijn toegenomen met respectievelijk 15 en 65 procent. Gemiddeld zetten de bedrijven dus steeds meer om. Een bijzondere vorm van huisverkoop is de productie en verkoop van streekproducten. Vijn e.a. (2013) hebben in 2012 via een online enquête onder 1.040 Nederlandse consumenten – representatief geselecteerd op leeftijd, geslacht, opleiding, inkomen en geografische spreiding – onderzoek gedaan naar de marktpotentie van streekproducten. Ze concluderen dat er een positieve grondhouding aanwezig is ten aanzien van streekproducten, dat de klanten bereid zijn een beperkte meerprijs (gemiddeld 8 procent) te betalen en dat er zowel bij bestaande als potentiële klanten ruimte is voor groei. Een deel van deze groei wordt bereikt door streekproducten via winkels te verkopen.

Streekeigen productie wordt gezien als één van de pijlers van de plattelandsontwikkeling (SPN, 2014). Deze productie komt niet alleen ten goede aan de producenten, maar heeft ook een uitstraling naar de streek als geheel, bijvoorbeeld op het gebied van de ontwikkeling van kleinschalige recreatie en toerisme, regionale bedrijvigheid en werkgelegenheid en behoud van karakteristieke agrarische cultuurlandschappen. Uit ervaring in landen waar streekeigen productie een langere traditie kent, zoals Italië en Frankrijk, blijkt dat er twee belangrijke voorwaarden zijn voor succes (SPN, 2014). Deze zijn de regionale of nationale wortels van de streekproducten in de eetcultuur, en het institutionele kader voor ontwikkeling, erkenning en bescherming van de streekproducten.

Het keurmerk Erkend Streekproduct (zie www.erkendstreekproduct.nl) hanteert een nauwkeurige omschrijving van een productiegebied. Dit gebied wordt aangeduid als 'de streek'. De grondstoffen zijn afkomstig uit de streek en ook de verwerking vindt er plaats. Als streek wordt in de regel een duidelijk afgebakende geografische eenheid gehanteerd. Dat wil zeggen een gebied met een herkenbaar landschap, een typische streekcultuur en/of een overheersend landbouwsysteem in combinatie met een traditionele bereidingswijze, zoals speciale kazen maken, ham roken of bier brouwen. Streekproducten dragen daarmee bij aan het tot waarde brengen van het karakteristieke landschap en van ambachtelijke activiteiten in deze gebieden. Dat landschap blijft vaak mede in stand dankzij agrarisch natuur- en landschapsbeheer. Diverse productnamen – zoals Korenwolf bier, Veenweidekaas (zie Tekstkader 14.2), Terschellinger kaas – verwijzen naar het landschap, zonder

Foto 14.5. Een vrij recente vorm van verbreding is om natuur als meerwaarde aan boerenkaas te verbinden. Kopers van deze kaas betalen daarmee aan het natuurbeheer op dat bedrijf. (zie ook www.redderijkeweide.nl).

Tekstkader 14.2. Voorbeelden van streekproducten.

Veenweidekaas

In 1994 werd door tien melkveebedrijven in het Groene Hart een coöperatie voor de verkoop en marketing van veenweidekaas opgericht naar het voorbeeld van de Italiaanse Parmezaanse kaas en het Franse AOC (*Appellation d'Origine Contrôlée*). Er werd een mooi etiket ontwikkeld met daarop iconen van het veenweidegebied, te weten de grutto, de gele lis, de slootjes en groene weiden. In 1999 werd de coöperatie alweer opgeheven. Het bleek een te kostbare en te inspannende onderneming. De naam veenweidekaas wordt door één ondernemer nog gebruikt en de biologische variant wordt onder de naam 'Wilde Weide kaas' op drie bedrijven geproduceerd.

Groene woudrund

Een voorbeeld waarbij het wel lukt, is het groene woudrund met de verkoop van het vlees van koeien die grazen in natuurgebieden. De boeren achter dit vleesmerk hebben hun verdienmodel gebaseerd op drie pijlers: een vee-ras (Aberdeen Angus) met een uitstekende kwaliteit vlees, lage kosten voor huisvesting en verzorging, en een deel van de afzet via verkoop aan huis en een deel via de biologische keten. De boeren betalen voor het gebruik van de natuurgrond en de terreinbeherende natuurorganisatie doet een deel van de promotie van het merk. Het succes schuilt in de combinatie van een goed merkverhaal, een slim verdienmodel en samenwerking.

dat deze link expliciet wordt ingevuld. Financiering van landschapsbeheer middels het streekproduct is vooralsnog zeldzaam (Westerink e.a., 2013). Ook is het aantal Nederlandse producten met een Europese erkenning van de beschermde oorsprong beperkt tot vijf, waaronder de Opperdoezer Ronde aardappel; en tot vijf producten met een beschermde geografische aanduiding, waaronder de Goudse en Edammer kaas (zie www.eu-streekproducten.nl/content/erkende-producten-landbouwproducten-en-levensmiddelen).

14.8 Vormen van verbrede landbouw en landschapstypen

Kempenaar e.a. (2009) hebben een analyse uitgevoerd van de verdeling van verbrede landbouwactiviteiten over verschillende landschapstypen in Nederland in vergelijking met die van gangbare agrarische bedrijven. Zij concluderen dat er significante verschillen zijn bij recreatie, verkoop van streekproducten en agrarisch natuurbeheer. Alleen bij zorglandbouw blijkt de verdeling vrijwel gelijk aan die van de gangbare bedrijven. De verschillende vormen van verbrede landbouw laten elk een eigen verspreidingspatroon over Nederland zien (Figuur 14.1):

- Relatief veel landbouwbedrijven met recreatieactiviteiten komen voor in de landschapstypen oude zeeklei, löss-, duin- en heideontginningen.
- Landbouwbedrijven met verblijfsrecreatie bevinden zich verder van de bebouwde kom dan reguliere landbouwbedrijven.
- Landbouwbedrijven met verkoopactiviteiten bevinden zich relatief gezien meer op oude zeeklei en lössgronden en ontwikkelen zich dichter bij de bebouwde kom dan reguliere bedrijven.
- Landbouwbedrijven met zorgactiviteiten hebben een vergelijkbare verdeling over landschapstypen als reguliere landbouwbedrijven, maar bevinden zich wel dichter bij de bebouwde kom.

- Bedrijven met agrarisch natuurbeheer komen relatief veel voor in oude veenontginningspolders (Kempenaar e.a., 2009), hetgeen waarschijnlijk zal samenhangen met de dominantie van weidevogelbeheer in de agrarische natuurbeheerpakketten.
- Hoewel agrarisch natuurbeheer vaak een drager is van andere vormen van verbrede landbouw, is het niet zo dat deze andere vormen alleen voorkomen in gebieden met veel agrarisch natuurbeheer.

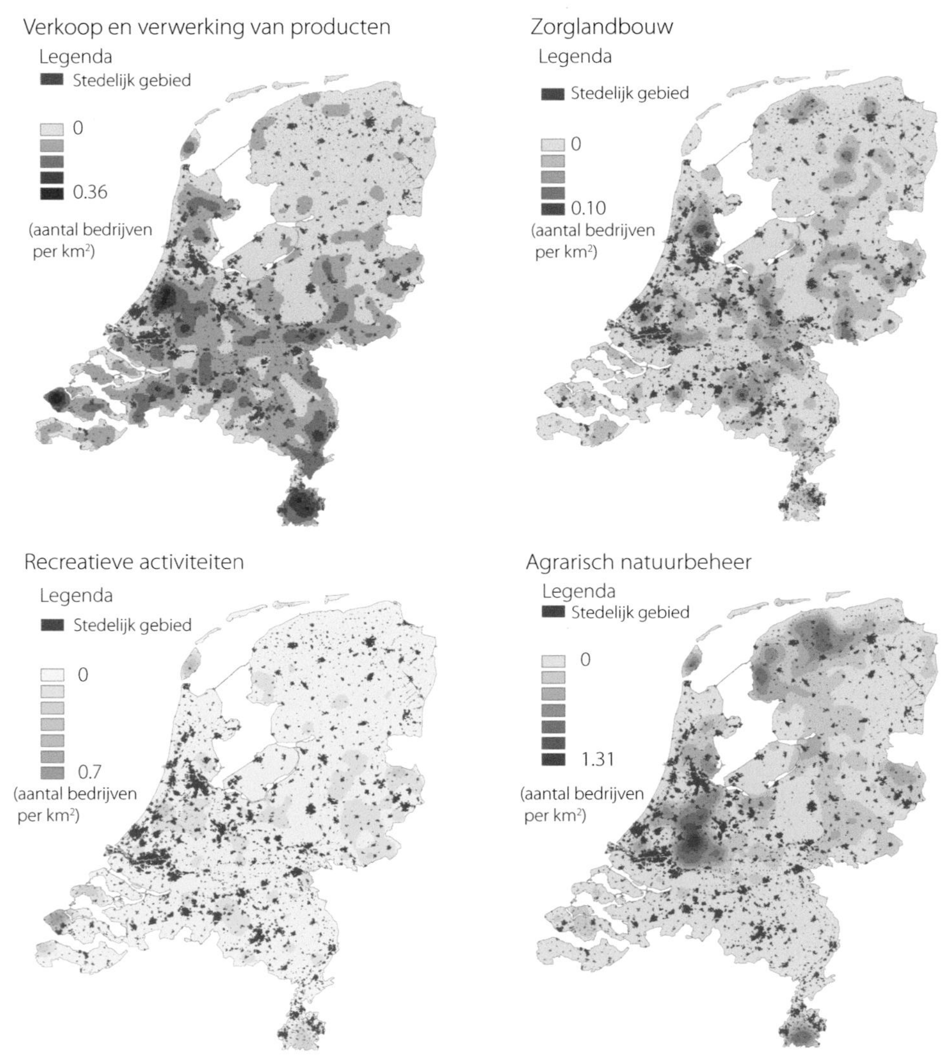

Figuur 14.1. Landelijke spreiding van bedrijven met agrarisch natuurbeheer, verkoop en verwerking van producten, zorglandbouw en recreatieve activiteiten in 2007 en hun ligging ten opzichte van stedelijk gebied (Kempenaar e.a., 2009).

14.9 Perspectieven

De ruimte om andere werkzaamheden op het bedrijf erbij te nemen, kan worden vergroot door automatisering, zoals via de melkrobot. De vrijkomende arbeid wordt vaak tegelijk benut voor een verdere intensivering en schaalvergroting van het bedrijf. Diversificatie biedt uitdagingen in de vorm van meer variatie in werkzaamheden, maar kan ook een extra belasting betekenen door een complexere werkorganisatie en nieuwe expertise die de ondernemer zich eigen moet maken (Seuneke e.a., 2013). Er zijn nieuwe partners nodig in de vorm van zorgvragers, afnemers van producten, enzovoorts om zaken mee te doen. Samenwerking met deze partners biedt echter ook nieuwe kansen om de verbreding te realiseren. Lastig wordt het vooral als daarbij vaak wisselingen optreden in regelgeving en financieringsmogelijkheden waar met name de zorglandbouw deels van afhankelijk is, zoals bij het persoonsgebonden budget.

Door deskundigen (Kempenaar e.a., 2009) wordt verwacht dat vooral in de omgeving van stedelijke zones, zoals de Randstad en de Brabantse stedenband, verbrede landbouw zich verder zal ontwikkelen. Dit geldt ook voor gebieden die veel toeristen en recreanten trekken, bijvoorbeeld de Waddeneilanden, delen van Limburg en het oosten van het land. Ook in gebieden waar reguliere landbouwontwikkeling ondernemers geen goede toekomstperspectieven biedt, bijvoorbeeld op natte veengronden, blijken boeren vaak voor verbrede landbouw te kiezen. De aanwezigheid van actieve lokale netwerken, zoals verenigingen en dergelijke, kan helpen om verbrede landbouwactiviteiten sneller en sterker tot ontwikkeling te laten komen (Kempenaar e.a., 2009).

Agrarisch natuurbeheer is zowel een vorm van verbrede landbouw als ook een belangrijke pijler voor het versterken van landschappelijke kwaliteiten. Daarmee is het ook een bouwsteen voor het vergroten van de recreatieve potenties van gebieden. In de komende jaren zal het agrarisch natuurbeheer in Nederland anders georganiseerd gaan worden. Regionaal georganiseerde collectieven van agrarische ondernemers krijgen daarbij een belangrijke rol (zie Hoofdstuk 5). Sommige collectieven zullen zich nadrukkelijk als nieuwe gebiedspartij ontwikkelen, met een bredere ambitie dan alleen het organiseren van agrarisch natuurbeheer; andere zullen zich waarschijnlijk beperken tot een administratieve rol (Nieuwenhuizen e.a., 2014). De zoektocht naar alternatieve financiering voor agrarisch natuurbeheer en gebiedsontwikkeling wordt voor agrarische natuurverenigingen en collectieven urgent doordat het subsidiegeld meer zal worden geconcentreerd op bepaalde soorten in kansrijke gebieden (Westerink e.a., 2015) en ander beheer niet meer wordt vergoed.

De ontwikkeling van verbrede landbouw in Nederland is nog volop in gang en heeft haar volle omvang nog niet bereikt (Kempenaar e.a., 2009). Het toevoegen van andere verbredingsactiviteiten naast agrarisch natuurbeheer biedt perspectieven voor zowel het versterken van de landschappelijke kwaliteit als voor de organisatie en het beheer van natuur en landschap door landbouwbedrijven. Verschillende landbouwbedrijven laten zien dat agrarisch natuurbeheer en andere vormen van verbrede landbouw elkaar kunnen versterken (Polman e.a., 2015) en goed kunnen samengaan met de landbouwactiviteiten op deze bedrijven. Agrarisch natuurbeheer blijft daarmee een belangrijke drager voor de verdere ontwikkeling van een vitale verbrede landbouw.

Van de redactie

1. Verbreding van de landbouw betekent integratie met andere functies, zoals natuur- en landschapsbeheer, recreatie en toerisme, zorg of verkoop van streekproducten. Agrarisch natuurbeheer vormt vaak een aantrekkelijk startpunt voor verdere verbreding omdat landschaps- en natuurwaarden gunstige voorwaarden creëren voor andere functies.
2. De totale omzet uit verbreding bedroeg in 2011 zo'n 470 miljoen euro, 5 procent van de productiewaarde van de grondgebonden landbouw. Recreatie en toerisme leverden 156 miljoen euro op, verkoop van streekproducten 147 miljoen euro en agrarisch natuurbeheer 86 miljoen euro. Tussen 2007 en 2011 is het aantal verbrede bedrijven in de verschillende categorieën toegenomen, variërend van 15 tot 40 procent, en de totale omzet met ongeveer 70 procent.
3. De opbrengsten uit verbredingsactiviteiten bedragen in de meeste gevallen minder dan 10 procent van de totale opbrengsten van het bedrijf. Op slechts 11 procent van de bedrijven met verbreding ging het in 2013 om meer dan 50 procent van de opbrengsten.
4. Relatief veel jonge boeren zien verbreding als een levensvatbare strategie voor de toekomst. Agrarisch natuurbeheer wordt meestal uitgevoerd door de man, andere activiteiten meestal door de vrouw.
5. Verdere verbreding is vooral kansrijk in: (1) gebieden rond stedelijke zones zoals de Randstad en Brabant, vooral voor de verkoop van streekproducten; (2) gebieden die veel recreanten en toeristen trekken zoals de Waddeneilanden, de Achterhoek, Twente en Zuid-Limburg; en (3) gebieden met minder goede toekomstperspectieven voor de landbouw, zoals de veenweidegebieden. Deze veenweidegebieden zijn echter wel van grote waarde voor bescherming van weidevogelpopulaties door agrarisch natuurbeheer.
6. Agrarisch natuurbeheer is een belangrijke pijler voor het versterken van andere verbredingsactiviteiten. Die activiteiten ondersteunen het agrarisch natuurbeheer tot dusver echter nauwelijks in financiële zin.
7. Voor de continuïteit van het agrarisch natuur- en landschapsbeheer is van groot belang dat niet-landbouwbedrijven, zoals de reguliere horeca, het beheer meer financieel gaan ondersteunen. Zo kunnen zij aan agrarisch natuurbeheer een kwaliteitsimpuls geven.

DEEL 4
AFSLUITING

Hoofdstuk 15.

Synthese en perspectieven voor agrarisch natuurbeheer

Geert de Snoo*, Dick Melman, Floor Brouwer, Wouter van der Weijden en Helias Udo de Haes

G.R. de Snoo, Centrum voor Milieuwetenschappen, Universiteit Leiden (CML); snoo@cml.leidenuniv.nl
Th.C.P. Melman, Alterra Wageningen UR
F.M. Brouwer, LEI Wageningen UR
W.J. van der Weijden, Stichting Centrum voor Landbouw en Milieu
H.A. Udo de Haes, Centrum voor Milieuwetenschappen, Universiteit Leiden (CML)

◄ Boerenland, met graan en klaprozen.
◄ Het zacht glooiende Limburgse landschap.
◄ Een moderne akker met een rij bomen aan de einder.

15.1 Inleiding

In dit hoofdstuk maken we een synthese aan de hand van drie invalshoeken: de ecologische effectiviteit van het agrarisch natuurbeheer, de sociaaleconomische context waarin het beheer plaatsvindt en de toekomstperspectieven. Daarbij gaan we ook in op de achterliggende vraag: in hoeverre is het nodig en mogelijk om landbouwproductie en zorg voor natuur ruimtelijk te scheiden of te verweven? We kijken naar de rollen die verschillende partijen bij het agrarisch natuurbeheer kunnen spelen en we kijken naar de mogelijkheden voor agrarisch natuurbeheer in de toekomst.

15.2 Ecologische effectiviteit

Als we nu, in 2016, de balans opmaken van de ecologische effecten van 35 jaar agrarisch natuurbeheer, wat kunnen we dan concluderen?

Vooraf stellen we vast dat van het agrarisch natuurbeheer nooit mocht worden verwacht dat het de landelijke populaties van plant- en diersoorten in de oorspronkelijke omvang overeind zou houden. Daarvoor was het beoogde areaal te klein: 100.000 hectare beheergebied en 100.000 hectare reservaat, tezamen bijna 10 procent van het toenmalige, en bijna 11 procent van het huidige landbouwareaal. In 2011 was van het beheergebied 65 procent gerealiseerd en van reservaten slechts 50 procent, tezamen ruim 6 procent van het huidige landouwareaal (zie Tabel 4.2.1 in Tekstkader 4.2). Maar ook binnen de beheerde gebieden zijn veel populaties achteruitgegaan, al zijn er wel verschillen in de resultaten tussen de verschillende typen beheer.

Tevens constateren we dat de nadruk van het agrarisch natuurbeheer sterk heeft gelegen op de bescherming van specifieke soorten, en minder op het verbeteren van de algemene condities voor natuur op de landbouwbedrijven (Hoofdstuk 2). De weidevogels hebben van meet af aan prioriteit gekregen. Een groot deel van de Europese populaties broedt in ons land, waardoor Nederland ook een bijzondere verantwoordelijkheid voor deze groep van soorten heeft. Veel inspanningen van overheid, boeren, vrijwilligers en onderzoekers richtte zich dan ook op het behoud van grutto, kievit, tureluur en scholekster. De effectiviteit van deze bescherming heeft veelvuldig ter discussie gestaan, zowel in wetenschappelijke als in maatschappelijke kringen. Veelal met als resultaat dat serieuze pogingen werden gedaan het beheer op onderbouwde wijze verder te verbeteren.

Als we door de oogharen kijken zien we het volgende beeld. Het beheer van zowel weidevogels als akkervogels heeft niet tot gevolg gehad dat in de beheerde gebieden de achteruitgang kon worden gestopt. Maar bij beide zijn de laatste 10 jaar ook gunstige ontwikkelingen te melden. Het botanisch beheer in graslanden blijkt weinig effectief; hooguit werd de achteruitgang geremd. De aanleg en het beheer van nieuw ingezaaide akkerranden had vaak wel positieve effecten, zowel op ongewervelden als soms ook op vogels. De doelstelling van het beheer van landschapselementen betrof vooral de landschappelijke kwaliteit van de landschapselementen, en was niet expliciet gericht op de daarin voorkomende biodiversiteit. Het beheer van slootkanten kreeg vanaf begin jaren '90 aandacht en bleek beperkt positieve effecten te hebben. Het beheer van de sloten kreeg tot nu toe geen aandacht en is pas vanaf 2016 in de regeling opgenomen. Kortom het algemene beeld is dat de resultaten van agrarisch natuurbeheer beperkt waren, maar dat hier en daar positieve resultaten zijn behaald.

Variatie in de effectiviteit van het beheer

Hoe zijn de verschillen in effectiviteit van het beheer te verklaren? We beginnen met de bespreking van enkele factoren die in brede zin van belang zijn voor de variatie in de effectiviteit van het beheer (zie o.a. Kleijn e.a., 2011).

Daarbij speelt in de eerste plaats de intensiteit van het agrarisch grondgebruik een rol. In het algemeen geldt: hoe intensiever het grondgebruik (in termen van input en/of output per hectare), hoe lager de biodiversiteit. De relatie tussen de intensiteit van het grondgebruik en het aantal plantensoorten is echter niet lineair, het gaat om een optimumrelatie: bij zeer lage intensiteit is er sprake van een klein aantal bijzondere soorten, bij hoge intensiteit van een klein aantal algemene soorten, en daar tussenin van een groot aantal soorten van matig voedselrijk milieu. Een verandering van de mestgift zal in het middengebied een veel groter effect kunnen hebben dan aan de zeer voedselrijke kant. Hetzelfde geldt voor de weidevogels die hebben hun optimum bij matig voedselrijke situaties. Hier komt bij dat veranderingen vaak niet omkeerbaar zijn: verlies van soorten bij een toenemende intensiteit wordt maar zelden of zeer traag goedgemaakt door een daaropvolgende afname van de intensiteit.

Een tweede factor die het wisselende effect van het beheer helpt verklaren betreft de landschappelijke context waarin het beheer plaats heeft (o.a. Tscharntke e.a., 2005). In gebieden met heel weinig landschapselementen (bosjes, bomenrijen, maar ook natte elementen zoals sloten en poelen) is de effectiviteit van veel vormen van agrarisch natuurbeheer gering. In dergelijke 'kale' landschappen ontbreken bijvoorbeeld zaad-bronnen van waaruit herstel van de vegetatie kan plaatsvinden. Maar ook in gebieden met een groot aandeel landschapselementen ('complexe landschappen') blijkt de

Foto 15.1. Een bloemrijke akkerrandstrook met onder andere ganzenbloem, korenbloem en bolderik. Een bron van voedsel voor vele insectensoorten die de boer kunnen helpen bij het bestrijden van bladluizen.

toegevoegde waarde van agrarisch natuurbeheer relatief gering. Het meest effectief zal agrarisch natuurbeheer naar verwachting zijn in gebieden waar landschapselementen wel aanwezig zijn, maar in geringe mate: 'simpele landschappen'. Ook hier dus een optimumrelatie. Het weidevogelbeheer in graslandgebieden biedt weer een ander beeld: daar zijn de gebieden met veel opgaande landschapselementen juist ongunstig als gevolg van de sterke predatiedruk. Ook dat is een voorbeeld van de betekenis van de landschappelijke context.

Een derde verklarende factor waarnaar in de literatuur wordt verwezen is het ecologisch contrast. Daarbij gaat het in feite om de zwaarte van de gekozen beheermaatregelen, ofwel het contrast dat deze maatregelen aanbrengen ten opzichte van de gangbare, oorspronkelijke situatie. In hoeverre worden voldoende grote veranderingen gerealiseerd? Deze factor is deels te herleiden tot de eerste: intensiteit van het grondgebruik. Bij een overwegend intensief gebruik is immers contrast nodig in de vorm van extensief beheer.

Als laatste factor noemen we predatie. Predatie hoort bij natuur, maar wordt als problematisch beschouwd als deze ten koste gaat van doelsoorten, zoals weidevogels, akkervogels en hamsters. Belangrijke predatoren zijn kraaiachtigen, roofvogels, marterachtigen en de vos. De laatste decennia is de predatiedruk toegenomen, onder andere als gevolg van landschappelijke verdichting en een strengere regulering van de jacht. Daarom worden predatoren in gebieden met een hoge predatiedruk gereguleerd, plaatselijk ook met jacht (Tekstkader 15.1).

Tekstkader 15.1. Regulatie van predatoren voor agrarisch natuurbeheer: een dilemma.

Helias Udo de Haes en Wouter van der Weijden

Inleiding

Er bestaat veel weerstand tegen de jacht. Niet alleen de plezierjacht, maar ook de beheerjacht roept regelmatig protesten en emoties op. Beheerjacht en afschot vinden plaats voor de regulering van dierpopulaties die schade veroorzaken. Denk aan het doden van ganzen voor de vliegveiligheid rond Schiphol, van damherten in de Amsterdamse Waterleidingduinen, onder andere voor de verkeersveiligheid, en van wilde zwijnen voor de beperking van landbouwschade. Het kan ook gaan om schade voor de natuur: de lepelaarkolonie in het Naardermeer is verlaten als gevolg van predatie door de vos. Is er ook bij agrarisch natuurbeheer behoefte aan jacht, met name op predatoren? Of zijn er ook andere oplossingen?

Schade door predatie bij agrarisch natuurbeheer

Schade door predatoren speelt zowel bij weidevogels als akkervogels. Weidevogels kennen een hele rij predatoren: van vos, huiskat, bunzing, hermelijn en egel tot zwarte kraai, ekster, buizerd, blauwe reiger en ooievaar. Tegen veel van deze soorten weten weidevogels zich door hun gezamenlijke alarm-, scheld- en duikgedrag aardig te weren, maar niet tegen een snel toeschietende hermelijn. En ook niet tegen de vos: die laat zich niet door dergelijk gedrag afschrikken en kan meer dan de andere predatoren in één nacht enorme schade aanrichten onder legsels en jongen. Bij de grutto – eind 2015 door de lezers van Trouw gekozen als onze 'nationale vogel' – is predatie in gebieden met de hoogste predatiedruk de belangrijkste verliesoorzaak, met de vos in een hoofdrol (Teunissen e.a., 2005).

Bij akkervogels worden de nesten van de grauwe kiekendief, zelf een predator, met gaas of schrikdraad tegen de vos beschermd. Jongen van de patrijs zijn na de oogst extra kwetsbaar voor vos en havik, aldus Vogelbescherming Nederland bij het uitroepen van 2013 tot Jaar van de patrijs. Er zijn aanwijzingen dat

Foto 15.1.1. Blauwe reiger verschalkt rat. Eten en gegeten worden, een vast onderdeel van de natuur.

predatie ook in boerenstallen een rol speelt: waarnemingen op internet wijzen er op dat legsels van boerenzwaluwen kunnen worden gepredeerd door eksters en uilen. Bij het beheer van de Zuid-Limburgse hamsterreservaten moet volgens het Planbureau voor de Leefomgeving (PBL, 2015) de dekking tegen predatie de hoogste prioriteit hebben. Kortom, agrarisch natuurbeheer heeft problemen met predatoren.

Daarmee kan het realiseren van beleidsdoelen ernstig worden bemoeilijkt. Ook sociale factoren spelen hierbij een rol. Predatie kan frustrerend werken voor boeren en vrijwilligers die eerst met succes nestgelegenheid en foerageermogelijkheden hebben gecreëerd, en vervolgens moeten vaststellen dat eieren en jongen door predatie verloren zijn gegaan.

Dilemma

In Hoofdstuk 2 stelden we dat procesbeheer prioriteit moet hebben boven patroonbeheer. Jacht als maatregel voor de regulatie van predatoren is daarmee in strijd en dus is er duidelijk sprake van een dilemma. Uitgangspunt moet naar onze mening zijn dat agrarisch gebied een cultuurlandschap is, dat door mensenhanden is gevormd en ook door mensen wordt gebruikt. Aantalsregulatie is daar in beginsel mee verenigbaar. Een uitweg uit het dilemma kan worden gezocht door ook naar andere vormen van regulering te zoeken.

Meer mogelijkheden voor regulering

Maatgevend zou moeten zijn: alleen reguleren van predatoren als dat echt nodig is. Zo ja, dan waar mogelijk reguleren met indirecte maatregelen (dus zonder afschot). En als dat niet voldoende is, dan zoeken naar de methode die het minste dierenleed met zich mee brengt. Jacht kan dan een optie zijn.

Voor het agrarisch natuurbeheer kan worden aangesloten bij een protocol voor het predatiebeheer bij weidevogels (Oosterveld, 2014). Dit betekent prioriteit voor een zodanige aanpassing van de omgeving dat minder predatoren zijn te verwachten of dat ze minder schade zullen veroorzaken. Bijvoorbeeld: verwijderen van houtopstanden en het creëren van plas-drassituaties in kerngebieden voor weidevogels. Of bieden van nestbescherming voor grutto en grauwe kiekendief. Of voor de hamster: bieden van dekking door teelt van een tweede gewas. Pas als dergelijke maatregelen niet voldoende blijken te zijn, wordt directe aantalsregulatie van predatoren door jacht een serieuze optie. Soms hoeft het daarbij alleen te gaan om een overgangsmaatregel zolang het habitat niet is aangepast. Wettelijk gezien mag dat alleen bij een niet of slechts gedeeltelijk beschermde soort, zoals de vos of de zwarte kraai. Maar ook dan blijft een afweging nodig tussen de waarde van de te beschermen soorten en de waarde van de predator. En tussen de te beschermen soorten en het dierenleed dat door het beheer wordt toegebracht. Dat zal steeds opnieuw vragen om maatschappelijke discussie.

De bovengenoemde factoren staan niet los van elkaar. Ze zijn deels met elkaar verbonden en bepalen in combinatie de effectiviteit van het agrarisch natuurbeheer in een bepaald gebied. Daardoor is het effect van agrarisch natuurbeheer sterk context-afhankelijk. Dit verklaart waarom dezelfde maatregel in twee verschillende gebieden tot andere uitkomsten kunnen leiden.

Tot slot noemen we hier ook de invloed van klimaatverandering als een factor die in brede zin effect kan hebben op de effectiviteit van beheer. De grasgroei begint vroeger. In agrarisch gebied leidt dat tot vroeger weiden en maaien, wat nog wordt versterkt door een steeds intensiever graslandgebruik. Een late maaidatum is daardoor minder goed inpasbaar. Soorten kunnen hierop inspelen, de ene meer dan de andere. Zo blijkt de kievit, die niet zo ver wegtrekt, zijn broedseizoen te kunnen vervroegen, terwijl de grutto, die in Afrika overwintert, daar nauwelijks toe in staat lijkt (Musters e.a., 2010; Schekkerman, 2008). Aannemelijk is dat klimaatverandering ook van invloed is op akkervogels. Bekend is bijvoorbeeld dat hogere gewassen minder geschikt zijn als broedhabitat voor de veldleeuwerik (Kragten e.a., 2008). Die hoogte wordt door klimaatverandering eerder in het broedseizoen bereikt.

Nadere verklaringen en effectieve maatregelen per leefgebied

Welke factoren spelen een rol in de verschillende habitats? We volgen de indeling in leefgebieden die de rijkoverheid voor het agrarisch natuurbeheer aanhoudt: open grasland, natte dooradering, akkers en droge dooradering (zie verder Paragraaf 15.5).

Het beheer in graslanden is tot nu toe weinig effectief geweest, niet alleen bij botanisch beheer maar ook bij weidevogelbeheer. De belangrijkste factor is hier de intensivering, en daarmee ook het feit dat onvoldoende contrast werd aangebracht tussen de beheerde gebieden en het gangbaar gebruikte gebied. Op graslanden hebben vele voor weidevogels ongunstige ontwikkelingen plaatsgevonden die vooral samenhangen met de hoge gebruiksintensiteit van de bedrijfsvoering (diepere ontwatering, meer bemesting, toegenomen maaifrequentie en beweidingsintensiteit en bredere en snellere maaimachines; zie ook Hoofdstuk 6). Daarmee zijn de soortenrijkdom en de variatie in structuur van de graslandvegetatie verminderd, met minder soorten insecten en vooral kleinere insecten. Dat alles heeft de overlevingskansen van weidevogels sterk beperkt.

Het agrarisch natuurbeheer bleek niet in staat om de effecten van deze intensivering in voldoende mate te pareren, ook niet binnen de beheerde gebieden. Dat kwam ten eerste doordat de begrensde gebieden lang niet allemaal kansrijk voor weidevogels waren. Ook was het beheer vaak ruimtelijk versnipperd en slecht afgestemd op de behoeften van weidevogels. De beheermaatregelen waren voor een deel ontoereikend of te licht. Zo heeft nestbescherming nauwelijks effect wanneer er in de directe nabijheid geen vervolgbeheer plaatsvindt. Voorts hadden ook factoren buiten de landbouw negatieve effecten, zoals bebouwing, wegenbouw, toenemende verstoring door recreatie en aanleg van bossen en wegbeplanting, die predatoren in de kaart speelt. Verder kostte het veel tijd om een scherp inzicht te krijgen in de ecologische bottlenecks, en nog meer tijd om die met behulp van gerichte inrichtings- en beheermaatregelen weg te nemen (o.a. Melman e.a., 2008).

De laatste jaren zijn evenwel ook positieve resultaten in het weidevogelbeheer geboekt, zoals in Amstelland (Tekstkader 6.3) en in Eemland. Die positieve ontwikkeling schrijven we toe aan het op voldoende ruimtelijke schaal met intensief beheer realiseren van een gunstig habitat. Met daarbij niet alleen aandacht voor een uitgekiend maai- en beweidingsbeheer en een uitgestrekt open

Foto 15.2. Melkpak dat oproept de boerenzwaluw te beschermen. Geven om de natuur kan meespelen bij de aankoop van voedsel, in dit geval biologische melk.

landschap, maar ook voor het creëren van ruimtelijke variatie en contrast door aanwezigheid van plas-drassituaties en kruidenrijke percelen. Dat dit bij de genoemde voorbeelden kon worden gerealiseerd is mede te danken aan de in die gebieden gevoerde gebiedsregie, met onder andere gerichte *last-minute* aanpassingen in het maaibeheer om weidevogeljongen te sparen. Hier liggen perspectieven voor het toekomstige beheer van de weidevogels. Overigens, ook de veldleeuwerik kan kansen hebben op grasland als daar sprake is van laat gemaaide percelen om te broeden en rijke slootkanten om te foerageren (B. Koks, persoonlijke mededeling).

Voor het beheer van akkervogels geldt een vergelijkbaar verhaal (zie Hoofdstuk 8). Ook voor deze groep is in de reguliere landbouw de intensivering van het grondgebruik de hoofdfactor bij de achteruitgang van de broedvogelstand. Symbool daarvoor staat de dramatische achteruitgang van veldleeuwerik, patrijs en grauwe gors. Belangrijke factoren waren daarbij de afname van het voedselaanbod en schuilmogelijkheden. Het agrarisch natuurbeheer besteedde in de eerste periode weinig specifieke en door onderzoek ondersteunde aandacht aan akkervogels. De *comeback* van de grauwe kiekendief in de jaren '90, aanvankelijk als gevolg van de braaklegregeling, later in het kader van het agrarisch natuurbeheer, betekende een keerpunt. Inmiddels is er veel meer inzicht gekomen in de habitatfactoren van de verschillende soorten en worden praktijkproeven gedaan om een beter beeld te krijgen welke resultaten daarmee kunnen worden geboekt. Met aanleg van natuurlijke akkerranden en het ontwikkelen van vogelakkers (Hoofdstuk 8) worden inmiddels goede resultaten verkregen. Een belangrijke factor hierbij is het beperken van de predatie. Bij vogelakkers gebeurt dat al vanzelf doordat de kans dat een kat, marter of vos daar een nest vindt kleiner is dan in een rand. Maar nesten van de grauwe en blauwe kiekendief worden voor 100 procent tegen predatoren beschermd door er rasters omheen te plaatsen (B. Koks, personlijke mededeling).

Vogelsoorten die achteruit gaan op grasland en akkers blijken vooral soorten te zijn die op de percelen broeden. Dat komt doordat ze kwetsbaar zijn voor bedrijfsmaatregelen en voor predatie. Veel soorten die op grasland en akkers foerageren, maar in een ander biotoop broeden – zoals grauwe gans en brandgans (Hoofdstuk 7), grote zilverreiger en buizerd – zijn juist sterk vooruit gegaan. Dat beeld zien we ook elders in Europa, in Japan en in Noord Amerika (Van der Weijden e.a., 2010). Dat wil niet zeggen dat deze foeragerende soorten geen beheer nodig hebben: ze hebben immers ook een geschikt broedbiotoop nodig. De grote zilverreiger bijvoorbeeld is voor het broeden aangewezen op riet of bomen in grote moerasgebieden.

Dan de resultaten van agrarisch natuurbeheer op niet (of nauwelijks) productieve delen van het bedrijf: de natte dooradering, zoals slootkanten en sloten; en de droge dooradering: akkerranden en opgaande begroeiingen. In dergelijke elementen is de intensiteit van de agrarische bedrijfsvoering veel lager en is het agrarisch natuurbeheer kansrijker gebleken. Dit vertaalt zich ook in een grotere soortenrijkdom in gebieden met een groter aandeel van landschapselementen. Dit kwam naar voren uit de Nederlandse studie van Cormont e.a. (2016; zie ook Hoofdstuk 2).

Allereerst de slootkanten. Slootkanten zijn 'van nature' aanzienlijk rijker aan soorten dan de aangrenzende percelen. Boeren hebben de afgelopen decennia in het kader van agrarisch natuurbeheer honderden kilometers slootkant beheerd met het doel de rijkdom aan plantensoorten te vergroten (Hoofdstuk 9). Dat beheer was er vooral op gericht om de voedselrijkdom te verlagen (geen bemesting, geen slootbagger). Dat beheer bleek echter in verschillende onderzoeken weinig toegevoegd effect te hebben, en wel doordat een te gering contrast kon worden gerealiseerd. Slootkanten van gangbare bedrijven worden vaak toch al weinig bemest; agrarisch natuurbeheer bleek daar dus weinig aan te verbeteren. Ook de landschappelijke context is van belang. Slootkantbeheer in de directe nabijheid van reservaten bleek wel effectief (Leng e.a., 2010; Van Dijk e.a., 2014). In het veenweidegebied blijkt de zaadbank in veel slootkanten zonder nieuwe aanvoer (bijvoorbeeld vanuit reservaten) vrij snel uitgeput te raken (Blomqvist e.a., 2003, 2006). Op andere plaatsen zonder spontane aanvoer van zaden en zonder zaadbank kan toevoer van zaden worden versterkt, bijvoorbeeld door hooi van nabijgelegen reservaten uit te rijden of door inzaaien.

Een andere interessante maatregel is – in navolging van het akkerrandenbeheer (zie hieronder) – verbreding van slootkantranden. De randen zouden dan ook kunnen worden benut door weidevogels. In de buitenste meters van graslandpercelen in bijvoorbeeld het veenweidegebied komen meer grote (vliegende) insecten voor – relevant als voedsel voor weidevogelkuikens – dan op het midden van de percelen (Wiggers e.a., 2015). Als de slootkantranden niet worden bemest en later worden gemaaid (na 15 juni) ontstaat potentieel een grote meerwaarde voor weidevogels: een structuurrijke vegetatie die beschutting biedt met veel insecten (Wiggers e.a., 2016).

Een mogelijke aanvullende maatregel is vernatting van een deel van de randen. Daarbij kan het gaan om herprofilering van de slootkant (Melman, 1991) of om verhoging van het slootwaterpeil: hoogwatersloten. De combinatie van niet-bemeste randen en hoogwatersloten lijkt perspectieven te bieden. In een eerste experiment met deze randen werden in het broedseizoen beduidend meer grutto's, kieviten en tureluurs waargenomen dan langs sloten met gangbaar peil (Oosterveld e.a., 2013). Tezamen met de geschetste benadering van relatief natte, minder voedselrijke, structuurrijke randen ontstaat een groot contrast met de rest van het perceel. Daarmee kan op alle percelen in een gebied een 'micro-mozaïek' van geschikte randen ontstaan, dat kan functioneren als leef- en schuilgebied en de verbindingen met reservaten versterken.

Aan het beheer van de sloten zelf is tot nu toe vanuit het agrarisch natuurbeheer nauwelijks aandacht geschonken. Dat is opmerkelijk, want sloten behoren tot de meest voorkomende en karakteristieke landschapselementen van ons land en vormen een goed leefgebied voor vele soorten planten en dieren (Peeters e.a., 2014). De huidige waterkwaliteit is over het algemeen matig, onder invloed van mest en gewasbeschermingsmiddelen vanuit de landbouw en door aanvoer van gebiedsvreemd water. Veel inspanning zal nodig zijn om deze belasting te verminderen (Hoofdstuk 9). In het kader van agrarisch natuurbeheer zullen boeren naar verwachting, in samenwerking met de waterschappen, verdere verbeteracties ter hand nemen. Voor migrerende diersoorten en plantensoorten met drijvende zaden kan het belangrijk zijn om de 'weerstand' van sloten te verkleinen, bijvoorbeeld door duikers passeerbaar te maken (Hoofdstuk 9; Soomers, 2012). Beperkte aanpassingen (gefaseerd onderhoud; natuurvriendelijk schoningsapparatuur) en gerichte aandacht kunnen de kansen voor een structuur- en soortenrijke watervegetatie aanmerkelijk vergroten. Een positieve ontwikkeling in dit verband is dat waterschappen en collectieven in toenemende mate met elkaar samenwerken.

Aandacht voor aanleg en beheer van akkerranden is binnen het agrarisch natuurbeheer goed op gang gekomen en is ook relatief goed onderzocht (Hoofdstuk 8). Aanvankelijk ging het vooral om randen van gewassen die onbespoten en/of onbemest werden gelaten. Inmiddels wordt het gewas ter plekke veelal vervangen door een rand waarin een mengsel van grassen en kruiden wordt ingezaaid. Doel van dit inzaaien is veelal de bevordering van de fauna (met name vogels), maar ze worden ook aangelegd om natuurlijke plaagbestrijding te bevorderen of de emissies van gewasbeschermingsmiddelen naar nabijgelegen watergangen tegen te gaan. Logischerwijs wordt de flora van de akkerrand dan sterk bepaald door het ingezaaide mengsel, maar in de loop der jaren neemt in de randen het aandeel meerjarige grassen meestal toe en het aandeel kruiden af, evenals de soortenrijkdom. Opnieuw inzaaien kan dan zinvol zijn.

Aanleg van akkerranden blijkt ook positieve gevolgen te hebben voor de diversiteit van ongewervelde dieren, zoals vlinders en loopkevers (De Snoo, 1999; Noordijk e.a., 2010). In landbouwgebieden met een groter areaal akkerranden blijkt ook de diversiteit van akkervogels groter dan in gebieden met minder akkerranden en nemen de aantallen van veel akkervogels toe (Kuiper, 2015).

Foto 15.3. Sloot geflankeerd door een slootkant met een structuurrijke vegetatie die circa 2 weken later dan de rest van het perceel wordt gemaaid. Hierin komen veel insecten voor – een belangrijke voedselbron voor jonge weidevogels.

Foto 15.4. Door verlaging van slootkanten kan de natuur van water en moerassen sterk worden gestimuleerd: paaiplaatsen voor vissen, leefgebied voor amfibieën en vele soorten planten. Op het perceel zelf kan de boer zijn gewone activiteiten blijven doen.

Vogels zoals de veldleeuwerik gebruiken de randen om voedsel in te zoeken en te schuilen voor predatoren (Kuiper, 2015). Door de bank genomen biedt dit voor de randen een positief beeld, maar de variatie in aanleg en beheer van de randen is groot. Dat bemoeilijkt een algemene beoordeling van de ecologische effectiviteit van de verschillende maatregelen voor het beheer van de akkerranden. Bij deze beoordeling moet ook aandacht worden besteed aan het recente gegeven dat ook met wilde bloemen ingezaaide akkerranden voor bijen een aanzienlijke bron kunnen zijn van neonicotinoiden (Botías e.a., 2015).

Wat de groene landschapselementen zoals houtwallen en heggen betreft, heeft het agrarisch natuurbeheer zich tot nu toe geconcentreerd op het verhogen van de landschappelijke kwaliteit van de gebieden (Hoofdstuk 10; Huizenga, 2011-2014). Dergelijk beheer kan ook leiden tot een grotere biodiversiteit (Dirkmaat, 2005). Toch zijn daarover maar weinig kwantitatieve gegevens voorhanden. Wel zijn er enkele experimenten uitgevoerd gericht op de rol van deze opgaande elementen voor plaagregulatie en bestuiving (zie hieronder en ook Hoofdstuk 12). Het nieuwe stelsel voor agrarisch natuurbeheer (ANLb-2016) richt zich op een breed scala van diersoorten die zijn aangewezen op landschapselementen. Dat kan het beheer een nieuwe impuls geven.

Tenslotte de erven en gebouwen. Daar blijken sommige maatregelen duidelijk effectief. Met name het plaatsen van nestkasten voor kerkuil en torenvalk en het zorgdragen voor een goede toegang van de gebouwen voor de boerenzwaluw. Ook zijn recent experimenten opgezet met 'slaapkamers' voor vleermuizen. De voedselsituatie op de erven kan nog worden verbeterd door bijvoorbeeld het aanleggen of laten ontstaan van 'rommelhoekjes'.

Met de vleermuizen zijn we gekomen bij de agrarische functies van biodiversiteit (Hoofdstuk 12). Ook die functies zijn sterk afhankelijk van de intensiteit van het landgebruik en van de complexiteit van het omringende landschap (o.a. Winqvist e.a., 2011). In landschappen met veel landschapselementen blijkt de natuurlijke plaagonderdrukking groter te zijn dan in 'kale' landschappen, zo laten vergelijkende studies in Europa zien (Geiger e.a., 2010). En in Nederland bleken relatief smalle graanpercelen omringd door veel groene landschapselementen, minder vaak met insecticiden te worden bespoten dan ongeveer even grote graanpercelen waar deze elementen ontbraken (Kragten en De Snoo, 2004). Hier liggen kansen voor synergie tussen functionele agrobiodiversiteit en agrarisch natuurbeheer.

Samenvatting

- De ecologische effectiviteit van agrarisch natuurbeheer is afhankelijk van zowel lokale, regionale en deels zelfs continentale en mondiale factoren en varieert per type beheer.
- De opgave om met agrarisch natuurbeheer de biodiversiteit te verhogen is op landbouwpercelen (dus op de productieve grond) veel lastiger dan op de niet (of minder) productieve delen van het bedrijf. Maar met een uitgekiende, ruimtelijk geconcentreerde aanpak worden de laatste jaren ook daar positieve resultaten geboekt.
- Op de niet of minder productieve delen van het bedrijf (de landschapselementen, slootkanten, akkerranden en gebouwen) zijn relatief gemakkelijk positieve resultaten voor behoud en ontwikkeling van biodiversiteit te bereiken.
- Een nieuwe opgave is het combineren van het agrarisch natuurbeheer met functionele agrobiodiversiteit, waarbij de boer zoveel mogelijk de natuur benut als ondersteuning van de voedselproductie en daarmee ook biodiversiteit ondersteunt.

15.3 Economische, sociale en juridische aspecten

Naast ecologische factoren zijn ook sociale, economische en juridische factoren van belang voor het succes van het agrarisch natuurbeheer. Hieronder gaan we in op een aantal van deze factoren en besteden we ook aandacht aan mogelijke verbeteringen.

Agrarisch natuurbeheer als bedrijfsactiviteit

Het agrarisch natuurbeheer heeft zich ontwikkeld tot een belangrijke activiteit van veel boeren, veelal geholpen door vrijwilligers. Uit Hoofdstuk 13 (Tabel 13.3) blijkt zelfs dat bedrijven met agrarisch natuurbeheer in 2013 gemiddeld een hoger inkomen en een betere opvolgingssituatie hadden dan bedrijven zonder agrarisch natuurbeheer. Dat beheer is dus zeker niet louter zaak voor aflopende bedrijven. Agrarisch natuurbeheer heeft tezamen met andere vormen van verbreding bijgedragen aan het ontstaan van nieuw elan in delen van het platteland (Hoofdstuk 14). Of deze moderne bedrijven navenant bijdragen aan de biodiversiteit in het boerenland is een vraag voor nader onderzoek.

Organisatie: van individueel naar collectief

Aanvankelijk was agrarisch natuurbeheer een zaak van individuele boeren. Dat leidde tot versnippering van de belangenbehartiging en van het beheer. Boeren pakten dit probleem op door zich te organiseren in agrarische natuurverenigingen (Hoofdstuk 5). Deze verenigingen staan min of meer los van zowel de bestaande landbouworganisaties als de traditionele agro-productieketens. Ze zijn ontstaan als reactie op het *top-down* karakter van het overheidsbeleid en zijn een belangrijke gesprekspartner van de overheid geworden. In het in 2016 ingevoerde vernieuwde stelsel voor agrarisch natuurbeheer zijn zogeheten 'collectieven', waarin de verenigingen van een streek zijn opgenomen, het formele aanspreekpunt van de overheid geworden. Voor de overheid was daarbij een belangrijk oogmerk een vermindering van de overheadkosten. Deze collectieven hebben meer vrijheid dan voorheen bij het vaststellen van de uit te voeren beheermaatregelen en hebben daardoor meer mogelijkheden om het beheer in de bedrijfsvoering van hun leden inpasbaar te maken en versnippering van het beheer te verminderen. Daarmee is er ook meer ruimte ingebouwd voor lerend beheer, dus ruimte om leerervaringen in te bouwen in de nieuwe beheerpraktijk. Een risico is dat de collectieven als centrale organisatie op een te grote afstand van de boeren komen te staan.

Vrijwilligheid: voor- en nadelen

Een ander belangrijk sociaal aspect van het beheer betreft de vrijwilligheid van de deelname van boeren en – per definitie – van vrijwilligers: dat was vanaf het begin het uitgangspunt van het overheidsbeleid. Voordeel is dat vooral voor natuurbeheer gemotiveerde boeren mee doen (tenzij de vergoeding de belangrijkste *trigger* was). Ook jonge boeren blijken voor het beheer geïnteresseerd (zie hierboven). Probleem is echter dat er vaak een onvoldoende *match* bestaat tussen de ecologisch kansrijke gebieden en de motivatie van boeren om aan het beheer in die gebieden mee te doen. Er dreigen dan gaten in het beheer te vallen en/of er dreigt een versnippering van het beheer: terwijl in een kerngebied de ene boer zich richt op de zorg voor natuur en landschap blijft de buurman zich richten op een maximale en zo efficiënt mogelijke productie. Verschillende oplossingen verdienen overweging. Als er in een kerngebied te weinig gemotiveerde boeren blijken te zijn, kunnen opties als kavelruil, bedrijfsruil of een grondbank interessant zijn. Als de pacht afloopt en de grondeigenaar natuur-*minded* is, kan worden gedacht aan een sollicitatieprocedure voor boeren, zoals in 2006 op Marken is gedaan (http://veehouderopmarken.nl/).

Foto 15.5. Het schonen van een watergang met een veegboot. De waterkwaliteit in de watergangen is de verantwoordelijkheid van waterschappen. Omdat de boerensloten hierop afwateren zoeken waterschappen samenwerking met collectieven. Deze samenwerking wordt gestimuleerd door de Kaderrichtlijn Water.

Inpasbaarheid in de bedrijfsvoering

De beheersubsidies hebben een looptijd van maximaal 6 jaar. Vanwege deze beperkte duur en de onzekerheid of verlenging mogelijk is, kiezen boeren veelal voor maatregelen die makkelijk in de bedrijfsvoering zijn in te passen. Dat betekent een behoudende keuze: kleine arealen, geen structurele aanpassingen in de bedrijfsvoering. Dat leidt tot versnippering en gaat ten koste van de effectiviteit. Integratie van het beheer in het primaire landbouwproductieproces blijft daarmee beperkt. Veranderingen in de bedrijfsstrategie, om te komen tot meer op natuur gerichte bedrijfssystemen, zijn zeldzaam. Een stimulans voor bedrijfssystemen met een hoog percentage beheergebied, kan liggen in langere beheerperioden en/of in een hogere vergoeding voor boeren die een groot oppervlak voor beheer aanbieden. Ook innovatiesubsidies kunnen helpen om dit te stimuleren, mits er een lange termijn perspectief is.

Andere dan financiële instrumenten

De nadruk van het overheidsbeleid lag tot nu toe op vergoedingen voor het beheer. Die vergoeding is belangrijk, maar niet allesbepalend voor de deelname. Ook van belang is de intrinsieke motivatie van de boer om agrarisch natuurbeheer in de bedrijfsvoering op te nemen. Vergoedingen haken maar in beperkte mate in op die motivatie. Daarmee lijkt deze benadering onvoldoende toekomstgericht en duurzaam. Overigens heeft de overheid wel al veel gedaan aan voorlichting en ook andere mogelijkheden verkend om de beheervoorschriften minder rigide te maken (Stortelder e.a., 2001; Westerink e.a., 2013). Er is op dit punt echter meer nodig.

Een ander sociaal instrument dat een stimulerende rol kan spelen is *benchmarking* van bedrijven, gericht op de behaalde resultaten van het beheer (De Snoo e.a., 2012; Lokhorst e.a., 2014). Hiermee kan een gezonde wedijver ontstaan tussen boeren onderling en tussen agrarische natuurverenigingen of collectieven. Een ander competitiegericht instrument zijn prijzen en prijsvragen voor beheer met goede resultaten, met als doelgroep boeren, agrarische natuurverenigingen en collectieven.

Belangrijk is voorts dat het beheer door de streek wordt ondersteund. Op dit moment betreft dat vrijwilligers, burgerleden van agrarische natuurverenigingen en consumenten van producten van bedrijven die aan zorg voor natuur doen. Mogelijkheden voor verdere versterking van de ondersteuning liggen in netwerken van toeleverende en verwerkende bedrijven, de horeca en waterschappen. Als de boer ervaart dat hij er niet alleen voor staat, zal hij meer gemotiveerd zijn.

Vervolgens zijn er juridische instrumenten, zoals geboden en verboden. Bij voorbeeld het verbod op het rapen van kievitseieren. Een andersoortig juridisch instrument is 'erfdienstbaarheid', waardoor verplichtingen via het zakelijk recht worden gekoppeld aan de grond van een bedrijf. Daarmee kunnen verplichtingen zoals bijvoorbeeld het in stand houden van landschapselementen bij een woning juridisch worden geborgd. Net als het 'recht van overpad' wordt een dergelijke verplichting dan bij de verkoop van het bedrijf overgedragen aan de volgende eigenaar (Bade, 2012; Stortelder e.a., 2001).

Andere bronnen van financiering

Het is niet uitgesloten dat de overheidsbudgetten voor financiering van het beheer gaan afnemen. Daarom is het zaak te zoeken naar andere mogelijke financiers van het agrarisch natuurbeheer.

Naast de waterschappen ligt dan ook de private sector, inclusief agro-food productieketens, voor de hand. Hun bijdrage is tot nu toe gering geweest. Er zijn wel private internationale initiatieven om duurzame vormen van landbouw te bevorderen (o.a. het vanuit de voedingsmiddelenindustrie en supermarktketens opgezette *Sustainable Agriculture Initiative Platform*; www.saiplatform.org) en vanuit de retailbedrijven GlobalGAP (www.globalgap.org/uk_en), maar in deze initiatieven speelt biodiversiteit nog nauwelijks een rol. FrieslandCampina werkt samen met het Wereldnatuurfonds, Vogelbescherming en de Rabobank aan een programma voor weidevogelbeheer. Een grotere rol van de private sector zou nieuwe impulsen kunnen geven aan het agrarisch natuurbeheer. Mogelijkheden daartoe liggen ook in keurmerken, streekproducten en kwaliteitsmerken, waarbij ook consumenten meebetalen (zie o.a. Udo de Haes en De Snoo, 1996a,b).

Innovatie

In Hoofdstuk 2 en 3 is aandacht besteed aan de relatie tussen agrarisch natuurbeheer en duurzame landbouw. Tot dusver was het beheer met name gericht op instandhouding van de condities van vroegere landbouwsystemen. Daardoor heeft er weinig innovatie plaatsgevonden gericht op combinaties van agrarisch natuurbeheer met moderne, duurzame landbouw. Innovaties zouden onder meer kunnen worden gericht op koeienrassen die beter in staat zijn om laat gemaaid gras te benutten, op soortenrijke graslanden met gezondheidswinst voor de koe, op premium kwaliteit kaassoorten van kruidenrijk grasland, en op bedrijfssystemen die mede zijn gericht op agrarisch natuurbeheer. Interessant in dit verband is dat het Centraal Planbureau recent een lans heeft gebroken voor herwaardering van het klassieke instrument van de prijsvraag (CPB, 2016). Ook op innovatie komen we terug in Paragraaf 15.5.

15.4 Ecologische basiscondities en bijzondere natuurwaarden

In de samenleving leeft een breed gevoelde wens om de natuur in het buitengebied te beschermen. Er is veel discussie over hoe dat het meest effectief kan worden gedaan. Een vraag die daarbij speelt is: op welk schaalniveau willen we in Nederland landbouw en natuur 'verweven'? In dat verband zijn twee visies relevant.

Visie 1: 'efficiënte landbouw'

De eerste visie is dat we kiezen voor een agrarisch landschap waarin de landbouw ruim baan krijgt en het milieu zo min mogelijk belast. Ze krijgt geen noemenswaardige beperkingen opgelegd voor wat betreft de zorg voor natuur en landschap (o.a. Trouw, 3 september 2012: http://tinyurl.com/cx3hxeb). Deze visie wordt gevoed door het feit dat de landbouwgronden in Nederland tot de meest vruchtbare ter wereld behoren en dat de Nederlandse landbouw kennisintensief en efficiënt is. Die kwaliteiten moeten zoveel mogelijk worden benut. Dit betekent dat per eenheid product lage emissies optreden en een gering beslag wordt gelegd op grond. Door deze efficiënte bedrijfsvoering kan de druk op natuurgebieden hier en/of elders verminderen. Bovendien kunnen we daarmee een agrarisch gidsland zijn. Beheer van natuur en landschap binnen het agrarisch gebied staat hier haaks op zodra dat een belemmering vormt voor een maximale en efficiënte productie. Voor natuur in het boerenland is dus slechts plaats in de marge.

Visie 2: 'ecologisch gezonde landbouw'

Diametraal daar tegenover staat de visie dat de landbouw in ons land zich juist moet richten op 'ecologische intensivering' en in veel sterkere mate moet bijdragen aan de instandhouding van de kwaliteit van natuur en landschap (Tittonell, 2013; WNF, 2015). Daarbij passen de begrippen 'natuurlijk kapitaal' en 'natuurinclusieve landbouw' (zie ook http://themasites.pbl.nl/natuurlijk-kapitaal-nederland; EZ, 2014). De natuur vormt de basis van ons bestaan en van veel economische activiteiten, waaronder de landbouw. Het is zaak dat boeren het natuurlijke kapitaal duurzaam onderhouden en optimaal benutten voor voedselproductie. De producten zijn dan een deel van de 'rente' die dit kapitaal oplevert. Eerste zorg is een gezond ecosysteem met een levende bodem en schoon water. Als de boer functionele agrobiodiversiteit optimaal benut, kan hij volstaan met minder externe inputs zoals kunstmest en gewasbeschermingsmiddelen. Behoud van biodiversiteit en de realisatie van een fraai landschap horen hier bij. Daarmee dragen boeren ook bij aan andere maatschappelijke waarden dan voedselproductie, zoals een aantrekkelijke omgeving voor streekbewoners en recreanten.

We kunnen deze benadering illustreren aan een ontwikkeling in Friesland, waar de muizenplaag van 2014/2015 aanleiding is geweest om een visie ontwikkelen waarin agrarisch grondgebruik meer dan voorheen wordt bezien vanuit het ecosysteem op landschapsniveau. Zo lijken op veen- en kleigronden bij minder diepe ontwatering minder muizenplagen voor te komen dan bij diepe ontwatering. Met hogere waterstanden ontstaat er ook een nieuw perspectief voor conservering van het veenpakket (minder CO_2 emissies) en voor weidevogels (voor een verdere uitwerking zie Tekstkader 15.2).

Overheidsbeleid

Hoe verhoudt het beleid van de overheid zich tot de beide genoemde visies? De Europese Unie heeft via het Gemeenschappelijk Landbouwbeleid de afgelopen jaren duidelijk aangegeven dat de landbouw, behalve voor een verduurzaming van de voedselproductie, ook een veel grotere verant-

Tekstkader 15.2 Muizenplagen vragen om aanpassing landgebruik.

Eddy Wymenga en Nico Beemster

In het laaggelegen deel van Nederland was tot in de jaren '50 geregeld sprake van grootschalige muizenplagen (zie ook Tekstkader 2.1), maar sedert de jaren '70 niet meer. Vanaf 2004 zijn muizenplagen terug. Uit onderzoek blijkt dat landschap en landgebruik daarin een hoofdrol spelen (Wymenga e.a., 2015).

Uitzonderlijke muizenuitbraak

In 2014-2015 kwamen veldmuizen in Friesland op veen- en kleigronden in zulke grote aantallen voor dat graslanden, waterkeringen en bermen op grote schaal kaal werden gevreten en er plaatselijk uitzagen als een bruine gatenkaas. Voor meer dan 900 agrariërs betekende het een grote schadepost. De totale schade werd door LTO Noord becijferd op 73 miljoen euro. De waterschappen waren beducht voor muizenschade aan waterkeringen en uitspoeling van meststoffen naar het oppervlaktewater.

Muizenpercelen waren vaak al van een afstand herkenbaar door de vele meeuwen, reigers en roofvogels die profiteerden van deze uitbundige voedselbron. Roofvogelkenners verwachtten al in het najaar van 2013 dat een goed muizenjaar aanstaande was, omdat toen ongewoon veel kerkuilen tot broeden kwamen. Dit signaal werd bevestigd toen zich in het voorjaar van 2014 circa 50 broedparen van de velduil vestigden in de Friese graslanden (Kleefstra e.a., 2015). Deze muizenspecialisten broedden in Nederland al decennia niet meer in het boerenland. Al vroegtijdig wezen de uilen zo op de fenomenale groei van de muizenpopulatie.

Pas in de winter bleek de omvang van de plaag. Aan de hand van satellietbeelden en van schademeldingen van agrariërs werd de plaag in beeld gebracht. Het absolute zwaartepunt, met een omvang van circa 48.000 hectare, lag in de graslanden op veen en klei in Friesland. Ook uit Groningen, Noordwest-Overijssel (polder Mastenbroek), de Eempolders, de Alblasserwaard en de Lopikerwaard kwamen veel meldingen. Uit het veldonderzoek bleek dat de muizen ook massaal te vinden waren in bermen en waterkeringen, maar ze bereikten de hoogste dichtheden in de percelen.

Belangrijke factoren

De opkomst en neergang van muizenuitbraken wordt gestuurd door een samenspel van factoren, dat nog steeds niet volledig wordt begrepen. Uit buitenlands onderzoek blijkt dat schommelingen in muizenpopulaties voor meer dan de helft worden verklaard door de weersomstandigheden (Imholt e.a., 2011). Zo werden de recente uitbraken in 2004 en 2014-2015 vooraf gegaan door een opvallend droge zomer en zeer droog najaar. Kleinere muizenpieken in 2007 en 2011 werden juist gedempt door de combinatie van veel nattigheid en kou in najaar en winter. Het weer blijkt echter geen eenduidige verklaring te bieden voor het langdurig ontbreken van muizenplagen in Friesland vóór 2004.

Uit onderzoek van Wymenga e.a. (2015) blijkt dat grondsoort, openheid van het landschap en drooglegging belangrijke factoren waren bij de plaag in 2014-2015. Muizen blijken een sterke voorkeur te hebben voor open landschappen op veen- en kleigronden; de plaag breidde zich niet uit naar de kleinschalige landschappen op zandgrond. De voorkeur voor open landschappen heeft waarschijnlijk vooral te maken met een lager risico op predatie in een open landschap.

Op de veen- en kleigronden in Nederland bleken schademeldingen van boeren vooral voor te komen bij een drooglegging van meer dan 80 centimeter, waar de overleving van veldmuizen ook onder natte weersomstandigheden naar verwachting groot is. Daarnaast was het aantal schademeldingen van boeren in situaties met weidegang duidelijk lager dan zonder weidegang.

Verklaart dit ook waarom we lange tijd geen grootschalige muizenuitbraken kenden? In elk geval is duidelijk dat de structuur van het landschap de afgelopen decennia grotendeels ongewijzigd is gebleven. De drooglegging is daarentegen sterk toegenomen. Ook heeft er in de laatste tientallen jaren een afname van de weidegang plaatsgevonden. Daarmee lijkt het huidige landschap, met het daarbij behorende landgebruik, ontvankelijker voor muizenuitbraken te zijn geworden.

Landschapsysteem-benadering

De afgelopen decennia waren we niet meer gewend aan grote muizenplagen. Ecologisch geven ze een forse impuls aan de fauna. Ze vormen een voedselbron voor vele soorten: naast de al genoemde kerkuilen en velduilen ook roofvogels, grote zilverreigers, blauwe reigers en kleine zoogdieren. Zo werden in de winter 2014-2015 alleen al in Friesland meer dan 2.000 grote zilverreigers geteld, een exceptioneel groot aantal (Kleefstra, 2015).

Boeren letten vooral op de bedrijfsmatige aspecten. Muizenplagen en schade aan landbouwgewassen zijn zo oud als de landbouw zelf en individuele boeren kunnen erdoor in grote problemen komen. Het is de vraag hoe we met nieuwe muizenplagen moeten omgaan. Er is veel te zeggen voor een landschapsysteem-benadering met preventieve maatregelen, waaronder waterpeilverhoging, beweiding en het stimuleren van roofvogels. Deze benadering biedt ook kansen voor het realiseren van andere doelen, zoals beperking van de bodemdaling in veenweiden, het voorkómen van droogteschade en weidevogelbeheer. Het op deze manier tegengaan van muizenplagen kan er aan bijdragen dat boeren met andere ogen gaan kijken naar ontwatering, weidegang en roofvogels.

Foto 15.6. Onverwachte ontmoetingen. Kraanvogels, die sinds enige jaren weer in Nederland broeden, op zoek naar voedsel in boerenland.

woordelijkheid moet nemen voor het behoud van de soortenrijkdom en landschappelijke kwaliteit in het agrarisch gebied. Daarom koppelt Europa hectarepremies voor landbouwbedrijven aan bijvoorbeeld het tot stand brengen van 'ecologische aandachtsgebieden' op akkerbouwbedrijven. Daarmee heeft de EU een expliciet verband gelegd tussen de primaire productie en de bescherming van de natuur en heeft ze in beginsel gekozen voor het verbeteren van de basisvoorwaarden voor natuur op bedrijfsniveau.

Ook binnen Nederland tekent zich een kentering in het denken af. De Uitvoeringsagenda Natuurlijk Kapitaal (EZ, 2013) stelt:

> Landbouw en biodiversiteit kunnen echter niet zonder elkaar: agrarische productie benut de functies van biodiversiteit en andersom heeft de wijze van productie invloed op het functioneren van het ecosysteem als geheel. Door landbouw in een breder perspectief te plaatsen en naast agrarische productie ook andere functies maatschappelijk te waarderen kan een robuust landbouwsysteem ontstaan. Tussen landbouw en biodiversiteit moet dan naar synergie worden gezocht.

Wij sluiten aan bij de boven genoemde ontwikkelingen en nemen die ook als leidraad bij de verdere uitwerking van onze visie: goede ecologische basiscondities voor het gehele landbouwgebied, en plaatselijk daar bovenop beheer van bijzondere natuurwaarden in verbrede randen en/of hele percelen. Dat werken we hier onder verder uit.

We onderscheiden twee niveaus binnen het natuurbeheer in het boerenland:

- Realiseren van ecologische basiscondities voor de biodiversiteit in het gehele landbouwgebied zonder op specifieke soorten gericht te zijn. Dat kan door het stimuleren van ecologische processen in bodem en water, geen belasting met mest en biociden op perceelranden en het scheppen van meer fysieke ruimte voor natuur.

- In geselecteerde gebieden het behouden of ontwikkelen van bijzondere natuurwaarden. Dit betreft soorten waaraan bijzondere betekenis wordt toegekend en waarvoor specifieke maatregelen nodig zijn.

Het tweede niveau is afhankelijk van het eerste, want als de basis niet op orde is, zijn ook bijzondere natuurwaarden kwetsbaar.

Ecologische basiscondities voor het hele landbouwgebied

Om de ecologische basis voor de natuur te versterken kijken we zowel naar de productieve grond als naar de niet-productieve grond: de landschapselementen en bedrijfsgebouwen (Figuur 15.1). Het vertrekpunt ligt hier in het creëren van goede randvoorwaarden en uitgangspunten voor een grotere soortenrijkdom in het gehele landbouwgebied, met name te realiseren door vermindering van gebruik van externe inputs en door gebruik van mechanisatie die bodem- en watersoorten ontziet. Anders gezegd: om onderhoud van het ecologisch kapitaal. Er wordt niet gestuurd op het behoud van specifieke soorten.

Op de productieve grond – van een akkerbouwbedrijf doorgaans zo'n 95 procent – gaat het er primair om zorg te dragen voor een gezond en goed functionerend bodem- en waterecosysteem. In de bodem kan zich dan een scala van micro-organismen ontwikkelen, met verschillende typen schimmels en bacteriën, zijn regenwormen talrijk en is er een grote variatie aan insectengroepen. Om dat te bereiken stuurt de boer op een voldoende hoeveelheid en kwaliteit van organische stof in

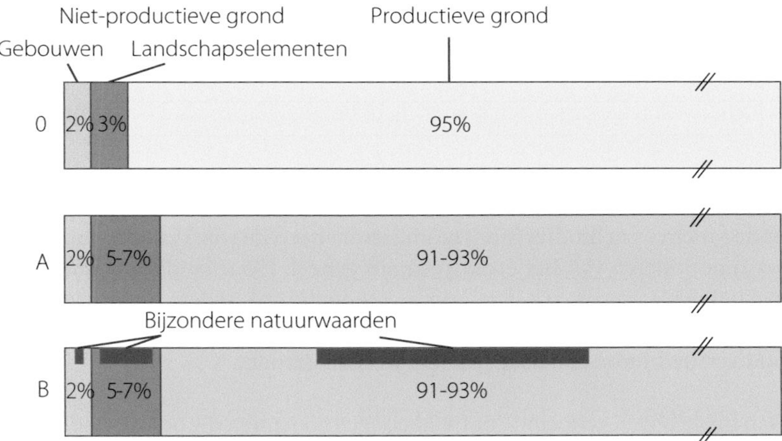

Figuur 15.1. Strategieën voor bevordering van natuur op landbouwbedrijven. 0 = bestaande situatie van een denkbeeldig akkerbouw/graslandbedrijf: 2 procent van het bedrijfsoppervlak bestaat uit gebouwen en verhardingen, 3 procent uit landschapselementen (incl. groene onderdelen van het erf) en 95 procent uit productiegrond (gewassen/gras). A = verbeteren van de ecologische basiscondities voor natuur: een productief grondoppervlak en watergangen waarin ecologische processen zijn verbeterd (lichtgroen i.p.v. geel) en 5 à 7 procent niet of nauwelijks productieve landschapselementen. B = verbeteren van de basiscondities voor natuur plus zorg voor bijzondere natuurwaarden (donker groen) zowel op de niet-productieve grond als op de productieve grond.

de bodem, en op de aanwezigheid van bodemorganismen zoals regenwormen (zie ook Hoofdstuk 3 en 12). Daartoe is hij extra selectief met gewasbeschermingsmiddelen, antibiotica en ontwormingsmiddelen. Belangrijk is dat de perceelranden niet zullen worden bemest of bespoten. Dit ondergrondse ecosysteem vormt de basis van een voedselweb waar uiteindelijk ook vogels en zoogdieren van afhankelijk zijn. Zo zal een rijker bodemleven in grasland meer voedsel bieden voor broedvogels als grutto en kievit en voor overwinterende goudplevieren. Op vergelijkbare wijze biedt een gezond ecosysteem in sloten en andere watergangen een goede basis voor een grote aquatische soortenrijkdom (Hoofdstuk 9).

Deze ecologische condities zijn evenzeer van belang als basis van een (meer) duurzame landbouw. Het zijn dus basiscondities voor landbouw en natuur. Hierbij past ook een grotere rol voor functionele agrobiodiversiteit die de landbouwproductie op de percelen ondersteunt. Een goed functionerend bodemecosysteem kan bijdragen aan bijvoorbeeld ziektewering, de beschikbaarheid van voedingsstoffen en regulatie van de vochthuishouding.

Daarnaast gaat het om de realisatie van meer fysieke ruimte voor bovengrondse natuur op de bedrijven op de niet-productieve grond. Dit betreft akkerranden, houtwallen en houtkaden, sloten en slootkanten die niet, of nog slechts in beperkte mate, worden gebruikt voor de landbouwproductie. Het kan dan gaan om bijvoorbeeld 5 procent van het bedrijfsoppervlak, zoals in 2015 is vastgelegd bij de 'vergroening' van het Gemeenschappelijk Landbouwbeleid, met de optie van een verhoging tot 7 procent in de volgende termijn. Een groter aandeel van dergelijke elementen vertaalt zich, zoals vermeld in Paragraaf 15.2, in een grotere soortenrijkdom in het boerenland. Bij een vergelijking van kilometerhokken met 3 en 7 procent landschapselementen, bleken vooral vlinders, zweefvliegen en vogels te profiteren van een groter aandeel van dergelijke elementen. Binnen het agrarisch gebied blijkt vooral de aanwezigheid van houtwallen, heggen en sloten relevant voor de soortenrijkdom (Cormont e.a., 2016; Hoofdstuk 2).

Door aanleg van meer of bredere landschapselementen ontstaat op landbouwbedrijven een micro-mozaïek waar een scala van soorten een kans krijgt om een groeiplek te vinden, voedsel te zoeken en/of beschutting te vinden. Daarmee ontstaat een basale groenblauwe (droge en natte) dooradering op landschapsschaal. Soorten kunnen de elementen niet alleen als habitat gebruiken maar zich bovendien beter door het landschap verplaatsen, ook van het ene natuurgebied naar het andere. Tot nu toe is in Nederland vooral ervaring opgedaan met de aanleg van lijnvormige elementen op bedrijven zoals akkerranden en slootkanten, en in mindere mate met landschapselementen zoals kleine bosjes of poelen die als 'stapstenen' in het landschap liggen. Voor al dergelijke elementen geldt dat ze geen primaire productiefunctie hebben (geen directe inputs van mest en gewasbeschermingsmiddelen, geen substantiële oogst van gewassen). Tot nu toe beperkt het beheer van de elementen zich veelal tot het noodzakelijke onderhoud om functies in stand te houden, zoals het op peil houden van de waterafvoer- en aanvoercapaciteit. Door actief beheer gericht op het vergroten van de soortenrijkdom liggen hier nog aanzienlijke kansen (zie hieronder onder 'bijzondere natuurwaarden'). Ook op erven en gebouwen kunnen de basiscondities voor natuur worden versterkt. Vaak is voor vogels toegang tot de gebouwen een knelpunt of ontbreken geschikte nestelplaatsen en dan zijn eenvoudige oplossingen mogelijk.

Aanleg en beheer van deze landschapselementen kunnen zo worden ingevuld dat ze tevens bestuiving en natuurlijke plaagregulatie bevorderen (Hoofdstuk 12). Dat streeft de EU ook na met de vergroening van het Gemeenschappelijk Landbouwbeleid (ecologische aandachtsgebieden en gewasdifferentiatie).

Goede ecologische basiscondities zijn nodig op alle landbouwgrond. Daarom is er behoefte aan verdere wet- en regelgeving. Rechtstreekse financiële vergoeding hiervoor is in beginsel niet aan de orde. In het Gemeenschappelijk Landbouwbeleid zijn voorwaarden in deze sfeer opgenomen, waaronder ook hectaretoeslagen voor maatregelen ten behoeve van bepaalde basiscondities.

Wel zou de overheid tijdelijk financiële middelen kunnen inzetten om een versnelling te bewerkstelligen van de realisering van een goede basiskwaliteit voor landbouw en natuur. Dat zou kunnen in de vorm van onderzoeks-, innovatie- en stimuleringsgelden. Daarbij kan het bijvoorbeeld gaan om gebiedsgerichte pilots die erop zijn gericht om in een beperkt aantal jaren substantiële resultaten te boeken. Ook sociale instrumenten kunnen hierbij een rol spelen (De Snoo e.a., 2012; Lokhorst e.a., 2014; Paragraaf 15.3).

Bijzondere natuurwaarden

Het scheppen van goede ecologische basiscondities bevat zoals gezegd geen eisen aan bijzondere natuurwaarden, dus ook niet aan het beheer van bijzondere soorten. Het hierboven beschreven basisbeheer is daarvoor wel van belang, maar bijzondere soorten vergen vrijwel altijd specifiek beheer. Daarover gaat deze paragraaf. Voor dit beheer zal vaak extra geld nodig zijn dat kan komen van de overheid en/of uit private bronnen. De vergoeding kan worden gegeven op basis van inkomstenderving, extra arbeid en, waar dat doelmatig blijkt te zijn, op basis van het resultaat van het beheer (resultaatbeloning; Tekstkader 4.1).

Invalshoeken

Bij de keuze van bijzondere soorten kunnen we verschillende invalshoeken kiezen. Deze zijn onder andere:

- natuur- en cultuurhistorie: hierbij gaat het vooral om soorten die karakteristiek zijn voor de traditionele landbouw, zoals weide- en akkervogels en bloemrijke hooilanden en akkerflora;
- internationale verantwoordelijkheid; daarbij gaat het om soorten waarvan een belangrijk deel van de Europese populatie voorkomt in Nederland;
- provinciale verantwoordelijkheid; daarbij gaat het om soorten waar provincies een verantwoordelijkheid voor hebben (zie verder hieronder).

De Nederlandse overheid heeft er in haar natuurbeleid (EZ, 2014) voor gekozen om primair in te zetten op de verplichtingen die voortvloeien uit de internationale biodiversiteitsdoelstellingen (de tweede invalshoek) en dus niet langer op het handhaven van soorten in het agrarisch gebied vanuit een cultuurhistorisch perspectief. In dat kader zijn met name de internationaal aangegane verplichtingen voortkomend uit de Vogel- en de Habitat Richtlijn van belang (zie ook http://www.portaalnatuurenlandschap.nl). De overheid heeft vanuit deze invalshoek een selectie van soorten gemaakt aan de hand van drie criteria: (1) Nederland is belangrijk in internationaal opzicht voor het voortbestaan van de soort; (2) deze soort kent geen gunstige staat van instandhouding; en (3) agrarisch natuurbeheer kan een substantiële betekenis hebben voor de instandhouding van deze soort.

Toepassing van deze criteria heeft geresulteerd in een veel breder palet aan doelsoorten dan voorheen. Het gaat om een lijst van 67 soorten voor het beheer waarvan zij een budget beschikbaar heeft gesteld. Om vast te kunnen stellen of deze lijst aanvulling behoeft vanuit de andere invalshoeken lijkt het ons van belang om eerst in kaart te brengen welke soorten met de 67 soorten mee kunnen liften. We kunnen dan bij voorbeeld denken aan haas, wilde bijen en hooilandsoorten als echte koekoeksbloem, dotterbloem en margriet. Dat geeft een vollediger beeld van de te verwachten effecten van het beheer van de 67 soorten.

Vervolgens zou, aansluitend bij de derde hierboven genoemde invalshoeken, een groep van bijzondere soorten kunnen worden onderscheiden waarvoor provincies doelen opstellen en middelen ter beschikking stellen. De huidige regeling biedt daartoe de mogelijkheid, welke ook al door sommige provincies is opgepakt. Hierbij kan het om verschillende typen soorten gaan. In de eerste plaats om landelijk (vrij) zeldzame soorten die in een of meer provincies belangrijke populaties hebben, zoals bijvoorbeeld rietzanger en gewone vogelmelk in de houtwallen. In de tweede plaats om soorten die in de betreffende provincies door het publiek hoog gewaardeerd blijken te worden, zoals lepelaar (die schoon water in de sloten nodig heeft voor stekelbaarzen), dotterbloem en zandblauwtje (Stortelder e.a., 2005). Belangrijk kan zijn om hierbij met name ook aandacht te besteden aan plantensoorten, omdat die in de rijks-lijst vrijwel niet voorkomen. Voor het beheer van soorten uit deze groep kan naast provinciale vergoedingen ook naar andere financieringsmogelijkheden worden gezocht (Paragraaf 15.5). Met dergelijke eigen lijsten kunnen de provincies een belangrijke verbreding van de bijzondere natuurwaarden realiseren.

Leefgebieden

De overheid heeft voor het beheer van de 67 bijzondere soorten gekozen voor een zogenoemde 'leefgebiedenbenadering'. Daaronder wordt verstaan: het creëren en in stand houden van een leefgebied voor een groep van soorten die overeenkomstige habitateisen stellen. De overheid heeft vier typen leefgebied onderscheiden: open grasland, akkers, natte dooradering en droge dooradering (Tekstkader 15.3). Daarnaast heeft de overheid open water als leefgebied genoemd, maar hieraan zijn nog geen specifieke doelsoorten toegekend.

De overheid streeft bescherming van de geselecteerde soorten momenteel na door het binnen deze leefgebieden aanwijzen van zogeheten kerngebieden. Het agrarisch natuurbeheer moet bijdragen aan versterking van de kwaliteit van deze gebieden. Het aanwijzen wordt gedaan op basis van indicaties dat de soorten er feitelijk of potentieel voorkomen en omvat zowel natuurgebieden als agrarisch gebied. De keuze voor kerngebieden heeft een belangrijke consequentie: buiten de kerngebieden vervalt de mogelijkheid tot deelname aan agrarisch natuurbeheer. Op dit moment zijn alleen voor grasland de kerngebieden redelijk betrouwbaar begrensd. Voor de andere drie typen leefgebied is dit minder het geval; deze zijn (nog) zeer ruim begrensd (Figuur 15.2). Daar gaat het om ruime zoekgebieden waarbinnen op termijn de kerngebieden moeten worden begrensd. Areaaldoelstellingen worden in het huidige beleid niet meer genoemd. Het beschikbare budget is vooralsnog leidend (circa 60 miljoen euro per jaar plus circa 10 miljoen vanuit de waterschappen). Gezien de fors gestegen kosten per hectare vanaf 2016 zal zonder aanvullend budget het beheerde areaal van deze vier leefgebieden tezamen niet ver boven de huidige 65.000 hectare uitkomen.

Tekstkader 15.3. Leefgebieden en hun bijzondere soorten.

De vier typen leefgebied worden kort omschreven. Een uitvoeriger omschrijving is vinden in Melman e.a. (2014, 2015). Tenslotte volgt een overzicht van de in de voorgaande hoofdstukken beschreven kansrijke maatregelen. Deze zijn voor een deel ook relevant voor het verbeteren van de basiskwaliteit in de leefgebieden. Het tekstkader besluit met een korte beschrijving van een door ons voorgesteld vijfde type leefgebied, namelijk 'erven en gebouwen'.

Open grasland (Hoofdstuk 6)
Het leefgebied open grasland bestaat uit open landschappen, waarvan een substantieel deel uit vochtig en kruidenrijk grasland bestaat, vaak doorsneden met een fijnmazig netwerk van watergangen. De prioriteit ligt bij broedende weidevogels, maar er is ook aandacht voor overwinterende ganzen en zwanen. Een hoge grondwaterstand, landschappelijke openheid, kruidenrijkdom en voedselbeschikbaarheid zijn kritische factoren voor de geselecteerde soorten. Het beheer beoogt het creëren en handhaven van een aantrekkelijk vestigingsbiotoop, een rustperiode waarin veilig kan worden gebroed, kuikens voldoende voedsel kunnen vinden en veilig opgroeien.

De door de rijksoverheid op basis van de gekozen drie criteria vastgestelde soorten betreffen: één zoogdier, namelijk de noordse woelmuis; 18 broedvogels: gele kwikstaart, graspieper, grutto, houtduif, kemphaan, kievit, kramsvogel, kwartelkoning, roek, scholekster, slobeend, spreeuw, torenvalk, tureluur, veldleeuwerik, watersnip, wulp en zomertaling; en drie overwinterende vogels: kleine zwaan, roek, en rotgans.

Voorbeelden van kansrijke maatregelen: en concentratie van het beheer in kerngebieden, dat wil zeggen grote open aaneengesloten gebieden met daarin percelen met zwaar beheer en met reservaatbeheer, en ook realisering van afzonderlijke percelen met kruidenrijke vegetatie en met plas-drassituaties.

Open akkerland (Hoofdstuk 8 en 12)
Het leefgebied open akkerland bestaat uit akkers, doorsneden met bermen, sloten, stroompjes en opgaande begroeiing. Akkervogels zijn soorten die zich hebben aangepast aan de dynamiek van de hedendaagse akkerbouw. Van belang daarbij zijn jaar-rond voedselbeschikbaarheid (zaden, insecten en muizen), broedgelegenheid, dekking en slaapgelegenheid. Een gevarieerd bouwplan draagt daartoe bij. Akkers met veel granen en zaden zijn goed voor muizenpopulaties, die op hun beurt voedsel vormen voor roofvogels.

De door de rijksoverheid vastgestelde soorten betreffen: één zoogdier, namelijk de hamster in Limburg; 15 broedvogels: gele kwikstaart, grauwe gors, grauwe kiekendief, houtduif, kerkuil, kievit, kneu, kwartelkoning, patrijs, ringmus, roek, scholekster, torenvalk, tureluur en velduil; zeven overwinterende vogels: blauwe kiekendief, geelgors, grauwe gors, kleine zwaan, ruigpootbuizerd, veldleeuwerik en velduil.

Voorbeelden van kansrijke maatregelen: aanleggen van vogelakkers (bestaande uit een combinatie van braakstroken met teelt van rode klaver of luzerne); braakleggen van terreinen of laten 'overwinteren' van stoppelvelden; en het over het leefgebied als geheel aanleggen en beheren van verspreide reservaten, zoals boselementen en hamsterreservaten of laat gemaaid grasland.

Natte dooradering (Hoofdstuk 9)
Het leefgebied natte dooradering omvat zowel permanente wateren – zoals sloten, poelen, beken en moerasjes – als ook tijdelijke wateren, waaronder greppels en plas/drasgebieden. De soorten waarvoor Nederland een Europese verantwoordelijkheid heeft stellen zeer verschillende – en in sommige gevallen tegenstrijdige – eisen aan hun leefgebied. Van groot belang zijn gradiënten in het landschap: water via plas/dras tot grasland; van water via grasland of akkerland tot opgaande beplanting. Naast soort-specifieke habitateisen zijn ook algemene kenmerken van belang, zoals een goede waterkwaliteit en de aanwezigheid van verbindingen met omliggende gebieden.

De door de rijksoverheid vastgestelde soorten betreffen: één zoogdier, namelijk de noordse woelmuis; vijf broedvogels: slobeend, tureluur, watersnip, zomertaling en zwarte stern; zeven amfibieën: boomkikker, geelbuikvuurpad kamsalamander, knoflookpad, poelkikker, rugstreeppad en vroedmeesterpad; vier vissen: beekprik, bittervoorn, en grote en kleine modderkruiper; drie insectensoorten: gevlekte witsnuitlibel, groene glazenmaker en grote vuurvlinder; en één weekdier, de zeggekorfslak.

Voorbeelden van kansrijke maatregelen: aanleggen en beheren van verbrede oeverzones langs sloten en beken; toelaten van verlanding in doodlopende sloten; langs de sloten uitrasteren van brede slootkanten met plas-drassituaties voor weidevogels (Peeters e.a., 2014).

Droge dooradering (Hoofdstuk 10)

Het leefgebied droge dooradering bestaat uit lijnvormige elementen die over het gehele land voorkomen. Het betreft bijvoorbeeld laanbeplanting, singels, hout- en tuunwallen, heggen en hagen, struweelranden, dijken en bermen. Periodiek onderhoud of herplant van opengevallen 'gaten' is noodzakelijk. Bij de broedvogels van de landschapselementen kan het gaan om soorten die daarin ook hun voedsel vinden of juist daarbuiten. Vleermuizen gebruiken de droge elementen als voedselbron maar ook als oriëntatiebaken tijdens vluchten tussen rust- en foerageergebied. Agrarisch natuur- en landschapsbeheer kan een rol spelen bij de organisatie van het onderhoud van de elementen. Aansluiting van de elementen op natuurgebieden en reservaten, met overeenkomende habitat(s) is van groot belang.

De door de rijksoverheid vastgestelde soorten betreffen: vijf zoogdieren, namelijk bunzing, grijze grootoorvleermuis, hazelmuis, ingekorven vleermuis en tweekleurige vleermuis; 20 broedvogels: braamsluiper, gekraagde roodstaart, grauwe klauwier, grote lijster, hop, houtduif, kneu, kramsvogel, ransuil, spotvogel, spreeuw, kerkuil, ortolaan, patrijs, ringmus, roek, steenuil, torenvalk en zomertortel; twee overwinterende vogels: geelgors en keep; vier amfibieën: boomkikker, kamsalamander, knoflookpad en vroedmeesterpad; en één insectensoort: het vliegend hert.

Voorbeelden van kansrijke maatregelen zijn: behoud en beheer van oude houtwallen, waaruit tevens grond elders kan worden geënt om de zaadbank aan te vullen en het bodemleven te verrijken; en tevens in kerngebieden het niet bemesten of bespuiten van stroken grasland of bouwland langs houtelementen ter wille van de voedselbeschikbaarheid voor vogels in deze elementen.

Erven en gebouwen (Hoofdstuk 11)

Dit leefgebied omvat zowel de erven en gebouwen van functionerende boerderijen als van burgerboerderijen. Tevens gaat het hierbij om de omringende landschapselementen zoals moestuinen, boomgaarden en poelen. Dit leefgebied is door de overheid niet voor beheer geselecteerd.

Bijzondere soorten die speciale beschermingsmaatregelen behoeven zijn onder andere: kerkuil, steenuil, torenvalk, boerenzwaluw, huiszwaluw en ringmus. Van nationaal belang is de ingekorven vleermuis in Brabant en Limburg (Tekstkader 11.4).Voorbeelden van kansrijke maatregelen zijn: 'steenmartervrije' nestkasten voor ringmus, kerkuil, steenuil en torenvalk; open toegang tot stallen voor de boerenzwaluw; rommelhoekjes en open mesthopen, onder andere voor de witte kwikstaart; bijen- en hommelhotels; behoud van oude vruchtbomen voor diverse soorten zangvogels; en het in stand houden van vijvers en poelen.

Figuur 15.2. Begrenzing van de vier typen leefgebieden door de verschillende provincies (Hammers e.a., 2014; Melman e.a., 2015). (A) Kerngebieden grasland; (B) kerngebieden akkers; (C) kerngebieden natte dooradering; (D) kerngebieden droge dooradering. De begrenzing voor de graslanden is vrijwel definitief; bij de overige leefgebieden gaat het nog om zoekgebieden.

15.5 Perspectieven

Toekomstbeeld

Wat is nu het algemene beeld dat ons voor ogen staat? We zien een landbouwareaal waar boeren zorgvuldig landbouw bedrijven: waar ze over hun hele productieoppervlak zorgen voor een goed functionerende bodem met een rijk bodemleven, en waar ze weinig gewasbeschermingsmiddelen, ontwormingsmiddelen en antibiotica gebruiken, waardoor de emissies van die stoffen laag zijn en ook het water in hun sloten en watergangen schoon is. Dat vormt de basis voor een wat grotere bovengrondse biodiversiteit op de landbouwpercelen – vooral van ongewervelde dieren – en een rijker leven in het water. Dit hoort standaard bij de goede landbouwpraktijk die ook in het Europese landbouwbeleid ook wordt vereist voor de hectaretoeslagen. Daarbij horen ook onbeteelde randen langs percelen zonder belasting met meststoffen en biociden, plus verspreide bosjes en houtwallen. Een en ander vertaalt zich in het groeiseizoen in stroken met kleurrijke begroeiing en in de winter in foerageer- en schuilstroken voor vogels. De landschapselementen bieden zoogdieren en vogels ruimte om voedsel te zoeken, te schuilen voor predatoren en te nestelen. Op de percelen zelf vinden vogels voedsel.

In specifieke, daartoe aangewezen gebieden, waar het beheer is afgestemd op bijzondere soorten, kunnen vogels met succes op de percelen broeden. Voor het beheer van die gebieden krijgen boeren financiële en andere ondersteuning. Dat geldt zowel voor het beheer van soorten weidevogels en akkervogels als voor het beheer van bijzondere soorten van de natte en de droge dooradering. Daar is een soortenrijke vegetatie en leven diverse soorten zoogdieren, vogels, kikkers en padden.

Buiten de landbouwgrond zijn er grasland- en akkerreservaten, waar planten en dieren voorkomen die in moderne landbouwgebieden zijn verdwenen of naar de marge zijn gedrukt. Veel van de gebieden met agrarisch natuurbeheer liggen in de nabijheid van deze reservaten of zijn er via verbindingszones mee verbonden.

Spelers

Het ecologisch basisbeheer is primair procesbeheer: boeren zorgen voor goede condities voor een rijk bodem- en waterleven en houden randen, sloten, slootkanten en landschapselementen vrij van meststoffen en gewasbeschermingsmiddelen. Daarnaast creëren ze meer fysieke ruimte voor natuur op hun bedrijf.

Voor het beheer van bijzondere natuurwaarden realiseren collectieven van boeren op gebiedsniveau geschikte leefgebieden. Dat doen ze door substantiële aanpassingen in de bedrijfsvoering, onder meer door het creëren van kruidenrijke percelen, plasdras-situaties, vogelakkers, verdergaand aangepast waterbeheer, later maaien, minder spuiten en bemesten en regulatie van de predatie, waar andere middelen ontbreken ook van de predatoren zelf. De boeren worden ondersteund door vrijwilligers, onderzoekers, waterschappen, marktpartijen, faunabeheereenheden, streek en overheid. Een deel van deze boeren schakelt om naar andere, natuurvriendelijker bedrijfssystemen.

De eigenaren van reservaten zijn terreinbeherende organisaties (Staatsbosbeheer, Natuurmonumenten en de Provinciale landschappen) en particulieren. Voor het beheer van grasland- en akkerreservaten schakelen ze veelal boeren in.

Hoe groot zijn de kansen voor een dergelijk landschapsbeeld? Om die vraag te beantwoorden staan we eerst stil bij een aantal belangrijke onzekerheden waar het agrarische natuurbeheer mee te maken heeft en zal krijgen. En bij de vraag hoe we daar mee om kunnen gaan.

Onzekerheden

Ecologische effecten

De eerste onzekerheid noemden we al: de ecologische effecten van maatregelen. We weten vandaag veel meer over die effecten dan ten tijde van het begin van het agrarisch natuurbeheer in 1975. Maar voortdurend zijn er ontwikkelingen, waar op moet worden ingespeeld met de te nemen maatregelen. Niemand had bijvoorbeeld voorzien dat de aantallen ganzen (waaronder enkele exoten) en vossen zo sterk zouden toenemen. Dergelijke verrassingen zijn eigen aan de natuur. Het zou pas echt verrassend zijn als de natuur ons de komende decennia *niet* opnieuw verrast.

Klimaatverandering

Een andere onzekerheid is de klimaatverandering. Dát het klimaat verder zal opwarmen staat wel vast, maar onzeker is hoe snel dat gaat en hoe soorten daar op zullen reageren. Arealen van plant- en diersoorten zullen geleidelijk gaan verschuiven en dat zal er toe leiden dat 'noordelijke' soorten uit ons land gaan verdwijnen, zelfs als inrichting en beheer optimaal zijn. Daar kunnen ook enkele van de huidige doelsoorten bij zijn, waaronder de meest belangrijke weidevogelsoorten. Volgens Huntley e.a. (2007) zullen we bijvoorbeeld in de loop van deze eeuw de scholekster en de tureluur als broedvogels kwijtraken. Daar zou tegenover staan dat volgens dezelfde bron een aantal 'zuidelijke' soorten zich in Nederland kan gaan vestigen, waaronder oude bekenden zoals griel en ortolaan, en nieuwkomers als roodkopklauwier en cirlgors. Nu zijn ook zulke voorspellingen onzeker. Wie had bijvoorbeeld kunnen voorspellen dat tijdens een opwarmend klimaat een arctische (!) soort als de brandgans in Nederland in grote aantallen zou gaan broeden? Temperatuur is kennelijk niet de enige factor die areaalverschuivingen teweegbrengt.

Verandering landgebruik in zuidelijke landen

Voor de trekvogels onder onze broedvogels zijn ook het landgebruik en het jachtbeleid in zuidelijker regio's van belang. Daar hebben we maar beperkt invloed op. Zo is bijvoorbeeld de grauwe kiekendief afhankelijk van de landbouw, en van jacht en vangst in West Afrika en op het Iberisch schiereiland. Voor de hier broedende grutto's zijn de veranderingen in trek- en overwinteringsgebieden tot dusver niet beperkend geweest, maar ingrijpende veranderingen in waterbeheer, landgebruik en jachtintensiteit zijn niet uitgesloten (voor West Afrika, zie Zwarts e.a., 2009). Dan kunnen populaties broedvogels ook bij een optimaal beheer in Nederland toch achteruit gaan.

Ontwikkeling Nederlandse landbouw

Een belangrijke onzekerheid voor het agrarisch natuurbeheer, en vooral voor de soorten van grasland en akkers, is hoe de landbouw in Nederland zich verder zal ontwikkelen. Het *overall* beeld blijft vooralsnog ecologisch ongunstig. De voortdurende druk op de prijzen dwingt boeren om steeds efficiënter te produceren. Nieuwe handelsverdragen zullen die druk verhogen, want ze leiden tot lagere prijzen en er komen buitenlandse producten op de markt die zijn geproduceerd onder lagere standaarden. Van buitenlandse consumenten mogen we weinig affiniteit verwachten met de Nederlandse natuur.

Foto 15.7. Graften in het Limburgs landschap bieden ruimte voor spontane vestiging van soorten. Het zijn soortenrijke 'vluchtplaatsen' in agrarisch gebied.

Een belangrijke variabele, onder meer voor de schaal van het landschap, is de omvang van de bedrijven. Welke arbeidsbesparende technologieën gaan er nog komen? Worden bedrijven zo groot dat boeren de relatie met hun grond verliezen en steeds meer landwerk laten doen door loonwerkers en later misschien robots? Zullen zij de resterende landschapselementen steeds meer ervaren als een sta-in-de weg? En hebben de resterende boeren interesse voor beheer van kerngebieden en reservaten? Of ontstaat er – wellicht waarschijnlijker – een tweedeling tussen enerzijds grote bedrijven die produceren voor de export en anderzijds relatief kleine bedrijven die produceren voor de regionale markt en aan verbreding doen, inclusief natuurbeheer?

Een andere belangrijke factor is de intensiteit van het grondgebruik. Bij het huidige nitraatbeleid zal de intensiteit van de bemesting beduidend lager blijven dan in de jaren '80 en '90, al is ze nog steeds hoog in Europees opzicht. En als de EU de verhoging van de maximale hoeveelheid mest (de zogeheten derogatie) die Nederlandse boeren op grasland mogen uitrijden zou intrekken, dan zou deze hoeveelheid verder dalen. Dat zou naar verwachting niet leiden tot meer animo van veehouders voor agrarisch natuurbeheer, want juist dan zullen ze maximaal tot de norm willen bemesten om voldoende ruwvoer te produceren. Ook het fosfaatbeleid, met name het aangekondigde Nederlandse stelsel van fosfaatrechten is belangrijk. Als die rechten niet forfaitair worden ingevuld maar bedrijfsspecifiek, krijgen boeren een extra impuls om hun grasland efficiënter te gebruiken, met minder ruimte voor weidegang en agrarisch natuurbeheer. Dan zullen volgens de huidige vergoedingensystematiek de kosten van het agrarisch natuurbeheer stijgen en dan zal óf het budget moeten worden verhoogd óf het areaal moeten worden ingekrompen.

Wat betreft gewasbeschermingsmiddelen, ook het gebruik daarvan zal mogelijk afnemen of in elk geval selectiever worden. Zowel de overheid als de markt zullen daar waarschijnlijk impulsen voor gaan geven. Dat schept betere kansen voor soorten in de landbouw als geheel. Ook biedt het kansen voor functionele agrobiodiversiteit in bodem en randen. Dat sluit goed aan bij de hernieuwde belangstelling in de landbouw voor de bodem. Mogelijk gaan boeren actievere zorg besteden aan het bodemleven. Dat vergt niet alleen een selectiever gebruik van gewasbeschermingsmiddelen, maar ook van antibiotica en ontwormingsmiddelen. Plus goed gedoseerd gebruik van bijvoorbeeld compost en strorijke stalmest. Ook op de productieve gronden is dan een wat grotere bovengrondse biodiversiteit te verwachten. Kortom, wat de ontwikkelingen in de landbouw betreft is er sprake van een gemengd beeld, met zowel kansen als risico's.

Marktontwikkelingen

Hoe de markt zich gaat ontwikkelen is moeilijk voorspelbaar. Gaat de vraag naar natuurinclusief geproduceerd voedsel toenemen? En zo ja, betreft dit alleen nichemarkten voor biologisch voedsel, streekproducten en kwaliteitsmerken of ook de mainstream markten (met maatschappelijk verantwoord ondernemen als *bottomline*)? In nichemarkten zal het vaak gaan om 'donkergroene' kwaliteit op een klein areaal, in de mainstream om een groter areaal met lichtgroene kwaliteit.

Ook interessant is de vraag waarop de markteisen zich richten. Op ecologische basiscondities voor bodem en water of ook op aanvullende eisen voor landschapselementen? Of komt er alleen aandacht voor enkele iconische soorten die zich goed lenen voor gebruik in de reclame, zoals de korenwolf (hamster), de grutto en de veldleeuwerik?

Ontwikkeling landbouwbeleid

Van groot belang voor het agrarisch natuurbeheer wordt de vergroening van het Europese landbouwbeleid. Dit geldt in de eerste plaats voor de randen. Nog open is of bij de volgende hervorming de vergroening zal worden aangescherpt. Dat zou kunnen door de ecologische aandachtsgebieden (EFA's) ook voor grasland van toepassing te verklaren en het percentage dat ze innemen te verhogen van 5 tot bijvoorbeeld 7 procent; of door de voorwaarden voor het beheer van de EFA's aan te scherpen. Eveneens onzeker is of de hectaretoeslagen voor boeren interessant genoeg zullen blijven als de vergroeningsvoorwaarden worden verzwaard. En of de eerste en de tweede pijler beter op elkaar worden afgestemd, zodat meer synergie ontstaat.

Voor de kerngebieden is vooral van belang of Nederland alsnog gebruik gaat maken van de mogelijkheid om geld uit de eerste pijler over te hevelen naar de tweede pijler. Ook hier is de achterliggen vraag: mikken we op lichtgroen beheer voor alle boeren of voor donkergroen beheer voor een beperkte groep? Het laatste zou betere kansen scheppen voor bijzondere natuurwaarden.

Ontwikkeling milieu-, klimaat-, water- en natuurbeleid

Een andere onzekerheid betreft het Europese milieu-, klimaat-, water- en natuurbeleid. Momenteel zijn de ontwikkelingen in die beleidsterreinen gunstig voor milieu en natuur. We noemden de Nitraatrichtlijn, die van belang is voor de kwaliteit van het grond- en oppervlaktewater. Ook noemden we het klimaatbeleid, dat wellicht stimulansen gaat geven voor behoud van het veenpakket door minder diepe ontwatering en voor een hoger gehalte organische stof in de bodem. En het toelatingsbeleid voor gewasbeschermingsmiddelen, dat in stapjes wordt aangescherpt. Daarnaast noemden we het belang van de Kaderrichtlijn Water die het beheer van sloten in een ecologische richting begint te duwen.

Maar er zijn ook ontwikkelingen die de andere kant uit gaan. Vanuit het bedrijfsleven en vanuit sommige lidstaten bestaat er toenemende weerstand tegen Europese regels, inclusief milieuregels. Ook de Vogel- en de Habitatrichtlijn staan onder druk. Weliswaar is dit beleid bewezen effectief en heeft het krachtige steun van natuurorganisaties, maar onzeker is of dat voldoende gewicht in de schaal legt om afzwakking te voorkomen. Sommige lidstaten verzetten zich zelfs tegen elke verdere Europese integratie. Dat verkleint de kans dat de EU alsnog met een Kaderrichtlijn Bodem zal

Foto 15.8. Aandacht voor agrarisch natuurbeheer in het agrarisch onderwijs is cruciaal voor de toekomst van dat beheer. Niet alleen in de lessen natuurbeheer, maar ook in de vakken gericht op voedselproductie. De CAH Vilentum in Dronten verzorgt cursussen natuurbeheer voor boeren.

komen. Maar misschien is die voor de landbouw minder nodig nu de bodemkwaliteit al een plek heeft gekregen in het vergroende landbouwbeleid.

Draagvlak bij boeren en burgers

Het huidige beleid inzake agrarisch natuurbeheer is gebaseerd op vrijwillige deelname van boeren en burgers. Dat geldt in veel mindere mate voor de EFA's, want die zijn voorwaarde voor hectaretoeslagen. Jonge boeren met grote bedrijven doen op dit moment zeker niet onder qua deelname aan agrarisch natuurbeheer (Hoofdstuk 13), maar blijft dat zo? Zij kunnen om uiteenlopende redenen afhaken: omdat ze hun interesse verliezen, omdat ze de vergoeding te laag vinden, omdat ze de voorwaarden te star vinden, omdat ze te weinig maatschappelijke waardering krijgen of omdat het beheer niet meer in hun geïntensiveerde bedrijfsvoering past. Maar het kan ook zijn dat ze agrarisch natuurbeheer ouderwets vinden. Veel jonge boeren hebben er op hun landbouwschool weinig of niets over meegekregen, al is dat op enkele landbouwscholen aan het veranderen.

Wat betreft burgers: vrijwilligers zijn van belang voor het onderhoud van knotwilgen, houtwallen en bosjes, voor nestbescherming van weidevogels en voor het plaatsen van nestkasten voor onder meer de kerkuil. De groep weidevogelbeschermers is echter aan het vergrijzen en ook daar ligt een afbreukrisico. Agrarisch natuurbeheer vergt enthousiasme van zowel jonge boeren als jonge burgers. Er zijn veel burgers die al financiële steun bieden. Vaak is dat steun voor projecten ten behoeve van een bepaalde soort, zoals de grutto of de steenuil. Onzeker is of zulke steun voldoende zal zijn om dergelijke projecten ruimtelijk op te schalen dan wel eventuele bezuinigingen te compenseren.

Financiering

Een andere onzekerheid betreft de financiering. Op dit moment komt de financiering van de overheid, en wel via twee sporen:

1. Groene voorwaarden aan de hectaretoeslagen die boeren krijgen op basis van de eerste pijler van het Gemeenschappelijk Landbouwbeleid. De voorwaarden hebben betrekking op bodembeheer, graslandgebruik, gewasvariatie en EFA's. Die 5 procent EFA's mogen in het huidige beleid zowel worden ingevuld voor randenbeheer als ook voor volvelds beheer. En daar mogen in Nederland ook bepaalde gewassen worden geteeld, waardoor de natuurwinst gering is.
2. De Plattelandsverordening (de tweede pijler) van het GLB, voor 50 procent betaald door de Nederlandse overheid. Dat beheer heeft betrekking op 'extra' agrarisch natuurbeheer. In onze termen: beheer van bijzondere natuurwaarden.

Daarbij mag elke lidstaat tot 15 procent van het budget voor de eerste pijler overhevelen naar de tweede pijler. Nederland heeft dat niet gedaan maar wel een deel van het budget van de eerste pijler gereserveerd voor waterdoelen.

Hoe zeker zijn deze geldstromen? Beide zijn slechts zeker gesteld tot en met 2020. Krimp van de Europese en/of Nederlandse budgetten in de periode daarna is allesbehalve uitgesloten. Verlaging van de hectaretoeslagen zou er toe leiden dat meer akkerbouwers de vergroening vermijden door geen gebruik te maken van de hectaretoeslagen. Veel bollentelers doen dat nu al. Krimp van het budget voor de tweede pijler zou leiden tot een kleiner beheerd areaal en/of tot verwatering van beheerdoelen. Dat risico is des te groter als de beheerkosten per hectare verder zouden stijgen.

Op dit moment wordt het beheer van bijzondere natuurwaarden betaald uit de 60 miljoen euro die de rijksoverheid jaarlijks ter beschikking heeft gesteld. Het is een politieke afweging hoe dit bedrag wordt verdeeld over weidevogels, akkervogels en natte en droge dooradering. Maar aanvullende instrumenten en geldstromen uit andere bronnen zijn sowieso gewenst, want het huidige bedrag is niet eens toereikend om de weidevogels op hun huidige aantalsniveau te houden (Hoofdstuk 6). Een eerste stap is al gezet: de waterschappen dragen ten behoeve van aanvullende waterkwaliteitsmaatregelen circa 10 miljoen euro per jaar bij aan het nieuwe stelsel voor agrarisch natuurbeheer. Daarvoor hebben zij gebieden aangewezen die deels binnen, deels buiten de door de rijksoverheid aangewezen natte dooradering vallen. In Tabel 15.1 noemen we een negental andere mogelijke financieringsbronnen. Deze zijn zeker niet kansloos, maar evenmin gegarandeerd.

Blijft staan dat jaarlijkse betalingen voor beheer kwetsbaar zijn voor bezuinigingen bij de overheid. Daarom is het verstandig te zoeken naar mogelijkheden om jaarlijkse betalingen om te zetten in investeringen in meer structurele oplossingen. In Paragraaf 15.3 noemden we al de constructie van erfdienstbaarheid. Daarnaast kan worden gedacht aan grondbanken, aan stichtingen die beheer financieren en aan investeringen in natuurinclusieve bedrijfssystemen.

Kwetsbaarheid van de verschillende typen beheer

Beide typen beheer die we onderscheiden – ecologisch basisbeheer en beheer van bijzondere soorten – zijn kwetsbaar voor alle genoemde onzekerheden. Maar ze verschillen wel in de mate waarin.

Beheer van bijzondere soorten leent zich goed voor het creëren van draagvlak bij het publiek. Daar staat tegenover dat het relatief kwetsbaar is voor de genoemde ecologische onzekerheden, klimaatverandering en veranderend landgebruik in het zuiden. Ecologisch basisbeheer is juist minder kwetsbaar voor veranderingen in populaties van afzonderlijke soorten, want in principe is elke uitkomst in termen van soortensamenstelling welkom. Risico van dit beheer is dat het weinig of geen aansprekende, iconische soorten oplevert. In de praktijk zien we overigens dat boeren toch aan soortenbeheer gaan doen door randen in te zaaien met zaden van bloemrijke planten.

Beide typen beheer hebben dus hun sterke en hun kwetsbare kanten. Dat geldt overigens ook voor een alternatief dat vaak wordt genoemd: het instellen van reservaten. Voordeel van reservaten is dat een breed scala van ecologische condities kan worden gekozen. Daar staat tegenover dat de benodigde aankoop van grond duur is, zeker bij de huidige hoge grondprijzen. Bovendien kan Nederland daarvoor niet putten uit het budget van het Europese landbouwbeleid. Daarom is het verstandig om elk van deze drie typen beheer verder te optimaliseren. We leren dan meer en doen tegelijk aan

Tabel 15.1. Mogelijke aanvullende financieringsbronnen voor ecologisch basisbeheer en beheer van bijzonder natuurwaarden.

Financieringsbron	Hoe
Gemeenschappelijk landbouwbeleid	Benutting van de mogelijkheid om een deel van het geld uit de eerste pijler over te hevelen naar de Plattelandsverordening, de tweede pijler. Dat geld kan dan ook worden gebruikt voor investeringen in natuurinclusieve bedrijfssystemen en andere innovaties.
Belastingstelsel	Benutting van de mogelijkheid om boeren die investeren in een natuurvriendelijk bedrijfssysteem bij kredietverlening een lagere rente te geven. Dat kan in het kader van de bestaande fiscale regeling voor groenfinanciering.
Gemeenten, recreatieschappen, toeristen en hotels	Bijdragen aan het beheer van houtwallen en andere landschapselementen.
Voedselverwerkende bedrijven en supermarkten	Zuivel- en akkerbouwproducten geproduceerd op percelen met kleurrijke plantensoorten en aansprekende diersoorten die ze kunnen gebruiken in hun reclame of om 'het plaatje dichter bij het praatje' te brengen.
Andere bedrijven	Sponsoring van een diersoort of een lokaal landschapselement.
Publiek-private gebiedsfondsen	Verbrede landschapselementen en kleurrijke randen.
Natuurcompensatiegelden	Gelden die voortvloeien uit noodzakelijk geachte ingrepen in landschappen voor wegen en bebouwing, in te zetten voor beheer bijzondere soorten en/of landschapselementen.
Burgers	In de vorm van landschapsveilingen en *crowdfunding* voor natuurprojecten.
Consumenten	Bijvoorbeeld kazen, brood, bier en aardappelen met een natuur-plus.

risicospreiding. En binnen elk type blijft het zaak te innoveren en te zoeken naar meer structurele oplossingen.

Nieuwe ontwikkelingen die kansen bieden

We mogen deze paragraaf over perspectieven niet beëindigen zonder ook enkele maatschappelijke ontwikkelingen te noemen die nog niet of slechts zijdelings zijn genoemd, maar al wel gaande zijn en waar agrarisch natuurbeheer actief op kan inspelen. Ontwikkelingen die naast bedreigingen ook kansen bieden. Voorbeelden zijn het klimaatbeleid, circulaire economie en waterberging. Tekstkader 15.4 noemt een achttal relevante ontwikkelingen en enkele kansen die ze bieden. Dat biedt een breder perspectief voor agrarisch natuurbeheer. Het is zaak om actief in te spelen op deze ontwikkelingen met projecten, ondernemerschap en innovaties, ondersteund door stimulerend beleid.

Succesfactoren en aanbevelingen

Gegeven alle genoemde onzekerheden en kansen, wat zijn de succesfactoren voor een doelmatig agrarisch natuurbeheer in de komende jaren? De belangrijkste ecologische factoren hebben we reeds besproken in voorgaande paragrafen. Hier richten we ons op andere succesfactoren: sociale, bestuurlijke en juridische. We hebben deze in Tekstkader 15.5 vertaald in aanbevelingen voor de betrokken spelers.

Tekstkader 15.4. Nieuwe ontwikkelingen die op de landbouw afkomen en enkele kansen die ze bieden voor agrarische natuur.

Wouter van der Weijden

- **Circulaire economie**: hergebruik en recycling van grondstoffen. Stimuleert vermindering van verliezen van stikstof en fosfaat naar grond- en oppervlaktewater en kan in principe winst voor de biodiversiteit opleveren.
- ***Biobased economy*** kan een herkansing bieden voor aanleg en onderhoud van houtwallen en bomenrijen voor biogrondstoffen en biobrandstoffen, maar zal niet automatisch leiden tot meer biodiversiteit.
- **Energiebeleid** kan kansen bieden als boeren enkele percelen vol gaan zetten met zonnepanelen. Extensief graslandgebruik in deze percelen kan wellicht samen gaan met bijzondere plant- en diersoorten. In Engeland is de Royal Society for the Protection of Birds (RSPB) daar mee bezig (Loughran, 2016).
- **Klimaatbeleid** zou stimulansen kunnen opleveren voor verhoging van het organische stofgehalte in de bodem en daarmee voor meer onder- en bovengrondse biodiversiteit; en voor een wat hoger waterpeil in veengebieden en daarmee voor weidevogels.
- **Waterberging** langs rivieren is in Nederland en elders op steeds ruimere schaal noodzakelijk, vooral vanwege klimaatverandering. Grasland is beter bestand tegen overstromingen dan akkerland. Dat biedt nieuwe kansen voor grasland met bijzondere soorten.
- **Gewasbeschermingsbeleid** kan, als dat strenger wordt, betere kansen bieden voor spuitvrije randen en voor functionele agrobiodiversiteit.
- **Antibioticabeleid voor de veehouderij**: dat beleid is aangescherpt, het gebruik loopt terug en dat heeft ook voordelen voor het bodemleven.
- **Lokalisering en schaalverkleining** is te zien in de voedselmarkt, de biermarkt en de energiemarkt. Dat kan mogelijkheden bieden voor biodiversiteit. Ook kan het bijdragen aan meer door de streek gedragen vormen van natuurbeheer, inclusief agrarisch natuurbeheer.

Tekstkader 15.5. Aanbevelingen voor betrokken spelers.

Voor alle spelers

- Onderhoud het natuurlijk kapitaal. Bevorder in het hele landbouwareaal ecologische basiscondities voor landbouw en natuur.
- Zoek naar synergie tussen ecologisch basisbeheer, soortenbeheer én reservaatbeheer.
- Ondersteun beheerboeren met kennis, geef hen de voor beheer benodigde ruimte als ondernemer en waardeer goede prestaties financieel en sociaal.
- Bevorder dat zij het beheer niet louter voor de vergoeding doen, maar ook als deel van hun ondernemerschap, uit interesse en met kennis van zaken.
- Probeer vooral ook jonge boeren voor beheer te motiveren.
- Bevorder dat op de ecologisch kansrijke plekken gemotiveerde, vakbekwame boeren het beheer kunnen uitvoeren.
- Maak van alle beheer lerend beheer.

Voor het agrarisch onderwijs

- Geef agrarisch natuurbeheer een volwaardige plaats in de curricula, zeker ook in de productiegerichte opleidingen.
- Bied docenten waar nodig bijscholing op het vlak van duurzaam gebruik van natuurlijk kapitaal, natuurinclusief ondernemen en agrarisch natuurbeheer.

Voor de rijksoverheid

- Bevorder verdere vergroening van het Europese landbouwbeleid en overheveling van een deel van het budget van de eerste pijler naar de tweede, de Plattelandsverordening; dat maakt meer maatwerk mogelijk.
- Formuleer heldere eisen voor de monitoring door de provincies als cruciale pijler van lerend beheer en lerend beleid. En zorg voor voldoende middelen voor de uitvoering ervan.
- Bevorder ontwikkeling en toepassing van andere arrangementen voor duurzame inbedding van agrarisch natuurbeheer, bij voorbeeld in de toeristische sector.
- Creëer een Innovatiefonds voor technische en sociale innovaties in zowel ecologisch basisbeheer als beheer van bijzondere natuurwaarden.
- Anticipeer op ontwikkelingen in relevante verwante beleidsterreinen (Tekstkader 15.4)

Voor provincies

- Bevorder samenwerking tussen collectieven, waterschappen, natuurorganisaties en streekbewoners.
- Waar in de kerngebieden gemotiveerde boeren ontbreken, stimuleer oplossingen als kavelruil, bedrijfsruil en een grondbank.
- Bevorder gezonde wedijver rond beheerprestaties tussen collectieven en tussen agrarische natuurverenigingen. Denk daarbij aan *benchmarking*, prijzen en prijsvragen.
- Stel voor elke provincie een lijst vast van op landelijke schaal zeldzame soorten en door het publiek gewaardeerde soorten, voor zover ze niet al 'meeliften' met de 67 geselecteerde soorten. Stel middelen beschikbaar voor het beheer van deze additionele soorten.

Voor waterschappen

- Werk bij inrichting en beheer van sloten en slootkanten nauw samen met collectieven; betrek daarbij ook beheer van de bodem in aangrenzende percelen, want dat heeft eveneens effecten op de waterbeheersing en de waterkwaliteit in de sloten.
- Ga door met de medefinanciering van het agrarisch natuurbeheer.
- Investeer in innovaties voor het beheer van sloten en slootkanten door boeren.

Voor collectieven en agrarische natuurverenigingen

- Communiceer intensief met de boerenachterban.
- Werk samen met waterschappen bij het inrichten en beheren van sloten, slootkanten en aangrenzende stroken; maar ook bij bodembeheer op het hele perceel.
- Verbreed de sociale netwerken in de streek, onder meer met de toeristische sector en met streekbewoners.

Voor landbouworganisaties

- Beschouw natuurboeren als volwaardige ondernemers, ook omdat ze positief bijdragen aan het imago van de sector; neem hun belangen volwaardig mee in de belangenbehartiging.

Voor natuurorganisaties

- Bevorder de vraag naar voedsel met een natuur-plus.
- Werk nauw samen met agrarische natuurverenigingen en collectieven, zowel bij de beheerplanvorming als bij de uitvoering van het beheer.
- Bevorder dat het beheer van graslandreservaten wordt gedaan door vakbekwame en gemotiveerde natuurboeren. Maak daarbij gebruik van opties als certificering, bedrijfsruil, kavelruil en sollicitatieprocedures.

Voor de toeristische sector

- Zoek samenwerking met collectieven en ga arrangementen met hen aan op basis van wederzijds voordeel.

Voor voedselindustrie, supermarktketens en andere spelers in de voedselmarkt

- Maak biodiversiteit onderdeel van maatschappelijk verantwoord ondernemen en van leveringsvoorwaarden.
- Geef enkele bijzondere soorten een zichtbare plaats in keurmerken, streekproducten en kwaliteitsmerken.

Voor het onderzoek

- Verdiep de inrichtings- en beheerkennis van graslanden en akkers naar droge dooradering en natte dooradering.
- Specifiek aandachtspunt daarbij: recent Engels onderzoek (Botías e.a., 2015) wijst uit dat bloemen in ingezaaide akkerranden voor bijen een belangrijke bron van neonicotinoïden kunnen zijn. Voorkom dat zulke randen een 'ecologische val' voor insecten worden.
- Intensiveer het zoeken naar biologische en ecologische alternatieven voor gewasbeschermingsmiddelen, antibiotica en ontwormingsmiddelen.
- Ontwikkel nieuwe bedrijfs- en verdienmodellen voor natuurinclusieve landbouw.
- Ontwikkel nieuwe arrangementen voor een robuuste maatschappelijke inbedding van agrarisch natuurbeheer.

Tenslotte…

Vijfendertig jaar agrarisch natuurbeheer heeft tegenvallers opgeleverd, maar ook positieve resultaten. Uit beide valt veel te leren. Voor de komende jaren liggen er grote uitdagingen: de geleerde lessen in praktijk brengen, nieuwe mogelijkheden verkennen en proactief inspelen op ontwikkelingen die op de landbouw afkomen. Dat vergt gemotiveerde boeren, samenwerking met andere spelers en innovatiekracht gericht op een cultuurlandschap waar moderne landbouw wordt bedreven, maar waar het ook bloeit, zoemt en zingt.

Literatuur

Hoofdstuk 1

Batáry, P., Dicks, L.V., Kleijn, D. en Sutherland, W.J., 2015. The role of agri-environment schemes in conservation and environmental management. Conservation Biology 29: 1006-1016.

Bengsston, J., Ahnstrøm, J. en Weibull, A.-C., 2005. The effects of organic agriculture on biodiversity and abundance: a meta-analysis. Journal for Applied Ecology 42: 261-269.

Commissie Beheer Landbouwgronden, 1993. Evaluatie van de regeling beheersovereenkomsten: advies van de Commissie Beheer Landbouwgronden aan de staatssecretaris van landbouw, natuurbeheer en visserij, inzake wijziging van de regeling beheersovereenkomsten. Commissie Beheer Landbouwgronden, Utrecht.

Compendium voor de Leefomgeving, 2013. Bodemgebruik 1900-2008. CBS, Den Haag, Planbureau voor de Leefomgeving, Den Haag/Bilthoven en Wageningen UR, Wageningen.

Compendium voor de Leefomgeving, 2015. Biologische landbouw: aantal bedrijven en areaal, 1998-2014. CBS, Den Haag, Planbureau voor de Leefomgeving, Den Haag/Bilthoven en Wageningen UR, Wageningen. Beschikbaar op: http://tinyurl.com/huw3mps.

De Snoo, G.R., 2004. Dynamisch land – rijke natuur. Oratie 28 oktober 2004, Wageningen Universiteit, Wageningen.

De Snoo, G.R., Herzon, I., Staats, H., Burton, R.J.F., Schindler, S., Van Dijk, J., Lokhorst, A.M., Bullock, J., Lobley, M., Wrbka, T., Schwarz, G. en Musters, C.J.M., 2013. Towards effective nature conservation on farmland. Making farmers matter. Conservation Letters 6(1): 66-72.

European Environment Agency (EEA), 2015. State of nature in the EU: results from reporting under the nature directives 2007-20012. EEA Technical report no 2/2015. Beschikbaar op: http://tinyurl.com/j6k4kgx.

Fresco, L.O., 2012. Hamburgers in het Paradijs – Voedsel in tijden van schaarste en overvloed. Prometheus-Bert Bakker, Amsterdam.

Hole, D.G., Perkins, A.J., Wilson, J.D., Alexander, I.H., Grice, P.V. en Evans, A.D., 2005. Does organic farming benefit biodiversity? Biological Conservation 122: 113-130.

Kleijn, D., Berendse, F., Smit, R. en Gilissen, N., 2001. Agri-environment schemes do not effectively protect biodiversity in Dutch agricultural landscapes. Nature 413: 723-725.

Kragten, S., 2009. Breeding birds on organic and conventional arable farms. Proefschrift, Universiteit Leiden, Leiden, 174 pp.

Kragten, S. en De Snoo, G.R., 2007. Nest success of lapwings (*Vanellus vanellus*) on organic and conventional farms in the Netherlands. Ibis 149: 742-749.

Meeuwsen, M., Koopmans, C., Stortelder, A., Zaalmink, W. en Prins, H., 2015. Natuur en biodiversiteit in de biologische markt. LEI Wageningen UR, Den Haag, 8 pp.

Mondelaers, K., Aertsens, J. en Huylenbroeck, G., 2009. A meta-analysis of the differences in environmental impacts between organic and conventional farming. British Food Journal 111: 1098-1119.

Planbureau voor de Leefomgeving (PBL), 2014. Balans van de leefomgeving 2014, natuurlijk kapitaal als nieuw beleidsconcept. Bilthoven.

Ponisio, L.C., M'Gonigle, L.K., Mace, K.C., Palomino, J., De Valpine, P. en Kremen, C., 2015. Diversification practices reduce organic to conventional yield gap. Diversification practices reduce organic to conventional yield gap. Proceedings of the Royal Society B 282: 20141396.

Raad voor de leefomgeving en infrastructuur (Rli), 2014. Onbeperkt houdbaar: naar een robuust natuurbeleid. Rli, Den Haag.

Roep, D., Leeuwis, C. en Van der Ploeg, J.D., 1991. Zicht op duurzaamheid en kontinuïteit: bedrijfsstijlen in de Achterhoek. Vakgroep Agrarische Ontwikkelingssociologie, Landbouwuniversiteit Wageningen, Wageningen, 208 pp.

Schneider, M.K., Lüscher, G., Jeanneret, P., Arndorfer, M., Ammari, Y., Bailey, D., Balázs, K., Báldi, A., Choisis J.-P., Dennis, P., Eiter, S., Fjellstad, W., Fraser, M.D., Frank, T., Friedel, J.K., Garchi, S., Geijzendorffer, I.R., Gomiero, T., Gonzalez-Bornay, G., Hector, A., Jerkovich, G., Jongman, R.J.H.G., Kakudidi, E., Kainz, M., Kovács-Hostyánszki, A., Moreno, G., Nkwiine, C., Opio, C., Oschatz, M.-L., Paoletti, M.G., Pointereau, P., Pulido, F.J., Sarthou, J.-P., Siebrechts, N., Sommaggio, D., Turnbull, L.A., Wolfrum en S., Herzog, F., 2014. Gains to species diversity in organically farmed fields are not propagated at the farm level. Nature Communications 5: 1-9.

Tuomisto, H.L., Hodge, I.D., Riordan, P. en Macdonald, D.W., 2012. Does organic farming reduce environmental impacts? A meta-analysis of European research. Journal of Environmental Management 112: 309-320.

Van de Klundert, A.F., 2013. Op zoek naar onze natuur. Innovatienetwerk, Utrecht, 303 pp.

Van der Weijden, 1977. Het dilemma van de nationale landschapsparken. Natuur en Milieu 9. Natuur en Milieu, Den Haag, 64 pp.

Volker, C.M., 1995. Binding met het landschap; naar een nieuwe sociale basis voor landinrichting. Landinrichting 35(4): 5-9.

Wereld Natuur Fonds (WNF), 2015. Living planet report. Natuur in Nederland. WNF, Zeist.

Willer, H., Lernoud, J. en Home, R., 2013. Organic agriculture 2013: key indicators and leading countries. FiBL-IFOAM, Bonn, Duitsland. Beschikbaar op: http://tinyurl.com/h48rd7h.

Hoofdstuk 2

Algra, H., 1979. Kroniek van een Friese boer. De aantekeningen (1821-1856) van Doeke Wijgers Hellema te Wirdum, bewerkt door H. Algra. Wever, Franeker.

Andela, G., 2011. J.T.P. Bijhouwer, grensverleggend landschapsarchitect. Uitgeverij010, Rotterdam.

Beintema, A., Moedt, O. en Ellinger, D., 1995. Ecologische atlas van de Nederlandse weidevogels. Schuyt en Co, Haarlem.

Bijhouwer, J.T.P., 1943. Natuurwetenschap en nationaal plan. Vakblad voor Biologen 24(2): 44-47.

Boer, M., Smeding, F.W., Kloen, H. en Guldemond, J.A., 2003. Ondernemen met biodiversiteit. Werkboek voor ondernemers in de landbouw. CLM, Louis Bolk Instituut en DLV, Utrecht.

Coesèl, M., 1993. Zinkviooltjes en zoetwaterwieren. J. Heimans (1889-1979). Natuurstudie en natuurbescherming in Nederland. Verloren, Hilversum.

Coesèl, M., Schaminée, J. en Van Duuren, L., 2007. De natuur als bondgenoot. De wereld van Heimans en Thijsse in historisch perspectief. KNNV Uitgeverij, Zeist.

Cormont, A., Siepel, H., Clement, J., Melman, Th.C.P., Wallis de Vries, M.F., Van Turnhout, C.A.M., Sparrius, L.B., Reemer, M., Biesmeijer, J.C., Berendse, F. en De Snoo, G.R., 2016. Landscape complexity and farmland biodiversity: evaluating the CAP target on natural elements. Journal for Nature Conservation 30: 19-26.

Courbois, M. en Schaminée, J., 2009. Thema's in het Nederlandse natuurbeheer: een korte geschiedenis. In: Schaminée, J. en Weeda, E. Natuur als nooit tevoren. Beschouwingen over natuurbeheer in Nederland. KNNV Uitgeverij, Zeist, pp. 13-33.

Dekker, J., 2002. Dynamiek in de Nederlandse natuurbescherming. Proefschrift, Universiteit Utrecht, Utrecht, 320 pp.

De Jong, M.D.Th.M., 2002. Scheidslijnen in het denken over natuurbeheer in Nederland. Een genealogie van vier ecologische theorieën. Proefschrift, TU Delft, Delft.

De Snoo, G.R., 1995. Unsprayed field margins: implications for environment, biodiversity and agricultural practice. Proefschrift, Universiteit Leiden, Leiden.

De Snoo, G.R., 2004. Dynamisch land – rijke natuur. Oratie 28 oktober 2004, Wageningen Universiteit, Wageningen, 35 pp.

De Snoo, G.R., 2016. Succesvol natuur beschermen. Diesoratie 8 februari 2016. Universiteit Leiden, Leiden. Beschikbaar op: http://tinyurl.com/hyq766u.

De Snoo, G.R. en Chaney, K., 1999. Unsprayed field margins. What are we trying to achieve? Aspects of Applied Biology 54: 1-12.

Donald, P.F., Sanderson, F.J., Burfield, I.J. en Van Bommel, F.P.J., 2006. Further evidence of continent-wide impacts of agricultural intensification on European farmland birds, 1990-2000. Agriculture, Ecosystems en Environment 116(3-4): 189-196.

Eurpean Union (EU), 2010. The CAP towards 2020: meeting the food, natural resources and territorial challenges of the future. Communication from the Commission to the European Parliament, the Council, the European Economic and Social Committee and the Committees of the Regions. EU, Brussel, 15 pp. Beschikbaar op: http://tinyurl.com/h9shhys.

European Union (EU), 2013. Verordening (EU) nr. 1307/2013 van het Europees Parlement en de Raad van 17 december 2013 tot vaststelling van voorschriften voor rechtstreekse betalingen aan landbouwers in het kader van de steunregelingen van het gemeenschappelijk landbouwbeleid. EU, Brussel.

Geiger, F., Bengtsson, J., Berendse, F., Weisser, W.W., Emmerson, M., Morales, M.B., Ceryngier, P., Liira, J., Tscharntke, T., Winqvist, C., Eggers, S., Bommarco, R., Pärt, T., Bretagnolle, V., Plantegenest, M., Clement, L.W., Dennis, C., Palmer, C., Oñate, J.J., Guerrero, I., Hawro, V., Aavik, T., Thies, C., Flohre, A., Hänke, S., Fischer, C., Goedhart, P.W. en Inchausti, P., 2010a. Persistent negative effects of pesticides on biodiversity and biological control potential on European farmland. Basic and Applied Ecology 11: 97-105.

Geiger, F., Van der Lubbe, S.C.T.M., Brunsting, A.M.H. en De Snoo, G.R., 2010b. Insect abundance in cow dung pats of different farming systems. Entomologische Berichten 70(4): 106-110.

Landschap, 2002. Themanummer naar aanleiding van het symposium 'Landbouw, als drager van het landschap', 31 mei 2001. Landschap 19(4): 185-249.

Laporte, G. en De Graaff, R., 2006. Een rijk weidevogellandschap. Rapport projectgroep weidevogelverbond. WING Proces Consultancy, Wageningen, 68 pp.

Maas, F., 2005. Wind mee, stroom tegen: 100 jaar Natuurmonumenten. Terra Lannoo, Warnsveld.

Manhoudt, A.G.E. en De Snoo, G.R., 2003. A quantitative survey of semi-natural habitats on Dutch arable farms. Agriculture, Ecosystems and Environment 97: 235-240.

Melman, Th.C.P., 1991. Slootkanten in het veenweidegebied. Proefschrift, Rijksuniversiteit Leiden, Leiden.

Metz, T., 1998. Nieuwe natuur. Reportages over veranderend landschap. Ambo, Amsterdam.

Ministerie van Economische Zaken (EZ), 2014. Natuurlijk verder. Rijksnatuurvisie 2014. EZ, Den Haag.

Ministerie van CRM en van Landbouw en Visserij, 1975. Relatienota voluit: nota betreffende de relatie landbouw en natuur- en landschapsbehoud. Ministerie van CRM en van Landbouw en Visserij, Den Haag.

Musters, C.J.M., Parmentier, F., Poppelaars, A.J., Ter Keurs, W.J. en Udo de Haes, H.A., 1986. Factoren die de dichtheid van weidevogels bepalen. Rijksuniversiteit Leiden, Leiden.

Roschewitz, I., Gabriel, D., Tscharntke, T. en Thies, C., 2005. The effects of landscape complexity on arable weed species diversity in organic and conventional farming. Journal of Applied Ecology 42: 873-882.

Saris, F., 2007. Sterns, van dameshoedjes naar logo Vogelbescherming. In: Saris, F. Een eeuw vogels beschermen. KNNV Uitgeverij, Zeist.

Schouten, M.G.C., 2003. Groeneveldlezing: van wie is de natuur? Groeneveldblad 2003(3): 5-15.

Schumacher, W., 1984. Gefährdete ackerwildkräuter können auf ungespritzten feldrändern erhalten werden. Mitteilungen der LÖLF 9(1): 14-20.

Smeding, F.W. en De Snoo, G.R., 2003. A concept of food-web structure in organic arable farming systems. Landscape and Urban Planning 65: 219-236.

Tscharntke, T., Klein, A.M., Kruess, A., Steffan-Dewenter, I. en Thies, C., 2005. Landscape perspectives on agricultural intensification and biodiversity – ecosystem service management. Ecology Letters 8(8): 857-874.

Tweede Kamer der Staten Generaal, 1990. Natuurbeleidsplan. Regeringsbeslissing. Vergaderjaar 1989-1990, 21 149 nrs. 2-3. Tweede Kamer der Staten Generaal, Den Haag.

Van der Meulen, D., 2006. Het bedwongen bos. Nederlandser en hun natuur. Sun, Amsterdam.

Van der Putten, W.H., 2004. Biodiversiteit: onzichtbare interacties belicht. Oratie 6 mei 2004, Wageningen Universiteit, Wageningen.

Van der Windt, H.J., 1995. En dan: wat is de natuur nog in dit land? Natuurbescherming in Nederland 1880-1990. Boom, Amsterdam.
Van der Windt, H.J., 2014. Natuurbescherming en landbouw in Nederland in 1880-2010. In: Jaarboek voor Ecologische Geschiedenis, pp. 119-151.
Van Eekeren, N., Heeres, E. en Smeding, F., 2003. Leven onder de graszode. Louis Bolk Instituut, Driebergen.
Van Paassen, A., Van Paassen, N. en Praagman, N., 2008. 25 jaar weidevogelwacht Schipluiden en Maasland. Alevo, Delft.
Vera, F.W.M., 1997. Metaforen voor wildernis: eik, hazelaar, rund en paard. Proefschrift, Universiteit Wageningen, Wageningen.
Vereniging tot Behoud van Natuurmonumenten, 1956. Vijftig jaar natuurbescherming in Nederland. Vereniging tot Behoud van Natuurmonumenten, Amsterdam.

Hoofdstuk 3

Borgsteede, F.H.M., Verkaik, J., Moll, L., Dercksen, D.P., Vellema, P. en Bavinck, G., 2010. Hoe wijd verspreid is resistentie tegen ivermectine van maagdarmwormen bij het schaap in Nederland? Tijdschrift voor Diergeneeskunde 135: 782-785.
Brouwer, F.M. en Van Berkum, S., 1996. CAP and environment in the European Union: analysis of the effects of the CAP on the environment and assessment of existing environmental conditions in policy. Wageningen Pers, Wageningen.
Carvalheiro, L.G., Kunin, W.E., Keil, P., Aguirre-Gutierrez, J., Ellis, W.N., Fox, R., Groom, Q., Hennekens, S., Van Landuyt, W., Maes, D., Van de Meutter, F., Michez, D., Rasmont, P., Odé, B., Potts, S.G., Reemer, M., Roberts, S.P.M., Schaminée, J., Wallis De Vries, M.F. en Biesmeijer, J.C., 2013. Species richness declines and biotic homogenisation have slowed down for NW-European pollinators and plants. Ecology Letters 16: 870-878.
Centraal Bureau voor de Statistiek (CBS), 2015a. Koeien vaker in de wei leidt tot lagere ammoniakuitstoot. CBS, Den Haag. Beschikbaar op: http://tinyurl.com/zqkboa8.
Centraal Bureau voor de Statistiek (CBS), 2015b. Weidegang van melkvee; weidegebied. CBS, Den Haag/Heerlen. Beschikbaar op: http://tinyurl.com/h9jvs5g.
Cochrane, W.W., 1958. Farm prices – myth and reality. University of Minnesota Press, Minneapolis.
Compendium voor de Leefomgeving, 2014. Nutriëntenoverschotten in de landbouw, 1970-2011. CBS, Den Haag, Planbureau voor de Leefomgeving, Den Haag/Bilthoven, Wageningen UR, Wageningen. Beschikbaar op: http://tinyurl.com/jakgrv2.
Compendium voor de Leefomgeving, 2015. Ammoniakemissie door de land- en tuinbouw, 1990-2013. CBS, Den Haag, Planbureau voor de Leefomgeving, Den Haag/Bilthoven en Wageningen UR, Wageningen. Beschikbaar op: http://tinyurl.com/jhm82ur.
Compendium voor de Leefomgeving, 2016. Emissies broeikasgassen, 1990-2014. CBS, Den Haag, Planbureau voor de Leefomgeving, Den Haag/Bilthoven en Wageningen UR, Wageningen. Beschikbaar op: http://tinyurl.com/3lwq8v4.
De Snoo, G.R. en Vijver, M.G., 2012. Bestrijdingsmiddelen en waterkwaliteit. Universiteit Leiden, Centrum voor Milieuwetenschappen, Leiden, 176 pp.
European Academies Science Advisory Council (EASAC), 2015. Ecosystem services, agriculture and neonicotinoids. EASAC policy report 26. EASAC, Halle.
GD tweede helft, 2012. Hoofdpunten monitoring. Diergezondheid kleine herkauwers. GD, Deventer.
Geiger, F., Van der Lubbe, S.C.T.M, Brunsting, A.M.H. en De Snoo, G.R., 2010. Insect abundance in cow dung pats of different farming systems. Entomologische Berichten 70(4): 106-110.
Glick, B.R, 2015. Beneficial plant-bacterial interactions. Springer, Heidelberg.
Grime, J.P., 1973. Control of species density in herbaceous vegetation. Journal of Environmental Management 1: 151-167.
Hallmann, C.A., Foppen, R.P.B., Van Turnhout, C.A.M., De Kroon, H. en Jongejans, E., 2014. Declines in insectivorous birds are associated with high neonicotinoid concentrations. Nature 511: 341-343.

Hoste, R., 2014. Sojaverbruik in de Nederlandse diervoederindustrie 2011-2013; inventarisatie in opdracht van Stichting Ketentransitie verantwoorde soja. LEI Wageningen UR, Den Haag.

LEI, 2015. Landbouw-Economisch Bericht 2015. LEI Wageningen UR, Den Haag. Beschikbaar op: http://www.landbouweconomischbericht.nl.

Madsen, M., Overgaard Nielsen, B., Holter, P., Pedersen, O.C., Bröchner Jespersen, J., Vagn Jensen, K.-M., Nansen, P. en Gronvold, J., 1990. Treating cattle with ivermectin: effects on the fauna and decomposition of dung peats. Journal of Applied Ecology 27: 1-15.

Melman, Th.C.P., Huiskes, R. en Grashof, C., 2010. Evaluatie botanisch beheer graslanden. Landschap 27: 17-27.

Mensink, B.J.W.G. en Montforts, M.H.M.M., 2008. The ecological risks of antibiotic resistance in aquatic environments: a literature review. RIVM report 601500005/2007. RIVM, Bilthoven.

Musters, C., Vijver, M.G., Van 't Zelfde, M., Heuvelink, G. en De Snoo, G.R., 2012. Bestrijdingsmiddelen in het oppervlaktewater. In: De Snoo, G.R. en Vijver, M.G. (red.) Bestrijdingsmiddelen en waterkwaliteit. Universiteit Leiden, Centrum voor Milieuwetenschappen, Leiden, 176 pp.

Reijs, J.W., Doornewaard, G.J., Jager, J.H. en Beldman, A.C.G., 2015. Sectorrapportage duurzame zuivelketen 2015: prestaties 2014 in perspectief. LEI-rapport 2015-126. LEI Wageningen UR, Den Haag.

Termaat, T., Huskens, K. en Van Strien, A.J., 2015. Libellen geteld. Jaarverslag 2014. Rapport VS2015.006. De Vlinderstichting, Wageningen.

Van Bruchem, C., Silvis, H.J., Berkhout, P., Van Bommel, K.H.M., De Bont, C.J.A.M., Van Everdingen, W.H., De Kleijn, A.J. en Pronk, A., 2008. Agrarische structuur, trends en beleid. Ontwikkelingen in Nederland vanaf 1950. LEI Wageningen UR, Den Haag.

Van den Pol-Van Dasselaar, A., Philipsen, A.P. en De Haan, M.H.A., 2013. Economisch weiden. Wageningen UR Livestock Research, Wageningen.

Van der Linden, A.M.A., Kruijne, R., Tiktak, A. en Vijver, M.G., 2012. Evaluatie van de nota duurzame gewasbescherming. Deelrapport milieu. RIVM-rapport 607059001. RIVM, Bilthoven.

Van Dijk, T.C., Van Staalduinen, M.A. en Van der Sluijs, J.P., 2013. Macro-invertebrate decline in surface water polluted with imidacloprid. PLoS One 8(5): e62374.

Van Eerdt, M., Van Dam, J., Tiktak, A., Vonk, M., Wortelboer, R. en Van Zeijts, H., 2012. Evaluatie van de nota Duurzame gewasbescherming. Planbureau voor de Leefomgeving, Den Haag. Beschikbaar op: http://tinyurl.com/zeb8wdl.

Van Leeuwen, M.G.A., 2006. Het Nederlandse agrocomplex 2006. Rapport 5.06.10. LEI Wageningen UR, Den Haag.

Van Leeuwen, M.G.A., De Kleijn, A.J., Pronk, A. en Verhoog, A.D., 2008. Het Nederlandse agrocomplex 2007. Rapport 5.08.01. LEI Wageningen UR, Den Haag.

Van Leeuwen, M.G.A., De Kleijn, A.J. en Pronk, A., 2009. Het Nederlandse agrocomplex 2009. Rapport 2009.111. LEI Wageningen UR, Den Haag.

Van Leeuwen, M.G.A., De Kleijn, A.J. en Pronk, A., 2010. Het Nederlandse agrocomplex 2010. Rapport 2010-086. LEI Wageningen UR, Den Haag.

Van Leeuwen, M.G.A., De Kleijn, A.J. en Pronk, A., 2012a. Het Nederlandse agrocomplex 2011. Rapport 2011-081. LEI Wageningen UR, Den Haag.

Van Leeuwen, M.G.A., De Kleijn, A.J., Pronk, A. en Verhoog, A.D., 2012b. Het Nederlandse agrocomplex 2012. Rapport 2012-073. LEI Wageningen UR, Den Haag.

Van Miltenburg, J., Bernts, H., Van Bergen, J., Stouthart, F. en Van Zeijts, H., 1992. Vermindering mineralenoverschotten op landbouwbedrijven: verslag van een onderzoek naar de ontwikkeling en het gebruik van de mineralenboekhouding. CLM, Utrecht.

Van der Schans, F. en Keuper, D., 2013. Melkveehouderij na de quotering, grondgebonden en 'industriële' bedrijven. CLM, Culemborg.

Verhoog, D., 2015. Het Nederlandse agrocomplex. LEI Wageningen UR, Den Haag.

Vijver, M.G. en Van den Brink, P.J., 2014. Macro-invertebrate decline in surface water polluted with imidacloprid: a rebuttal and some new analyses. PLoS ONE 9(2): e89837.

Wymenga, E., Latour, J., Beemster, N., Bos, D., Bosma, N., Haverkamp, J., Hendriks, R., Roerink, G.J., Kasper, G.J., Roelsma, J., Scholten, S., Wiersma, P. en Van der Zee, E., 2016. Terugkerende muizenplagen in Nederland. Inventarisatie, sturende factoren en beheersing. A en W-rapport 2123. Altenburg en Wymenga, Feanwâlden.

Hoofdstuk 4

Algemene Rekenkamer, 1990. Rapport over de mestwetgeving. Decemberverslag 1990, TK 1990-1991, 21955(1-2): 119-144.

Barnes, A.P., Schwarz, G., Keenleyside, C., Thomson, S., Waterhouse, T., Polakova, J., Stewart, S. en McCracken, D., 2011. Alternative payment approaches for non-economic farming systems delivering environmental public goods. Scottish Agricultural College, Institute for European Environmental Policy, Johann Heinrich von Thünen Institut.

Berkhout, P., 2008. EU-plattelandsbeleid en structuurfondsen. In: Silvis, H., Oskam, A. en Meester, G. (red.) EU-beleid voor voedsel, landbouw en groen: nan politiek naar praktijk. Wageningen Academic Publishers, Wageningen.

Bertels, J. en Tamis, W.L.M., 2002. Groenblauwe haarvaten: een ruwe schets. Een voorstudie naar de mogelijkheden van agro-ecologische netwerken in het West-Nederlandse veenweidegebied. Institute of Environmental Sciences CML, Leiden, 38 pp.

Brabers, M., Van der Jagt, P. en Mookhoek, M., 2008. De index gewogen. Over 'taal' en taalbeheersing. Commissie Audit Index Natuur, Landschap en Recreatie, Utrecht.

Buij, R., Schotman, A., Sierdsema, H., Melman, Th.C.P., 2013. Het belang van akkerland voor weidevogels in de provincie Noord-Holland. Consequenties weidevogelkerngebieden aanpak voor weide- en akkervogels. Alterra Wageningen UR, Wageningen.

Centraal Bureau voor de Statistiek (CBS), 2015. Landbouw, vanaf 1851. CBS, Den Haag/Heerlen. Beschikbaar op: http://tinyurl.com/zmjk6w8.

Centraal Bureau voor de Statistiek (CBS), Planbureau voor de leefomgeving (PBL), Wageningen UR, 2014. Realisatie nieuwe EHS – agrarisch natuurbeheer, 1999-2012 (indicator 1317, versie 10, 9 juli 2014). CBS, Den Haag; Planbureau voor de Leefomgeving, Den Haag/Bilthoven en Wageningen UR, Wageningen. Beschikbaar op: http://tinyurl.com/z883wsk.

De Snoo, G.R., Lokhorst, A.M., Van Dijk, J., Staats, H. en Musters, C.J.M., 2010. Benchmarking biodiversity performances of farmers. Aspects of Applied Biology 100: 311-318.

Europees Parlement (EP), 1999. Agenda 2000. Europese Raad van Berlijn 24 en 25 maart 1999; conclusies van het Voorzitterschap. EP, Brussel.

Heinen, J., Kromwijk, A., Metselaar, D. en Schreuder, R., 2014. Nederlandse Catalogus Groenblauwe Diensten 2015. Dienst Landelijk Gebied en Interprovinciaal Overleg, Den Haag.

Heringa, B., 1988. Ontstaan en hoofdkenmerken van het EG-landbouwbeleid. In: De Hoogh, J. en Silvis, H. (red.) EG-landbouwpolitiek van binnen en van buiten. Pudoc, Wageningen.

Institute for European Environmental Policy (IEEP), 2006. An evaluation of the less favoured area measure in the 25 member States of the European Union. IEEP, Brussel. Beschikbaar op: http://ec.europa.eu/agriculture/eval/reports/lfa/full_text_en.pdf.

Interprovinciaal Overleg (IPO), 2007. Strategische visie op beheer van het landelijk gebied, een nieuw subsidiesysteem voor beheer van natuur en landschap. IPO, Den Haag.

Interprovinciaal Overleg (IPO), 2009. Basisboek subsidiestelsel SNL. Den Haag.

Interprovinciaal Overleg (IPO), 2011. Beheerkosten van de (herijkte) EHS. Rapportage in het kader van herijking EHS en decentralisatie ILG. IPO, Den Haag.

Interprovinciaal Overleg (IPO), 2012. Provincies Natuurlijk....! Advies aan het Interprovinciaal Overleg over de uitwerking van het 'Onderhandelingsakkoord decentralisatie natuur'. Voorstel voor een verdeling van de Ontwikkelopgave Natuur en de daarvoor beschikbare gronden (commissie Jansen I). IPO, Den Haag.

Interprovinciaal Overleg (IPO), 2013. Provincies, natuurlijk... doen! Advies aan het Interprovinciaal Overleg over de verdeling van de financiële middelen uit het Regeerakkoord Rutte II voor ontwikkeling en beheer van natuur in Nederland (commissie Jansen II). IPO, Den Haag.

Keenleyside, C., Allen, B., Hart, K., Menadue, H., Stefanova, V., Prazan, J., Herzon, I., Clement, T., Povellat, A., Maciejczak, M. en Boatman, V., 2011. Delivering environmental benefits through entry level agri-environment schemes in the EU. Institute for European Environmental Policy, Londen.

Keenleyside, C., Radley, G., Tucker, G., Underwood, E., Hart, K., Allen, B. en Menadue, H., 2014. Results-based payments for biodiversity guidance handbook: designing and implementing results-based agri-environment schemes 2014-20. Institute for European Environmental Policy, Londen.

Kruk, M., 1993. Meadow bird conservation on modern commercial dairy farms in the western peat district of the Netherlands: possibilities and limitations. Proefschrift, Universiteit Leiden, Leiden.

Kruk, M., Twisk, W., De Graaf, H.J. en Ter Keurs, W.J., 1994. An experiment with paying for conservation results concerning ditch bank vegetations in the western peat district in the Netherlands. BCPC Monographs 58: 397-402.

Meester, G., De Groot, T., Strijker, D. en Silvis, H., 2013. Milestones in the common agricultural policy. In: Luchetti, W., Feiter, F.-J. en Laccone, G. (red.) The history of the European Common Agricultural Policy. Veronafiere, Fieragricola.

Melman, Th.C.P., 1991. Slootkanten in het veenweidegebied: mogelijkheden voor behoud en ontwikkeling van natuur in agrarisch grasland. Proefschrift, Universiteit Leiden, Leiden.

Melman, Th.C.P., Buij, R., Hammers, M., Verdonschot, R.C.M. en Van Riel, M.C., 2014b. Nieuw stelsel agrarisch natuurbeheer: criteria voor leefgebieden en beheertypen. Alterra Wageningen UR, Wageningen.

Melman, Th.C.P., Huiskes, R. en Grashof, C., 2010. Evaluatie botanisch beheer graslanden. Landschap 27: 17-27.

Melman, Th.C.P., Schotman, A.G.M., Kiers, M.A. en Vanmeulebrouk, B., 2012. Online hulp bij mozaïekbeheer. Vakblad Natuur Bos en Landschap, 2012: 4-7.

Melman, Th.C.P., Sierdsema, H., Buij, R., Roerink, G.J., Martens, S., Meeuwsen, H.A.M. en Schotman, A.G.M., 2014a. Uitwerking kerngebieden weidevogels. peiling draagvlak bij provincies, verbreding kennissysteem BoM. Alterra Wageningen UR, Wageningen.

Melman, Th.C.P., Sierdsema, H., Hammers, M., Oosterveld, E. en Schotman, A.G.M., 2014c. Kerngebieden voor weidevogels in Zuid-Holland. Betekenis daarvan voor internationale verplichtingen overige vogelsoorten. Alterra Wageningen UR, Wageningen.

Melman, Th.C.P. en Van Strien, A., 1993. Ditch banks as a conservation focus in intensively exploited peat farmland. In: Vos, C. en Opdam, P. (red.) Landscape ecology of a stressed environment. Chapman en Hall, Londen, pp. 122-141.

Ministerie van Economische Zaken (EZ), 2013. Implementatie gemeenschappelijk landbouwbeleid. Brief aan de voorzitter van de Tweede Kamer der Staten Generaal, DGA-ELV/13196008, 6 december 2013. EZ, Den Haag.

Ministerie van Economische Zaken (EZ), 2014a. Uitwerking directe betalingen gemeenschappelijk landbouwbeleid. Den Haag, brief aan de voorzitter van de Tweede Kamer der Staten Generaal, DGA-ELV/14051593, 5 juni 2014. EZ, Den Haag.

Ministerie van Economische Zaken (EZ), 2014b. Plattelandsontwikkelingsprogramma voor Nederland 2014-2020 (POP3). Concept 13 maart 2014. EZ, Den Haag.

Musters, C.J.M., Kruk, M., De Graaf, H.J. en Ter Keurs, W., 2001. Breeding birds as a farm product. Conservation Biology 15(2): 363-369.

Nieuwenhuizen, W., Westerink, J., Gerritsen, A.L., Schrijver, R.A.M. en Salverda, I.E., 2014. Wat je aan elkaar hebt; sociaal kapitaal in het agrarisch natuur- en landschapsbeheer. Alterra-rapport 2603. Alterra Wageningen UR, Wageningen.

Oréade-Brèche, 2005. Evaluation des mésures agro-environnementales. Rapport final. Auzeville, France.

Raad voor de Leefomgeving en Infrastructuur (Rli), 2013. Onbeperkt houdbaar. Naar een robuust natuurbeleid. Rli, Den Haag.

Rijksdienst voor Ondernemend Nederland (RVO.nl), 2014. Natuurmeting op kaart: beheer. RVO, Assen. Beschikbaar op: http://tinyurl.com/jtkm2m3.

Sanders, M., 2009. Omvang van ontgronding in Nederland is niet bekend. De Levende Natuur 110(1): 5-7.

Schotman, A.G.M., Sierdsema, H. en Melman, Th.C.P., 2014. Kerngebieden voor weidevogels in de praktijk. methodiek gebruikt voor maken voorstel kerngebieden Noord-Holland. Alterra Wageningen UR, Wageningen.

Slot, N., 1988. Structurele en regionale problemen in de EG-landbouw. In: De Hoogh, J. en Silvis, H. (red.) EG-landbouwpolitiek van binnen en van buiten. Pudoc, Wageningen.

Ten Holt, H., Martens, S. en Melman, Th.C.P., 2013. Kerngebieden weidevogels en agrarische natuur. Ronde langs de provincies en het Rijk. Alterra Wageningen UR, Wageningen.

Terluin, I.J., Gaaff, A., Polman, N.B.P., Post, J.H., Rijk, P.J. en Schouten, M.A.H., 2008. Bergboeren in Nederland: tegen wil en dank? LEI Wageningen UR, Den Haag.

Tracy, M., 1989. Government and agriculture in Western Europe 1880-1988. Exeter.

Trimbos, K., Visbeen, F., Van Leeuwen, F. en Menkveld, W., 2014. Naar kerngebieden weidevogels in Noord-Holland – Verslag van drie gebiedsbijeenkomsten. Landschap Noord-Holland, Heiloo.

Van Doorn, A., Vullings, W., Breman, B., Elbersen, B., Korevaar, H., Meijer, M., Naeff, H., Noij, G.-J., Kuhlman, T. en Polman, N., 2013. Nationale invulling vergroening GLB vanuit het perspectief van biodiversiteit. Alterra Wageningen UR, Wageningen.

Van Paassen, A.G., Terwan, P. en Stoop, J., 1991. Resultaatbeloning in het agrarisch natuurbeheer. Centrum voor Landbouw en Milieu, Utrecht.

Wiersma, P., Ottens, H.J., Kuiper, M.W., Schlaich, A.E., Klaassen, R.H.G., Vlaanderen, O., Postma, M. en Koks, B.J., 2014. Analyse effectiviteit van het akkervogelbeheer in provincie Groningen. Werkgroep Grauwe Kiekendief, Scheemda.

Hoofdstuk 5

Franks, J.R. en McGloin, A., 2007. Environmental co-operatives as Instruments for delivering across-farm environmental and rural policy objectives: lessons for the UK. Journal of Rural Studies 23(4): 472-489.

Hees, E., 2000. Trekkers naast de trap. Een zoektocht naar de dynamiek in de relatie tussen boer en overheid. Proefschrift, Wageningen Universiteit, Wageningen.

Interprovinciaal Overleg (IPO), 2011. Beheerkosten van de (herijkte) EHS. Rapportage in het kader van herijking EHS en decentralisatie ILG. IPO, Den Haag.

Joldersma, R., Guldemond, A., Van Vliet, J. en Van Well, E., 2009. Belangen van agrarische natuurverenigingen. Achtergronddocument bij Natuurbalans 2009 van het Planbureau voor de Leefomgeving. CLM Onderzoek en Advies, Culemborg.

Melman, Th.C.P., Schotman, A.G.M., Hunink, S. en De Snoo, G.R., 2008. Evaluation of meadow bird management, especially black-tailed godwit (*Limosa limosa* L.) in the Netherlands. Journal for Nature Conservation 16(2): 88-95.

Melman, Th.C.P., Sierdsema, H., Hammers, M., Oosterveld, E. en Schotman, A.G.M., 2014. Kerngebieden voor weidevogels in Zuid-Holland. Betekenis daarvan voor internationale verplichtingen overige vogelsoorten. Alterra Wageningen UR, Wageningen.

Ministerie van LNV, 1994. Sturing op maat: een andere benadering van milieuproblemen in de land- en tuinbouw. Ministerie van LNV, Den Haag.

Nederlof, L.J. en Teeuw, M.P., 1995. Ooievaars, terug van weggeweest. Aktieplan Plus voor de herintroductie van de ooievaar in Sliedrecht. De Waard, Sliedrecht.

Nieuwenhuizen, W., Westerink, J., Gerritsen, A., Schrijver, R. en Salverda, I., 2014. Wat je aan elkaar hebt. Sociaal kapitaal in het agrarisch natuur- en landschapsbeheer. Alterra Wageningen UR, Wageningen.

Oerlemans, N., Guldemond, J.A. en Van Well, E., 2001. Agrarische natuurverenigingen in opkomst. Een eerste verkenning naar natuurbeheeractiviteiten van agrarische natuurverenigingen. CLM Onderzoek en Advies, Culemborg.

Oerlemans, N., Guldemond, J.A. en Visser, A., 2007. Meerwaarde agrarische natuurverenigingen voor de ecologische effectiviteit van het Programma Beheer. Ecologische effectiviteit regelingen natuurbeheer. WOT Natuur en Milieu, Wageningen.

Oerlemans, N., Hees, E. en Guldemond, A., 2006. Agrarische natuurverenigingen als gebiedspartij voor versterking natuur, landschap en plattelandsontwikkeling. CLM Onderzoek en Advies, Culemborg.

Oerlemans, N., Van Well, E. en Guldemond, J.A., 2004. Agrarische natuurverenigingen aan de slag. Een tweede verkenning naar de rol van agrarische natuurverenigingen in natuur beheer. CLM Onderzoek en Advies, Culemborg.

Organisation for Economic Co-operation and Development (OECD), 1998. Co-operative approaches to sustainable agriculture. OECD, Paris.

Organisation for Economic Co-operation and Development (OECD), 2013. providing agri-environmental public goods through collective action. Joint Working Party on Agriculture and the Environment (JWPAE). OECD, Paris.

Pannell, D.J., Marshall, G.R., Barr, N., Curtis, A., Vanclay, F. en Wilkinson, R., 2006. Understanding and promoting adoption conservation practices by rural landholders. Australian Journal of Experimental Agriculture 46: 1407-1424.

Prager, K., 2009. Landschaftspflege durch verbände in Australien und Deutschland – ein vergleich der landcare-gruppen und landschaftspflegeverbände. Naturschutz und Landschaftsplanung 41(3): 89-96.

Sierdsema, H., Schotman, A.G.M., Oosterveld, E.B. en Melman, Th.C.P., 2013. Weidevogelkerngebieden Noord-Holland. Vergelijking van vier scenario's. Alterra Wageningen UR, Wageningen.

Slangen, L.H.G., Jongeneel, R.A., Polman, N.B.P., Guldemond, J.A., Hees, E.M. en Van Well, E.A.P., 2008. Economische en ecologische effectiviteit van gebiedscontracten. WOT Natuur en Milieu, Wageningen.

Terwan, P. en Rozendaal, W., 2014. Vergroenen van de landbouw doe je beter samen. Oefenen met een collectief leveringsstelsel voor vergroening en groenblauwe diensten. Lessen uit de vier GLB-pilots 2011-2014. Agrarische Natuurvereniging Oost-Groningen, Vereniging Noardlike Fryske Wâlden, Agrarische natuur- en landschapsvereniging Water, Land en Dijken. Stichting WCL, Winterswijk.

Teunissen, W. en Van Paassen, A., 2013. Weidevogelbalans 2013. Sovon/Landschapsbeheer Nederland, Nijmegen/De Bilt.

Van der Meulen, H.A.B., Dijkshoorn-Dekker, M., Jager, J., Schoorlemmer, H., Schoutsen, M., Veen, E., Venema, G., Vijn, M., Voskuilen, M. en Op de Weegh, J., 2014. Kijk op multifunctionele landbouw. Omzet en impact 2007-2013. LEI Wageningen UR, Den Haag.

Van der Weijden, W.J. en Guldemond, J.A., 2015. Effectief agrarisch natuurbeheer vereist adequate monitoring. Vakblad Natuur, Bos en Landschap 115: 14-15.

Van Paassen, A. en Teunissen, W., 2013. Weidevogelbalans 2010. Landschapsbeheer Nederland/Sovon, Utrecht/Beek-Ubbergen.

Vereniging Agrarisch Natuurbeheer Waterland, 1997. Groen licht voor proefgebied Waterland – Aanbod voor een twaalfjarig natuur- en milieucontract. Vereniging Agrarisch Natuurbeheer Waterland, Purmerend.

Hoofdstuk 6

Beintema, A., Moedt, O. en Ellinger, D., 1995. Ecologische atlas van de Nederlandse weidevogels. Schuit en Co, Haarlem.

Breeuwer, A., Berendse, F., Willems, F., Foppen, R., Teunissen, W., Schekkerman, H. en Goedhart, P., 2009. Do meadow birds profit from agri-environment schemes in Dutch agricultural landscapes? Biological Conservation 142: 2949-2953.

Broekhuizen, S., 1979. Survival in adult European hares. Acta Theriologica 24(34): 465-473.

Broekhuizen, S., 1986. Hazen in Nederland. Proefschrift, Landbouwhogeschool Wageningen, Wageningen.

Bruinzeel, L., 2010. Overleving, trek en overwintering van scholekster, kievit, tureluur en grutto. Ministerie van LNV, Ede.

De Lynx, 2003. Inventarisatie van meningen over de toekomst van vrijwillige weidevogelbescherming. De Lynx, Wageningen.

Genghini, M. en Capizzi, D., 2005. Habitat improvement and effects on brown hare Lepus europaeus and roe deer Capreolus capreolus: a case study in northern Italy. Wildlife Biology 11(4): 319-329.

Goedhart, P.W., Teunissen, W. en Schekkerman, H., 2010. Effect van nestbezoek en onderzoek op weidevogels. Sovon, Nijmegen.

Groeneveld, J., 1985. Veranderend Nederland. Een halve eeuw ontwikkelingen op het platteland. Natuur en Techniek, Den Haag.

Guldemond, A., Terwan, P. en Menkveld, W., 2000. Reservaatbeheer door boeren. Vaststellen voor het reservaatbeheer in veenweidegebieden in Noord-Holland. Samenwerkingsverband Waterland, Purmerend.

Hendriks, C.M.A., Westerink, J., Smits, M.J.W., Korevaar, H., Schrijver, R.A.M., Steingröver, E.G. en Van Rooy, S.A.M., 2012. Functiecombinaties op boerenland. Kan er meer met minder overheid? Alterra Wageningen UR, Wageningen.

Hendrikx, J.A., 1989. De ontginning van Nederland. Beschrijving van het ontstaan van de agrarische cultuurlandschappen in Nederland. Matrijs, Utrecht.

Hooijmeijer, J., Bruinzeel, L.W., Van der Kamp, J., Piersma, Th. en Wymenga, E., 2011. Grutto's onderweg. In: Teunissen, W. en Wymenga, E. (red.) Factoren die van invloed zijn op de ontwikkeling van weidevogelpopulaties. Belangrijke factoren tijdens de trek, de invloed van waterpeil op voedselbeschikbaarheid en graslandstructuur op kuikenoverleving. Sovon/Altenburg en Wymenga/Alterra, Nijmegen/Veenwouden/Wageningen, pp. 15-54.

Hoppenbrouwers, P.C.M e.a., 1986. Agrarische geschiedenis van Nederland. Van prehistorie tot heden. Staatsuitgeverij, Den Haag.

Kentie, R., Hooijmeijer, J.C.E.W., Trimbos, K.B., Groen, N.M. en Piersma, T., 2012. Intensified agricultural use of grasslands reduces growth and survival of precocial shorebird chicks. Journal of Applied Ecology 50: 243-251.

Kleijn, D., Berendse, F., Smit, R. en Gilissen, N., 2001. Agri-environment schemes do not effectively protect biodiversity in Dutch agricultural landscapes. Nature 413: 723-725.

Kleijn, D., Schekkerman, H., Dimmers, W.J., Van Kats, R.J.M., Melman, Th.C.P. en Teunissen, W., 2010. Adverse effects of agricultural intensification and climate change on breeding habitat quality of black-tailed godwits *Limosa l. limosa* in the Netherlands. Ibis 152: 475-486.

Koninklijke Nederlandse Jagersvereniging (KNJV), 2013. Tel- en afschotcijfers 2010/2011. KNJV, Amersfoort.

Melman, Th.C.P., Ozinga, W.A., Schotman, A.G.M., Sierdsema, H., Schrijver, R.A.M., Migchels, G. en Vogelzang, T.A., 2013. Agrarische bedrijfsvoering en biodiversiteit; kansrijke gebieden, samenhang met bedrijfstypen, perspectieven. Alterra Wageningen UR, Wageningen.

Melman, Th.C.P., Schotman, A.G.M., Hunink, S. en De Snoo, G.R., 2008. Evaluation of meadow bird management, especially black-tailed godwit (*Limosa limosa* L.), in the Netherlands. Journal for Nature Conservation 16: 88-95.

Melman, Th.C.P., Schotman, A.G.M., Kiers, M.A. en Vanmeulebrouk, B., 2012a. Online hulp bij mozaïekbeheer. Vakblad Natuur Bos Landschap februari: 4-7.

Melman, Th.C.P., Sierdsema, H., Buij, R., Roerink, G., Ten Holt, H., Martens, S., Meeuwsen, H.A.M. en Schotman, A.G.M, 2014. Uitwerking kerngebieden weidevogels. Peiling draagvlak bij provincies. Verbreding kennissysteem BoM. Alterra Wageningen UR, Wageningen.

Melman, Th.C.P., Sierdsema, H., Teunissen, W., Wymenga, E., Bruinzeel, L. en Schotman, A., 2012b. Beleid kerngebieden weidevogels vergt keuzen. Landschap 29(4): 160-172.

Montizaan, M. en Dekker, J.J.A., 2016. De haas. In: Broekhuizen, S., Spoelstra, K. en Thissen, J. (red.) Atlas van de Nederlandse zoogdieren. KNNV Uitgeverij, Zeist.

Oosterveld, E.B., 2008. Opkrikplannen Friese weidevogelreservaten. Deel 1: knelpunten en maatregelen bij inrichting en beheer. Altenburg en Wymenga ecologisch onderzoek, Veenwouden.

Oosterveld, E.B. en Altenburg, W., 2005. Kwaliteitscriteria voor weidevogelgebieden. Altenburg en Wymenga ecologisch onderzoek, Veenwouden.

Oosterveld, E.B., Nijland, F., Musters, C.J.M. en De Snoo, G.R., 2011. Effectiveness of spatial mosaic management for grassland breeding shorebirds. Journal of Ornithology 152: 161-170.

Petrovan, S.O., Ward, A.I. en Wheeler, P.M., 2013. Habitat selection guiding agri-environment schemes for a farmland specialist, the brown hare. Animal Conservation 16(3): 344-352.

Raad voor de Leefomgeving en Infrastructuur (Rli), 2013. Onbeperkt houdbaar; naar een robuust natuurbeleid. Rli, Den Haag.

Reid, N., McDonald, R.A. en Montgomery, W.I., 2005. Mammals and agri-environment schemes: hare haven or pest paradise? Journal of Applied Ecology 44: 1200-1208.

Rödel, H.G. en J.J.A. Dekker, 2012. Influence of weather factors on population dynamics of two lagomorph species based on hunting bag records. European Journal of Wildlife Research 58(6): 923-932.

Roodbergen, M., Teunissen, W., Schekkerman, H., Majoor, F. en Vriezekolk, M., 2011. Vegetatiestructuur en de groei van gruttokuikens. In: Teunissen, W. en Wymenga, E. (red.) Factoren die van invloed zijn op de ontwikkeling van weidevogelpopulaties. Belangrijke factoren tijdens de trek, de invloed van waterpeil op voedselbeschikbaarheid en graslandstructuur op kuikenoverleving. Sovon/Bureau Altenburg en Wymenga/Alterra, Nijmegen/Wageningen/Veenwouden, pp 61-82.

Roodbergen, M., Van der Werf, B. en Hötker, H., 2012. Revealing the contributions of reproduction and survival to the Europe-wide decline in meadow birds: review and meta-analysis. Journal of Ornithology 153: 53-74.

Schekkerman, H., 2008. Precocial problems: shorebird chick performance in relation to weather, farming, and predation. Proefschrift, Universiteit Groningen, Groningen.

Schekkerman, H. en Beintema A.J., 2007. Abundance of invertebrates and foraging success of black-tailed godwit (Limosa limosa) chicks in relation top agricultural grassland management. Ardea 95: 39-54.

Schekkerman, H. en Boele, A., 2009. Foraging in precocila chicks of the black-tailed godwit Limosa limosa: vulnerability to weather and prey size. Journal of Avian Biology 40: 369-379.

Schekkerman, H. en Müskens, G., 2000. Produceren grutto's (*Limosa limosa*) in agrarisch grasland voldoende jongen voor een duurzame populatie? Limosa 73: 121-134.

Schekkerman, H., Teunissen, W. en Müskens, G., 1998. Terreingebruik, mobiliteit en metingen van broedsucces van Grutto's in de jongenperiode. IBN-DLO, Wageningen.

Schekkerman, H., Teunissen, W. en Oosterveld, E., 2008. The effect of 'mosaic management' on the demography of black-tailed godwit *Limosa limosa* on farmland. Journal of Applied Ecology 45: 1067-1075.

Schekkerman, H., Teunissen, W. en Oosterveld, E., 2009. Mortality of black-tailed godwit *Limosa limosa* and northern lapwing *Vanellus vanellus* chicks in wet grasslands: influence of predation and agriculture. Journal of Ornithology 150: 133-145.

Schotman, A.G.M., Kiers, M.A. en Melman, Th.C.P., 2007. Onderbouwing grutto-geschiktheidskaart Nederland; ten behoeve van grutto-mozaïekmodel en identificatie van weidevogelgebieden in Nederland. Alterra Wageningen UR, Wageningen.

Siepel, H., Slim, P., Ma, W., Meijer, J., Wijnhoven, H., Bodt, J. en Van Os, L., 1990. Effecten van verschillen in mestsoort en waterstand op vegetatie en fauna van klei-op-veen graslanden in de Alblasserwaard. Rijksinstituut voor Natuurbeheer, Arnhem.

Smith, R.K., Jennings, N., Robinson, A. en Harris, S., 2004. Conservation of European hares *Lepus europaeus* in Britain. Is increasing habitat heterogeneity in farmland the answer? Journal of Applied Ecology 41(6): 1092-1102.

Smith, R., Vaughan, N. en Harris, S., 2005. A quantitative analysis of the abundance and demography of European hares (*Lepus europaeus*) in relation to habitat type, intensity of agriculture and climate. Mammal Review 35: 1-24.

Tapper, S. en Barnes, R., 1986. Influence of farming practice on the ecology of the brown hare (Lepus europaeus). Journal of Applied Ecology 23: 39-52.

Teunissen, W., Klok, C., Kleijn, D. en Schekkerman, H., 2008. Factoren die de overleving van weidevogelkuikens beïnvloeden. Vogelonderzoek Nederland, Beek-Ubbergen.

Teunissen, W., Schekkerman, H. en Willems, F., 2005. Predatie bij weidevogels. Op zoek naar de mogelijke effecten van predatie op de weidevogelstand. Sovon/Alterra, Beek-Ubbergen/Wageningen.

Teunissen, W., Schotman, A. Bruinzeel, L., Ten Holt, H., Oosterveld, E., Sierdsema, H., Wymenga, E., Schippers, P. en Melman, Th.C.P., 2012. Op naar kerngebieden voor weidevogels in Nederland. Werkdocument met randvoorwaarden en handreiking. Sovon/Altenburg en Wymenga/Alterra, Nijmegen/Veenwouden/Wageningen.

Teunissen, W. en Soldaat, L., 2006. Recente aantalontwikkeling van weidevogels in Nederland. De Levende Natuur 107(3): 70-74.

Teunissen, W. en Van Paassen, A., 2013. Weidevogelbalans 2013. Sovon/Landschapsbeheer Nederland, Nijmegen/De Bilt.

Teunissen, W. en Willems, F., 2004. Bescherming van weidevogels. Sovon, Beek-Ubbergen.

Van der Geld, J., Groen, N. en Van 't Veer, R., 2013. Weidevogels in een veranderend landschap. KNNV Uitgeverij, Zeist.

Van der Vliet, R.E., 2013. Closing in on meadow birds. Coping with a changing landscape in the Netherlands. Proefschrift, Universiteit Utrecht, Utrecht.

Van Egmond, P. en De Koeijer, T., 2006. Weidevogelbeheer bij agrariërs en terreinbeheerders. De Levende Natuur 107: 118-120.

Van Paassen, A. en Teunissen, W., 2010. Weidevogelbalans 2010. Sovon/Landschapsbeheer Nederland, Nijmegen/De Bilt.

Van 't Veer, R., Sierdsema, H., Musters, C., Groen, C. en Teunissen, W., 2008. Weidevogels op landschapsschaal. Ruimtelijke en temporele veranderingen. Directie Kennis, Ministerie van LNV, Ede.

Westerink, J., Vogelzang, Th., Van Rooij, S., Holster, H., Van Alebeek, F. en Schrijver,. R., 2015. Kom over de brug! Op weg naar boer-burgercollectieven voor natuur- en landschapsbeheer. Tips voor agrarische natuurverenigingen en groene burgergroepen. Alterra Wageningen UR, Wageningen.

Wymenga, E., Jalving, R. en Ter Stege, E., 1996. Vegetatie en weidevogels in relatienotagebieden in Nederland: een tussentijdse analyse van de natuurwetenschappelijke resultaten van beheersovereenkomsten in Nederlandse relatienotagebieden. Altenburg en Wymenga/Dienst Landinrichting en Beheer Landbouwgronden, Veenwouden/Utrecht.

Hoofdstuk 7

Baveco, J.M., Kleijn, D., De Lange, H.J., Lammertsma, D.R., Voslamber, M.B. en Melman, Th.C.P., 2013. Populatiemodel voor de Grauwe gans. Alterra Wageningen UR, Wageningen.

Bos, D. en Van Belle, J., 2014. Monitoring onderwerken oogstresten met een vogeldetectie radar. Altenburg en Wymenga,Veenwouden.

De Lange, H.J., Lammertsma, D.R., Keizer-Vlek, H. en De Haan, M., 2013. De invloed van watervogels op de bacteriologische zwemwaterkwaliteit. Stowa, Amersfoort.

Ebbinge, B., 2014. De rotgans. Atlas Contact, Amsterdam/Antwerpen.

Faunafonds, 2014. Faunafonds jaarverslag 2013. Faunafonds, Utrecht.

Fox, A.D, Ebbinge, B.S, Mitchell, C., Heinicke, T., Aarvak, T., Colhoun, K., Clausen, P., Dereliev, S., Farago, S., Koffijberg, K., Kruckenberg, H., Loonen, M., Madsen, J., Mooij, J., Musil, P., Nilsson, L., Pihl, Sh. en Van der Jeugd, H., 2010. Current estimates of goose population sizes in western Europe, a gap analysis and an assessment of trends. Ornis Svecica 20(3-4): 115-127.

Ganzenakkoord, 2012. Akkoord uitvoering ganzenbeleid tussen IPO/provincies en de Ganzen7. Interprovincial Overleg, Den Haag.

Gijsbertsen, J. en Teunissen, W.A., 2013. Broedsucces weidevogels en vossenpredatie. Sovon, Nijmegen.

Guldemond, A. en Den Hollander, A., 2011. Pilot gansveilig Schiphol: ganzen en graan. Monitoring ganzen en animo. CLM Onderzoek en Advies, Culemborg.

Guldemond, J.A., Den Hollander, H.J., Van Well, E.A.P. en Keuper, D.D.J., 2013. Kosten en baten voor de landbouw van schadesoorten. CLM Onderzoek en Advies, Culemborg.

Guldemond, J.A, Rijk, P.J. en Den Hollander, H.J., 2012. Doorrekenen ganzenscenario G-7 en IPO. CLM Onderzoek en Advies/LEI Wageningen UR, Culemborg/Den Haag.

Guldemond, J.A. en Roog, M., 1980. Broedgeval kolgans *Anser a. albifrons* (Scopoli) in Nederland. Watervogels 5: 148-151.

Hornman, M., Hustings, F., Koffijberg, K., Klaassen, O., Kleefstra, R., Van Winden, E., Sovon Ganzen en Zwanengroep en Soldaat, L., 2013. Watervogels in Nederland 2011/2012. Sovon, Nijmegen.

Kleijn, D., Clerkx, A.P.P.M., Van Kats, R.J.M. en Melman, Th.C.P., 2011. Grauwe ganzen en natuurschade in reservaten. Een analyse van de perceptie van beheerders. Alterra Wageningen UR, Wageningen.

Kleijn, D., Munster, V.J., Ebbinge, B.S., Jonkers, D.A., Müskens, G.J.D.M., Van Randen, Y. en Fouchier, R.A.M., 2010. Dynamics and ecological consequences of avian influenza virus infection in greater white-fronted geese. Proceedings of the Royal Society B 277: 2041-2048.

Kleijn, D., Van der Hout, J., Voslamber, B., Van Randen, Y. en Melman, Th.C.P., 2012. In Nederland broedende Grauwe ganzen. Ontwikkelingen in landbouwkundige schade en factoren die hun ruimtegebruik beïnvloeden. Alterra Wageningen UR, Wageningen.

Kleijn, D., Van Winden, E., Goedhart, P.W. en Teunissen, W., 2009. Hebben overwinterende ganzen invloed op de weidevogelstand? Alterra Wageningen UR, Wageningen.

Kraakman, T., Guldemond, A. en Den Hollander, A., 2011. Pilot gansveilig Schiphol 2011. Eindrapportage. Projecten LTO Noord/CLM Onderzoek en Advies, Haarlem/Culemborg.

Lensink, R. en Boudewijn, T.J., 2013. Ganzenbeheerplan omgeving Schiphol. Bureau Waardenburg, Culemborg.

Lensink, R., Ottens, G. en Van der Have, T, 2013b. Vreemde vogels in de Nederlandse vogelbevolking. Een verhaal van vestiging en uitbreiding. Bureau Waardenburg, Culemborg.

Lensink, R., Van den Bergh, L.M.J. en Voslamber, B., 2013a. De geschiedenis van de grauwe gans als Nederlandse broedvogel in de 20^{e} eeuw. Limosa 86: 1-11.

Lensink, R., Van Horssen, P.W. en De Fouw, J., 2010. Faunabeheerplan zomerganzen Zuid-Holland. Hoofddocument bij zeven regioplannen. Bureau Waardenburg, Culemborg.

Melman, Th.C.P., Kleijn, D. en Voslamber, B., 2011. Ganzen geliefd, maar met mate. Vakblad Natuur, Bos en Landschap 8(5): 14-17.

Ministerie van LNV, 2004. Uitvoering van het Beleidskader Faunabeheer in verband met overwinterende ganzen en smienten vanaf 1 oktober 2004. Ministerie van LNV, Den Haag.

Mörzer Bruijns, M.F., 1958. Pleisterplaatsen van wilde ganzen in Nederland. De Levende Natuur 61(6): 121-126.

Piersma, T., 1997. Do global patterns of habitat use and migration strategies co-evolve with relative investments in immunocompetence due to spatial variation in parasite pressure? Oikos 80: 623-631.

Schekkerman, H., 2012. Aantalsschattingen van broedende ganzen in Nederland: een evaluatie en kwantificering van de onzekerheidsmarges. Sovon, Nijmegen.

Schekkerman, H., Hornman, M. en Van Winden, E., 2013. Monitoring van het gebruik van ganzenfoerageergebieden in Nederland in 2011/12. Sovon, Nijmegen.

Sovon, 2013. Vogelbalans 2013. Sovon, Nijmegen.

Van der Graaf, A.J., Stahl, J., Klimkowska, A., Bakker, J.P. en Drent, R.H., 2006. Surfing on a green wave. How plant growth drives spring migration in the barnacle goose. Ardea 94: 567-577.

Van der Zee, F.F., Verhoeven, R.H.M. en Melman, Th.C.P., Evaluatie opvangbeleid 2005-2008. Overwinterende ganzen en smienten. Directie Kennis, Ministerie van LNV, Ede.

Van Eerden, M.R., Drent, R.H., Stahl, J. en Bakker, J.P., 2005. Connecting seas. Western palearctic continental flyway for water birds in the perspective of changing land use and climate. Global Change Biology 11: 894-908.

Visser, A., Keuper, D., Guldemond, A. en Huber, M., 2014. Faunabeheerplan ganzen Zuid-Holland 2015-2020. CLM Onderzoek en Advies, Culemborg.

Voslamber, B., 2010. Pilotstudie grauwe ganzen (*Anser anser*) De Deelen, 2007-2009. Onderzoek naar het uitrasteren van een broedpopulatie grauwe ganzen met als doel de populatie te beperken en landbouwschade te verminderen. Sovon, Nijmegen.

Voslamber, 2013. Grauwe gans steeds meer in ons straatbeeld. Sovon-Nieuws 26(1): 16.

Voslamber, B., Van der Jeugd, H. en Koffijberg, K., 2007. Aantallen, trends en verspreiding van overzomerende ganzen in Nederland. Limosa 80: 1-17.

Voslamber, B., Van der Jeugd, H. en Koffijberg, K., 2010. Broedende ganzen in Nederland. De Levende Natuur 111(1): 40-44.

Hoofdstuk 8

Arroyo, B., García, J.T. en Bretagnolle, V., 2002. Conservation of the montagu's harrier (*Circus pygargus*) in agricultural areas. Animal Conservation 5: 283-290.

Baker, D.J., David, J., Freeman, S.N., Grice, P.V. en Siriwardena, G.M., 2012. Landscape-scale responses of birds to agri-environment management: a test of the English Environmental Stewardship scheme. Journal of Applied Ecology 49: 871-882.

Benton, T.G., Bryant, D.M., Cole, L. en Crick, H.Q.P., 2002. Linking agricultural practice to insect and bird populations: a historical study over three decades. Journal of Applied Ecology 39: 673-687.

Bijlsma, R.G., Hustings, F. en Camphuysen, C.J., 2001. Algemene en schaarse vogels van Nederland (avifauna van Nederland 2). GMB Uitgeverij/KNNV Uitgeverij, Haarlem/Utrecht, 496 pp.

Birdlife International, 2004. Birds in the European Union: a status assessment. Birdlife International, Wageningen, 50 pp.

Boatman, N.D., Brickle, N.W., Hart, J.D., Milsom, T.P., Morris, A.J., Murray, A.W.A., Murray, K.A. en Robertson, P.A., 2004. Evidence for the indirect effects of pesticides on farmland birds. Ibis 146: 131-143.

Bos, J. en Koks, B., 2013. Omvangrijke roestplaatsen van Veld- en Ransuilen in woonwijken rondom Zuid-Limburgse hamsterreservaten. Limburgse Vogels 23: 13-20.

Bos, J.F.F.P., Sierdsema, H., Schekkerman, H. en Van Scharenburg, C.W.M., 2010. Een veldleeuwerik zingt niet voor niets! Schatting van kosten van maatregelen voor akkervogels in de context van een veranderend gemeenschappelijk landbouwbeleid. Wettelijke Onderzoekstaken Natuur en Milieu, WOt-rapport 107. Wageningen.

Bos, J.F.F.P., Smit, A.L. en Schröder, J.J., 2013. Is agricultural intensification in the Netherlands running up to its limits? NJAS – Wageningen Journal of Life Sciences 66: 65-73.

Bretagnolle, V., Villers, A., Denonfoux, L., Cornulier, T., Inchausti, P. en Badenhausser, I., 2011. Rapid recovery of a depleted population of little bustards *Tetrax tetrax* following provision of alfalfa through an agri-environment scheme. Ibis 153: 4-13.

Browne, S.J. en Aebischer, N., 2004. Temporal changes in the breeding ecology of European turtle doves *Streptopelia turtur* in Britain, and implications for conservation. Ibis 146: 125-137.

Bruner, F., Jenny, M., Zbinden, N. en Naef-Daenzer, B., 2005. Ecologically enhanced areas – a key habitat structure for re-introduced grey partridges *Perdix perdix*. Biological Conservation 124: 373-381.

Chamberlain, D.E., Fuller, R.J., Bunce, R.G.H., Duckworth, J.C. en Shrubb, M., 2000. Changes in the abundance of farmland birds in relation to the timing of agricultural intensification in England and Wales. Journal of Applied Ecology: 771-788.

De Snoo, G.R., Herzon, I., Staats, H., Burton, R.J.F., Schindler, S., Van Dijk, J., Lokhorst, A.M., Bullock, J., Lobley, M., Wrbka, T., Schwarz, G., en Musters, C.J.M., 2013. Towards effective nature conservation on farmland. Making farmers matter. Conservation Letters 6(1): 66-72.

Dochy, O., 2013. Trioranden voor akkervogels: de 'grote drie' in één pakket. Limosa 86: 180-191.

Dochy, O. en Hens, M., 2005. Van de stakkers van de akkers naar de helden van de velden. Beschermingsmaatregelen voor akkervogels. Instituut voor Natuurbehoud, Brussel, 104 pp.

Donald, P.F., Buckingham, D.L., Moorcroft, D., Muirhead, L.B., Evans, A.D. en Kirby, W.B., 2001b. Habitat use and diet of skylarks *Alauda arvensis* wintering on lowland farmland in southern Britain. Journal of Applied Ecology 38: 536-547.

Donald, P.F., Evans, A.D., Muirhead, L.B., Buckingham, D.L., Kirby, W.B. en Schmitt, S.I.A., 2002. Survival rates, causes of failure and productivity of skylark *Alauda arvensis* nests on lowland farmland. Ibis 144: 652-664.

Donald, P.F., Green, R.E. en Heath, M.F., 2001a. Agricultural intensification and the collapse of Europe's farmland bird population. Proceedings of the Royal Society of London Series B 268: 25-29.

Donald, P.F., Sanderson, F.J., Burfield, I.J. en Van Bommel, F.P.J., 2006. Further evidence of continent-wide impacts of agricultural intensification on European farmland birds, 1990-2000. Agriculture, Ecosystems and Environment 116: 189-196.

Dunn, J.C., Morris, A.J. en Grice, P.V., 2015. Testing bespoke management of foraging habitat for European turtle doves *Streptopelia turtur*. Journal for Nature Conservation. Available at: http://tinyurl.com/gw7n54u.

Eggers, S., Unell, M. en Pärt, T., 2011. Autumn-sowing of cereals reduces breeding bird numbers in a heterogeneous agricultural landscape. Biological Conservation 144: 1137-1144.

Eraud, C. en Boutin, J.-M., 2002. Density and productivity of breeding skylarks *Alauda arvensis* in relation to crop type on agricultural lands in western France: small field size and the maintenance of set-aside and lucerne are important to ensure high breeding pair densities and productivity. Bird Study 49: 287-296.

European Commission (EC), 2011. Communication from the Commission to the European Parliament, the Council, the Economic and Social Committee and the Committee of the Regions. Our life insurance, our natural capital: an EU biodiversity strategy to 2020. EC, Brussel, 16 pp.

Geiger, F., Hegemann, A., Gleichman, M., Flinks, H., De Snoo, G., Prinz, S., Tieleman, B.I. en Berendse, F., 2014. Habitat use and diet of skylarks (*Alauda arvensis*) wintering in an intensive agricultural landscape of the Netherlands. Journal of Ornithology 155: 507-518.

Hammers, M., Müskens, G.J.D.M., Van Kats, R.J.M., Teunissen, W. en Kleijn, D., 2014. Ecological contrasts drive responses of wintering farmland birds to conservation management. Ecography 38: 1-9.

Henderson, I.G., Cooper, J., Fuller, R. en Vickery, J.A., 2000. The relative abundance of birds on set-aside and neighbouring fields in summer. Journal of Applied Ecology 37: 335-347.

Henderson, I.G., Holland, J.M., Storkey, J., Lutman, P., Orson, J. en Simper, J., 2012. Effects of the proportion and spatial arrangement of un-cropped land on breeding bird abundance in arable rotations. Journal of Applied Ecology 49: 883-891.

Henderson, I.G., Ravenscroft, N., Smith, G. en Holloway, S., 2009. Effects of crop diversification and low pesticide inputs on bird populations on arable land. Agriculture, Ecosystems and Environment 129: 149-156.

Hustings, F, Post, F. en Schepers, F., 1990. Verdwijnt de Grauwe gors Miliaria calandra als broedvogel uit Nederland? Limosa 63: 103-111.

Klaassen, R., Schlaich, A., Franken, M., Bouten, W. en Koks, B., 2014. GPS-loggers onthullen gedrag Grauwe kiekendieven in Oost-Groningse akkerland. De Levende Natuur 115: 61-66.

Kleijn, D., Teunissen, W., Müskens, G., Van Kats, R., Majoor, F. en Hammers, M., 2014. Wintervoedselgewassen als sleutel tot het herstel van akkervogelpopulaties? Alterra-rapport 2551, Wageningen UR, Wageningen.

Koks, B. en Van Scharenburg, K., 1997. Meerjarige braaklegging een kans voor vogels, in het bijzonder de grauwe kiekendief! De Levende Natuur 98: 218-222.

Koks, B.J., Trierweiler, C., Visser, E.G., Dijkstra, C. en Komdeur, J., 2007. Do voles make agricultural habitat attractive to montagu's harrier *Circus pygargus*? Ibis 149: 575-586.

Kragten, S., Trimbos, K.B. en De Snoo, G.R., 2008. Breeding skylarks (*Alauda arvensis*) on organic and conventional arable farms in The Netherlands. Agriculture, Ecosystems and Environment 126: 163-167.

Kuijper, D.P.J., Oosterveld, E. en Wymenga, E., 2009. Decline and potential recovery of the European grey partridge (*Perdix perdix*) population – a review. European Journal of Wildlife Research 55: 455-463.

Kuiper, M.W., 2015. The value of field margins for farmland birds. Proefschrift, Wageningen Universiteit, Wageningen.

Kuiper, M.W., Ottens, H.J., Cenin, L., Schaffers, A.P., Van Ruijven, J., Koks, B.J., Berendse, F. en De Snoo, G.R., 2013. Field margins as foraging habitat for skylarks (*Alauda arvensis*) in the breeding season. Agriculture, Ecosystems and Environment 170: 10-15.

Kuiper, M.W., Ottens, H.J., Van Ruijven, J., Koks, B.J, De Snoo, G.R. en Berendse, F., 2015. Effects of breeding habitat and field margins on the reproductive performance of skylarks (*Alauda arvensis*) on intensive farmland. Journal of Ornithology 156: 557-568.

Kuiters, L., La Haye, M., Müskens, G. en Van Kats, R., 2010. Perspectieven voor een duurzame bescherming van de hamster in Nederland. Alterra-rapport 2022, Wageningen UR, Wageningen.

La Haye, M.J.J., Müskens, G.J.D.M., Van Kats, R.J.M., Kuiters, A.T. en Siepel, H., 2010. Agri-environmental schemes for the common hamster (*Cricetus cricetus*). Why is the Dutch project successful? Aspects of Applied Biology 100: 117-124.

La Haye, M.J.J., Swinnen, K.R.R., Kuiters, A.T., Leirs, H. en Siepel, H., 2014. Modelling population dynamics of the Common hamster (*Cricetus cricetus*): timing of harvest as a critical aspect in the conservation of a highly endangered rodent. Biological Conservation 180: 53-61.

Lenders, A., 1985. Het voorkomen van de hamster *Cricetus cricetus* (L., 1758) in relatie tot bodemstructuur en bodemtype. Lutra 28: 71-94.

Meichtry-Stier, K.S., Jenny, M., Zellweger-Fischer, J. en Birrer, S., 2014. Impact of landscape improvement by agri-environment scheme options on densities of characteristic farmland bird species and brown hare (*Lepus europaeus*). Agriculture, Ecosystems and Environment 189: 101-109.

Morris, A.J. en Gilroy, J.J., 2008. Close to the edge: predation risks for two declining farmland passerines. Ibis 150: 168-177.

Newton, I., 2004. The recent declines of farmland bird populations in Britain: an appraisal of causal factors and conservation actions. Ibis 146: 579-600.

Orłowski, G., Czarnecka, J. en Panek, M., 2011. Autumn-winter diet of Grey Partridges *Perdix perdix* in winter crops, stubble fields and fallows. Bird Study 58: 473-486.

Ottens, H.J, Hakkert, J. en Wiersma, P., 2016. Broedende veldleeuweriken in grasland. Stichting Werkgroep Grauwe Kiekendief, Winschoten.

Ottens, H.J., Kuiper, M.W., Van Scharenburg, C.W.M. en Koks, B.J., 2013. Akkerrandenbeheer niet de sleutel tot succes voor de veldleeuwerik in Oost-Groningen. Limosa 86: 140-152.

Pe'er, G., Dicks, L., Visconti, P., Arlettaz, R., Báldi, A., Benton, T., Collins, S., Dieterich, M., Gregory, R. en Hartig, F., 2014. EU agricultural reform fails on biodiversity. Science 344: 1090-1092.

Potts, G.R. en Aebischer, N.J., 1995. Population dynamics of the Grey partridge *Perdix perdix* 1793-1993: monitoring, modelling and management. Ibis 137: S29-S37

Poulsen, J.G., Sotherton, N.W. en Aebischer, N.J., 1998. Comparative nesting and feeding ecology of skylarks *Alauda arvensis* on arable farmland in southern England with special reference to set-aside. Journal of Applied Ecology 35: 131-147.

Provincie Groningen, 2008. Meer doen in minder gebieden. Nota Actieprogramma Weidevogels – Akkervogels Groningen. Provincie Groningen, Groningen, 43 pp.

Schlaich, A.E., Klaassen, R.H.G., Bouten, W, Both, C en Koks, B.J., 2015. Testing a novel agri-environment scheme based on the ecology of the target species, montagu's harrier *Circus pygargus*. Ibis 157: 713-721.

Siriwardena, G.M., Calbrade, N.A. en Vickery, J.A., 2008. Farmland birds and late winter food: does seed supply fail to meet demand? Ibis 150: 585-595.

Sloothaak, J. en Smolders, M., 2014. Eindrapportage project Kansen voor de kievit. Drie jaar maatregelen ter bescherming van de kievit op bouwlandpercelen. Brabants Landschap, Haaren, 27 pp.

Sovon, 2012. Vogelbalans thema boerenland. Sovon, Nijmegen.

Trierweiler, C., 2010. Travels to feed and food to breed. Proefschrift, Rijksuniversiteit Groningen, Groningen.

Trierweiler, C., Drent, R.H., Komdeur, J., Exo, K.M., Bairlein, F. en Koks, B.J., 2008. De jaarcyclus van de Grauwe Kiekendief: een leven gedreven door woelmuizen en sprinkhanen. Limosa 81: 107-115.

Van Beusekom, R., Huigen, P., Hustings, F., De Pater, K. en Thissen, J. (red.), 2005. Rode lijst van de Nederlandse broedvogels. Tirion Uitgevers B.V., Baarn, 125 pp.

Van Dongen, R., 2004. Het succes van Sibbe voor broedvogels en overwinterende akkervogels. Limburgse Vogels 14: 9-16.

Vanheste, T., 2013. Het zevenkoppige monster. Vrij Nederland, 22 mei 2013. Beschikbaar op: http://tinyurl.com/jzp6a25.

Van Noorden, B., 2013. Tien winters akkervogels in het hamsterreservaat Sibbe. Limosa 86: 153-168.

Van Noorden, B., 1999. De Ortolaan Emberiza hortulana, een plattelandsdrama. Limosa 73: 55-63.

Van Scharenburg, C.W.M., Van 't Hoff, J., Koks, B.J. en Van Klinken, A., 1990. Akkervogels in Groningen. Werkgroep Akkervogels, Avifauna Groningen.

Wiersma, P., Ottens, H.J., Kuiper, M.W., Schlaich, A.E., Klaassen, R.H.G., Vlaanderen, O., Postma, M. en Koks, B.J., 2014. Analyse effectiviteit van het akkervogelbeheer in provincie Groningen. Stichting Werkgroep Grauwe Kiekendief, Scheemda.

Wilson, J.D., Evans, A.D. en Grice, A.D., 2010. Bird conservation and agriculture: a pivotal moment? Ibis 152: 176-179.

Wilson, J.D., Evans, A.D. en Grice, P.V., 2009. Bird conservation and agriculture. Cambridge University Press, Cambridge, Verenigd Koninkrijk, 394 pp.

Wilson, J.D., Morris, A.J., Arroyo, B.E., Clark, S.C. en Bradbury, R.B., 1999. A review of the abundance and diversity of invertebrate and plant foods of granivorous birds in northern Europe in relation to agricultural change. Agriculture, Ecosystems and Environment 75: 13-30.

Hoofdstuk 9

Bal, D., Beije, H.M., Fellinger, M., Haveman, R., Van Opstal, A.J.F.M. en Van Zadelhoff, F.J., 2001. Handboek natuurdoeltypen. Expertisecentrum LNV, Wageningen.

Berger, P.J.M. en Luijten, L., 2009. Meerkikker *Rana ridibunda*. In: Creemers, J.C.M. en Van Delft, J.C.W. (red.) De amfibieën en reptielen van Nederland. EIS, Leiden, pp. 242-247.

Blomqvist, M.M., Tamis, W.L.M. en De Snoo, G.R., 2009. No improvement of plant biodiversity in ditch banks after a decade of agri-environment schemes. Basic and Applied Ecology 10(4): 368-378.

Blomqvist, M.M., Vos, P., Klinkhamer, P.G.L. en Ter Keurs, W.J., 2003. Declining plant species richness of grassland ditch banks. A problem of colonisation or extinction? Biological Conservation 109(3): 391-406.

Centraal Bureau voor de Statistiek, Planbureau voor de Leefomgeving en Wageninen UR (CBS, PBL, WUR), 2008. Aanwezigheid van doelsoorten macrofauna in oppervlaktewater (indicator 1436, versie 01, 7 november 2008). CBS, Den Haag; Planbureau voor de Leefomgeving, Den Haag/Bilthoven en Wageningen UR, Wageningen. Beschikbaar op: http://tinyurl.com/hu6pk7k.

Centraal Bureau voor de Statistiek, Planbureau voor de Leefomgeving en Wageningen UR (CBS, PBL,WUR), 2012. Vermesting in regionaal water, 1990-2010 (indicator 0552, versie 04, 12 september 2012). CBS, Den Haag; Planbureau voor de Leefomgeving, Den Haag/Bilthoven en Wageningen UR, Wageningen. Beschikbaar op: http://tinyurl.com/hppxy6j.

Centraal Bureau voor de Statistiek, Planbureau voor de Leefomgeving en Wageningen UR (CBS, PBL, WUR), 2014a. Oppervlaktewater in Nederland (indicator 1401, versie 01, 25 juni 2014). CBS, Den Haag; Planbureau voor de Leefomgeving, Den Haag/Bilthoven en Wageningen UR, Wageningen. Beschikbaar op: http://tinyurl.com/hzd9knp.

Centraal Bureau voor de Statistiek, Planbureau voor de Leefomgeving en Wageningen UR (CBS, PBL, WUR), 2014b. Natuurkwaliteit van macrofauna in oppervlaktewater, 1990-2010 (indicator 1435, versie 04, 14 mei 2014). CBS, Den Haag; Planbureau voor de Leefomgeving, Den Haag/Bilthoven en Wageningen UR, Wageningen. Beschikbaar op: http://tinyurl.com/h4rx9nd.

Centraal Bureau voor de Statistiek, Planbureau voor de Leefomgeving en Wageningen UR (CBS, PBL, WUR), 2014c. Natuurkwaliteit van waterplanten in oppervlaktewater, 1990-2010 (indicator 1441, versie 03, 14 mei 2014). CBS, Den Haag; Planbureau voor de Leefomgeving, Den Haag/Bilthoven en Wageningen UR, Wageningen. Beschikbaar op: http://tinyurl.com/hwowrh8.

Centraal Bureau voor de Statistiek, Planbureau voor de Leefomgeving en Wageningen UR (CBS, PBL, WUR), 2014d. Flora sloten en slootkanten, 1999-2012 (indicator 1456, versie 03, 14 januari 2014). CBS, Den Haag; Planbureau voor de Leefomgeving, Den Haag/Bilthoven en Wageningen UR, Wageningen. Beschikbaar op: http://tinyurl.com/j689f6u.

Civieltechnisch Centrum Uitvoering Research en Regelgeving (CUR), 1999. Natuurvriendelijke oevers. Fauna. Stichting CUR, Gouda.

Civieltechnisch Centrum Uitvoering Research en Regelgeving (CUR), 2000. Natuurvriendelijke oevers. Water- en oeverplanten. Stichting CUR, Gouda.

De Jong, F.M.W., De Snoo, G.R. en Van de Zande, J.C., 2008. Estimated nationwide effects of pesticide spray drift on terrestrial habitats in the Netherlands. Journal of Environmental Management 86(4): 721-730.

De Jong, T.H. en Vos, C.C., 2009. Heikikker *Rana arvalis*. In: Creemers, J.C.M. en Van Delft, J.C.W. (red.), 2009. De amfibieën en reptielen van Nederland. Nationaal Natuurhistorisch Museum Naturalis, European Invertebrate Survey, Leiden, pp. 199-208.

De Snoo, G.R. 1999. Unsprayed field margins: effects on environment, biodiversity and agricultural practice. Landscape and Urban Planning 46(1): 151-160.

De Wijer, P., Zuiderwijk, A. en Van Delft, J.J.C.W., 2009. Ringslang *Natrix natrix*. In: Creemers, J.C.M. en Van Delft, J.C.W. (red.), 2009. De amfibieën en reptielen van Nederland. Nationaal Natuurhistorisch Museum Naturalis, European Invertebrate Survey, Leiden, pp. 301-312.

Dijkstra, K.-D.B., Kalkman, V.J., Ketelaar, R., Van der Weide, M.J.T. (red.), 2002. De Nederlandse libellen (Odonata) Nederlandse Fauna 4. Nationaal Natuurhistorisch Museum Naturalis, KNNV Uitgeverij en European Invertebrate Survey, Leiden.

Europees Parlement (EP), 2000. Kaderrichtlijn Water. Richtlijn 2000/60/EG van het Europese Parlement en de Raad tot vaststelling van een kader voor communautaire maatregelen betreffende het waterbeleid. EP, Brussel.

Herzon, I. en Helenius, J., 2008. Agricultural drainage ditches, their biological importance and functioning. Biological Conservation 141(5): 1171-1183.

Higler, L.W.G., 2005. De Nederlandse kokerjufferlarven. KNNV Uitgeverij, Utrecht.

Higler, L.W.G., 1994. Sloten. In: Beije, H.M., Higler, L.W.G., Opdam, P.F.M., Van Rossum, T.A.W. en Verkaar, H.J.P.A. Levensgemeenschappen. Bos- en Natuurbeheer in Nederland. Backhuys, Leiden, pp. 89-97.

Janse, J.H. en Van Puijenbroek, P.J.T.M., 1998. Effects of eutrophication in drainage ditches. Environmental Pollution 102(1): 547-552.

Land en Tuinbouw Organisatie (LTO), 2013. Deltaplana agrarisch waterbeheer. LTO Nederland, Den Haag. Beschikbaar op: http://www.agrarischwaterbeheer.nl.

Lamers, L.P.M., Smolders, A.J.P. en Roelofs, J.G.M., 2002. The restoration of fens in the Netherlands. Hydrobiologia 478(1): 107-130.

Lee, K.H., Isenhart, T.M. en Schultz, R.C., 2003. Sediment and nutrient removal in an established multi-species riparian buffer. Journal of Soil and Water Conservation 58(1): 1-7.

Leng, X., Musters, C.J.M., en De Snoo, G.R., 2009. Synergy between nature reserves and agri-environmental schemes in conserving ditch bank plant diversity. Biological Conservation 143(6): 1470-1476.

Leng, X., Musters, C.J.M. en De Snoo, G.R., 2010. Spatial variation in ditch bank plant species composition at the regional level: the role of environment and dispersal. Journal of Vegetation Science 21(5): 868-875.

Longley, M. en Sotherton, N.W., 1997. Measurements of pesticide spray drift deposition into field boundaries and hedgerows: autumn applications. Environmental Toxicology and Chemistry 16(2): 173-178.

Lovell, S.T. en Sullivan, W.C., 2006. Environmental benefits of conservation buffers in the United States: evidence, promise, and open questions. Agriculture, Ecosystems en Environment 112(4): 249-260.

Maes, J., Musters, C.J.M. en De Snoo, G.R., 2008. The effect of agri-environment schemes on diversity, abundance and distribution of amphibians. Biological Conservation 141(3): 635-645.

Melman, Th.C.P., 1991. Slootkanten in het veenweidegebied. Mogelijkheden voor behoud en ontwikkeling van natuur in agrarisch grasland. Proefschrift, Universiteit Leiden, Leiden.

Melman, Th.C.P., Hammers, M., Dekker, J., Ottburg, F.G.W.A., Cormont, A., Jagers op Akkerhuis, G.A.J.M., Ozinga, W.A. en Clement, J., 2014. Agrarisch natuurbeheer, potenties buiten de Ecologische Hoofdstructuur. Alterra Wageningen UR, Wageningen.

Musters, C.J.M., 2008. Zeeuwse sloten. Zeeland 17(2): 38-46.

Musters, C.J.M., Ter Keurs, W.J. en Van Well, E.A.P, 2006. Natuurvriendelijk slootonderhoud in het westelijk veenweidegebied. Eindverslag van het Slootexperiment 2003-2005. CML-EB/CLM, Leiden/Culemborg.

Musters, C.J.M., Van Alebeek, F., Geers, R.H.E.M., Korevaar, H., Visser, A. en De Snoo, G.R., 2009. Development of biodiversity in field margins recently taken out of production and adjacent ditch banks in arable areas. Agriculture, Ecosystems en Environment 129(1-3): 131-139.

Nijboer, R., 2000. Natuurlijke levensgemeenschappen van de Nederlandse binnenwateren deel 6, sloten. EC-LNV, Wageningen.

Nijboer, R.C., Verdonschot, P.F.M. en Van den Hoorn, M.W., 2003. Macrofauna en vegetatie van de Nederlandse sloten. Een aanzet tot beoordeling van de ecologische toestand. Alterra Wageningen UR, Wageningen.

Osborne, L.L. en Kovacic, D.A., 1993. Riparian vegetated buffer strips in water-quality restoration and stream management. Freshwater Biology 29(2): 243-258.

Ottburg, F.G.W.A. en De Jong, Th., 2009. Vissen in poldersloten deel 2: inrichting- en beheermaatregelen in polder Lakerveld en polder Zaans Rietveld ten gunste van poldervissen. Alterra Wageningen UR, Wageningen.

Ottburg, F.G.W.A. en Jonkers, D.A., 2010. Vissen en amfibieën in het beheer gebied Eemland van Vereniging Natuurmonumenten. Verspreidingsatlas van zoetwatervissen en amfibieën in de Noordpolder te Veen, Noordpolder te Veld, Zuidpolder te Veld, Maatpolder en Bikkerspolder. Alterra Wageningen UR, Wageningen.

Ottburg, F.G.W.A., Roodhart, J. en Jonkers, D.A., 2010. Behoud de bittervoorn, spaar de zwanenmossel – innovatief ecologisch baggeren in de waaien van Eemland. Vakblad Natuur, Bos en Landschap 7(8): 4-7.

Ozinga, W.A., Rmermann, C., Bekker, R.M., Prinzing, A., Tamis, W.L.M., Schaminee, J.H.J., Hennekens, S.M., Thompson, K., Poschlod, P., Kleyer, M., Bakker, J.P. en Van Groenendael, J.M., 2009. Dispersal failure contributes to plant losses in NW Europe. Ecology Letters 12(1): 66-74.

Painter, D., 1999. Macroinvertebrate distributions and the conservation value of aquatic Coleoptera, Mollusca and Odonata in the ditches of traditionally managed and grazing fen at Wicken Fen, UK. Journal of Applied Ecology 36(1): 33-48.

Peeters, E.T.H.M., Veraart, A.J., Verdonschot, R.C.M., Van Zuidam, J.P., De Klein, J. en Verdonschot, P.F.M., 2014. Sloten: ecologisch functioneren en beheer. KNNV Uitgeverij, Utrecht.

Roberts, W.M., Stutter, M.I. en Haygarth, P.M., 2012. Phosphorus retention and remobilization in vegetated buffer strips: a review. Journal of Environmental Quality 41(2): 389-399.

Roessink, I., Hudina, S. en Ottburg, F.G.W.A., 2009. Literatuurstudie naar de biologie, impact en mogelijke bestrijding van twee invasieve soorten: de rode Amerikaanse rivierkreeft (*Procambarus clarkii*) en de geknobbelde Amerikaanse rivierkreeft (*Orconectes virilis*). Alterra Wageningen UR, Wageningen.

Roessink, I., Van Giels, J., Boerkamp, A. en Ottburg, F.G.W.A., 2010. Effecten van rode- en geknobbelde Amerikaanse rivierkreeften op waterplanten en waterkwaliteit. Alterra Wageningen UR, Wageningen.

Scheffer, M., 2001. Ecology of Shallow Lakes. Kluwer Academic Publishers, Dordrecht.

Scheffer, M. en Cubben, J., 2005. Vijver, sloot en plas. Tirion, Baarn.

Scheffer, M., Szabó, S., Gragnani, A., Van Nes, E.H., Rinaldi, S., Kautsky, N., Norberg, J., Roijackers, R.M.M. en Franken, R.J.M., 2003. Floating plant dominance as a stable state. Proceedings of the National Academy of Science 100(7): 4040-4045.

Soesbergen, M. en Rozier, W., 2004. De betekenis van natuurvriendelijke oevers voor de macrofauna. Nederlandse faunistische mededelingen 21: 123-136.

Teunissen-Ordelman, H.G.K. en Schrap, S.M., 1996. Bestrijdingsmiddelen: een analyse van de problematiek in aquatisch milieu. RIZA, Lelystad.

Twisk, W., Noordervliet, W.A.W. en Ter Keurs, W.J., 2000. Effects of ditch management on caddisfly, dragonfly and amphibian larvae in intensively farmed peat areas. Aquatic Ecology 34(4): 397-411.

Twisk, W., Noordervliet, W.A.W. en Ter Keurs, W.J., 2003. The nature value of the ditch vegetation in peat areas in relation to farm management. Aquatic Ecology 37(2): 191-209.

Van Delft, J.J.C.W., Creemers, R.C.M. en Spitzen-Van der Sluijs, A., 2007. Basisrapport rode lijsten amfibieën en reptielen volgens Nederlandse en IUCN-criteria. Stichting RAVON, Nijmegen.

Van den Brink, P.J, Van Wijngaarden, R.P.A., Lucassen, W.G.H., Brock, T.C.M. en Leeuwangh, P., 1996. Effects of the insecticide Dursban® 4E (active ingredient Chlorpyrifos) in outdoor experimental ditches: II. Invertebrate community responses and recovery. Environmental Toxicology and Chemistry 15(7): 1143-1153.

Van Dijk, W.F.A., 2014. The ecology and psychology of agri-environmental schemes. Proefschrift, Wageningen Universiteit, Wageningen.

Van Dijk, W.F.A., Schaffers, A.P., Leewis, L., Berendse, F. en De Snoo, G.R., 2013a. Temporal effects of agri-environmental schemes on ditch bank plant species. Basic and Applied Ecology 14: 289-297.

Van Dijk, W.F.A., Schaffers, A.P., Van Ruijven, J., Berendse, F. en De Snoo, G.R., 2013b. Shifts in functional plant groups in ditch banks under agri-environment schemes and in nature reserves. Aspects of Applied Biology, 118:.71-79.

Van Dijk, W.F.A., Van Ruijven, J., Berendse, F. en De Snoo, G.R., 2014. The effectiveness of ditch banks as dispersal corridor for plants in agricultural landscapes depends on species' dispersal traits. Conservation Biology 171: 91-98.

Van Strien, A.J., 1991. Maintenance of plant species diversity on dairy farms. Proefschrift, Universiteit Leiden, Leiden.

Van Strien, A.J. en Ter Keurs, W.J., 1988. Kansen voor soortenrijke slootkantvegetaties in veenweidegebieden. Waterschapsbelangen 73: 470-478.

Verdonschot, R.C.M., 2012. Drainage ditches, biodiversity hotspots for aquatic invertebrates. Defining and assessing the ecological status of a man-made ecosystem based on macroinvertebrates. Alterra Wageningen UR, Wageningen, 230 pp.

Verdonschot, R.C.M., Keizer-Vlek, H.E. en Verdonschot, P.F.M., 2011. Biodiversity value of agricultural drainage ditches; a comparative analysis of the aquatic invertebrate fauna of ditches and small lakes. Aquatic Conservation: Marine and Freshwater Ecosystems 21: 715-727.

Vijver, M.G., Van 't Zelfde, M. en De Snoo, G.R., 2012b. Milieubelasting. In: De Snoo, G.R. en Vijver, M.G. (red.) Bestrijdingsmiddelen en waterkwaliteit. Universiteit Leiden, Centrum voor Milieuwetenschappen, Leiden, pp. 49-61.

Vijver, M.G., Van 't Zelfde, M., De Zwart, D., Roex, E. en De Snoo, G.R., 2012a. Ecologische schade aan aquatische ecosystemen. In: De Snoo, G.R. en Vijver, M.G. (red.) Bestrijdingsmiddelen en waterkwaliteit. Universiteit Leiden, Centrum voor Milieuwetenschappen, Leiden, pp. 73-83.

Vought, L.B., Pinay, G., Fuglsang, A., Ruffinoni, C., 1995. Structure and function of buffer strips from a water quality perspective in agricultural landscapes. Landscape and Urban Planning 31: 323-331.

Whatley, M.H., Van Loon, E.E., Van Dam, H., Vonk, J.A., Van der Geest, H.C. en Admiraal, W., 2013. Macrophyte loss drives decadal change in benthic invertebrates in peatland drainage ditches. Freshwater Biology 59: 114-126.

Whatley, M.H., Van Loon, E.E., Vonk, J.A., Van der Geest, H.C. en Admiraal, W., 2014. The role of emergent vegetation in structuring aquatic insect communities in peatland drainage ditches. Aquatic Ecology 48: 267-283.

Hoofdstuk 10

Arens, P.F.P., Bugter, R.J.F., Van 't Westende, W.P.C., Zollinger, R., Stronks, J., Vos, C.C. en Smulders, M.J.M., 2006. Microsatellite variation and population structure of a recovering tree frog (*Hyla arborea* L.) metapopulation. Conservation Genetics 7(6): 825-835.

Beijerinck, W., 1956. Rubi Neerlandici. N.V. Noord-Hollandsche Uitgevers Maatschappij, Amsterdam, 156 pp.

Beijerinck, W. en Ter Pelkwijk, A.J., 1952. Rubi in the northeastern part of the Netherlands (a floristic and vegetational study). Acta Botanica Neerlandica 1: 325-360.

Bijlsma, R.J., 2002. Bosrelicten op de Veluwe. Een historisch-ecologische beschrijving. Alterra Wageningen UR, Wageningen, 191 pp.

Broekmeyer, M.E.A., Steingröver, E.G., 2001. Handboek robuuste verbindingen: ecologische randvoorwaarden. Alterra Wageningen UR, Wageningen.

Centraal Bureau voor de Statistiek, Planbureau voor de Leefomgeving en Wageningen UR (CBS, PBL, WUR), 2010. Dieren en planten in de groenblauwe dooradering (indicator 1017, versie 03, 21 december 2010). CBS/Planbureau voor de Leefomgeving/Wageningen UR, Den Haag/Bilthoven/Wageningen. Beschikbaar op: www.compendiumvoordeleefomgeving.nl.

De Jong, J.J., Van Os, J. en Schmid, R.A., 2009. Inventarisatie en beheerskosten van landschapselementen. WOT Natuur en Milieu, Wageningen, 82 pp.

Dirkx, G.H.P., 2011. Relatie tussen cultuurlandschap en ondergrond verdwijnt. Het Nederlandse landschap vervlakt. Bodem 2011(2): 26-28.

Geertsema, W., Steingröver, E., Van Wingerden, W., Spijker, J. en Dirksen, J., 2006. Kwaliteitsimpuls groenblauwe dooradering voor natuurlijke plaagonderdrukking in de Hoeksche Waard. Alterra Wageningen UR, Wageningen.

Gilpin, M. en Hanski, I., 1991. Metapopulation dynamics. Empirical and theoretical investigations. Academic Press, Londen.

Goutbeek, A.B., 2003. Roodborsttapuiten in agrarisch cultuurlandschap. Onderzoek naar de eisen die roodborsttapuiten stellen aan de omvang en ruimtelijke samenhang van habitatplekken in agrarisch cutuurlandschap. Alterra Wageningen UR, Wageningen.

Grashof-Bokdam, C.J., 1997. The colonization of forest plants: the role of fragmentation. IBN Scientific contributions 5. IBN-DLO, Wageningen.

Grashof-Bokdam, C.J., Chardon, J.P., Vos, C., Foppen, R., Wallis de Vries, M., Van der Veen, M. en Meeuwsen, H.A.M., 2009. The synergistic effect of combining woodlands and green veining for biodiversity. Landscape Ecology 24: 1105-1121.

Haveman, R., 2012. Een nieuwe sleutel tot de secties van *Hieracium* L. subgenus *Hieracium*. Gorteria 35: 206-213.

Haveman, R., 2013. Three hawkweeds (Hieracium, Asteraceae) from the Netherlands typified and raised to species level. Nordic Journal of Botany 31: 353-360.

Hendriks, K., Geijzendorffer, I., Van Teeffelen, A., Hermans, T., Kwakernaak, C., Opdam, P. en Vellinga, P., 2010. Natuur voor iedereen: participeren, investeren en profiteren. Alterra Wageningen UR, Wageningen.

Hermy, M. en Bijlsma, R.J., 2010. Bosbeheer en biodiversiteit. In: Den Ouden, J., Muys, B., Mohren, F. en Verheyen, K. (red.) Bosecologie en Bosbeheer. Arco, Leuven, pp. 493-501.

Huizenga, H.E.A., 2011. Oogst van het landschap van de zandgronden. Cultuurhistorie en bijna vergeten beheertechnieken voor opbrengst van erf en terrein. Ministerie van Economische Zaken, Landbouw en Innovatie, Den Haag, 280 pp.

Huizenga, H.E.A., 2013. Oogst van de landschappen van rivieren en kust. Cultuurhistorie en bijna vergeten beheertechnieken voor opbrengst van erf en terrein. Blauwdruk, Wageningen, 35 pp.

Koomen, A.J.M., Maas, G.J. en Weijschede, T.J., 2007. Veranderingen in lijnvormige cultuurhistorische landschapselementen. Resultaten van een steekproef over de periode 1900-2003. WOT Natuur en Milieu, Wageningen, 54 pp.

Levins, R., 1970. Extinction. In: Gerstenhaber, M. (red.) Lectures on mathematics in the life sciences. Providence, pp. 77-107.

Maas, G.J. en Boers, J., 2010. Goed boeren in een Nationaal Landschap. Hoe het landschap in Noordoost-Twente kan profiteren van schaalvergroting in de landbouw. Uitwerking van de casco-benadering in de gemeente Tubbergen. Alterra Wageningen UR, Wageningen, 55 pp.

MacArthur, R.H. en Wilson, E.O., 1967. The theory of island biogeography. Princeton, N.J., Verenigde Staten.

Melman, Th.C.P., Hammers, M., Dekker, J., Ottburg, F.G.W.A., Cormont, A., Jagers op Akkerhuis, G.A.J.M., Ozinga, W.A. en Clement, J., 2014. Agrarisch natuurbeheer, potenties buiten de Ecologische Hoofdstructuur. Alterra Wageningen UR, Wageningen, 118 pp.

Melman, Th.C.P., Van Doorn, A.M., Schotman, A.G.M., Van der Zee, F.F., Blanken, H., Martens, S.G., Sierdsema, H. en Smidt, R.A., 2015. Nieuw stelsel agrarisch natuurbeheer; *ex ante* evaluatie provinciale natuurbeheerplannen. Alterra Wageningen UR, Wageningen, 66 pp.

Nieuwenhuizen, W., Westerink, J., Gerritsen, A., Schrijver, R. en Salverda, I., 2014. Wat je aan elkaar hebt. Sociaal kapitaal in het agrarisch natuur- en landschapsbeheer. Alterra Wageningen UR, Wageningen, 16 pp.

Oosterbaan, A., De Vries, B. en Tonneijck, F., 2007. Landschapselementen voor verbetering van de luchtkwaliteit. Groen 63(4): 31-35.

Oosterbaan, A., Griffioen, A.J., Koomen, A.J.M., Baas, H., Pels, M.S. en Van Beusekom, E.J., 2005. MKLE voor nationale landschappen. Bijdrage van de monitor kleine landschapselementen (MKLE) aan de vastlegging van de kwaliteit van het landschap. Alterra Wageningen UR, Wageningen.

Oosterbaan, A. en Raap, E., 2010. De toestand van 42000 kleine landschapselementen. Vitruvius 4(15): 32-35.

Oosterbaan, A., Van den Berg, C.A., Van Blitterswijk, H., Griffioen, A.J., Frissel, J.Y., Baas, H.G. en Pels, M.S., 2004. Meetnet kleine landschapselementen. Studie naar methodiek, haalbaarheid en kosten aan de hand van proefinventarisaties. Alterra Wageningen UR, Wageningen.

Opdam, P., Luttik, J. en Westerink, J., 2014. Natuur inzetten voor duurzaamheid. Bijdrage aan de nieuwe natuurvisie. Landschap 2: 57-61.

Opdam, P., Pouwels, R., Van Rooij, S., Steingröver, E. en Vos, C., 2008. Setting biodiversity targets in participatory regional planning: introducint ecoprofiles. Ecology and Society 13(1): 20.

Petersen, H., 1995. Temporal and spatial dynamics of soil Collembola during secondary succession in Danish heathland. Acta Zoologica Fennica: 190-194.

Pollard, E., Hooper, M. en Moore, N., 1974. Hedges. Collins, Londen, Verenigd Koninkrijk, 144 pp.

Raven, M.J., Noble, D.G. en Baillie, S.R., 2007. The breeding bird survey 2006. British Trust for Ornithology, Thetford, Verenigd Koninkrijk.

Rienks, W.A., Meulenkamp, W.J.H., De Jong, D., Olde Loohuis, R.J.W., Roelofs, P.F.M.M., Swart, W. en Vogelzang, T.A., 2008. Grootschalige landbouw in een kleinschalig landschap. Alterra-rapport 1642. Alterra Wageningen UR, Wageningen.

Schippers, P., Verboom, J., Vos, C. en Jochem, R., 2011. Metapopulation shift and survival of woodland birds under climate change. Will species be able to track? Ecography 34: 909-919.

Schrijver, R.A.M. en Westerink, J., 2012. Maatschappelijke baten van agrarisch natuurbeheer. Van agrarische ecosysteemdiensten naar collectieven van boeren en burgers. Alterra Wageningen UR, Wageningen.

Sell, P. en Murrell, G., 2014. Flora of Great Britain and Ireland. Vol. 2. Capperaceae-Rosaceae. Cambridge University Press, Cambridge, 588 pp.

Snepvangers, J., Van de Wiel, J. en Raap, E., 2013. Resultaten meetnet agrarisch cultuurlandschap 2012. Landschapsbeheer Nederland, Utrecht, 47 pp.

Steingröver, E.G., Geertsema, W. en Van Wingerden, W.K.R.E., 2010. Designing agricultural landscapes for natural pest control. A transdisciplinary approach in the Hoeksche Waard (The Netherlands). Landscape Ecology 25: 825-838.

Steingröver, E., Opdam, P., Van Rooij, S., Grashof-Bokdam, C. en Van der Veen, M., 2011. Ondernemen met landschapsdiensten. Hoe houtwallen, stadsparken en watergangen duurzaam kunnen bijdragen aan economie en leefomgeving. Alterra Wageningen UR, Wageningen.

Van Apeldoorn, R.C., Knaapen, J.P., Schippers, P., Verboon, J., Van Engen, H. en Meeuwsen, H., 1998. Applying ecological knowledge in landscape planning: a simulation model as a tool to evaluate scenarios for the badger in the Netherlands. Landscape and Urban Planning 41: 57-69.

Van de Beek, A., Bijlsma, R.J., Haveman, R., Meijer, K., De Ronde, I., Troelstra, A. en Weeda, E.J., 2014. Naamlijst en verspreidingsgegevens van de Nederlandse bramen (*Rubus* L.). Gorteria 36: 108-171.

Van Doorn, A.M., Melman, Th.C.P. en Griffioen, A.J., 2015. Verkenning meerwaarde vergroening GLB voor doelen agrarisch natuurbeheer. Alterra-rapport 2607. Alterra Wageningen UR, Wageningen.

Van Veen, M.P., Sanders, M.E., Tekelenburg, A., Lörzing, J.A., Gerritsen, A.L. en Van den Brink, Th., 2010. Evaluatie biodiversiteitsdoelstelling 2010. Achtergronddocument bij de Balans van de Leefomgeving 2010. Planbureau voor de Leefomgeving, Den Haag/Bilthoven.

Verboom, J., Foppen, R., Chardon, P., Opdam. P. en Luttikhuizen, P., 2001. Introducing the key patch approach for habitat networks with persistent populations: an example for marshland birds. Biological Conservation 100: 89-101.

Vereniging Nederlands Cultuurlandschap (VCL), 2006. Nederland weer mooi. Op weg naar een natuurrijk en idyllisch landschap. ANWB, Den Haag.

Vos, C.C., Arens, P., Baveco, H., Bugter, R., Kuipers, H. en Smulders, M.J.M., 2005. Ruimtelijke samenhang en genetische variatie van boomkikkerpopulaties in Nederland. Alterra Wageningen UR, Wageningen.

Vos, C.C., Verboom, J., Opdam, P.F.M. en Ter Braak, C.J.F., 2001. Toward ecologically scaled landscape indices. The American Naturalist 157(1): 24-41.

Weber, H.E., 1995. Rubus L. In: Conert, H.J., Jäger, E.J., Kadereit, J.W., Schultze-Motel, W., Wagenitz, G. en Weber, H.E. (red.) Gustav Hegi illustrierte Flora von Mitteleuropa: Spermatophyta: Angiospermae: Dicotyledones. Blackwell, Berlin, pp. 284-595.

Weeda, E.J., 2004. Boerendiversiteit voor biodiversiteit. Een inventarisatie van de spontane plantengroei op vijf natuurlijke rundveebedrijven. Alterra-rapport 973. Alterra Wageningen UR, Wageningen, 100 pp.

Hoofdstuk 11

Baas, H., Mobach, B. en Renes, J., 2005. Leestekens van het landschap. 188 landschapselementen in kort bestek. Landschapsbeheer Nederland, Utrecht.

Boonman, M., Brekelmans, F.L.A. en Anema, S.L.A., 2014. Vleermuizen in Amelisweerd. Bureau Waardenburg, Culemborg.

Centraal Bureau voor de Statistiek (CBS), 2015. Statline tabellen, kerncijfers land- en tuinbouwbedrijven. Beschikbaar op: http://www.cbs.nl.

Dekker, J.J.A., Janssen, R., Molenaar, T. en Regelink, J.R., 2014. Populatieontwikkeling ingekorven vleermuizen in Midden-Limburg. Regelink Ecologie en Landschap, Jasja Dekker Dierecologie, Bionet Natuuronderzoek, Mheer, Arnhem, Stein.

Hallmann, C.A., Foppen, R., Van Turnhout, C., De Kroon, H. en Jongejans, E., 2014. Declines in insectivorous birds are associated with high neonicotinoid concentrations. Nature 511: 341-343.

Kapteyn, K., 1995. Vleermuizen in het landschap. Schuyt, Haarlem.

Landschapsbeheer Nederland, 2014. Waarde(n) van landschapselementen. Factsheet. Landschapsbeheer Nederland, Utrecht.

Landschapsbeheer Zuid-Holland en Agrarische Natuurvereniging Vockestaert, 2005. Bedrijfsnatuurplan Woudhoeve. Gouda.

Le Gouar, P., Schekkerman, H., Van der Jeugd, H., Van Noordwijk, A., Stroeken, P., Van Harxen, R. en Fuchs, P., 2010. Overleving en dispersie van Nederlandse steenuilen op grond van 35 jaar ringgegevens. Limosa 83(2): 61-74.

Le Rutte, R., 2007. Natuur in de hoogstamboomgaard. Vakblad Natuur, Bos en Landschap 4(9): 20-23.

Le Rutte, R., Van Herwaarden, G.J. en Boers, W., 2005. Buitenlui, een aanzienlijke groep potentiële landschapsbeheerders. Ontboering van het buitengebied. Vakblad Natuur Bos Landschap 2(8): 8-11.

Minkjan, P., Baas, H., Renes, J. en Veen, P., 2006. Handboek cultuurhistorisch beheer. Landschapsbeheer Nederland, Utrecht.

Nijhuis, H., 2005. Natuur op eigen erf. Ideeënboek voor erven en plattelandstuinen. Roodbont, Zutphen.

Overbeek, M.M.M., Somers, B.N. en Vader, J., 2008. Landschap en burgerparticipatie. WOT Natuur en Milieu, Wageningen.

Rijksdienst voor het Cultureel Erfgoed (RvO), 2010. Een toekomst voor boerderijen. RvO, Amersfoort.

Rijksdienst voor Ondernemend Nederland, 2014. Soortenstandaard kerkuil versie 1.1. Ministerie van Economische Zaken, Den Haag.

Sloothaak, J. en Scholten, J., 2014. Jaarverslag vrijwillige bescherming steenuil en kerkuil in Brabant in 2013. Brabants Landschap, Haaren.

Van Arkel, E. en Hendrix, G., 2014. Van herbestemming naar hergebruik. Resultaten van het jaar van de boerderij 2013. Agrarisch Erfgoed Nederland, Holten. Van Paassen, A., 2012. Revival van de hoogstamboomgaard. Groen 68(7-8): 32-35.

Van den Bremer, L., Schekkerman, H., Roodbergen, M., Hallmann, C. en Sierdsema, H., 2012. Onderzoeksrapport Jaar van de Boerenzwaluw. Sovon, Nijmegen.

Van den Bremer, L., Schekkerman, H., Roodbergen, M. en Van Turnhout, C., 2014. Aantalsontwikkeling en nestplaatskeuze van Nederlandse Boerenzwaluwen. Limosa 87: 45-51.

Van den Bremer, L., Van Harxen, R. en Stroeken, P., 2009. Terreingebruik en voedselkeus van broedende Steenuilen in de Achterhoek. Sovon, Beek-Ubbergen.

Van den Brink, B., 2003. Hygiënemaatregelen op moderne boerenbedrijven en het lot van Boerenzwaluwen *Hirundo rusticirca*. Limosa 76: 109-116.

Van Paassen, A. en Schrieken, N., 1998. Handboek agrarisch natuurbeheer. Landschapsbeheer Nederland, Utrecht.

Van Swaay, C. en Plate, C., 2009. Grootste klappen vallen in de soortenrijke duinen. Vlinders 24(3): 14-15.

Van Turnhout, C., 2009. Historische boerenzwaluwgegevens ondergebracht in het meetnet nestkaarten. Sovon, Nijmegen.

Willems, F., Van Harxen, R., Stroeken, P. en Majoor, F., 2004. Reproductie van de steenuil in Nederland in de periode 1977-2003. Sovon, Beek-Ubbergen.

Hoofdstuk 12

Aoyama, M., Angers, D.A., N'Dayegamiye, A. en Bissonnette, N., 1999. Protected organic matter in water-stable aggregates as affected by mineral fertilizer and manure applications. Canadian Journal of Soil Science 79(3): 419-425.

Baveco, J.M. en Bianchi, F.J.J.A., 2007. Plaagonderdrukkende landschappen vanuit het perspectief van natuurlijke vijanden. Entomologische Berichten 67: 213-217.

Bianchi, F., Schellhorn, N.A., Buckley, Y.M. en Possingham, H.P., 2010. Spatial variability in ecosystem services: simple rules for predator-mediated pest suppression. Ecological Applications 20: 2322-2333.

Biesmeijer, J.C., Roberts, S.P.M., Reemer, M., Ohlemüller, R., Edwards, M., Peeters, T., Schaffers, A.P., Potts, S.G., Kleukers, R., Thomas, C.D., Settele, J. en Kunin, W.E., 2006. Parallel declines in pollinators and insect-pollinated plants in Britain and the Netherlands. Science 313: 351-354.

Blaauw, B.R. en Isaacs, R., 2014. Flower plantings increase wild bee abundance and the pollination services provided to a pollination-dependent crop. Journal of Applied Ecology 51: 890-898.

Bokhorst, J. en Van der Burgt, G.-J., 2012. Organische stofbeheer en stikstofleverend vermogen van de grond in de Nederlandse akkerbouw. Louis Bolkinstituut, Driebergen, 22 pp.

Bommarco, R., Kleijn, D. en Potts, S.G., 2013. Ecological intensification. Harnessing ecosystem services for food security. Trends in Ecology and Evolution 28: 230-238.

Bos, M.M., Musters, C.J.M. en De Snoo, G.R., 2014. De effectiviteit van akkerranden in het vervullen van maatschappelijke diensten. Een overzicht uit wetenschappelijke literatuur en praktijkervaringen. Institute of Environmental Sciences, Leiden, 63 pp.

Breeze, T.D., Bailey, A.P., Balcombe, K.G. en Potts, S.G., 2011. Pollination services in the UK. How important are honeybees? Agriculture, Ecosystems and Environment 142: 137-143.

Breeze, T.D., Vaissière, B.E., Bommarco, R., Petanidou, T., Seraphides, N., Kozák, L., Scheper, J., Biesmeijer, J.C., Kleijn, D., Gyldenkærne, S., Moretti, M., Holzschuh, A., Steffan-Dewenter, I., Stout, J.C., Pärtel, M., Zobel, M. en Potts, S.G., 2014. Agricultural policies exacerbate honeybee pollination service supply-demand mismatches across Europe. PLoS One 9(1).

Carter, P.E. en Rypstra, A.L., 1995. Top-down effects in soybean agroecosystems. Spider density affects herbivore damage. Oikos 72: 433-439.

Chambers, R.J., Sunderland, K.D., Waytt, I.J. en Vickerman, G.P., 1983. The effects of predator exclusion and caging on cereal aphids in winter wheat. Journal of Applied Ecology 20: 209-224.

Cleveland, C.J, Betke, M., Frederico, P., Frank, J.D., Hallam, T.G., Horn, J., Lopez Jr, J.D., McCracken, G.F., Medellin, R.A., Moreno-Valdez, A., Sansone, C.G., Westbrook, J.K. en Kunz, T.H., 2006. Economic value of the pest control service provided by Brazilian free-tailed bats in south-central Texas. Frontiers in Ecology and the Environment 4: 238-243.

Collins, K.L., Boatman, N.D., Wilcox, A. en Holland, J.M., 2003. Effects of different grass treatments used to create overwintering habitat for predatory arthropods on arable farmland. Agriculture, Ecosystems and the Environment 96: 59-67.

Collins, K.L., Boatman, N.D., Wilcox, A., Holland, J.M. en Chaney, K., 2002. Influence of beetle banks on cereal aphid predation in winter wheat. Agriculture, Ecosystems and the Environment 93: 337-350.

De Cauwer, B., Reheul, D., D'hooghe, K., Nijs, I. and Milbau, A., 2005. Evolution of the vegetation of mown field margins over their first 3 years. Agriculture, Ecosystems and the Environment 109: 87-96.

De Groot, G.A., Van Kats, R., Reemer, M., Van der Sterren, D., Biesmeijer, J.C. en Kleijn, D., 2015. De bijdrage van wilde bestuivers aan de opbrengst van appels en blauwe bessen. Kwantificering van ecosysteemdiensten in Nederland. Alterra Wageningen UR, Wageningen.

Dekker, J.J.A., Regelink, J.R., Jansen, E.A., 2008. Actieplan voor de ingekorven vleermuis. VZZ, Arnhem.

Dennis, P., Fry, G.L.A. en Andersen, A., 2000. The impact of field boundary habitats on the diversity and abundance of natural enemies in cereals. In: Ekbom, B., Irwin, M.E. en Yvon, R. (red.) Interchanges of insects between agricultural and surrounding landscapes. Kluwer Academic Publishers, Dordrecht, pp. 195-214.

Dicks, L.V., Hodge, I., Randall, N.P., Scharlemann, J.P.W., Siriwardena, G.M., Smith, H.G., Smith, R.K. en Sutherland, W.J., 2014. A transparent process for 'evidence-informed' policy making. Conservation Letters 7: 119-125.

European Food Safety Authority (EFSA), 2013a. Conclusion on the peer review of the pesticide risk assessment for bees for the active substance clothianidin. EFSA Journal 11(1).

European Food Safety Authority (EFSA), 2013b. Conclusion on the peer review of the pesticide risk assessment for bees for the active substance thiamethoxam. EFSA Journal 11(1).

European Food Safety Authority (EFSA), 2013c. Conclusion on the peer review of the pesticide risk assessment for bees for the active substance imidacloprid. EFSA Journal 11(1).

European Learning Network on Functional Agrobiodiversity (ELN-FAB), 2012. Functional agrobiodiversity. Nature serving Europe's farmers. ECNC, Tilburg, 55 pp.

Evers, M., Postma, R., Van Dijk, T., Vergeer, W. en Wierda, C., 2000. Praktijkgids bemesting. Nutriënten Management Instituut, Wageningen.

Faber, J.H., Jagers op Akkerhuis, G.A.J.M., Bloem, J., Lahr, J., Diemont, W.H. en Braat, L.C., 2009. Ecosysteemdiensten en transities in bodemgebruik. Maatregelen ter verbetering van biologische bodemkwaliteit. Alterra Wageningen UR, Wageningen.

Faber, J en Rutgers, M., 2009. Duurzaam bodembeheer en ecosysteemdiensten van de bodem: aan de slag. Bodem 6: 12-14.

Faber, J.H. en Van der Hout, A., 2009. Introductie van regenwormen ter verbetering van bodemkwaliteit. Alterra Wageningen UR, Wageningen, 60 pp.

Feltham, H., Park, K. en Goulson, D., 2014. Field realistic doses of pesticide imidacloprid reduce bumblebee pollen foraging efficiency. Ecotoxicology 23: 317-323.

Flaquer, C., Guerrieri, E., Monti, M., Rafols, R., Ferrer, X., Gisbert, D., Torre, I., Puig-Montserrat, X. en Arrizabalaga, A., 2011. Bats and pest control in rice paddy landscapes of Southern Europe. In: European Bat Research Symposium, augustus 22-26, 2011, Vilnius, Litouwen. Beschikbaar op: http://tinyurl.com/zqbgmo8.

Free, J.B., 1993. Insect pollination of crops. Academic Press Limited, Londen.

Fryday, S., Tiede, K. en Stein, J., 2015. Scientific services to support EFSA systematic reviews: lot 5 systematic literature review on the neonicotinoids (namely active substances clothianidin, thiamethoxam and imidacloprid) and the risks to bees. EFSA supporting publication 2015: EN-756, 656 pp.

Gagic, V., Bartomeus, I., Jonsson, T., Taylor, A., Winqvist, C., Fischer, C., Slade, E.M., Steffan-Dewenter, I., Emmerson, M., Potts, S.G., Tscharntke, T., Weisser, W. en Bommarco, R., 2015. Functional identity and diversity of animals predict ecosystem functioning better than species-based indices. Proceedings of the Royal Society B 282: 2014.2620.

Gallai, N., Salles, J.M., Settele, J. en Vaissiere, B.E., 2009. Economic valuation of the vulnerability of world agriculture confronted with pollinator decline. Ecological economics 68: 810-821.

Garibaldi, L.A., Carvalheiro, L.G., Leonhardt, S.D., Aizen, M.A., Blaauw, B.R., Isaacs, R., Kuhlmann, M., Kleijn, D., Klein, A.M., Kremen, C., Morandin, L., Scheper, J. en Winfree, R., 2014. From research to action: practices to enhance crop yield through wild pollinators. Frontiers in Ecology and the Environment 12: 439-447.

Garibaldi, L.A., Steffan-Dewenter, I., Kremen, C., Morales, J.M., Bommarco, R., Cunningham, S.A., Carvalheiro, L.G., Chacoff, N.P., Dudenhöffer, J.H., Greenleaf, S.S., Holzschuh, A., Isaacs, R., Krewenka, K., Mandelik, Y., Mayfield, M.M., Morandin, L.A., Potts, S.G., Ricketts, T.H., Szentgyörgyi, H., Viana, B.F., Westphal, C., Winfree, R. en Klein, A.M., 2011. Stability of pollination services decreases with isolation from natural areas despite honey bee visits. Ecology Letters 14: 1062-1072.

Garibaldi, L.A., Steffan-Dewenter, I., Winfree, R., Aizen, M.A., Bommarco, R., Cunningham, S.A., Kremen, C., Carvalheiro, L.G., Harder, L.D., Afik, O., Bartomeus, I., Benjamin, F., Boreux, V., Cariveau, D., Chacoff, N.P., Dudenhöffer, J.H., Freitas, B.M., Ghazoul, J., Greenleaf, S., Hipólito, J., Holzschuh, A., Howlett, B., Isaacs, R., Javorek, S.K., Kennedy, C.M., Krewenka, K.M., Krishnan, S., Mandelik, Y., Mayfield, M.M., Motzke, I., Munyuli, T., Nault, B.A., Otieno, M., Petersen, J., Pisanty, G., Potts, S.G., Rader, R., Ricketts, T.H., Rundlöf, M., Seymour, C.L., Schüepp, C., Szentgyörgyi, H., Taki, H., Tscharntke, T., Vergara, C.H., Viana, B.F., Wanger, T.C., Westphal, C., Williams, N. en Klein, A.M., 2013. Wild pollinators enhance fruit set of crops regardless of honey bee abundance. Science 339: 1608-1611.

Geerts, A., 2011. Groene linten in een agrarisch landschap. Tien jaar actief randenbeheer in Brabant. Bodem 2011(2): 20-22.

Gill, R.J., Ramos-Rodriguez, O. en Raine, N.E., 2012. Combined pesticide exposure severely affects individual- and colony-level traits in bees. Nature 491: 105-108.

Holland, J.M., Perry, J.N. en Winder, L., 1999. The within-field spatial and temporal distribution of arthropods in winter wheat. Bulletin of Entomological Research 89: 499-513.

Kleijn, D., Winfree, R., Bartomeus, I., Carvalheiro, L.G., Henry, M., Isaacs, R., Klein, A.M., Kremen, C., M'Gonigle, L.K., Rader, R., Ricketts, T., Williams, N.M., Adamson, N.L., Ascher, J.S., Báldi, A., Batáry, P., Benjamin, F., Biesmeijer, J.C., Blitzer, E.J., Bommarco, R., Brand, M.R., Bretagnolle, V., Button, L., Cariveau, D.P., Chifflet, R., Colville, J.F., Danforth, B.N., Elle, E., Garratt, M.P.D., Herzog, F., Holzschuh, A., Howlett, B.G., Jauker, F., Jha, S., Knop, E., Krewenka, K.M., Le Féon, V., Mandelik, Y., May, E.A., Park, M.G., Pisanty, G., Reemer, M., Riedinger, V., Rollin, O., Rundlöf, M., Sardiñas, H.S., Scheper, J., Sciligo, A.R., Smith, H.G., Steffan-Dewenter, I., Thorp, R., Tscharntke, T., Verhulst, J., Viana, B.F., Vaissière, B.E., Veldtman, R., Westphall, C. en Potts, S.G., 2015. Delivery of crop pollination services is an insufficient argument for wild pollinator conservation. Nature Communications 6: 7414.

KPMG, 2012. TEEB voor het Nederlandse bedrijfsleven. KPMG, Amstelveen, 131 pp. Beschikbaar op: http://tinyurl.com/j23lvub.

Lambrechts, J., Jacobs, M., Lefevre, A., Herremans, M., Struyve, T., Jacobs, I. en Claessens, F., 2011. Voedselkeuze van de ingekorven vleermuis en de invloed van het gebruik van ontwormingsmiddelen op de ontwikkeling van coprofiele fauna. Rapport Natuurpunt Studie 2011/18. Natuurpunt Studie, Mechelen.

Lommen, J.L., Guldemond, J.A. en Schillemans, M.J., 2014a. Boer zoekt vleermuis: vleermuiskast op paal in Eindhoven. VZZ en CLM, Arnhem. Beschikbaar op: http://www.natuurbericht.nl/?id=12394&rss=1

Lommen, J.L., Guldemond, J.A. en Schillemans, M.J., 2014b. Informatiebrochure: boer zoekt vleermuis. CLM en VZZ, Culemborg. Beschikbaar op: http://tinyurl.com/j4gt4uf.

Maine, J.J. en Boyles, J.G., 2015. Bats initiate vital agroecological interactions in corn. Proceedings of the National Academy of Sciences of the United States of America 112(40): 12438-12443.

Mallinger, R.E. en Gratton, C., 2014. Species richness of wild bees, but not the use of managed honeybees, increases fruit set of a pollinator-dependent crop. Journal of Applied Ecology 52(2): 323-330.

Mathieu, J., Barot, S., Blouin, M., Caro, G., Decaëns, T., Dubs, F., Dupont, L., Jouquet, P. en Nai, P., 2010. Habitat quality, conspecific density, and habitat pre-use affect the dispersal behaviour of two earthworm species, Aporrectodea icterica and Dendrobaena veneta, in a mesocosm experiment. Soil Biology and Biochemistry 42: 203-209.

Melman, Th.C.P., Van Doorn, A.M., Buij, R., Gerritsen, A.L., Van der Heide, C.M., Bos, E.J., Martens, S., Blanken, H. en Ten Holt, H., 2015. TEEB voor vergroening GLB? Natuurlijk kapitaal als bron voor verdere vergroening van het GLB. Alterra Wageningen UR, Wageningen, 178 pp.

Noordijk, J., Musters, C.J.M., Van Dijk, J. en De Snoo, G.R., 2011. Vegetation development in sown field margins and on adjacent ditch banks. Plant Ecology 212: 157-167.

Noordijk, J., Van Dijk, J., Musters, C.J.M. en De Snoo, G.R., 2010. Invertebrates in field margins. Taxonomic group diversity and functional group abundance in relation to age. Biodiversity and Conservation 19: 3255-3268.

Pascual, U., Termansen, M., Hedlund, K., Brussaard, L., Faber, J.H., Foudi, S., Lemanceau, Ph. en Jørgensen, S.L., 2015. On the value of soil biodiversity and ecosystem services. Ecosystem Services 15: 114-118.

Peeters, T.M.J. en Reemer, M., 2003. Bedreigde en verdwenen bijen in Nederland (*Apidae s.l.*). Basisrapport met voorstel voor de Rode Lijst. European Invertebrate Survey, Leiden.

Penn State College of Agricultural Sciences, 2016. The Penn State agronomy guide 2015-2016, Part 1. Crop and soil management, publication AGRS-026. Penn State College of Agricultural Sciences, Verenigde Staten.

Postma-Blaauw, M.B., De Goede, R.G.M., Bloem, J., Faber, J.H. en Brussaard, L., 2010. Soil biota community structure and abundance under agricultural intensification and extensification. Ecology 91: 460-473.

Praktijknetwerk Niet Kerende Grondbewerking (PN NKG), 2014. Uitkomsten en kennisopbouw in de praktijk na drie jaar Praktijknetwerk NKG. DLV Plant, Wageningen. Beschikbaar op: http://tinyurl.com/zhe2f7c.

Ranjha, M. en Irmler, U., 2013. Age of grassy strips influences biodiversity of ground beetles in organic agro-ecosystems. Agricultural Sciences 4: 209-218.

Reijneveld, J.A., Van Wensem, J. en Oenema, O., 2009. Soil organic carbon contents of agricultural land in the Netherlands between 1984 and 2004. Geoderma 152: 231-238.

Rutgers, M., Mulder, C., Schouten, A.J., Bloem, J., Bogte, J.J., Breure, A.M., Brussaard, L., De Goede, R.G.M., Faber, J.H., Jagers op Akkerhuis, G.A.J.M., Keidel, H., Korthals, G.W., Smeding, F.W., Ter Berg, C. en Van Eekeren, N., 2007. Typeringen van bodemecosystemen in Nederland met tien referenties voor biologische bodemkwaliteit. RIVM, Bilthoven, 96 pp.

Scheele, H. en Van Gurp, H. (red.), 2007. Eindrapportage functionele agro biodiversiteit 2005-2007. Ministerie van LNV, Den Haag, 47 pp. Beschikbaar op: http://tinyurl.com/hdm4tmz.

Scheper, J., Holzschuh, A., Kuussaari, M., Potts, S.G., Rundlöf, M., Smith, H.G. en Kleijn, D., 2013. Environmental factors driving the effectiveness of European agri-environmental measures in mitigating pollinator loss. A meta-analysis. Ecology Letters 16: 912-920.

Scheper, J., Reemer, M., Van Kats, R., Ozinga, W.A., Van der Linden, G.T.J., Schaminée, J.H.J., Siepel, H. en Kleijn, D., 2014. Museum specimens reveal loss of pollen host plants as key factor driving wild bee decline in the Netherlands. Proceedings of the National Academy of Sciences of the United States of America 111(49): 17552-17557.

Schmidt, M.H., Thewes, U., Thies, C. en Tscharntke, T., 2004. Aphid suppression by natural enemies in mulched cereals. Entomologia Experimentalis et Applicata 113: 87-93.

Schulp, C.J.E., Lautenbach, S. en Verburg, P.H., 2014. Quantifying and mapping ecosystem services. Demand and supply of pollination in the European Union. Ecological Indicators 36: 131-141.

Siepel, H., 1993. Recovering of natural processes in abandoned agricultural areas: decomposition of organic matter. In: Zombori, L. en Peregovits, L. (red.) Proceedings of the 4th European Congres of Entomology, Gödöllö, pp. 374-380.

Six, J., Feller, Ch., Denef, K., Ogle, S., De Moraes Sa, J.C. en Albrecht, A., 2002. Soil organic matter, biota and aggregation in temperate and tropical soils. Effects of no-tillage. Agronomie, EDP Sciences 22(7-8): 755-775.

Six, J., Frey, S.D., Thiet, R.K. en Batten, K.M., 2006. Bacterial and fungal contributions to carbon sequestration in agroecosystems. Soil Science Society of America Journal 70: 555-569.

Smit, A. en Kuikman, P., 2005. Organische stof: onbemind of onbekend? Alterra Wageningen UR, Wageningen, 39 pp.

Spurgeon, D.J., Keith, A.M., Schmidt, O., Lammertsma, D.R. en Faber, J.H., 2013. Land-use and land-management change. Relationships with earthworm and fungi communities and soil structural properties. BMC Ecology 13: 46.

Staps, J.J.M., Ter Berg, C., Van Vilsteren, A., Lammerts, Van Bueren, E.T. en Jetten, T.H., 2015. Van bodemdilemma's naar integrale verduurzaming. Casus: vruchtbaar Flevoland, van bodemdegradatie en diepploegen naar integrale duurzame productie in Flevoland. Wetenschappelijke Raad voor Integrale Duurzame Landbouw en Voeding, 58 pp.

Steenbruggen, A., Luske, B., Dirks, D., Erisman, J.W. en Janmaat, L., 2015. De oogst van bloeiend bedrijf. Akkerranden voor natuurlijke plaagbeheersing. Louis Bolk Instituut, Driebergen, 20 pp.

Status and Trends of European Pollinators (STEP), 2015. Bestuivers dragen bij aan agrarische productie. University of Reading, Reading, Verenigd Koninkrijk. Beschikbaar op: http://tinyurl.com/h9y2x8g.

Tebrügge, F. en Düring, R.-A., 1999. Reducing tillage intensity. A review of results from a long-term study in Germany. Soil and Tillage Research 53: 15-28.

Udo de Haes, H.A., 1996. Akkerranden in perspectief. In: De Snoo, G.R., Rotteveel, A.J.W. en Heemsbergen, H. (red.) Akkerranden in Nederland. Werkgroep Akkerranden, Wageningen/Leiden.

Van Alebeek, F.A.N., Kamstra, J.H., Van Kruistum, G. en Visser, A.J., 2006. Improving natural pest suppression in arable farming: field margins and the importance of ground dwelling predators. IOBC/WPRS Bulletin 29(6): 137-140.

Van Alebeek, F.A.N., Visser, A. en Van den Broek, R., 2007. Akkerranden als (winter)schuilplaats voor natuurlijke vijanden. Entomologische Berichten 67: 223-225.

Van der Weide, R., Van Alebeek, F. en Van den Broek, R., 2008. En de boer, hij ploegde niet meer? Literatuurstudie naar effecten van niet-kerende grondbewerking versus ploegen. Praktijkonderzoek Plant en Omgeving, Wageningen UR, Wageningen, 25 pp.

Van Hoeij, S. en Vroegrijk, M., 2011. Akkerranden in relatie tot onderhoud van waterlopen. Financiële consequenties van Actief Randenbeheer voor het waterschap. HAS Kennis Transfer, Den Bosch. Beschikbaar op: http://tinyurl.com/jl6vb8t.

Van Lenteren, J.C., 2011. The state of commercial augmentative biological control: plenty of natural enemies, but a frustrating lack of uptake. BioControl 57(1): 1-20.

Van Rijn, P., Noordijk, J. en Bruin, J. (red.), 2007. Agrobiodiversiteit. Nut en natuur. Entomologische Berichten 67: 184-284.

Van Wensem, J. en Faber, J.H., 2007. Ecosysteembenadering als innoverend concept voor bevordering van duurzame bodemkwaliteit. Bodem 17(4): 153-156.

Vosman, B. en Faber, J.H. (red.), 2011. Functionele agrobiodiversiteit: van concept naar praktijk. Rapport Plant Research International/Alterra Wageningen UR, Wageningen, 68 pp.

Weibull, A.C., Östman, Ö. en Granqvist, Å., 2002. Species richness in agroecosystems. The effect of landscape, habitat and farm management. Biodiversity and Conservation 12: 1335-1355.

Williams, I.H., 1994. The dependence of crop production within the European Community on pollination by honeybees. Agricultural Zoology Reviews 6: 229-257.

Wratten, S.D., Bowie, M.H., Mickman, J.M., Evans, A.M., Sedcole, J.R. en Tylianakis, J.M., 2003. Field boundaries as barriers to movement of hover flies (Diptera: Syrphidae) in cultivated land. Oecologia 134: 605-611.

Hoofdstuk 13

Bertoni, D., Cavicchioli, D., Pretolani, R. en Olper, A., 2012. Determinants of agri-environmental measures adoption: do institutional constraints matter? Environmental Economics 3(2): 8-19.

De Geus, J., Van Gurp, H., Van Alebeek, F.A.N., Bos, M., Janmaat, L., Molendijk, L.P.G., Van Rijn, P., Schaap, B.F., Visser, A., Vlaswinkel, M.E.T., Van der Wal, E., Willemse, J. en Zanen, M., 2011. ZLTO-projecten, 's-Hertogenbosch.

De Haan, M.H.A., Vellinga, Th.V. en Mandersloot, F., 1996. Beheersovereenkomsten op grasland van melkveebedrijven. Praktijkonderzoek Rundvee, Schapen en Paarden, Lelystad.

De Snoo, G.R., Herzon, I., Staats, H., Burton, R.J.F., Schindler, S., Van Dijk, J., Lokhorst, A.M., Bullock, J., Lobley, M., Wrbka, T., Schwarz, G. en Musters, C.J.M., 2013. Towards effective nature conservation on farmland. Making farmers matter. Conservation Letters 6(1): 66-72.

Fielding, K.S., Terry, D.J., Masser, B.M., Bordia, P. en Hogg, M.A., 2005. Explaining landholders' decisions about riparian zone management. The role of behavioural, normative, and control beliefs. Journal of Environmental Management 77(1): 12-21.

Fielding, K.S., Terry, D.J., Masser, B.M. en Hogg, M.A., 2008. Integrating social identity theory and the theory of planned behaviour to explain decisions to engage in nature conservation practices. British Journal of Social Psychology 47(1): 23-48.

FrieslandCampina, 2011. Duurzaamheidsprogramma melkveehouder, focus planet, voor duurzaam en rendabel ondernemen. FrieslandCampina, Amersfoort.

Hees, E.M., Otto, A.A.C. en Van der Schans, F.C., 2009. Van top-down naar bodem-up. Review van kringlooplandbouw in de melkveehouderij. CLM, Culemborg.

Hendriks, C.M.A., Westerink, J., Smits, M.J.W., Korevaar, H., Schrijver, R.A.M., Steingröver, E.G. en Van Rooij, S.A.M., 2012. Functiecombinaties op boerenland. Kan er meer met minder overheid? Alterra Wageningen UR, Wageningen.

Hiemstra, S.J., De Haas, Y., Mäkit-Tanila, A. en Gandini, G. (red.), 2010. Local cattle breeds in Europe. Development of policies and strategies for self-sustaining breeds. Wageningen Academic Publishers, Wageningen, 154 pp.

Hoving, A.H., Zander, K., Hiemstra, S.J. en De Groot, L., 2011. Welke waarde hebben rundveerassen voor de Nederlandse burger? Zeldzaam huisdier 36(4): 22.

Lokhorst, A.M., Staats, H., Van Dijk, J., Van Dijk, E. en De Snoo, G., 2011. What's in it for me? Motivational differences between farmers' voluntary and subsidized nature conservation practices. Applied Psychology: An International Review 60: 337-353.

Melman, Th.C.P., 1991. Slootkanten in het veenweidegebied; mogelijkheden voor behoud en ontwikkeling van natuur in agrarisch grasland. Institute of environmental sciences. Proefschrift, Leiden Universiteit, Leiden.

Melman, Th.C.P., Ozinga, W.A., Schotman, A.G.M., Sierdsema, H., Schrijver, R.A.M., Migchels, G. en Vogelzang, T.A., 2013. Agrarische bedrijfsvoering en biodiversiteit. Kansrijke gebieden, samenhang met bedrijfstypen, perspectieven. Alterra Wageningen UR, Wageningen, 162 pp.

Migchels, G., Engelsma, K.A. Spliethoff, B.G., Van Schooten, H.A., Galama, P.J. en Bleumer, E.J.B., 2011. Groen ondernemen met veehouderij, een nieuwe werkelijkheid. Livestock Research, Lelystad, 23 pp.

Nieuwenhuizen, W., Westerink, J., Gerritsen, A., Schrijver, R. en Salverda, I., 2014. Wat je aan elkaar hebt. Sociaal kapitaal in het agrarisch natuur- en landschapsbeheer. Alterra Wageningen UR, Wageningen.

Noij, I.G.A.M., Heinen, M. en Groenendijk, P., 2012. Effectiveness of non-fertilized buffer strips in the Netherlands: final report of a combined field, model and cost-effectiveness study. Alterra Wageningen UR, Wageningen, 147 pp.

Noorduyn, L. en Migchels, G., 2007. Innoveren voor weidevogels. Animal Sciences Group, Wageningen UR, Wageningen, 16 pp.

Pannell, D.J., Marshall, G.R., Barr, N., Curtis, A., Vanclay, F. en Wilkinson, R., 2006. Understanding and promoting adoption conservation practices by rural landholders. Australian Journal of Experimental Agriculture 46: 1407-1424.

Remmelink, G.J., Andre, G., Bleumer, E.J.B., Van Houwelingen, K.M. en Van Schooten, H.A., 2007. Voeding van natuurgras aan melkvee met een zelfsturend voeradvies = feeding of nature grass to dairy cattle with an adaptive feed advice. Animal Sciences Group, Lelystad, 24 pp.

Schrijver, R.A.M., Rudrum, D.P. en De Koeijer, T.J., 2008. Economische inpasbaarheid van natuurbeheer bij graasdierbedrijven. WOT Natuur en Milieu, Wageningen, 78 pp.

Stortelder, A.H.F., Schrijver, R.A.M., Alberts, H., Van den Berg, A., Kwak, R.G.M., De Poel, K.R., Schaminée, J.H.J., Van den Top, I.M. en Visschedijk, P.A.M., 2001. Boeren voor natuur. De slechtste grond is de beste. Alterra Wageningen UR, Wageningen, 176 pp.

Stuiver, M. en Verhoeven, F., 2010. Kringlooplandbouw, op weg naar geborgde bedrijfsspecifieke milieuresultaten, Alterra Wageningen UR, Wageningen, 19 pp.

Terwan, P. en Van Miltenburg, J., 2014. Natuurbedrijven: successen en knelpunten. Een korte verkenning met het oog op hun (potentiële) betekenis voor het Overijsselse natuurbeleid. Paul Terwan onderzoek en advies, Utrecht, 30 pp.

Teunissen, W., Schotman, A.G.M., Bruinzeel, L.W., Ten Holt, H., Oosterveld, E.O., Sierdsema, H.H., Wymenga, E., Schippers, P. en Melman, Th.C.P., 2012. Op naar kerngebieden voor weidevogels in Nederland. Werkdocument met randvoorwaarden en handreiking. Alterra, Sovon, Wageningen, Nijmegen, 144 pp.

Van Os, J., Schrijver, R.A.M. en Broekmeyer, M.E.A., 2015. Kan het natuurbeleid tegen een stootje? Enkele botsproeven van de herijkte Ecologische Hoofdstructuur. WOt-technical report 49. Wettelijke Onderzoekstaken Natuur & Milieu, Wageningen, 75 pp. Beschikbaar op: http://tinyurl.com/zdev269.

Vellinga, Th.V. en Verburg, S.G.M., 1995. Beheersovereenkomsten op grasland van melkveebedrijven. PR, Lelystad, 41 pp.

Visser, A., Guldemond, J.A. en Van der Wal, A.J., 2012. Randenbeheer in het GLB. CLM onderzoek en advies, Culemborg, 27 pp.

Voskuilen, M.J. en De Koeijer, T.J., 2006. Profiel deelnemers agrarisch natuurbeheer. WOT Natuur en Milieu, Wageningen, 48 pp.

Westerink, J., Migchels, G. en Engelsma, K.A., 2013a. Natuur als onderdeel van het product. Kunnen onderscheidende merken natuur en landschap financieren? Alterra Wageningen UR, Wageningen, 50 pp.

Westerink, J., Stortelder, A.H.F., Ottburg, F.G.W.A., De Boer, T.A., Schrijver, R.A.M., De Vries, C.K., Plomp, M., Smolders, E.A.A., Eysink, A.T.W. en Bulten, G.H., 2013b. Boeren voor natuur. Hoe werkt het en wat levert het op? Alterra Wageningen UR, Wageningen, 144 pp.

Wilson, G. en Hart, K., 2000. Financial imperative of conservation concern? EU farmers' motivations for participation in non-subsidized agri-environmental schemes. Environment and Planning A32(12): 2161-2185.

Hoofdstuk 14

Adevi, A. en Grahn, P., 2011. Attachment to certain natural environments: a basis for choice of recreational settings, activities and restoration from stress? Environment and Natural Resources Research 1: 36-52.

De Vries, S. en De Boer, T., 2006. Toegankelijkheid agrarisch gebied: bepaling en belang; veldinventarisatie en onderzoek onder in- en omwonenden in acht gebieden. WOT Natuur en Milieu, Wageningen.

De Vries, S., Roos, J. en Buijs, A.E., 2007. Mapping the attractiveness of the Dutch countryside. A GIS-based landscape appreciation model. Forest, Snow and Landscape Research 81: 43-58.

De Vries, S., Verheij, R.A., Groenewegen, P.P. en Spreeuwenberg, P., 2003. Natural environments – healthy environments? An exploratory analysis of the relationship between greenspace and health. Environment and Planning A35: 1717-1731.

Elings, M., 2011. Effecten van zorglandbouw. Taskforce Multifunctionele Landbouw, Wageningen.

Gezondheidsraad, 2004. Natuur en gezondheid. Invloed van natuur op sociaal, psychisch en lichamelijk welbevinden. Gezondheidsraad, Den Haag.

Goossen, C.M., Sijtsma, M., Meeuwse, H. en Franke, J., 2011. Vijf jaar daarmoetikzijn. Rapport Alterra Wageningen UR, Wageningen.

Hansson, H., Ferguson, R., Olofsson, C. en Rantamäki-Lahtinen, L., 2013. Farmers' motives for diversifying their farm business. The influence of family. Journal of Rural Studies 32: 240-250.

Hassink, J., Hulsink, W. en Grin, J., 2014. Farming with care: the evolution of care farming in the Netherlands. Netherlands Journal of Agricultural Science 68: 1-11.

Haubenhofer, D.K., Elings, M., Hassink, J. en Hine, R.E., 2010. The development of green care in Western European countries. Explore: The Journal of Science and Healing 6(2): 106-111.

Jongeneel, R.A., Polman, N.B.P. en Slangen, L.H.G., 2008. Why are Dutch farmers going multifunctional? Land Use Policy 25(1): 81-94.

Kaplan, S., 1995. The restorative benefits of nature: toward an integrative framework. Journal of Environmental Psychology, 15(3): 169-182.

Kempenaar, A., Kruit, J., Van der Jagt, P., Westerink, J., Heutinck, L. en Jeurissen, L., 2009. Multifunctionele landbouw en landschap. Onderzoek naar de invloed van multifunctionele landbouw op het landschap, nu en in de toekomst. Alterra Wageningen UR, Wageningen. Beschikbaar op: http://edepot.wur.nl/137594.

KPMG, 2012. Groen, gezond en productief. KPMG, Amstelveen.

Ministerie van Economische Zaken (EZ), 2014. Natuurlijk verder. Rijksnatuurvisie 2014. EZ, Den Haag.

Ministerie van Landbouw, Natuurbeheer en Visserij (LNV), 2000. Natuur voor mensen, mensen voor natuur. Nota Natuur, Bos en Landschap in de 21[e] eeuw. Ministerie van LNV, Den Haag.

Maas, J., Verheij, R.A., Spreeuwenberg, P. en Groenewegen, P.P., 2008. Physical activity as a possible mechanism behind the relationship between green space and health: a multilevel analysis. BMC Public Health 8: 206.

Marsden, T., Banks, J. en Bristow, G., 2002. The social management of rural nature: understanding agrarian-based rural development. Environment and Planning A34: 809-825.

Nieuwenhuizen, W., Westerink, J., Gerritsen, A.L., Schrijver, R.A.M. en Salverda, I.E., 2015. Wat je aan elkaar hebt. Sociaal kapitaal in het agrarisch natuur- en landschapsbeheer. Alterra Wageningen UR, Wageningen.

Piek, M., Van Middelkoop, M., Breedijk, M., Hornis, W., Sorel, N. en Verhoeff, N., 2006. Snelwegpanorama's in Nederland. NAi Uitgevers, Ruimtelijk Planbureau, Rotterdam, Den Haag.

Planbureau voor de Leefomgeving (PBL), 2012. Balans voor de Leefomgeving 2012. Landelijk gebied en natuur. PBL, Den Haag.

Polman, N., Dijkshoorn, M., Doorneweert, B., Rijk, P., Vogelzang T. en Reinhard, S., 2015. Verdienmodellen natuurinclusieve landbouw. LEI Wageningen UR, Den Haag.

Rijk, P.J., 2005. Wandelpaden op land- en tuinbouwbedrijven: animo, mogelijkheden en vergoedingssysteem. LEI Wageningen UR, Den Haag.

Schrijver, R.A.M. en Westerink, J., 2012. Maatschappelijke baten van agrarisch natuurbeheer. Van agrarische ecosysteemdiensten naar collectieven van boeren en burgers. Alterra Wageningen UR, Wageningen.

Seuneke, P., Lans, T. en Wiskerke, J.S.C., 2013. Moving beyond entrepreneurial skills. Key factors driving entrepreneurial learning in multifunctional agriculture. Journal of Rural Studies 32: 208-219.

Stichting Streekeigen Producten Nederland (SPN), 2014. SPN, Wageningen. Beschikbaar op: http://www.erkendstreekproduct.nl.

Stortelder, A.H.F. en Molleman, G., 1998. Binnendoor en buitenom. Kerkepaden in Zieuwent. Stichting Kerkepaden Zieuwent, Lichtenvoorde.

Veeneklaas, F.R., Donders, J.L.M. en Salverda, I.E., 2006. Verrommeling in Nederland. WOT Natuur en Milieu, Wageningen.

Venema, G., Doorneweert, B., Oltmer, K., Dolman, M., Breukers, M., Van Staalduinen, L., Roest, A. en Dekking, A., 2009. Wat noemen we verbrede landbouw? Verkenning van definities en informatiebehoeften. LEI Wageningen UR, Den Haag.

Venema, G.S., Hendriks-Goossens, V.J.H., Lakner, D., Jager, J.H., Veen, E.J., Voskuilen, M.J., Schouten, A.D., De Bont, C.J.M.A. en Schoorlemmer, H.B., 2012. Kijk op multifunctionele landbouw. Omzet en impact 2007-2011. LEI Wageningen UR, Den Haag.

Vijn, M., Schoutsen, M. en Van Haaster-De Winter, M., 2013. De marktpotentie van streekproducten in Nederland. Uitkomsten van een consumentenonderzoek en SWOT analyse. PPO-AGV, Lelystad.

Westerink, J., Engelsma, K.A. en Migchels, G., 2013. Natuur als onderdeel van het product, kunnen onderscheidende merken natuur en landschap financieren? Alterra Wageningen UR, Wageningen.

Westerink, J., Van Straalen, F.M., Schrijver, R.A.M., Schaap, B.F., Nijhoff, J., Ten Have, P., Brummelhuis, A., Brink, M. en Egas, E., 2010. Van de grond: verkenning mogelijkheden voor het inzetten van publieke grond voor maatschappelijke doelen in Eemland. Wageningse Wetenschapswinkel, Wageningen.

Westerink, J., Vogelzang, T.A., Van Rooij, S.A.M., Holster, H.C., Van Alebeek, F.A.N. en Schrijver, R.A.M., 2015. Kom over de brug! Op weg naar boer-burgercollectieven voor natuur- en landschapsbeheer. Tips voor agrarische natuurverenigingen en groene burgergroepen. Alterra Wageningen UR, Wageningen.

Hoofdstuk 15

Bade, T., 2012. Het groot rechtenboek der vaderlandsche natuurbescherming. Essay over rechten, geld en vertrouwen als basis voor de Nederlandse natuurbescherming. Kenniscentrum Triple E, Arnhem.

Blomqvist, M.M., Bekker, R.M. en Vos, P., 2003. Restoration of ditch bank plant species richness: the potential of the soil seed bank. Applied Vegetation Science 6(2): 179-188.

Blomqvist, M.M., Tamis, W.L.M., Bakker, J.P. en Van der Meijden, E., 2006. Seed and (micro)site limitation in ditch banks. Germination, establishment and survival under different management regimes. Journal for Nature Conservation 14(1): 16-33.

Botías, C., David, A., Horwood, J., Abdul-Sada, A., Nicholls, E., Hill, E. en Goulson, D., 2015. Neonicotinoid residues in wildflowers, potential route of chronic exposure for bees. Environmental Science and Technology 49(21): 12731-12740.

Centraal Planbureau (CPB), 2016. Kansrijk innovatiebeleid. Centraal Planbureau, Den Haag.

Cormont, A., Siepel, H., Clement, J., Melman, Th.C.P., Wallis De Vries, M.F., Van Turnhout, C.A.M., Sparrius, L.B., Reemer, M., Biesmeijer, J.C., Berendse, F. en De Snoo, G.R., 2016. Landscape complexity and farmland biodiversity: evaluating the CAP target on natural elements. Journal for Nature Conservation 30: 19-26.

De Snoo, G.R., 1999. Unsprayed field margins: effects on environment, biodiversity and agricultural practice. Landscape and Urban Planning 46(1): 151-160.

De Snoo, G.R., Naus, N., Verhulst, J., Van Ruijven J. en Schaffers, A.P., 2012. Long-term changes in plant diversity of grasslands under agricultural and conservation management. Applied Vegetation Science 15(3): 299-306.

Dirkmaat, J., 2005. Nederland weer mooi – Op weg naar een natuurrijk en idyllisch landschap. ANWB en Stichting Nederlands Cultuurlandschap, Den Haag, Beek-Ubbergen.

Geiger, F., Bengtsson, J., Berendse, F., Weisser, W.W., Emmerson, M., Morales, M.B., Ceryngier, P., Liira, J., Tscharntke, T., Winqvist, C., Eggers, S., Bommarco, R., Pärt, T., Bretagnolle, V., Plantegenest, M., Clement, L.W., Dennis, C., Palmer, C., Oñate, J.J., Guerrero, I., Hawro, V., Aavik, T., Thies, C., Flohre, A., Hänke, S., Fischer, C., Goedhart, P.W. en Inchausti, P., 2010. Persistent negative effects of pesticides on biodiversity and biological control potential on European farmland. Basic and Applied Ecology 11(2): 97-105.

Hammers, M., Sierdsema, H., Van Heusden, W. en Melman, Th.C.P., 2014. Nieuw stelsel agrarisch natuurbeheer: voortgang ontwikkeling beoordelingssystematiek. Alterra Wageningen UR, Wageningen.

Huntley, B., Green, R.E., Collingham, Y.C. en Willis, S.G., 2007. A climatic atlas of European breeding birds. Lynx Edicions, Barcelona, 521 pp.

Imholt, C.A., Esther, A., Perner, J.B. en Jacob, J.A., 2011. Identification of weather parameters related to regional population outbreak risk of common voles (*Microtus arvalis*) in eastern Germany. Wildlife Research 38: 551-559.

Kleefstra, R., 2015. Tweeduizend grote zilverreigers in Fryslân! Twirre 25: 26-28.

Kleefstra, R., Barkema, L., Venema., D.J. en Spijkstra-Scholten, W., 2015. Een explosie van veldmuizen; een invasie van broedende velduilen in Friesland in 2014. Limosa 88: 74-82.

Kleijn, D., Rundlof, M., Scheper, J., Smith, H.G. en Tscharntke, T. 2011. Does conservation on farmland contribute to halting the biodiversity decline? Trends in Ecology and Evolution 26(9): 474-481.

Kragten, S. en De Snoo, G.R., 2004. Bio-support: modelling the impact of landscape elements for pest control. Proceedings of the Netherlands Entomological Society 15: 93-97.

Kragten, S., Trimbos, K.B. en De Snoo, G.R., 2008. Breeding skylarks (*Alauda arvensis*) on organic and conventional arable farms in the Netherlands. Agriculture, Ecosystems and Environment 126: 163-167.

Kuiper, M.W., 2015. The value of field margins for farmland birds. Proefschrift, Wageningen Universiteit, Wageningen.

Leng, X., Musters, C.J.M. en De Snoo, G.R., 2010. Synergy between nature reserves and agri-environmental schemes in enhancing ditch bank target species plant diversity. Biological Conservation 143(6): 1470-1476.

Lokhorst, A.M., Hoon, C., Le Rutte, R. en De Snoo, G.R., 2014. There is an I in nature: the crucial role of the self in nature conservation. Land Use Policy 39: 121-126.

Loughran, J., 2016. UK solar farms to create habitats for endangered birds. Engineering and Technology Magazine. Beschikbaar op: http://tinyurl.com/j2gtpzg.

Melman, Th.C.P., 1991. Slootkanten in het veenweidegebied: mogelijkheden voor behoud en ontwikkeling van natuur in agrarisch grasland. Proefschrift, Universiteit Leiden, Leiden.

Melman, Th.C.P., Buij, R., Hammers, M., Verdonschot, R.C.M. en Van Riel, M.C., 2014. Nieuw stelsel agrarisch natuurbeheer: criteria voor leefgebieden en beheertypen. Alterra Wageningen UR, Wageningen.

Melman, Th.C.P., Schotman, A.G.M., Hunink, S. en De Snoo, G.R., 2008. Evaluation of meadow bird management, especially Black-tailed Godwit (*Limosa limosa* L.), in the Netherlands. Journal of Nature Conservation 16(2): 88-95.

Melman, Th.C.P., Van Doorn, A.M., Schotman, A.G.M., Van der Zee, F.F., Blanken, H., Martens, S., Sierdsema, H. en Smidt, R.A., 2015. Nieuw stelsel agrarisch natuurbeheer: ex ante evaluatie provinciale natuurbeheerplannen. Alterra Wageningen UR, Wageningen.

Ministerie van Economische Zaken (EZ), 2013. Uitvoeringsagenda natuurlijk kapitaal: behoud en duurzaam gebruik van biodiversiteit. EZ, Den Haag.

Ministerie van Economische Zaken (EZ), 2014. Rijksnatuurvisie 2014 'Natuurlijk verder'. EZ, Den Haag.

Musters, C.J.M., Ter Keurs, W.J. en De Snoo, G.R., 2010. Timing of the breeding season of black-tailed godwit *Limosa limosa* and northern lapwing *Vanellus vanellus* in the Netherlands. Ardea 98(2): 195-202.

Noordijk, J., Van Dijk, J., Musters, C.J.M. en De Snoo, G.R., 2010. Invertebrates in field margins: taxonomic group diversity and functional group abundance in relation to age. Biodiversity and Conservation 19(11): 3255-3268.

Oosterveld, E.B., 2014. Protocol predatiebeheer bij weidevogels. A&W-rapport 1827. Altenburg & Wymenga ecologisch onderzoek, Feanwâlden. Beschikbaar op: http://tinyurl.com/jqju9uo.

Oosterveld, E.B., Kuiper, M.W., Sikkema, M., Van der Kamp, J. en Klop, E, 2013. Effecten van tijdelijke slootpeilverhoging op weidevogels. A&W-rapport 1971. Altenburg & Wymenga ecologisch onderzoek, Feanwâlden. Beschikbaar op: http://tinyurl.com/h2q7nhy.

Peeters, E., Veraart, A.J., Verdonschot, R.C.M. en Van Zuidam, J.P., 2014. Sloten – Ecologie en natuurbeheer; ecologisch functioneren en beheer. KNNV Uitgeverij, Zeist.

Planbureau voor de Leefomgeving (PBL), 2015. Korenwolfbeleid: van conflict naar synergie tussen natuur en economie. Rapport 03-03-2015. PBL, Den Haag/Bilthoven. Beschikbaar op: http://tinyurl.com/hz3uqhe.

Schekkerman, H., 2008. Precocial problems. Shorebird chick performance in relation to weather, farming, and predation. Proefschrift, Rijksuniversiteit Groningen, Groningen.

Stortelder, A.H.F., De Waal, R.W. en Schaminée, J.H.J., 2005. Streekeigen natuur – Identiteit en diversiteit van Nederlandse landschappen. Alterra Wageningen UR, Wageningen.

Stortelder, A., Schrijver, R.A.M., Alberts, H., Van den Berg, A., Kwak, R.G.M., De Poel, K.R., Schaminée, J.H.J., Van den Top, I.M., Visschedijk, P.A.M., 2001. Boeren voor natuur: de slechtste grond is de beste. Alterra Wageningen UR, Wageningen.

Teunissen, W., Schekkerman, H. en Willems, F., 2005. Predatie bij weidevogels. Sovon onderzoeksrapport 2005/11 en Alterra-document 1292. Sovon, Nijmegen/Alterra Wageningen UR, Wageningen, 135 pp.

Tittonell, P., 2013. Towards ecological intensification of world agriculture. Oratie 16 mei 2013. Wageningen Universiteit, Wageningen.

Tscharntke, T., Klein, A.M., Kruess, A., Steffan-Dewenter, I. en Thies, C., 2005. Landscape perspectives on agricultural intensification and biodiversity – ecosystem service management. Ecology Letters 8(8): 857-874.

Udo de Haes, H.A. en De Snoo, G.R., 1996a. Certificering als nieuw instrument voor ecologisering van de landbouw? Milieu 11(4): 187-191.

Udo de Haes, H.A. en De Snoo, G.R., 1996b. Environmental certification, companies and products: two vehicles for a life cycle approach? International Journal of Life Cycle Assessment 1(3): 168-170.

Van Dijk, W.F.A., Van Ruijven, J., Berendse, F. en De Snoo, G.R., 2014. The effectiveness of ditch banks as dispersal corridor for plants in agricultural landscapes depends on species' dispersal traits. Biological Conservation 171(3): 91-98.

Van der Weijden, W.J., Terwan, P. en Guldemond, A. (red.), 2010. Farmland birds across the world. Lynx Edicions, Barcelona, 138 pp.

Wereld Natuur Fonds (WNF), 2015. Living planet report. Natuur in Nederland. WNF, Zeist.

Westerink, J., Stortelder, A.H.F., Ottburg, F.G.W.A., De Boer, T.A., Schrijver, R.A.M., De Vries, C.K., Plomp, M., Smolders, E.A.A., Eysink, A.T.W. en Bulten, G.H., 2013. Boeren voor natuur – Hoe werkt het en wat levert het op? Alterra Wageningen UR, Wageningen.

Wiggers, J.M.R., Van Ruijven, J., Berendse, F. en De Snoo, G.R., 2016. Effects of grass field margin management on food availability for black-tailed godwit chicks. Journal for Nature Conservation 29: 45-50.

Wiggers, J.M.R., Van Ruijven, J., Schaffers, A.P., Berendse, F. en De Snoo, G.R., 2015. Food availability for meadow bird families in grass field margins. Ardea 103(1): 17-26.

Winqvist, C., Bengtsson, J., Aavik, T., Berendse, F., Clement, L.W., Eggers, S., Fischer, C., Flohre, A., Geiger, F. en Liira, J., 2011. Mixed effects of organic farming and landscape complexity on farmland biodiversity and biological control potential across Europe. Journal of Applied Ecology 48(3): 570-579.

Wymenga, E., Latour, J., Beemster, N., Bos, D., Bosma, N., Haverkamp, J., Hendriks, R., Roerink, G.J., Kasper, G.J., Roelsma, J., Scholten, S., Wiersma, P. en Van der Zee, E., 2015. Terugkerende muizenplagen in Nederland. Inventarisatie, sturende factoren en beheersing. Altenburg en Wymenga ecologisch onderzoek, Feanwâlden, Stichting Werkgroep Grauwe Kiekendief, Scheemda, Wetterskip Fryslân, Leeuwarden, Alterra Wageningen UR, Wageningen.

Zwarts, L., Bijlsma, R.G., Van der Kamp, J. en Wymenga, E., 2009. Living on the edge – Wetlands and birds in a changing Sahel. KNNV Uitgeverij, Zeist.

Over de redactie

Geert de Snoo studeerde biologie aan de Vrije Universiteit in Amsterdam en ging daarna werken bij het Centrum voor Milieuwetenschappen van de Universiteit Leiden. Zijn promotieonderzoek richtte hij op de potentie van onbespoten akkerranden voor milieu, natuur en landbouwpraktijk. Van 2003 tot 2012 was De Snoo bijzonder hoogleraar Agrarisch Natuur- en Landschapsbeheer aan Wageningen Universiteit. Sinds 2009 is hij hoogleraar Conservation Biology in Leiden. In zijn onderzoek staat het natuurbeheer op boerenland centraal, evenals de effecten van bestrijdingsmiddelen op natuur en milieu.

Dick Melman studeerde biologie aan de Universiteit Leiden. Daarna onderzocht hij de problematiek van duinwaterwinning en natuurbehoud. Hij promoveerde bij Helias Udo de Haes op onderzoek in het veenweidegebied naar de mogelijkheden om moderne melkveehouderij te combineren met rijke natuur in slootkanten. Voorts werkte hij bij het ministerie van LNV mee aan de uitvoering van het Relatienota-beleid (bron van het huidige ANB-beleid). Vervolgens werkte hij bij In Natura, koepelorganisatie van de ANV's in West-Nederland. De laatste 12 jaar werkt hij bij Alterra Wageningen UR, waar hij onder andere onderzoek doet aan en rond agrarisch natuurbeheer.

Floor Brouwer studeerde aan de Vrije Universiteit. In 1986 promoveerde hij hier als milieueconoom op een modelstudie naar de integratie van milieu en economie. Hierna werkte hij bij het International Institute for Applied Systems Analysis (IIASA) in Laxenburg (Oostenrijk). In 1989 kwam hij in dienst van LEI Wageningen UR waar hij internationaal onderzoek doet op het raakvlak van landbouw, milieu en economie. Zo is recent een onderzoek gestart naar de mogelijkheden voor kwaliteitsverbetering van natuur en landschap via het Gemeenschappelijk Landbouwbeleid en publiek-private samenwerking.

Wouter van der Weijden studeerde biologie aan de Vrije Universiteit en de Universiteit Leiden. In Leiden schreef hij 'Het dilemma van de Nationale landschapsparken', in reactie op de drie zogeheten Groene Nota's. Ook was hij eerste auteur van het rapport 'Bouwstenen voor een geïntegreerde landbouw', geschreven in opdracht van de Wetenschappelijk Raad voor het Regeringsbeleid. In 1980 was hij medeoprichter van de stichting Centrum voor Landbouw en Milieu, waar hij directeur werd. Ook was hij initiatiefnemer van de Wageningse leerstoel Agrarisch Natuur- en Landschapsbeheer.

Helias Udo de Haes studeerde biologie in Leiden. Hij promoveerde bij Prof. Van Iersel op ethologisch onderzoek aan het Max Planck Institut für Verhaltensphysiologie bij München. In 1979 richtte hij het Centrum voor Milieuwetenschappen Leiden (CML) op, en werd in 1986 benoemd tot hoogleraar milieukunde. Hij was nauw betrokken bij de ISO-standaarden voor levenscyclusanalyse. Na zijn emeritaat was hij 6 jaar voorzitter van de Toetsingscommissie Duurzaam Hout, en voorzitter van de Europese Normcommissie voor duurzaamheidscriteria voor biomassa.

Dankwoord

De redactie bedankt de 40 auteurs van de diverse hoofdstukken en de tekstkaders daarbinnen voor hun deskundige bijdragen aan dit boek.

Verder bedankt de redactie de volgende personen die de auteurs hebben ondersteund met informatie, commentaar en/of advies:
Wim Dijkman, CLM Onderzoek en Advies (Hoofdstuk 3 en 15)
Linde Gommers, Aequator Groen & Ruimte (Hoofdstuk 5)
Robert Hoste, LEI Wageningen UR (Hoofdstuk 3)
Jakob Jager, LEI Wageningen UR (Hoofdstuk 3)
Dennis Lammertsma, Alterra Wageningen UR (Hoofdstuk 12)
Carin Rougoor, CLM Onderzoek en Advies (Hoofdstuk 3)
Julia Stahl, Sovon (Hoofdstuk 7)
Stichting Collectief Agrarisch Natuurbeheer (Hoofdstuk 5)
Wil Tamis, Centrum voor Milieuwetenschappen, Universiteit Leiden (Hoofdstuk 15)
Paul Terwan, Paul Terwan onderzoek & advies (Hoofstuk 3 en 15)
Frits van der Schans, CLM Onderzoek en Advies (Hoofdstuk 3)
Aad van Paassen, LandschappenNL (Hoofdstuk 6)
Erik van Well, CLM Onderzoek en Advies (Hoofdstuk 9)
Martien Voskuilen, LEI Wageningen UR (Hoofdstuk 3)
Lucienne Vuister, Hoogheemraadschap van Rijnland, Leiden (Hoofdstuk 9)
Hans Wijsman, LEI Wageningen UR (Hoofdstuk 3)

En ten slotte, **Martin Woestenburg** voor het redigeren van het boek als geheel.

Fotoverantwoording

Personen

Jouke Altenburg	Galerij H5A,B, 5.4
Ab H. Baas	12.3C
Jules Bos	Galerij H8C
Adri de Groot (Vogeldagboek)	7.1, 7.2a,b, 8.3, 8.4, 9.3b, 11.2.1, 15.1, Galerij H6A,C, H7B,C,D, H8A,B, H9C, H10A,B,D, H11A,B,C,D, H12A
Geert de Snoo	1.1, 1.2, 1.3, 2.2, 2.4, 2.6, 5.2, 6.1, 8.6, 13.4, 14.2, 15.2, 15.4 Galerij H2B
Gerda de Vries	4.4
Hans Dekker	Galerij H4B
Paul Dijkstra (Nationaal Archief, collectie Spaarnestad)	4.1B
Wim Dimmers	Galerij H12B, C, 12.4
André Eijkenaar	Galerij H8D, 8.1, 11.4.1
Danny Ellinger	6.2, 15.1.1
Jack Faber	Galerij H12D, 12.2.1
Cees Groenenboom	Galerij H4C
Rense Haveman	10.2.1
Peter Hillz (Archief Hollandse hoogte)	3.3B
Ronald Hissink	3.1a
André Kaminski	Galerij H10C
Mark Kohn (Archief Hollandse hoogte)	4.1A
Ben Koks	8.5
Hein Korevaar	14.4
Herman Limpens	12.1.1A
Freek Mayenburg	3.2.1, 9.5, 15.3
Dick Melman	Deel 1, 2, 3, 4, 1.4, 5.3, 9.1, 11.1, 11.5, 13.3, 14.1,14.3a, 15.7 Galerij H1A,B,C, H7E, H13A,B,C, H14A,B,C, H15B,C
Piet Munsterman	Galerij H6D
Jinze Noordijk	12.3A,B
Fabrice Ottburg	Galerij H9B, 9.4, 9.6, 9.9
Louise Ottburg	Galerij H9A
Aad van Paassen	11.2 , 11.3.1, 11.4, 13.2
Jeroen Scheper	12.1A,B
Ad Sonnemans	12.2
Paul Terwan	Galerij H5C, 4.3, 5.1
Tijs Tinbergen	Galerij H7A
Krijn Trimbos	2.5
Jan van der Greef	Omslagfoto, Galerij H2A,C, H6B, 2.1, 15.6
Erik van Dijk	Galerij H8E
Mieke van Engelen	4.2
Henk van Harskamp	6.2.1, 8.1.1
Paul van Hoof	12.1.1B
Theo van Kooten	8.2

Fije van Leeuwen	14.5
Theo van Lent	7.3
Fred van Welle (Wageningen UR)	Galerij H3A
Ralf Verdonschot	9.2, 9.3A, 9.7, 9.8, 15.5

Instanties

CLM	3.1B, 13.1, 14.3B, Galerij H14D, H15A
Corbis	3.3C,D
De Nieuwe Wildernis/EMS FILMS	2.3
FrieslandCampina	3.2C
Nationaal Archief Collectie Spaarnestad ANP	3.3A
Shutterstock	Galerij H3B,C,D, 3.2A,B
Vilentum	15.8